コンクリート診断

ASRの的確な診断／抑制対策／岩石学的評価

鳥居和之 監修　山田一夫 編集
TORII Kazuyuki　YAMADA Kazuo

森北出版株式会社

―まえがき―

コンクリートはさまざまなメカニズムで劣化する．その劣化原因は簡単に想定できる場合もあるが，原因の特定，つまり診断が難しい場合も多い．外観のみからわからないとしても，詳細調査を行えばわかるかもしれない．しかし，構造物の特性，管理者の意向，費用の制約から詳細調査ができない場合もあり，劣化原因が確実に特定されることは実は少ない．土木学会コンクリート標準示方書（以下，本文ではコンクリート標準示方書と略す）の維持管理編では，原因を特定して維持管理がはじまるが，最初の診断が難しい．そこで，コンクリート診断学が必要となる．

本書の主な狙いは，実用面を意識したASRに関するコンクリート診断学，および基盤技術としての骨材の岩石学的評価の方法の提示であり，ASRの国際的最新情報の提供である．ASRを中心に議論するが，ASRと診断するにはほかの劣化機構も理解し，施工時の劣化抑制対策と対比して考察する必要がある．つまり，ASRである，もしくはASRが関与すると診断することは，ほかの劣化機構の存在も識別するということである．常にアルカリシリカゲルを見つけることではない．したがって，本書はASR劣化を含むさまざまな劣化が生じた構造物に関わる人々や，同時に新設の構造物に対するASR抑制対策を考える関係者にも参考となる．

本書はASRに関する従来の日本の知見をまとめた入門書ではなく，海外の研究成果も含めた専門性の高い書籍である．海外の工事で思わぬ劣化を経験した技術者や，今後，重要な海外の工事を展開しようとしている事業者には，ぜひ参考にしていただきたい．

内容的特徴は，第Ⅰ部にASR診断の全体像をまず示し，その後，第Ⅱ部にASR診断に必要な個別技術をまとめている点にある．前半はASR診断に関わるすべての階層の人々が対象であり，後半はASRに関わる分析や研究の専門家を意識したものである．

本書は，現在の抑制対策が不完全であり，抑制対策を講じても深刻なASR劣化が生じることがあるという認識のもとに執筆した．よりよい抑制対策には，ASR劣化の現状理解と原因解析が必要であり，その理解のもとにはじめてより合理的な新しい抑制対策を講じることができる．適切なASR診断を行うために必要な手法を考えると，岩石学的評価法が必須であるが，同時にASR診断の流れ全体に対する理解も必要である．

本書の内容は，ASRが疑われる変状を発見した一次調査者，その情報をもとに維持管理計画を立てる管理者，管理者を支える補修・設計コンサルタント，具体的な解析を行う分析コンサルタント，そして学術的研究者，今後，重要構造物の建設に携わる発注者や設計者，それぞれに役立つはずである．ASR診断が可能ということは，もちろん新設時のASR抑制対策も可能ということである．

本書は次のような二部構成となっている．

本書の構成

第Ⅰ部 ASRに関するコンクリート診断学	第Ⅱ部 ASR診断に必要な基盤技術と専門知識
1章 ASR研究の系譜と展望	6章 ASR劣化の作用機構
2章 ASR劣化に対する維持管理のあり方	7章 多様化する骨材に起因するさまざまな問題
3章 ASR診断のフローと詳細	8章 ASR劣化が疑われるコンクリートの詳細分析の技法
4章 現行の骨材のアルカリ反応性評価と抑制対策	9章 骨材の岩石学的評価
5章 新しい方法の提案	10章 骨材の地質学的産状とASRの可能性

付　録	
A	アルカリシリカ反応に関する既存の試験方法一覧
B	ASR劣化事例集
C	ASR診断事例
D	9章の付録
E	用語集
CD	アルカリ反応性評価のための岩石試料の偏光顕微鏡写真集

第Ⅰ部は，主に構造物の管理者・発注者，一般の補修・設計コンサルタント，コンクリート診断士などを対象としている．コンクリート診断学として，ASRを含むコンクリートの劣化に関する診断の全体像について示す．

第Ⅱ部は，分析コンサルタントや専門の研究者に向けたもので，ASR診断を行うためのより高度で専門的な詳細技術と背景にあるメカニズムを示す．とくに，岩石学的観点からの検討方法を記載している点に特徴がある．

第Ⅰ部では，まず1章でASR研究の歴史的経緯と展望を示す．

次に，2章ではASR劣化した構造物の維持管理の全体像を示し，そのなかでのASR診断の位置付けを明確にする．また，補修・補強対策についてもまとめる．アメリカでの最新の体系も簡単に紹介する．

3章がコンクリート診断学の本体となる．日常点検で変状を検出し，その後，ASRの判定と原因推定というASR診断を行うフローを示し，分析手法を具体的に紹介する．とくに，偏光顕微鏡観察を中心とした岩石学的評価に軸をおき，ASRだけではなく，ほかの機構も含め，劣化構造物の新しい診断手法について事例を交えて説明する．ここで重要なのはコンクリート薄片を駆使した分析である．骨材のみの観察の9章とは観点が異なる．

新設構造物への対策も重要であるので，4章では現在行われている骨材のアルカリ反応性評価と抑制対策についてまとめる．

5章では，国際的な最新の情報を考慮し，新しい方法の提案を行う．

第II部では，ASR診断に必要な個別の基盤技術をまとめる．まず，6章にASRの作用機構をまとめる．日本語の既成の図書でここまで詳細に記載したものはない．ここで示したような典型例に加え，骨材が多様化する現代では新しい現象も報告されるようになっている．

7章ではこのような多様化する骨材に起因するさまざまな問題を取り上げる．

作用機構とさまざまな現象を説明した後，8章ではこれらの現象を解析するさまざまな分析方法を解説する．

コンクリート用骨材のほとんどは，天然の岩石の砕石・砕砂や，砂利・砂を用いる．岩石は鉱物からなり，砂利・砂も地質学的視点からはもとは岩石である．岩石の構成鉱物などから岩石の特徴や成因を探るのが岩石学である．反応性の岩石は反応性鉱物を含む．このような背景から，岩石学的評価がASR診断に特徴的で有用であるので，9章において，骨材のアルカリ反応性を念頭におき，最低限理解しておかなければならない骨材の岩石学的評価について説明する．

骨材のアルカリ反応性は，日本の地質構造と深く関係している．ASRのリスク評価の第一歩は，骨材産地の地質学的背景を理解することである．骨材のアルカリ反応性という観点から，日本の地質について大胆に簡素化し，要点を10章にまとめた．地質学的観点をもつと，骨材のASRリスクの理解は日本だけでなく，世界中についても応用展開できる．とくに，アジア地域を中心に各地のASRの可能性について紹介する．

付録として，ASRに関連する多くの国内外の基準類を取りまとめた．また，

ASR劣化の事例集と解析事例も含めた．

さらに，書籍内で紹介したものも含めて，多数の偏光顕微鏡写真をCDに収録した．また，アルカリ反応性の可能性が疑われる骨材の偏光顕微鏡写真集も含めた．これらは，岩石学的図鑑としての価値もあり，日本の骨材に関する独立した参考書としても有用である．

ASR劣化の事例は，日常生活のすぐそばにも多く存在する．しかし，典型的な事例は地域が限られていたり，日ごろとは異なる視線によってはじめて明らかになったりするので，事例の写真集は印象深いはずである．一度理解すれば，これまで気付かなかった劣化もみえてくる．

偏光顕微鏡観察の重要性は理解しながら，専門の大学教育を受けていなければ手軽な入門図書もなく，技術習得は難しい．顕微鏡は購入したが使いこなせない研究者も多いだろう．本書の多くの図版は観察の経験を補完することになる．9章の解説とともに豊富な事例を参考に，より美しい薄片を作製し，写真を撮り，的確な診断ができるように経験をつみ，業務や研究に役立ててほしい．

本書掲載の他文献から転載した図表は，原典を可能な限り再現するように配慮し，解像度改善のためトレースした．

2017年2月

編者代表

—目　次—

第I部　ASRに関するコンクリート診断学

付　録

執筆担当

箇所			担当者
本書の使い方			山田一夫
第Ⅰ部	1章		鳥居和之，山田一夫
	2章	2.1.1 ～ 2.1.3項，2.6節	山田一夫
		2.1.4項，2.2 ～ 2.5節	久保善司
	3章	3.1.1 ～ 3.1.7項	久保善司
		3.1.8項	二川敏明
		3.1.9項	吉田夏樹
		3.1.10項	山田一夫
		3.1.11，3.1.12項	久保善司
		3.2節	林建佑，広野真一，山田一夫，吉田夏樹
	4章	4.1.1，4.1.2項	山田一夫
		4.1.3項	河野広隆，山田一夫
		4.2，4.3節	山田一夫，古賀裕久
	5章		山田一夫
第Ⅱ部	6章		川端雄一郎
	7章	7.1 ～ 7.3節	二川敏明
		7.4.1 ～ 7.4.3項	岩月栄治
		7.4.4項	杉山彰徳
	8章		林建佑，山田一夫
	9章	9.1節	山田一夫
		9.2節	林建佑，八幡正弘
		9.3節	八幡正弘，山田一夫
	10章	10.1，10.2節	広野真一
		10.3節	山田一夫
付録	A		杉山彰徳
	B		川端雄一郎
	C		川端雄一郎，山田一夫
	D		八幡正弘，広野真一，山田一夫
	E		山田一夫，八幡正弘
	CD		八幡正弘，広野真一，林建佑

本書の使用方法

① ASRの基礎（1章，6章，7章，付録B）：ASRに関する基礎として，歴史的経緯と全体像を把握するのには1章が適している．ASRの作用機構の基礎は6章に記載した．近年，骨材は多様化しているので新しい劣化事例を7章にまとめた．ASR劣化事例を付録Bに集めた．

② 診断・対策（2章，3章，付録B）：ASRに関するコンクリート診断に関わる構造物の管理者，一次調査者，および診断業務を受託する補修・設計コンサルタントには2，3章が必須となる．管理者が分析方法詳細を理解する必要は必ずしもないが，全体の流れを理解し，必要な情報を集めることの重要性は理解しておかなければならない．現場での変状検出には，付録BのASR事化事例も参考になる．

③ 抑制対策（4章，5章，付録A）：ASR劣化を考慮した骨材の選定を含むコンクリートの配合設計を行う技術者には4，5章が参考となる．従来の手法には限界があるが，新しい手法はまだ確立していない．5章は現行JISとは異なる先端的内容であるが，現実に即して適切な対応を講じることが重要である．また，ASR抑制対策には地域ごとの事情を踏まえることも重要で，本書の内容はすでに熟知しているような経験豊富な技術者との連携にも役立つ．既往の規格類は付録Aにまとめた．

④ 岩石学的評価とその他の評価法（8章，9章，10章，付録C，D，CD）：分析コンサルタントや研究者などの専門家には，8章の個別技術，9章の岩石学的評価法，10章の地質構造とASRの可能性に関する情報が役立つ．岩石学的評価には偏光顕微鏡を用いるが，初心者には付録D，CDの基礎情報が，経験者であっても付録CのコンクリートのASR診断事例が役立つ．

よりよい診断のために

本書ではASRの基礎知識と解析手法を説明するが，的確な判断を行うには実際の経験をつむことが不可欠である．基礎を習得した後に，経験者の指導のもとで，訓練を継続することが必要である．とくに，機器分析の場合，手順に従えば，あるいは外注すれば何らかのデータは得られるが，目的に応じた適切な分析条件の設定，結果の妥当性判断と解釈などは，広範な知識と個別の診断対象に関する総合的な理解がなければ困難である．

極めて重要なことであるが，古い教科書，あるいは最新の学術論文の記載が必ずしも正しくないことを認識しなければならない．たとえば，日本コンクリート工学会が2014年7月18日に東京で主催した「ASR診断の現状とあるべき姿 研究委員会シンポジウム」において，片山哲哉博士は，古い教科書のアルカリシリカゲルの組成に関する誤った記載によって劣化原因を間違った例，ASR診断に重要なコンクリート薄片の不適切な作製によって誤った観察結果を報告する可能性，再結晶化してロゼットになるおそれのあるアルカリシリカゲルがどのような種類の骨材にでも普遍的に存在していること，詳細観察が不足したために原因を誤解した例などを指摘した．構造物の発注者や管理者は真剣に既存の図書や論文を調べるが，それらが間違っていることもある．診断に関わる専門家は，それらの真偽を自ら判断する責務がある．さらに，国内では通じても，国際的にはまったく当てはまらないこともある．

管理者や補修・設計コンサルタントなどの分析業務を発注する側にも，詳細分析の概要を理解すると役立つ点がある．専門的分析は単独の分析として依頼されることが多いが，正しい結果を得るためには背景と目的を明らかにしたうえで依頼することが重要である．経済性を追い求めると，劣化状況のパターン分けを行い，パターンごとに定まった対策マニュアルに従うことが好まれる．しかし，実構造物の劣化は多様であり，パターン化できずにマニュアルに当てはまらない事例が多くある．パターン化できないということを検出することが非常に重要で，診断を誤ると健全性の評価や対策を間違うことになる．世の中にはまだ知られていない，あるいは知られてはいても情報が不十分で誰もが理解はしているわけではない劣化機構があり得る．たとえば，ポルトランドセメントの歴史は170年ほどであるが，本書の主題であるASRをその発明後100年の間に予想した者はいなかった．また，最近話題の遅延エトリンガイト生成とASRの区別には専門知識が必須である．それを無理やりパターン化することは大きな事故に結びつく可能性があり，わからないときはわからないと判定する勇気が必要である．

分析業務は，分析行為そのものに課金されることが多いが，現実には分析者がもつ知識背景を活用することがさらに重要であり，発注者はその活用を心がけるべきである．逆に，周辺状況から明らかな場合には過剰な分析を行う必要はない．ただし，その判断は専門家でなければ難しいので，十分に情報交換することが必要である．専門知識がない作業者が見た目の経験で判断を行うのは危険である．

そして，何事にも当てはまるが，信頼できる専門家を見出すことが最も重要である．ASR診断の専門家，あるいは専門家を目指す技術者は，コンクリート診断士というコンクリート劣化全体を診断する広範な基盤知識と経験のうえに，さらにASRに関する専門分野の研鑽をつむことが大切である．現状では，ASR診断の報告書の品質には大きなばらつきがあるが，本書を学ぶことで技術的差別化を行える．ASR診断の利用者には，現時点で，信頼できる専門家を見つけ出す有効な方策はないが，本書がその一助となることを期待している．

ASRを前提とした診断

詳細は3章で述べるが，ASRに関するコンクリート構造物の診断に関して，各種の基準や図書によって用語が不統一である．本書では，以下のように使い分ける．

- 標準調査：現場に赴く一次調査者が定期的に行う目視による点検を主体とし，必要に応じて関連情報やより詳しい現場における観察調査までを標準調査とする．変状を発見し，ASRの可能性を検出する．本来は，構造物の管理者もしくは保有者が行うものだが，実際の業務は補修・設計コンサルタントにより実施されることも多い．
- 詳細調査：標準調査によりASRが疑われ，原因や今後の挙動を予測する必要が認められた場合，変位や変形のモニタリング，各種非破壊検査，さらにコンクリートコア試料を採取し，各種の方法により詳細に調べる各種調査を詳細調査とする．ASRの判定，原因推定，今後の挙動予測，データベース化を行う．詳細調査全体を推進するのは，補修・設計コンサルタントもしくは分析コンサルタントである．
- ASR診断*：標準調査と詳細調査の結果を合わせ，変状に関する総合的解釈による原因推定と残存膨張性評価までをASR診断とする．ASR診断は分析コンサルタントが実施するのが望ましい．本書で取り扱うのは以上までが中心である．

＊diagnosis. 診断は，あくまで原因推定である．

- 健全性評価*[1]：ASR診断の結果を受け，対策を決定するには，現状の造物としての健全性評価が必要である．鉄筋破断の状況なども考慮した構造物の耐荷性能の情報を含め，現在の劣化状況と将来の劣化進展予測*[2]を行って構造物の健全性を評価する．
- 対策：評価結果を受けて実施する具体的な対応（補修・補強）をいう．健全性評価と対策は補修・設計コンサルタントの範囲である．

最新の知見を反映した抑制対策

コンクリート構造物の製造に関わる各段階で，従来は認識されなかった要点がある．現状を4章に，新しい手法の提案を5章に記述するので，発注者・施工者・管理者，配（調）合設計者，骨材生産者，コンクリート製造者，それぞれがASRに対する認識を新たにし，適切な対策を採れるようになることを期待する．

＊1 appraisal. 評価は，診断結果を考慮して，さらに予測結果も加味して，構造物としての性能を考えることである．

＊2 prognosis. 予測は，ASRの進展推定である．

第 I 部　ASRに関するコンクリート診断学

1章 ASR研究の系譜と展望

アルカリ骨材反応（ASR*1）は，コンクリート中において，ある種の反応性骨材がセメントからもたらされるアルカリにより膨張反応を起こし，コンクリートにひび割れを発生させる現象である．一度発生すると，停止・修復が困難な場合が多い．1章では，国内外のASR研究の系譜と展望を述べる．

1.1 アルカリ骨材反応研究の歴史

◇1.1.1 海外での研究と対策の歴史

ASR研究の発端は，1938年のStantonによるアメリカカリフォルニア州におけるコンクリート舗装の異常膨張の発見である[1.1]．Stantonは単にASRを発見しただけではなく，ほぼ現在の研究の枠組みまでも完成させている．すでにモルタルバー法の原型を提案し，ASRはセメントのアルカリ量，骨材中のシリカのタイプと量，湿分，および温度の影響を受けることを示した．さらに，セメント中のNa_2O_{eq}*2が0.60 mass％未満では膨張は無視できること，ポゾランの抑制効果の可能性も示した．続いて，1941年のアリゾナ州のパーカーダムでの劣化が報告され，アメリカの陸軍工兵司令部，道路局，ポルトランドセメント協会などや，デンマークとオーストラリアにおいて1940年代に研究がはじまった．

その後，カナダ（図1.1），イギリス，デンマーク（図1.2），西ドイツ，南アフリカ，オーストラリア（図1.3），ニュージーランドなどの各国にて，それぞれの地域の骨材を使用したコンクリートにASRの事例が新たに発見され，

＊1 アルカリ骨材反応（alkali aggregate reaction：AAR）には，アルカリシリカ反応（ASR）とアルカリ炭酸塩反応（ACR）があるが，いずれもシリカ関連鉱物の反応によるものであるので，本書ではASRと表記する．

＊2 $Na_2O_{eq} = Na_2O + 0.658 \cdot K_2O$（酸化ナトリウムの質量割合に換算したアルカリ量，$Na_2O$当量と呼ぶ）

図1.1　カナダにおけるASRの事例（橋梁，珪質石灰岩，フーチングコンクリートのEPMA面分析の結果を図3.71に示す（そこでは泥質石灰岩となっている））

図1.2　デンマークにおけるASRの事例（橋梁,フリントを含有する海砂）

図1.3　オーストラリアにおけるASRの事例（ダム，川砂利）

ASR膨張機構および抑制対策の研究活動が活発になった.

日本では事例がないが，世界的には**アルカリ炭酸塩反応**（**ACR**）が不純石灰石骨材に多く認められ，ASRとは別の機構によるものとして議論されてきた．ACRはSwenson[1.2]により，カナダではじめてASRと同時期（1957年）に報告された．その後，アメリカの複数の州，イギリス，バーレーン，イラク，中国でも2006年に報告された．最近までこの機構が議論され，最新の研究[1.3]で不純な石灰岩中の隠微晶質石英によるASRによるものであることが結論付けられた．日本の石灰石骨材は比較的高純度であるが，世界の多くの場所では石灰石骨材は方解石以外の泥質・珪質成分なども含み，反応性が高い場合が多い.

ASR研究の活性化を受け，アルカリ骨材反応に関する国際会議（International Conference on Alkali Aggregate Reaction：**ICAAR**）が，1974年以後，開催されてきた．1992年からは4年ごとの開催となっている．その予稿集から世界各国のASRの実状と研究の発展を知ることができる．これまでの開催国を表1.1に示す.

これらの国々はいずれもASRの問題を抱えており，継続的に活発なASR研

表1.1　ICARRの開催地

回	年	開催地	
第1，6回	1974，1983	デンマーク	キューゲ，コペンハーゲン
第2回	1975	アイスランド	レイキャヴィーク
第3，9回	1976，1992	イギリス	ウェクサム，ロンドン
第4，14回	1978，2012	アメリカ	パデュー，オースティン
第5回	1981	南アフリカ	ケープタウン
第7，11回	1986，2000	カナダ	オタワ，ケベック
第8回	1989	日本	京都
第10回	1996	オーストラリア	メルボルン
第12回	2004	中国	北京
第13回	2008	ノルウェー	トロンハイム
第15回	2016	ブラジル	サンパウロ
第16回	2020（予定）	ポルトガル	リスボン

究を続けてきた国々や，最近になって本格的に研究するようになった国々である．第1回会議では5箇国から13論文が発表されたのみだったが，第9回会議では29箇国から300人が参加して150論文が報告され，第14回会議まで同様のレベルにある[1.4]．

第1回会議以降，世界各国でASRの事例報告が増加したが，この共通要因*としては，セメントのアルカリ量の増加，コンクリートの配合におけるセメント量の増加，コンクリートの使用環境の多様化などが挙げられる[1.5]．

最近の国際会議では，フランス，トルコ，ブラジル，ベルギー，アルゼンチン，インド，香港，タイなどの国や地域から新たにASR事例が報告され，ASRは特定の国や地域に限られた問題ではなくなった．さらに，国際材料構造試験研究機関・専門家連合（RILEM）[1.6]，カナダ規格協会（CSA）[1.7]，米国全州道路交通運輸行政官協会（AASHTO）[1.8]などでは，骨材の試験規格やASR抑制対策，ASR劣化した構造物の調査・診断法などを刷新する状況にいたっている．AASHTOの方策はカナダ規格CSA A23.2-27A-2009をもとにしている．日本においても，原子力安全基盤機構（現 原子力規制庁）から新しい方法論がこれらの活動をもとに提示された[1.9]．これらの内容については5章で説明する．

ただし，いまだにヨーロッパでもすべての国でASRが確実に認識されているわけではない．アジアの諸国に関しては，それぞれ第8回および第12回のICAARを開催した日本および中国（図1.4）以外には，インド，韓国，台湾，フィリピン，インドネシア，タイなどの国や地域で，ASRの事例報告が学術雑誌などで散見される程度である[1.10]．発展途上国では，ASR，塩害などのコンクリート構造物の耐久性が問題となる以前に，コンクリートの品質そのもの，あるいは施工技術に問題を抱えていたため，これまでASRの報告は少なかった．したがって，これからは発展途上国でもASR劣化事例の報告が増えてくるものと予想され，それぞれの地域の実状にあったASR抑制対策の実施が必要となる．

ASRの現象は，骨材資源との関係から地域依存性の強いものである．このような観点からASRの発生地域を区分すると，ヨーロッパ，北アメリカ，南

---

* しばしば，河川や丘陵に堆積した砂利をイメージした，良質な骨材の枯渇がASRの原因として挙げられる．ただし，これらは，流動性の観点では良質であるが，アルカリ反応性の観点では砕石と比較して良否はなく，必ずしも非反応性であるわけではない．

図1.4　中国におけるASRの事例（橋梁，川砂利）

アメリカ，ユーラシア，インド，オーストラリアなどのかつてのゴンドワナ大陸に属していた地質年代の極めて古い安定な大陸内部に位置する国々と，日本，フィリピン，ニュージーランド，アメリカ（カルフォルニア州），チリなどの地質年代の新しい環太平洋火山帯に属する地域に大別できる．

前者の地域では微小な石英が関係する変成岩系の遅延膨張性の骨材が多く，後者の地域では火山岩系の急速膨張性の反応性骨材が比較的多いのが特徴である*．

1.1.2　日本での研究の歴史

1970年代以前は，東北，中国地方などの構造物でASR劣化事例に関する2，3の報告があったのみである．このため，ASRが全国的な劣化現象としては捉えられておらず，一部の研究者を除いて，ASR問題には関心が払われなかった．その後，1980年代に阪神高速道路の橋脚にてASRが発見されると，ASR問題は北陸地方や，中国，四国，九州地方などの西日本各地に波及していった．しかし，当時のASR劣化した構造物は建設後10～15年程度の経過年数のものであるために，劣化が比較的軽微であり，反応性骨材はほとんどが安山岩砕石であった．また，チャートや珪質粘板岩によるASR劣化も東海地方などで発見された．

これらの問題を契機にして，建設省（現 国土交通省）総合技術開発プロジェクトおよび日本コンクリート工学協会（現 日本コンクリート工学会）のア

*国際的なASRの産状については，文献[1.11]が参考になる．

ルカリ骨材反応調査研究委員会による全国的な調査がはじまった．その結果，ASR劣化が発生した構造物は日本の広い地域に分布しており，反応性骨材も火山岩や堆積岩，変成岩を起源とする多種多様な岩種のものがあることが明らかになった．

一方，同時期に，アメリカの化学法（ASTM C289）およびモルタルバー法（ASTM C227）を参考にして，日本でも骨材のASR試験法（化学法（JIS A 1145）およびモルタルバー法（JIS A 1146））が規格化された．さらに，建設省総合技術開発プロジェクト「コンクリートの耐久性向上技術の開発」のなかで，骨材のASR試験法やASR抑制対策とともに，ASR劣化した構造物の調査・診断や補修・補強技術が提案された．

1990年代以後は，ASR問題は解決されたものとして，ASRへの関心は研究者，技術者からしだいに薄れていった．また，骨材のASR試験法の普及により，反応性骨材が骨材市場から排除されるとともに，セメントの製造設備更新にともなってアルミナの原料となる粘土が石炭火力発電所から排出する石炭灰へと置き換わることで，ASRのもう一つの要因であるセメントの**アルカリ濃度**が図1.5に示すように低アルカリ形セメントの基準である0.6 mass%程度まで減少していった[1.12]．図には表現されていないが，平均的なアルカリ濃度とともに，工場ごとのアルカリ濃度のばらつきも重要である．アルカリ濃度は原

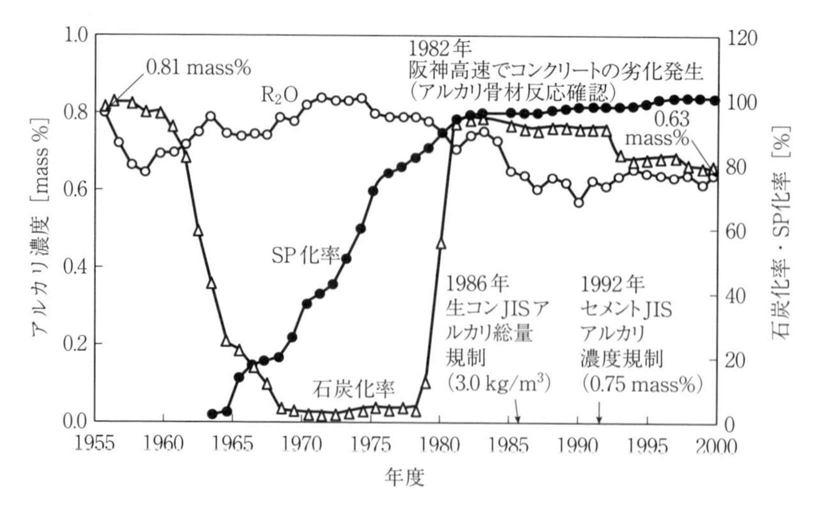

図1.5　セメント中のアルカリ濃度変化　［君島健之：セメントの未来を考える，セメント・コンクリート，No.661，p.110，図1，2002.］

料事情と工場施設により大きく異なる．1986年以前は古いセメントキルン設備が用いられていたこともあり，ヨーロッパなどの一部の古い設備の場合と同様にアルカリ濃度は1.0 mass％を超え，1.2 mass％程度となる場合も存在した．とくに，1970年代から1980年代初頭には1.0 mass％を超える工場がいくつか存在したが，1980年から1990年の間にアルカリ濃度の平均値も低下した．このように，アルカリ濃度の最大値が1.0 mass％から0.7 mass％に低下したことがASR劣化の観点では重要である．

これらの対策が効果を発揮し，同時にセメント材料の特性の変化も相まって，1986年のASR抑制対策の制定以後の新設構造物でのASRの発生が確実に少なくなった．その一方で，1970年代から1980年代に建設された構造物のなかには，ASRによる経年劣化の進行とともに，ひび割れが進展してきたものもある．著しくひび割れた構造物には，表面被覆材とひび割れ注入による補修が実施された．しかし，外部からの水分を遮断してもASRの進行を完全に停止させることができず，再劣化を生じる構造物が出てきた．ASRに対する補修工法の確立は，現在でも未解決の問題である．

1990年代にASR研究は活発ではなかったが，コンクリート標準示方書（2001年刊行）には，中性化，塩害などとともにアルカリ骨材反応の維持管理標準が記載され，後に社会問題となった，ASR膨張による**鉄筋破断**の事例がすでに紹介されている．これは当時のJIS規格で認められていた，鉄筋の曲げ加工の曲率半径の小ささに起因するわが国に特有の現象であり，2004年のICAARでは好奇の目をもって迎えられた．

また，2001年に福島県での反応性骨材の判定結果の改ざん問題が報道され，国土交通省よりアルカリの総量規制と混合セメントの使用を無害と判定される骨材の利用よりも重視したASR抑制対策が通達された．同時に，福島県での問題を契機にして，日本で使用されている骨材のアルカリ反応性に関する実態調査が，国土交通省によって実施された．反応性骨材の判定結果の改ざん問題の背景には，これまでのASR抑制対策が化学法により無害と判定された骨材の使用が偏重されており，地域における骨材の実状に十分な配慮がなされていなかったことがあった．

その後，2003年のNHK報道「**鉄筋破断**の衝撃」を契機にして，土木学会コンクリート委員会はアルカリ骨材反応対策小委員会を設置し，ASRによる鉄筋破断の調査およびその機構解明に取り組んできた．ASRによる鉄筋破断の問題に関しては，国土交通省より道路橋維持管理要領（案）が通達され，ASRによる鉄筋破断の全国的な調査が実施されてきた．日本のASR発生地域と鉄筋破断の確認された場所*[1.13]を図1.6に示す．

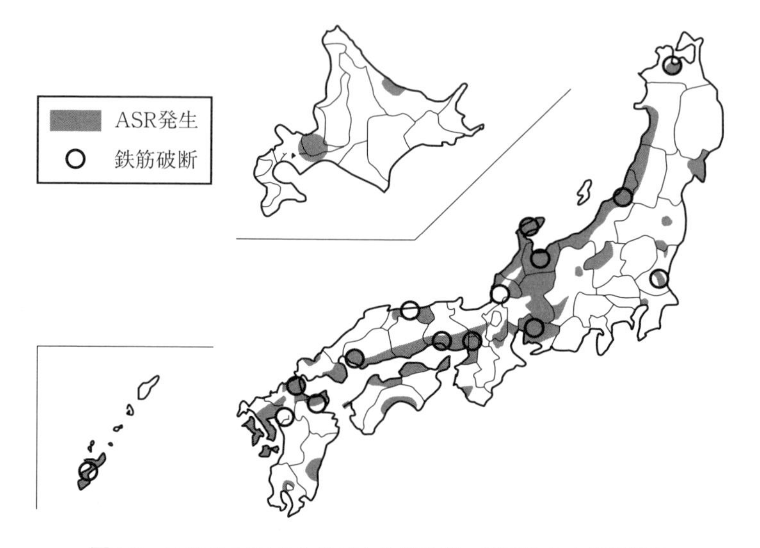

図1.6　日本のASR発生地域と鉄筋破断の確認された場所[1.13]

1.2　ASRに関連した問題の解決と課題

◇1.2.1　国　内

ASRの発生の多くは1970年代後半から1980年代に建設されたコンクリート構造物でみられており，現在はこれらの構造物の維持管理の問題に重点が移っている．少子高齢化社会になると，コンクリート構造物の長寿命化と維持管理費用の低減がますます重要になり，ASRの発生自体を少なくする技術開発は今後とも必要である．すなわち，1986年のASR抑制対策は暫定的なものであり，ASR抑制対策は時代とともに見直していくべきものである．ASR劣化した構造物は北海道から沖縄までのすべての地域で確認されている．このように，ASRが一部の地域の特定の骨材の問題ではないと認識されるようになっ

* これまで確認されたもののみであり，調査が進み，情報公開がなされるようになれば全国的に広がると推定できる．筆者らの一部は，業務上の守秘義務から詳細を記載できないが，ほぼ日本中の広範な地域でASR劣化が生じていることを認識している．

たことは大きな進歩である．

また，鉄筋破断にいたるような，重大な劣化事例が発見される一方で，ASRがほぼ終了し，今後は経過観察により維持管理するのが妥当と判断できる構造物もある．コンクリートの配合や構造物の使用・環境条件が同様であれば，ASR劣化は骨材のアルカリ反応性に依存するので，ASR抑制対策は地域における骨材事情（どのような種類の反応性骨材が流通する可能性があるか）が反映されるべきである．

近年，中国産の川砂の輸出禁止措置や，九州沿岸，瀬戸内海での海砂の採取規制が話題になった．東日本大震災の影響もあり，一部の地域ではすでに骨材の需給関係がかなりひっ迫してきており，また乾燥収縮策として石灰石も含めた骨材の長距離輸送も増えている．当然，使用実績のない骨材，および細粗骨材組合せを使用する際には，ASRに対する注意をもう一度喚起する必要がある．

一方，日本のASR抑制対策は，無害と判定される骨材のみを使用することから，無害でないと判定される骨材を含めて，骨材資源を各地域で有効に活用する方向に転換してきている．このような事情を考慮すると，骨材のアルカリ反応性の試験法（化学法およびモルタルバー法）だけでなく，アルカリの総量規制値や混合セメントの置換率に関しても，全国一律の規制ではなく，その地域の骨材事情に配慮したものに変えていくべきである．

2000年代以降，日本コンクリート工学会に新しいASRに関する三つの研究委員会[1.14-1.16]が設置された．日本におけるASR問題が抑制対策以降も継続していることが改めて指摘され，今後の新しいASR抑制対策に向けた現在の劣化を適切に評価する診断方法の標準化が図られた．その過程で，一部の試験機関で従来行われてきた不適切な診断手法の問題点も指摘された[1.17]．これらの活動を踏まえて，最新の診断フローと抑制対策を5章に示す．

◇1.2.2　国際展開と重要構造物

日本国内の建設需要は，現在一時的に回復しているが，長期的には飽和，減少し，海外への展開が拡大する．海外では日本とは異なる性質の骨材が主体となる場合も多く，日本の規格をそのまま適用するだけではASRを抑制できない．JIS規格は国内の建設物のASRを許容できる範囲に抑制するもので，海外では状況が異なるため，国際規格を十分に理解して対応しなければならない．

また，長大橋や原子力施設，あるいは放射性物質に汚染した廃棄物の最終処分場など，取替えが困難で長期間にわたって信頼性が求められる重要構造物には，当然ながら，JISの範囲で考えるのではなく，最先端技術を駆使して対策を講じるべきである．

参考文献

[1.1] T.E. Stanton: Expansion of concrete through reaction between cement and aggregate, Proc. of ASCE, Vol.66, pp.1781–1811, 1940.

[1.2] E.G. Swenson: A reactive aggregate undetected by ASTM tests, Proc. of American Society for Testing and Materials, 57, pp.48–51, 1957.

[1.3] T. Katayama: The so-called alkali-carbonate reaction (ACR) –Its mineralogical and geochemical details, with special reference to ASR, Cement and Concrete Research, Vol.40, pp.643–675, 2010.

[1.4] Federal Highway Administration: Alkali-aggregate reaction (AAR) facts book, FHWA-HIF-13-019, 2013.

[1.5] 川村満紀，枷場重正：アルカリ・シリカ反応のメカニズム，コンクリート工学，Vol.22, No.2, pp.6–15, 1984.

[1.6] 山田一夫：総説　RILEM TC 219-ACSの活動状況を考慮した今後のASR研究について，コンクリートテクノ，Vol.33, No.6, 2014.6.

[1.7] CSA A23.2—27A—2009, Standard practice to identify degree of alkali-reactivity of aggregates and to identify measures to avoid deleterious expansion in concrete.

[1.8] AASHTO: Standard practice for determining the reactivity of concrete aggregates and selecting appropriate measures for preventing deleterious expansion in new concrete construction, pp.65–11, 2011.

[1.9] 中野眞木朗：原子力用コンクリートの反応性骨材の評価方法の提案，原子力安全基盤機構，JNES-RE-2013-2050, 2014.2.

[1.10] T. Katayama: A review of alkali-aggregate reactions in Asia–Recenttopics and future research, East Asia Alkali-Aggregate Reaction seminar, Supplementary papers, A33–43, 1997.

[1.11] I. Sims, A. Poole (eds)：Alkali-Aggregate Reaction in Concrete: A World Review, C. R. C. Press/Balkema, The Netherlands, 2017.2.予定.

[1.12] 君島健之：セメントの未来を考える，セメント・コンクリート，No.661, 2002.

[1.13] 鳥居和之：コンクリートの長寿命化への提言，橋梁と基礎，Vol.42, No.8, pp.82–84, 2008.

[1.14] 作用機構を考慮したアルカリ骨材反応の抑制対策と診断研究委員会：委員会

報告書，日本コンクリート工学協会，2008.9.
[1.15] ASR診断の現状とあるべき姿研究委員会：委員会報告書，日本コンクリート工学会，2014.7.
[1.16] 性能規定に基づくASR制御型設計・維持管理シナリオに関する研究委員会，JCI・TC152A，日本コンクリート工学会，http://www.jci-net.or.jp/~tc152a/
[1.17] 片山哲哉：既往の調査事例にみられる不適切な診断法，作用機構を考慮したアルカリ骨材反応の抑制対策と診断研究委員会報告書，日本コンクリート工学協会，pp.215-218，2008.

2章 ASR劣化に対する維持管理

2.1 維持管理の全体像

2.1.1 はじめに

2章では，診断から対策までを含めた**維持管理**全体のなかで**ASR診断**が占める位置付けを示し，概要を説明する．まず，構造物の重大性レベルと診断を行う技術者レベルの関係について示す．そのうえで，ASR診断の概要を示し，対策立案のための予測，評価，具体的対策を示す．さらに，一般的なASR診断と対策の事例選択の手法の例として，アメリカのFHWA（Federal Highway Administration）の手法を概説する．

ASRに関する維持管理の全体像を理解しておく必要があるので，維持管理における，ASRに関する総合的なコンクリート部材の**健全性評価**の概念を図2.1に示す．健全性評価では，検討対象のコンクリート構造物のある部材について，その将来における健全性を予測することが目的となる．このためには，以下の流れに従って，調査・検討を行う必要がある．

① 目視などの標準調査による変状の検出

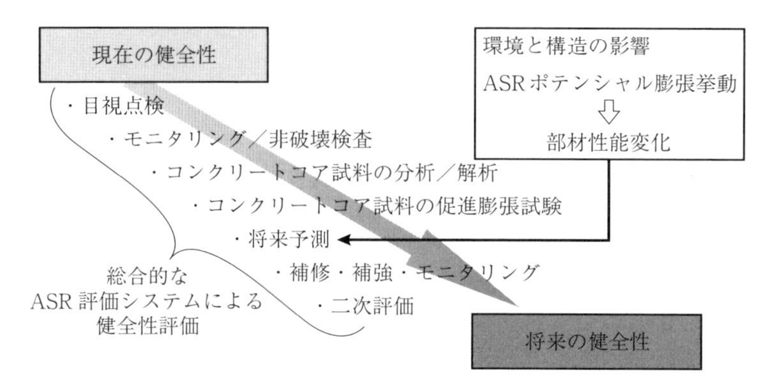

図2.1 ASRに関する総合的なコンクリート部材の健全性評価の概念[2.1]

② その変状の時間変化と影響度を評価するモニタリングと非破壊検査
③ 変状が放置できない状況となった際の破壊検査としてのコア採取*と，分析および解析による原因特定
④ 変状がASRであった場合にはコンクリートコア試料の促進膨張試験
⑤ 試験結果と別途求めておいた将来予測手法による膨張予測
⑥ 必要に応じて，補修・補強などの対策，予測および対策の効果確認のモニタリング
⑦ 膨張後の構造性能を予測する二次評価

さらに，部材だけではなく構造物全体としての挙動評価も求められる．しかし，現時点では，どれ一つとして確立されていない．たとえば，標準調査で検出すべき変状とはどのようなもので，ひび割れならば何mm以上をみるのか，ひび割れのモニタリングと非破壊検査の手法はどのようなものがよいのかなどである．本書では，③の原因特定，④の促進膨張試験，⑤の将来予測については一定の情報を示すが，健全性評価のためにはほかの項目については今後の検討が必要である．しかし，まずは全体像を理解したうえで，③の原因特定を行うべきである．

このような予測を行ったうえで，維持管理に必要な対策を施し，再度，対策の効果を予測し，かつモニタリングしていくことが求められる．

2.1.2　構造物の重大性レベルと診断を行う技術者レベルの関係

ASR診断を行うにも，簡易なものから詳細なものまで，いくつかのレベルがある．すべての構造物で詳細な診断を行うわけではない．診断のレベルは構造物の重大性レベルにもよる．表2.1に構造物の重大性レベルの分類例[2.2]を示す．ASRの程度と構造物の性能や経済性，環境への影響度の関係から，ASRが許容できるレベルを4段階に区分する．現行の抑制対策では，材料規定によりASR膨張は起こらないとみなされるが，診断でASRの発生が認められると，維持管理では構造物の重大性レベルを考慮して診断のレベルや対策を決める．

標準調査で変状が認められない場合でも，コンクリートコア試料を採取するとASRが検出されることもある．ASRが認められたからといって，必ずも有害とは限らない．拘束度の高い部材ではひび割れがない場合でも材料特性が低

* コンクリート構造物からのコンクリートコア試料の採取である．

表2.1 構造物の重大性レベルと技術者への要求能力のレベル[2.2]

レベル	ASRの受容性	構造物の性能や経済性，環境への影響度	技術者への要求能力
低	ASRによる多少の劣化は許容できる	ASRの影響度は小，もしくは，無視可能	
中	中程度のASRのリスクは許容できる	ASRが主要な劣化であれば，影響あり	
高	小規模のASRのリスクは許容できる	ASRが小規模でも，影響大	
最高	ASRは許容できない	ASRが小規模でも，影響深刻	

下している可能性がある一方，ASRが材料特性に影響していない場合もある．したがって，何らかの方法で将来予測をする必要がある．

理想的な新設を考えると，将来的には，ASRを抑制するのではなく，設計において構造物ごとにASR膨張が許容できる範囲を定め，使用材料と環境を考慮することでASR膨張を予測し，ASR膨張を一定範囲に制御することが望ましい．

詳細なASR診断は労力と費用を要する．したがって，構造物の重大性レベルに従い，診断のレベルを変えるのが合理的である．表2.1には構造物の重大性レベルに合わせた技術者への要求能力のレベルの関係も示した．現在，詳細なASR診断が可能な技術者は限られており，すべての構造物に対して詳細なASR診断をすることは困難で不経済である．本書では，岩石学的評価の有無により，一般的なレベルと高度なレベルに区分する．

◇2.1.3 ASR診断を含む維持管理フロー

ASRが疑われるコンクリート構造物におけるRILEMの維持管理フロー[2.3, 2.4]の全体像を，図2.2に示す．なお，2013年に，RILEMから90ページほどの診断指針がAAR-6.1として出されている[2.5]．

通常，コンクリート構造物は管理者により**一次調査**（定期点検）が行われている．現場に赴く一次調査者が何らかの**変状**を検出してASRの疑いをもった場合，管理者は既存の記録を調べ（**机上調査**），追加調査を検討し，必要に応じて**現場調査**を実施する．この範囲を**標準調査**とする．

標準調査の結果，ASRが疑われ，過去の経験などから原因が推定できず，

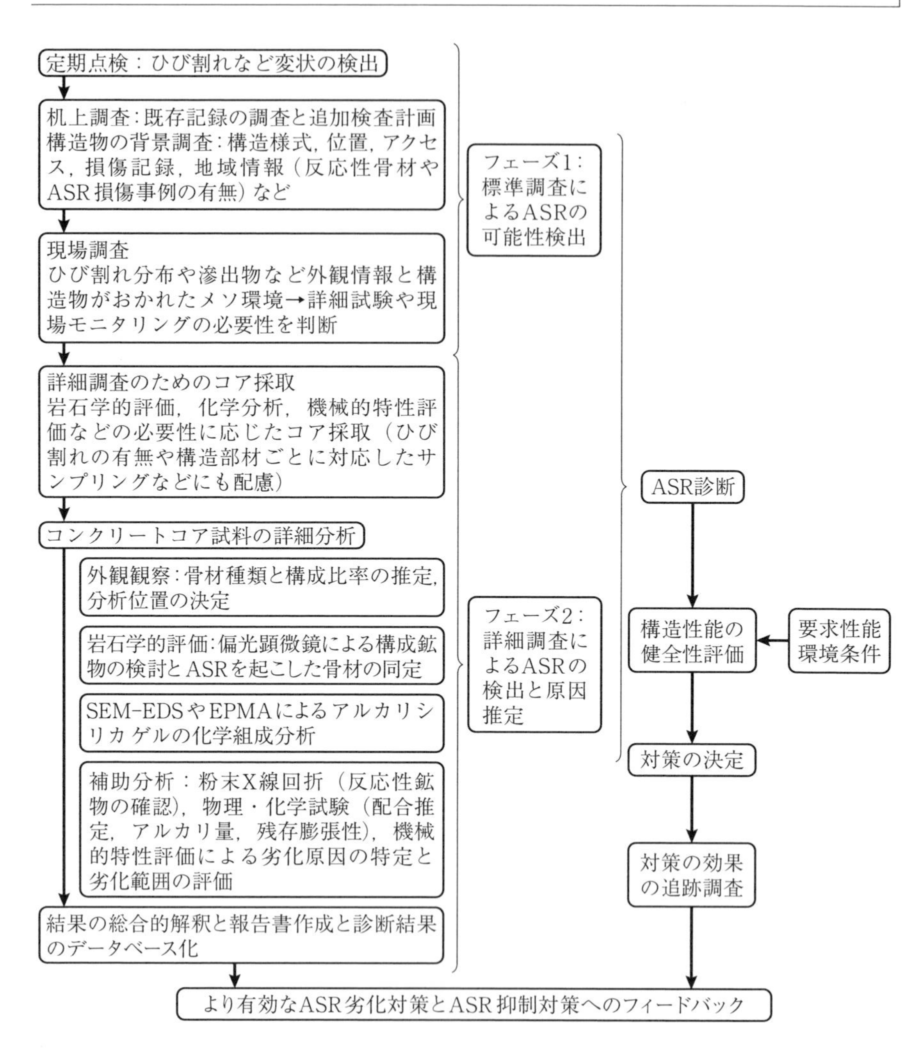

図2.2　ASR診断とASRが疑われるコンクリート構造物の維持管理フロー[2.3, 2.4]

もしくは今後の挙動が不明確である場合などは，**詳細調査**によりASRであることを確認して進行状況を調べ，将来予測を行う．詳細調査では，コンクリートコア試料を採取して**詳細分析**を行う．これらの調査・分析は，補修・設計／分析コンサルタントなどの専門家に依頼する．この部分が高度な診断レベルを要する．

ASR診断とは，この標準調査と詳細調査を合わせたものを指す．

ASR診断の結果を踏まえ，鉄筋破断などの調査も含め，構造物の耐荷性能を評価し，**健全性評価**を行う．この結果，構造物の要求性能と環境条件を考慮し，必要であれば，対策を講じる．対策を講じた後も，その効果の追跡調査が必要である．さらに，詳細分析の結果をデータベース化し，ASR膨張の発生条件と対策の効果を検証し，より有効なASR劣化対策とASR抑制対策へのフィードバックを行う．

現行のASRに関わる維持管理指針類（2.5.4項で詳述）では，ASRであることの同定は求めるものの，詳細なASR診断は求められていない．行うとしても，電子顕微鏡（SEM）での形態観察によるアルカリシリカゲルの存在*1の確認と残存膨張性*2の評価のみである．ASRであるかどうかを断定できない場合はともかく，ひび割れパターンや環境条件などから，明らかにASRであると考えられるときに，詳細調査を行う必要があるのか，何のために詳細調査を行うのかなどの疑問がしばしば提示される．

骨材の供給源が同一で，同時代に建設された類似の構造物がASRにより劣化したという診断結果があり，類似の変状が認められる場合には，過去の経験から詳細調査は省略できるかもしれない．しかし，ASRを引き起こした原因物質と進行状況次第で，対策と以降の維持管理方針が変わりえるため，通常，ASR診断は必要である．あえて例えるならば，風邪と思って市販薬で済ますか，インフルエンザと思って医療機関を訪れるかの違いである．ただ，ASRは風邪やインフルエンザとは異なり，自然治癒はしないし治療も難しい．

まず，**急速膨張性**と**遅延膨張性***3の区別が必要である．急速膨張性の場合

---

*1 アルカリシリカゲルの存在とASR劣化は，必ずしも同義ではない．アルカリシリカゲルが生成していても，ひび割れなどの劣化原因はほかにある可能性はある．アルカリシリカゲルとひび割れの関係については，3章で詳述する．

*2 何らかの促進試験によりコンクリートコア試料の膨張挙動を調べることを，しばしば残存膨張試験という表現がなされるが，これは促進膨張試験であり，必ずしも残存膨張性を評価することにはなっていない．

*3 急速膨張性および遅延膨張性という用語は，日本の骨材のアルカリ反応性を表現するのに便利である．文献[2.6]ではじめて使用された．モルタルバー試験で半年以内に有害と判定できないものを遅延膨張性と呼び，そのようなものでもコンクリートプリズム試験では1年以内に有害と判定できる．一方，モルタルバー試験で有害判定できるものを急速膨張性と呼び，経験上，非反応性骨材と混合すると膨張が大きくなる配合ペシマム現象を示す．英語では，それぞれrapid expansiveおよび late expansiveと表記する．late expnasiveは，もともとslow/late expanding alkali–silica/silicate reactionと呼ばれていたものを短縮したものである．英語表記ではslow reactiveと表記されることも多い．

は，比較的短期間に大きな膨張が発生し，その後も膨張が収まらない可能性もあるし，見かけ上のひび割れは著しいとしてもすでに膨張は収束しているかもしれない．遅延膨張性の場合，一見すると膨張は小さくても，相当期間にわたって膨張がゆっくりとではあるが継続する可能性もある．これらの検出方法と場合分けの方法は，経験ある技術者による岩石学的評価しかない．最新の手法を用い，個々の劣化事例で予測の努力をすべきである．その結果は，新設する場合，合理的な骨材のアルカリ反応性評価と抑制対策に改良するためのフィードバックにもなる．

診断の目的は対策を立てるうえで参考とするためである．しかし，詳細調査がどのように役立つかが理解されていないため，現在の方法論では詳細調査が省略されていることが多い．詳細調査なしに，ASR劣化の進行予測は困難である．コンクリートコア試料の**促進膨張試験**は，今後の膨張の可能性（**残存膨張性**）について一定の情報を与えるが，5章で述べるように限界もある．**岩石学的評価**を主体とした詳細調査により，より的確に膨張挙動が予測でき，より合理的な維持管理計画を考えることができる．

◇2.1.4　コンクリート構造物のASR診断後の対応

ASR診断の位置付けは，構造物の維持管理に必要な情報を提供するものである．現在，実際にどのような診断が行われ，その結果に基づいてどのような対応がなされているかを説明する．

従来，ASR劣化した構造物の診断の方法は，塩害や中性化など，コンクリート構造物のほかの劣化要因と比較しても不明な点が多く，確立されていなかった．しかし，これまでに行われたさまざまな実験結果を概観すると，コンクリートにASRによるひび割れが見られている場合でも，構造物中の鉄筋が健全であれば，耐力への影響はなかったとするものがほとんどであり，コンクリート片のはく落などを除けば，深刻な事態にはいたらなかった．一方，鉄筋の破断が生じている場合は，鉄筋の種類や破断位置を把握し，この影響を適切に考慮する必要がある．

このような対応方法を紹介した資料として，「道路橋のアルカリ骨材反応に対する維持管理要領（案）」[2.7]や「アルカリ骨材反応による劣化を受けた道路橋の橋脚・橋台躯体に関する補修・補強ガイドライン（案）」[2.8]がある．

図2.3に，ASRによる変状を生じた橋梁に対する対応フローを示す．このフ

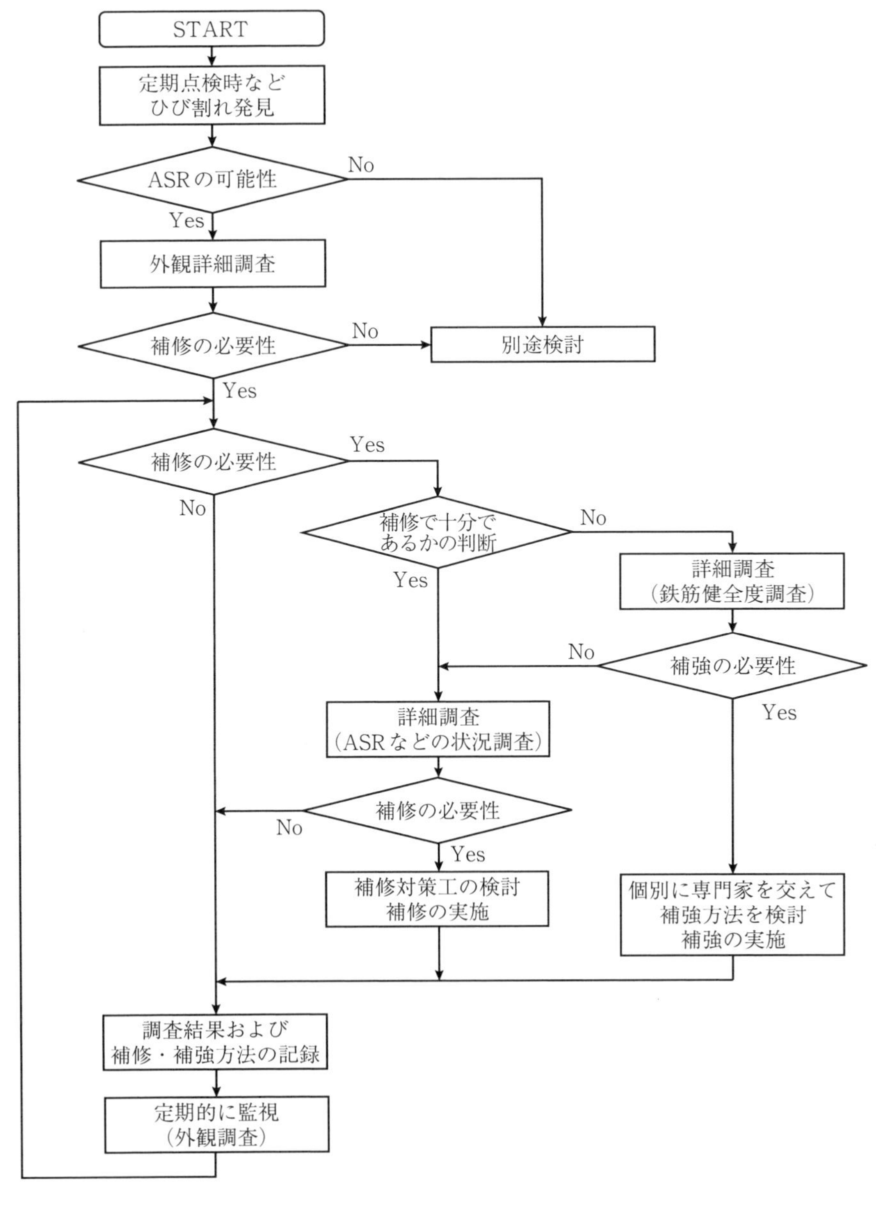

図2.3　ASRによる変状を生じた橋梁に対する対応フロー　[国土交通省：道路橋のアルカリ骨材反応に対する維持管理要領(案), 図1.1, http://www.cbr.mlit.go.jp/architecture/kensetsugijutsu/download/pdf/arukari_youryou.pdf, 2003.3.]

ロー中で生じる判断には，大きく分類すると次の三つがある．

① 構造物に生じている変状がASRによるものであるかどうかの判断

② ASRによる変状に対して補修を行うかどうかの判断

③ ASRによる変状に対して補強を行うかどうかの判断

このうち，③の判断については，鉄筋の破断の有無や破断の位置，破断が生じた部材の配筋などの影響が大きいことから，本書では対象にしない．

①の判断は，表2.2に示す調査方法を採用する．これらは簡易的手法で，調査する構造物の重大性レベルにより，詳細な方法を選定する．

②の判断は，表2.3に示す観点から検討されている，このうち，とくにASR膨張が進行するかどうかについては，将来予測の精度に課題があり，ASR劣化した構造物によるの維持管理において不確実性が残る．以前から，促進膨張試験によって残存膨張性の検討が行われてきたものの，試験結果と構造物のそ

表2.2　ASRの判定に用いる一般的な方法

調査・試験方法			長所・短所
主たる方法	目視調査	ひび割れの特徴（方向，間隔，規則性，滲出物の有無）から，ASRかどうかを判定する．	・診断に時間を要せず，典型的な場合は，比較的容易に診断可能． ・診断を行う者には経験が必要． ・判定結果は定性的． ・複数の劣化要因がある場合，目視調査のみでは判定できない． ・細骨材が原因のASRの場合は，判定が困難な場合がある．
補助的な方法	コンクリート切断面の観察	切断面の状況（骨材の割れ，アルカリシリカゲル，骨材の反応リムなどの有無）から，ASRかどうかを判断する．	・診断を行う者には経験が必要． ・判定結果は定性的． ・細骨材が原因のASRの場合は，判定が困難な場合がある．
	静弾性係数の測定	静弾性係数が通常のコンクリートと比較して極端に低い場合は，ASRと考えられる．	・ほかの試験方法ほど専門的な知識を要しない．
	コンクリートコア試料の残存膨張性	促進膨張試験で有害な膨張が認められると，ASRの可能性が高い．膨張が認められない場合でも，ASRがないとはいえない．	・この方法だけでは判定できないので，注意が必要である． ・試験結果は，将来の膨張の有無を評価するうえで参考にできる．

＊　一般的な方法として文献[2.8]に記載されている方法を選定し，説明を加えた．

表2.3 補修の必要性を検討するうえでの着眼点

着眼点	備 考
ASRによるひび割れが鋼材の腐食に顕著な影響を与えるかどうか	・ひび割れ幅や本数と環境条件などを総合的に勘案して検討する． ・ひび割れ幅が小さく，ひび割れが滲出物で埋まっているような場合は，補修の必要性が低い．
ASR膨張が継続するかどうか	・過去の点検結果の記録がある場合は，ひび割れ本数やひび割れ幅などの変化の傾向から，膨張の進行についてある程度予想することが可能である．一方，多くの構造物では，竣工後の点検の記録が十分には残っていないので，この方法では困難な場合が多い． ・採取したコンクリートコア試料から促進膨張試験により残存膨張性を推定する．しかし，促進膨張試験による膨張率と，実際の構造物での膨張の継続が一致しない場合も多く，将来予測の精度には課題がある．
ASRが生じている箇所が水みちとなっているかどうか	・ASR膨張には水の供給が不可欠であり，降雨の影響を受ける部位や，雨水の流下経路になっている箇所で顕著な変状が見られる．このため，水の供給を絶つことが重要である． ・水分が供給される部位では，鉄筋腐食が促進される，凍害を受けやすくなるなどの悪影響もあるので，注意が必要である．

の後の推移が一致しない場合も少なくない．促進膨張試験については，5章で詳述する．

2.2 ASR診断の概要

詳細は3章で述べるが，維持管理の全体におけるASR診断フローを概説する．

◇2.2.1 標準調査

コンクリート構造物の維持管理について，標準調査の検討フローを図2.4に示す．まず，一次調査で変状を見出す．机上調査では，外観上の変状のみでは判断しにくい場合，ASRの発生の有無を総合的に判断するための情報の収集を行う．次に，現場調査で構造物の拘束状態の確認を行い，ASRによるひび割れパターンと合致したものかどうかを検討する．さらに，ASRの特徴であるアルカリシリカゲルおよび変色の有無などを検討する．最後に，ほかの劣化や初期欠陥などと区別を行い，これらの情報を総合的に勘案して，目視による

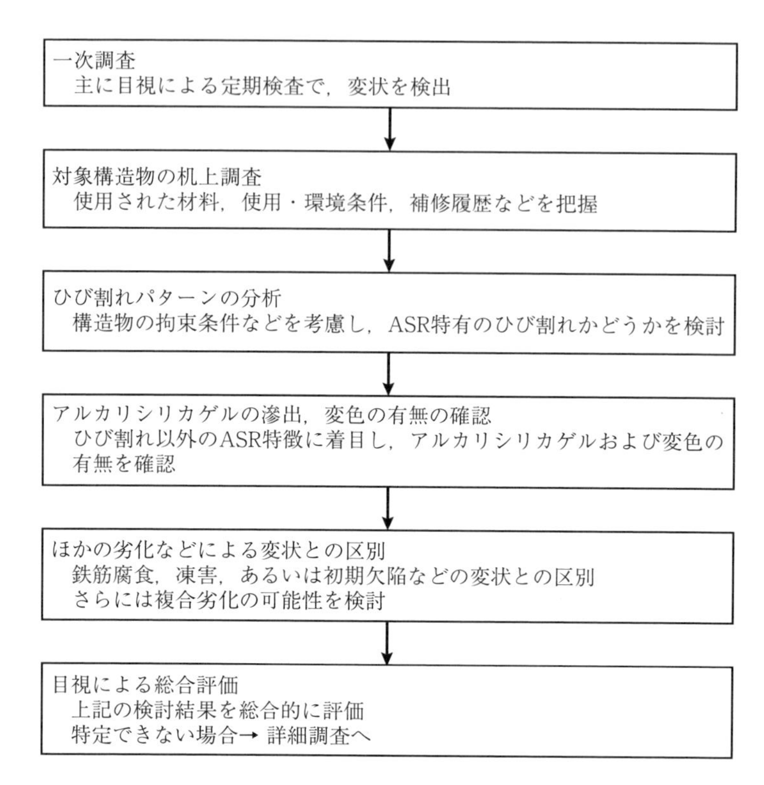

図2.4　標準調査のフロー

ASR発生の有無の判断を行う．

(1) 一次調査

詳細調査によるASR診断は重要であるが，まずは一次調査者による変状検出が第一の段階である．以降のすべての診断・評価の品質以前に，一次調査者の資質が重要である．3章に示す現場調査の詳細を理解し，変状を見逃すことがないようにする．必ずしも，高度な技術を求めるわけではないので，原因推定が正しくできる必要はない．ただし，変状を見逃せば，以降の原因推定の過程ははじまらないので，責任は重い．

しばしば，一次調査者の能力不足で不確定な変状を報告したために，より経験豊富な技術者から不備を指摘されることがある．このような事態を危惧して，自信がない事例は変状がなかったとみなすというようなことがあってはならない．変状の可能性を検出し，対象の現象を変状と感じた理由を一つひとつ明らかにすることで，はじめて一次調査者の能力は高まる．

定期検査の多くは目視を主体とし，打音ハンマーや赤外線カメラなどを補助用具として，すばやく多くの場所を調査する．調査記録は，位置情報，写真記録には全体状況，拡大，および撮影日時とスケールの情報が必要である．

(2) 机上調査

構造物の管理者・保有者は，現場での観察結果に基づき，当該構造物に関わる各種建設条件の情報収集を行う．直接関係する配合報告書などに加え，地域で使用されている骨材種類，劣化事例なども調査する．そのうえで，詳細調査の必要性を判断する．すべての劣化事例について詳細調査をするのは経済的ではないので，類似の事例がすでに明らかになっている場合は，当該地域で経験があるASRに関わる専門家の意見により簡易化することもある．

一次調査で変状を検出した場合，構造物に関わる情報を調査する．ASRの特徴的な外観の変状はあるものの，ほかの劣化と類似したひび割れを示すことも多く，また，凍結防止剤などによって促進されることから，鉄筋腐食なども同時に発生していることもある．基本情報として，以下を調査する．

- 構造物の種類と様式，施工方法と年次
- 位置（環境とアクセス性）
- 使用された骨材（岩種，海砂などからの内在塩の有無）や配合の情報
- 近接した構造物や同種の材料でのASR発生の有無
- 使用・環境条件（外部からのアルカリ供給，Cl^-の浸入，凍結防止剤散布，漏水，雨掛かり，日射の影響）
- 損傷と補修の履歴

必要に応じて，再度，ひび割れの詳細観察や環境把握などの現場調査を行う．常に最新の情報を考慮し，安易に従来の判断を鵜呑みにせず，合理性をもって変状の原因推定を多面的な情報から行い，詳細調査の必要性を判断する．

(3) 現場調査1：拘束状態を考慮したひび割れパターンの分析

現場調査では，目視によるASRの発生の有無の診断を行う．ASRによるひび割れパターンは，構造や鉄筋などの拘束の有無，大きさおよび方向に強く影響される．そのため，対象とする構造物が無筋あるいはそれに近いものであるか，鉄筋拘束の大きなものであるかによってひび割れの見方を変える．

これらのひび割れの特徴からASRの可能性が疑われるときには，ゲルの滲出，変色の有無，ポップアウトなどのひび割れ以外の特徴に着目する．

(4) 現場調査2：アルカリシリカゲルの滲出，変色，ポップアウト

アルカリシリカゲルの滲出はASRの特徴であり，ひび割れを充填する形態と表面に流出する形態の2種類がある．ASRに特徴的なひび割れが発生し，そのひび割れからアルカリシリカゲルが見られた場合には，ASRによるものである可能性が疑われるが，ひび割れパターンと水の流れを加味して，構造的ひび割れや乾燥収縮などと区別する．同時に，コンクリート表面に変色が認められる場合もある．ポップアウトはほかの要因でも生じることがあるため，これを外観目視からのASR発生の有無の指標とすることは適さない．なお，ASRであってもアルカリシリカゲルの滲出などが認められないこともしばしばある．

(5) ほかの劣化などによる変状との区別

ASR以外にもひび割れを生じる劣化がある．施工欠陥，温度応力ひび割れ，構造的ひび割れ，乾燥収縮，中性化，塩害，外部硫酸塩劣化，内部硫酸塩劣化（遅延エトリンガイト生成，DEF），凍害などである．

ひび割れパターンのみで判定すると，次のような誤解を招きやすい．

- 建築物の上塗りモルタルの乾燥収縮
- 施工欠陥や構造的ひび割れ
- DEF（ASRと同一の条件で同様のひび割れを示す）
- 凍害（北海道ではASRは存在しないと考えられてきた）

(6) 目視による総合評価

2.2.1項(1)～(5)の情報を総合的に判断して，ASR発生の有無を判断する．目視観察のみによる判断では限界があるため，ほかの劣化などとの区別が十分でないと判断された場合や，原因の特定が難しい場合にはコア採取などの詳細調査を行う．

現場調査を行う際に，コア採取を行うことを前提とし，コア採取計画立案に必要な情報，部材ごとの劣化の分布，必要と考えられるコンクリートコア試料の本数，コア採取に必要な足場情報などもあわせて取得する．

(7) 記　録

管理者は，ASR診断の結果と関連情報および対策を記録し，データベース化する必要がある．これにより，はじめて将来にわたって適切な維持管理が可能となる．ひび割れパターンの情報（3.1.1項で詳述）は，ASR進展の判断のため，時間をおいて比較する貴重な資料となる．

ASRに関する詳細分析にはコストを要するため，ASRの発生を簡易的に検

出し，ASRを前提とした対策を取ることが経済的と考えられがちである．しかし，このような姿勢が，これまで認識されていない劣化原因を検出することを困難とし，より適切な抑制対策の導入を妨げてきた．たとえば，砂によるASRは判定が難しい場合もあり，レベルによっては専門家であっても各自の限定的経験に基づいて想像している場合もある．適切なASR診断こそが合理的ASR抑制対策の第一歩である．そのため，確実に原因を診断し，情報公開する必要がある．

◇2.2.2 詳細調査

補修・設計コンサルタントは管理者などの依頼に基づき，現場調査，コア採取，詳細分析を行う．依頼内容によっては，とくに岩石学的評価や専門分析は分析コンサルタントへの依頼も行う．分析能力がコンサルタントごとに相当に異なっているため，本書のフローを参考に，信頼できる分析コンサルタントの解析結果をもとに診断を行う必要がある．判断が難しい場合には，ASRに関わる研究者などの専門家の意見を求めることも重要である．

岩石学的評価は，コンクリート薄片による偏光顕微鏡観察が基本となる（9章で詳述）．コンクリート薄片の作製ノウハウ，観察能力が基本となるが，コンクリート材料に関する化学的基礎知識も不可欠である．必要に応じ，粉末X線回折（XRD），電子プローブ微小分析（EPMA），SEM観察などを適宜組み合わせると，より有効な分析となる（8章で詳述）．

図2.5に，偏光顕微鏡観察に熟達した技術者を前提とした専門性が高い高度な詳細調査のフロー[2.9]の例を示す．変状を把握し，適切な部位からコア採取し，原因物質の特定，アルカリ総量の推定，今後の膨張の可能性の三点を検証する．

ASRに関わる専門家には広範な知識が要求される．特別な知識や技能として，骨材の岩石学的特徴とアルカリ反応性との関連，地域で使用されてきたコンクリート材料とASRの被害状況，ASRの作用機構，ASRに関わる規格とその背景，コンクリート薄片の鑑定能力が必要である．これに加え，一般的なコンクリート診断士が有しているようなRC構造，コンクリート材料とその配合設計，各種耐久性の基礎知識，各種分析・診断方法などの知識も不可欠である．

このうち，日本では，コンクリート工学分野に地質学の専門家の関与が稀なため，骨材に使用されるASRに関わる多様な岩種の岩石学的特徴と地質分布

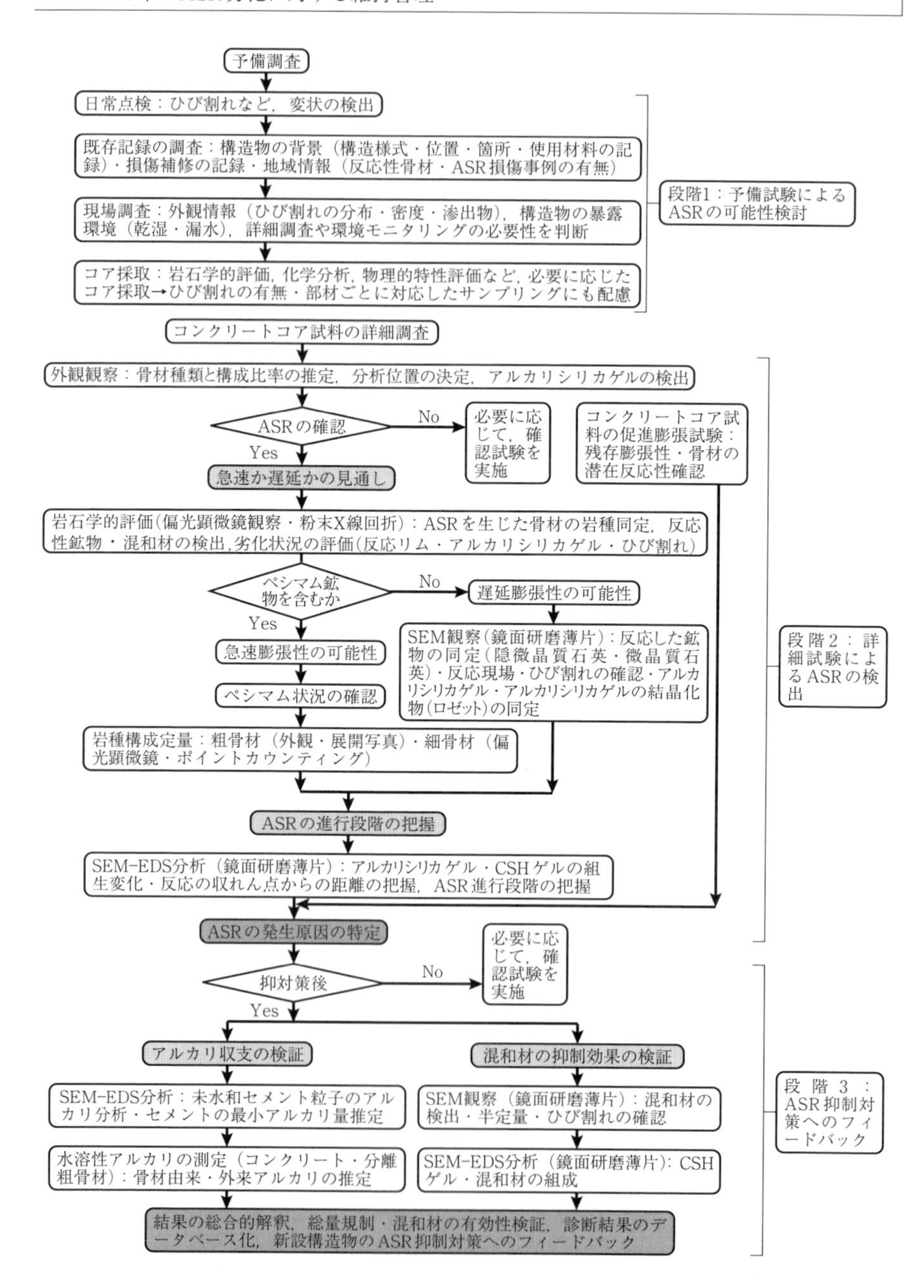

図2.5　偏光顕微鏡観察に熟達した技術者の高度なASR診断フロー　［中野眞木朗：原子力用コンクリートの反応性骨材の評価方法の提案，原子力安全基盤機構，JNES-RE-2013-2050, pp.4-5, 図2-2, 2014.2.］

に関わる知識が不足しがちである．この知識なしには適切なASR診断が可能な専門家とはいえない．

(1) コンクリートコア試料を用いたASR診断の概要

コンクリート構造物の現場調査において，目視検査やその他の非破壊試験によって十分な情報が得られない場合や，さらに確定的な診断が必要な場合には，構造物の一部からコア採取をして評価試験を行う．

コンクリートコア試料を用いたASR診断では，まず対象となるコンクリート構造物の変状がASRに起因したものであるかの確認（ASRの判定）を行い，ASRであることが認められた場合，**劣化状況**の把握（反応性骨材の存在と反応の進行度，圧縮強度や弾性係数などの力学的特性），その発生原因（反応性骨材中の原因鉱物の種類，アルカリ量）の推定，将来的な劣化継続の有無（残存膨張性の評価）を診断する．表2.4にASR診断のためのコンクリートコア試料を用いた詳細調査の一般的分析手法ならびに目的を，図2.6に目的に応じた詳細調査の分析フローをまとめる．

この場合も周辺でのASR劣化の事例が参考となる．事例が認識されていない場合は，より広範な知識と経験が求められる．繰り返すが，どのような場合でも，劣化の原因物質の特定は先入観にとらわれずに客観的事実に基づいて行う．

詳細調査で実施するコンクリートコア試料を用いた詳細調査は多岐にわたり，項目の採用については，構造物管理者の管理体制やその構造物の重要性，同条件でのASRの被害実態などを勘案する．ここでは，目的別に調査項目を分類して概説する．

(2) ASR発生の有無・発生原因の特定

ASRの発生の有無および原因の特定方法としては，コンクリートコア試料に関する**目視**レベルの観察によって骨材周囲の反応リム，骨材から発生しているひび割れ，骨材起源の白色のアルカリシリカゲルもしくは切断面に数時間をかけて生じる透明なアルカリシリカゲルなどを確認する方法から，SEMや特性X線分析（EDS）などを駆使してアルカリシリカゲルあるいは反応性鉱物などを特定するものまで，多岐にわたる．

安山岩が粗骨材の場合には，目視や実体顕微鏡による観察から反応リムやアルカリシリカゲルが同定でき，原因推定が比較的容易である．しかし，ASRを生じている骨材が少ない場合やその進行が顕著でない場合には，目視や実体顕微鏡では難しい．同様に，細骨材がASRの原因である場合も，目視レベル

表2.4　コンクリートコア試料を用いた詳細調査項目の一覧

分析手法		目　的	
岩石学的分析	目視・実体顕微鏡観察	ひび割れ状況（密度），反応生成物の有無・分布観察，粗骨材の鑑定・構成割合の測定	・コンクリートの劣化がASRによるものかどうかを判定 ・ASR発生原因の特定
	偏光顕微鏡観察	使用骨材・反応性鉱物の特定，細骨材の構成割合の測定，セメント・混和材の鑑定，反応生成物の有無，微細なひび割れ状況，空気量および気泡の大きさ，養生の良否	
	XRD分析	骨材・セメントペースト中の構成鉱物の同定（偏光顕微鏡観察の補助）	
	EPMA・SEM-EDS分析	反応性鉱物の特定（偏光顕微鏡観察の補助），反応生成物の観察・組成測定，未水和セメント分析によるアルカリ量の推定，セメントペースト中の元素濃度分布	
化学分析	水溶性アルカリ量分析	水溶性Na・Kの測定，外来アルカリの有無	・ASR発生に関わる因子の推定
	Cl^-濃度分析	Cl^-濃度の測定，外来アルカリの有無	
	配合推定	単位セメント量・単位粗骨材量・単位水量の推定	
	細孔溶液分析	細孔溶液中の各元素濃度の分析	
	酢酸ウラニル蛍光法	反応生成物の有無・分布観察（実体顕微鏡観察の補助）	
	アルカリシリカゲルの判定	滲出物の特定	
	化学法	骨材の反応性評価	
物理的試験	含水率・密度試験	含水率・密度の測定	・コンクリートの現在の状態把握 ・将来的な劣化進行の可能性の把握
	強度・静弾性係数試験	圧縮強度・静弾性係数の測定，耐久性の評価	
	動弾性係数試験	耐久性の評価（圧縮強度・静弾性試験の補助）	
	モルタルバー法	骨材の反応性評価	
	促進膨張試験	劣化進行の可能性の有無，骨材の反応性評価	

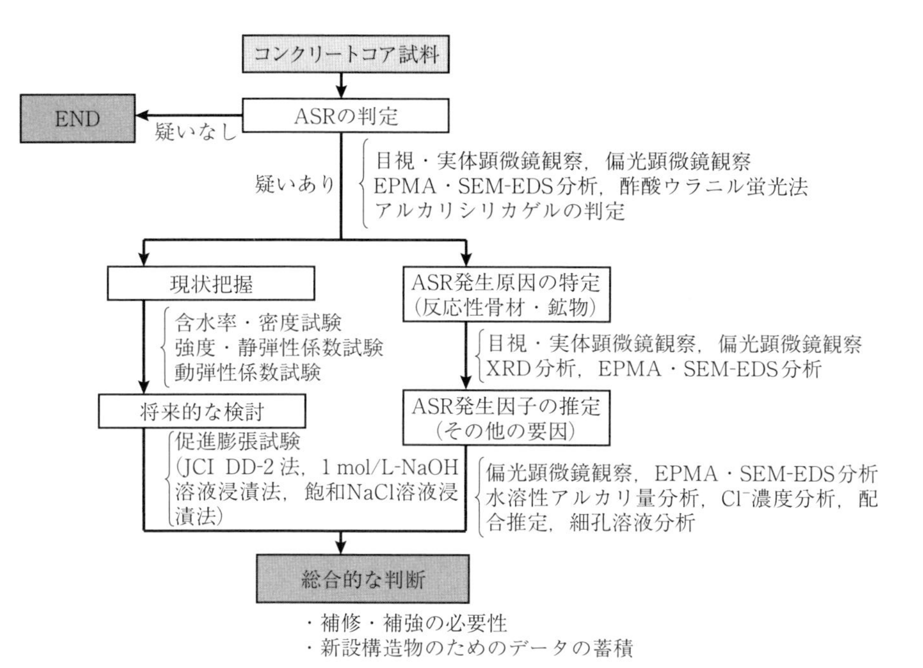

図2.6　詳細調査の分析フロー

などでは特定が困難となる．このような場合には，偏光顕微鏡観察やSEM-EDS分析などを組み合わせることで特定する．

(3) 劣化程度の評価

偏光顕微鏡による劣化程度の評価については，3章で詳述する．専門性を要しない劣化程度の評価法では，コンクリートの**力学的特性**として**圧縮強度**と**静弾性係数**の関係を用いる．劣化していないコンクリートの圧縮強度と静弾性係数の間には一定の関係があり，土木学会や建築学会から定量的なデータが示されている．ASR劣化したコンクリートでは，圧縮強度の低下がほとんどみられない場合も静弾性係数の低下が顕著であることから，ASR劣化の程度を判断できる．また，動弾性係数や超音波パルス伝播速度などを求めることでも，ある程度は評価できる．

実構造物からコア採取する場合には，同一構造物内においても反応の進行程度や反応性にばらつきがあるため，採取したコンクリートコア試料が構造物全体を代表するかどうかには注意を要する．たとえば，採取した部分の反応が大きく進行しており，残存膨張率が小さい結果が得られたとしても，採取した部分より内部のコンクリートがその時点では反応が進んでいない場合には，構造物全体としては大きな膨張性をもつこともある．また，これとは逆に，採取したコンクリートコア試料の残存膨張率が大きな場合でも，ほかの大部分の膨張がほぼ収束していると，構造物全体としては膨張性を有していないこともある．複数のサンプリングを行うことが望ましい．ただし，コア採取は構造物に損傷を与えるため，必要以上のサンプリングは避けるべきである．

コア採取は，近隣に建設された構造物あるいは同種の材料を用いた構造物での劣化進行などを参考にし，対象構造物の劣化の進行程度をひび割れ状況で判定し，水分やアルカリ供給などの局所的環境条件も加味して，位置，方向，および数を決定する．これらの条件を加味して，促進膨張試験の結果を解釈し，残存膨張率の評価を行う．

さらに，これらの測定値は採取後のコンクリートコア試料に関するものであるため，拘束が解放されて構造物内で拘束を受けた状態のコンクリートと同一ではないことに留意する必要がある．

(4) ASR発生因子の推定

ASR発生因子を推定するためには，骨材以外にも，骨材が反応するための条件の把握も必要である．その場合には，コンクリート中のアルカリ総量，外部からのアルカリ供給や骨材自身からのアルカリ溶出などの影響も把握する．そのため，目視観察（たとえば，アルカリ供給が多い場所でのみASRが発生）や偏光顕微鏡観察などの単独の試験方法ではなく，いくつかの試験や情報を組み合わせて特定を行う必要がある．製造時のセメント中のアルカリ濃度やコンクリート配合の情報，水溶性アルカリ量測定値，Cl^-分析，さらには配合推定，細孔溶液分析などが役立つ．供給源が説明できない水溶性アルカリがあれば骨材からの溶出を疑い，Cl^-濃度が高ければ飛来塩分や凍結防止剤を疑う．

2.3　予　測

ASR劣化した構造物の将来のASR膨張予測は，原因物質としての骨材中の鉱物の種類，含有量，組織，コンクリート中の細孔溶液のpH，湿度による．しかし，作用機構から骨材の反応を予測してコンクリートの膨張の定量評価する手法が未整備なため，最先端の研究では試行段階であり，今後の検討が期待されているが，数値解析できるレベルにはない．ただし，何らかの仮定をおき，コンクリートコア試料の促進膨張試験などから構造物全体の挙動予測が試みられている例はある[2.10, 2.11]．

国内の現状では，ASR劣化した構造物，あるいは劣化はしていないが将来の挙動を知る必要がある場合（たとえば，原子力施設の高経年対応），コンクリートコア試料を構造物から採取し，コンクリート薄片によるASRの有無，進展状況の分析を行い，さらにその促進膨張試験により，残存膨張性を把握し，劣化進展を予測する．

◇2.3.1 残存膨張性

ASR劣化は，ほかの中性化や塩害による劣化と異なり，膨張が必ずしも継続するとは限らない．膨張が生じ，コンクリート表面にひび割れが多数認められる構造物があり，何らかの対策を必要とすると判断された場合に，膨張が今後継続するのか，以降膨張がほとんど進行しないのかという情報は維持管理に重要である．

コンクリート標準示方書では，ASR劣化の進行過程は2種類に分類されている（図2.7）．コンクリートの膨張性が大きい場合では，部材の一体性が損なわれるような著しいひび割れや，鋼材の損傷が発生するまで，膨張が継続する．鉄筋破断などが生じる場合がこれに該当する．一方，コンクリートの膨張性が小さい場合には，ひび割れが発生するものの，ASR膨張がある時点で収束し，著しいひび割れが生じない段階で膨張が停止する．なお，コンクリート構造物の基本情報（配合，使用骨材など）からコンクリートが有する膨張性を判断す

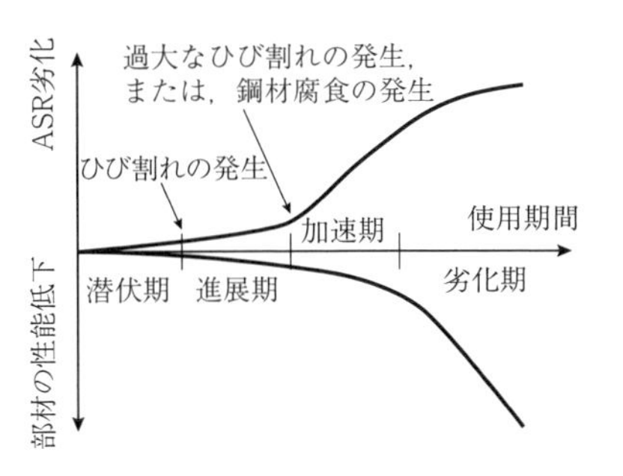

（a）コンクリートが有する膨張性が大きい場合

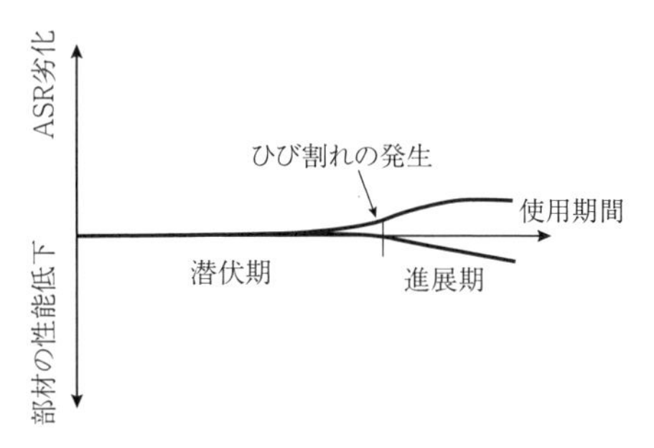

（b）コンクリートが有する膨張性が小さい場合

図2.7 ASR劣化の進行過程の概念図 ［土木学会：コンクリート標準示方書維持管理編，2007.］

ることは難しいので，コンクリートの将来予測は，コア採取をし，その残存膨張性を促進膨張試験により求めることで行う．

過去には，コンクリートコア試料から採取した骨材を用いて，化学法およびモルタルバー法で残存膨張性を評価したこともあるが，4章で述べるようにこれらの方法自体に限界があるため，不適切である．長期的なASR進行の可能性は，アルカリシリカゲルの化学組成からも推定できる可能性がある．詳細は6章にて説明する．

促進膨張試験の一覧を表2.5に示す．日本では，温度40 ℃，相対湿度100 %の湿気槽において膨張試験を行う方法（JCI DD-2法）が一般的である．その他，1 mol/L-NaOH浸漬法（通称，カナダ法）や飽和NaCl浸漬法（通称，デンマーク法）がある．

JCI DD-2法では，コンクリートコア試料の直径や長さが規定されているが，実際の構造物から規定の寸法の採取が必ずしも可能であるとは限らず，コンクリートコア試料の径や長さが小さくなる場合には，コンクリートコア試料からのアルカリ溶脱の影響によって膨張率の測定結果が少なくなり，その判定結果に誤りが生じる場合がある．また，湿気槽内の雰囲気は必ずしも湿分の十分な供給には適しておらず，乾燥が起こる場合もある[2.14]．

1 mol/L-NaOH浸漬法でも，コンクリートコア試料の大きさの影響を受ける．直径5 cm，長さ13 cmのコンクリートコア試料による膨張データを測定し，これに基づく野外構造物の劣化状況と対比させた判定基準（3週間後の膨張率）に準拠する[2.12]．コンクリート診断の書籍では，この手法の判定基準値が誤って記述されているものもある[2.15]．

飽和NaCl浸漬法は外来アルカリ環境を模擬しているとも考えられるが，実際に生成するのはアルカリシリカゲルであり，同一構造物からコア採取された同一サイズのコンクリートコア試料で比較すると1 mol/L-NaOH浸漬法が3週間で生じる膨張が3箇月を要するため，後者のほうがよいという報告もある[2.12]．一般に，この種の試験の膨張率は，コンクリートコア試料の大きさと評価期間の影響を受けるので，実構造物との比較において妥当な限界値を設定することが重要である．飽和NaCl浸漬法と1 mol/L-NaOH浸漬法は，温度がそれぞれ50 ℃と80 ℃という違いだけでなく，空隙水のアルカリ濃度も異なる．1 mol/L-NaOH浸漬法では当然1 mol/Lとなる．なお，わが国で検討されているコンクリートプリズム試験（RILEM AAR-4の変形版）では，試験体を覆

表2.5 コンクリートコア試料の促進膨張試験一覧[2.9]

試験方法	コンクリートコア試料	養生条件	判 定	長 所	課 題
総プロ法	直径10 cm，長さ25 cm（基長20 cm）	開放膨張：20 ℃ 湿空残存膨張：40 ℃湿空	＞0.05 %：有害（3箇月）	急速膨張性骨材に適する．	この温度と期間では促進が足りず，遅延膨張性骨材は有害判定できない．吸湿が不十分である．
JCI DD-2法	直径10 cm，長さ25 cm（基長20 cm）	開放膨張：20 ℃ 湿空残存膨張：40 ℃湿空	＞0.1 %：有害（6箇月）*1	急速膨張性骨材に適する．	この温度と期間では促進が足りず，遅延膨張性骨材は有害判定できない．測定期間中にアルカリが溶脱し，膨張の伸びが止まりやすい．吸湿も不十分である．
1 mol/L-NaOH浸漬法（カナダ法*2）	直径5.5 cm，長さ13 cm（基長10 cm）	80 ℃ 1 mol/L-NaOH溶液浸漬	＞0.1 %：有害（3週間）	判定までに3週間．急速膨張性骨材・遅延膨張性骨材に適する．	厳しい促進条件のため，有害となっても実構造物でASRが継続するとは限らない．
飽和NaCl浸漬法（デンマーク法*3）	直径5.5 cm，長さ15 cm（基長10 cm）	50 ℃飽和NaCl溶液浸漬	＞0.1 %：有害（3箇月）	NaClの影響を検討できる．	判定までに3箇月が必要である．膨張しない誘導期がある．遅延膨張性骨材を有害判定できない可能性がある．

＊1 阪神高速道路公団・阪神高速道路管理技術センター（1986）
＊2 Katayama et al.（2004）[2.12]，カナダ法は通称で，1 mol/L-NaOH浸漬法と呼ぶ．
＊3 鳥居，野村（2006）[2.13]，デンマーク法は通称で，飽和NaCl浸漬法と呼ぶ．

うアルカリラッピング（5.3.3項で詳述）の溶液濃度はNaOH 1.5 mol/Lとする案もあるが，上述のコンクリートコア試料のアルカリ溶液浸漬法よりもさらにアルカリ濃度が高い．想定するアルカリ総量に応じた空隙水のアルカリ濃度と，アルカリの外部からの供給量を考慮する必要がある．一方，飽和NaCl浸漬法の場合，モノサルフェート相のイオン交換によりCl^-が固定され，OH^-が放出されるので，モノサルフェートの量とモノサルフェート相の溶解平衡に依存し，致達するOH^-濃度には不明確な点がある．原因は不明であるが，1 mol/L-NaOH浸漬法よりもに飽和NaCl浸漬法よる膨張率が相当に大きくなることもある．また，岩種による適用性やその閾値など，十分な調査研究に基づいたものとはいえず，適用には注意を要する．

◇2.3.2　劣化進展の予測手法

現状，ASR膨張を再現する劣化モデルはないため，ASR膨張の進行予測方法として，コンクリート標準示方書によれば，点検結果に基づく方法とコンクリートコア試料の促進膨張試験を用いる方法の二つを用いる．点検結果に基づく方法では，部材の変形やひび割れ進展をコンタクトゲージ法などによって定期的に計測しておき，その経時変化から将来のひび割れの進展を予測する．

この方法を用いる場合には，予測する前からデータを採取する必要があるため，温度変化を考えると少なくとも1年以上の期間が必要である．また，部材内でも膨張性状が異なるため，部材の拘束条件や膨張が性能に与える影響，および環境条件などを考慮して，複数箇所において測定し，部材あるいは構造物全体として膨張挙動を把握することが望ましい．たとえば，鉄筋などの拘束が膨張に与える影響は大きく，方向によって拘束の程度が大きく異なると，拘束の大きな方向ではほとんど膨張しない場合にも，拘束の小さい方向に大きな膨張が生じる．また，日射の影響の有無，雨掛かりの有無など，局所的な環境条件によっても膨張の進行は大きく異なることに注意する．

コンクリートコア試料の促進膨張試験を用いる方法は，膨張が進行しやすい環境にコンクリートコア試料を保管して膨張率を測定し，将来のコンクリートの膨張の可能性を予測する．この方法は，促進環境での膨張であるため，点検結果に基づく方法とは異なり，膨張の将来的進展の定量的評価は難しい．この方法は劣化が進展するポテンシャルの評価に用いられる．また，コア採取という行為自体がその後の反応と膨張に与える影響などの不明な点もある．コンクリートコア試料の採取条件（採取箇所・数）についても配慮する．

コンクリート標準示方書によれば，日本での実績を考慮し，JCI DD-2法に準拠した方法が記載されており，膨張率（全膨張率）が0.1％以上のコンクリートは将来的に有害な膨張を生じ，使用性および耐久性の低下を招くおそれがあると評価されている場合が多い．また，0.05 %未満では，将来に有害な膨張を生じる可能性が低いと評価されている場合が多い．

2.4 評 価

評価とは，損傷の原因がASRとわかった後，構造物中でのASR進行とその影響度を予測することである．RILEM-AAR6の基準では，5レベルに評価区分されている．レベルごとの特徴と対応を表2.6にまとめる．レベルを決定した後，今後のASR進行の予測が必要である．

表2.6 ASRの評価レベルと対応

レベル	損 傷	ASR進行	対 応
低	少ない	遅い	10年ごとのASR進展調査
中	多い	遅い	3～5年ごとの調査＋治療対策
高	少ない	早い	3～5年ごとの調査＋治療対策
超高	多い	早い	補修
低	多い	なし（収束）	10年ごとのASR進展調査

2.5 対 策

ASR劣化した構造物への対策の詳細は，コンクリート標準示方書，土木学会アルカリ骨材反応対策小委員会報告書，各種機関の対策マニュアルなどに掲載されている．以下に，対策の基本的事項と概要を述べる．

◇2.5.1 対策の区分

ASR膨張によって鉄筋破断が問題となる以前においては，ASR劣化した構造物の構造性能は，健全なものと比べてほとんど低下しないものと考えられていたため，その対策は補修が主なものであった．

近年では，鉄筋破断を生じた事例が報告され，維持管理対策として補強，解体，撤去などもその対策のなかに組み入れられるようになった．そのため，コンクリート標準示方書によると，ASR抑制対策を目的別に区分し，予防保全的な行為も含むASR劣化防止，抑制を目的とし，鉄筋破断への対策を意図したものは含まない対策Aと，鉄筋破断に伴って低下した構造物の耐荷性能の回復させたり高めたりする対策Bの二つに区分する．対策Aについては，従来実施してきた対策であり，対策Bについては鉄筋破断に特化した対策である．構造物の外観上のグレードから選定する基準を表2.7に示す．

表2.7　構造物の外観上のグレードと対策

構造物の外観上のグレード	点検強化	補　修	補　強*2	機能向上	供用制限	解体・撤去
状態I（潜伏期）	○	○′	*1	*1		
状態II（進展期）	○	◎	*1	*1		
状態III（加速期）	◎	◎	*1	*1	○	
状態IV（劣化期）	◎	◎′	*1	*1	◎	◎

◎：標準的な対策
◎′：力学的性能の回復も含む標準的な対策
○：場合によっては考えられる対策
○′：予防保全的に実施される対策
＊1　外観上のグレード以外により実施される対策，補強
＊2　力学的性能を初期の性能より高める場合

◇2.5.2　補修対策

ASR劣化した構造物の補修は，以後のASR膨張の進行抑制とひび割れを通じた鉄筋腐食の防止が主目的である．補修工法として，ひび割れ注入と断面欠損部の断面修復があり，ASR劣化の状況に応じて選択する．

補修後のASR膨張抑制を目的とした補修工法には，表面処理工法がある．表面処理工法では，コンクリートの水分状態，外部・内部からの水分の供給・逸散に影響する環境条件が重要である．また，局所的な使用・環境条件，路面排水，背面土砂，凍結防止剤などの影響が劣化の進行に与える影響は強く，これらの原因を取り除く．たとえば，塗装による遮水処理（表面被覆）では，内部水分のみで膨張する可能性や，未補修部からの水分の供給を考慮する．水分逸散が可能な環境下においては，シランを代表とする発水系の表面処理工法が効果的である．また，常に水分の供給を受け，水分逸散が期待できない場合は，炭素繊維シートによる拘束によって，ASR膨張を抑制する方法もある．リチウム塩は，塗布では効果は限定的だが，圧入によりASR抑制できることもある[2.16]．凍結防止剤の影響を受け，鉄筋腐食または凍害との複合的な劣化

現象が生じる場合には，さらに注意を要する．遮水系の表面処理工法が行われたものの，内部に含まれた塩分により鉄筋腐食が進行し，ASRによるひび割れから錆汁が漏出し，再劣化を生じやすい．そのため，適切な補修時期を決定するために，緊急を要しないものについては，経過観察を行うという選択肢もある．重要構造物で，過大膨張を抑制し，鉄筋破断などの著しい劣化が生じることのないよう，適切な予防保全対策を行うことが必要である．

現状，確実な補修対策はないため，補修後の状況を適切に把握し，補修効果の適切な評価をし，必要に応じて追加的措置を取る．

2.5.3 補強対策

補強対策には，阪神高速道路や能登有料道路での事例がある．膨張率が過大となった橋脚では，構造物としての一体性に問題が生じる可能性があり，耐荷力低下が懸念され，鋼板巻立てが行われた．鉄筋破断にいたるなど，著しくASR劣化した構造物に対しては，プレストレストコンクリート（PC）巻立て工法を適用し，劣化した橋脚の耐震補強および補強後の膨張抑制をした例[2.17, 2.18]もある．その他，橋脚の梁部の補強のための鋼板接着およびPC鋼棒による横締め，連続繊維シートを用いた遮水系の表面処理効果を併せもつ補強工法などがある．

ASR劣化した構造物においては，コンクリートの弾性率と強度の低下，コンクリートと鉄筋の付着の低下，とくに鋼材の曲げ加工部や圧接部などの伸び能力の小さな箇所で降伏・破断などが生じているので，これらを検出し，部材の耐荷性能を評価する．

従来，補強設計を工学的判断および経験に頼って行ってきたが，ASR劣化した構造物の曲げ耐力およびせん断耐力などの設計計算手法が開発されてきた．さらに，構造物の重要性，残存供用期間および維持管理に要する費用などを総合的に判断して，適切な対策を選定する．

場合によっては，解体・撤去を選定することもありえる．

2.5.4 対策検討フロー

基本的なASRの補修・補強の検討のフロー[2.19]は，ほかの劣化機構と同様である（図2.8）．検討フローでは，構造物の現状の性能把握と要求性能が重要である．構造物の性能の把握は，定期点検などの点検結果に基づき，対象とする

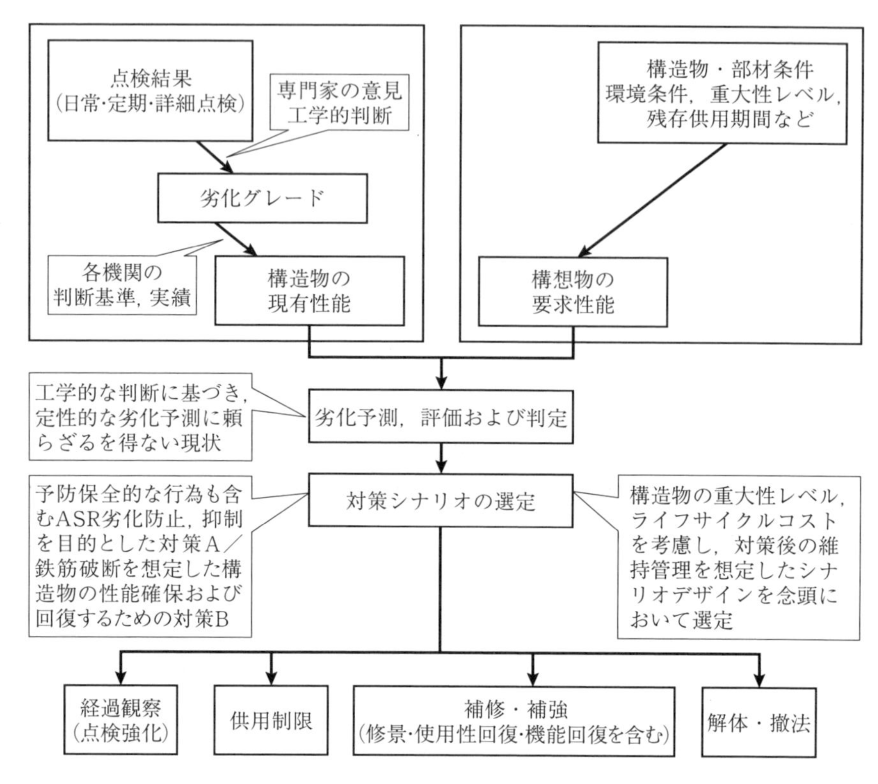

図2.8　検討フロー　［土木学会：アルカリ骨材反応対策小委員会報告書，2005.］

構造物の劣化グレードの評価を行う．コンクリート標準示方書で示される外観上の変状と劣化グレードの対応関係に基づき，劣化グレードを決定する．この場合，適切な点検項目によって劣化グレードを決定すべきであるが，現状の点検項目から劣化グレードの決定が困難な場合には，専門家の意見を参考に最終的な判断を行うことも必要である．

次に，劣化グレードから構造物の性能低下の程度を決定する．構造物の形式あるいは部材ごとに劣化グレードと性能低下の程度の関係は異なり，一般には各機関での判断基準，あるいはこれまでの実績を考慮して，これらの判断を行う．過大膨張により著しくASR劣化した構造物において，高度な工学的判断を要する場合（つまり，誰にとっても明確な根拠をもって判断できない場合）には，通常の場合と区別し，判断する．

構造物の要求性能設定においては，構造物の構造条件，使用・環境条件，重大性レベル，残存供用期間などを考慮し，基本的にはその他の劣化機構と同様の検討を行う．重大性レベルの高い構造物については，対策後の構造物が余裕をもって保持できる要求性能を設定する．

構造物の性能低下の程度と要求性能を対比し，さらに，今後の劣化予測を行ったうえで，対策の選定を行う．劣化予測は，使用・環境条件，構造物の劣化の程度，使用された骨材の反応性や劣化事例，残存膨張性などから，工学的な判断に基づき，定性的に行う．

対策の選定においては，先に述べた対策Aと対策Bに大きく区分し，対策の方針を決定したうえで，補修・補強対策の選定を行う．補修・補強対策の選定においては，構造物の重大性レベル，ライフサイクルコストを考慮し，対策後の供用期間終了時までの維持管理を想定したシナリオデザインに基づいて選定を行う．

◇2.5.5　補修・補強対策の手法例

表2.8に，補修・補強によって期待する効果と，そのための具体的な工法を示す．また，表2.9に示す外観上の劣化グレードと標準的な補修・補強の工法を参考にして，実際の工法を選定する必要がある．各補修・補強の詳細は，土木学会「アルカリ骨材反応対策小委員会報告書」，「表面保護工法　設計施工指針（案）」，「コンクリート構造物の補強指針（案）」，日本コンクリート工学協会（現 日本コンクリート工学会）「コンクリート構造物のリハビリテーション研究委員会報告書」，日本材料学会ほか「ASRに配慮した電気化学的防食工法

表2.8　補修，補強に期待する効果と工法の例　[土木学会：コンクリート標準示方書維持管理編，2007.]

期待する効果	工法例
ASRの進行を抑制	水処理（止水，排水処理），ひび割れ注入，表面処理（被覆，含浸）
ASR膨張を拘束	プレストレスの導入，鋼板・PC・FRP巻立て
劣化部を取り除く	断面修復
鋼材の腐食抑制	ひび割れ注入，ひび割れ充填，表面処理（被覆，含浸）
第三者影響度の除去	はく落防止
耐荷力の回復・向上	鋼板・FRP接着，プレストレスの導入，増厚，鋼板・PC・FRP巻立て，外ケーブル

表2.9　構造物の外観上の劣化グレードと標準的な工法の例　[土木学会：コンクリート標準示方書維持管理編，2007.]

構造物の外観上の劣化グレード	予想膨張率	標準的な工法
状態I（潜伏期）	—	水処理（止水，排水処理）
状態II（進展期） 状態III（加速期）	小さい	水処理（止水，排水処理），ひび割れ注入，表面処理（被覆，含浸），はく落防止，断面修復，
	大きい	水処理（止水，排水処理），ひび割れ注入，表面処理（被覆，含浸），はく落防止，断面修復，プレストレスの導入，鋼板・FRP接着，増厚，鋼板・PC・FRP巻立て，外ケーブル
状態IV（劣化期）	小さい	水処理（止水，排水処理），ひび割れ注入，表面処理（被覆，含浸），はく落防止，断面修復，プレストレスの導入，鋼板・FRP接着，増厚，鋼板・PC・FRP巻立て，外ケーブル

の適用に関するガイドライン（案）」などを参考にしてほしい．

2.6　アメリカにおける維持管理

高速道路の管理を対象としたAASHTOの最新の維持管理指針*1[2.20]の診断，予測，対策のフローを図2.9に示す．ASR劣化した構造物の維持管理の全体像を網羅的に表している．図2.2が本書の目的であるASR診断を中心に表現しているのに対し，図2.9は本書の維持管理全体を土木学会のフローより具体的に記載した内容となっている．ASR診断はこのフローでは，レベル1～3の詳細調査プログラムの現場調査および実験室調査に該当する．

このフローでは**ひび割れ指数***2（CI）を中心にすえ，回復*3の必要性を考える．CIはコンクリート部材のひび割れマッピングの過程から，単位長さあたりに遭遇するひび割れの幅の合計値で表現する．これを管理者が定めるある基準，たとえばCIが0.5 mm/m，ひび割れ幅が0.15 mmを超える場合として判断する．

---

*1　原文はインターネットから自由にダウンロードできる．事例の写真も多くある．https://www.fhwa.dot.gov/pavement/concrete/asr.cfm

*2　英語ではcracking indexである．

*3　英語ではremediationである．

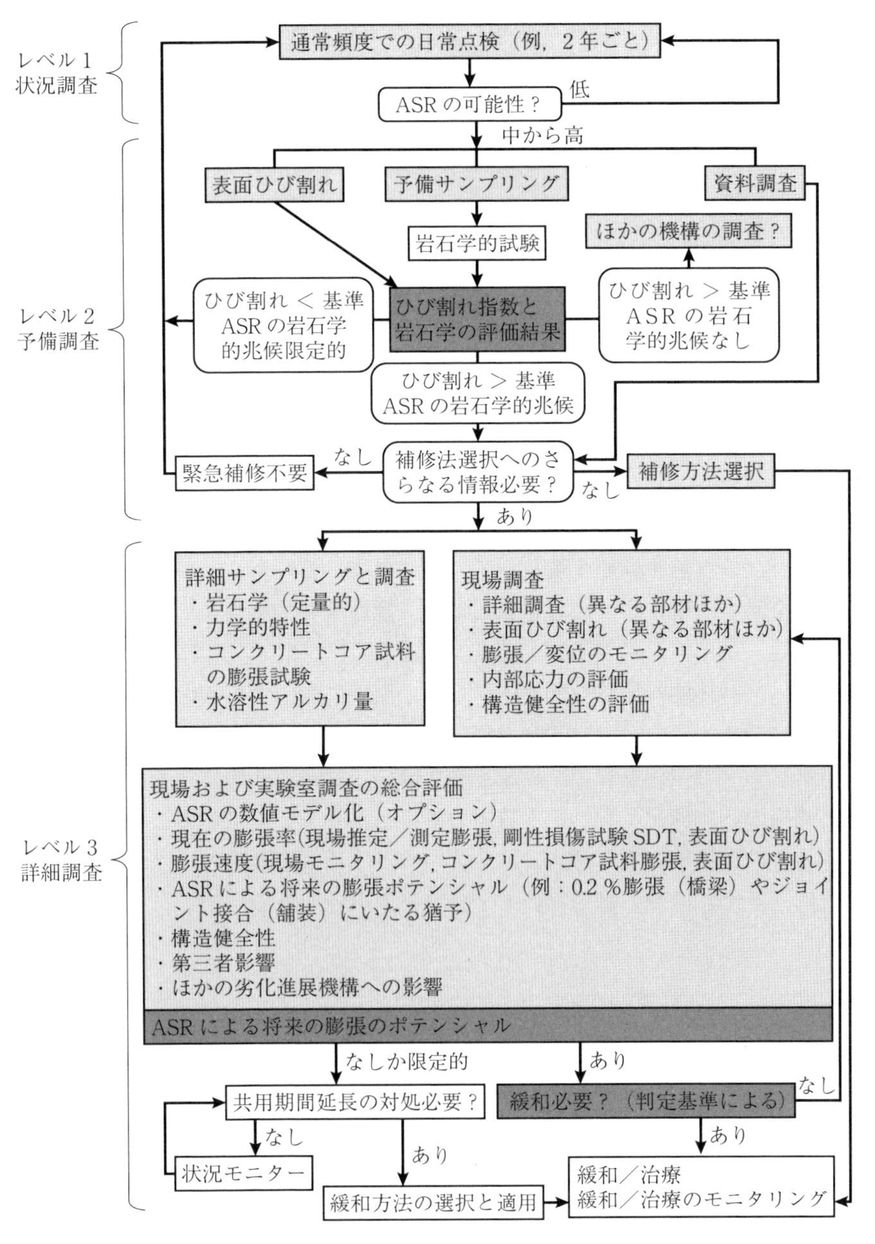

図2.9　ASRに対するコンクリート構造物の評価とマネジメントに対する全体フロー［B. Fournier, M. A. Berube, K. J. Folliard, M. Thomas: Report on the diagnosis, prognosis, and mitigation of alkali-silica reaction (ASR) in transportation structures, FHWA-HIF-2009-004, p.5, Fig 1, 2010.］

日本における対策が曖昧な表現に留まっているのに対し，AASHTOでは各方法が具体的に示されており，体系として整っている．以下の試験方法が付録として規定されている．

- 目視検査
- CI
- 岩石学的変状
- 現場計測（長さ，温湿度，荷重変位）
- 修正損傷剛性試験（DST）
- コンクリートコア試料の膨張試験
- コンクリートコア試料から取り出した粗骨材試験
- 水溶性アルカリ量
- 現場における膨張速度の室内予測

ASR劣化の進展予測には曖昧さが残るが，AASTHOでは，直ちに対策を講じる必要性の有無を判断する材料も与えられている．図2.10に考慮すべき要因の一覧を示す．構造物で限界となる要因，暴露条件，拘束条件，構造物へのアクセス性，供用性，将来予測，美観を考慮する．

さらに，具体的対処法を図2.11に示す．原因に対応するものと変状を処理するものに分かれる．図2.12に，ASR劣化した構造物への対策の選定，実施，モニタリングの全体フローを示す．表2.10に，対策方法のまとめと道路構造物への適用の具体的記載を示す．日本の対策と併せて参考にするとよい．

本手法は道路構造物を念頭においているが，道路構造物との差を適切に考慮すれば，多くのほかの構造物にも十分に応用可能である．

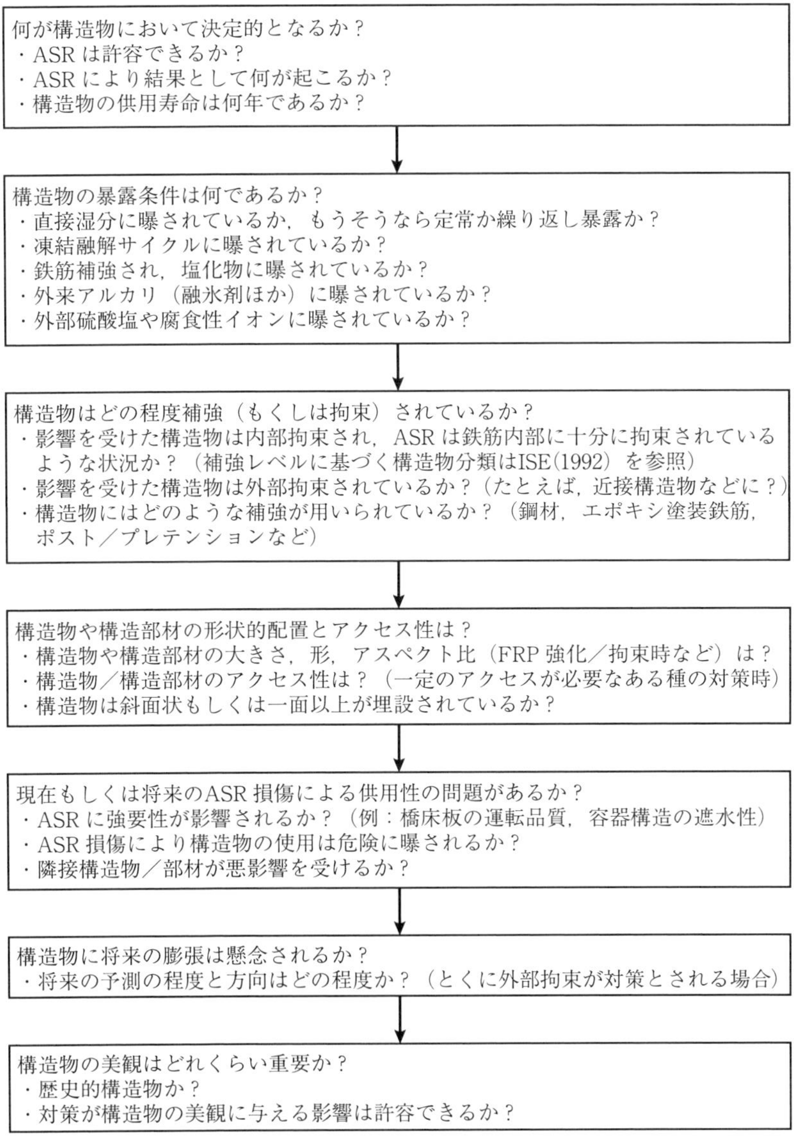

何が構造物において決定的となるか？
・ASR は許容できるか？
・ASR により結果として何が起こるか？
・構造物の供用寿命は何年であるか？

↓

構造物の暴露条件は何であるか？
・直接湿分に曝されているか，もうそうなら定常か繰り返し暴露か？
・凍結融解サイクルに曝されているか？
・鉄筋補強され，塩化物に曝されているか？
・外来アルカリ（融氷剤ほか）に曝されているか？
・外部硫酸塩や腐食性イオンに曝されているか？

↓

構造物はどの程度補強（もくしは拘束）されているか？
・影響を受けた構造物は内部拘束され，ASR は鉄筋内部に十分に拘束されているような状況か？（補強レベルに基づく構造物分類はISE(1992) を参照）
・影響を受けた構造物は外部拘束されているか？（たとえば，近接構造物などに？）
・構造物にはどのような補強が用いられているか？（鋼材，エポキシ塗装鉄筋，ポスト／プレテンションなど）

↓

構造物や構造部材の形状的配置とアクセス性は？
・構造物や構造部材の大きさ，形，アスペクト比（FRP 強化／拘束時など）は？
・構造物／構造部材のアクセス性は？（一定のアクセスが必要なある種の対策時）
・構造物は斜面状もしくは一面以上が埋設されているか？

↓

現在もしくは将来のASR 損傷による供用性の問題があるか？
・ASR に強要性が影響されるか？（例：橋床板の運転品質，容器構造の遮水性）
・ASR 損傷により構造物の使用は危険に曝されるか？
・隣接構造物／部材が悪影響を受けるか？

↓

構造物に将来の膨張は懸念されるか？
・将来の予測の程度と方向はどの程度か？（とくに外部拘束が対策とされる場合）

↓

構造物の美観はどれくらい重要か？
・歴史的構造物か？
・対策が構造物の美観に与える影響は許容できるか？

図2.10　ASR膨張と影響への緊急対策の必要性があると想定した構造物への対策オプションを考える場合の決定要因　[B. Fournier, M. A. Berube, K. J. Folliard, M. Thomas: Report on the diagnosis, prognosis, and mitigation of alkali–silica reaction (ASR) in transportation structures, FHWA–HIF–2009–004, p.41, Fig 3, 2010.]

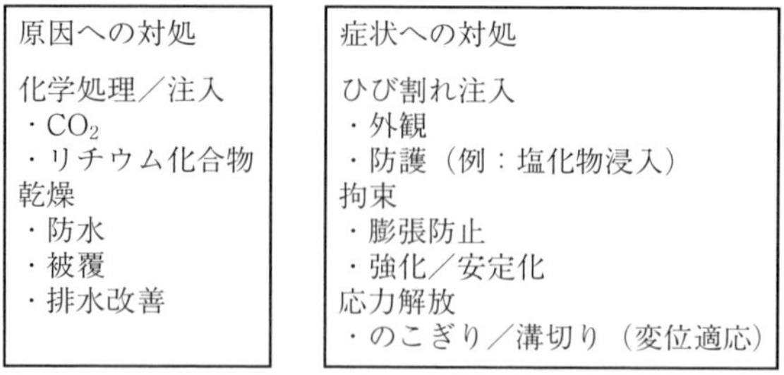

原因への対処
化学処理／注入
・CO_2
・リチウム化合物
乾燥
・防水
・被覆
・排水改善
症状への対処
ひび割れ注入
・外観
・防護（例：塩化物浸入）
拘束
・膨張防止
・強化／安定化
応力解放
・のこぎり／溝切り（変位適応）

図2.11　ASR抑制対策の方法［B. Fournier, M. A. Berube, K. J. Folliard, M. Thomas: Report on the diagnosis, prognosis, and mitigation of alkali–silica reaction (ASR) in transportation structures, FHWA-HIF-2009-004, p.42, Fig 4, 2010.］

構造物の特定の決定因子の評価（図2.10）
可能な対処オプションの評価（図2.11）
対策オプションの選択と実施（表2.10）
選択した対策オプションの性能のモニタリング
対策オプションの性能評価と構造物の将来マネジメント計画の開発

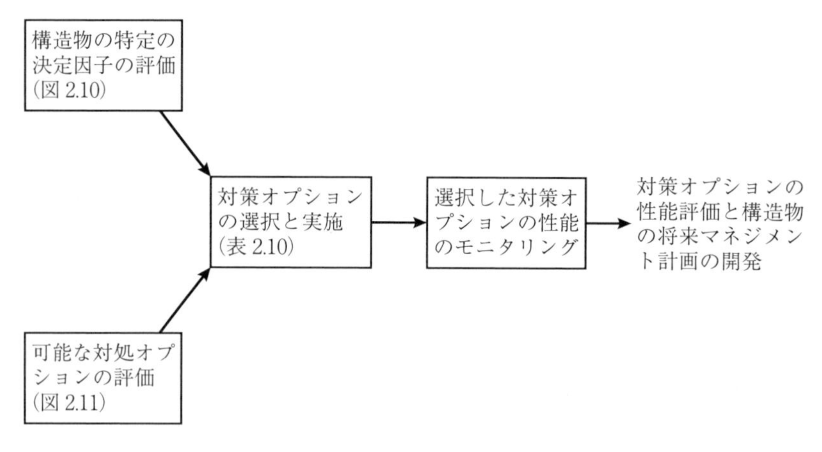

図2.12　ASR劣化した構造物への対策の選定，実施，モニタリングの全体フロー［B. Fournier, M. A. Berube, K. J. Folliard, M. Thomas: Report on the diagnosis, prognosis, and mitigation of alkali–silica reaction (ASR) in transportation structures, FHWA-HIF-2009-004, p.52, Fig 9, 2010.］

表2.10 対策方法のまとめ ［B. Fournier, M. A. Berube, K. J. Folliard, M. Thomas: Report on the diagnosis, prognosis, and mitigation of alkali–silica reaction（ASR）in transportation structures, FHWA-HIF-2009-004, p.53, Table 10, 2010.］

対策法	特定の輸送構造物への適用	効果	問題点	その他の関連情報
排水改善と維持強化	すべての構造物で水との接触が少なくなる．排水問題が最も顕著なところで最も効果的である．	ASR過程において水は本質的で，相対湿度80％未満にするとASR膨張は抑制される．	湿分源が下から（舗装）や背後から（橋梁構造の側壁）では効果なしの可能性．	高い効果／コスト比により，ASR影響のある構造物で総合的マネジメント戦略に含めるべき．
透水性塗膜の適用（シランなど）	橋梁構造，高速道路防壁など，ほとんどに適用可能	実験室と試験運用で内部湿度の低下が検証済み．アクセス性がよい場所（道路防壁）で水や飽水土壌に直接接していないときは最適．	部材が直接もしくは常時湿分に曝されるときには効果がみられないかもしれない（内部湿度の低下には乾湿繰り返しが塗膜に必要）．	乾燥した表面に適用する．典型的には5年ごとに再適用が必要で，表面が摩耗や紫外線照射に曝されるとより短い．塗膜は透気性でなければならない．
被覆の適用	一定の橋梁部材に適用可能	ASRを継続するのに必要な飽水していない被覆以下の部材に適用し，ASRを減少させるのに効果的．	湿分を保持するかもしれない．また，表面を被覆した後は部材の検査が難しい．	被覆層適用の前にコンクリートを完全に乾燥させる対策を取らなければならない．
リチウム化合物の適用	一定の橋梁部材と舗装に適用可能	リチウムは小型試験体で実験室ではASRを抑制する．浸透深さを増やすには電気化学的方法が効果的である．	適用効果は浸透不足で極微．ASRが外来アルカリのため，悪化するときには役立つかもしれない（未実証）．電気化学的方法はK^+，Na^+を鋼材に移動させ，この範囲のASRを悪化させる．真空による浸透は極微である．	実験室では楽観的結果が得られているが，長期的効果についてモニタリングした報告は証明されていないので，この技術は現場適用では試験に留まる．FHWA予算の実行中の研究がリチウム処理の輸送構造物への効果の定量に役立つ．
ひび割れ充填	ほとんどの構造物に適用可能	柔軟性間詰やひび割れ充填作業がよい（固いポリマーやセメント系材料に対して）．水や塩素の浸透低減にも役立つ．	水や塩化物などの浸透抑制のみに効果がある．構造物の健全性を増加したり機械的性質を回復させたりはしない．	柔軟性間詰はとくにひび割れ幅が大きく構造物がまだ膨張しているときには効果的である．
構造物の閉込め／強化のための拘束	柱（とくに円形）に最適	十分な拘束はASRにより発生した応力の制御に役立つ．FRP，内部／外部補強材などが使える．	多くの構造部材（角柱など）を拘束するのは難しい．有資格構造技術者が設計と施工に必要である．	有資格構造技術者が設計した施工方法を選択し，その技術者が施工後のひずみをモニタリングして対策が有効で安全なことを確認しなければならない．
鋸切り／溝切り	舗装と橋梁床板（接合部）に最適	応力と接合関連破損の緩和に役立つ．	ASRの原因には関係なく，事実，ASRを許して継続は妨げられない．	舗装や橋梁床板の接合部近傍のコンクリートを除去する際は，適切な接合部詳細（ダウエルバー，開きなど）を確保しなければならない．

参考文献

[2.1] K. Yamada: Fundamental Concept of ASR Management and Required Researches for Concrete Structures in Nuclear-Relating Facilities, Proc. ICMST-Kobe, 2014.

[2.2] ASR診断の現状とあるべき姿研究委員会：委員会報告書，日本コンクリート工学会，2014.

[2.3] J. Larbi, S. Modry, T. Katayama, G. Blight and Y. Ballim：Guide to diagnosis and appraisal of AAR damage in concrete structures, The RILEM TC 191-ARP approach, Proc. of the 12 th Int. Conf. on Alkali-Aggregate Reac. in Concrete, pp.921-933, 2004.

[2.4] 山田一夫，最近の国際的なアルカリ骨材反応対策―関連基準の動向，セメント・コンクリート，No.704, pp.16-25, 2005.

[2.5] B. Godart, M. de Rooij, J.G.M. Wood：Guide to Diagnosis and Appraisal of AAR Damage to Concrete in Structures. Part 1 Diagnosis (AAR-6.1), Springer.

[2.6] T. Katayama：Petrography of alkali-aggregate reactions in concrete-reactive minerals and reaction products, In Nishibayashi, S. and Kawamura, M.(eds), Proc. East Asia Alkali-Aggregate Reaction Seminar, Supplementary papers, Tottori, Japan, A45-A58, 1997.

[2.7] 国土交通省：道路橋のアルカリ骨材反応に対する維持管理要領（案），http://www.mlit.go.jp/，2003.3.

[2.8] ASRに関する対策検討委員会：アルカリ骨材反応による劣化を受けた道路橋の橋台・躯体に関する補修・補強ガイドライン（案），http://www.kkr.mlit.go.jp/，2008.3.

[2.9] 中野眞木朗：原子力用コンクリートの反応性骨材の評価方法の提案，原子力安全基盤機構，JNES-RE-2013-2050, 2014.2.

[2.10] RILEM TC 258-AAA：Avoiding alkali aggregate reactions in concrete-Performance based concept, http://www.rilem.org/gene/main.php?base=8750 & gp_id = 321

[2.11] V. Gocevski：Gentilly 2 NPP-concrete aging effects on long term pre-stress losses and propagation of concrete cracking due to pressure testing：In：International Symposium, Fontevraud-7, SFEN French Nuclear Energy Society, Paper A158-T10, Avignon, France, 2010. 9.

[2.12] T. Katayama, M. Tagami, Y. Sarai, S. Izumi, T. Hira: Alkali-aggregate reaction under the influence of deicing salts in the Hokuriku District, Japan, Materials Characterization, Vol.53, pp.105-122, 2004.

[2.13] 鳥居和之，野村昌弘：コンクリートコアによるASR残存膨張性の評価，セメント・コンクリート，No.715, pp.64-70, 2006.

[2.14] 山田一夫，大迫政浩，小川彰一，佐川康貴，川端雄一郎：アルカリ骨材反応の抑制効果の評価方法と膨張予測の新しい考え方，土木学会年次学術講演会講演概要集，Vol.69, pp.963–964, 2014.

[2.15] コンクリート診断技術 '08，日本コンクリート工学協会，2008.

[2.16] 江良和徳：リチウム内部圧入によるアルカリシリカ反応の抑制について，コンクリート工学, Vol. 50, No. 2, pp.155–162, 2012.

[2.17] 大代武志，原田政彦，中野政信，中狭靖：コンクリート橋脚のASRによる再劣化と対策工法の選定，コンクリート工学，Vol.44，No.12，pp.31–38, 2006.

[2.18] 大代武志，鳥居和之，平野貴宣：川砂・川砂利を使用したコンクリートのASR劣化の岩石・鉱物学的調査，セメント・コンクリート論文集，No.31, pp.310–317，2007.

[2.19] 土木学会：アルカリ骨材反応対策小委員会報告書，2005.

[2.20] B. Fournier, M. A. Berube, K. J. Folliard, M. Thomas: Report on the diagnosis, prognosis, and mitigation of alkali–silica reaction (ASR) in transportation structures, FHWA–HIF–2009–004, 2010.

3章 ASR診断のフローの実際と詳細

3.1 標準調査：現場調査の詳細

コンクリート構造物において，劣化の発生を検知する手段として，**目視**観察は最も簡便かつ有効な手段である．そのため，実構造物の維持管理において，目視観察による変状の有無を確認し，外観的な劣化の特徴に基づき，その劣化の種類を特定することが**一次調査**（定期点検）として行われる．とくに，ひび割れの発生箇所，パターン，規模（幅，長さ，面積）は有用な情報を与えるため，維持管理において各種指針やマニュアルなどではそれらの情報に基づき，劣化の種類の同定や劣化レベルの判定，さらには対策レベルなどが決定される．

ASRにおいても**外観**に生じる**変状**，とくにひび割れやアルカリシリカゲルは劣化の同定のために有用な情報を与えてくれるが，ASRの発生はその骨材の岩石学的種類，詳しくは骨材に含まれる鉱物種類とその含有量に依存し，発生地域や被害の規模（劣化レベル，被害数）は地域的な偏在を示し，地域的な特徴がある．そのため，それらの調査や診断に関わる実務者のASR劣化の取扱いに関する経験も大きく異なる．したがって，ASRに起因したひび割れや変状であっても，取扱い経験の乏しい実務者によって，その他の劣化として同定された事例もある．

本節では，ASRの発生の有無を外観変状から判断する場合に，これまでの維持管理経験や骨材事情などを踏まえ，外観変状からの判断が可能なもの，あるいは発生の可能性を疑う必要のあるものを見分けるための要点を示す．一方，ひび割れの発生状況などの外観からの判断が難しいものについては，3.2節，8章，9章で説明する技術を駆使し，ASR発生の有無を診断する．

ASRの診断法については，構造物の現地調査からコア採取，室内試験について，国際的に標準化された指針がある．代表的なものはヨーロッパを中心としたRILEM AAR-6.1[3.1]である．そこでは，本書でも紙数を割いているコンクリートの岩石学的評価が取り入れられている．

◇3.1.1　ASR劣化の外観的特徴

ASRがコンクリート構造物に与える影響として最も一般的なものは，コンクリートの膨張に伴う部材の変形とひび割れの発生である．ASRによるひび割れの形状には，次のように鉄筋などの**拘束条件**が強く影響する．

- 拘束度の低いものでは，**亀甲状**のひび割れが特徴的
- 拘束度の高いものでは，**拘束の方向**に沿ったひび割れが卓越
- 鉄筋の拘束が有効にはたらく場合には，これらのひび割れはかぶり部分に留まる

ASR膨張が適切に拘束されている場合には，構造物の**耐荷性能**は健全なものと比べてほとんど低下しないので，補修においては，ひび割れに伴うかぶり部分の保護に関する対策が主となる．しかし，過大な膨張を生じ，鉄筋の曲げ加工部の**破断**を生じ，その耐荷性能が低下し，維持管理性の観点から補強を実施される場合もある．両者の区別を外観から行うことは容易ではないが，拘束部材で数mm幅のひび割れが隅角部にみられる場合には，破断を疑い，コンクリートをはつるなどして，鉄筋の健全性を確認する必要がある．

ASR劣化によって生じる**外観**的特徴を以下に述べる．また，ASRによる外観的特徴を表3.1に示す．ASR劣化における外観的特徴として，ひび割れ以外にも，変形，アルカリシリカゲルの**滲出**，**変色**，**ポップアウト**，かぶりの**はく離**，**はく落**などがある．

変形は構造物の種類や形式，拘束条件によって異なる．橋梁の接合部で，ASR劣化した橋脚を横方向に拘束したため，縦方向の変形が卓越し，フィンガージョイントに数cmの段差を生じた例もある．アルカリシリカゲルは発生したひび割れに白色状物質として滲出し，**遊離石灰**と類似しているため，区別が難しい場合も多い．ASRが進行した場合に，コンクリート表面が茶褐色に**変色**することがある．鉄筋腐食を生じたコンクリートや付帯設備の錆汁が雨水などとともに流出した部分にも同様の変色がみられるため，区別が難しい場合もある．

かぶりのはく離・はく落は，ASRによるひび割れによって単独で生じる場合と，鉄筋腐食を誘発して複合的作用で生じる場合がある．ASR単独の場合には，橋梁の梁端部などの鉄筋拘束の小さい部分やひび割れが顕著な箇所で生じる．

凍結防止剤や**飛来塩分**などの影響を受ける構造物においては，ASRによる

表3.1 ASRによる変状の外観的特徴

外観変状	変状の内容	参考図*
ひび割れ	無拘束では方向性のない亀甲状のひび割れが発生し，拘束下では鋼材などに沿ったひび割れが発生する．	図3.2，3.3
アルカリシリカゲルの滲出	表面に白色あるいは白濁色の物質がひび割れから流出またはひび割れを充填する．	図3.10
変色	ひび割れ周辺のコンクリートが茶褐色を示すことがある．	図3.16
ポップアウト	コンクリート表面近傍の骨材がASRを生じた場合，生じた膨張力によって骨材周囲のコンクリートがはじき出され，凹状のくぼみがみられることがある．	図3.11
はく離・はく落	膨張が大きくなることによって，かぶり部分のコンクリートにはく離・はく落が生じることがある．	図3.7
変形・段差	ASR膨張によって部材あるいは構造物に変形が生じて，部材と部材の接合部分などに段差が生じたり，目地などのはらみ出しなどもみられることがある．	図3.8，3.12
鉄筋破断	外観から判断できないが，開きが数mm以上となり，かぶり内部にいたる大きなひび割れでは鉄筋破断を疑う．	図3.15

*次項以降に掲載している対応する変状の図番号を示す．

ひび割れから，Cl^-が浸入し，錆汁の発生を伴う鉄筋腐食との複合劣化もある．さらに，鉄筋破断などが生じた構造物においては，ひび割れ幅が拡幅して段差を生じる場合や，鉄筋位置よりも深部に達するひび割れを生じる場合がある．

◇3.1.2 ASR膨張およびひび割れ

(1) 拘束の影響

ASR膨張の大きさは，反応性骨材の含有量を含めてコンクリートの配合などによる膨張ポテンシャルの大きさが同じ場合にも，それらが構造物においてどのような拘束を受けるかによって大きく異なり，またその**ひび割れパターン**についても拘束の影響を強く受ける．基本的には，拘束の大きな方向の膨張は抑制され，反対に拘束の小さい方向には大きな膨張を生じる．

梁・柱などのRC構造物の場合には，軸直角方向の鉄筋量より軸方向の鉄筋量が多く，軸方向の拘束が大きいため，部材軸方向のひび割れが生じることが多い．横拘束筋の量によっては，軸直角方向の拘束が大きくなり，ひび割れ幅は小さくなる．一方，無筋に近い構造物では，方向性のない亀甲状のひび割れが生じる．

鉄筋拘束の影響については，いくつかの既往の研究において拘束鋼材比と膨張率の関係で整理されている[3.2]（図3.1）．拘束鋼材比が0.5 %以上では大幅に膨張が抑制されていることがわかる．ただし，これらのデータは室内などの試験結果に基づくものであり，実際の構造物とは大きく寸法が異なり，拘束条件も実構造物ではより複雑なものとなるため，定性的な性状として把握するには役立つが，この関係をそのまま実構造物に適用することには注意を要する．なお，一方向に拘束すると，ほかの方向には無拘束状態よりも大きな膨張となる．

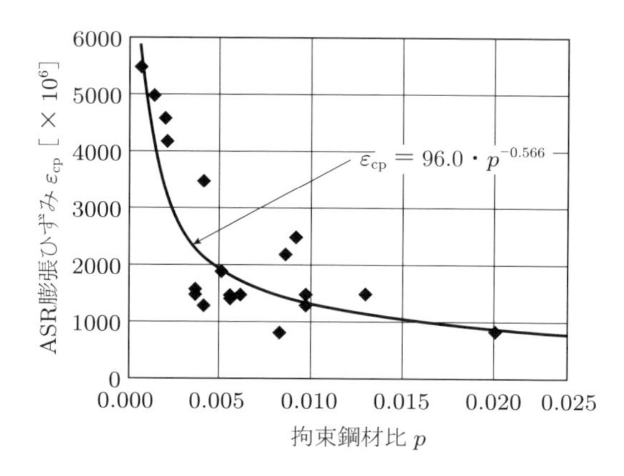

図3.1　拘束鋼材比と膨張ひずみの関係　［土木学会コンクリート委員会アルカリ骨材反応対策小委員会：アルカリ骨材反応対策小委員会報告書　鉄筋破断と新たなる対応，コンクリートライブラリー124，土木学会，p.II-116，2005.8.］

(2)　無筋構造物におけるひび割れ

無筋あるいは無筋に近い構造物では，図3.2に示すように方向性のないひび割れが発生する．テトラポッドや鉄筋拘束の小さい擁壁などに典型的なひび割れパターンとしてみられる．擁壁では，**亀甲状**のひび割れがみられるが，長手方向の変形は拘束を受けるので，水平方向のひび割れ幅が大きいこともわかる．

これらの方向性のないひび割れと混同しやすいのが，鉄筋拘束の小さい構造物に発生する**乾燥収縮**などによるひび割れである．たとえば，建築構造物の仕上げモルタルにおいても方向性のないひび割れが生じることがあり，また遊離石灰の滲出も同時にみられる場合がある．ただし，乾燥収縮によるひび割れはASRに比べて早期に発生し，発生時期が特定されている場合には，それらのひび割れとの区別の参考となる．ASRによるひび割れ発生時期は，コンクリ

図3.2 ひび割れ（拘束小）

ートの配合，岩種や環境条件によって異なるものの，一般的には数年以上を要する．

ただし，無筋やそれに近い拘束の場合でも，作用応力や外部からの拘束条件によっては，方向性のあるひび割れパターンとなる場合もあることに留意が必要である．その場合には，ひび割れパターン以外に，アルカリシリカゲルの滲出やコンクリートの変色，あるいは構造物の変形とそれによる影響なども参考とする．

下部構造物などでは死荷重，上部構造物では活荷重などの作用応力の影響を受け，応力（圧縮）が作用している方向に対しては，拘束のある場合と同様に，それらに対して直交方向にひび割れが生じるため，無拘束の場合にも方向性のあるひび割れが発生する場合もある．

(3) 梁・柱部材におけるひび割れ

RCや**PC構造物**においては，**拘束**方向に沿ったひび割れが特徴である．RC構造物の場合には，軸筋に沿ったひび割れが特徴であり，さらに膨張が進展すると軸方向に沿ったひび割れとひび割れの間を連結するような軸直角方向のひび割れも生じる．定着部付近で放射状にPC鋼材が定着されているPC構造物の場合には，PC鋼材に沿ったひび割れが生じると，放射状のひび割れパターンがみられることもある（図3.3）．また，下フランジの側面側に沿ったひび割れも，特徴的なひび割れとしてみられる．PCホロー桁にも，著しいASR劣化が認められることがしばしばある．部材内部が中空で水が滞水しやすいため，ASRが促進され，下面の拘束に沿ったひび割れからアルカリシリカゲルの滲

（a）ポストテンション型橋脚の定着部付近

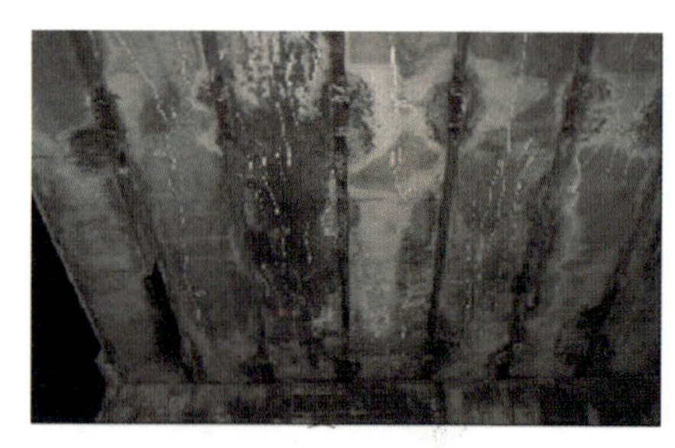

（b）PCホロー桁下面

（c）拘束に沿った水平方向のひび割れ

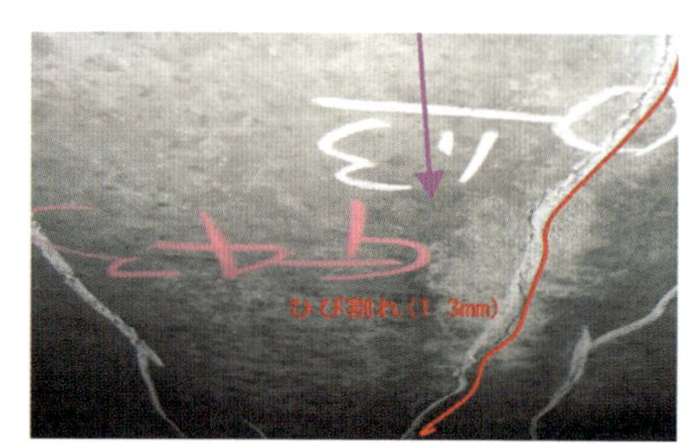

（d）桁の長軸方向のひび割れに沿った白色の析出物

図3.3　ひび割れ（拘束大）［(b)　富山潤，金田一男，山田一夫，伊良波繁雄，大城武：ASR劣化したプレテンションPC桁の岩石学的評価に基づくASR診断および耐荷性能の評価，土木学会論文集，Vol.67, No.4, pp.578-595, 2011.］

出が認められる[3.3]．外観だけではなく，このような特徴的な構造形式を理解して，構造物がもつ特徴的な性質を考慮して劣化状況を観察しなければ，表面上の見かけだけでは重要な環境条件を見落とすことになる．

RCおよびPC構造物の軸筋やPC鋼材に沿ったひび割れは，ASR以外の劣化と混同しやすい．凍結防止剤や飛来塩分などのCl^-の浸入のある場合には，浸入したCl^-によって鉄筋腐食が発生し，外観状からは塩害と判断してしまう場合もある．錆汁が認められない場合は判断が難しく，詳細調査が必要である．劣化現場付近のASR劣化の事例は参考になるが，工場製品の部材は長距離運搬されている可能性，つまり他地域の骨材である可能性を考慮しなければならない．

(4) 床版におけるひび割れ

床版部材におけるASRの被害の報告はこれまで比較的少ないものの，現実にはASRの被害の多い地域などでは，凍結防止剤などの散布の影響によって，被害事例が多くある．

床版においては，主筋および配力筋の鉄筋量は柱および梁に比べて小さく，橋軸および直角方向の拘束量はおおむね等しいため，亀甲状あるいは鉄筋に沿った格子状のひび割れパターンとなるのが特徴である（図3.4）．

図3.4　床版のASR劣化

一方，床版部材においては，疲労によっても同様のひび割れが生じるため，混同しやすい．疲労の場合には，車両走行する部分を中心に発生するのが特徴であるため，ひび割れ発生箇所は疲労によるものとの区別の参考となる．また，ASRの場合には，膨張を生じるためには，水分の供給が必要であり，床版上面などからの漏水の有無もその参考となる．さらには，アルカリシリカゲルの滲出の有無も参考になる．ただし，アルカリシリカゲルの滲出と外観が似ている遊離石灰の滲出については，疲労劣化の場合にも生じるので留意が必要である．

床版の劣化として，アスファルト面のひび割れを伴うポットホールが生じることがある．この劣化は補修を行っても繰り返し発生し，アスファルト下のコンクリートは**砂利化**と呼ばれる骨材だけが残ったような状態となることがあり，砂利化が生じた構造物（図3.5）の詳細調査によると，骨材にASRが生じていた[3.4]．また，ASRが発生した床版に水平方向のひび割れが発生すること

図3.5　ASRを生じた床版の砂利化　［森寛晃，久我龍一郎，小川彰一，久保善司：寒冷地で供用されたRC床版の劣化要因推定，コンクリート工学論文集，Vol.24, No.1, pp.1–9, 2013.］

図3.6　ASRを生じた空港舗装床版の水平ひび割れ　［河村直哉，川端雄一郎，片山哲哉：岩石学的評価に基づいた空港コンクリート舗装のASR劣化事例解析，コンクリート工学年次論文集，Vol.35, No.1, pp.1015–1020, 2013.］

が報告[3.5–3.7]（図3.6）されている．これらの砂利化や**水平ひび割れ**とASRの関連性は十分解明されていないが，少なくともASRの発生はその他の要因による劣化を助長し，複合作用によって劣化が促進される．とくに，寒冷地においては凍結防止剤として用いられるNaClによるASRの発生だけでなく，$CaCl_2$で生成する膨張性鉱物（$3CaO \cdot CaCl_2 \cdot 15H_2O$）がコンクリート劣化を生じること[3.8, 3.9]が知られており，ASR，疲労，凍害，塩害，膨張性鉱物の生成とさまざまな機構が複合している可能性があり，外観で劣化原因を特定するのは容易ではない．

(5) その他の構造物におけるひび割れ

トンネル構造物においては，坑内は比較的乾燥した環境にあるため，ASR劣化は坑口周辺部における発生がほとんどである（図3.7）．トンネル坑口においては，鉄筋拘束は大きくないため，ひび割れの発生とともに，膨張が進行した場合には，はく離およびはく落にいたるものもある．

フーチング部の被害としては，鉄筋破断にいたる過大な膨張を生じた事例がいくつか報告されている（図3.8）．地中に埋設されているため，柱部の劣化が顕著な場合などに調査されてはじめて発見されることが多く，進行過程については，十分な知見がない．鉄筋の拘束量が少ないため，膨張が進展した場合には，大きなひび割れなどが生じやすい．日本の自然の土壌環境においては，塩

図3.7　トンネル坑口のASR

図3.8　フーチングのASR

害や硫酸塩による化学的侵食を受けることは少ないため，ひび割れが顕著な場合には，ASRによる可能性が高いと判断できる．ただし，地震その他の力学的作用によるものでないことが条件として挙げられる．また，一般的には，温度の観点から，地上部の劣化進行のほうが早いと考えられるが，地下水面の状況によっては，地下部のほうが水分供給が多いため，より劣化進行が早いこともある．地上部にASR劣化があり，同一の骨材が用いられた場合には，地下部でもASR劣化が起こっている可能性が高い．

擁壁・橋台においては，亀甲状のひび割れパターンを示す場合や水平方向のひび割れが卓越する場合などがある．拘束条件に加えて水分供給や日射などの環境条件の影響によって異なるひび割れパターンとなる（図3.9）．

ダムは単位セメント量が少なく，アルカリ総量も少ないため，ASR膨張は起こらないと考える技術者もいるかもしれないが，すでに報告が多くあるアメ

図3.9　橋台のASR

リカやヨーロッパだけでなく，日本でもASR劣化が生じている場所がある．変形量は小さくとも，巨大構造物で変形が集中すると機械装置の動作に支障をきたす場合がある．

(6) 初期欠陥・施工不良箇所などの影響

ASRによるひび割れが発生する場合には，原則的に鉄筋や作用応力などの影響を受ける．しかし，コールドジョイントや乾燥収縮など，ASR発生前に生じたひび割れや欠陥がある場合には，脆弱部やひび割れを拡大する方向に作用した膨張力によって，欠陥やひび割れに沿ったひび割れも発生する．そのため，ASRが生じている場合でも，初期欠陥と混同しやすい．逆に，亀甲状のひび割れを見出すと，何でもASRと判定する傾向もあり，あらゆる可能性を考慮しなければならない．

◇3.1.3 アルカリシリカゲルの滲出，ポップアウト

ASRの判断には，ひび割れの性状を構造物の特徴と照らし合わせながら行うが，ほかの劣化と混同しやすいひび割れ発生状況となることも多い．その区別には，ひび割れからのアルカリシリカゲルの滲出やコンクリート表面の**変色**は有用な情報となる．アルカリシリカゲルの滲出状況は，アルカリシリカゲルの性状，ASR進行程度，水分供給状況によって異なり，ひび割れが充填されたものやコンクリート表面に流出するものなどがある（図3.10）．ただし，滲出物はアルカリシリカゲルそのものではなく，コンクリート中におけるアルカリシリカゲルの性質とは異なるため，これらの成分を分析しても，構造物で発

図3.10　アルカリシリカゲルの滲出

生しているASRの進行程度を把握することはできない．骨材内部ではじめに発生したアルカリシリカゲルは無色透明であるが，セメントペースト中ではアルカリがCaと交換し，白色となる．ひび割れにおいては，大気の炭酸ガスにより炭酸化している．この状況は，ひび割れから水の移動により遊離石灰が滲出している状況と似ている．

ASRによる**ポップアウト**の事例はそれほど多くはないものの，表面付近の骨材が激しく反応した場合に生じることもある（図3.11）．ポップアウト部分の骨材には，ASRによる反応の形跡が認められることも多く，骨材が吸水膨張などの異常膨張性のものでないこと，さらに凍害などの劣化を受けることがないことなどを参考にして，ポップアウトの原因としてASR発生の可能性を判断する．また，ASRが発生している場合には，変状がポップアウトのみの場合は稀であり，ひび割れなどのほかの変状も発生する場合がほとんどである．

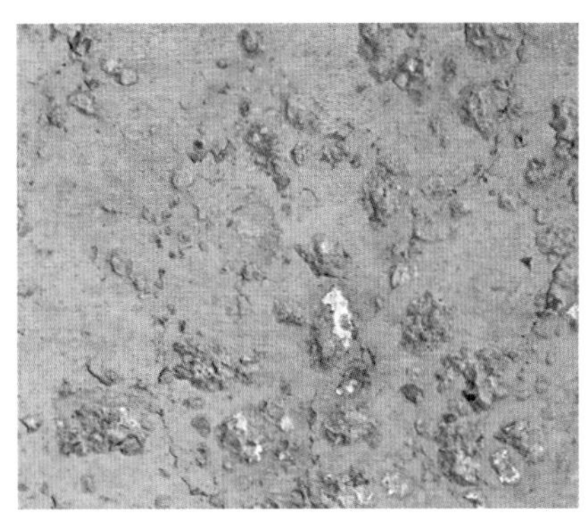

図3.11 ASRによる粗骨材大のポップアウト

◇3.1.4 変形などの影響

構造物や部材自体の変形は，目視による確認は困難な場合が多いが，変形による影響を観察することで，ASR膨張による変形の影響を把握することが可能な場合もある．構造物がいくつかの部材に分かれている場合には，部材と部材の接合部などに段差が生じることがある．ASR膨張は同一配合で用いられた場合にも，環境条件や拘束条件によって膨張率の大きさは異なるため，部材間で膨張の方向や大きさが異なり，結果として段差が生じる．

ASRが発生したPC桁では，下縁側に大きな拘束力が作用し，拘束度の小さな上縁側の膨張が大きくなり，桁中央が上部に盛り上がったり，張出し部においてジョイントの段差などが生じたりすることもある．

部材と部材の接合部に漏水防止や間詰め用の弾性目地が設置されている場合には，両方の部材が膨張することで目地がはらみ出すこともある（図3.12）．側溝などの隣接している構造物においては，構造物の膨張によって側溝が押されて，変形，上方への盛り上がり，損傷が生じる場合もある．

図3.12　目地のはらみ出し

◇3.1.5　細骨材の影響

これまで日本におけるASRの被害の報告事例は粗骨材に起因したものが多く，細骨材に起因したASRに関する情報は少ない．この要因としては，粗骨材起因のものでは，3.1.1～3.1.4項で述べたようなひび割れなどの外観状の観察から，専門家以外によっても判断が可能であったものの，細骨材起因のものでは，ひび割れ性状が異なるため，岩石学的評価などを用いることが必要であったとする意見もある．しかし，単に多くの技術者に，ASRは粗骨材によるものという思い込みがあったことが大きい．

細骨材によるASRは，比較的微細なひび割れがコンクリート表面に認められる場合があり（図3.13(a)），乾燥収縮や温度ひび割れ，初期の養生不足の初期欠陥などのひび割れと混同しやすい．しかし，粗骨材が非反応性の石灰石であり，海砂の細骨材が反応し，数mmのひび割れを引き起こした事例もある（図(b)）．

また，粗骨材および細骨材が同時に反応している場合には，その劣化の程度が大きくなることがある[3.10, 3.11]（図3.14）．

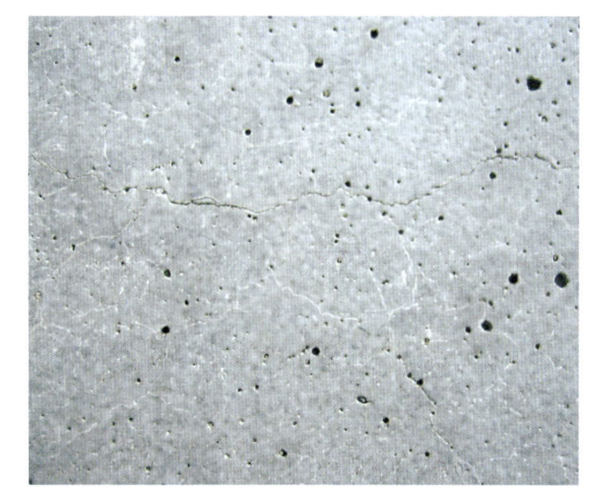

（a）微細なひび割れ

（b）数mmのひび割れ

図3.13　細骨材によるASR

図3.14　細・粗骨材両方のASR ［大代武志，原田政彦，中野政信，中狭靖：コンクリート橋脚のASRによる再劣化と対策工法の選定，コンクリート工学，Vol.44, No.12, pp.31–38, 2006.］

◇3.1.6　局所的発生

ASR発生の条件としては，コンクリート中のアルカリ，骨材の反応性，十分な水分が存在することが必要である．実構造物においても，雨掛かりや漏水の影響を受けた範囲のみにASRが発生している場合が多い．雨掛かりや漏水の影響を受けた局所的な部分にのみ，ひび割れなどの変状が認められ，さらにこの部分が鉄筋腐食に起因したものではないと判断されるときに，ASRの発生の可能性が高い．

一方，凍結防止剤散布地域においては，ASRが発生し，ひび割れが生じている場合には，かぶりの小さい箇所などでは，鉄筋腐食も発生するため，その判断が難しいこともある．そのような場合には，ひび割れ以外の特徴について検討するなど，総合的な判断が必要である．なお，ひび割れが鉄筋に沿った方向以外にも多数存在する場合には，ASRと鉄筋腐食の複合劣化の可能性が高い．

◇3.1.7　鉄筋破断

過大膨張が生じた構造物においては，鉄筋の曲げ加工部に破断が生じることがある（図3.15）．この場合には，表面に生じたひび割れが内部深くまで進展するような大きなひび割れ幅となり，場合によってはコンクリート表面に段差が生じている．このような大きな損傷を生じている場合には，鉄筋破断の可能性を疑う必要がある．その場合，外観観察のみでは，破断の有無を判断することは困難であるため，電磁誘導を利用した非破壊診断方法やはつり点検を行う．

図3.15　鉄筋破断を生じた構造物の外観的特徴

◇3.1.8 変　色

ASRを起こしたコンクリート表面が，白色滲出物もしくは透明のアルカリシリカゲルとともに，褐色を示す場合がある（図3.16(a)）．この変色は無筋コンクリート構造物でもみられることから，鉄筋の錆による変色とは異なるメカニズムでの反応である．

（a）擁壁に発生したひび割れからの褐色の滲出

（b）コンクリート破断面での骨材からの褐色の染み

図3.16　ASRに伴う骨材からの褐色の染み

ASRによるひび割れを生じたコンクリートの破断面を観察すると，骨材から褐色の染みが発生しているのが確認できる場合がある（図3.16(b)）．この骨材から滲出した褐色物質がコンクリートを変色させた原因と推定できる．

日本においてASRを起こす代表的な反応性骨材である火山岩（安山岩，流紋岩）と堆積岩（チャート，頁岩）のなかには，黄鉄鉱（FeS_2）を代表とする硫化鉱物がしばしば認められる．この硫化鉱物は，火山岩の場合はマグマの硫黄分から生成し，堆積岩の場合は腐敗した嫌気性の泥分から生成して堆積中に二次的に晶出する[3.12]．この硫化鉱物自体は重量コンクリートを製造する際の重量骨材として用いられることもあるが，それ自体でコンクリートを変色させる性質は認められない．ASRを起こしたコンクリート内では以下の反応の可能性がある．

$$FeS_2 + O_2 + 2Ca(OH)_2 \rightarrow Fe(OH)_3 + 2CaSO_4 \cdot 2H_2O$$

この反応は，硫化鉱物がコンクリート中のセメント水和物である水酸化カルシウムと反応して水酸化鉄（赤錆）と二水石膏を生成する．この場合，酸素の供給が不可欠であるため，普通にコンクリート中に存在する硫化鉱物では反応しにくいが，ASRによって新たに生じた破断面に酸素と溶出した水酸化カルシウムが供給されて生じたとすれば，反応の説明ができる．

図3.17はASRを起こした骨材（黒色頁岩）の破断面のSEM写真で，骨材の破断面から鱗片状の石膏が晶出した状況である．晶出した部分に硫化鉱物が存在すると推定できる．

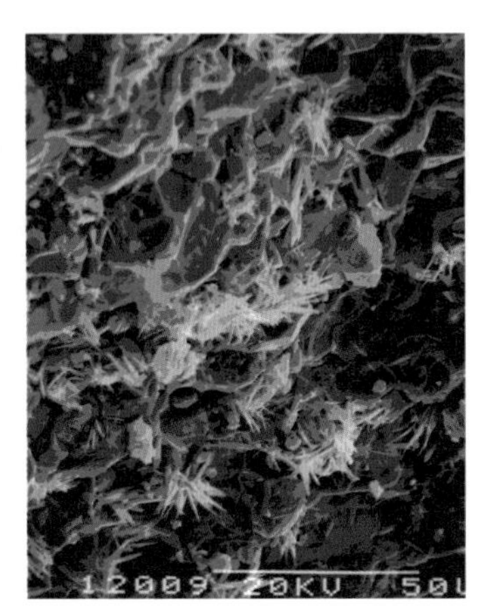

図3.17　石膏の晶出が認められる
ASRにより破断した骨材の破断面

また，生成した二水石膏はセメント中のアルミネート相と反応して，以下のようにエトリンガイトを生成する．

$$3CaO \cdot Al_2O_3 + 3CaSO_4 \cdot 2H_2O + 26H_2O \rightarrow 3CaO \cdot Al_2O_3 \cdot 3CaSO_4 \cdot 32H_2O$$

アルミン酸三カルシウム　　二水石膏　　エトリンガイト

ASRを起こしたコンクリートには，**気泡**を埋める形で**エトリンガイト**が晶出している場合が多い．このようなエトリンガイトや石膏の存在は，偏光顕微鏡観察でもわかるが，XRDにより容易に同定可能である．

通常，エトリンガイトは六角形の断面をもつ針状結晶であり，その結晶の成長とともに膨張圧を生じ，ケミカルプレストレスの付加やコンクリートにひび割れを発生させる可能性のある水和物であるが，ASRで生じるエトリンガイトは二次的に空隙を埋める形状を示すことがしばしばあり，必ずしも膨張に寄与するとは限らない．そのため，慎重な組織観察が求められる．このように，ASRに伴って副次的に生じる変色と，エトリンガイトの生成は骨材中に含まれる黄鉄鉱を代表とする硫化鉱物によるものと考えられる．

硫化鉱物を含む骨材は火山岩，堆積岩ともに日本全国しばしば認められ，ASR以外でもコンクリート表面近傍である種の硫化鉱物はコンクリート中のカルシウムと激しく反応するものがあり，コンクリート表面のポップアウトと錆汁の流出がみられることもある[3.13–3.15]が，ASRによる変色とは異なる形状，色合いを示しており，ASRにおける変色とは区別することができる．

北アメリカでは骨材に含まれる硫化鉱物による硫酸塩劣化が近年多く認識されつつあることが，第15回ICAARでカナダLaval大学のB. Fournier教授から報告された．

◇3.1.9　外部硫酸塩劣化

日本国内において，環境中の硫酸塩（Na_2SO_4，$MgSO_4$，$CaSO_4$など）や硫酸（H_2SO_4）の作用によりコンクリートが劣化する現象は，土壌，温泉水，改良地盤，下水などに接する構造物で報告されている[3.16–3.19]．硫酸塩や硫酸によりコンクリートが劣化するメカニズムにはさまざまなものがあり，コンクリート診断を行う前に知っておく必要がある．

硫酸塩劣化は，古くはエトリンガイトの生成による劣化現象が主たる要因と考えられていたが，それ以外にも表3.2のようなさまざまな現象が報告されている[3.19, 3.20]．硫酸塩とセメント水和物が化学反応を起こして劣化を導く**化学的劣化**と，硫酸塩自体（主にNa_2SO_4）が細孔中で結晶化し，自らが結晶成長する物理的な圧力で劣化を導く**物理的劣化**に分類される．化学的劣化は，反応生成物や作用する硫酸塩の種類によって，さらにいくつかのメカニズムに分かれる．硫酸劣化は，SO_4^{2-}の作用に加え，酸の作用によってコンクリートを著しく侵食する現象で，典型的には下水関連施設で問題となる．

劣化の状況もそれぞれ異なる．物理的劣化では土壌から立ち上がった部分のコンクリートがひび割れるのではなく，面的に膨潤するように劣化が進む．エトリンガイト生成による化学的劣化は，著しい場合にはASRよりも大きく間隔の広いひび割れがコンクリートの異常な変形を伴って認められる．**タウマサイト**（thaumasite，ソーマサイトとも呼ばれる）硫酸塩劣化（TSA）では，セメントペーストが化学変化をして強度を失い，泥状になる．内部硫酸塩劣化（3.1.10項で詳述）は外観や環境条件からASRと区別は困難である．

硫酸塩劣化や硫酸劣化は，日本国内では，温泉地，下水，化学工場跡地などの特殊な環境下で問題視される傾向にあるが，近年，住宅**基礎**コンクリートの

表3.2　硫酸塩および硫酸劣化メカニズムの整理[3.19, 3.20]

メカニズムの分類			劣化のメカニズム
外部硫酸塩劣化	化学的劣化	エトリンガイト生成	・膨張性のエトリンガイトがコンクリートを劣化させる． モノサルフェート $\xrightarrow{CaSO_4 \cdot 2H_2O,\ H_2O}$ エトリンガイト
		二水石膏生成	・二水石膏の生成が劣化を導く（否定的な見解もある）． $Ca(OH)_2$, C–S–H $\xrightarrow{SO_4^{2-},\ H_2O}$ $CaSO_4 \cdot 2H_2O$
		タウマサイト生成	・主に低温環境において，SO_4^{2-}・CO_3^{2-}がC–S–Hに作用するとタウマサイトが生成し，コンクリートを劣化させる． $Ca(OH)_2$, C–S–H $\xrightarrow{SO_4^{2-},\ CO_3^{2-},\ H_2O}$ タウマサイト
		$MgSO_4$の作用	・硫酸塩が$MgSO_4$の場合，以下の反応によりMg^{2+}がセメント水和物を分解する． $(Ca(OH)_2, \text{C–S–H}) + MgSO_4 + H_2O \rightarrow CaSO_4 \cdot 2H_2O + Mg(OH)_2 + \text{M–S–H}$
	物理的劣化		・温度変化や乾燥の影響により，細孔溶液中の硫酸塩が過飽和となり，結晶化する．結晶成長する硫酸塩自体による圧力がコンクリートを劣化させる． ・Na_2SO_4と$Na_2SO_4 \cdot 10H_2O$の生成が繰り返されると，さらに劣化は大きくなる．
硫酸劣化			・SO_4^{2-}を多く含む強酸性の硫酸が作用すると，典型的にはコンクリート表層に二水石膏の層が形成して脆弱化し，直下にはエトリンガイトの層を形成してはく離を導く．

硫酸塩劣化事例の報告を通じ，国内の普遍的な地域において，潜在的な**硫酸塩地盤***が分布していること[3.21]や，硫酸塩劣化が顕在化していること[3.19]が明らかとなってきた．

住宅基礎コンクリートの劣化現象は，エトリンガイトの生成による典型的な硫酸塩劣化とは異なる．被害状況を図3.18，3.19に示す．基礎コンクリートの表面には，白色の含水**硫酸ナトリウム**塩（$Na_2SO_4 \cdot 10H_2O$，**ミラビライト**）の晶出を伴い，表層のはく離（スケーリング）が生じる．これは，物理的劣化の特徴であり，エトリンガイト生成やASRとは外観上の変状が明らかに異なる．布基礎コンクリートは地表面から30 cm程度の高さまでスケーリングが生じ，

*海成層などの，硫化物（硫酸塩の発生源となる）を普遍的に含む地層

（a）九州・ぼた地の事例

（b）東京都内の事例

（c）和歌山県内の事例

（d）横浜市内の事例

図3.18　布基礎コンクリートの被害状況例　［(a)　松下博通，佐藤俊幸：硫酸イオンを含む地盤におけるコンクリートの劣化過程について，土木学会論文集E，Vol.65, No.2, pp.149–160, 2009./(c)　吉田夏樹ほか：土壌に含まれた硫酸塩の作用による住宅基礎コンクリートの劣化機構に関する一考察，セメント・コンクリート論文集，No.62, pp.295–302, 2008.］

（a）九州・ぼた地の事例

（b）西宮市内の事例

図3.19　コンクリート製束石の被害状況例　［(a)　松下博通，佐藤俊幸：硫酸イオンを含む地盤におけるコンクリートの劣化過程について，土木学会論文集E，Vol.65, No.2, pp.149–160, 2009.］

コンクリート製の束石は崩壊にいたる場合がある（後者は化学的劣化を伴う）[3.22]．住宅の倒壊にいたった例は報告されていないが，たとえば，床を支える束石が崩壊すると，床のきしみや建具の不具合が生じることがある．建築後から劣化が生じるまでの期間はさまざまで，建築後数箇月 ～ 15年程度で劣化が生じている[3.23, 3.24]．

基礎コンクリートの劣化メカニズムを，図3.20に示す．土壌中の硫酸塩を含んだ水分が，毛管上昇により基礎コンクリートの地上部分へと浸透すると，乾燥や温度変化の影響を受けて，細孔中で含水硫酸ナトリウム塩が結晶化して成長する．成長する結晶が組織に物理的な圧力を与えて，スケーリングが生じる．一方，基礎コンクリートの地中部分では含水硫酸ナトリウム塩は結晶化せず，健全な外観を維持している．エトリンガイトの生成による典型的な硫酸塩劣化とは異なり，物理的劣化は外気に接する箇所で生じるため，構造物の地上部分やトンネル内において生じることがある．

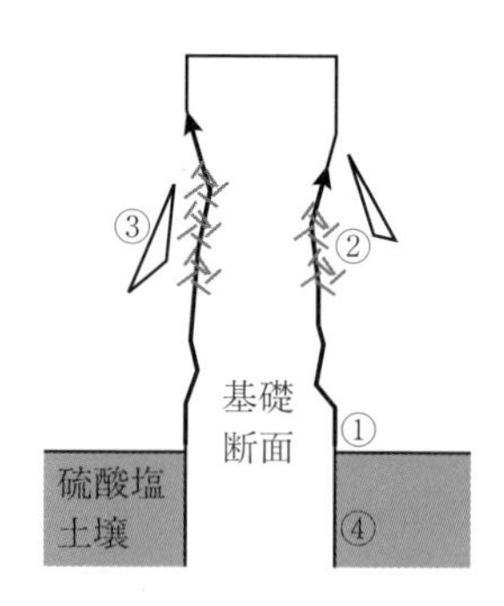

①土壌中の硫酸塩を含んだ水分が，毛管浸透する．
②外気の影響を受けて，細孔中で $Na_2SO_4 \cdot 10H_2O$ が結晶化して成長する．
③結晶成長の圧力により，表層のはく離が生じる．
④地中部分は健全な外観を維持している．

図3.20　基礎コンクリートの劣化メカニズム

外部硫酸塩劣化を詳細に検査するには，XRDにより晶出物を分析し，含水硫酸ナトリウム塩の結晶を確認することや，コンクリートコア試料を採取し，SO_4^{2-}の浸透範囲をEPMAで確認するなど，一般的な分析が有用であるほか，コンクリートが接する外部環境を分析し，環境濃度を知ることが劣化対策や将来予測に重要となる．たとえば，コンクリート周辺の土壌を採取し，地盤工学会規準JGS0241やJGS0211に基づき，土の水溶性硫酸塩含有量やpHを確認する．コンクリート標準示方書では，「SO_4^{2-}として0.2 %以上の硫酸塩を含む土や水」を具体的な劣化環境の目安としており，評価の参考になる．なお，環境分析の重要性は，コンクリートが化学的に侵食される現象の全般に共通する．

物理的劣化の対策について，典型的な硫酸塩劣化には有効な混和材などを用いた化学的な対策は効果がない[3.25]．低水セメント比の配合とし，抵抗性をあらかじめ試験で確認することが理想的である．根本的な対策としては，環境を改善することが望ましい．劣化因子を排除することや，劣化因子の影響を低減する工法が考えられる．具体的には，硫酸塩土壌の場合は，土壌を入れ替える置換工法，排水を促す工法，劣化因子の集積（塩類集積と呼ばれる現象）を抑制する工法などが有効であるほか，コンクリートへの劣化因子の浸入を抑制するため，コンクリートを被覆する対策が考えられる．これらは，補修工法としても有効である．

3.1.10　遅延エトリンガイト生成

遅延エトリンガイト生成（delayed ettringite formation：**DEF**）は，セメントの特性にも依存するが，65℃を超える温度で蒸気養生したコンクリート製品にみられることがある劣化現象である．セメントの水和反応の初期に高温になることで，生成したエトリンガイトがいったん分解し，温度の降下とともに十分な水の供給があり，アルカリが溶脱すると，C–S–Hゲル内部で針状結晶が成長してセメントペーストが膨張する．セメントの水和反応の初期で高温になることが本質的作用機構であるので，コンクリート温度が65℃を超えやすい大断面部材の水和反応熱が大きい実構造物では，たとえば大ダムなどの場合，内部の温度上昇により，蒸気養生をしなくてもDEFが発生する可能性がある．

アメリカやヨーロッパにおいては，ほかの劣化と併存する事例が報告されており，単独の劣化であるかどうかについては高度な診断を要する．日本においては，DEFによる劣化事例の報告は少ない．ASRと同様に水分供給の影響を受けて膨張を生じ，コンクリート表面にASRと同じひび割れが発生する[3.26]（図3.21）．外観状の変状からはASRとの区別は困難であるので，偏光顕微鏡やSEMによる詳細観察が必要である．この際，検出すべきはC–S–Hゲル内部のエトリンガイトであり，ひび割れにエトリンガイトが認められたとしても，それは直接的原因ではない．

ASRの発生が長期間を要するのに対して，DEFによる変状は比較的短期間に生じるため，発生時期が特定される場合にはDEFとの区別が可能な場合がある．しかし，最新の研究では，数年～10年を経て劣化が開始する可能性も

図3.21　橋脚にみられるDEFによるひび割れ（テキサス）［K. J. Folliard, et. al.: Preventing ASR/DEF in new concrete: Final report, FHWA/TX-060/0-4085-5, p.193, Fig 9.3, p.194, Fig 9.4, 2006, http://www.utexas.edu/research/ctr/pdf_reports/0_4085_5.pdf］

わかってきた．また，発生条件の一つとしては高温（65℃超）が挙げられるため，打設後のコンクリート温度がセメントの水和発熱と環境条件により高温の履歴を受けない条件と判断されるときには，DEFとの区別は可能である．セメントのC_3A含有率が高く，コンクリート中のアルカリとSO_3の総量が多いと，DEFのリスクが高い．実験によると，ASRによる膨張率は1％を超えることはあまりないが，DEFによる膨張率は2～3％にもなり得る．

日本では報告事例は皆無に近いが，蒸気養生を行うコンクリート枕木や縁石ブロックなどで多数の劣化が生じている可能性がある．海外では北アメリカ，フランス，ブラジルなどにおいて，大断面のコンクリート構造物でDEF単独，もしくはASRとの**複合劣化**が報告されている．ただし，両者の区別は難しく，ASRが正しく認識されていない可能性もある．日本でのDEFの存在は，今後検討が進むと考えられる．

◇3.1.11　ほかの劣化との区別

コンクリート構造物における変状の原因は極めて多岐にわたり，施工の初期欠陥から，構造的な原因による変状，時間の経過とともに発生する劣化による変状に大きく分類される．ここでは，ほかの劣化要因とASRに起因するものとの区別について記載する．多くの劣化機構とASRを判別するには，各種条件から枝分かれして最終的な答えにたどり着くのではなく，いくつかの情報から発生の可能性を推定する必要がある．

塩害あるいは中性化などによるひび割れは鋼材に沿って生じるため，梁・柱部材においては，ひび割れ性状はASRとの区別がしにくいものも多い．

中性化は，乾燥しやすい環境条件で生じるため，そのような条件下ではASRは発生しにくい．しかし，乾燥した環境下においても部材厚の大きな場合には，ASRを生じさせる水分が部材内部に存在する可能性がある．また，コンクリート表面は乾燥した環境にある場合でも，その反対側で水分などの供給がある場合には，コンクリート内部でASRが生じることがある．したがって，環境条件のみからの区別は誤った判断を引き起こす可能性がある．そのような場合には，鉄筋に沿ったひび割れが卓越しているかどうか，アルカリシリカゲルの滲出の有無，変形の影響などを考慮して判断する．

塩害の場合については，内在塩分が含まれる可能性の有無，あるいは外部からのCl^-の供給など，環境条件が与える影響などによって鉄筋腐食が生じる可能性の有無を検討し，鉄筋腐食が生じる可能性が少ない場合には，ASRの可能性がある．また，対象構造物のひび割れが鉄筋腐食単独で発生したものかどうかを，中性化と同様に総合的な判断を行い，ASRの発生の有無を判断する．鉄筋腐食に伴う錆汁がなく，鋼材に沿ったひび割れがある場合には，ASR発生の可能性を疑う必要がある．

凍害との区別については，凍害特有のひび割れおよび損傷パターン（図3.22）

図3.22　凍害によるひび割れ事例

となっているかどうかに加えて，対象構造物の環境条件が凍害の危険性の高い地域であるかを考慮することによって，ASRの発生の有無を判断する必要がある．要因の決定には偏光顕微鏡を用いた詳細分析が必要である[3.27]．なお，長い間，北海道ではASRは存在せず，凍害による劣化と判断されてきているため，ほかの地域ではASRとみなされるひび割れパターンでも凍害とみなされる傾向がある．詳細分析により判断することが望ましい．

各種劣化との区別のポイントを表3.3に示す．いずれの場合にも，外観観察のみからは判断が難しい場合には，3.2節で説明する詳細調査を用いる．

表3.3　各種劣化との区別のポイント

劣化機構	ASRとの区別のポイント
中性化	中性化は比較的乾燥した条件で生じやすい．環境条件が中性化を生じやすいかどうかを見極める．
塩害	外来塩または内在塩のいずれの場合にも，鉄筋腐食によってひび割れが生じた場合，錆汁を伴う場合が多いので，錆汁の有無を確認．逆に，塩害を生じるような環境またはコンクリートの要因がない場合には，ASRによるひび割れの可能性を視野に入れる．
凍害	凍害を発生させる気象条件であるかを確認する．部材もしくは構造物の隅各部のひび割れや凍害に特徴的なひび割れパターンであるかを確認する．同時に生じる場合もあるので，骨材などに関する情報がない場合には，詳細調査を行うことも必要である．
硫酸塩膨張	外部硫酸塩劣化のうち，物理的劣化は土壌からの立ち上がり部で乾燥して硫酸塩鉱物が晶出箇所で，顕著な劣化となる．ひび割れではなく，面的に組織が膨潤する．化学的劣化は外来SO_4^{2-}が作用する部位で劣化が発生する．エトリンガイト生成の場合はASRよりも間隔の広い大きなひび割れとなるが，タウマサイト生成の場合はひび割れではなくセメントペーストが膨潤して強度を失う．内部硫酸塩劣化は外観や環境からASRと区別することは難しく，詳細調査が必要である．

◇3.1.12　現場調査のキーポイント

ASR劣化した構造物の外観的特徴の詳細は，3.1.1～3.1.11項で述べたように，図2.4の標準調査のフローに従い，目視による総合的な判断を行う．しかし，ASRによるひび割れであるかどうかは，実務経験のある技術者にとっても，外観のみで即座に判断することは難しい場合もある．その方法論も一般的に確立されたものではなく，総合的な判断となる．判断のための目安として，

表3.4　標準調査フローにおけるポイント

標準フロー	ポイント	対応する節，項など
一次調査	ひび割れをほかの劣化と区別するために，各種劣化のひび割れの特徴，発生する使用環境条件を踏まえて外観観察を行う．	3.1節
机上調査 使用骨材の検討	骨材情報の入手，周辺構造物におけるASRの発生の有無，地質図の利用などによって反応性骨材含有の可能性を検討する．	2.2.1項(2)
ひび割れパターンの分析	構造物の拘束条件を確認し，想定されるASR特有のひび割れパターンであるかを検討する． 拘束大：鋼材と同一線上のひび割れが認められるかの確認（PCは除く）． ひび割れから錆汁は出ていないかの確認．	3.1.1項，3.1.2項，3.1.5 ～ 3.1.7項
ひび割れ以外の外観的特徴	アルカリシリカゲルの滲出の確認，コンクリート表面の変色の有無，段差や目地のはらみ出しの確認．	3.1.3項，3.1.4項，3.1.8項
ほかの劣化などによる変状との区別	環境条件などから生じることがある劣化原因の検討． 初期欠陥，施工不良，乾燥収縮に起因するひび割れの可能性の検討（ASRによるひび割れは一般的には5 ～ 10年以降）．	3.1.2項(6)，3.1.8 ～ 3.1.11項

図2.4の標準調査におけるポイントを表3.4に整理する．

この手順において，ASRによって生じる特徴と合致する点が多いほど，ASRの可能性が高い．また，その他の原因による劣化の可能性が極めて低い場合，ひび割れなどを含む外観的特徴がASRと一致した場合にも，ASRの可能性を疑うことは重要である．この際，ほかの劣化機構の特徴が認められないからといって，劣化原因を消去法でASRとするのは誤りである．

3.2　詳細調査の具体的手法

◇3.2.1　コンクリートコア試料と薄片試料の観察

本節では，**目視・実体顕微鏡**観察ならびに**偏光顕微鏡**観察による**岩石学的評価**方法について実例を用いて解説する．

実体顕微鏡を使用した観察は岩石，コンクリートのほか，微生物や金属など，非常に広い分野で行われている．偏光顕微鏡による観察は早くから岩石学，鉱物学の分野で行われてきたが，今日，固体試料一般の観察に有用であることが認識され，化学，薬学，生物学，医学などの諸分野，また窯業やその他の化学工学分野においても広く適用されるようになり[3.28]，セメントやコンクリート分野もその例外ではない．

ASR診断においては，反応生成物の有無などを観察し，対象とするコンクリート構造物の変状がASRに起因するものであるかどうかの判定だけでなく，反応生成物の状況やひび割れの関係から反応性骨材・鉱物の特定や，劣化程度の判断，将来的な劣化の進行のある程度の推定も可能である．

さらに，使用骨材の岩種鑑定やその構成割合の定量を行うことにより，ペシマム現象などの劣化因子を推定することも可能である（6.3.1項で詳述）．そのほかにも，セメント粒子，フライアッシュ，高炉スラグ微粉末および気泡などの観察からセメントの種類や品質ならびに使用された混和材を把握したり，ポルトランダイト（$Ca(OH)_2$）の生成状態などから単位水量，施工の良否，セメントのアルカリ量の多少などを推定したりすることもできる．

(1) ASRの判定方法

ASRを判定するためには，ASRによる**変状**がどのように観察されるのかを理解する必要がある．次に，ASRによる生成物の目視・実体顕微鏡下ならびに偏光顕微鏡下における特徴を述べる．これらの生成物が認められた場合は，コンクリートの劣化の大小に関わらず，何らかの反応が生じているものとみなすことができる．

■目視・実体顕微鏡下におけるASRによる生成物　コンクリートコア試料は採取後水洗いし，水膜をつけたままフィルムでラップし，2，3日後にコンクリートコア試料の側面を肉眼観察すると暗色の**アルカリシリカゲル**が滲出していることがわかる場合がある[3.29, 3.30]．図3.23は，ASR劣化した構造物の典型的なコンクリートコア試料の破断面の様子である．切断面ではアルカリシリカゲルは主に反応性骨材内部から滲出する．さらに倍率を上げて破断面・切断面の観察を行うことにより，ASRによる生成物は，図3.24のような骨材周縁部および内部に認められる透明なアルカリシリカゲル，図3.25のような骨材・モルタル部の白色の物質，図3.26のような骨材周縁部の変色（**反応リム**）として観察される．コンクリートコア試料の側面を展開写真として撮影すると，観察面積が切断面よりも格段に広くなり，多くの情報を得ることができる[3.29]．専用のコアスキャナを所有しない場合でも，現在は図3.27のように，コンクリー

図3.23　コンクリート破断面

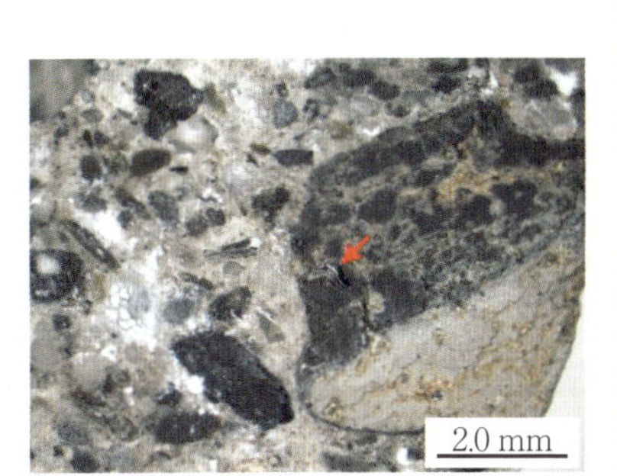

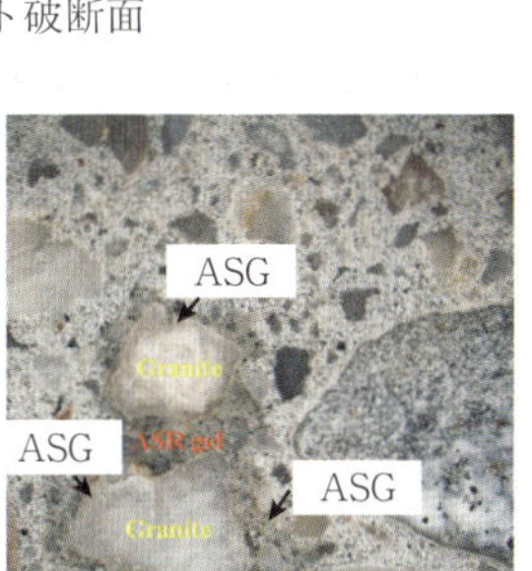

図3.24　透明なアルカリシリカゲル（ASG：アルカリシリカゲル）

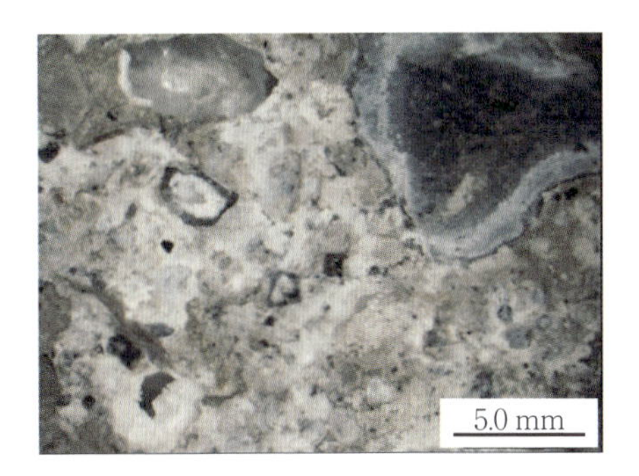

図3.25　白色のASR生成物

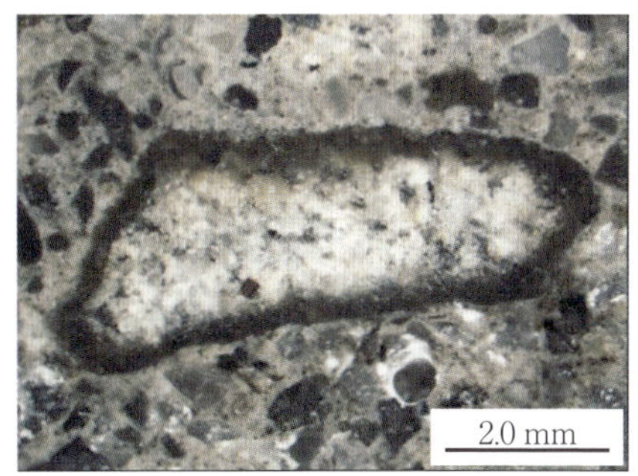

図3.26　反応リム　［林建佑，河野克哉，山田一夫，原健悟：石炭石砕石と海砂を使用したコンクリート構造物のアルカリ骨材反応による劣化診断，コンクリート工学年次論文集，Vol.31，No.1，p.1250，図-4，2009.］

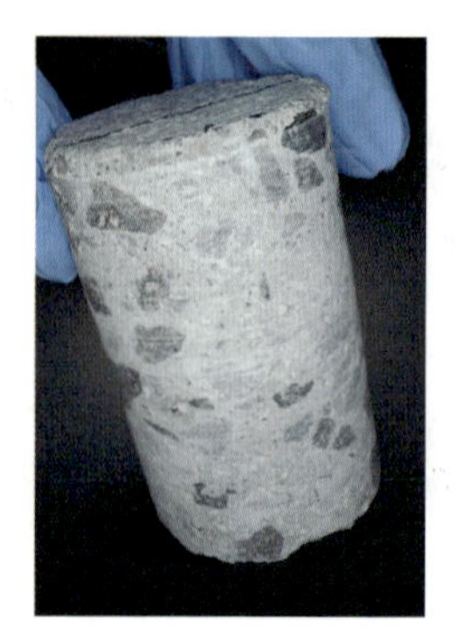

（a）直径45 mm，長さ75 mmコンクリートコア試料の外観

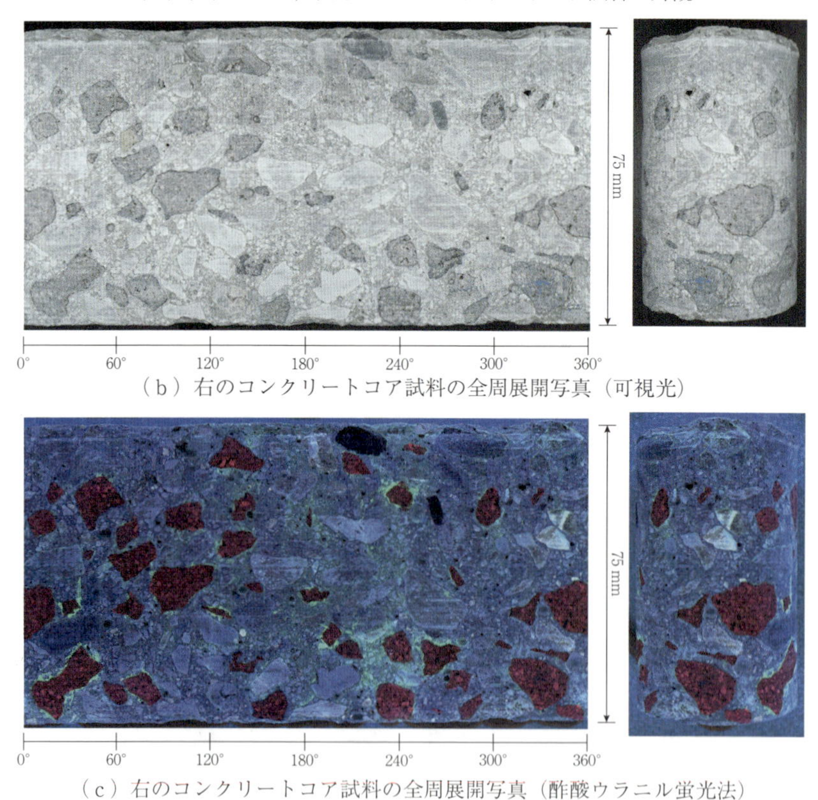

（b）右のコンクリートコア試料の全周展開写真（可視光）

（c）右のコンクリートコア試料の全周展開写真（酢酸ウラニル蛍光法）

図3.27　コンクリートコア試料の展開写真　［東北大学 五十嵐豪助教撮影・加工］

トコア試料を回転させ，数枚撮影した画像を展開写真状に加工できるソフトウェアもある．なお，一般的な傾向として，透明なゲル状の物質は骨材内部に封じ込められていた膨張圧を発生するアルカリシリカゲルであるが，ひび割れを充填する白色物質はロゼット状結晶の場合や，炭酸化したゲルの場合もある．また，ゲルが透明であっても，すでにセメントペースト中のCaとアルカリシリカゲル中のアルカリイオンがイオン交換し，非膨張性のよりCaに富んだゲルに変化している場合がある[3.31]．そのため，生成時には膨張性のアルカリシリカゲルであったとしても，現在は非膨張性であることが多い．しかし，上述のゲルの物性と挙動は目視観察や実体顕微鏡観察のレベルでは確認できない事柄であるので，このような簡易的な試験手法のみでASR診断を行うことは避けたほうがよい．

■酢酸ウラニル蛍光法によるアルカリシリカゲル分布　酢酸ウラニル蛍光法*は，アルカリシリカゲルを蛍光発色させ，直接可視化する方法である[3.32]（8.2.7項で詳述）．

図3.28に，測定例と可視光による観察を示す．図(a)に示すように，反応性の安山岩を粗骨材として石灰石の30 %を置換すると，反応性骨材である安山岩周辺に緑色の蛍光が明瞭に認められ，切断後に骨材内部からセメントペーストにアルカリシリカゲルが拡散している．図(b)の可視光の写真では，骨材周辺に光沢をもつ透明なアルカリシリカゲルが広く観察され，空隙も白いライムアルカリシリカゲルで充填されている．一般に，この状況はASR劣化した構造物での偏光顕微鏡による観察結果とは異なり，骨材からのびるひび割れが少なく，ひび割れに沿ったアルカリシリカゲルの進展も少ない．これは，コンクリートプリズム試験後の試験体であり，反応性が高い安山岩を5.50 kg/m^{3}という多いアルカリ量，60 ℃という高温条件で促進膨張させたため，早期にアルカリシリカゲルがセメントペースト中のCaとイオン交換することなく骨材周

＊この方法はASTM C 856の付録にゲルのスクリーニング的な検出手法として紹介されている．直接アルカリシリカゲルが観察できる簡単かつ便利な方法である．ただし，紫外線を当てて蛍光を発するのはアルカリシリカゲルばかりではなく，フライアッシュ，シリカフューム，スラグ，天然ポゾランの反応生成物や，エトリンガイトの集合体，未反応のオパールなどがあることに注意が必要である．規格では，この蛍光法でアルカリシリカゲルの存在が疑われた場合，その確認は岩石学的評価により行うように規定されている．なお，コンクリートの切断面に酢酸ウラニル溶液を吹き付けると，浸透により深い部位のゲルも発光するために，実際の含有量（同一平面の断面上に現れる面積比で数える必要あり）よりも10倍以上多く見積もるおそれがあるという意見もあるが，何をみているのかは試料調整条件にも依存することは理解しておく必要がある．

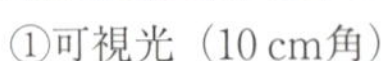

①可視光（10 cm角）

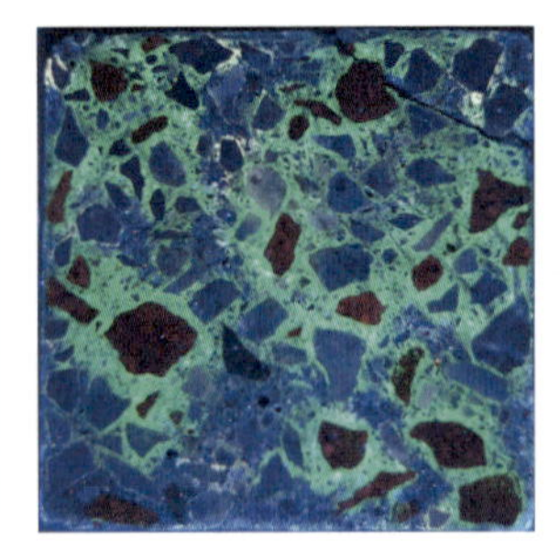

②UV光

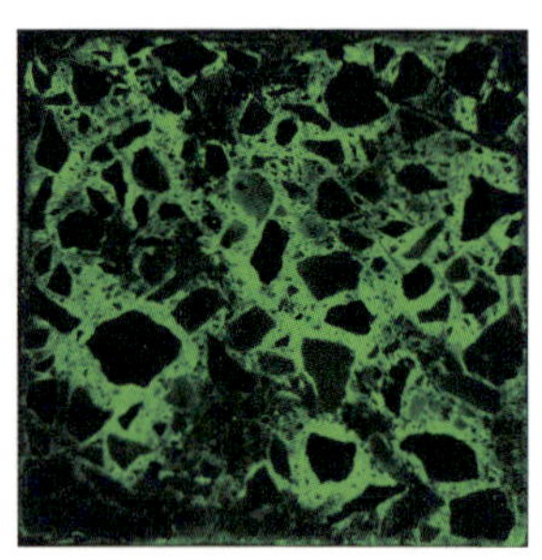

③UV光写真②から画像処理ソフトにより緑色部分のみを抽出

（a）粗骨材の30 %がクリストバライトを含む安山岩（蛍光写真で紫色）＋普通ポルトランドセメント，膨張率0.30 %（反応性骨材周辺に広くアルカリシリカゲルが分布）

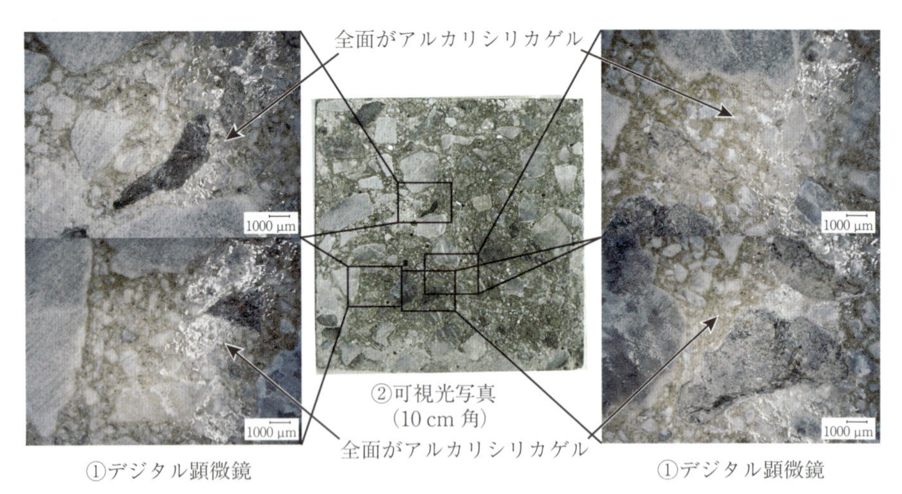

①デジタル顕微鏡　②可視光写真（10 cm 角）　①デジタル顕微鏡

（b）コンクリート切断面のアルカリシリカゲル（図（a）と同じ試料の異なる断面）（光沢をもつ透明なアルカリシリカゲルが広く観察される．気泡も白色のライムアルカリシリカゲルで充填される）

図3.28　コンクリートプリズム試験後（アルカリ総量＝5.50 kg/m^3，60 ℃ 26週）の酢酸ウラニル蛍光法によるアルカリシリカゲル分布　［九州大学 佐川康貴准教授試料提供，東北大学 五十嵐豪助教撮影・加工］

辺に拡散した可能性，あるいは切断前に骨材内部に閉じ込められていたアルカリシリカゲルが拡散した様子を示している．

図3.28(c)，(d)には，セメントの35 %をフライアッシュで置換した例を示す．膨張率は図(a)，(b)の0.30 %から0.02 %に低下してアルカリシリカゲル

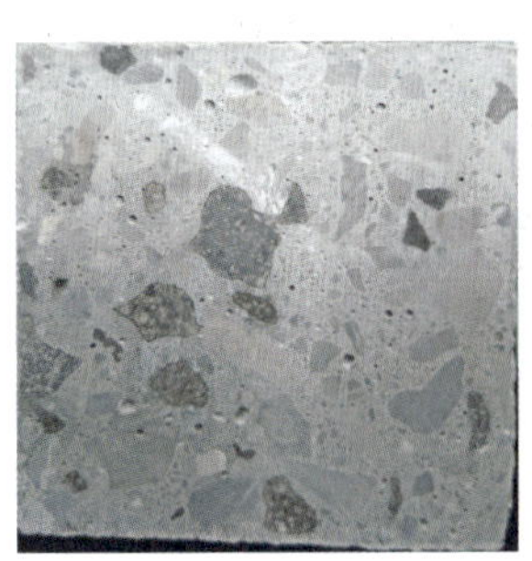

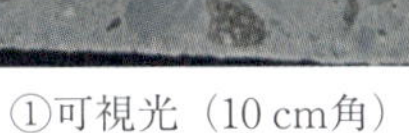

①可視光（10 cm角）

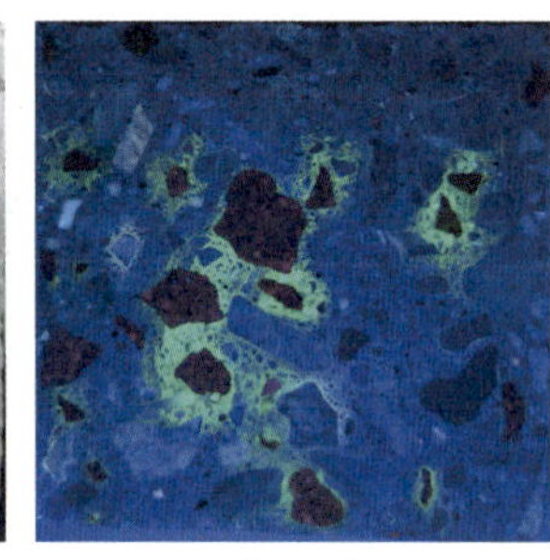

②UV光

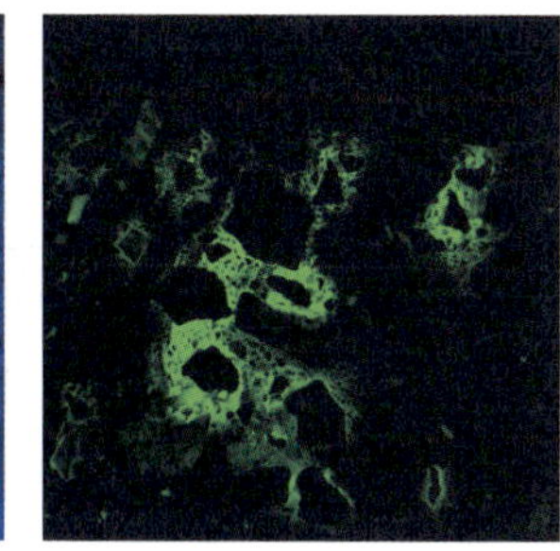

③UV光写真②から画像処理ソフトにより緑色部分のみを抽出

（c）粗骨材の30 %がクリストバライトを含む安山岩（蛍光写真で紫色）＋フライアッシュ35 %置換，膨張率0.002 %（反応性骨材の周辺にアルカリシリカゲルは認められるが，図（a）より狭い範囲）

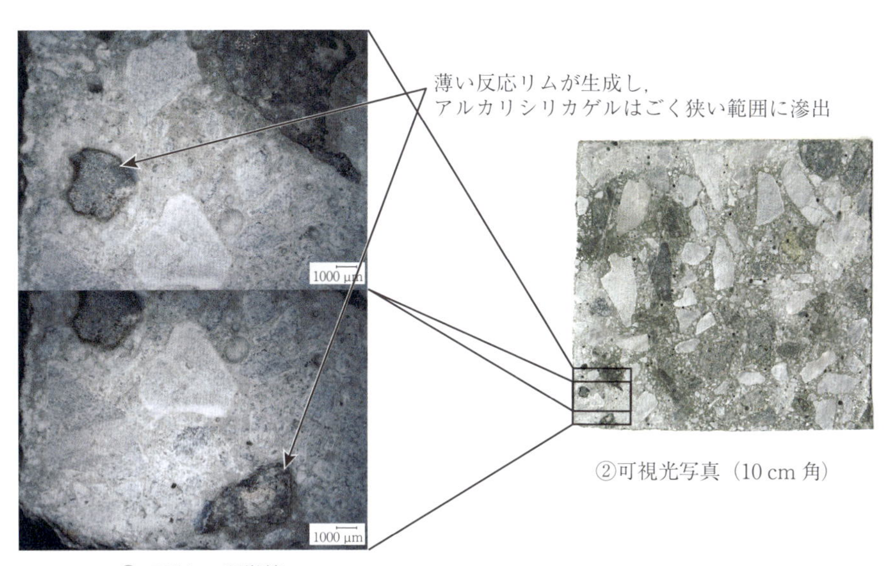

②可視光写真（10 cm 角）

①デジタル顕微鏡

（d）コンクリート切断面のアルカリシリカゲル（図（c）と同じ試料の異なる断面）（骨材に薄い反応リムがみえ，骨材周辺にのみアルカリシリカゲルが観察される）

図3.28　コンクリートプリズム試験後（アルカリ総量＝5.50 kg/m^3，60 ℃ 26週）の酢酸ウラニル蛍光法によるアルカリシリカゲル分布（続き）

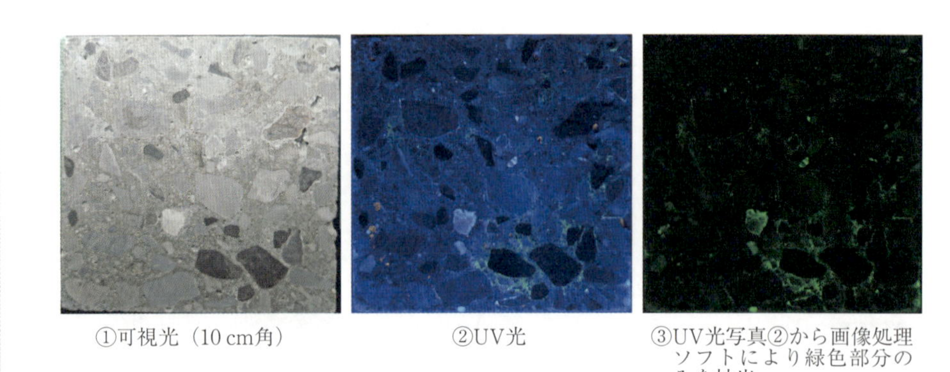
①可視光（10 cm角）　②UV光　③UV光写真②から画像処理ソフトにより緑色部分のみを抽出

（e）粗骨材の30 %が隠微晶質石英を含むホルンフェルス（暗色）+ 普通ポルトランドセメント，膨張率0.034 %（反応性骨材の周囲にアルカリシリカゲルがわずかにみえる）

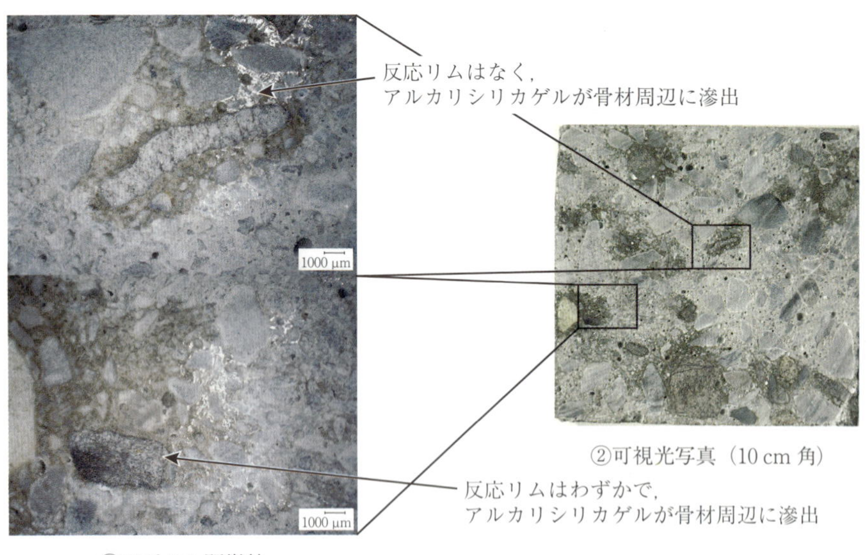

①デジタル顕微鏡　②可視光写真（10 cm 角）

（f）コンクリート切断面のアルカリシリカゲル（図（e）と同じ試料の異なる断面）（空隙は未充填．反応リムがないかわずかで，骨材周辺に透明なアルカリシリカゲルが滲出しているが，これらの拡大写真では薄片の透過光観察とは異なり，モルタル部分のひび割れは明瞭にみえない）

図3.28　コンクリートプリズム試験後（アルカリ総量 = 5.50 kg/m^3，60 ℃ 26週）の酢酸ウラニル蛍光法によるアルカリシリカゲル分布（続き）

①可視光（10 cm角）

②UV光

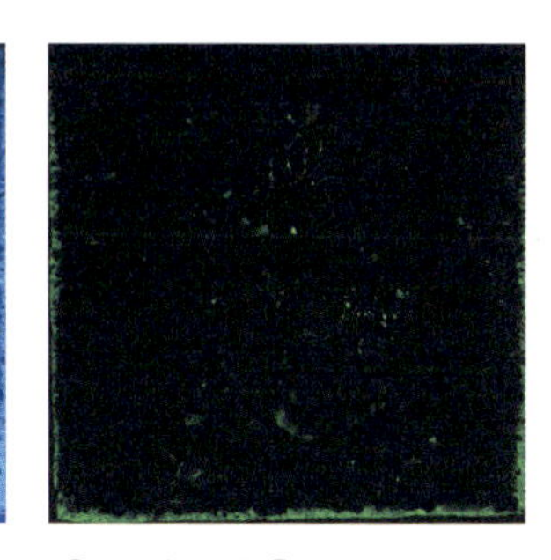

③UV光写真②から画像処理ソフトにより緑色部分のみを抽出

（g）石灰石骨材＋普通ポルトランドセメント，膨張率 0.012 %（アルカリシリカゲルは認められない）

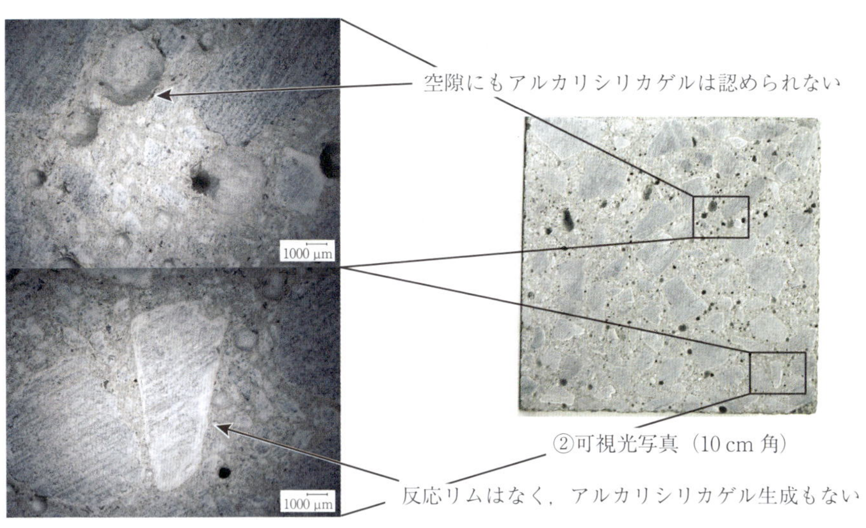

①デジタル顕微鏡

②可視光写真（10 cm 角）

（h）コンクリート切断面（図（g）と同じ試料の異なる断面）（空隙は未充填．骨材に変状は認められない）

図3.28　コンクリートプリズム試験後（アルカリ総量＝5.50 kg/m³，60 ℃ 26週）の酢酸ウラニル蛍光法によるアルカリシリカゲル分布（続き）

の量は少ないが，安山岩骨材周辺に存在していることがわかる．可視光での観察では，気泡はゲルで充填されておらず，透明なアルカリシリカゲルは骨材表面および近傍の限られた範囲のみで認められる．

図3.28(e)，(f)は，反応性のホルンフェルスを粗骨材として石灰石の30％を置換したものである．可視光による観察では，ホルンフェルス周辺が暗色の染みのようになっている．拡大像では，ホルンフェルスの周辺のみに骨材から染み出た光沢をもつ透明なアルカリシリカゲルが観察できる．膨張率は小さいが，蛍光写真ではホルンフェルスの周囲をアルカリシリカゲルが取り巻く様子がわかる．図(a)，(c)，(e)，(g)の蛍光写真では，青白く光っている粒子も認められる．図(g)の非反応性の石灰石の一部も同様に光っているため，これはアルカリシリカゲルではなく，ある種の鉱物による発光と考えられる．なお，図(g)，(h)に示すように，非反応性の石灰石骨材を用いたコンクリートの切断面では蛍光はまったく認められない．

このように，酢酸ウラニル蛍光法は視覚的に明瞭にアルカリシリカゲルを観察することを可能とする．ただし，蛍光を発しているものが何であるかという解釈には難しいものがあり，本来は可視光による肉眼もしくは実体顕微鏡による観察，鏡面研磨薄片などの偏光顕微鏡による観察を主体とし，酢酸ウラニル蛍光法は補助的手段と考えるべきである*（8.2.7項で詳述）．

■偏光顕微鏡下におけるASRによる生成物　ASRによる生成物の**偏光顕微鏡**下で観察される形態は多様である．それは生成物の移動や周囲とのイオン交

---

*具体的に述べると，図3.28(a)，(b)では，膨張率が0.3％に達しているが，モルタル部分のひび割れが明瞭に認められていない．通常のコンクリートブロック，あるいはアルカリラッピング（5.3.1項(2)で詳述）をしないプリズムなどであれば，0.04％以上であれば表面にひび割れがみえる．拡大写真と蛍光法では，骨材からセメントペースト部分へ延びるひび割れの同定は難しい．この差は，アルカリラッピングにより表面ひび割れが少なくなるためだけでなく，CPTの促進条件が異なる場合，膨張率が同等な材齢で評価をすると，蛍光観察で同様に多量のアルカリシリカゲルが観察されても，偏光顕微鏡観察を行えばひび割れの形状や分布の状況が異なるためでもある．したがって，これらの簡易的方法は，研磨薄片を用いた透過光による偏光顕微鏡観察の代替手段とはなりえず，単独で用いると，ひび割れがない，あるいは損傷が同様というような間違った判定を下す原因になり得る．このように，ASR診断には簡易的抜け道はなく，ほかの箇所でも強調しているが，真の原因究明には，本書で示した手順に従い，詳細な観察・解析を実施しなければならない．ただし，これらの詳細な解析は，限られたエキスパートにしかできないため，工学的に現実に広く対応することを考えると，依頼するエキスパートの選定基準がないこと，評価結果の品質判定基準がなく妥当性も限られた専門家（観察のエキスパートである必要はない）にしかわからず発注者が結果の判断に困ること，相応の費用と時間がかかることから適用できる事例は限られることなどを踏まえて，構造物の重要性を考慮して対応することが重要である．

換などに伴うものでもあり，経時変化でもある．すなわち，以下のようなものである．

- A：**アルカリシリカゲル**（狭義）
- B：**ライムアルカリシリカゲル**
- C：**ロゼット状**の結晶生成物
- D：方解石化した生成物
- E：エトリンガイト脈
- F：反応リム

一般に，アリカリシリカゲル*と呼ばれるものはAとB，あるいはそれにCを含めたものであり，D，Eはアルカリシリカゲル（広義）をそれぞれに置き換えた生成物である．Cは結晶質であり，本来はゲルとは呼べないが，従来ロゼット状のアルカリシリカゲルと呼び慣わされてきた．以下に，偏光顕微鏡下における特徴と性状を述べる．

- A：高アルカリ濃度のアルカリシリカゲルは，コンクリートコア試料の切断面の目視・実体顕微鏡による観察では透明な高粘性のゾル状物質としてしばしば認められるが，流動性が高いため薄片作製時に流出し，完成した薄片に残りにくい．偏光顕微鏡下における特徴としては，Bのライムアルカリシリカゲルと同様である．
- B：ライムアルカリシリカゲルは，アルカリシリカゲル中のアルカリがセメントペーストから供給されるCaに置換されることにより生成する．ASR劣化した構造物において認められる代表的な生成物である．骨材内部やセメントペースト中に脈状に生成していることが多く（アルカリシリカゲル脈），気泡を充填している例もしばしば認められる．Aのアルカリシリカゲルとは異なり，流動性は低い，もしくはない．図3.29は，細骨材中の安山岩がASRを生じた例である．図の右上から左下にかけて，二つの安山岩細骨材粒子を貫きながら，セメントペースト中に無色のライムアルカリシリカゲルが生成している様子が認められる．非晶質・ゲル状で，

---

* ゲルの定義から考えると流動性はないので，Aはアルカリシリケートゾルと呼ぶべきであるが，これまで明確に認識されておらず，アリカリシリカゲルと呼ばれてきた．本書でも混乱を避けるためにアリカリシリカゲルと呼ぶ．また，アルカリシリカゲルとライムアルカリシリカゲルの区別は明確ではなく，Ca濃度は連続的に変化する．本書では，コンクリート切断後に透明な粘性流体として観察されるものを狭義のアルカリシリカゲルと呼び，従来の認識のA～Cを合わせたものを広義のアルカリシリカゲルと称する．とくにことわらない限り，広義で用いる．

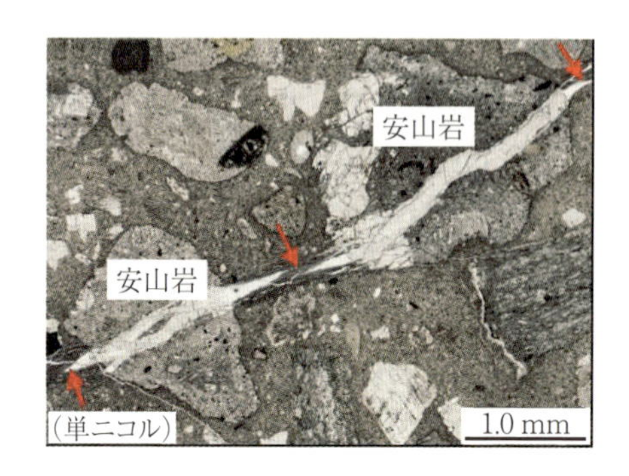

図3.29　ライムアルカリシリカゲル

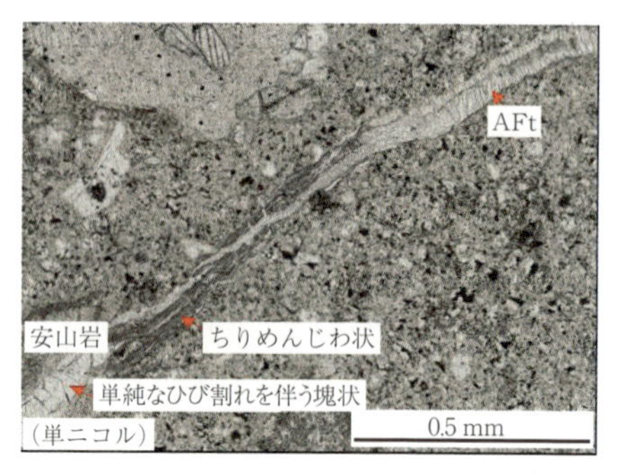

図3.30　エトリンガイト（AFt）への置換

偏光顕微鏡下では無色透明，光学的等方である．図3.29のアルカリシリカゲル脈は，安山岩中では太く透明なCaに乏しい状態であるが，セメントペースト部分では$Ca(OH)_2$とアルカリがイオン交換してライムアルカリシリカゲルとなって収縮するため，ちりめんじわ状になっている．同様の組織は図3.30でも認められる．

- C：ロゼット状の結晶生成物は，アルカリシリカゲルもしくはライムアルカリシリカゲルの結晶化により生じた二次生成物で，多くは反応性骨材粒子内にみられる．堆積岩系の岩石に生成している報告例が多いが，火山岩系や変成岩系の岩石にもしばしば認められる．非晶質のアルカリシリカゲルから結晶化している組織がSEMで観察できることもあり，EDS分析によるとKに富むことが多い．図3.31は堆積岩を起源とする変成岩に生成した例である．図の左上から右下に複屈折をもった微細結晶の集合体が貫いている様子が確認される．
- D：方解石は石灰岩に代表される天然の岩石に認められるだけでなく，セメントペースト中のC–S–Hが炭酸化することによっても生成する．また，C–S–Hと同様の組成をもつライムアルカリシリカゲルが炭酸化することにより生成する場合もしばしば認められ，主に供用年数の長いコンクリートで認められる．産状はセメントペースト中のアルカリシリカゲル脈を置き換えていることが多いが，図3.32のように骨材内部にも稀にみられる．
- E：図3.30は反応性骨材粒子からセメントペーストへ続くひび割れを充填するアルカリシリカゲルの一部を，エトリンガイトが置換している様子である．エトリンガイトはASRが発生したコンクリート中で，骨材とセメ

図3.31　ロゼット状の結晶生成物

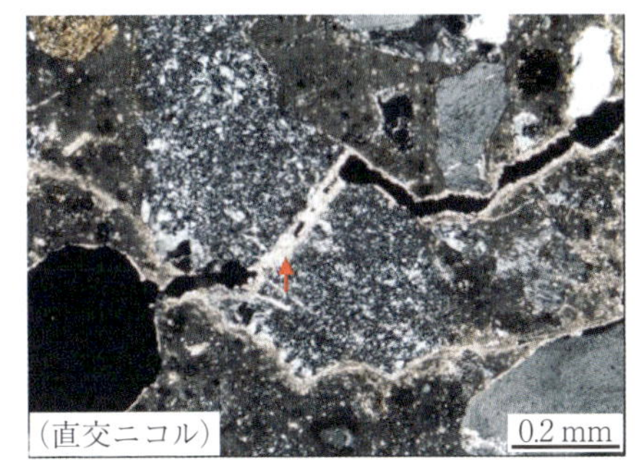

図3.32　方解石化した生成物

ントペーストの界面やセメントペースト中のひび割れにしばしば認められ，この場合DEFによる膨張劣化と誤認されることもあるが，薄片観察を行うとASRによるひび割れに，セメント由来，もしくは外部から供給される硫黄（S）が濃集し，エトリンガイトが生成したにすぎないことがわかる．

- F：骨材の反応リムは，反応性の骨材粒子にしばしば認められるが，成因の一つとして骨材とセメントペーストから供給されるCaの骨材周縁部への浸透が考えられている[3.33]．一方で，ASRを生じている骨材粒子であっても反応リムが認められないこともある．肉眼でも観察できるが，偏光顕微鏡下ではたとえば図3.33のように観察される．安山岩骨材粒子周縁部に，褐色の反応リムが生成しているのが認められる．

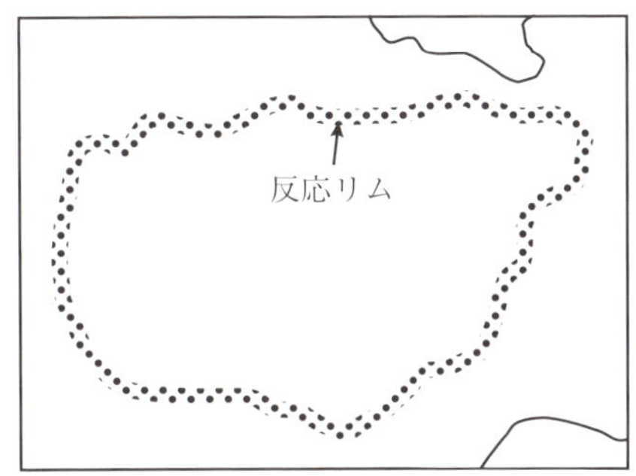

図3.33　骨材の反応リム

(2) ASR進行度の分類

実構造物のASR**劣化度**[3.34]は，たとえば表3.5のように4ステージに分類される．一方で，偏光顕微鏡下で観察される岩石学的*なASRの**進行度**[3.29]は表3.6のような4ステージに分類できる．さらに，これらを互いに関連させて信頼性の高いASR劣化の診断を行った事例もある[3.29, 3.30]．このように，実構造

表3.5　実構造物における劣化度のステージ[3.34]

劣化度のステージ	構造物の外観上のグレード	劣化の状態
1	状態Ⅰ（潜伏期）	ASR膨張およびそれに伴うひび割れがまだ発生せず，外観上の変状がみられない．
2	状態Ⅱ（進展期）	水分とアルカリの供給下において膨張が継続的に進行し，ひび割れが発生し，変色，アルカリシリカゲルの滲出がみられる．しかし，鋼材腐食による錆汁はみられない．
3	状態Ⅲ（加速期）	ASR膨張速度が最大を示す段階で，ひび割れが発展し，ひび割れの幅および密度が増大する．また，鋼材腐食による錆汁がみられる．
4	状態Ⅳ（劣化期）	ひび割れの幅および密度がさらに増大し，段差，ずれや，かぶりの部分的はく離・はく落が発生する．鋼材腐食が進行して錆汁がみられる．外力の影響によるひび割れや鋼材の損傷がみられる場合もある．変位・変形が大きくなる．

表3.6　岩石学的なASRの進行度のステージ[3.30, 3.35]

進行度のステージ	グレード	観察状態
1	痕跡	反応リムの形成と反応性骨材粒子からのアルカリシリカゲル／ゾル滲出
2	微少	反応性骨材粒子内のアルカリシリカゲルに充填されたひび割れが発生
3	中程度	反応性骨材粒子からセメントペーストへアルカリシリカゲルに充填されたひび割れの進展
4	甚大	ひび割れに沿った遠方の気泡へのアルカリシリカゲルの浸入

*岩石学（petrology）では，多様な岩石を分類し，成因について研究する．岩石の成因探索を英語ではpetrogenyと呼ぶ．また，各種の調査や顕微鏡観察などにより，岩石や鉱物の特徴を整理することを記載岩石学もしくは記述岩石学（petrography）と呼ぶ．本書の標題の岩石学的評価は，petrographic evaluationと英訳できる．本書では，単に岩石学と称するが，特徴の記載の場合と成因を考慮している場合がある．

物のASR劣化度と岩石学的なASRの進行度との対応は極めて重要である．たとえば，実構造物の劣化度がステージ3であったのに対して，岩石学的なASRの進行度がステージ1であった場合，ASR以外の劣化要因の関与が疑われることになる．各ステージでの偏光顕微鏡下および目視・実体顕微鏡下に観察される特徴を以下に述べる．

- ステージ1（図3.34）：骨材周縁部に**反応リム**を生成する．偏光顕微鏡下での変状は，反応性骨材周縁部あるいはセメントペーストとの境界面のみに認められる．したがって，骨材粒子およびセメントペースト中にアルカリシリカゲルに充填されたひび割れ，すなわちアルカリシリカゲル脈は認められず，骨材周縁部に反応リムを認めるのみである．コンクリート切断面の目視・実体顕微鏡観察では，反応性骨材粒子とセメントペーストの界面から流動性の高いアルカリシリカゲルの滲出が確認できる場合があるが，粒子内やセメントペーストにASRによる生成物は認められない．多くの場合，コンクリート破断面でASRの発生を確認するのは困難である．

図3.34　ステージ1

- ステージ2（図3.35）：ASRによる変状が反応性骨材粒子内に進行する．偏光顕微鏡下では反応性骨材粒子内にひび割れが発生し，アルカリシリカゲルがこれを充填，すなわち粒子内にアルカリシリカ**ゲル脈**が生成し，コンクリートは膨張をはじめる予兆が認められる．アルカリシリカゲルの分布は粒子内に限定されている段階であり，コンクリート破断面の目視・実体顕微鏡観察ではセメントペーストにアルカリシリカゲルの分布を認めることはないものの，反応性骨材の破断面が多く現れ，これに反応リムや白

図3.35　ステージ2

色あるいは透明なアルカリシリカゲルが認められる場合が多い．

- ステージ3（図3.36）：偏光顕微鏡下ではアルカリシリカゲル脈が反応性骨材粒子を貫き，セメントペースト中へと進展する．ステージ進行により，やがては複数の反応性骨材粒子をアルカリシリカゲル脈が連結し，目視・実体顕微鏡下でもコンクリート切断面に認められるようになる．コンクリート破断面では白色あるいは透明なアルカリシリカゲルが反応性骨材粒子からセメントペーストにも分布を拡大してみられるようになる．アルカリシリカゲル脈の発達に伴い，コンクリートの膨張・劣化が顕著になる．
- ステージ4（図3.37）：偏光顕微鏡下で，セメントペーストを介して反応性骨材粒子を繋ぐアルカリシリカゲルに充填されたひび割れ，すなわちアルカリシリカゲル脈が，高密度に観察される．アルカリシリカゲル脈はコンクリート中の気泡を頻繁に横断し，気泡内をアルカリシリカゲルで充填する．アルカリシリカゲル脈の幅は顕著に拡大し，コンクリート切断面の目

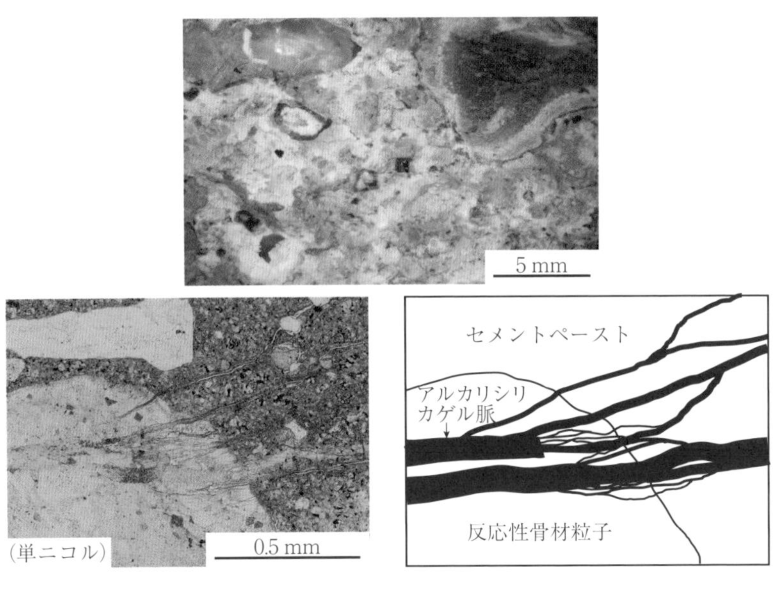

図3.36 ステージ3

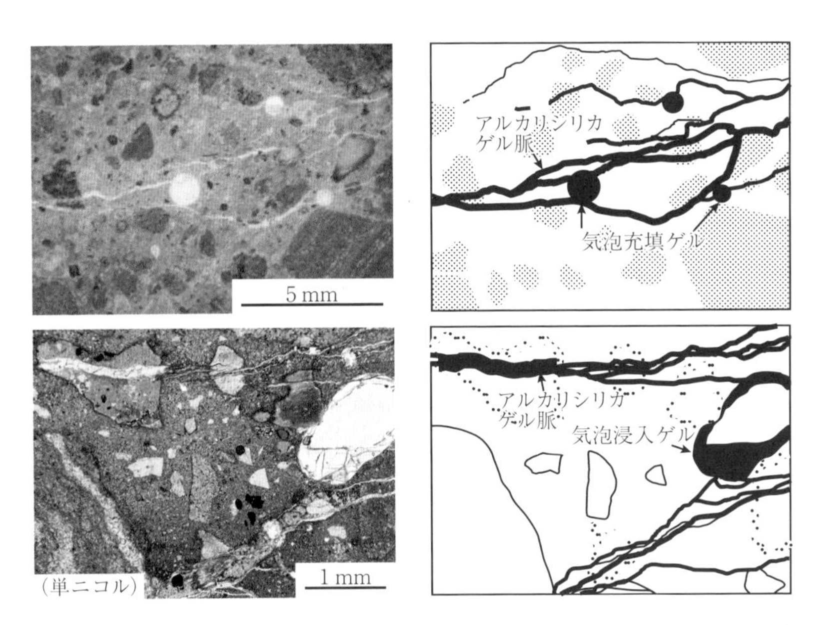

図3.37 ステージ4 ［富山潤，山田一夫，金田一男，伊良波繁雄，大城武：ASR劣化したプレテンションPC桁の岩石学的検討に基づくASR診断および耐荷性能の評価，土木学会論文集，Vol.167, No.4, p.583, 写真-7, p.585, 写真-11, 2011.］

視・実体顕微鏡観察でも容易に認められる．コンクリートは顕著なアルカリシリカゲル脈から容易に破断し，破断面にはアルカリシリカゲルが広く分布する．

以上はASRの発生状態を分類したものであり，ASRの発生から収束にいたる過程のなかでの現在の位置を示すものではない．つまり，ASRがステージ1から4へと必ず進行することを示すものではなく，ステージ4が観察されると，それ以上の進行はないという意味でもない．今後の反応の進行を予測する際には，反応生成物の組成が重要な意味をもつ[3.30]ため，EPMAやEDSの分析結果を併用し，総合的に判断することが望ましい．ただし，3.2.1項(1)で示したCaの置換が進んだライムアルカリシリカゲルやロゼット状の二次生成物，方解石化した生成物などのアルカリシリカゲルを置き換えた生成物が，ASRによる生成物の大多数であった場合には，現場環境で外来アルカリがない場合のASRは収束していると考えることができる[3.27]．一方，生成物の多くが，アルカリ（とくにNa）濃度が高く流動性をもつアルカリシリカゲルであった場合は，今後も劣化進行の可能性がある．さらに，ASRは高pHの空隙水と反応性鉱物の反応であるため，圧搾抽出して空隙水のpHを測定することも有効である．

以上は各地のコンクリート中に認められた，岩種の異なる反応性骨材によるASRの代表的な進行段階を例示したものである．わが国にはこのほかに，砂に含まれるオパール質泥岩が同一地域のアルカリ量の異なるコンクリート中（セメントによるアルカリ総量規制3 kg/m^{3}以下）で，種々の進行段階のASRを生じた事例が知られている[3.36]．

(3) コンクリート中の岩石・鉱物の観察

ASRの主役は岩石や鉱物から構成される骨材であるので，ASRを診断するためには，岩石・鉱物の観察や記載は必須事項である．岩石ならびに鉱物の観察手法は，9章を参照してほしい．ここでは，対象とした構造物がASRを生じているかどうかを判断するうえでの必須および有益な項目について述べる．

最も重要な項目は反応性骨材が現実に有害な反応を生じていることを確認することであり，有害な反応とはステージ2以降のアルカリシリカゲルに充填された膨張ひび割れ，すなわちアルカリシリカゲル脈を伴う反応である[3.37]．次に，ASRを生じる原因となったのがどのような岩石あるいは鉱物で，それがどのような状態と量で含まれているかの記載が，ASRの発生と構造物の劣化の関係を考察し，今後の進行予測を行ううえで不可欠である．また，ASRに特有の**ペシマム現象**によるASRを診断するためにも，骨材全体の中の反応性骨材，および反応性骨材中の反応性鉱物の含有量を把握することは重要である．ここでは，反応性骨材粒子の割合を定量した例も合わせて紹介する．詳細な定量方法については，8章を参照してほしい．

■有害な反応を生じている反応性骨材の特定　ASRは反応性鉱物の存在下で生じるが，反応性鉱物を含んでいると必ずASRが生じるとは限らない．さらに，反応性骨材ではないにも関わらず，セメントペーストとの境界部分や内部にASRによる生成物が認められる場合さえある．

図3.38は安山岩中の反応性鉱物の一種であるトリディマイトが反応している例である．このように，反応性鉱物が認められたうえで，実際にアルカリシリカゲル脈が生成していれば有害なASRを発生しているとみなすことができる．また，詳細に観察すると，反応性骨材内部のアルカリシリカゲル脈には，図3.39のように微細な枝別れをしている様子が認められる．ただし，これはトリディマイトが反応してアルカリシリカゲルに変化している現場を直接観察により確認したわけではない．日本には火山岩中のトリディマイトやクリストバライトがASRを生じたという報告例は多いが，実際にこれを鏡面研磨薄片のSEM観察で検出した例は少ない[3.38]．

一方，ASRによる生成物が内部に認められたものの，実はASRを生じていない骨材を観察した例が図3.40である．この岩石は石英片岩であるが，再結晶作用により石英や他鉱物の粒径の成長が進み，粗粒結晶のみから構成されて反応性鉱物は含まれない．それにも関わらず，内部にASRによる生成物が認め

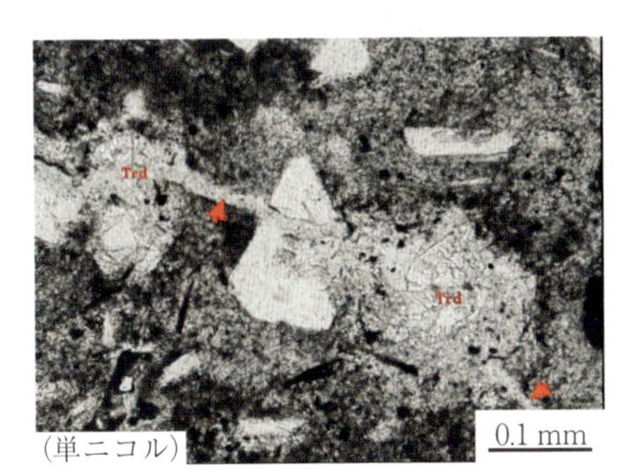

図3.38　反応性骨材内部

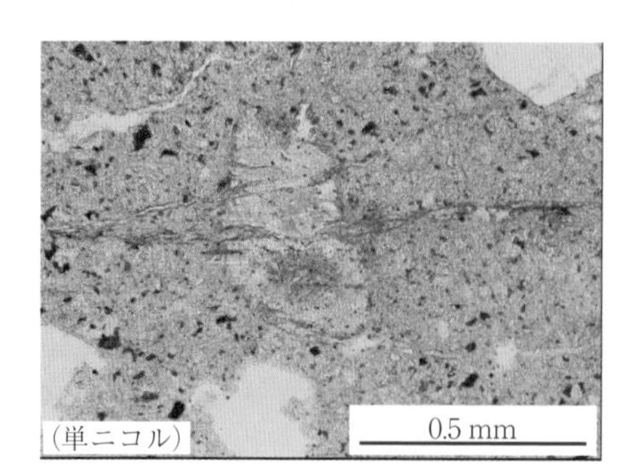

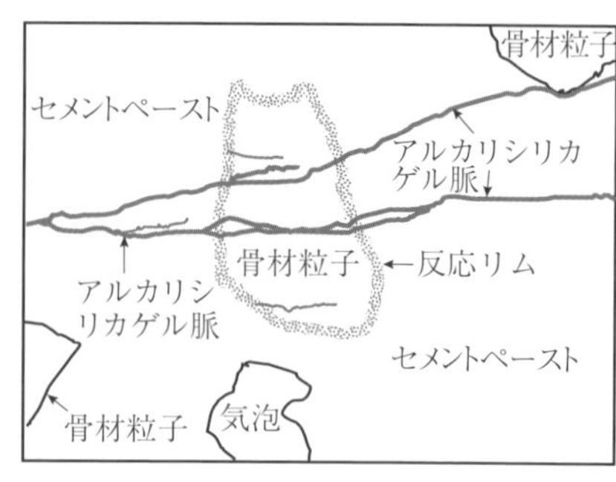

図3.39　反応性骨材内部2

られたのは，ASRとは無関係にすでに生じていた骨材の微細なひび割れを，セメントペーストを経由したアルカリシリカゲルが充填・拡大したためと考えられる．この考察を支持するように，同コンクリートのセメントペーストや気泡中でのASRによる生成物の形態は図3.37にみられる形態と類似し，図3.40はASR発生の主原因である安山岩中での形態とは明らかに異なるものであった．

図3.40　非反応性骨材内　［富山潤，山田一夫，金田一男，伊良波繁雄，大城武：ASR劣化したプレテンションPC桁の岩石学的検討に基づくASR診断および耐荷性能の評価，土木学会論文集，Vol.167, No.4, p.588, 写真-17, 2011.］

■**岩種構成の定量**　　一般に，粗骨材の岩種の識別は肉眼や実体顕微鏡下で行う．多岩種からなり，構成割合を求める場合は，**線積分法**や**ポイントカウンティング**などを行う．肉眼や実体顕微鏡下で岩石名を決定するのが困難な場合は，分類された岩種ごとに偏光顕微鏡観察を行い，岩石名を決定する．図3.41は粗骨材として砂利が使用されていた例である．骨材が砂利の場合だけでなく，砕石の場合にも複数種の岩石が混在することはしばしば認められる．

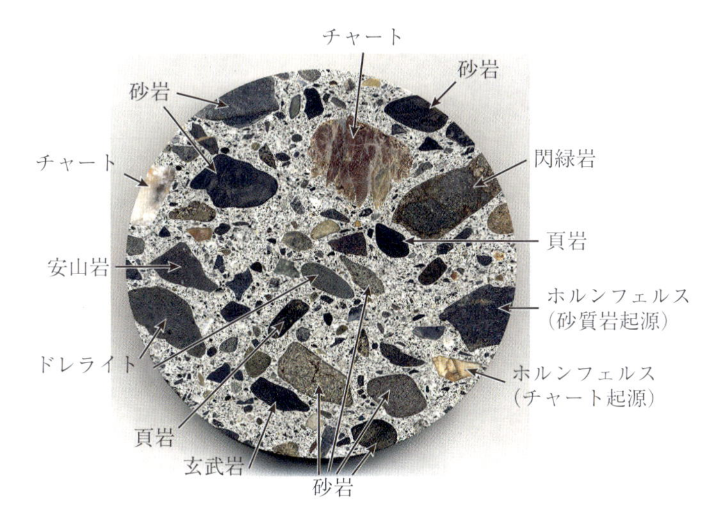

図3.41 粗骨材として砂利が使用されているコンクリートの切断面（径10 cm）

一般に，細骨材の岩種や鉱物種の構成割合は偏光顕微鏡下でのポイントカウンティングにより求める．図3.42はモルタル部分を偏光顕微鏡下で観察した状態である．観察対象としているコンクリートの粗骨材は非反応性の石灰岩で，細骨材のASRにより劣化したものである．劣化度の高い場所と低い場所が存在する同一構造物のコンクリートについて，原因調査の一環として細骨材の岩種や鉱物種の構成をポイントカウンティングにより求めた．結果を表3.7に示す．反応性の骨材粒子であるチャートや珪質頁岩の量が著しく異なっており，これが劣化度の差に影響したものであった．

■その他の観察項目　図3.43は細骨材に混じって認められた生物遺骸の観察例である．貝殻や有孔虫などの生物遺骸が認められた場合は，海砂の使用が考えられる．洗浄除塩が未実施の海砂の使用が疑われる場合（骨材中のCl^-量規制が実施される前など），コンクリート中のCl^-濃度分析や水溶性アルカリ量の分析を実施してみるとよい．偏光顕微鏡による観察結果をもとに実際に化学分析を実施したところ，Cl^-濃度が非常に高かったことから，この例は洗浄除塩がなされていない海砂の使用を検出したものであることがわかった．その

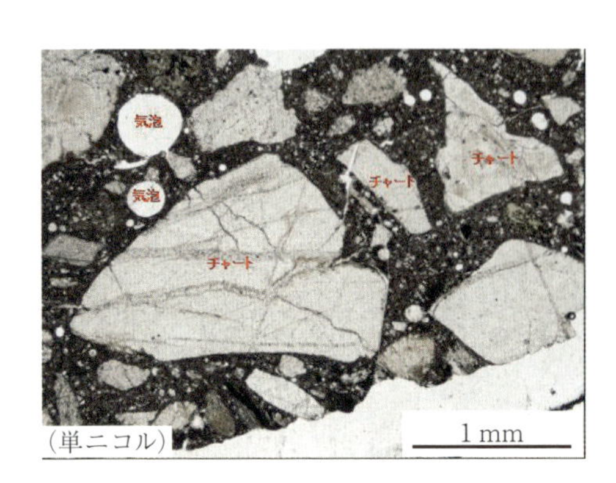

図3.42　モルタル部の薄片

表3.7　劣化値が異なる部位での細骨材の岩種構成の測定例

岩片・結晶片	構成割合［%］	
	劣化度大	劣化度小
チャート	35	4
珪質頁岩	6	3
頁岩	7	7
砂岩	7	6
石英片岩	13	12
苦鉄質片岩	2	4
石灰岩	2	8
花崗岩	1	9
その他岩片	2	9
結晶片	23	36
生物起源物	2	2

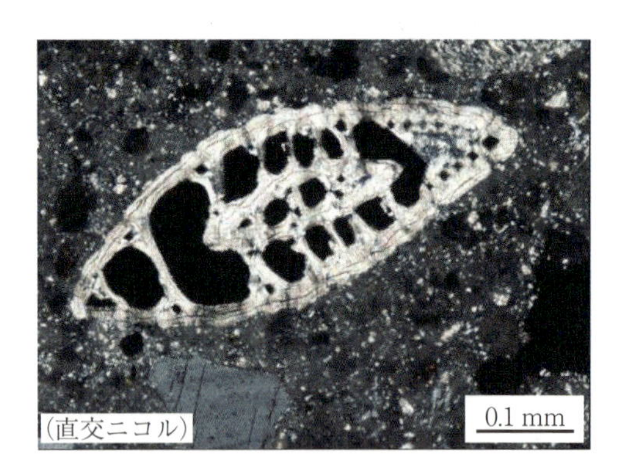

図3.43　生物遺骸

他，ASR以外の劣化に関わる鉱物については，9章にまとめたので参照してほしい．

(4)　その他の使用材料の検出

未水和の**セメント粒子**や**フライアッシュ**，**高炉スラグ**微粉末などはそれぞれ特徴的な形状や光学的性質を示すため，偏光顕微鏡観察を行うことで，対象コンクリートに使用された**セメント種類**や混和材を確認することができる．セメントを構成するクリンカ鉱物の光学的性質と水和活性の関係も明らかにされている[3.39]．**AE剤**を使用したコンクリートのセメントペーストには，特徴的な気泡が多量に分布する．

図3.44は，フライアッシュセメントもしくはフライアッシュを混和材として使用したコンクリートの偏光顕微鏡観察結果である．細骨材の粒間にセメントの粒子や水和生成物などとともに，フライアッシュの球状粒子が認められる．このフライアッシュは炭質物を多く含み，単ニコル（8.1節で詳述）で黒色不透明な粒子が多い．また，図の上中央部に認められる未水和のセメント粒子を観察すると，小粒で褐色のビーライトが集合していること（群晶）から，セメント品質は焼成時間不足により水和活性が低いことが推察される*．

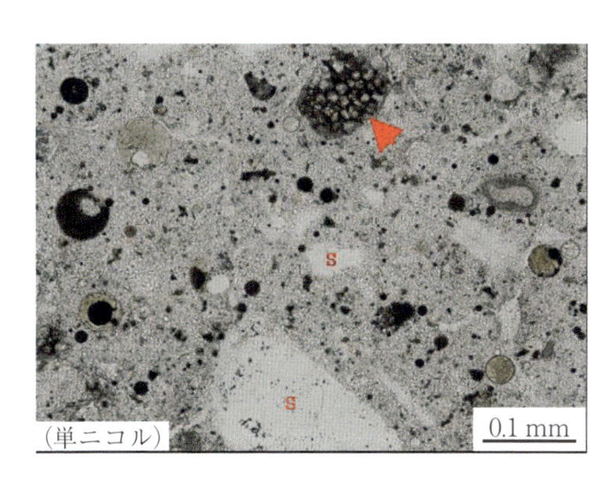

図3.44 フライアッシュ（S：砂，◀：ビーライト群晶）

図3.45は高炉セメントもしくは高炉スラグ微粉末を混和材として使用したコンクリートの観察結果である．細骨材の粒間にセメントの粒子や水和生成物などとともに，高炉スラグのガラス破片が認められる．この場合，セメント粒子は主に間隙質での鉄成分の還元によると思われる緑色の色調を示すことがある．

図3.46はAE剤を使用したコンクリートの観察結果である．セメントペーストに，AE剤によって導入されたエントレインドエアの気泡が分散している様子が認められる．

(5) その他の観察項目

(1)～(4)で説明した項目のほかに，偏光顕微鏡観察により診断される変状の例を述べる．

図3.47は，セメントペーストと骨材の接着が不良で，セメントペースト自身

---

*セメントの製造技術は進歩してきており，現代のクリンカには認められない．原料となるクリンカの微細組織とセメント品質には一定の相関があり，専門知識があれば，セメント品質に影響するクリンカの焼成条件やアルカリ濃度などをある程度推定できる．

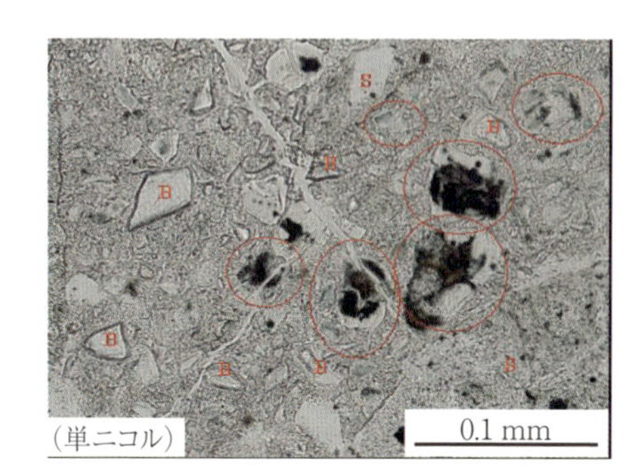

図3.45　高炉スラグ微粉末（Bが未反応スラグ粒子，○の内部は緑色の色調）

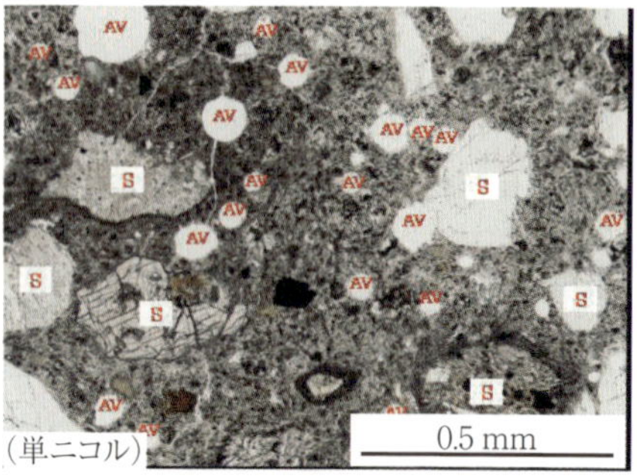

図3.46　エントレインドエア（AV：エントレインドエア，S：砂）

も脆弱なコンクリートの観察結果である．骨材粒子とセメントペーストの界面やセメントペースト内に，内部**ブリーディング水**の痕跡を示す粗大なポルトランダイトの結晶や空隙が多くみられる．このことから，対象は**材料分離**の生じたコンクリートあるいは水－セメント比が非常に大きいコンクリートであると推定される．

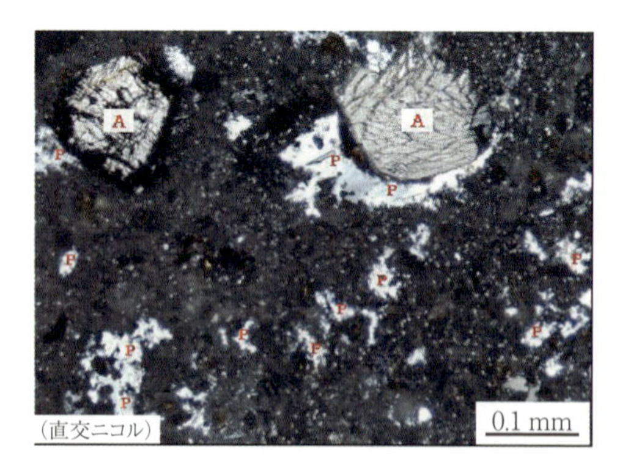

図3.47　ポルトランダイト（A：骨材，P：ポルトランダイト）

図3.48は，コンクリート構造物表面から作製した薄片の観察結果である．セメントペーストの大部分は低結晶度の微細組織，いわゆるC–S–Hゲルであり，直交ニコルで暗くみえているが，コンクリート表面の**炭酸化**部は生成した方解石により明るくみえている．また，骨材との界面や微細なひび割れに沿って炭

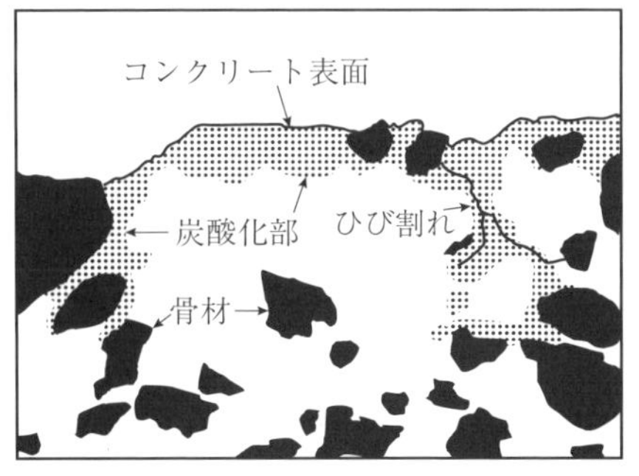

図3.48 炭酸化部

酸化がコンクリート内部に進行している様子が認められる.

(6) 実際のコンクリートの観察記載例

(1)～(5)の項目を総合的に考慮して実施した観察記載例を，以下に紹介する．これらは，構造物の管理者あるいは依頼を受けた調査機関や研究機関，その他の関係者によって行われた詳細な報告の一部分である．

ASR診断では，主役である骨材の情報とASR発生状況の記載が必須である．骨材の情報とは粗骨材・細骨材それぞれを構成する岩石や鉱物の種類や量比，岩石中の構成鉱物・反応性鉱物の産状などであり，ASR発生状況とは実際にASRを生じている岩種あるいは反応性鉱物とASRによる反応生成物や変状の分布状況である．必要に応じて，これらを定量化あるいはランク分けして記載し，構成鉱物や反応生成物の産状は写真やスケッチなどで示すと非常にわかりやすい．ほかの劣化要因も参照して総合的な考察を行うためには，ASRの発生と関連のあるセメントの種類やセメント量，エントレインドエアの分布，セメントペーストの組織などのすべてが有益な情報となるので，これらの項目の観察結果を必要に応じて記載する．

■安山岩砕石に発生したASR

① 地域：北陸地方

② 構造物：有料自動車専用道路橋梁

③ 劣化状態：連続する複数の橋脚とフーチングにASRが発生して，顕著なひび割れが高密度に分布し，橋脚天端付近とフーチングに鉄筋破断が確認された．最大ひび割れ幅は橋脚側部の天端付近で18 mm程度，フーチングで13 mm程度であった（図3.49～3.51）.

④ コンクリートコア試料と薄片試料の観察：コンクリートコア試料をフーチングより採取した．粗骨材は安山岩からなる砕石で，最大寸法は20 mm程度であった．破断面では粗骨材とセメントペーストに広く白色の生成物が認められ（図3.52），ASR劣化が疑われたが，以前に行ったXRD分析で多量のエトリンガイトが検出されていたことから**DEF**との**複合劣化**も疑われていた．

図3.49　橋脚の劣化状況

図3.50　フーチングの劣化状況

図3.51　鉄筋破断

図3.52　コンクリートコア試料の破断面（径10 cm）

偏光顕微鏡下でのコンクリート薄片観察により，粗骨材を構成する**安山岩**の石基はハイアロオフィティック組織を示し，反応性鉱物として存在する多量の火山ガラス（表3.8）を貫いてセメントペーストへと連続する顕著な高密度のアルカリシリカ**ゲル脈**が観察された（図3.53）．また，アルカリシリカゲル脈の一部には，骨材粒子内での結晶化（図3.54）や，セメントペースト中でのエトリンガイトやポルトランダイトへの置換などが認

表3.8 粗骨材の観察結果

斑 晶	斜長石，斜方輝石，単斜輝石，鉄チタン鉱物
石 基	斜長石，単斜輝石，斜方輝石，鉄チタン鉱物，火山ガラス
備 考	単斜輝石斜方輝石安山岩．石基はハイアロオフィティック組織．火山ガラスは新鮮．

められた(図3.55)．一方で，エトリンガイトの産状はアルカリシリカゲル脈を置換するほかは気泡中に生成する程度であり，コンクリートの劣化に寄与しているとは考えられなかった．

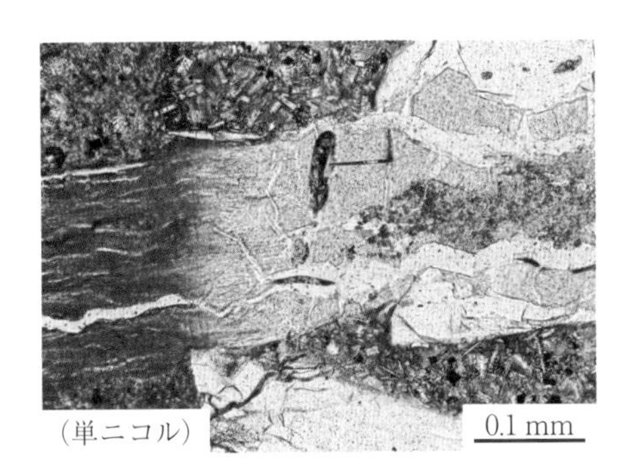

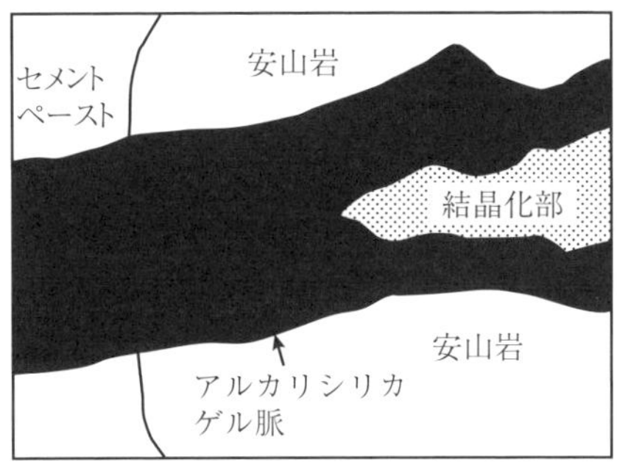

図3.53 安山岩を貫くアルカリシリカゲル脈

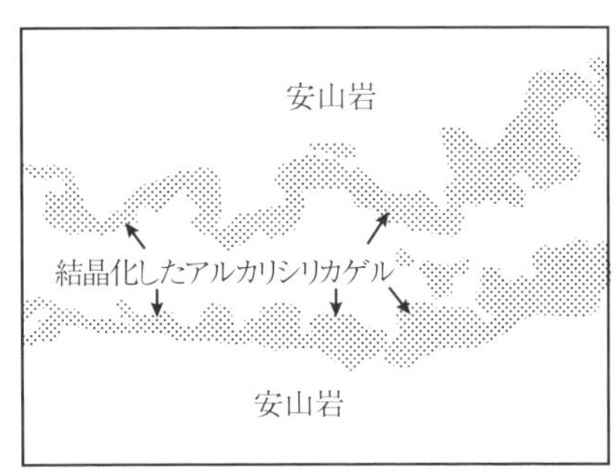

図3.54 結晶化したアルカリシリカゲル

細骨材は花崗岩質岩起源の砂で構成され，石英，斜長石，カリ長石，黒雲母などで，反応性鉱物は含まない．セメントはポルトランドセメントであった．

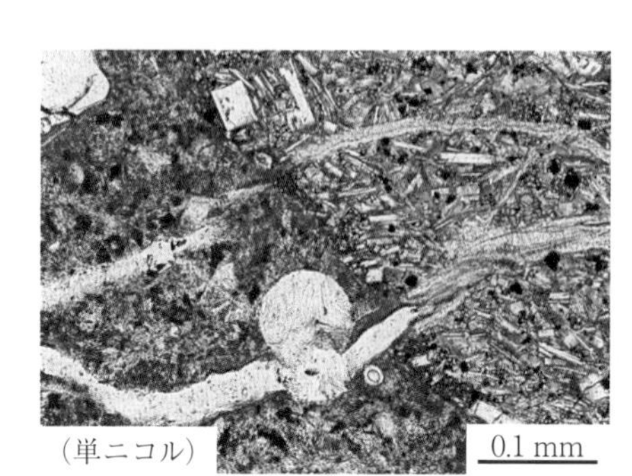

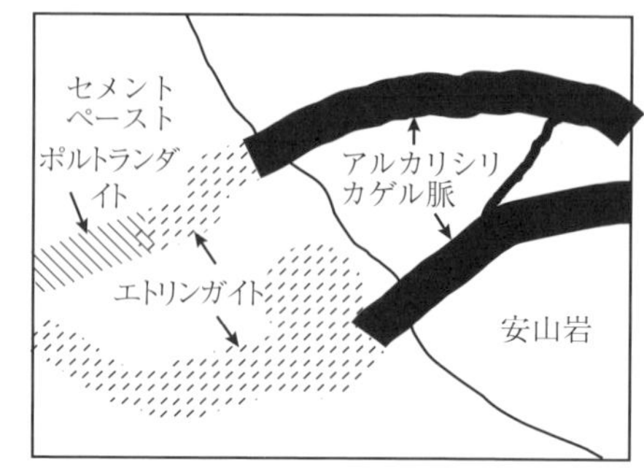

図3.55　アルカリシリカゲルを置換したエトリンガイトとポルトランダイト

⑤ 総合評価：本コンクリート構造物には鉄筋破断とともに，幅5 mmを超えるひび割れを高密度に伴う顕著な劣化が認められ，それに対応するように安山岩からセメントペーストにのびるアルカリシリカゲル脈がコンクリート中に発達し，顕著な膨張をもたらした状況が確認された．以上より，粗骨材に使用された火山ガラスを含有する安山岩砕石に生じたASRが，コンクリートの劣化原因であった．

■砂岩を主とする砂利と砂に発生したASR

① 地域：九州地方

② 構造物：国道橋梁橋台

③ 劣化状態：打設後31年が経過した橋台のコンクリートに，ひび割れ幅0.2 mm以下の微細なひび割れがごくまばらに発生しているのが発見された．

④ コンクリートコア試料と薄片試料の観察：ひび割れの比較的多く分布する付近より，コンクリートコア試料を採取した．コンクリートコア試料の肉眼・実体顕微鏡観察では粗骨材は最大寸法25 mm程度の砂利であり，その岩種構成はほとんどが**砂岩**で，わずかにチャートや頁岩なども認められた（図3.56，表3.9）．小さな細骨材粒子の岩種は偏光顕微鏡下での薄片観察を要するが，肉眼・実体顕微鏡下で粗骨材と大きな差異のない砂で，粗骨材・細骨材ともにASRの発生は認識されなかった．

偏光顕微鏡下でのコンクリート薄片観察で，細骨材の岩種構成ポイントカウンティングにより求められ，また岩種ごとに構成鉱物の量比が確認された（表3.10）．細骨材も粗骨材同様の岩種構成をもつが，頁岩やチャー

図3.56　コンクリートコア試料の切断面

表3.9　粗骨材の岩種構成

岩石名	構成割合［%］
砂岩	93
チャート	3
頁岩	2
玄武岩	1
ドレライト	1

表3.10　細骨材の岩種構成

岩石名／鉱物名		構成割合［%］	主要な構成鉱物（構成量比の多い順）
岩片	砂岩	34	石英，斜長石，カリ長石，緑泥石，イライト，隠微晶質石英
	頁岩	28	石英，隠微晶質石英，イライト，緑泥石，斜長石，不透明鉱物
	チャート	22	隠微晶質石英，石英，緑泥石，イライト
	ドレライト	3	斜長石，単斜輝石，緑泥石，不透明鉱物
	玄武岩	2	斜長石，単斜輝石，緑泥石，緑れん石，パンペリー石
結晶片	石英	5	
	斜長石	3	
	カリ長石	2	
	単斜輝石	1	
	角閃石	微量	
	緑泥石	微量	

トをより多く含み，これらは隠微晶質石英を多量に含むアルカリ反応性の粒子であることが確認された．さらに，頁岩やチャートからなる一部の細骨材粒子内には，セメントペーストへ進展しない微細なアルカリシリカゲル脈の生成が認められた（図3.57）．なお，机上調査で，使用された粗骨材と細骨材は同時に採取された川砂利をふるい分けることにより生産され

たことがわかった．骨材業者は6箇月ごとにモルタルバー法を実施し，粗骨材・細骨材ともに無害と判定した．さらに，このコンクリートより粗骨材のみを取り出して行った化学法でも，無害と判定した．

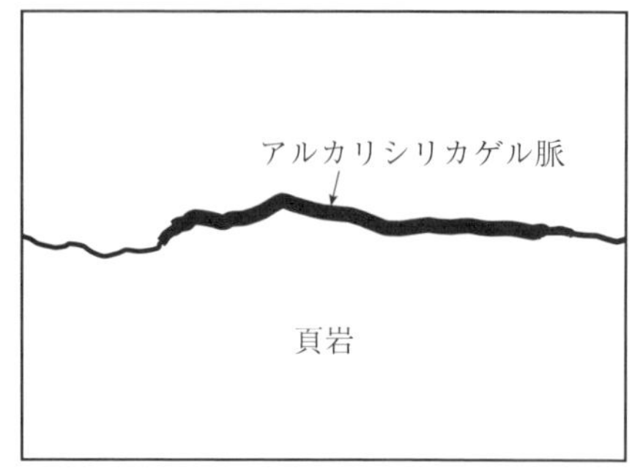

図3.57　細骨材粒子内の微細アルカリシリカゲル脈

セメントペーストには**高炉スラグ**微粉末とみられるセメント粒子サイズのガラス片が認められたが，セメント粒子に対して容量比3％以下でASR抑制効果はないものと判断された．なお，この高炉スラグ微粉末の粗大粒子核部に未反応部が残されていた（図3.58）ほかは，長期材齢によりセメントとの反応が年輪状に内部まで進行していた．観察範囲内で，ほかの劣化要因は認められなかった．

⑤ 総合評価：①～④より，細骨材中に比較的多く含まれる頁岩とチャートの一部に，骨材粒子内の微細なアルカリシリカゲル脈の生成が認められ，

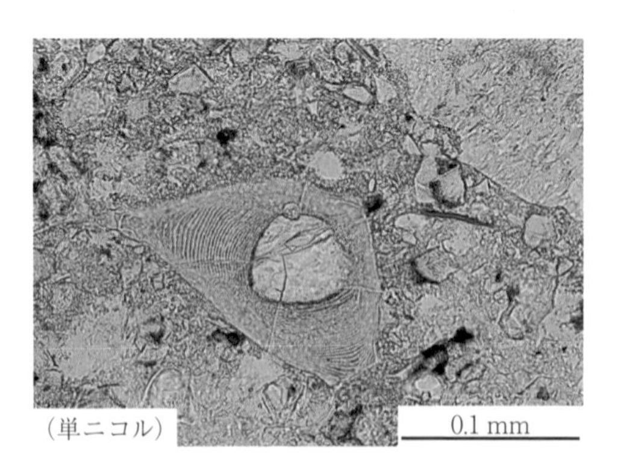

図3.58　高炉スラグ微粉末の未反応部

軽微なASRの発生が確認された．この例のように，一地点で採取された砂利や砂でも，粒径や日々の変動により岩種構成が異なるのが一般的であるため，配慮する必要がある．

■安山岩を含む砂利と砂に発生したASR[3.40, 3.41]

① 地域：北陸地方

② 構造物：国道トラス橋橋脚

③ 劣化状態：調査対象は1972年に完成した2･2･3径間連続ワーレントラス橋である．鉄筋コンクリート構造の橋脚にASRによるひび割れが発生した時期は不明であるが，1989年に躯体全面にひび割れが顕在化したため，ひび割れ注入と表面被覆による補修が実施された．その後，5年が経過したころから表面被覆にひび割れが再発生し，顕著な再劣化が急速に進行した．補修後15年経過した時点で，梁部では水平方向に連続する1～2 mm幅のひび割れが，柱部では2 mm幅で鉛直方向の卓越した数本のひび割れとともに水平方向にもひび割れが生じ，網目状のひび割れパターンとなっていた．梁部下端に沿って幅20 mmで段差10 mmの連続したひび割れと，部分的なコンクリートの**はく落**が確認され，その箇所のスターラップはすべて鉄筋破断していた．**鉄筋破断**は深刻で，梁部の曲げ加工部において圧縮側のスターラップで43 %，圧縮側の主鉄筋で63 %に発生していた．

④ コンクリートコア試料と薄片試料の観察：コンクリートコア試料を梁側面中間部より採取した．採取したコンクリートコア試料は，すでに最大コア長100 mm程度と短く壊れた状態で，構造物内部において，顕著なASRによりコンクリートの破砕が生じているものと推測された．コンクリートコア試料の破断面には黒色の**安山岩**の骨材粒子が多く現れ，その周囲には反応リムや白色のアルカリシリカゲルが多数観察された．粗骨材は最大寸法25 mm程度で，安山岩，花崗岩，花崗斑岩，泥岩などの円磨された多岩種からなる砂利*，細骨材も花崗岩や安山岩の岩片とそれを起源とする結晶破片を多く含む砂で（表3.11），いずれも近隣の河川より採取されたものであることが岩種構成からも確認された．

偏光顕微鏡下で粗骨材，細骨材ともに安山岩には反応リムや骨材粒子を貫通してセメントペーストへと連続するアルカリシリカゲル脈が多数発生

*河砂利は，河川を流下することで円磨されるため，骨材の形状から，河川や丘陵の堆積物であることが推定できる．砕石であれば角張っている．河砂利を粉砕した，玉砕と呼ばれるものもある．

表3.11　骨材の岩種構成

岩片／結晶片	構成割合［%］	
	粗骨材	細骨材
安山岩	41.1	19.8
デイサイト	1.7	—
花崗岩	39.2	47.5
花崗斑岩	7.6	—
石英	0.6	12.3
斜長石	—	12.7
カリ長石	—	3.1
チャート	—	1.8
砂岩	3.0	1.2
泥岩	5.1	1.0
角閃岩	1.7	0.3
その他	—	0.3
計	100.0	100.0

し，アルカリシリカゲル脈は脈状や放射状に発達したネットワークをコンクリート中に形成し，これがコンクリートの著しい膨張と脆弱化をもたらしていることが推察された．気泡や空隙のアルカリシリカゲルによる充填も多数みられた．安山岩の組織，斑晶鉱物の組合せ，構成鉱物，変質の程度などは骨材粒子ごとに異なり，多様な岩体や地層に起源をもつものが集積していた．骨材粒子より，反応性鉱物として**クリストバライト**や**トリディマイト**，**火山ガラス**，**オパール**が含まれており，反応性は非常に高いことが確認された．また，細骨材粒子に混じってオパールとみられる非晶質の球形粒子もわずかに確認され，粒子自体の溶解を伴う激しいASRを生じていた．本橋のコンクリートにみられる安山岩粒子にはクリストバライトやトリディマイト，オパールを含むものがみられ（図3.59），その反応性が非常に高いこと，また粗骨材と細骨材の両者に含まれる安山岩が顕著な反応を生じたこと（図3.60），その含有量は実験により求められた当該

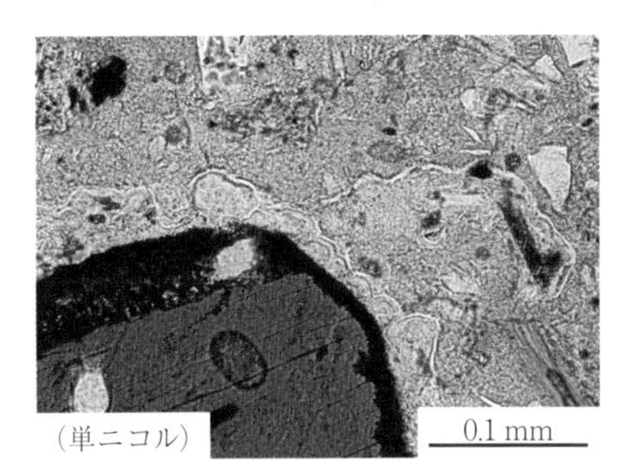

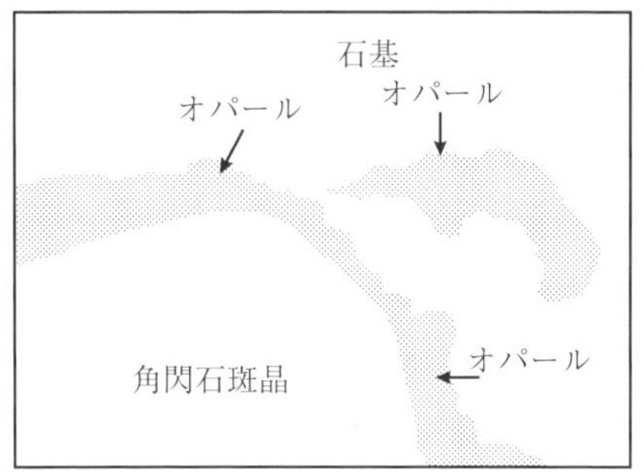

図3.59 安山岩に含まれるオパール

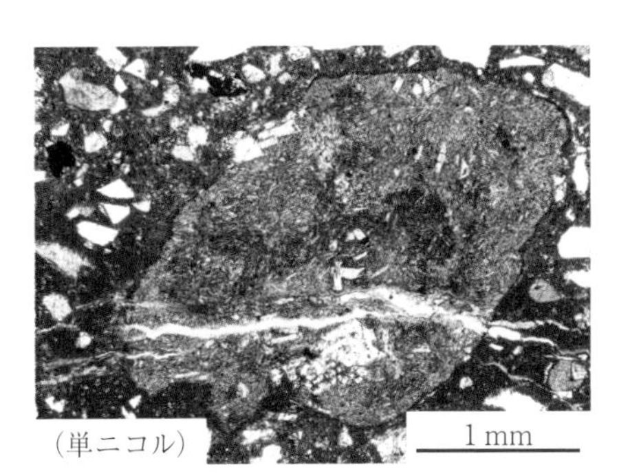

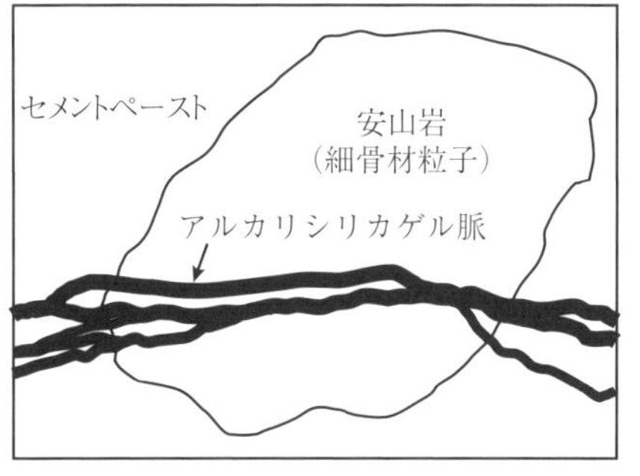

図3.60 安山岩（細骨材粒子）のアルカリシリカゲル脈

河川産川砂利中の安山岩の**ペシマム混合率***（40 %）に近いものであったことよりASR劣化が甚大となったことが判明した.

⑤ 総合評価：この橋脚については，著しい劣化と鉄筋破断が確認されたことに加え，残存膨張性が確認され，また補修から15年が経過した時点でも静弾性係数の低下がみられ，補修後もASR劣化が進行していることが確認されたこと，内部にはひび割れが多数発生し，コンクリート全体が脆弱な状態であることが明らかになったことなどより，打替えが実施された.解体作業でコンクリートはブレーカーで簡単に破砕され，全体が脆弱化しているのが確認されたが，一部には手で容易に破砕できるものさえあり，解体と同時にコンクリートは30 ～ 50 mm程度の砕石状と化した．このような劣化形態は特異なものであった.

＊配合ペシマムを示す骨材の割合である.

■チャートと珪質粘板岩からなる粗骨材に発生したASR[3.42]

① 地域：東海地方
② 構造物：国道橋梁下部工
③ 劣化状態：橋脚とフーチングに，顕著なひび割れ（最大ひび割れ幅20 mm）を高密度に伴う劣化が発生した．
④ コンクリートコア試料と薄片試料の観察：コンクリートコア試料をフーチングより採取した．粗骨材は**チャート**（67 %）と**珪質粘板岩**（33 %）からなり，最大寸法は20 mm程度，円磨された粒子から角張った粒子までが混在していた．破断面では粗骨材とセメントペーストに広く白色のアルカリシリカゲルが認められた．

偏光顕微鏡下でのコンクリート薄片観察により，粗骨材を構成するチャートは**隠微晶質石英**と**カルセドニー**を，珪質粘板岩は隠微晶質石英を多量に含むことが確認された．いずれの岩種ともに，骨材粒子からセメントペーストへ進展したアルカリシリカゲル脈が発達し，コンクリートには過大な膨張が生じていることが確認された．顕著なアルカリシリカゲル脈はチャートにとくに頻繁に認められた（図3.61，3.62）．骨材粒子内ではアルカリシリカゲルの結晶化が頻繁に認められ，ASR発生からの長期経過も推察された．

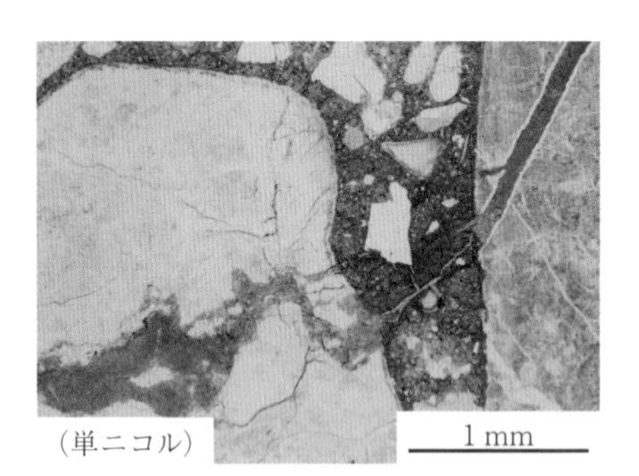

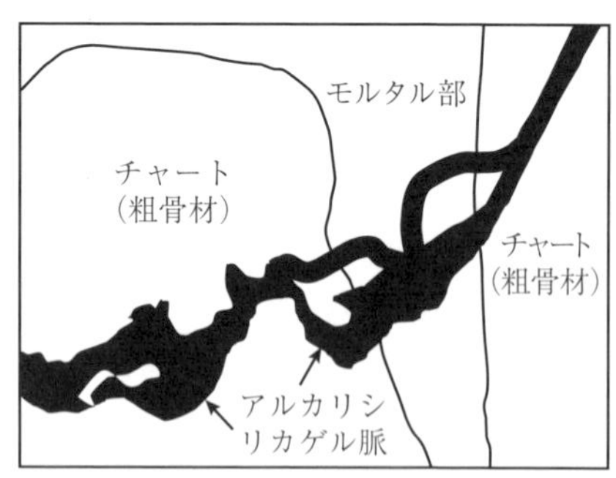

図3.61　チャートのアルカリシリカゲル脈

細骨材は花崗岩質岩起源の岩片や結晶片を主とし，少量のチャートなどの岩片を伴っていた．このうち，チャートの一部には反応リムあるいは骨材粒子内の微細なアルカリシリカゲル脈をもつ粒子が観察されたが，粗骨材粒子から連続する顕著なアルカリシリカゲル脈は，細骨材粒子から離れ

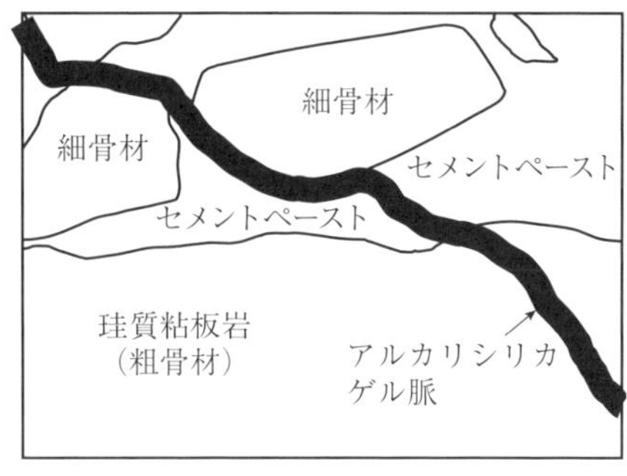

図3.62 珪質粘板岩のアルカリシリカゲル脈

たセメントペーストや細骨材－セメントペースト界面を通っていた（図3.62）．セメントはポルトランドセメントであった．

⑤ 総合評価：本コンクリート構造物には表面にひび割れ幅20 mmに達する著しい劣化が生じており，偏光顕微鏡下では粗骨材を構成するチャートと珪質粘板岩に発生してセメントペーストへ進展した顕著なアルカリシリカゲル脈の発達が認められたことから，コンクリートの劣化は粗骨材に生じたASRによるものであることが確認された．また，施工後30年以上が経過しているにも関わらず，コンクリートコア試料の残存膨張性の測定で膨張を示すものがあるため，反応が長期間継続していると推察された．

ところで，モルタルバーやコンクリート試験体の膨張試験により，この地域のチャートと珪質粘板岩を混合使用すると，チャート単体使用より膨張率が高くなる現象（**配合ペシマム**）が確認された．この構造物では施工当時の骨材不足により，チャートが含まれた山砂利に珪質粘板岩砕石を混合していたことが机上調査で判明しており，骨材の給供状況がコンクリート構造物の耐久性に大きな影響を与えた一例でもある．

■細骨材に発生したASR[3.43]

① 地域：関東地方

② 構造物：港湾施設PC舗装

③ 劣化状態：PC舗装に顕著な劣化が発生した．PC舗装は日射による高温と（雨掛かりによる）水分供給をともに受ける厳しい環境に曝されていたが，建設後約2年が経過した時点で舗装表面に，幅0.5 ～ 1.0 mmの密なひび割れ，径5 ～ 10 mm程度の小さなポップアウト，表面はく離が多数発生し

図3.63　PC舗装の劣化状況

図3.64　中央部のひび割れ

た（図3.63）．拘束鉄筋量が少ない構造であることもあり，このPC舗装はその後すぐに破壊され，取り替えられた．ひび割れはプレストレスにより軸方向の**拘束**を受ける中央部ではPC鋼材に沿ったものとなり（図3.64），拘束のない端部では**亀甲状**となっていた（図3.65）．なお，拘束度が低い舗装でASRが発生すると，偶角部には**Dクラック**と称される特徴的なひび割れパターンが発生する（図3.66）．

④ コンクリートコア試料と薄片試料の観察：粗骨材には石灰岩の砕石，細骨材には円磨された粒子を主とする砂が使用されていた．薄片試料を作製して偏光顕微鏡下で観察し，また細骨材の岩種構成を求めた（表3.12）．粗骨材はほとんど方解石のみからなる石灰岩であり，コンクリート中で反応を生じた形跡も認められなかった．一方，細骨材はクリストバライトやトリディマイトなどの反応性鉱物を含む安山岩，デイサイト，流紋岩質溶結凝灰岩，細粒凝灰岩などの中間質 ～ 珪長質火山岩類の岩片が多く認められた．

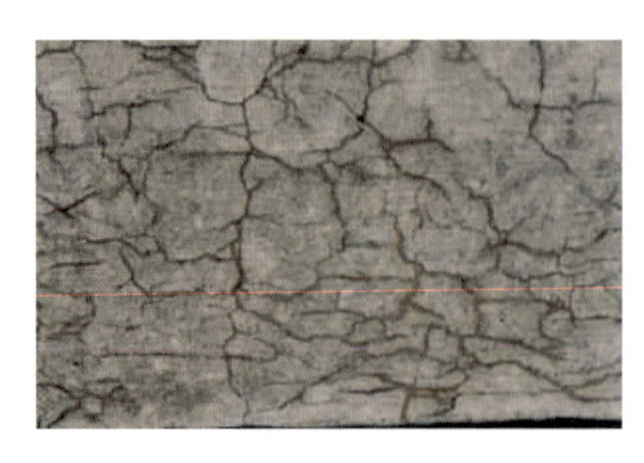

図3.65　端部のひび割れ

図3.66　拘束度が低い舗装偶角部のDクラック

表3.12　細骨材の岩種構成（粗骨材は石灰岩100％）

岩片（結晶片）	構成割合［%］
安山岩	15
石灰岩	14
デイサイト	7
流紋岩質溶結凝灰岩	4
チャート	7
花崗岩	6
細粒凝灰岩 ～ 珪藻質泥岩	5
砂岩	4
頁岩	2
斑れい岩	2
（石英）	15
（斜長石）	13
（輝石）	2
その他	4

これらの反応性鉱物に生じたアルカリシリカゲル脈が，セメントペーストへ進展している状態が観察された．とくに，細粒**凝灰岩**のなかには，キャラメルのような状態に溶解していたり（図3.67），蠕虫状に膨張して飛び出していたり，成分の大半がアルカリシリカゲルとして流出した後にスポンジ状になったり（図3.68）しているものがコンクリートコア試料の破断面で観察され，極めて特徴的であった．この細粒凝灰岩（図3.69）は安山岩質岩片や斜長石・角閃石結晶片などを含むほか，火山ガラスの変質物あるいは珪藻殻や放散虫殻として多量の**オパール**を含む（9.3.1項(2)で詳述）ことが偏光顕微鏡下で認められ，一部は珪藻質泥岩である．XRD分析では，オパール–CT，石英，斜長石，斜プチロル沸石，スメクタイトが検出された．

⑤ 総合評価：①～④から，コンクリートの劣化原因は火山岩類を多く含む細骨材に発生したASRであることが確認されたが，コンクリートのアル

図3.67　キャラメル状に溶解した細粒凝灰岩

図3.68　スポンジ状に変化した細粒凝灰岩

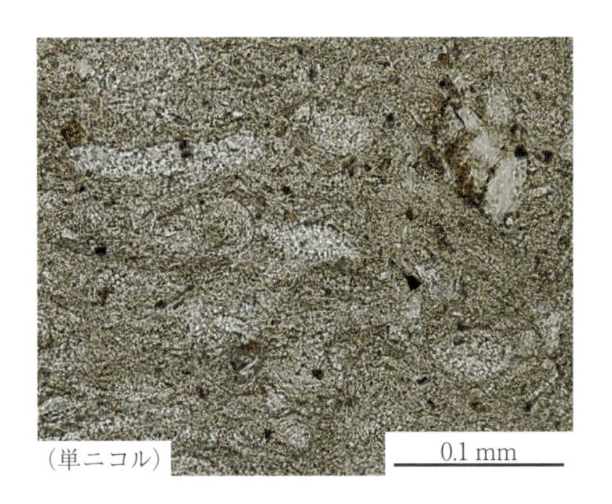

図3.69　細粒凝灰岩

カリ総量を測定したところ，約2.2 kg/m^{3}であり，総量規制値の3.0 kg/m^{3}以下であった．アルカリ総量が多くないにも関わらず短期間で顕著なASRが発生した原因は，オパールを含む少量の細粒凝灰岩が，粗骨材として用いられた非反応性能石灰岩と組み合わされることで生じた**配合ペシマム**現象である．なお，机上調査によると，細骨材に使用された山砂は，化学法（JIS A 1145）で無害でないと判定され，モルタルバー法（JIS A 1146）では無害と判定されていた．さらに調査を進めると，細骨材はこの山砂単体から構成されているものではないことがわかった．この山砂はコンクリート用細骨材としては粒度がやや低く，より粒径の大きな細骨材と混合使用されており，混合するためにこのコンクリートが製造された時期に別地域から輸送された骨材の中のオパールを含む細粒凝灰岩粒子が

ASRを引き起こした．本事例の周辺の構造物では，その後もアルカリ総量3.0 kg/m^{3}前後，またはそれ以下で発生したASRによる同様の劣化事例が相次いで発見されており，粗骨材，細骨材ともに現行のアルカリ反応性試験で無害であったり，アルカリ総量規則を守っていたとしても，異なる骨材を組み合わせることで，顕著にASRが発生し得るのであり，新たな警鐘が鳴らされている．

◇3.2.2 EPMA・SEM-EDS分析

本項では，ASR診断における**EPMA***1ならびに**SEM-EDS分析***2の使用目的について解説する．EPMAやSEM-EDS分析の特長として，微細組織を観察できるということ，微小部分の**元素分析**と元素濃度の分布の面分析ができるということが挙げられる．ASR診断においては，偏光顕微鏡では観察が困難であった数μm以下の極めて微細な反応性鉱物や反応生成物を鏡面研磨薄片や破断面で同定でき，目視・実体顕微鏡観察ならびに偏光顕微鏡観察を補助する

---

*1 electron probe microanalysis（電子プローブ微小分析）の略で，SEMに波長分散型X線検出器（wave length dispersive spectrometer：WDS）を装備し，ステージスキャン（電子ビームを固定して試料台を移動）ができることから最大10 cm角程度までの範囲の面分析が可能である．EDSよりもエネルギー分解能が高く，元素の判別精度がよい．また，S/N（シグナル／ノイズ化）がよく，かつ大電流を照射しても（大電流を取り出せる電子銃を装備）効率的に計測できるので，EDSよりも短時間で高感度の分析ができる．

*2 scanning electron microscope-energy dispersive spectrometer（走査型電子顕微鏡・エネルギー分散型検出器）の略で，走査型電子顕微鏡には観察に特化した高分解能型のものと元素分析も可能な比較的大電流を取り出せるものがある．EDS分析には後者が適する．WDSが検出器一つにつき1元素しか分析できないのに対し，EDSは全元素の分析を同時に行える．通常はビームスキャン（試料を固定して電子ビームをスキャン）により元素マッピングを行うが，元素判別のエネルギー分解能と元素定量の感度の点でEPMAには劣る．EPMAとSEM-EDS分析は，SEMに異なる検出器を装備しただけともいえるが，分析目的が相当に異なり，まったく異なる電子銃を装備しており，分析可能範囲が異なっているため，一般には異なる装置として認識されている．地質分野では，1980年代にEDSによる定量分析時の検出感度は湿式分析並みであることが知られていたが[3.44]，セメント分野では定量分析が積極的に試みられず，ASRの研究にあまり用いられてこなかった．最近は，EDSの軽元素やほかの主要元素の検出感度も大幅に改善され，測定時間は格段に単縮されている．装置の製造メーカによってはEDX（energy dispersive X-ray spectrometer）とも呼ばれるが，同じ装置である．

ことができる．また，EPMAでアルカリ金属，塩素，硫黄など*を面分析することにより，内・外部からのこれらのイオン供給の様子を可視化することが可能である．さらに，アルカリシリカゲルを**組成分析**することにより将来的な反応の進行を予測したり，セメントを構成する未水和クリンカ鉱物を組成分析することにより使用されたセメントのアルカリ量を推定することもできる[3.29, 3.30]．偏光顕微鏡とEPMAもしくはSEM-EDSなどの電子顕微鏡では，得られる情報の質が違う．同じ鏡面研磨薄片を対象としても，偏光顕微鏡は透過光の光学的性質から鉱物の同定ができるのに対し，電子顕微鏡は電子線照射で生じる現象を利用するので主には形態，平均原子番号，元素組成がわかる．また，偏光顕微鏡には反射光による観察が可能な機能が装備でき，反射顕微鏡として不透明鉱物の同定にも一定の効果をもつ．どちらか一方だけではなく，まずは肉眼観察，次に実体顕微鏡，さらに偏光顕微鏡（および反射顕微鏡），補助的に電子顕微鏡という順序で観察するのがよい．いきなり電子顕微鏡だけを用いると，重要な情報を見落とすことになる．

(1) 反応性鉱物の特定

偏光顕微鏡観察によってASRが生じている岩石を特定できた場合にも，極めて微細な反応性鉱物の特定は困難な場合がある．この場合，偏光顕微鏡観察を行った鏡面研磨薄片を，EPMA・SEM-EDS分析することにより，偏光顕微鏡観察と同じ場所のより多くの詳細な情報を得ることができる．この方法は，とくに変成岩や堆積岩に含有される偏光顕微鏡では同定が困難な隠微晶質石英を検出するのに有用である．偏光顕微鏡観察を実施した箇所を記録し，二次電子像や反射電子による観察により反応性鉱物であると考えられる粒子を選択し，その粒子に対してEPMA・SEM-EDSにより定性分析や定量分析し，鉱物同定を行う．たとえば，過去に報告されていたアルカリシリケート反応やアルカリ炭酸塩反応（6.1.2項で詳述）による劣化は，近年，隠微晶質石英によるASRに帰結できるとされているが[3.37, 3.44–3.46]，それは鏡面研磨薄片を用いた隠

---

* コンクリート中への元素の移動はイオンで起こり，固相と空隙水の間で吸着・溶解平衡となり，イオンと固相に分配される．EPMAやEDSでの測定は両者を区別することはできず，元素組成として測定される．たとえば，Cl^-が海水からコンクリートにもたらされ，コンクリート中のCl^-濃度が高まると，Cl^-の一部はセメント水和物と相互作用して固相に取り込まれ，一部は液相に残存する．このサンプルを乾燥してEPMA分析で得られるのは，分析位置に存在する元素としての塩素が発する特性X線であり，実コンクリートに存在する液相中のCl^-と固相中の塩素を区別できない．硫黄はセメント水和物中で硫酸として存在するため，定量分析ではSO_3と表記される場合が多い．

微晶質石英が判別できる微小領域のEDS分析による成果が大きい．また，EPMAを用いた場合には，微小領域の面分析を実施することにより，元素組成の違いから特定の種類の粒子を同定することもできる．以下に，EPMA面分析・EDS定性分析を用いて，反応性鉱物を検出した例を示す．

図3.70は，泥質片岩中の雲母層に存在する反応性鉱物である隠微晶質石英を検出した例である．黒雲母や白雲母の粒間に1～2 μmと極微細な隠微晶質石英が含まれている．偏光顕微鏡観察ではこの隠微晶質石英の同定が困難な場合もあり，また雲母に富んだ岩石の反応であったため，過去にはアルカリシリケート反応と呼ばれ，ある種の雲母鉱物が反応するとされてきた．図(a)中央の上方から伸びるアルカリシリカゲル脈の先端付近を拡大したものを図(b)に示す．図(b)の下中央部に認められる球状の粒子が隠微晶質石英で，周囲は雲母層および反応生成物である．定性分析の結果よりシリカ（SiO_2）鉱物であることが確認された．なお，比較的低変成度の泥質変成岩において，変成鉱物の粒径成長が十分でなく，隠微晶質石英を直接みることが不可能でも，白雲母や黒

（a）ASRを起こした泥質片岩

10 μm

（b）（a）の□を拡大

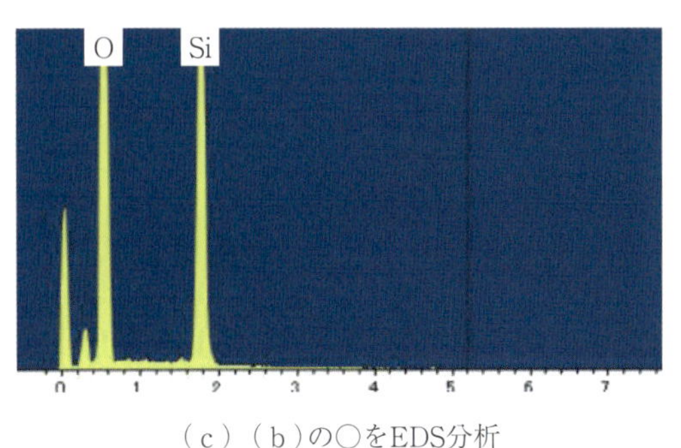

（c）（b）の○をEDS分析

図3.70　泥質片岩中の雲母層中に存在する石英のSEM-EDS定性分析例

雲母と同時に石英が生成していることは，岩石学的には明らかである[3.47]．

図3.71は，カナダケベック州の泥質石灰岩を粗骨材として用いたコンクリートの分析例である．図の中央を横断するNa, Si濃度が高く（Na：黄緑 ～ 赤色，Si：赤色）Ca濃度が低い（Ca：青色）箇所がASRによる反応生成物の脈であり，Si濃度が非常に高く（Si：ピンク ～ 白色）Caが検出されていない箇所（Ca：黒色）が，微晶質または隠微晶質石英である．偏光顕微鏡による観察では，極めて微細な泥質部分の鉱物同定は困難であるが，EPMAの面分析を実施することにより，方解石や苦灰石以外の鉱物として石英や斜長石などが存在していることが認められた．この石灰岩の典型的なASRの例とは別に，従来，北アメリカではオンタリオ州で泥質苦灰岩質石炭岩の膨張反応は脱ドロマイト反応によるACRと解釈されてきたが，このような反応性の微小なシリカ鉱物は見過ごされてきた．ここで認められる生成物の組成は3.2.2項(3)で説明するASRによる生成物の組成分析の例と同様のものであり，ACRはASRに帰結できる．この結論は炭酸塩岩の反応を鏡面研磨薄片を用いてスポットごとにEDS定量分析を行うことで証明された[3.37, 3.44, 3.46]．

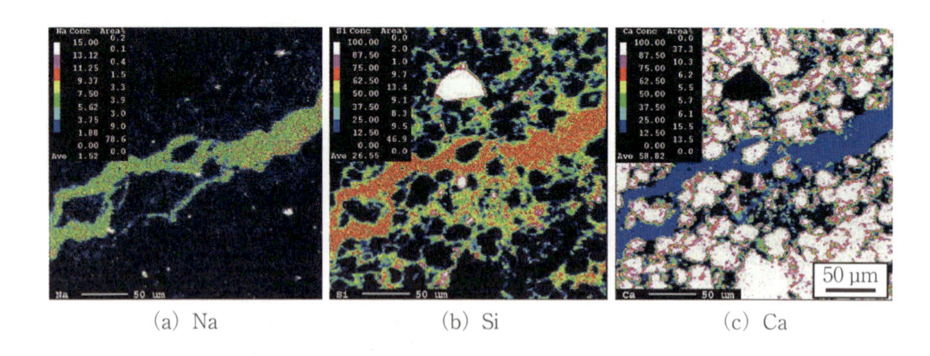

(a) Na　　(b) Si　　(c) Ca

図3.71　典型的なASRを生じた泥質石灰岩のEPMA面分析例

図3.72はカタクレーサイト化した緑色片岩によるASRの例である．カタクレーサイトとは断層運動に伴う破砕の影響を受けた岩石である．緑色片岩は少量の石英が含まれることがあるものの，苦鉄質であるため，一般には非反応性の岩石である．この例では，岩石中にみられる脆性せん断により生じた細粒分の帯状配列とアルカリシリカゲル脈の分布が密接に関連していることが偏光顕微鏡観察で確認されたが，破砕された極微細結晶の鉱物同定は困難であった．

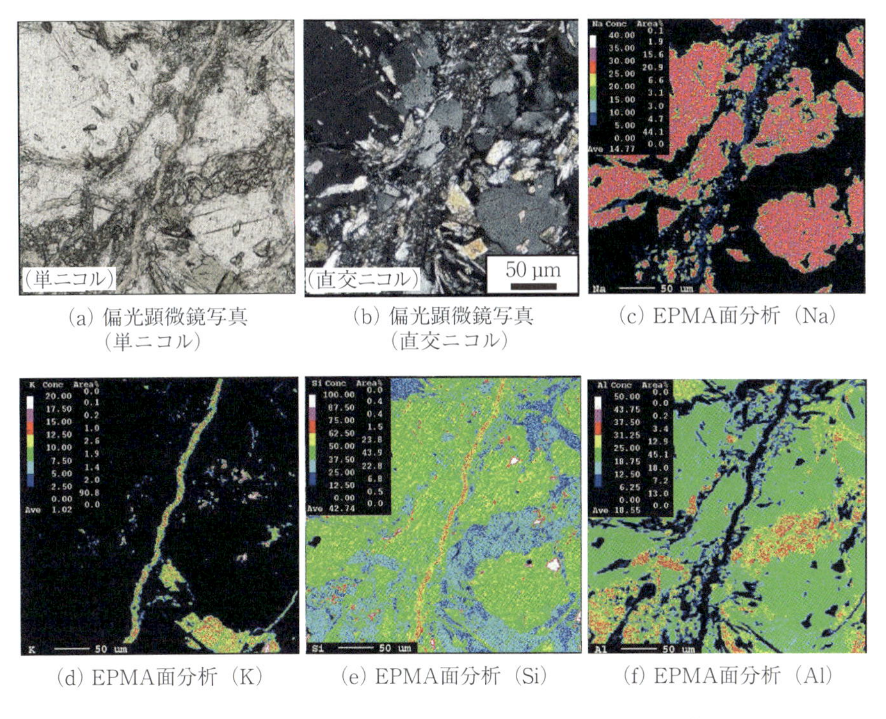

(a) 偏光顕微鏡写真（単ニコル）
(b) 偏光顕微鏡写真（直交ニコル）
(c) EPMA面分析（Na）
(d) EPMA面分析（K）
(e) EPMA面分析（Si）
(f) EPMA面分析（Al）

図3.72 カタクレーサイト化した緑色片岩のEPMA面分析例

EPMAによる面分析を実施したところ，緑色片岩組織の曹長石斑状変晶中に包有物としての石英が確認され，岩石の破砕により生じたカタクラスティック組織のなかに隠微晶質石英が同定された．図中では，Na濃度が高い（Na：赤色）箇所が曹長石，Si濃度が非常に高い（Si：ピンク ～ 白色）箇所が石英，図を縦断するSi，K濃度が高い（Si：黄 ～ 赤色，K：黄緑 ～ 赤色）10 μm程度の脈状の箇所がASRによる反応生成物の脈である．

以上は骨材中に含まれている微細な石英をSEMで観察した事例であるが，次に示すのは劣化コンクリート中で実際に種々の反応性鉱物が反応し，アルカリシリカゲルやロゼット状の結晶質物質に変化している現場を鏡面研磨薄片のSEM観察で確認した事例である[3.48]．原著ではこれらの化学組成がEDS定量分析により，個々に確認されているが，本書では写真のみを示す．

図3.73に玄武岩中の火山ガラスの反応例を示す．この分析例は，一般に反応性が低いと考えられがちな玄武岩の反応性を評価するため，ガラスの組成を分

析した例である．玄武岩や安山岩などの火山岩は溶融したマグマから融点が高い鉱物の順番に晶出し（**結晶分化**という），日本に産出する火山岩では残った液相は徐々にシリカに富むようになる．火山岩はシリカの量により，**玄武岩**（45 < SiO_2 < 53 %），**安山岩**（53 < SiO_2 < 63 %），**デイサイト**（63 < SiO_2 < 70 %），**流紋岩**（70 % < SiO_2）に分類される（組成区分は9章で詳述）．つまり，全岩化学組成が玄武岩であっても，ガラスはよりシリカに富むことになる．図3.73の例では，EDS分析によりガラスの化学組成はデイサイト組成（SiO_2 = 64 %）であった[3.48]．安山岩中では，流紋岩質ガラスとなってより反応しやすくなる．このことは，全岩が同じ化学組成でも，ガラスの量が多ければ反応しにくく，結晶分化が進んでガラスの量が少なくなるほど反応しやすくなることを意味する．また，風化により塩基性鉱物が分解し，石英を生成することもある．

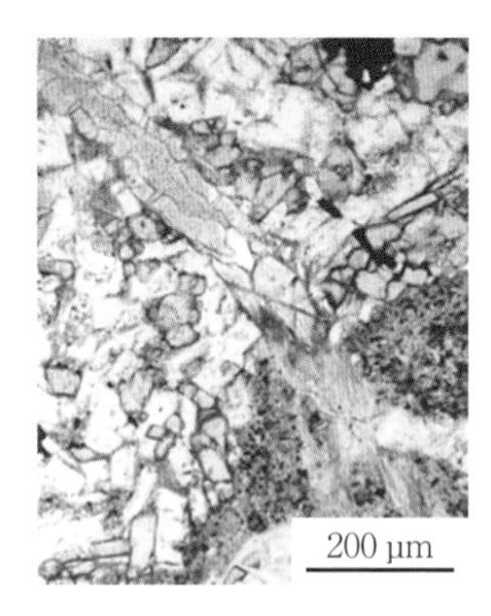

（a）偏光顕微鏡（単ニコル）

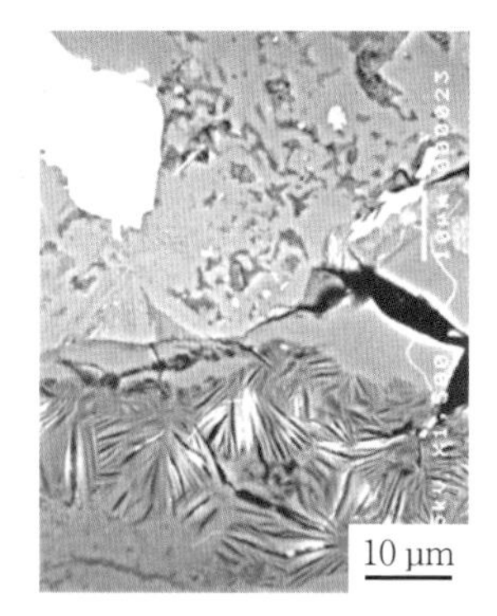

（b）反射電子像

図 3.73　玄武岩中のガラスの反応　［T. Katayama: Petrographic study of alkali-aggregate reactions in concrete, Doctoral thesis (Science), The University of Tokyo, 2012.］

図3.74に，安山岩中のクリストバライト・トリディマイトが反応した事例を示す．日本では，安山岩中のこれらの鉱物による反応が劣化に結びついている事例が最も多いものと推定できる．この写真では，クリストバライトは粒状（図(a)），トリディマイト（図(b)）は板状で，アルカリシリカゲルはロゼット状の結晶質物質の集合体に変化している[3.48]．

次に，最近日本でも報告が増えてきた隠微晶質石英・微晶質石英が反応した事例を示す．砂岩・泥岩・チャート・不純な石灰岩・再結晶した凝灰岩・変成

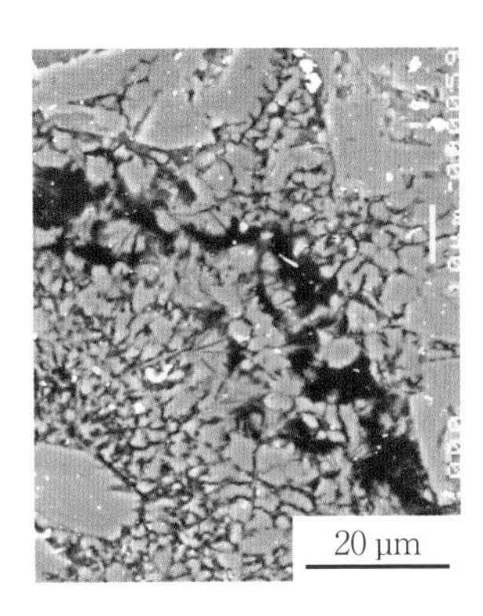

(a) 粒状クリストバライト

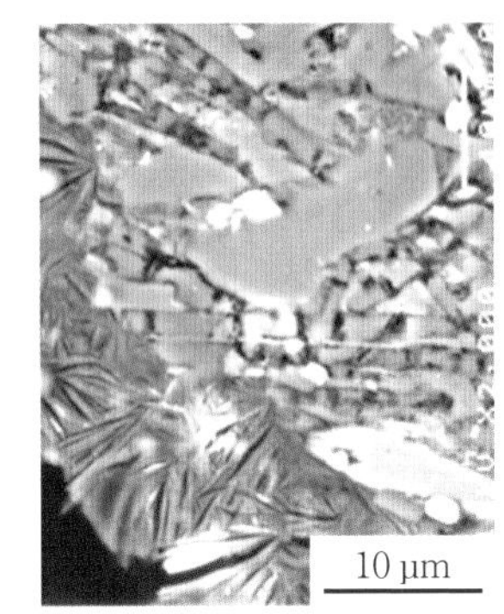

(b) 板状トリディマイト

図3.74 安山岩のクリストバライト・トリディマイトの反応(反射電子像) [T. Katayama: Diagnosis of alkali–aggregate reaction–polarizing microscopy and SEM–EDS analysis. In Castro-Borges, P., Moreno, E.I., Sakai, K., Gjorv, O.E. & Banthia, N. (eds.), Proc., 6th International Conference on Concrete under Severe Conditions, Environment and Loading (CONSEC'10), Merida, Yukatan, Mexico, Taylor & Francis Group, London, pp.19–34, 2010.]

岩には，反応性の隠微晶質石英や微晶質石英が含まれ，遅延膨張性ASRを引き起こすことがある[3.48]．図3.75は，日本の石灰岩には稀なASRを生じた事例である．微晶質石英は薄片・透過光の観察（図(a)）では見逃されるが，鏡面研磨薄片のSEM観察（図(b)）では，アルカリシリカゲルに変化して膨張ひび

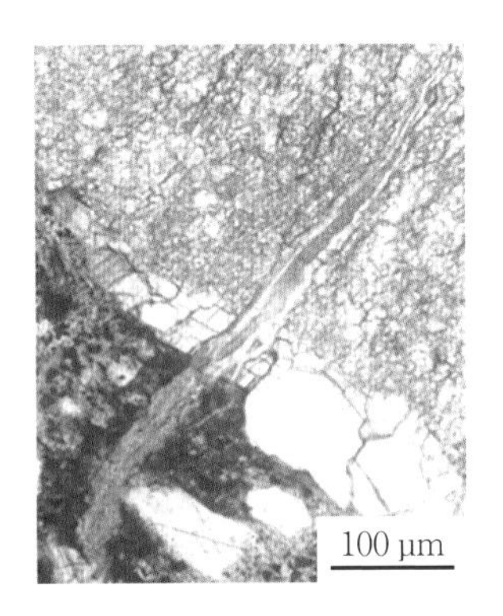

(a) 偏光顕微鏡(単ニコル)

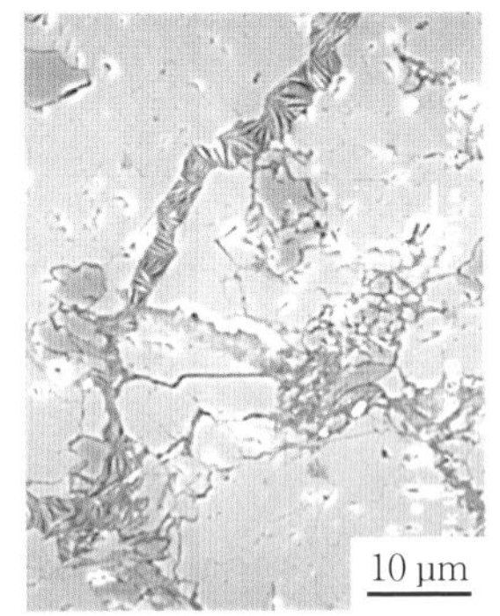

(b) 反射電子像

図3.75 石灰岩の隠微晶質石英の反応 [T. Katayama, T. Oshiro, Y. Sarai, K. Zaha and T. Yamato: Late-expansive ASR due to imported sand and local aggregates in Okinawa Island, southwestern Japan, Proc.13th ICAAR, Trondheim, Norway, pp.862–873, 2008.]

（a）偏光顕微鏡（単ニコル）

（b）反射電子像

図3.76　チャートの隠微晶質石英の反応　[T. Katayama.: Late-expansive ASR in a 30-year old PC structure in eastern Japan, Proc. 14th International Conference on Alkali-Aggregate Reaction (ICAAR), Austin, Texas, USA, paper 030411-KATA-05, p.10, 2012.]

（a）偏光顕微鏡（単ニコル）

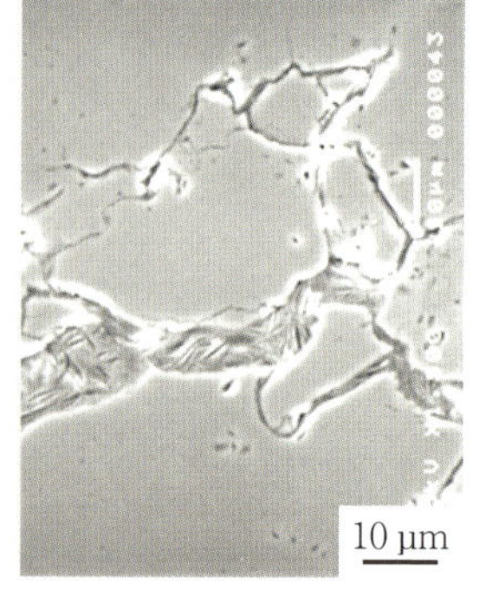

（b）反射電子像

図3.77　片麻岩の微晶質石英の反応　[T. Katayama: Petrographic study of alkali-aggregate reactions in concrete, Doctoral thesis (Science), The University of Tokyo, 2012.]

割れを形成していく様子や，結晶化してロゼットに変化している様子が確認できる[3.30]．図3.76はチャートの隠微晶質石英の反応の事例である．微晶質石英による劣化の報告はさらに少ない．図3.77に片麻岩骨材中の微晶質石英の事例を示す．

(2)　反応生成物の形態観察と組成確認

コンクリートの破断面に認められる透明のゲル状物質や白色の物質がアルカリシリカゲルであるかどうかを確認するために，SEMを用いて形態観察し，

EDSによる組成確認を併用して行う場合が多い．研磨などを行わない破断面ではアルカリシリカゲルは自由表面を示すので，文献や教科書などに示されているアルカリシリカゲルの形態と比較することにより，対象としている物質がアルカリシリカゲルかどうかを判断する．これは，観察対象がアルカリシリカゲルであることを確認するものであり，構造物の劣化との関係や将来的な反応の進行などを考察するためには，観察・分析手法を併用することが必要である（3.2.1項(3)で詳述）．図3.78にSEMによる典型的な**アルカリシリカゲル**の形態を示す．図(a)が乾燥のためにひび割れた非晶質のアルカリシリカゲルで，図(b)はアルカリシリカゲルが**ロゼット状**に再結晶化したものである．

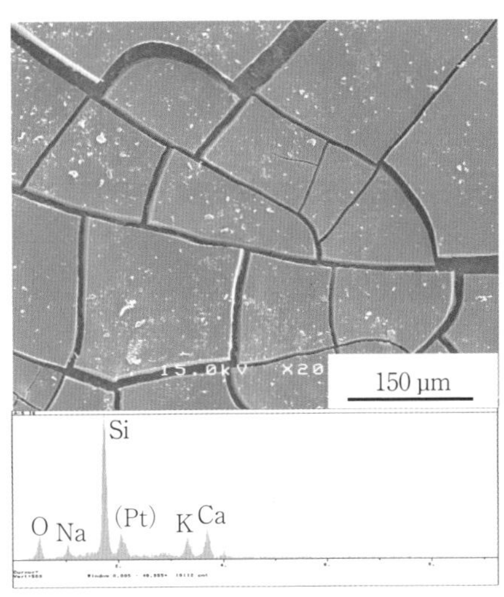

（a）乾燥のためにひび割れた非晶質のアルカリシリカゲル

（b）ロゼット状に再結晶化したアルカリシリカゲル

図3.78 ASRによる生成物の形態のSEM観察例

(3) ASRによる生成物の組成分析

アルカリシリカゲルの組成を定量分析することにより，ASRの進行状況を推定することができる[3.27, 3.30]．分析には偏光顕微鏡観察に使用した鏡面研磨薄片を用いる．より簡易的には，SEM-EDS定性分析やEPMA面分析を行うことにより，ASRによる生成物内の元素分布を確認することができる．この方法は，ASRのメカニズムを考えるうえでの補助的な手法に用いられるが，アルカリシリカゲルの組成の定量分析を行う場合は，将来的なASRの進行をある程度推定することもできる．以下にアルカリシリカゲルの面分析例を示す．

図3.79は粗骨材である反応性の安山岩中に生成したアルカリシリカゲル脈の組成を，半定量的に面分析した例である．骨材内部に向かってNa，K濃度の増加，Ca濃度の減少およびSi濃度の増加が認められ，既往のASRと同様の傾向（6章で詳述）であることがわかる．既応の定量分析の事例[3.30, 3.38, 3.45, 3.49]より，Ca濃度が高いアルカリシリカゲルは古いものであると判断できることから，Ca濃度が高いアルカリシリカゲルが多数認められるとASRは収束している可能性が大きい．逆に，Na，K含有量の高いアルカリシリカゲルが多数認められた場合は，将来的なASRの継続が懸念される．これは定量分析ではないので概念的なことしかいえないが，このことを踏まえて分析結果をみると，骨材内部ではNa，K濃度の高いアルカリシリカゲルが存在していることから，対象とする構造物のASRは，外部からのアルカリ供給がない場合にも，将来

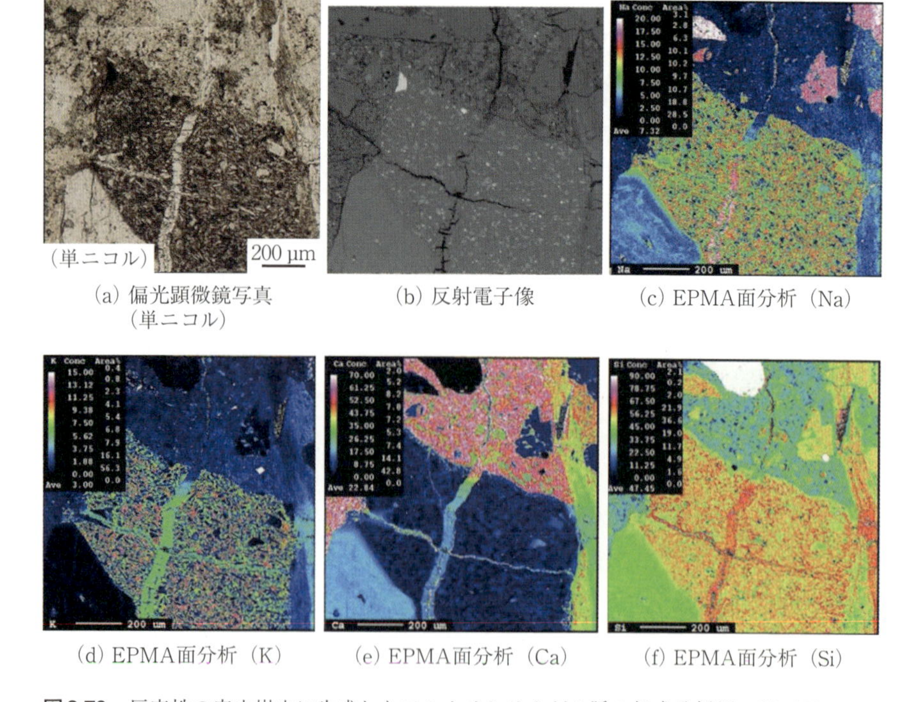

(a) 偏光顕微鏡写真（単ニコル）　(b) 反射電子像　(c) EPMA面分析（Na）

(d) EPMA面分析（K）　(e) EPMA面分析（Ca）　(f) EPMA面分析（Si）

図3.79　反応性の安山岩中に生成したアルカリシリカゲル脈の組成分析例　[林建佑，河野克哉，山田一夫：能登半島地域の橋脚コンクリートに生じたASRの岩石・鉱物学的考察，土木学会第63回年次学術講演会概要集，Vol.63, p.163, 写真-1, 図-1, 2008.]

的に継続するものとみなされる．

図3.80は細骨材の一部のチャート中に生成したASR生成物の組成を定性分析した例である．骨材内部ではK濃度が高いものの，偏光顕微鏡観察によるとこの生成物はロゼット状に結晶化した二次生成物である．ロゼットに関しては，膨張性はないが，コンクリートの劣化の進行程度やASRの進展の可能性については，周辺のゲルの有無をSEM観察により確認し，場所ごとにその組成を定量分析してCa/Siモル比－Ca/(Na＋K)モル比組成図上にプロットし，全体の傾向をみて判定することが望ましい[3.27, 3.30, 3.39]．偏光顕微鏡観察と低倍率の元素のマッピング（面分析）の組合せのみでは，ロゼットと共存する微細なゲルの存在やその組成の実態を見逃すおそれがある．なお，この事例は図3.13(b)の詳細調査である．

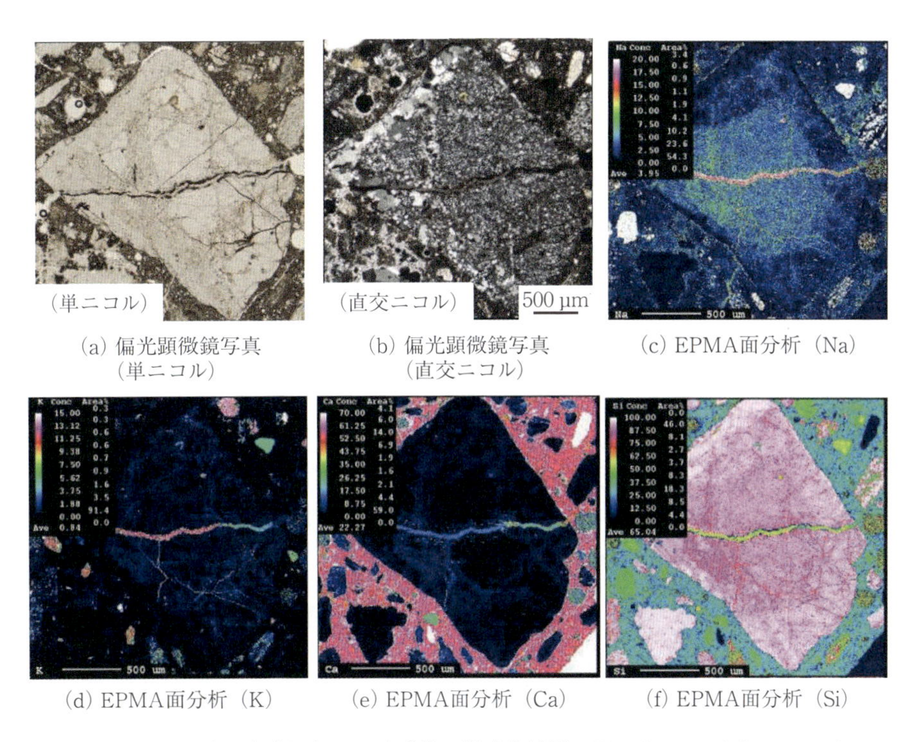

(a) 偏光顕微鏡写真（単ニコル）　(b) 偏光顕微鏡写真（直交ニコル）　(c) EPMA面分析（Na）

(d) EPMA面分析（K）　(e) EPMA面分析（Ca）　(f) EPMA面分析（Si）

図3.80　チャート中に生成したASR生成物の組成分析例　［林建佑，河野克哉，山田一夫，原健悟：石炭石砕石と海砂を使用したコンクリート構造物のアルカリ骨材反応による劣化診断，コンクリート工学年次論文集，Vol.31, No.1, p.1251, 図-6, 図-8, 2009.］

(4) コンクリート中の元素分布

構造物表面から深さ方向に採取した試料を用いてEPMA**面分析**を実施することにより，外部からのアルカリ金属，塩素，硫黄の浸透を調べることができる．対象とする構造物の立地環境を考慮して実施する．たとえば，海洋環境下や**凍結防止剤**が散布される環境下などでは，塩害だけでなく，コンクリート内部のアルカリ濃度の増加に伴うASRの発生ならびに促進が懸念される．また，同様に海洋環境下や**硫酸塩土壌**が存在する環境，下水排水溝などでは硫酸塩劣化の発生が考えられる．ASRと**塩害**や**硫酸塩劣化**などの**複合劣化**が懸念される場合に実施する．以下に分析例を示す．

図3.81は河口付近の護岸擁壁より採取したコンクリートについて，塩素の分布を示したものである．図の上端がコンクリート表面であり，骨材は除外して（黒色で）表示してある．上端の塩素濃度の低い領域は炭酸化部であり，コンクリート表面より浸入したCl^-が，炭酸化フロントに濃集しつつ，内部へ浸透していく状態が認められる．

図3.82は下水排水溝より採取したコンクリートについて，硫黄（SO_3換算）の分布を示したものである．図の上端がコンクリート表面であり，骨材は除外して（黒色で）表示してある．コンクリート表面付近に形成された硫黄（SO_3換算）濃度が20 mass%を超える領域は，エトリンガイトや石膏などの脆弱な硫酸塩鉱物の分布域に対応し，コンクリートは表面から浸入するSO_4^{2-}の影響

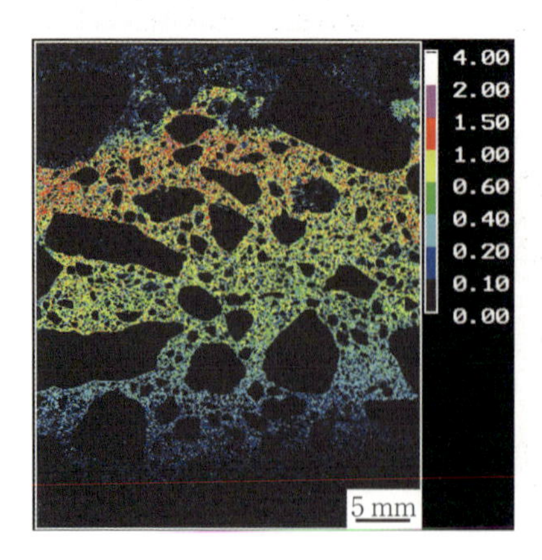

図3.81　河口付近の護岸擁壁より採取したコンクリートの塩素の分布［mass%］（上面がコンクリート表面）

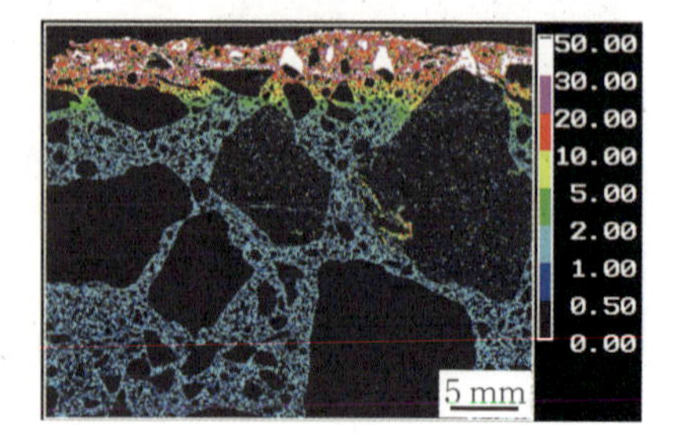

図3.82　下水排水溝より採取したコンクリートの硫黄（SO_3換算）の分布［mass%］

下で顕著な劣化を生じていることが認められる.

図3.83は長期間海洋環境下に暴露した試験体について，ナトリウムの分布を分析したものである．図の上端がコンクリート表面である．コンクリート表面から内部に向かってナトリウム濃度が上昇している様子がわかる．このように，アルカリが外部から供給される場合には，コンクリート中のアルカリ濃度が高濃度になるおそれがあり，ASRの促進が懸念される．この例は海中ではなく，飛沫帯など，海塩が濃縮する場所の測定例である．コンクリートの空隙水には海水中と近い0.5 mol/L（3 mass%）濃度のNa^+が含有されるため，コンクリートを海水中に浸漬してもアルカリ濃度が高まることはない．コンクリート中のナトリウム濃度が高まるのは，飛沫帯などで海水が供給される一方で乾燥も起こる環境，もしくは凍結防止剤などの30 mass%ともなるような高濃度のNaCl溶液が散布される環境などに限定される．また，海外のとくに空港では凍結防止剤に酢酸アルカリやギ酸アルカリが使用されており，著しい空隙水のpHの上昇を引き起こし，ASRを促進する（6.2.2項で詳述）.

(5) 総アルカリ量の推定

EPMA･SEM-EDS分析を用いて，未水和セメント中のアルカリ濃度を測定

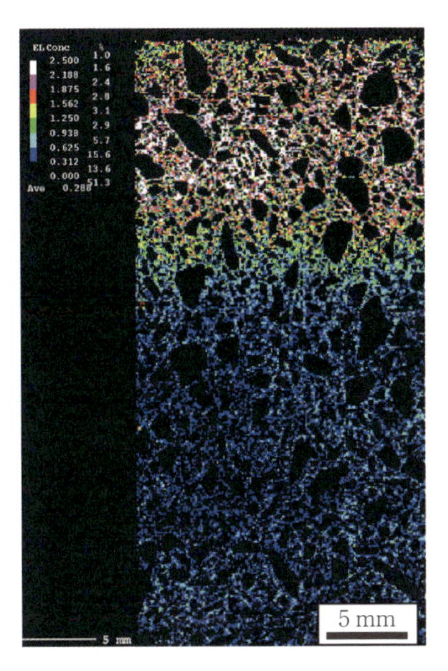

図3.83　長期間海洋環境下に暴露したコンクリートのナトリウムの分布［mass%］

することで，分析対象としているコンクリート中の総アルカリ量をある程度推定することが可能である．一般に，セメント中のアルカリは，硫酸アルカリとして存在する水溶性アルカリと，主にC_3AやC_2Sに含まれる固溶アルカリに分けられる．最近の日本の普通ポルトランドセメントの例では，5～6割が水溶性アルカリである（ただし，標準偏差は1割程度ある）．すなわち，未水和セメント粒子のアルカリ濃度を測定し，総アルカリ量により水溶性と非水溶性のアルカリ比率が変わらないとすると，コンクリート中の単位セメント量［kg/m^3］とセメントのアルカリ濃度［mass%］を乗じることでンクリート中のセメント起源のアルカリ量が推定できる*[3.29, 3.30, 3.49]．

(6) 結晶構造の同定

電子後方散乱回折（electron back scattered diffraction：**EBSD**）法と呼ばれる方法により，SEMで観察される物質の結晶構造と結晶の方位に関する情報を得ることが可能となってきており，コンクリート分野での応用もはじまっている[3.50]．研磨面を60～70°に傾斜させ，電子線を後方に散乱する．この散乱パターンは結晶構造と方位により決定される．EPMA・SEM-EDS分析では数μm程度までの領域の元素組成情報が得られるが，結晶構造まではわからない．EBSD法により散乱パターンがまったく得られない場合は測定位置が非晶質である可能性を示すものであり，アルカリ反応性を示すガラス相の存在の同定に役立つ．

この手法を**フライアッシュ**に適用すると，フライアッシュを樹脂などで固型化した断面試料を作製してEBSD法で測定することで，個々の粒子の内部組織を明らかにすることができる．フライアッシュのガラスの化学組成は平均的なものではなく，個々の粒子ごとに相当にばらついたものであることがわかる．Caを多く含む場合には，多くがガラスであるが，シリカとアルミナから構成される場合はムライトが晶出し，マトリックスを非晶質シリカが充填する組織が認められる．フライアッシュのなかでも，シリカに富む相は反応性が高いと推定され，コンクリートのなかでフライアッシュが反応した後に，フライアッシュを構成する多様な組成の粒子の一部のシリカとアルミナに富む粒子が冷却中にムライトの微細結晶を晶出した組織が周囲のシリカが反応したことで現れ

---

*この方法を，長期材齢を経たコンクリートプリズムに適用すると，養生期間中に生じたアルカリの溶脱状況が確認できる．一方，水を使用してコア採取などを行うと，未水和セメント粒子のアルカリ濃度に変化はないが，表面近傍では水溶性アルカリ量が溶脱することも確認できる．

るデンドライト構造が認められることがしばしばある．Caを多く含むガラス相は反応性が高く，強度には寄与するが，シリカに富む相と比べるとASR抑制の効果は低い．

(7) DEFとASRの判別

DEFとASRの最大の違いは，膨張の原因である．ASRでは骨材が膨張するのに対し，DEFではセメントペーストが膨張する．その結果として，コンクリート断面において，ひび割れの状況が異なってくる．ASRでは骨材からひび割れが生じ，セメントペーストへ進展し，ひび割れはアルカリシリカゲルで充填される．一方，DEFでは，セメントペーストの膨張で骨材がセメントペーストからはく離するかもしくはひび割れが生じ，骨材のひびには何も充填されていない箇所もある[3.26](図3.84)．

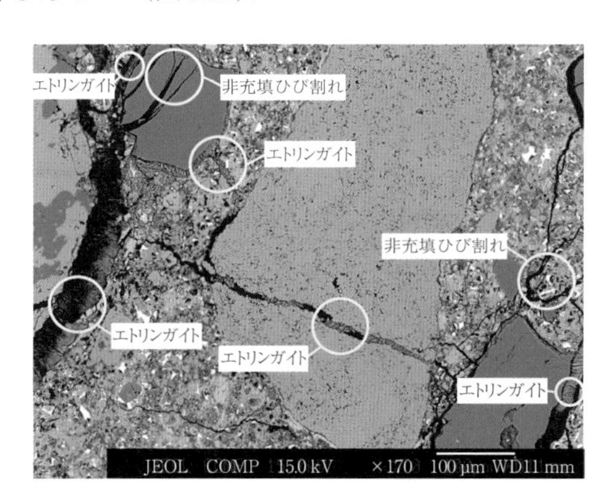

図3.84　DEFが起こったコンクリートの微細組織の反射電子像［K. J. Folliard: Preventing ASR/DEF in new concrete: Final report, p.202, Fig. 9.10, 2006, http://www.utexas.edu/research/ctr/pdf_reports/0_4085_5.pdf］

エトリンガイトは溶解度が高いため，比較的簡単に溶解して再沈殿する．このため，硫黄濃度（SO_3）の高いセメントなどでは，アルカリシリカゲルがエトリンガイトに置き換わっていたり，気泡がエトリンガイトで充填されていたりする組織もしばしば観察される．このような事例においても，コンクリート薄片の観察により，ひび割れが骨材とセメントペーストのいずれから生じているかを注意深く観察することで，両者の区別は可能である．ただし，両者が複合して起こる場合も考えられ，その場合の寄与度の判定は容易ではない．

図3.85に花崗岩マイロナイト中の隠微晶質石英によるASRの事例[3.51]を示

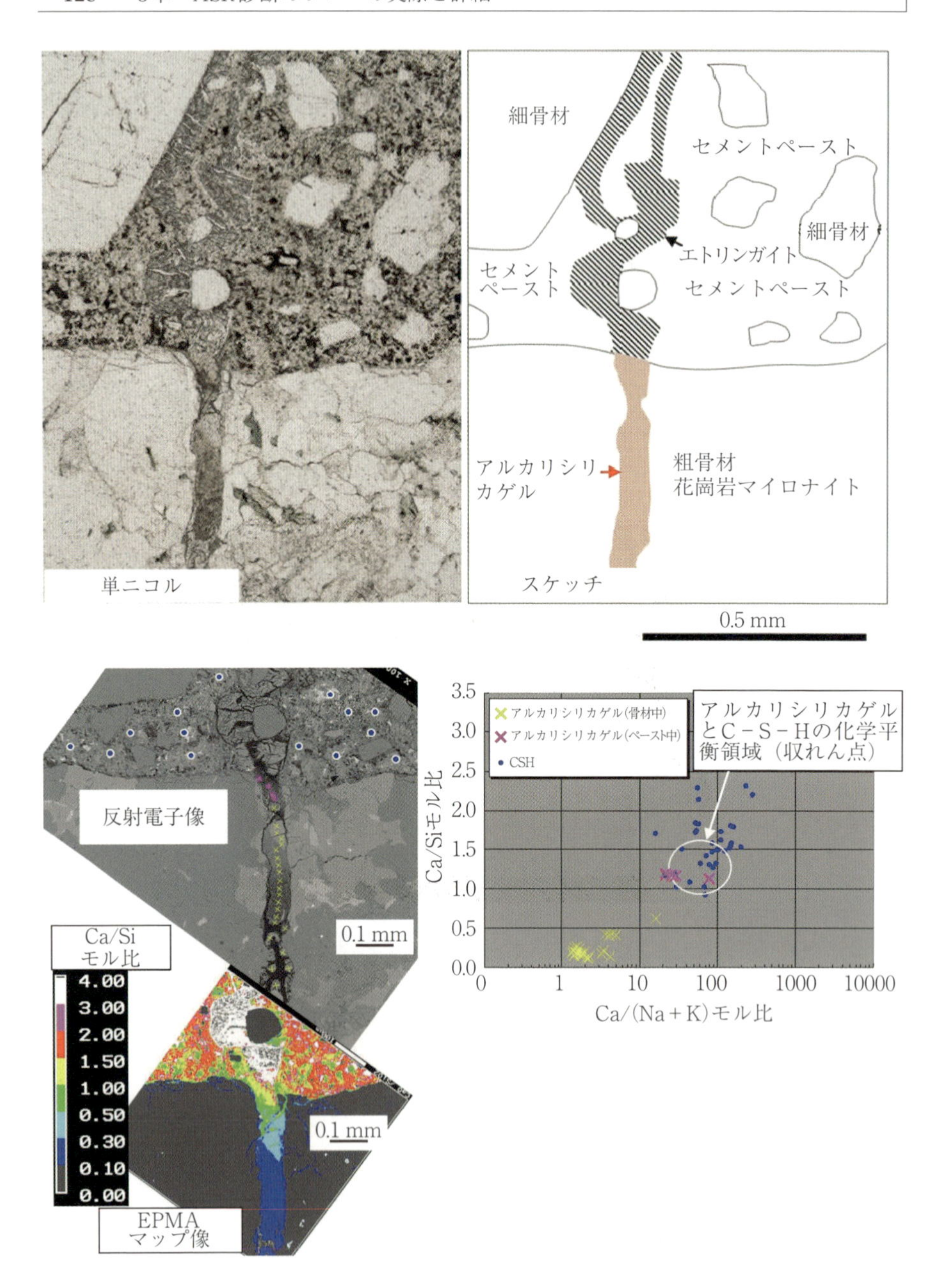

図3.85　アルカリシリカゲルをエトリンガイトが置換した事例[3.51]

す．骨材内部から続くひび割れをアルカリシリカゲルが充填し，セメントペースト境界部ではアルカリとCaのイオン交換により，アルカリシリカゲルは高Ca濃度になり，ひび割れはセメントペーストに続く．セメントペースト中でひび割れはエトリンガイトに充填されている．この組織からDEFを疑う可能性もあるが，ひび割れは骨材内部から発生しているので，このひび割れはASRによるものであり，アルカリシリカゲルはセメントペースト中でエトリンガイトに置換されたと推定できる．この事例ではセメント中のSO_3濃度が3.0 %以上と日本のセメントの2.0 %程度よりもかなり高く，このSO_3がエトリンガイトを生成した可能性が高い．エトリンガイトはASRを発生したコンクリート中の気泡やひび割れなどにしばしば認められるが，エトリンガイトの存在と膨張の関係は慎重に考察しなければならない．

(8) 物理的硫酸塩劣化とASRの判別

物理的硫酸塩劣化の場合，乾燥や温度変化の影響を受けて，コンクリート表面から劣化が進行する．採取したコンクリートコア試料の断面を電子顕微鏡により観察すると，コンクリート表層の気泡中には硫酸ナトリウムの結晶が観察される[3.52]（図3.86）．

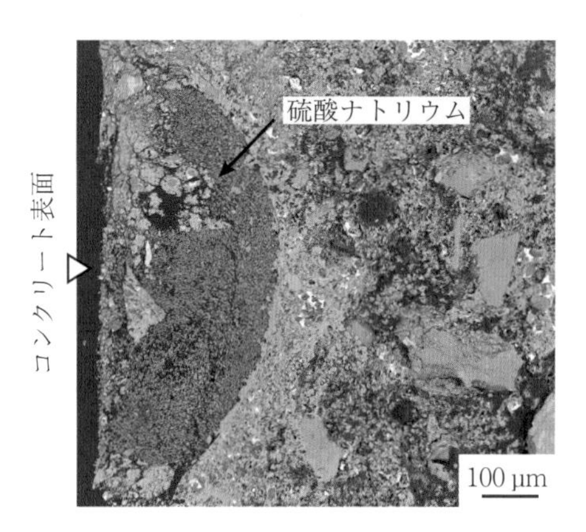

図3.86　気泡中に生成した硫酸ナトリウム（反射電子像）［N. Yoshida et al.: Salt Weathering in Residential Concrete Foundations Exposed to Sulfate-bearing Ground, Journal of Advanced Concrete Technology, Vol.8, No.2, pp.121-134, 2010.6.］

また，コンクリート表面に平行なひび割れが生じ，スケーリングに繋がることが，室内実験より明らかとなっている[3.52]（図3.87）．図3.88は，物理的劣化を生じた住宅基礎コンクリートの地上部分と地中部分から採取した小径のコン

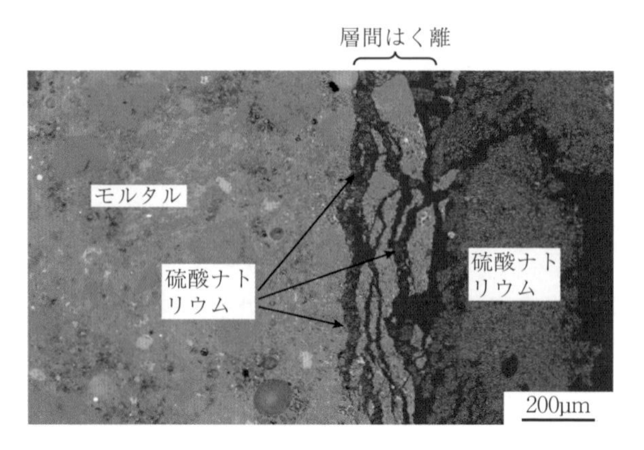

図3.87　物理的劣化によるひび割れ（反射電子像）［N. Yoshida et al.: Salt Weathering in Residential Concrete Foundations Exposed to Sulfate-bearing Ground, Journal of Advanced Concrete Technology, Vol.8, No.2, pp.121-134, 2010.6.］

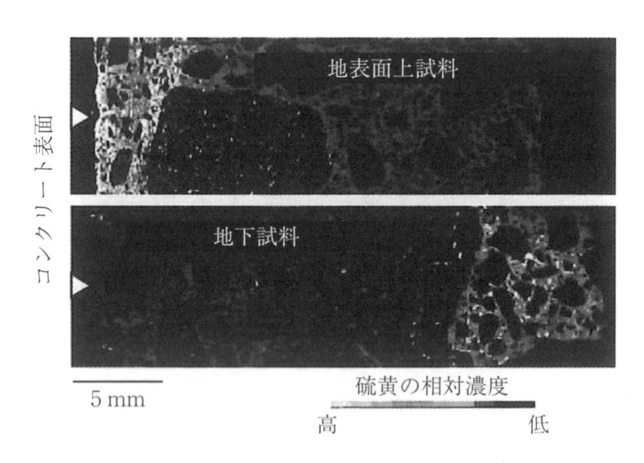

図3.88　住宅基礎から採取したコンクリートコア試料断面の硫黄のEPMA面分析結果［N. Yoshida et al.: Salt Weathering in Residential Concrete Foundations Exposed to Sulfate-bearing Ground, Journal of Advanced Concrete Technology, Vol.8, No.2, pp.121-134, 2010.6.］

クリートコア試料について，EPMAにより硫黄の面分析を行った結果を示している．物理的劣化が生じる地上部分の分析結果をみると，SO_4^{2-}が毛管浸透する領域は，表層の数mmの深さに限定されることがわかる．つまり，物理的劣化が生じる箇所は極めて表層の領域に限定される[3.52]．このような特徴を捉えることにより，ASRとの区別は可能である．

参考文献

[3.1] B. Godard, M. de Rooij, and J.G.M. Wood：Alkali-aggregate reactions in concrete structures. guide to diagnosis and appraisal of AAR damage to concrete in structures. Part 1：Diagnosis (AAR-6.1). Springer, 2013.

[3.2] 土木学会コンクリート委員会アルカリ骨材反応対策小委員会：アルカリ骨材反応対策小委員会報告書　鉄筋破断と新たなる対応，コンクリートライブラリー124，土木学会，p.II-116，2005.8.

[3.3] 富山潤，金田一男，山田一夫，伊良波繁雄，大城武：ASR劣化したプレテンションPC桁の岩石学的評価に基づくASR診断および耐荷性能の評価，土木学会論文集，Vol.67, No.4, pp.578–595, 2011.

[3.4] 森寛晃，久我龍一郎，小川彰一，久保善司：寒冷地で供用されたRC床版の劣化要因推定，コンクリート工学論文集，Vol.24, No.1, pp.1–9, 2013.

[3.5] Federal Aviation Administration, Handbook for identification of alkali-silica reactivity in airfield pavements, U.S. Department of Transportation, Advisory Circular, No.150/5380–8, 2004.2.

[3.6] 河村直哉，川端雄一郎，片山哲哉：岩石学的評価に基づいた空港コンクリート舗装のASR劣化事例解析，コンクリート工学年次論文集，Vol.35, No.1, pp.1015–1020, 2013.

[3.7] 小林孝元，田中泰司：アルカリ骨材反応による劣化の進行したRC床版の押し抜きせん断試験，土木学会関東支部新潟会研究調査発表会論文集，Vol.30 No.1, pp.101–104, 2012.

[3.8] 鳥居和之，川村満紀，山田正弘，Chatterji, S.：NaClおよび$CaCl_2$溶液中におけるモルタルの劣化，セメント・コンクリート論文集，No.46, pp.504–509, 1992.

[3.9] 森寛晃，久我龍一郎，小川彰一，久保善司：塩化カルシウム溶液による各種セメント硬化体の劣化，セメント・コンクリート論文集，No.66, pp.79–86, 2013.

[3.10] 大代武志，原田政彦，中野政信，中狭靖：コンクリート橋脚のASRによる再劣化と対策工法の選定，コンクリート工学，Vol.44, No.12, pp.31–38, 2006.

[3.11] 大代武志，鳥居和之，平野貴宣：川砂・川砂利を使用したコンクリートのASR劣化の岩石・鉱物学的調査，セメント・コンクリート論文集，No.31, pp.310–317, 2007.

[3.12] 黒田吉益，諏訪兼位：偏光顕微鏡と岩石鉱物，共立出版，p.168, 1968.

[3.13] L.ドラーマントアニ 著，洪悦郎，鎌田英治 訳：コンクリート骨材ハンドブック，技術書院，pp.93–94, 1987.4.

[3.14] 片山哲哉：コンクリートのポップアウトのはなし，コンクリート四季報，住友セメント，No.6, pp.2–5, 1987.

[3.15] T. Katayama, T. Futagawa: Petrography of pop-out causing minerals and rock aggregates in concrete-Japanese experience, 6th Euroseminar on Microscopy Applied to Building Materials (EMABM), Reykjavik, Iceland, pp.400-409, 1997.6.

[3.16] 吉田夏樹，松浪良夫，永山勝，坂井悦郎：硫酸塩を含む土壌に建築された住宅基礎コンクリートの劣化，セメント・コンクリート論文集，No.61, pp.270-275, 2007.

[3.17] 土木学会：コンクリートの化学的侵食・溶脱に関する研究の現状，コンクリート技術シリーズ53, 2003.6.

[3.18] 土木学会：コンクリート-地盤境界問題研究小委員会（332）第2期報告書—コンクリートと地盤の境界問題の統一的評価に向けた課題分析—，コンクリート技術シリーズ91, pp.118-121, 2010.

[3.19] 土木学会：セメント系構築物と周辺地盤の化学的相互作用研究小委員会（345委員会）成果報告書およびシンポジウム講演概要集，コンクリート技術シリーズ103, 2014.7.

[3.20] 吉田夏樹，山田一夫：ソーマサイト生成硫酸塩劣化—劣化機構の整理とリスクの評価方法のレヴュー—，コンクリート工学，Vol.43, No.6, pp.20-27, 2005.

[3.21] 松下博通，佐川康貴，佐藤俊幸：地盤調査結果に基づくコンクリートの硫酸塩劣化地盤の分類，土木学会論文集E，Vol.66, No.4, pp.507-519, 2010.

[3.22] 松下博通，佐藤俊幸：硫酸イオンを含む地盤におけるコンクリートの劣化過程について，土木学会論文集E，Vol.65, No.2, pp.149-160, 2009.

[3.23] 吉田夏樹，松浪良夫，永山勝，坂井悦郎：土壌に含まれた硫酸塩の作用による住宅基礎コンクリートの劣化機構に関する一考察，セメント・コンクリート論文集，No.62, pp.295-302, 2008.

[3.24] 吉田夏樹：東京・神奈川における硫酸塩を含んだ土壌に建築された住宅基礎コンクリートの劣化事例，日本建築学会大会学術講演梗概集，A-1, pp.1011-1012, 2008.

[3.25] 吉田夏樹，松浪良夫，永山勝，坂井悦郎：モルタルの塩類風化に及ぼす細孔構造および引張強度の影響，セメント・コンクリート論文集，No.64, pp.398-405, 2010.

[3.26] K. J. Folliard, R. Barborak, T. Drimalas, L. Du, S. Garber, J. Ideker, T. Ley, S. Williams, M. Juenger, B Fournier, M.O.A. Thomas: Preventing ASR/DEF in new concrete: Final report, FHWA/TX-060/0-4085-5, 2006, http://www.utexas.edu/research/ctr/pdf_reports/0_4085_5.pdf

[3.27] T. Katayama: ASR gel in concrete subject to freeze-thaw cycles - comparison between laboratory and a field concretes from Newfoundland, Canada, 13th International Conference on Alkali-Aggregate Reaction in

Concrete (ICAAR), Trondheim, Norway, pp.174-183, 2008.
[3.28] 坪井誠太郎：偏光顕微鏡，序文，岩波書店，1966.
[3.29] T. Katayama, M. Tagami, Y. Sarai, S. Izumi, T. Hira: Alkali-aggregate reaction under the influence of deicing salts in the Hokuriku district, Japan. Materials Characterization,Vol.53, 2-4, Special Issue 29：pp.105-122, 2004.
[3.30] T. Katayama, T. Oshiro, Y. Sarai, K. Zaha and T. Yamato: Late-expansive ASR due to imported sand and local aggregates in Okinawa Island, southwestern Japan, Proceedings of the 13th International Conference on Alkali-Aggregate Reaction in Concrete, Trondhein, Norway, pp.862-873, 2008.
[3.31] T. Katayama：Petrographic diagnosis of alkali-aggregate reaction in concrete based on quantitative EPMA analysis. Proceedings of 4th CANMET/ACI/JCI International Conference, pp.539-560. 1998.
[3.32] K. Natesajyer, K.C. Hover: Insitu Identification of ASR Products in Concrete, Cement and Concrete Research, Vol.18, No.3, pp.455-463, 1988.
[3.33] T. Ichikawa and M. Miura: Modified model of alkali-silica reaction, Cement and Concrete Research, Vol.37, pp.1291-1297, 2007.
[3.34] 日本コンクリート工学協会：コンクリート診断技術 '11［基礎編］，p.203, 2011.
[3.35] 片山哲哉：アルカリシリカ反応の診断方法 アルカリシリカ反応入門講座③，コンクリート工学，Vol.52，pp.1083-1090，2014.
[3.36] T. Katayama, Y. Sarai, and H. Sawaguchi：Diagnosis of ASR in airport pavements in Japan - Early-expansive sand aggregate missed by conventional test, Proceedings of the 15th International Conference on Alkali -Aggregate Reaction in Concrete, Sao Paulo, Brazil, p.121, 2016.
[3.37] T. Katayama: How to identify carbonate rock reaction in concrete, Materials Characterization, Vol.53, pp.85-104, 2004.
[3.38] T. Katayama: Diagnosis of alkali-aggregate reaction-polarizing microscopy and SEM-EDS analysis, 6th International Conference on Concrete under Sever Conditions (CONSEC '10), Merida, Mexico, pp.19-34, 2010.
[3.39] Y. Ono: Microscopical test of clinker, and its background, 小野田研究報告, Vol.32, No.104, 1980.
[3.40] 大代武志，原田政彦，中野政信，中狭靖：コンクリート橋脚のASRによる再劣化と対策工法の選定，コンクリート工学，Vol.44, No.12, pp.31-38, 2006.
[3.41] 大代武志，鳥居和之，平野貴宣：川砂・川砂利を使用したコンクリートのASR劣化の岩石・鉱物学的調査，セメント・コンクリート論文集，No.61, pp.310-317, 2007.
[3.42] 岩月栄治，森野奎二：愛知県のASR劣化構造物と反応性骨材に関する研究，

コンクリート工学年次論文集，Vol.30，No.1，2008.

[3.43] 尾花祥隆，鳥居和之：プレストレストコンクリート・プレキャストコンクリート部材におけるASR劣化の事例検証，コンクリート工学年次論文集，Vol.30, No.1, pp.1065–1070, 2008.

[3.44] T. Katayama: Modern petrography of carbonate aggregate in concrete – Diagnosis of so-called alkali-carbonate reaction and alkali-silica reaction, Marc-Andre Berube Symposium, Supplementary Paper, pp.423–444, 2006.

[3.45] T. Katayama: ASR gels and their crystalline phases in concrete – Universal products in alkali-silica, alkali-silicate and alkali-carbonate reactions, 14th International Conference on Alkali-Aggregate Reaction in Concrete (ICAAR), Austin, Texas, USA, 030411-KATA-03, 2012.

[3.46] T. Katayama: The so-called alkali-carbonate reaction (ACR) – Its mineralogical and geochemical details, with special reference to ASR, Cement and Concrete Research, Vol.40, pp.643–675, 2010.

[3.47] 周藤賢治，小山内康人：岩石学概論・上　記載岩石学―岩石学のための情報収集マニュアル―，共立出版，pp.181–185, 2003.

[3.48] T. Katayama: Petrographic study of alkali-aggregate reactions in concrete, Doctoral thesis (Science), The University of Tokyo, 2012.

[3.49] T. Katayama: ASR gel in concrete subject to freeze-thaw cycles-comparison between laboratory and a field concretes from Newfoundland, Canada, 13th International Conference on Alkali-Aggregate Reaction in Concrete (ICAAR), Trondheim, Norway, pp.174–183, 2008.

[3.50] 高橋春香，山田一夫：ASR抑制効果に影響を及ぼすフライアッシュキャラクターのSEM-EDS/EBSDによる解析，コンクリート工学論文集，Vol.23, No.1, pp.1–8, 2012.

[3.51] K. Yamada, S. Hirono, Y. Ando : ASR problems in Japan and a message for ASR problems in Thailand, Journal of Thailand Concrete Association, Vol.1, No.2, pp.1–18, 2013.

[3.52] N. Yoshida et al.: Salt Weathering in Residential Concrete Foundations Exposed to Sulfate-bearing Ground, Journal of Advanced Concrete Technology, Vol.8, No.2, pp.121–134, 2010.6.

4章 骨材のアルカリ反応性評価と抑制対策

4.1 歴史的経緯

◇4.1.1 骨材のアルカリ反応性評価に関する規格制定の国際的動向

Stantonによるカリフォルニア州でのASRの発見はオパール質の頁岩やチャート，続いて見つかったアリゾナ州のパーカーダムは安山岩と流紋岩，ワシントン州の橋梁は安山岩がそれぞれ原因で，急速膨張性骨材によるものであった．これらの劣化の原因となる骨材を検出するため，モルタルバー法（ASTM C 227）と化学法（ASTM C 289）が制定された*1.

1950年代になるとカナダで，1960年代にアメリカでアルカリ炭酸塩反応（ACR）が見つかった．カナダではコンクリートプリズム試験（CPT，5.2.5項で詳述）の原型が開発され，アメリカではロックシリンダー試験*2（ASTM C 586）が用いられた．北アメリカでは1960年代，1970年代に遅延膨張性骨材が認識されていったが，対応できる試験方法がなかった．

1980年代に南アフリカで遅延膨張性骨材に対応するために開発された促進モルタルバー法（NBRI法[4.1, 4.2]）をもとに，カナダでは促進モルタルバー法（CSA A23.2-25A），コンクリートプリズム試験（CSA A23.2-14A）が開発され，アメリカではそれぞれASTM C 1260（5.2.4項で詳述），ASTM C 1293となった．現在，CSAとASTMの間で統一がなされつつあり，AASHTOの規格が最先端である．促進モルタルバー法は隠微晶質石英に有効であるため，隠微晶質石英の骨材によるASRが問題となる各国で導入が進み，一部変更されてRILEM AAR-2にもなった．

ただし，ACRはASTM C 1260では検出されないことがあり，骨材の粒径を大きくした促進モルタルバー法（RILEM AAR-5）が制定されている．

＊1 ASTC C 289は2016年に廃止された．

＊2 岩石円柱をアルカリ溶液に浸漬し，膨張率を直接測定する．

このように北アメリカではASR研究の進展とともに，骨材のアルカリ反応性評価方法は大きく変化してきた．同時に抑制対策も複雑なものへと変化してきている．

北アメリカに対し，世界各国でそれぞれ独自の展開がなされている．各国において産する骨材には特徴があるため，これに対応した試験方法が整備されている．ある国で有効な方法が別の国で有効とは限らない．日本については，ASR発見当初のアメリカの手法をそのまま使用し続けている（4.1.3項で詳述）．

フランスでは問題となる骨材として，ペシマム現象を示す北部で産するフリントと石灰岩のほかに，遅延膨張性骨材も存在する．これに対応する方法が1990年代に開発された．はじめに岩石学的試験で炭酸塩岩とそれ以外に分類し（P18–542），それぞれに含まれる反応性鉱物の有無で次の試験に進む．試験としては，化学法をもとに試験期間を3日にしたカイネティック試験（P18–589），中国で開発されたオートクレーブを用いる方法[4.3]をもとにしたマイクロバー試験（P18–588）（試験体1×1×4 cm）と促進モルタルバー法（P18–590）（試験体4×4×16 cm）が行われる．その他，コンクリート試験（P18–587），モルタルバー法（P18–585）もある．RILEMで国際的基準が整備されているが[4.4]，フランスでは従来の方法でまったく問題がないため，自国の方策を変更する様子はない．

オーストラリアではASTM C 1260とASTM C 1293を用いるが，国内の劣化事例との対応から，2015年に判定基準をより厳しくしている．

ASRの統一基準をつくることを目標に活動する，RILEMの技術委員会がある．RILEMによる試験方法[4.4]の一覧を表4.1に示す．ただし，フランスと同様に，北アメリカでもRILEM活動に関与はしていても，すでにある方法を変更することはしない．むしろ，RILEMが北アメリカの方法を参考に今後修正し，不足している試験方法を補完していくと考えられる．

日本の学会からの参加はこれまでなかったが，今後はヨーロッパの動向と整合化させながら，新しい手法を導入する必要がある．ただし，日本の骨材の特徴と気候は北アメリカやヨーロッパとはかなり異なるため，日本の劣化事例に基づく判定基準の再設定が求められる．

◇4.1.2　最新のASR抑制対策の国際的手法

骨材のアルカリ反応性試験は，ASR抑制対策を講じるための一要素でしか

表4.1 RILEMのAAR関連規格の一覧[4.4]

番号	名称	
AAR-0	Outline guide to the use of RILEM Methods in assessments of aggregates for AAR potential	AARの可能性に対する骨材の評価におけるRILEM法の使用に関する概要指針
AAR-1.1	Detection of potential alkali-reactivity, Part 1: Petrographic examination method for aggregates	潜在的アルカリ反応性の検出 第1部：骨材の岩石学的試験方法
AAR-1.2	Detection of potential alkali-reactivity, Part 2: Petrographic atlas for aggregates	潜在的アルカリ反応性の検出 第2部：骨材の岩石図鑑
AAR-2	Detection of potential alkali-reactivity-the accelerated mortar-bar test method for aggregates	潜在的アルカリ反応性の検出 骨材の促進モルタルバー法
AAR-3	Detection of potential alkali-reactivity-38℃ method for aggregate combinations using concrete prisms	潜在的アルカリ反応性の検出 コンクリートプリズムを用いた骨材組合せの38℃法
AAR-4	Detection of potential alkali-reactivity-60℃ method for aggregate combinations using concrete prisms	潜在的アルカリ反応性の検出 コンクリートプリズムを用いた骨材組合せの60℃法
AAR-5	Detection of potential alkali-reactivity-rapid preliminary screening test for carbonate aggregates	潜在的アルカリ反応性の検出 炭酸塩骨材の迅速予備スクリーニング試験
AAR-6.1	Guide to diagnosis and appraisal of AAR damage to concrete structures, Part 1: Diagnosis	コンクリート構造物へのAAR損傷の診断と評価の指針 第1部：診断
AAR-6.2*	Guide to diagnosis and appraisal of AAR damage to concrete structures, Part 2: Guide to appraisal and repair of AAR affected concrete structures	コンクリート構造物へのAAR損傷の診断と評価の指針 第2部：AARコンクリート構造物の評価と補修の指針
AAR-7.1*	International specification to minimize damage from alkali-reactions in concrete, Part 1: Alkali-silica reaction	コンクリートのアルカリ反応からの損傷を最小限にする国際仕様 第1部：アルカリシリカ反応
AAR-7.2*	International specification to minimize damage from alkali-reactions in concrete, Part 2: Alkali-carbonate reaction	コンクリートのアルカリ反応からの損傷を最小限にする国際仕様 第2部：アルカリ炭酸塩反応
AAR-7.3*	International specification to minimize damage from alkali-reactions in concrete, Part 3: Dam and other structures for long service life	コンクリートのアルカリ反応からの損傷を最小限にする国際仕様 第3部：ダムとほかの長期供用造物
AAR-8*	Determination of Alkalis Releasable by Aggregates in Concrete	コンクリート中の骨材から放出し得るアルカリの決定
AAR-9*	Modelling of AAR	AARのモデル化

*まだ調査段階や原案作成段階のものである．最新情報は文献[4.5]を参考にしてほしい．

ない．以下に述べる日本での抑制対策は，すべての構造物においてアルカリ総量規制，抑制効果のある混和材の使用，無害骨材の使用のいずれかの選択を行う単純な対策を求めている．しかし，北アメリカ，RILEM，フランスでは，詳細な内容は異なるが，より多くのリスク要因を考慮して抑制対策を決定している．

概要を以下にまとめる．

① 骨材の反応性を岩石学的試験と各種のアルカリ反応性試験により定量評価して分類する．
② ASRに関わる環境条件を分類する．
③ 骨材の反応性と環境条件の組合せによりASRのリスクレベルを分類する．
④ 構造物の重大性レベルや供用年数に応じ，リスクレベルごとの抑制レベルを定める．
⑤ 抑制レベルごとの具体的対策（アルカリ総量規制，混和材の使用）を定める．
⑥ CSAでは，混和材の特性も規定する．

これらの手法が完全とはいえないが，すべての構造物がASRを引き起こさないように厳密に対策を講じる必要はないので，規格体系としては合理的である．

◇4.1.3　日本での規格制定の動向

日本コンクリート工学協会（現 日本コンクリート工学会）の研究委員会報告[4.6]をもとに，日本での規格制定の動向をまとめる．日本では1950年にアメリカの文献が紹介され，1951年に頁岩によるASRの疑いが報告された（山形県）．この後，化学法による評価から，日本にASRはほとんどないという考え方が広まった．このほかに，1965年には鳥取県で被害例が一例公表された．

1982年の阪神地区での損傷事例の発見により，日本でもASRが注目された．以後，日本各地で同様の事例が発見され，多くの研究機関などで，損傷の原因から骨材の実態，劣化メカニズム，劣化予防方法，補修方法などについて広範な研究が行われた．

とくに，官学民を巻き込んだ1983～1985年度の建設省（現 国土交通省）総合技術開発プロジェクト「コンクリートの耐久性向上技術の開発」および「コンクリート構造物の耐久性向上技術検討委員会」（委員長：岡田清 京都大学教授）の成果として，1986年の建設省の「アルカリ骨材反応暫定対策について」の通達やJIS A 5308「レデーミクストコンクリート」（現在は「レディーミクストコンクリート」）のASR抑制対策が示された．当時，日本には十分な関連研究成果の蓄積がなかったが，社会問題化していたコンクリート構造物の耐久性問題に，行政が早急な対応を迫られていたため，この通達は暫定対策であった．3年後の1989年に，この通達は最新の研究成果を取り込んで改訂された．通達の名称，「アルカリ骨材反応抑制対策について」（建設省技術調査室）が示すように，対策は**抑制**であり，防止ではない．合理的・経済的に，かつ完全にASRを防止することは困難であるという判断は，当時も現在も同じである．対策制定の経緯[4.6]のうち，主なものを表4.2に示す．

1989年の通達およびJIS A 5308の附属書のASR抑制対策は，効力を発揮した[4.7]（図4.1）．ASR劣化した構造物は，高度成長期時代に最も多かった．1.1.2項で説明したように，この時期のセメントのアルカリ濃度がとくに高く，その後は抑制対策とともに，1％を超えるようなアルカリ濃度のセメントを製造する工場が減少してきた（図1.5参照）という事情による．

2001年に福島県で，骨材のアルカリ反応性試験を行って無害でないと判定された骨材が，無害であるとして販売されていることが発覚し，ほかにも同様の事例があった．そこで，国土交通省は，2001年に「コンクリート中の塩分総量規制及びアルカリ骨材反応抑制対策に関する懇談会」（座長：大門正機 東京工業大学教授）を立ち上げた．

もともと，1986，1987年の通達では，少なくとも土木分野では，次の四つの抑制手法は横並びで優先順位が付けられていたわけではなかった．

① 試験により無害と判定された骨材の使用
② 低アルカリ形セメントの使用
③ ASR抑制効果のある混和材の使用あるいは混合セメントの使用
④ コンクリート中のアルカリ総量の抑制（3 kg/m^{3}以下）

しかし，通達の記述の順番や建築分野での**無害**骨材の使用の優先などがあり，一部には無害の骨材でなければ使用してはいけないとの間違った認識もされるようになっていた．

当時，普通ポルトランドセメントのアルカリ含有量はかなり低下して，低アルカリ形に相当するレベルとなっており，通常の調配合の範囲では，コンクリート中のアルカリ総量は3 kg/m^{3}以下であった．また，土木分野では高炉セメ

表4.2　日本におけるASR抑制対策の変遷　［河野広隆：日本のASR抑制対策の経緯, 作用機構を考慮したアルカリ骨材反応の抑制対策と診断研究委員会報告書, 日本コンクリート工学協会, pp.45–47, 2008.］

年　月	主な内容
1984年6月 (昭和59年)	建設省技術調査室から「土木工事に係るコンクリート用骨材の取り扱いについて」が通達された. ・アルカリ骨材反応でひび割れを生じた構造物に対しては，遮水措置を取る. ・過去にアルカリ骨材反応を生じたと思われる骨材に対しては，ASTMの試験をして確認する.
1986年6月 (昭和61年)	建設省技術調査室から「アルカリ骨材反応暫定対策について」が通達された. ・骨材の選定，低アルカリ形セメント，抑制効果のある混合セメントなどの使用，コンクリート中のアルカリ総量の抑制の四つの対策が示された. ・骨材の試験法として化学法とモルタルバー法の建設省暫定案が示された. ・建設省総合技術開発プロジェクト「コンクリートの耐久性向上技術の開発」の成果を受けたものである.
同年10月	JIS A 5308「レデーミクストコンクリート」にアルカリ骨材反応対策が盛り込まれた. ・抑制方法を購入者に報告することが義務づけられた. ・附属書1「レデーミクストコンクリート用骨材」で附属書7「化学法」か，附属書8「モルタルバー法」で試験して無害と判定された骨材でなければならないとした．ただし，附属書6「セメントの選定等によるアルカリ骨材反応の抑制対策の方法」に示された，低アルカリ形セメント，抑制効果のある混合セメントなどの使用，コンクリート中のアルカリ総量の抑制の三つの対策を講じた場合には，無害と判定されない骨材も使用可能である.
上同	JIS R 5210「ポルトランドセメント」に低アルカリ形が規定された. ・以降，関連するJISも修正された.
1987年9月 (昭和62年)	JIS A 6204「コンクリート用化学混和剤」に全アルカリ量が規定された.
1989年7月 (平成元年)	建設省技術調査室から「アルカリ骨材反応抑制対策について」が通達された. ・「アルカリ骨材反応暫定対策について」のうち抑制効果のある混合セメントなどの使用に関する記述と，化学法およびモルタルバー法の試験方法が小改訂された.
同年12月	JIS A 5308「レデーミクトコンクリート」のASR関係の記述が修正された.
1990年2月 (平成2年)	建設省技術調査室から「コンクリート構造物に使用する普通ポルトランドセメントについて」が通達された. ・全アルカリ量の上限が0.75 %と規定された.
1992年3月 (平成4年)	JIS A 1804「コンクリートの生産工程管理用試験方法―骨材のアルカリ反応性試験方法（迅速法）」が制定された.
2002年8月 (平成14年)	国土交通省技術調査室などから「アルカリ骨材反応抑制対策」が通達された. ・抑制対策の見直しと優先順位が示された.

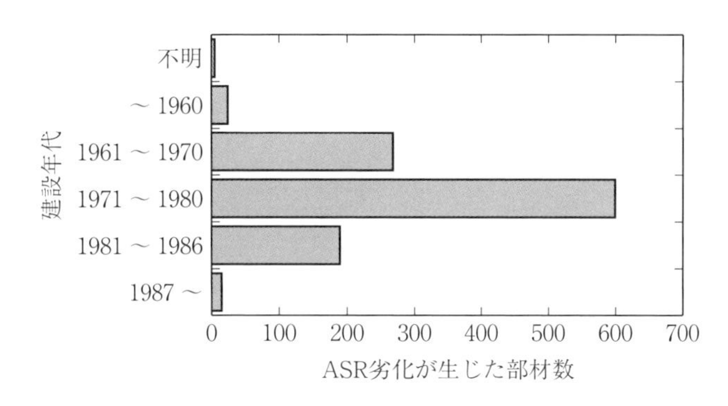

図4.1　建設年代とASR劣化の部材数（国交省直轄国道における調査結果）［鳥居和之：アルカリシリカ反応にいかに対応するか—試験，診断と対策の課題—，セメント・コンクリート，No.696，pp.1–9，2005.］

ントの使用量が増えていた．②の低アルカリ形のセメントは製造されていなかったが，通常のセメントで④のアルカリ総量の抑制が可能であり，また③の混合セメントの使用も広まった．そこで，国土交通省は2002年に「アルカリ骨材反応抑制対策について」を改訂した．

① コンクリート中の**アルカリ総量**の抑制（3 kg/m^{3}以下）
② ASR抑制効果のある**混和材**の使用あるいは混合セメントの使用
③ 試験により**無害**と判定された骨材の使用

なお，土木分野では優先順位も示し，①～③の順とした．

その後もこれらのASR抑制対策そのものの有効性は疑われなかった．しかし，2006，2007年度に開催された日本コンクリート工学協会（現 日本コンクリート工学会，JCI）の「作用機構を考慮したアルカリ骨材反応の抑制対策と診断研究委員会」（委員長：鳥居和之 金沢大学教授）を契機として，従来のASR抑制対策には限界があることの事例が多く紹介され，その限界への理解が広まった[4.8]．

このような活動はあったものの，JISなどの公的規格の変更は行われていない．しかし，ASR劣化の発生事例が後を絶たないため，2012年にJR東日本は独自規格を導入した[4.9]．骨材のアルカリ反応性評価の方法としては，従来の化学法とモルタルバー法をそのまま用い，判定基準をより厳しくした．抑制対策については，アルカリ総量規制値を従来の3.0 kg/m^{3}から2.2 kg/m^{3}とした．混合セメントの利用は，置換率40 %以上の高炉セメントB種もしくは置換率

15％以上のフライアッシュセメントB種とした．これらの方策は，完全とはいえないとしても，速やかに対応できる現実性の範囲でより安全側の判断であった．この方策はほかのJR各社にも拡大していくものと期待される．

2011，2012年度には，原子力安全基盤機構（原子力規制委員会管轄へ移行）が原子力発電所に用いるコンクリートのASRについて検討を行った．2013年に公表された指針[4.10]は既設構造物の診断で岩石学的評価を取り入れるとともに，新規建設では骨材の試験法や抑制対策について基本的にCSAとRILEMに準拠した新たなフローを提示した．これは，その後のわが国におけるASRの対策・診断の方向性を示すとともに，JCIをはじめとするASR関連の委員会活動にも大きな影響を与えた．この方法については5章で紹介する．

JCIでは引き続いて2012，2013年度に「ASR診断の現状とあるべき姿研究委員会」（委員長：山田一夫 国立環境研究所主任研究員）[4.11]が開催され，岩石学的診断の重要性が強調された．この二つの研究委員会が本書の基盤となっている．

さらに，2015，2016年度には「性能規定に基づくASR制御型設計・維持管理シナリオに関する研究委員会」（委員長：山田一夫 国立環境研究所主任研究員）[4.12]が開催され，4.1.2項で述べたような海外の最新の動向を踏まえ，ASRを抑制するのではなく，問題がない範囲で制御する方法を議論している．

4.2　骨材のアルカリ反応性試験

◇4.2.1　ASR抑制対策の基本的な考え方

新設構造物のASR抑制対策として実施するさまざまな対策，および骨材の試験方法について述べる．この際，骨材のアルカリ反応性試験の方法は，既設構造物で行われる点検・調査手法と養生条件などが類似している場合があるが，両者の目的は異なるので注意が必要である．

ASR劣化は，骨材中の反応性鉱物などが反応して生成したアルカリシリカゲルが吸水膨張して生じる劣化である．したがって，有害なコンクリートの膨張が生じるためには，次の三つの条件が不可欠である（図4.2）．

① 骨材（の一部）に反応性鉱物などが含まれること

② コンクリート中の細孔溶液中のOH^-濃度（pH）が高いこと

③ コンクリート中の水分が豊富であること

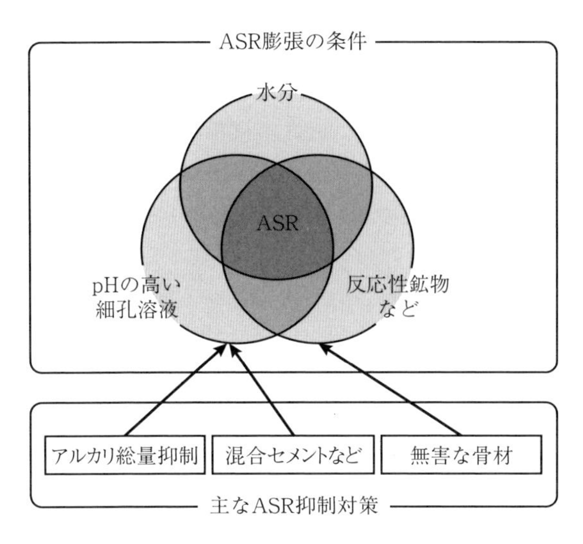

図4.2 ASR膨張の条件と抑制対策

①～③は定性的表現であり，実際には定量的に考えることが必要である．反応性鉱物の種類は，9章で詳述する．ただし，反応性鉱物がどれだけ，どのように（岩石中の組織）存在していれば有害なアルカリ反応性を示すのかについては，具体的な数値は明らかではない．このため，化学法，モルタルバー法，コンクリートプリズム試験など，何らかの試験をして評価する必要がある．

細孔溶液中のpHについても，石英やガラスなどの単相のアルカリ溶解特性であればデータがあり，実験もできるが，骨材の反応性となると組織依存性があるために，定量的に表現できない．ただし，セメント組成，アルカリ量，混和材の組成と反応率から，pHは推定できるようになっている[4.13]．

水分が十分にないと，ASR膨張は起こらない．どの程度の水分が必要かということについては，6章で述べる．

コンクリートのASRを抑制するためには，図4.2の条件の一つまたは複数が生じないように対策する．ただし，現実には具体的にどの程度を達成すればよいのかを明らかにする必要があることを理解しなければならない．

コンクリートのASR抑制対策として，日本で用いられている方法には，次の三つがある．

① コンクリート中の**アルカリ総量**の抑制

② 抑制効果のある混合セメントなどの使用

③ 安全と認められる骨材の使用

①は，セメントや砂など，コンクリートの材料に含まれる水溶性のNa，Kの総量を制御する方法で，間接的に細孔溶液中のpHをより低く制御する．

②の対策で用いられる混和材には，高炉スラグ微粉末やフライアッシュなどがあり，①と同様に細孔溶液のpHを下げる対策として分類できる（抑制機構は6章で詳述）．

③は，ASRを生じさせるような骨材を排除する対策である．

その他，水溶性Li塩の添加，遮水も候補である．ただし，コンクリート構造物が置かれる環境は，その構造物の用途によって異なるため，その影響を完全に除去することは容易ではない．このため，新設構造物のASR抑制対策の汎用的な柱として，水分に関する環境の制御をすることは難しい．ただし，海外の技術規準類，CSAなどでは，構造物の周辺環境を考慮して対策の水準を変えている例がある．また，ASR劣化が生じた後の対策としては，水分供給に関する環境の制御は，可能な限り最優先で実施すべきものである．

◇4.2.2　骨材のアルカリ反応性評価

一般的な骨材のアルカリ反応性を評価する手法には，次のものがある．

① 骨材を岩石学的な見地から観察する手法

② アルカリ反応性の程度を化学分析などで評価する手法（化学法）

③ モルタルやコンクリートの試験体で膨張率を測定する手法（モルタルバー法，コンクリートプリズム法）

①は，コンクリートに使用する骨材に含まれる反応性鉱物などの種類，量，組織を調べて，アルカリ反応性を評価するものである．

②は，化学分析などによって，反応性鉱物などの有無や量を評価しようとするものである．

③は，モルタルやコンクリートの試験体を作製し，促進環境下でASRを生じさせて膨張率を測定することにより，骨材のアルカリ反応性を評価しようとするものである．

日本では，②，③が広く用いられている．

(1) 骨材資源のばらつき

以下にそれぞれの手法について説明するが，いずれの方法においても骨材資源のばらつきという問題がある．これは日本の試験法だけでなく，海外の試験法においても同じである．さらに，試験体寸法が数cm ～ 数十cm程度のモルタルから，数十cm ～ 数m程度の実大サンプルまで，あらゆる研究的試験でも通常は考慮されていない．標準的なサンプリング法は示されていても，骨材産出地のばらつき評価の手法は示されていない．

骨材のアルカリ反応性は，骨材資源のばらつきのため，同一の採石場，あるいはばらつきが小さい砕石鉱山であっても，場所ごとに異なる．このことは，意図的にアルカリ反応性の試験結果を無害よりに誘導することが可能なこと，単一の試験結果で全体の性質を判定することが困難であることを意味している．

生産場所での地質的変動を考慮したサンプリングが必要であり，単一の測定結果ではなく，ばらつきを示す複数サンプルの試験結果を提示すべきである（9.3節で詳述）．生コンクリートの配合計画書には骨材の反応性について記載することになっているが，たとえば1日の出荷量100 m^3のコンクリートに用いる100 tの骨材を均一とみなせるのかどうか，あるいは明らかに異なるロットで評価された骨材の反応性の試験結果を適用できるのかどうかは，骨材の生産現場の情況によって判断する必要がある．

単にサンプル数を増やすのは無意味であり，骨材の生産現場の均一性を考慮した品質評価を実施しなければ問題解決にはならない．出荷したサンプルの反応性を個別に評価するのは現実的ではない．骨材の生産現場のばらつきを含めた反応性を評価することが重要である．この場合，判定基準も変える必要があり，不確実性を許容できる構造物とそうでない構造物で異なる基準を適用するなど，ASR抑制対策の方法論自体を再構築する必要がある（5章で詳述）．

現時点で考えられることを以下にまとめる．

- 骨材のアルカリ反応性は生産現場の地質学的変動の影響を受ける．
- 骨材の試験成績表は必ずしも使用している骨材の性能を表すとは限らない．
- 単一の値ではなく，ばらつきを考慮した範囲での表記が必要である．
- ASR抑制対策は，構造物の重要性を考慮し，骨材のばらつきがある前提で実施するように方法論を再構築する必要がある．

(2) 岩石学的評価

骨材のアルカリ反応性評価において用いる岩石学的評価として，目視観察や偏光顕微鏡観察などに基づく岩種の判定，アルカリ反応性リスクの評価などがある．RILEN TC 191-ARPがAAR-1[4.14]として標準化されており，関連文献も掲載されている*.
試験方法の詳細は8.1.1 ～ 8.1.3項および付録Aに示す.

岩石学的評価を適用することの利点で，かつ海外で岩石学的評価の適用が行われている理由としては，以下の二つがある.

- 国や地域によってはアルカリ反応性のある岩種が限定されていて，岩石学的評価のみでアルカリ反応性の有無を判断できる場合がある.
- 反応性鉱物の種類から適切なアルカリ反応性の試験方法を選定するためのスクリーニング用に最初に実施する試験である（表4.3).

一方，日本で岩石学的評価の適用が進んでいない理由としては，以下の二つがある.

- 岩石学的評価だけでアルカリ反応性の有無を診断することは困難であり，ほかの試験方法（化学法，モルタルバー法など）を省略することは難しい.
- 国土交通省の通達などで，安全と認められる骨材を確認する手法として認められている試験方法は化学法とモルタルバー法のみであり，岩石学的評価の結果をそれに続く試験方法の選定などに反映させる選択肢が少ない.

ただし，従来から行われている化学法やモルタルバー法では反応性の評価が困難な骨材が存在し，かつそれらの試験により無害と判定された骨材が原因となった構造物の劣化事例があるため，化学法やモルタルバー法を使い続けることの妥当性は疑わしいが，岩石学的評価とともに少なくとも化学法を用いれば，火山岩の反応性評価は可能である．その他のより的確に骨材の反応性を評価できるコンクリートプリズム試験（5章で詳述）を用いる場合も，岩石学的評価が前提である.

(3) 化学法

骨材のアルカリ反応性を比較的簡易に評価する手法として，化学法がある.
化学法は，粉砕した骨材（0.15 ～ 0.3 mm）を1 mol/L-NaOH溶液と80 ℃の環境下で24時間反応させた溶液中の溶解シリカ量およびアルカリ濃度減少量を

---

*骨材のみの岩石学的評価には落とし穴がある．国内外を問わず，骨材の岩石学的評価の規格は，実務でコンクリートの薄片作製，観察をほとんど行わない地質出身者により作成される場合が多い．そのため，彼らが普段念頭においている単独の骨材片の観察（薄片の厚さ30 μm，水研磨，カバーガラス付き）では微細な反応性鉱物（オパール，クリストバライト，トリディマイト，隠微晶質石英）を見逃しやすく，コンクリート中の骨材のASRの診断に必要とされる技術レベル（鏡面研磨薄片の厚さ15～20 μm，油研磨，SEM観察，EDS定量分析を併用）とは大きく乖離している場合がある.

表4.3 反応性鉱物など

反応性鉱物など	化学組成	成 因	含まれる岩石	試験を行う際の留意点
石英（隠微晶質・微晶質石英）	SiO_2	続成作用・熱水変質作用（高温），石英の圧力溶解，続成作用で火山ガラス，オパール，クリストバライト・トリディマイトなどを交代	各種岩石	化学法や日本のモルタルバー法では反応性を検知できない場合がある.
クリストバライト／トリディマイト	SiO_2	マグマの残液から晶出，続成作用・熱水変質作用（中温）により，火山ガラスから交代	各種岩石	配合ペシマムを示すので，日本のモルタルバー法では適切な評価ができない.
オパール	$SiO_2 \cdot nH_2O$	風化作用・続成作用・熱水変質作用（低温） 生物遺骸	各種岩石（とくに岩石中の孔隙やひび割れ中），頁岩やチャート，珪藻質泥岩	ペシマム混合率が低く，日本のモルタルバー法では反応性を検出することが難しい. ある種のチャートはASTM C 1260では膨張しない場合がある.
火山ガラス	–	急速に冷却されたマグマから生成	流紋岩，デイサイト，安山岩などの火山岩	結晶分化の程度により化学組式は変化する．シリカに富むものが高反応性．フェロニッケルスラグにも反応性のガラスが含まれることがある.

求めることにより，骨材のアルカリ反応性を化学的に試験するものである（図4.3）．なお，試験方法の詳細は8.1.4項および付録Aに示す.

日本の化学法（JIS A 1145）は，ASTMに定められた化学法（ASTM C 289）をもとに検討されたものであるが，次の点で異なっている.

- ASTM C 289では，試験結果の誤差を防ぐ目的で，試験操作方法の一部により詳細な規定が設けられている.
- 日本の骨材を用いた試験結果を参考に，判定の明確さを考慮して判定区分

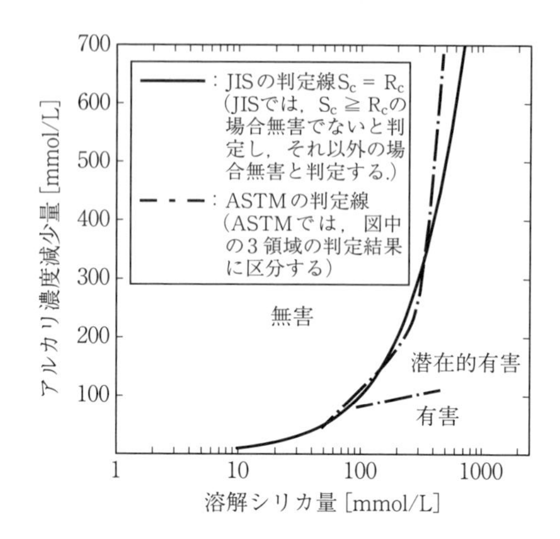

図4.3　化学法の判定区分の比較

を見直している．ただし，無害な骨材とそうでない骨材の区分の差はわずかである．

● ASTM C 289では骨材を**無害・有害・潜在的有害**の3区分に分類しているのに対し，JIS A 1145では，無害・無害でないの2区分に分類している．

化学法の試験結果は，現状では，無害・**無害でない**の判定結果のみが参照される場合が多い．しかし，図4.4に示すように測定された**溶解シリカ量**（S_c）や**アルカリ濃度減少量**（R_c）は，骨材を構成する鉱物の特性が反映された貴重なデータであり，S_cとR_cの大小関係だけでなく，それらの大きさにも着目する価値がある[4.15]．

たとえば，現状では，化学法（JIS A 1145）とモルタルバー法（JIS A 1146）で判定結果が異なる場合，モルタルバー法の判定結果を優先させることが一般的であるが，既往の研究では，S_cおよびR_cの双方が大きい骨材（潜在的有害）には，ペシマム現象（6.3.1項で詳述）があって実構造物でも被害事例があることが知られており，試験結果の適切な解釈ができれば，より慎重かつ有効な抑制対策を講じることができる．このような骨材をモルタルバー法（JIS A 1146）に従って試験した場合，ペシマム現象を生じる条件が満たされず，無害と判定される場合もあることがわかっていれば，追加的検討や対策が取れる[4.16]（図4.5）．

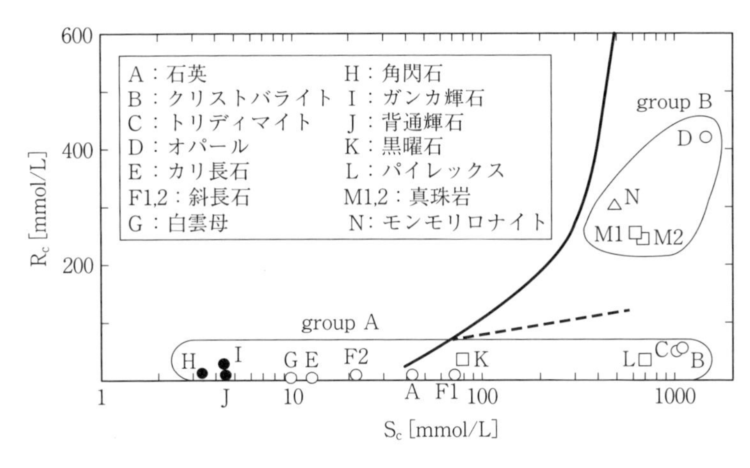

図4.4　主要な造岩鉱物のS_cとR_c［建設省土木研究所：日本産岩石のアルカリシリカ反応性，土木研究所資料，第2840号，p.82，1990.1.］

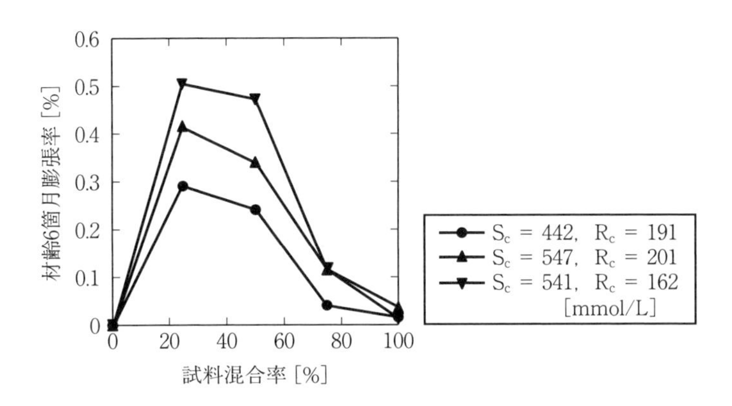

図4.5　S_c，R_cの双方が大きい骨材のモルタルバー法の結果［JIS A 1804：コンクリート生産工程管理用試験方法—骨材のアルカリシリカ反応性試験方法（迅速法）解説］

化学法は，骨材を1 mol/L–NaOH溶液に浸漬するので，通常のコンクリートよりも厳しい高アルカリ環境下で試験を行っている．しかし，表4.4に示す骨材は，化学法ではアルカリ反応性の有無を適切に評価できない．

(4) モルタルまたはコンクリートの膨張率を測定する手法

骨材のアルカリ反応性を評価する手法として，モルタルまたはコンクリートの試験体を作製し，実際にASRを生じさせて膨張率を測定する方法がある．

表4.4　化学法では適切な判定ができない骨材

骨　材	解　説
遅延膨張性の骨材	遅延膨張性の骨材の反応性鉱物である隠微晶質石英は，ほかの反応性鉱物（クリストバライトなど）と比較して反応の速度が小さく，測定されたS_cの値が大きくなりにくいものと考えられる．
少量でも高反応性鉱物が含まれる骨材	化学法の測定結果は，測定した試料の平均的な値を示すので，高反応性鉱物の影響も平準化され，検出できないおそれがある． とくに，細骨材中にオパールなどが含まれる場合，含有量が数%とわずかな場合でもASR膨張の原因となる．
石灰石または石灰質岩石	骨材を構成する方解石，苦灰岩などASRに寄与しない鉱物もアルカリ溶液と反応するため，適切な評価ができない．
風化した骨材	岩石の風化によって生じた粘土鉱物が含まれていると，その影響で，R_cが大きくなる．風化の程度は，採石場における骨材の採取位置によってばらつくので，その影響で骨材の試験結果も大きくばらつき，一回の試験では，適切な評価となっていないおそれがある．
廃ガラス，人工軽量骨材	ガラスの反応により，ガラス中のアルカリが溶出し，R_cが負の値となり，判定できない[4.17]．

骨材の試験として実施する場合には，短期間で評価を行うため，通常のコンクリートよりも多量のアルカリを導入し，高温・高湿の環境下で行う．実使用環境と異なること，骨材の粒度調整や骨材組合せの影響を受けることから，骨材単体の膨張試験によって得られた結果は，骨材の反応性の一指標ではあるが，その骨材が用いられた実際のコンクリートの膨張率の大小と完全に一致はしない．

代表的な試験方法[4.10]を，表4.5に示す．なお，これらの試験方法の詳細は，8.1.5項および付録Aに示す．

■モルタルバー法　モルタルバー法は，比較的高いアルカリ濃度になるように調整した試験体を高温・高湿な環境下に貯蔵し，ASR膨張の大小から，骨材のアルカリ反応性を評価する手法である．無害の判定結果を得るためには，6箇月の試験期間を要し，骨材のアルカリ反応性試験としては，長期間を要する試験方法である．

表4.5　国内のアルカリ反応性の試験方法[4.10]

試験方法		条　件	長　所	課　題
化学法	JIS A 1145	80 ℃ /mol/L NaOH 溶液浸漬	反応は1日 火山岩に適する	反応時間が短いため，遅延膨張性骨材（微晶質石英）は有害判定できない．
モルタルバー法	JIS A 1146	40 ℃ 相対湿度90 %以上	測定環境が自然条件に近い 急速膨張性骨材に適する	判定までに6箇月．遅延膨張性骨材（微晶質石英）は有害判定できない．この温度では試験期間が短く，促進が足りない．骨材100 %配合で試験，配合ペシマムを検討しない．
迅速法（モルタルバー）	JIS A 1804	オートクレーブ 127 ℃煮沸 Na_2O 2.5 %	反応は4時間で終わる	3種類の有害判定基準（超音波伝播速度率・相対動弾性係数・長さ変化率）があり，遅延膨張性骨材では判定に矛盾を生じる．モルタルバー法との整合性確認はされている．
コンクリートプリズム試験	JASS 5N T-603	40 ℃湿空養生 Na_2O_{eq} 1.2, 1.8, 2.4 kg/m^3添加	アルカリ添加によるペシマム現象の有無を検討できる	判定までに6箇月を要する．コンクリートの単位容積あたりのアルカリ総量を規定しておらず，膨張試験として不適切である． 現行セメントはアルカリ濃度が低く，遅延膨張性骨材（微晶質石英）を有害判定できない場合がある．
	JCI AAR-3	40 ℃湿空養生 Na_2O_{eq} 2.4 kg/m^3添加	工事に使用する配合で試験できる	

JIS A 5308「レディーミクストコンクリート」に記載されている骨材の試験方法は化学法とモルタルバー法の2種類であるが，モルタルバー法は判定までに時間を要することから，一般には化学法が使用される場合が多い．

一方，JISの規定では，化学法とモルタルバー法による判定結果が異なる場合，モルタルバー法による判定結果を優先させるのが一般的である．したがって，試験に6箇月を要するモルタルバー法の試験結果が活用される骨材には，単時間で結果が出る化学法で試験した場合に無害でないと判定されるか，そのおそれがある骨材が多い．

しかし，モルタルバー法で無害とされた骨材に起因するASR劣化事例が複数報告されていることから，法律上は妥当であっても，技術的にはモルタルバー法の試験結果を安易に優先させることは望ましくない．表4.6に示す骨材は，モルタルバー法ではアルカリ反応性の有無を適切に評価できない．

表4.6　モルタルバー法では適切な判定ができない骨材

骨　材	備　考
遅延膨張性の骨材	遅延膨張性の骨材の反応性鉱物である隠微晶質石英は，ほかの反応性鉱物（クリストバライトなど）と比較して反応の速度が小さく，モルタルバー法の促進条件，試験期間では必ずしも大きな膨張を示すとは限らない．
ペシマム現象を示す骨材	モルタルバー法の試験体作製条件では膨張しない骨材でも，ほかの骨材と混合したりすると，ASR膨張を生じるおそれがある．
少量でも高反応性鉱物が含まれる骨材	試料中の反応性鉱物量のわずかな違いによって，試験結果が大きく異なるおそれがある． とくに，細骨材中にオパールなどが含まれる場合，含有量が数%とわずかな場合でもASR膨張の原因となる．

モルタルバー法の最大の欠点は，養生中に湿分供給とアルカリ溶脱を制御できないことである．湿度を100 %近くの高湿を保つことは容易ではなく，過剰な水分によるアルカリ溶脱防止も難しい．試験条件を一定にし，試験再現性を得ることが課題である．建設系材料のJISに試験精度と再現性に記載がない点が，国際標準から遅れている．

湿分供給とアルカリ溶脱防止には，湿布による巻立てが有効である．湿布によるアルカリ溶脱が懸念されるが，湿布の形状と含水量を一定とし，湿布の上から遮水性フィルムで梱包することで，試験条件が均一となり，試験再現性が高くなる．試験自体の再現性に関する情報がJISに与えられていないが，湿布の利用により明確に再現性が高まるので，今後，試験所間誤差の評価を含めた試験体系が必要である．

■促進モルタルバー法　ASTMの促進モルタルバー法（ASTM C 1260）は，モルタルバーを1 mol/L，80 ℃のNaOH溶液中に14日間浸漬してASRを促進し，膨張率0.1 %で無害・有害を判定する方法である．促進モルタルバー法は，高温・高アルカリ環境下でASRを促進するため，従来の試験方法では反応性を評価することが困難であった遅延膨張性の骨材のアルカリ反応性を評価することが可能な試験方法として活用されるようになってきた．また，試験期間も比較的短い．

一方，実績から無害と考えられる骨材でも有害と判定されるおそれがあり，ある種のチャートなどの高反応性骨材では骨材が溶解するような反応が生じ，モルタルバーの膨張としてはこれを検出できない．また，促進モルタルバー法を実施するにあたっては，高濃度のアルカリ溶液を高温で使用するので，安全面でとくに注意が必要である．

日本のさまざまな試験で使用するモルタル試験体の寸法が40×40×160 mmであるのに対し，促進モルタルバー法で使用するものは1×1×11.1/4インチである．試験体の寸法が異なると，Na^+の浸透量などに差異が生じるおそれがあるため，注意が必要である．試験体寸法によって膨張率を補正する方法がRILEMから提案されている[4.18]が，その妥当性について検証が必要である．

■**オートクレーブを用いた迅速法**　迅速法（JIS A 1804）は，日本建築総合試験所が中心となって開発した試験方法[4.19]で，生コンクリート工場での品質管理のための試験方法である．迅速法では，アルカリを添加したモルタル試験体を反応促進容器中に入れ，ゲージ圧15 kPa（温度127 ℃）の環境で4時間反応させて，ASRを促進する．高温・高圧・高アルカリ環境下でASRが促進されるため，従来の試験方法では困難であった遅延膨張性の骨材のアルカリ反応性を評価することが可能である．また，試験期間は比較的短い．

現状では，迅速法で適切に判定することが難しい骨材は明らかになっていないが，一般に，無害でないという判定結果となる骨材の割合が，化学法と同じか，より多い（厳しい判定結果が得られる）と考えられている．モルタルバー法との整合性を前提に判定値が設定されているため，モルタルバー法で適切に評価できない岩石を迅速法で適切に評価できるのかはわからない．わが国の遅延膨張性骨材は，3種類ある判定基準（長さ変化率，相対動弾性係数，超音波伝播速度率）で矛盾するものがあり，無害と判定されるものがかなりあることから，遅延膨張性骨材の判定には適していない．

最近，高品質再生骨材のアルカリ反応性試験方法として提案されている[4.20]が，遅延膨張性骨材や配合ペシマムの影響について十分に検討されているかどうか疑問な点もあり（実際には国内の経験に照らし，ペシマム混合率を50 %と仮定して，無害な標準砂を50 %添加して試験を実施することになっている），実効性については検証が必要である．

(5) コンクリートプリズム試験

日本のコンクリートプリズム試験としては，JCI AAR-3とJASS 5N T-603がある．海外の方法（CSA A23.2-14Aなど）に比べ，添加するアルカリ量が少なく，試験期間も6箇月と半分で，骨材のアルカリ反応性の検出感度は低い．

原子力施設以外で使用される機会は少なく，最近の改定で骨材の品質変動を重要視し，JASS 5N T-603に定めるコンクリートプリズム試験（規準ではコンクリートバー法）よりもモルタルバー法の実施回数を増やすことを重要視している[4.21]．モルタルバー法の限界を回避する方策を放棄しており，新しい方策が必要である．

(6) 現在の日本でのアルカリ反応性試験のまとめ

日本で規定されている主要な骨材のアルカリ反応性試験の長所・短所を表4.7にまとめて示す．なお，コンクリートのASR抑制対策として，安全と認められる骨材の使用を選択する場合，これを実効性のある対策とするためには，(1)で述べたように，骨材の品質変動に対して適切に対応できることが求められる．

また，飛来塩分や凍結防止剤が作用する場合を考えると，(2)～(5)の方法で無害と判定された骨材がASRを本当に引き起こさないのかについては，検

表4.7　さまざまなアルカリ反応性試験の長所・短所

試験方法	長　所	短　所
岩石学的評価 JCI DD-3	・ASRを生じさせる鉱物などのうち，量の少ないものも検出できる可能性がある． ・ほかの調査，試験方法と組み合わせることで，より厳密に評価できる．	・日本では，反応性骨材の種類が多岐にわたるので，岩石学的調査のみで評価することは困難である． ・日本では，調査結果を工学的に解釈する方法が，確立されていない． ・現状では，適切に調査を行うことができる技術者が少ない．
化学法 JIS A 1145	・比較的短期間で評価を行うことが可能である．	・遅延膨張性の骨材など，化学法ではアルカリ反応性を確認できない骨材が存在する． ・無害／無害でないの境界付近の結果が得られる場合も多く，採取した試料のばらつきによって判定結果が変わりやすい． ・本来，石灰石などの炭酸塩岩には適用できない．
モルタルバー法 JIS A 1146	・実績により無害と考えられる骨材でも，モルタルバー法以外の試験方法では，無害と評価されない場合が少なくない．	・試験に時間がかかる（6箇月）． ・遅延膨張性の骨材やペシマム現象を示す骨材など，モルタルバー法ではアルカリ反応性を確認できない骨材が存在する． ・採取した試料のばらつきによって，判定結果が変わりやすい．

表4.7 さまざまなアルカリ反応性試験の長所・短所（続き）

試験方法	長 所	短 所
促進モルタルバー法 ASTM C 1260	・化学法ほどではないが，比較的短期間で評価を行うことが可能である． ・遅延膨張性の骨材のアルカリ反応性を検出できる．	・一部のアルカリ反応性が高いにも関わらず，膨張率が大きくならない骨材（チャートなど）を評価することができない． ・日本の骨材に適用すると実績から無害と考えられる骨材でも，有害と判定される場合が少なくない． ・高温，高アルカリの溶液を使用するので，とくに安全管理に注意を要する．
迅速法 JIS A 1804	・比較的短期間で評価を行うことが可能である．	・ほかの試験方法と比較すると，実際に適用した結果の報告が限られている．
コンクリートプリズム試験 JASS 5N T-603	・アルカリ添加量を変えてペシマム現象を評価できる．	・海外の方法のアルカリ総量（CSA A23.2-14Aでは5.25 kg/m^3，RILEM AAR-3では5.50 kg/m^3）に比べ，総量が規定されていないため，少ない条件になる． ・試験期間が海外の方法が1年，もしくは2年であるのに対し，6箇月と短い．
コンクリートプリズム試験 JCI AAR-3	・実使用配合を試験できる．	

証されていない．凍結防止剤の主体が濃厚NaCl溶液であるとすると，ASTM C 1260あるいは飽和NaCl浸漬法（通称デンマーク法）は試験環境を再現しているとも考えられる．また，Cl$^-$が作用すると膨張が大きくなる可能性もある．しかし，試験期間と判定基準が現実と対応しているのかどうかの研究はほとんどなく，5章で述べる促進倍率を考慮した検討が必要である．

4.3 コンクリートのASR抑制対策と課題

ここでは，現在，日本で実施されているASR**抑制対策**についてまとめ，課題も示す．国土交通省から通達されているASR抑制対策[4.22]の概要を，表4.8，4.9に示す．

◇4.3.1 コンクリート中のアルカリ総量の抑制

日本では，過去に安山岩やチャートなどの高反応性骨材を用いたモルタル・コンクリートの促進膨張試験が行われており，その結果から，等価アルカリ量

表4.8　ASR抑制対策（国土交通省通達の概要）

抑制対策（土木，建築共通）	
適用範囲	構造物に使用されるコンクリートおよびコンクリート工場製品（長期の耐久性を期待しなくてよいものは除く）
抑制対策	次の三つの対策のなかのいずれか一つについて確認を取る．なお，土木構造物については，コンクリート中のアルカリ総量の抑制，抑制効果のある混合セメントなどの使用を優先する． 海水または潮風の影響を受ける地域において，アルカリ骨材反応による損傷が構造物の安全性に重大な影響を及ぼすと考えられる場合，塩分の浸透を防止するための塗装などの措置を講じることが望ましい（安全と認められる骨材を使用する場合は除く）． ① コンクリート中のアルカリ総量の抑制：コンクリート1 m^{3}に含まれるアルカリ総量をNa_2O_{eq}で3.0 kg以下にする． ② 抑制効果のある混合セメントなどの使用：高炉セメントB種またはC種（JIS R 5211）あるいは，フライアッシュセメントB種またはC種（JIS R 5213）などを用いる． ③ 安全と認められる骨材の使用：骨材のアルカリ反応性試験（JIS A 1145（化学法），JIS A 1146（モルタルバー法））の結果で無害と確認された骨材を使用する．

を3.0 kg/m^{3}以下とすることで，ASRを抑制できるものとしている[4.23]（図4.6）．

しかし，近年，アルカリ総量が3.0 kg/m^{3}以下と推定されるコンクリートでも，オパールやクリストバライトなどの極めて反応性が高く，少量でも膨張を生じさせる鉱物が含まれているために，ASR劣化が生じている事例があることが報告されている[4.24–4.28]．カナダに特有のドロマイト質石灰岩によるACRは，アルカリ総量が2.0 kg/m^{3}以下でコンクリートに劣化を生じるが[4.29]，同国の石灰岩はASRでも隠微晶質石英によりアルカリ総量2.0 kg/m^{3}以下のコンクリートで劣化が生じた例がある[4.30]．図4.6の日本で実施されたコンクリートプリズム試験は，測定期間が1年とカナダのコンクリートプリズム試験（CSA A23.2–14A）と同等であったが，有害判定基準をカナダのように0.04 %と設定せずに0.1 %を採用したために，当時国内で認識されていなかった遅延膨張性骨材のアルカリ反応性を誤って無害と判定することが多かった．また，高い反応性を有する急速膨張性骨材のペシマム現象も考慮しなかったことが問題である．当時認識されていなかった遅延膨張性骨材のアルカリ反応性を判定するには短すぎたこと，高い反応性を有する急速膨張性骨材のペシマム現象を

表4.9　ASR抑制対策の実施要領（国土交通省通達の概要）

	実施要領（土木構造物）	実施要領（建築物）
現場における対処の方法	レディーミクストコンクリートを使用する場合は，生産者と協議して対策を決め，それを指定する．なお，コンクリート中のアルカリ総量の抑制，抑制効果のある混合セメントなとの使用を優先する． プレキャスト製品を使用する場合は，製造業者の対策を報告させ，適しているものを使用する．	三つの対策による．なお，必要と判断する場合は安全と認められる骨材の使用を優先する． プレキャスト製品を使用する場合は，製造業者の対策を報告させ，適した確認方法による．ただし，構造上主要な部分以外または少量の場合は試験成績表による確認に替えることができる．
検査・確認の方法	・コンクリート中のアルカリ総量の抑制 セメントの全アルカリ量（Na_2O_{eq}%）/100×（単位セメント量kg/m^3）+0.53×（骨材中のNaCl%）/100×（当該単位骨材量kg/m^3）+混和材中のアルカリ量kg/m^{3}が，3.0 kg/m^{3}以下であることを確かめる．なお，セメントの全アルカリ量は，直近6箇月の最大値を用いる． ・抑制効果のある混合セメントなどの使用 高炉セメントB種（スラグ混合比40 %以上）またはC種，もしくはフライアッシュセメントB種（フライアッシュ混合比15 %以上）またはC種であることを確認する． 混和材をポルトランドセメントセメントに混入して対策をする場合は，試験などによって確認する． ・安全と認められる骨材の使用 化学法による骨材試験は，工事開始前，工事中1回/6箇月，かつ産地が変わった場合に信頼できる試験機関で行う． モルタルバー法による試験結果を用いる場合は，試験成績表で確認するとともに，信頼できる試験機関において，迅速法（JIS A 1804）で骨材が無害であることを確認するものとする． 試験に用いる骨材の採取には請負者が立ち会うことを原則とする． フェロニッケルスラグ，銅スラグ骨材などの人工骨材および石灰石については，試験成績表による確認を行えばよい．	・コンクリート中のアルカリ総量の抑制 セメントの全アルカリ量（Na_2O_{eq}%）/100×（単位セメント量kg/m^3）+0.53×（骨材中のNaCl%）/100×（当該単位骨材量kg/m^3）+混和材中のアルカリ量kg/m^{3}が，3.0 kg/m^{3}以下であることを確かめる．なお，セメントの全アルカリ量は，直近6箇月の最大値を用いる． ・抑制効果のある混合セメントなどの使用 高炉セメントB種またはC種，もしくはフライアッシュセメントB種（フライアッシュ混合比15 %以上）またはC種であることを確認する．なお，高炉セメントB種を使用する場合は，建築工事共通仕様書（平成13年版）6章16節による． 混和材をポルトランドセメントセメントに混入して対策をする場合は，試験などによって確認する． ・安全と認められる骨材の使用 化学法による骨材試験は，工事開始前，工事中1回/6箇月，かつ産地が変わった場合に信頼できる試験機関で行う． モルタルバー法による試験結果を用いる場合は，試験成績表で確認するとともに，信頼できる試験機関において，迅速法（JIS A 1804）で骨材が無害であることを確認するものとする． 試験に用いる骨材の採取には請負者が立ち会うことを原則とする． フェロニッケルスラグ，銅スラグ骨材などの人工骨材および石灰石については，試験成績表による確認を行えばよい．
外部からのアルカリの影響について	コンクリート中のアルカリ総量の抑制，抑制効果のある混合セメント等の使用の対策を用いる場合，下記のすべてに該当する構造物では，塩害防止も兼ねて塗装などの措置を行うことが望ましい． ・すでに塩害による被害を受けている地域で，アルカリ骨材反応を生じるおそれのある骨材を用いる場合 ・外部からのアルカリの影響を受け，被害を生じると考えられる場合 ・橋桁など，被害を受けると重大な影響を受ける場合	

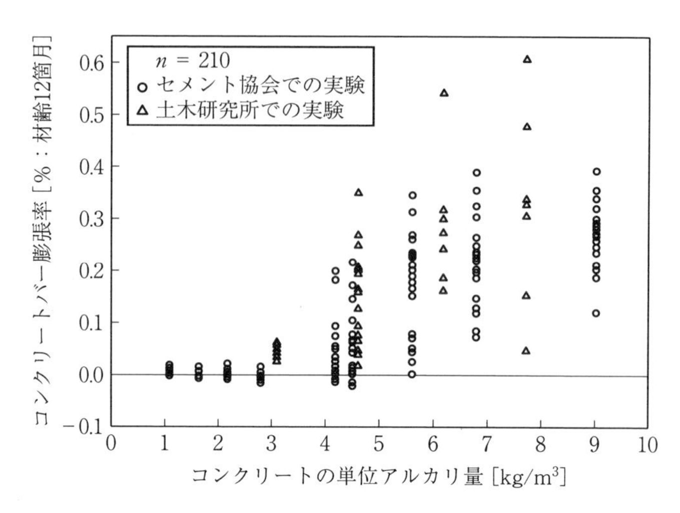

図4.6　コンクリート中のアルカリ量と膨張率の関係に関する実験結果の例
[土木研究所，セメント協会：セメントのアルカリ量制御によるアルカリ骨材反応抑制手法に関する共同研究報告書，共同研究報告書整理番号第25号，p. Ⅲ-2, 1989.3.]

考慮しなかったことが問題であった．

4.3.2　ASR抑制効果のある混合セメントなどの使用

高炉スラグやフライアッシュなどがASRを抑制するメカニズムについては6章で述べるが，**高炉セメント**の場合，セメントのアルカリ量が0.85 %以下であれば置換率40 %以上，**フライアッシュ**の場合，セメントのアルカリ量が0.8 %以下であれば置換率15 %以上とすることで，低アルカリ形セメントと同程度の抑制効果が得られることが明らかにされている[4.31]（図4.7）．

一方で，フライアッシュの含有量が18 %でも，安山岩骨材のASRによるひび割れを生じた事例もある[4.30, 4.32]．この理由は，フライアッシュ中のガラスのSiO_2含有率が骨材中で反応を生じた火山ガラスと比べて相当低く，その結果アルカリ反応性が骨材よりもより低かったとされるが*，この構造物が建設され

---

*フライアッシュは，シリカ成分が反応し，アルカリを吸収して空隙水のpHを下げる．この反応はASRと同じであるが，十分粒径が小さい場合には，反応性骨材であっても膨張は起こらない．フライアッシュと反応性骨材の反応は競合して起こるが，フライアッシュの粒径が大きかったり，シリカ成分が少なかったりすると，反応が不十分で空隙水のpHを下げる効果が小さくなり，骨材によるASRを抑制できなくなる可能性がある．

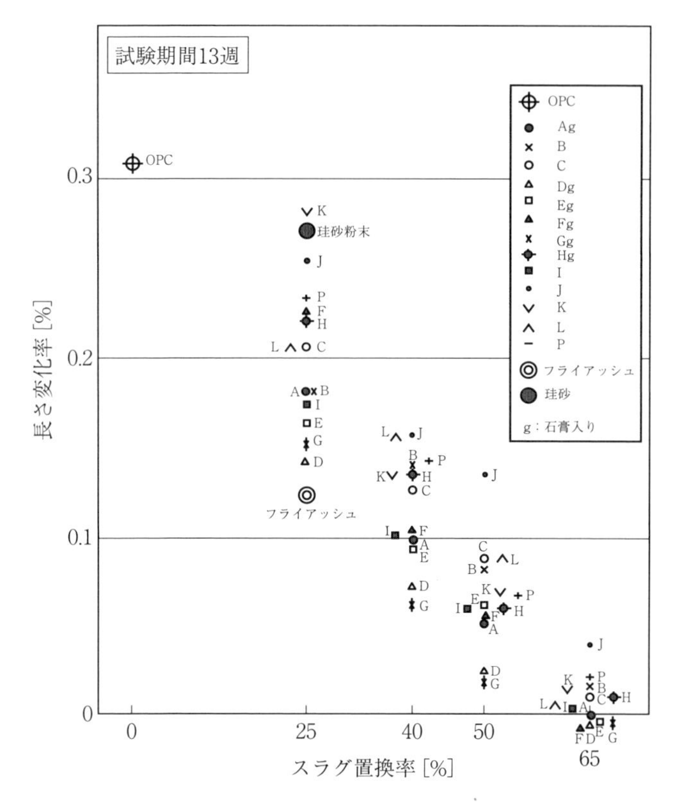

図4.7　スラグ置換率と膨張率の関係に関する実験結果の一例（モルタルバー法）［土木研究所 ほか：高炉スラグ微粉末によるASR抑制に関する共同研究報告書，土木研究所資料第2527号，1987.12.］

た地域・時代では除塩が不十分な細骨材によりASRが加速されたことも一因の可能性はある．さらに，フライアッシュは高炉スラグと比べて，燃料の炭種やプラントによる品質のばらつきが大きいため，品質試験結果を一般化するには相当の種類について検証を重ねることが望ましい．実使用条件詳細を考慮した混和材の抑制効果の検証が必要である．とくに，フライアッシュの品質変動のASR抑制効果に対する影響が存在するので，粉末度[4.33]，ガラス化率と相組成[4.34, 4.13]，ガラスのSiO_2含有率[4.30]，アルカリ含有量[4.35]については，その影響を定量的に考慮する必要がある．

4.3.3 安全と認められる骨材の使用

レディーミクストコンクリートのJISでは，化学法とモルタルバー法の判定結果が異なる場合は，モルタルバー法による判定結果を優先させるのが一般的である．しかし，最近の研究では，モルタルバー法ではアルカリ反応性を評価することが困難な場合があることが明らかになっているので，両者の判定結果が異なった原因を検討し，モルタルバー法の判定結果を優先することで，ASR発生のリスクを高めることがないように注意する必要がある．

近年，試験の結果**無害**と判定された骨材を使用した構造物で，ASRによるものとみられるひび割れが生じている例が複数報告されている（図4.8）ので，

（a）置換率38％の高炉セメントB種が用いられていたコンクリート製品

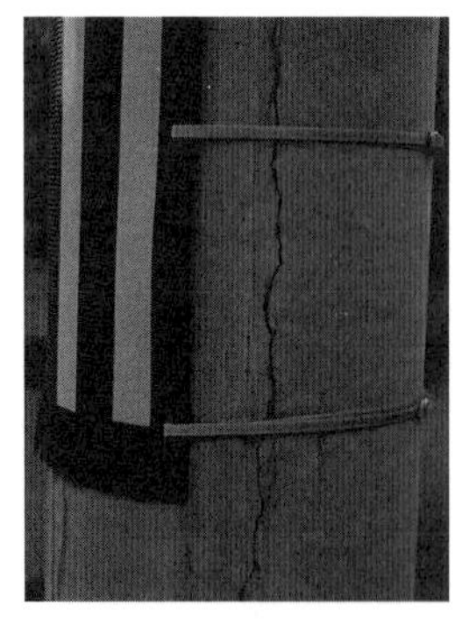

（b）無害な骨材が使用されていたコンクリート製品

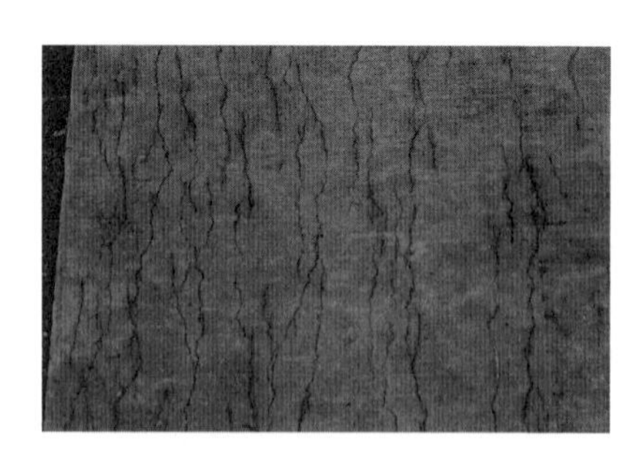

（c）無害な骨材が使用されていたPC舗装

図4.8　無害と判定された骨材を使用した構造物のASR劣化事例　［尾花祥隆，鳥居和之：プレストレストコンクリート・プレキャストコンクリート部材におけるASR劣化の事例検証，コンクリート工学年次論文集，Vol.30, No.1, p.1067, 写真-5, p.1068, 写真-6, p.1069, 写真-10, 2008.］

注意を要する[4.24, 4.26, 4.36, 4.37].

◇4.3.4 ASR抑制対策の課題

4.1.3項で説明したように，日本ではASR抑制対策が定められた1986年以降に建設された構造物では，ASR劣化事例が著しく減少している．一方で，JISで定められた抑制対策を適切に実施しているにも関わらず，ASRによるひび割れなどが生じた構造物の事例も報告されている．ASR抑制対策の以後のASRの事例から，以下の問題点が明らかになってきた[4.38, 4.39].

- 日本の代表的な反応性骨材である安山岩やチャートの砕石は注意して使用されるようになったが，これまで無警戒であった川砂，山砂，陸砂などの細骨材や，それらの混合物によりASRが発生していることが認識されてきた．
- コンクリート製造に関しては，PCやプレキャストコンクリート（PCa）の高強度コンクリートや蒸気養生やオートクレーブ養生を実施したコンクリート製品でのASR発生が増えている．
- アルカリ総量規制の有効性を見直すべきである．現在のセメントは実質的に低アルカリ形になっており，アルカリの総量規制値（3.0 kg/m^3）を超えるのは，単位セメント量が500 kg/m^{3}以上となる場合で，RC高層建築物の柱や壁部材，PCやPCaの部材に限られる．一方，外部環境からのアルカリの浸入や骨材からのアルカリの溶出があるため，実環境下でのアルカリの総量規制値の妥当性の再検証が必要である．また，ペシマム混合率ではアルカリの総量規制値以下でも実際にASRが発生したので，基準値をさらに下げる必要があるという意見もある．RILEM TC 191-ARP指針[4.40, 4.41]では，骨材の反応性の大小と使用・環境条件の厳しさの組合せによってアルカリ総量規制値を変化させている．
- 高炉セメントの使用量はセメント全体の25 %まで増えてきている．無害でないと判定された骨材のASR抑制対策として，高炉セメントB種を使用することが増えてきた．従来，高炉セメントB種の置換率は42 %前後に設定されていたが，ASR抑制対策を目的とする場合（置換率が50 %以上）と初期強度の発現を重視する場合（置換率が40 %以下）の異なるユーザーの要望があった．寒冷地では，初期強度の発現性の点で，高炉セメントB種の置換率が低く抑えられており，高炉セメントB種でもASRによるひび割れやポップアウトが発生したことがある．混合セメント（フライアッシュセメントB種や高炉セメントB種）によるASR抑制対策には，各地域の骨材の実状に応じた混合率を設定する必要がある．フライアッシュの利用は，混合セメントとして用いる場合のほか，ASR抑制対策として砂置換で用いることも効果的である．

- 海外ではすでに多く報告されているが，日本では微晶質，隠微晶質の石英によるゆっくりとした遅延膨張性の骨材の存在が見逃されていることが報告されるようになってきた．

また，4.2節で説明したように，各種抑制対策および抑制対策の一部として行う試験方法についても問題がある．このため，ASR抑制対策をより確実に行うという観点からは，岩石学的試験やコンクリートプリズム試験などのこれまで十分に行われていなかった試験方法を活用したり，コンクリートに使用する骨材の岩種に応じて個別に抑制対策を検討したりする必要がある．一方，抑制対策の種類や方法が複雑化すると，対策に要する費用が過度に大きくなったり，間違った運用をしてしまったり，第三者による抑制対策の実施の確認が困難になったりするおそれがある．

コンクリートに使用する骨材の由来は，天然に産出した岩石なので，その品質は必ずしも一定していない．このため，ASRを完全に抑制するのは容易ではない．今後は，構造物の重大性レベルや予定供用期間などを考慮して，適切な対策レベルを選択できるような整理が望まれている．新しい手法を5章で紹介する．

◇4.3.5　構造物におけるASR

4.2.1項で述べたように，ASRは反応性骨材，空隙水の高いpH，水分がそろうと発生する．しかし，これらはコンクリートがASRを起こす必要条件を示しているにすぎず，実際のコンクリートのASRによる性能の変化にはより多くの因子が作用する[4.42]．図4.9にコンクリートのASR要因と経年変化の関係を示す．

コンクリートを構成する骨材，アルカリ量，調合（セメント種類を含む）により，コンクリートがASR膨張するポテンシャルが決まる．そして，さらにコンクリートが置かれる環境と部材の詳細の影響を受けて，コンクリートのASR膨張と部材性能の経年変化が決まる．環境とは，温度と水分の供給条件

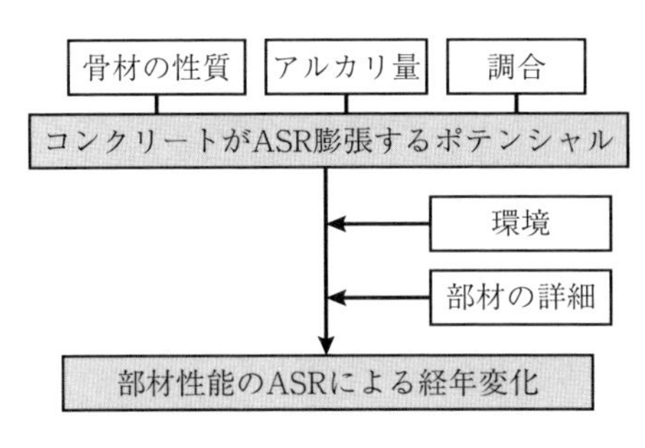

図4.9　コンクリートのASR要因と経年変化の関係[4.43]

である．部材の詳細とは，部材厚さと，内部および外部の拘束条件である．乾燥条件下において部材厚さが薄ければASR膨張は起こらないが，乾燥下でも部材厚が厚ければ保有水のみでASRは生じることがある．また，構造物の拘束条件次第で変形量は変化し，部材性能に与える影響も変わる．

参考文献

[4.1] R. E. Oberholster and G. Davis: An accelerated method for testing the potential alkali reactivity of siliceous aggregates, Cement and Concrete Research, Vol.16, pp.181–189, 1986.

[4.2] G. Davis and R. E. Oberholster: Use of NBRI Accelerated Test to Evaluate the Effectiveness of Mineral Admixtures in Preventing the Alkali-Silica Reaction, Cement and Concrete Research, Vol.17, pp.97–107, 1987.

[4.3] M. Tang, S. Han, and S. Zhen: A Rapid Method for Identification of Alkali Reactivity of Aggregate, Cement and Concrete Research, Vol.13, pp.417–422, 1983.

[4.4] 山田一夫：RILEM TC 219-ACSの活動状況を考慮した今後のASR研究について，コンクリートテクノ，Vol.33, No.6, 2014.

[4.5] P. J. Nixon, I. Sims (eds): RILEM recommendations for the prevention of damage by alkali-aggregate reactions in new concrete structures, state-of-the-art report of the RILEM Technical Committee 219-ACS, Springer, 2016.

[4.6] 河野広隆：日本のASR抑制対策の経緯，作用機構を考慮したアルカリ骨材反応の抑制対策と診断研究委員会報告書，日本コンクリート工学協会，pp.45–47, 2008.

[4.7] 鳥居和之：アルカリシリカ反応にいかに対応するか—試験，診断と対策の課

題—，セメント・コンクリート，No.696, pp.1–9, 2005.

[4.8] 作用機構を考慮したアルカリ骨材反応の抑制対策と診断研究委員会：委員会報告書，日本コンクリート工学協会，2008.9.

[4.9] 松田芳範，隈部佳，木野淳一，岩田道敏：アルカリ骨材反応のJR東日本版抑制策の制定について，コンクリート工学，Vol. 50, No. 8, pp. 669–675, 2012.

[4.10] 中野眞木朗：原子力用コンクリートの反応性骨材の評価方法の提案，原子力安全基盤機構，JNES-RE-2013-2050, 2014.2.

[4.11] ASR診断の現状とあるべき姿研究委員会：委員会報告書，日本コンクリート工学会，2014.7.

[4.12] http://www.jci-net.or.jp/~tc152a/

[4.13] 川端雄一郎，山田一夫，松下博通：セメント系材料により生成される水和物の相組成とASR膨張抑制効果の関係，土木学会論文集E2（材料・コンクリート構造），Vol.69, No.4, pp.402–420, 2013.

[4.14] I. Sims and P. Nixon：RILEM Recommended Test Method AAR-1: Detection of potential alkali-reactivity of aggregates-Petrographic method, RILEM TC 191-ARP：Alkali-reactivity and prevention-Assessment, specification and diagnosis of alkali-reactivity, Materials and Structures, Vol.36, pp.480–496, http://www.rilem.org/images/publis/1560.pdf, 2003.8.

[4.15] 建設省土木研究所：日本産岩石のアルカリシリカ反応性，土木研究所資料，第2840号，p.82，1990.1.

[4.16] JIS A 1804：コンクリート生産工程管理用試験方法—骨材のアルカリシリカ反応性試験方法（迅速法）解説—，1992.

[4.17] 杉山彰徳，鳥居和之，酒井賢太，石川雄康：人工軽量骨材のアルカリシリカ反応性とASR判定試験法の提案，土木学会論文集E，Vol.63, No.1, pp.251–264, 2007.

[4.18] RILEM TC 106-AAR：Alkali-Aggregate Reaction-Recommendations-A-TC106-2 (now AAR-2)-Detection of potential alkali-reactivity of aggregates-the ultra-accelerated mortar-bar test, Material and Structures, Vol.33, pp.283–293, 2000.6.

[4.19] 田村博 ほか：骨材のアルカリ反応性の早期判定試験方法の一提案，コンクリート工学年次講演会論文集，Vol.7, 1985.

[4.20] 黒田泰弘，真野孝次，鈴木康範，野口貴文：再生骨材Hのアルカリシリカ反応性試験方法（再生骨材迅速法），コンクリート工学，Vol.49, No.8, pp.3–8, 2011.

[4.21] 日本建築学会：JASS 5N原子力発電所施設における鉄筋コンクリート工事改定の趣旨，2013.

[4.22] 国土交通省：アルカリ骨材反応抑制対策について，http://www.mlit.go.jp/

kisha/kisha02/13/130801/130801_1.pdf，2002.8.
[4.23] 土木研究所，セメント協会：セメントのアルカリ量制御によるアルカリ骨材反応抑制手法に関する共同研究報告書，共同研究報告書整理番号第25号，1989.3.
[4.24] 尾花祥隆，鳥居和之：プレストレストコンクリート・プレキャストコンクリート部材におけるASR劣化の事例検証，コンクリート工学年次論文集，Vol.30, No.1, pp.1065–1070, 2008.6.
[4.25] T. Katayama：Alkali-aggregate reaction in the vicinity of Izmir western Turkey, 11th International Conference on Alkali-Aggregate Reaction, pp.365–374, 2000.6.
[4.26] 林建佑，山田一夫，河野克哉，大庭光商：プレストレストコンクリート橋で生じたASRの劣化診断，土木学会第64回年次学術講演会，V-099, 2009.9.
[4.27] T. Katayama, T. Ohiro, Y. Sarai, K. Zaha, T. Yamato：Late-expansive ASR due to imported sand and local aggregates in Okinawa Islands, southwestern Japan, 13th International Conference on Alkali-Aggregate Reaction in Concrete (ICAAR), Tronheim, Norway, pp.862–873, 2008.
[4.28] 古賀裕久，百武壮，渡辺博志，脇坂安彦，西崎到，守屋進：屋外に23年以上暴露したコンクリートの観察結果に基づく骨材のASR反応性の検討，土木学会論文集E2（材料・コンクリート構造），Vol.69, No.4, 2013.
[4.29] T. Katayama, P. E. Grattan-Bellew：Petrography of the Kingston experimental sidewalk at age 22 years – ASR as the cause of deleteriously expansive, so-called alkali-carbonate reaction. Proc. 14th International Conference of Alkali-Aggregate Reaction in Concrete, Austin, Texas, USA, 030411-KATA-06, 2012.
[4.30] T. Kayatama：Diagnosis of alkali-aggregate reaction-Polarizing microscopy and SEM-EDS analysis, 6th International Conference on Concrete under Severe Conditions (CONSEC '10), Merida, Mexico, pp.19–34, 2010.
[4.31] 土木研究所 ほか：高炉スラグ微粉末によるASR抑制に関する共同研究報告書，土木研究所資料第2527号，1987.12.
[4.32] T. Katayama：So-called alkali-carbonate reaction-Petrographic details of field concretes in Ontario, 13th Euroseminar on microscopy applied to building materials (EMABM), Ljubljana, Slovenia, p.15, 2011.10.10.
[4.33] 林建佑，河野克哉，山田一夫，山下弘樹：外来アルカリ環境下におけるフライアッシュⅡ種のアルカリシリカ反応抑制効果，セメント・コンクリート論文集，No.62, pp.334–341, 2009.
[4.34] 高橋春香，山田一夫：ASR抑制効果に影響を及ぼすフライアッシュキャラクターのSEM-EDS/EBSDによる解析，コンクリート工学論文集，Vol.23, No.1, pp.1–8, 2012.

[4.35] CSA A23.2-27A, Standard Practice to Identify Potential for Alkali-Reactivity of Aggregates and Measures to Avoid Deleterious Expansion in Concrete.
[4.36] 上田洋，松田芳範，石橋忠良：アルカリ反応性の観点から見た骨材の現状，コンクリート工学年次論文集，Vol.23, No.2, pp.607-612, 2001.6.
[4.37] 吉沢勝，岡崎健一：アルカリ骨材反応により損傷したPC上部工細骨材のアルカリシリカ反応性，土木学会第64回年次学術講演会，V-109, 2009.9.
[4.38] 鳥居和之：アルカリシリカ反応にいかに対応するか―試験，診断と対策の課題―，セメント・コンクリート，No.696, pp.1-9, 2005.
[4.39] 鳥居和之，参納千夏男：骨材資源の活用を目指したアルカリシリカ反応抑制対策の提案，コンクリート工学，Vol.48, No.1, pp.84-87, 2010.
[4.40] I. Sims et al.:International collaboration to control alkali-aggregate reaction:The successful progress of RILEM TC 106 and TC 191-ARP, Proc. of 12th Int. Conf. on Alkali Agg. Reac. in Concrete, pp. 41-50, 2004.
[4.41] 山田一夫：最近の国際的なアルカリ骨材反応対策，セメント・コンクリート，No.704, pp.16-25, 2005
[4.42] K. Yamada, T. Maruyama, S. Ogawa, Y. Kawabata, T. Miyagawa, T. Ashida:A project on ASR ageing management relating nuclear power facilities in Japan, 15th International Conference on Alkali Aggregate Reaction, 086, 2016.
[4.43] K. Yamada: Fundamental Concept of ASR Management and Required Researches for Concrete Structures in Nuclear-Relating Facilities, Proc. ICMST-Kobe, 2014.

5章 新しい方法の提案

骨材のアルカリ反応性評価とASR抑制対策は，基本的には経験に基づく．ここでは，4章までで述べてきた知見をもとに，一つの理想像を考える．

骨材品質の安定性を評価し，反応性鉱物の存在もしくは存在の可能性を岩石学的評価により検出し，新しいコンクリートプリズム試験（CPT）により（従来のアルカリ反応性評価法は8章で詳述）アルカリ反応性を評価する．そのうえで，骨材の特性に応じて抑制対策の種類を選択したり，膨張予測したりする．

5.1 骨材の構成鉱物比率の安定性

品質保証をする生産ロットにおいて，骨材のアルカリ反応性に影響する反応性鉱物やガラス相，もしくはアルカリ固定能*に影響する粘土鉱物などの骨材の構成鉱物比率の安定性が変化する地質学的要因を考慮することが，骨材のアルカリ反応性評価の根幹にある．現在，完全な骨材のアルカリ反応性に関する試験法はないが，骨材がばらつくため，試験法がもし完全であったとしても骨材の**ばらつき**を考慮した試験でなければ意味がない．すなわち，ばらつきの範囲を考慮してもなお非反応性であるという試験結果があってはじめて，対象骨材が非反応性と判定できる．

その方法の詳細は9章で述べる．現実の工事でのASRの抑制には骨材のばらつき自体を考慮する必要がある．したがって，非常に多くの骨材を均一に粉砕し，品質のばらつきが試験誤差以下になるように縮分調整するという行為は，基礎研究には適するが，現実の工事には不適切である．現実は，たとえば1 km四方の陸砂利採取場から適宜出荷するので，採取場全体の品質のばらつ

---

*ある種の粘土鉱物が，イオン交換によりアルカリを溶液から固定し，アルカリ濃度を低下させる能力のことである．

きを評価する必要がある．このためには，以下の観点から骨材のアルカリ反応性の品質の安定性を考える必要がある．

- 河川産骨材などで考慮が必要な構成岩種のばらつき
- 砕石などで考慮が必要な表土，もしくは変質帯からの粘土鉱物の混入量
- 砕石鉱山における貫入岩体・脈の混入
- 砕石鉱山による地質的均一性（複数の異なる組成の溶岩の存在，単一溶岩でも部位ごとの冷却速度の差，砂泥互層，変成度の異なる変成岩体）
- 混合骨材による混合比率の安定性

このような安定性を考えることは，ばらつきを考慮した骨材の岩石学的評価を行うことと同じである．

5.2　既存の手法の使い方

◇5.2.1　岩石学的評価

各種の骨材に関するアルカリ反応性の評価法には不適切な骨材があることがわかっているので，岩石学的評価によるスクリーニングは必要である．5.1節で説明したばらつきを考慮した評価はもちろん必要である．偏光顕微鏡観察をすることのみが**岩石学的評価**ではなく，地質学的産状を踏まえ，岩石のばらつきを考慮した構成鉱物の評価が重要である．

たとえば，明らかに非反応性と考えられる岩石には，隠微晶質シリカを安定して含まないことがわかっている石灰岩と苦灰岩，変質により反応性鉱物を副生しておらずカタクレーサイト化などの変成作用を受けていない深成岩は，使用実績に基づき，岩種判定のみで非反応性と評価してよい．これには，岩石の構成鉱物を偏光顕微鏡観察により同定する行為と，より広域に地質学的に地層の特性（不純物の存在，変質や変形の程度）を評価する行為を含んでいる．

現在，骨材に使用している名称には，偏光顕微鏡観察を経ていない岩石の見かけだけによる不正確な命名もあるので，信頼をおけない場合がある．生コンクリートの試験成績表などで岩種名が記載されていても，その記載の根拠となる情報がなければ信頼すべきではない．

◇5.2.2　化学法

使用骨材が安山岩などの火山岩，もしくはチャートに限定されている場合に

は，**化学法**が有効である．迅速で最も簡易的であるので，とくに品質管理試験法として適する．化学法に適さない岩種が存在するので，岩石学的評価なしに使用すると，誤った結果を与える可能性がある．

◇5.2.3 モルタルバー法

鉱物組成に関するペシマム現象を起こす可能性がない岩石，隠微晶質石英を含まない岩石には，**モルタルバー法**が有効である．このような岩種としては，純粋な砂岩，深成岩，石灰岩や苦灰岩がある．岩石学的評価なしに使用することは誤った結果を与える可能性がある．

◇5.2.4 促進モルタルバー法

促進モルタルバー法（AMBT，ASTM C 1260，RILEM AAR-2）には，アルカリ反応性をもつにも関わらず非反応性と判定される例外がある．粒径に関するペシマム現象を起こす岩石（たとえば，いわゆるアルカリ炭酸塩反応を起こす泥質苦灰岩），および非常に反応性が高いチャートなどを非反応性と間違える可能性がある．モルタルバー法より格段に検出感度は高いがR_cが大きいことに起因する**配合ペシマム**は検出が期待できる．鉱物組成に関する配合ペシマムを示す骨材（たとえば，反応性が極めて高いオパールを含む凝灰岩粒子を数%含む山砂）が，すべて促進モルタルバー法で検出されるとは限らない．適さない岩種がわかっているため，岩石学的評価と組み合わせる必要がある．

非常に厳しい反応条件での試験なので，非反応性骨材が反応性と判定されることも多く，コンクリートプリズム試験を併用することが前提である．一方で，オーストラリアなどの古い大陸地殻では，ASTM C 1260でも不十分であり，より厳しい試験条件が必要である[5.1]．

◇5.2.5 コンクリートプリズム試験

コンクリートプリズム試験（CPT*）は，十分な高湿度保持とアルカリ溶脱の問題を回避でき，長い試験期間を容認できれば，実使用時の骨材の組合せを

---

* 日本ではコンクリートバー試験と呼ばれることが多い．英語表記ではASTM C 1260のモルタルの試験体（1×1×11.25インチ）はmortar bar（棒）とはいうが，ASTM C 1293のコンクリートの試験体（75×75×285 mm）はconcrete prism（角柱）と記載される．略称はCPTであるので，コンクリートバーと称するのは不適切である．

用いて，配合ペシマムと粒径ペシマムを回避できるため，最も信頼性が高い試験方法である．促進のために，温度を高め，アルカリ量を多くする．

コンクリートプリズム試験の試験手順として，JCI AAR-3，JASS 5N T-603，ASTM C1293，CSA A23.2-14A，RILEM AAR-3，AAR-4などが制定されている．JCI AAR-3は試験期間が6箇月と明らかに短すぎる．ASTMとCSAでは，アルカリ量をセメントの1.25 mass%，単位セメント量420 kg/m^3，温度38 ℃としており，反応性の判定には1年，混和材による抑制効果の確認には2年を要する．RILEMではアルカリ量は5.5 kg/m^{3}である．

ドイツ構造用コンクリート委員会の指針ではアルカリ量は同様の水準であるが，養生温度が60 ℃と高く，3箇月で反応性を判定する．RILEM AAR-4でも養生温度を60 ℃とし，20週で反応性を判定する．ただし，温度ペシマム現象が知られており，終局膨張率は40 ℃で最大となる骨材もある[5.2]．最新の研究では温度とアルカリ総量の影響は，骨材種類に依存し，複雑であることが示されている[5.3]．

北アメリカとRILEMの方法は，試験体寸法が7.5×7.5×25 cm（約3 kg）と，日本の10×10×40 cm（約9.5 kg）よりも小型で取り扱いやすいことも特徴である．ただし，配合ペシマムの条件で試験を行うと，材料の均一性の観点からは大きいほうがばらつきは小さくなる．小さい試験体では本数を増やすことが必要である．

◇5.2.6　総合的抑制対策

カナダのCSAやRILEMの最新の手法を組み合わせて，日本の実情を考慮した総合的**抑制対策***が**原子力安全基盤機構**（JNES，現 原子力規制庁）より提案されている[5.4]．図5.1にその流れを示す．現行のCSA規格[5.5]とJNESの提案では，最重要構造物に対する最も厳しい抑制対策は，セメント由来のコンクリート中のアルカリ量Na_2O_{eq}1.2 kg/m^{3}とポゾランの使用の組合せであるが，ここではアメリカの道路構造物を対象としたAASHTOの方法[5.6]にならって説明する．具体的には以下の作業を行い，対策レベルを決定する．

* 一部，日本の実情に合うように，原案から変更されている．アメリカの道路構造物を対象とするAASHTOの最新版では，アルカリ量規制値の1.2 kg/m^{3}は削除されている．スラグの添加量は，AASHTOでは25，35，50，65 %である．シリカヒュームの添加（セメント量×アルカリ濃度×指定割合（2.0，2.5，3.0，4.0）で計算）は削除されている．

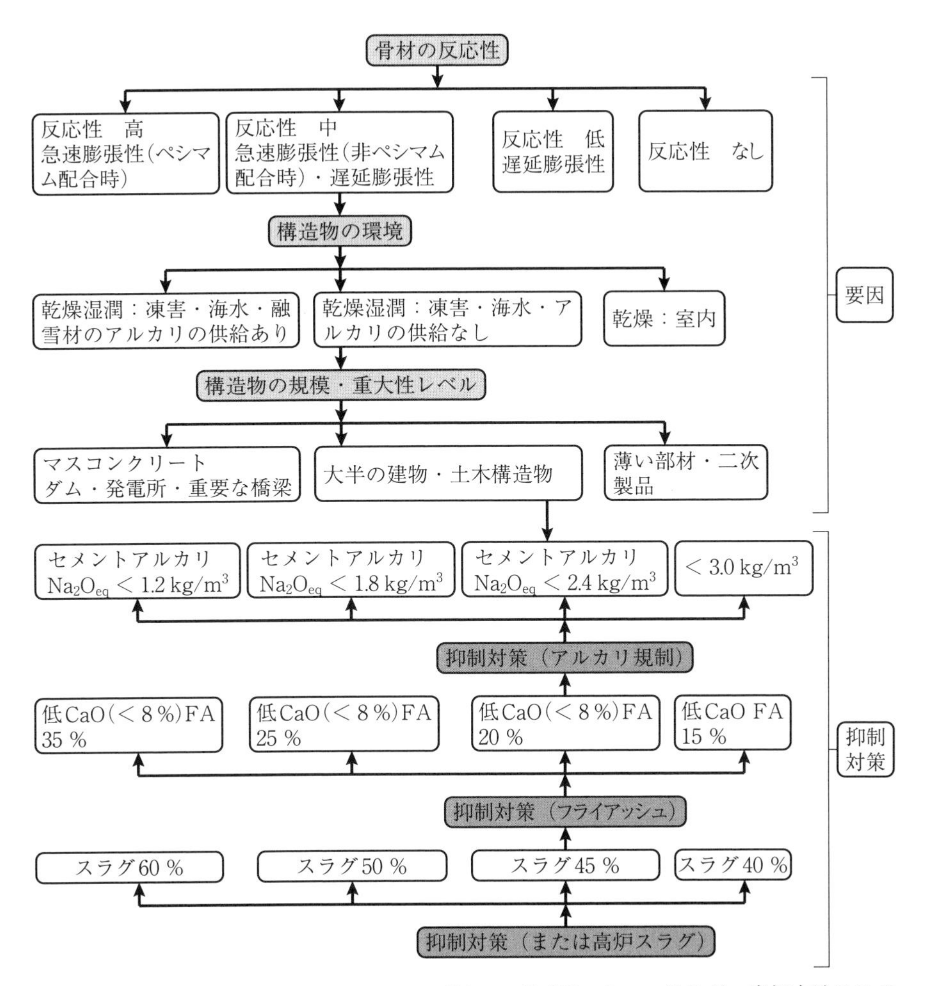

図5.1 抑制対策の選定フロー ［中野眞木朗：原子力用コンクリートの反応性骨材の評価方法の提案，原子力安全基盤機構，JNES-RE-2013-2050, 2014.2.］

① 骨材の**反応性**の分類（コンクリートプリズム試験の1年などの結果による4段階，表5.1）

② 構造物の形状と置かれる環境の分類（乾湿，部材厚さ，アルカリ供給の組合せで4段階，表5.2）

③ ①と②を組み合わせたASRの**リスクレベル**の設定（6レベル，表5.2）

表5.1　骨材の反応性区分[5.6]

骨材反応性クラス	骨材反応性の記述	コンクリートプリズム試験の1年膨張［%］	AMBTの14日膨張［%］
R0	非反応性	≦ 0.04	≦ 0.10
R1	中庸反応性	＞ 0.04，≦ 0.12	＞ 0.10，≦ 0.30
R2	高反応性	＞ 0.12，≦ 0.24	＞ 0.30，≦ 0.45
R3	極高反応性	＞ 0.24	＞ 0.45

表5.2　ASRのリスクレベル[5.6]

寸法と暴露条件	骨材反応性クラス			
	R0	R1	R2	R3
乾燥環境*1にある非マス*2コンクリート	1	1	2	3
乾燥環境*1にあるマス*2コンクリート	1	2	3	4
湿潤大気暴露，埋設，浸漬されるすべてのコンクリート	1	3	4	5
供用中にアルカリに暴露される*3すべてのコンクリート	1	4	5	6

＊1　乾燥環境は平均湿度が60 %以下で通常は室内のみ.
＊2　マスコンクリートは0.9 mを超えるもの.
＊3　アルカリに曝される構造物の例は，海水に曝される海洋構造物，融氷剤や凍結防止剤に曝される道路構造物.

④ 構造物に求められる安全性と劣化の経済・環境的影響度などの特性による**構造物のクラス分け**（4段階で事例も示される，表5.3）

⑤ ③と④を組み合わせた**抑制レベル**の設定（表5.4）

⑥ 抑制レベルごとの対策の設定（V，W，X，Y，Z，ZZ，表5.4，最も重大性レベルが高い場合にはリスクレベル6を認めない）

- **アルカリ総量**による規制（抑制レベルZ，ZZには混和材利用時の追加規定，表5.5）
- **混和材**の種類（**フライアッシュ**（CaO量18 %以下），**高炉スラグ**，**シリカフューム**が使用可能で，それぞれアルカリ量規制あり）と量の設定（抑制レベルZZには追加規定，表5.6）
- 混和材利用の場合の抑制レベルZZは，セメントのアルカリ量に従って混和材への抑制レベルを増減（表5.7）

表5.3 構造物のクラス分け[5.6]

クラス	ASRの結果	ASRの受容性	構造物の例*2
S1	安全性，経済性，または環境への影響が小さいかを無視可能	ある程度のASR劣化は受容する	建築物内の非耐力部材 仮設構造物（5年未満）
S2	大きな劣化時には，何らかの安全性，経済性，または環境への影響あり	中程度のASRのリスクは受け入れる	歩道，縁石，側溝 供用期間40年未満
S3	大きな劣化時には，著しい安全性，経済性，または環境への影響あり	わずかなASRのリスクは受け入れる	舗装，カルバート，高速道路防護壁，郊外少交通量橋梁，取換えの経済コストが深刻な多数のプレキャスト部材 供用期間が通常40～75年
S4	大きな劣化時には，深刻な安全性，経済性，または環境への影響あり	ASRは受容できない	主要な橋梁，トンネル，点検や補修が非常に難しい致命的部材 供用期間が通常75年超

＊1 この表はACRを想定していないので，アルカリ炭酸塩反応性骨材には適用しない．
＊2 構造物リストは参考事例である．管理者は独自の分類を適用できる．たとえば，歩道，側溝はクラスS3に分類できる．

表5.4 ASR抑制レベル[5.6]

ASRリスクレベル	構造物のクラス分類			
	S1	S2	S3	S4
1	V	V	V	V
2	V	V	W	X
3	V	W	X	Y
4	W	X	Y	Z
5	X	Y	Z	ZZ
6	Y	Z	ZZ	＊1

＊1 ASRリスクレベルが6の場合，クラスS4の構造物を建設するのは許されない．ASRリスクレベルを下げる方策を取らなければならない*2．
＊2 端的には，長大橋，トンネル，検査も交換もできない重要部材，供用期間75年以上の場合には，高反応性骨材にアルカリ供給がある環境では，どんな抑制対策も信頼性をもたないことを表す．

表5.5　抑制レベルごとのアルカリ総量規制[5.6]

抑制レベル*	コンクリートの最大アルカリ量 (Na_2O_{eq})［kg/m^3］
V	無制限
W	3.0
X	2.4
Y	1.8
Z	表5.8
ZZ	

＊ JNES提案では，A～Fとなっている．

表5.6　混和材による抑制対策[5.6]

混和材種類*2	混和材のアルカリ (Na_2O_{eq})［%］	最低置換レベル*3（セメント系材料のmass%）				
		W	X	Y	Z	ZZ
フライアッシュ (CaO ≦ 18 %)	≦ 3.0	15	20	25	35	表5.8
	＞ 3.0, ≦ 4.5	20	25	30	40	
高炉スラグ	≦ 1.0	25	35	50	65	
シリカヒューム*4 (SiO_2 ≧ 85 %)	≦ 1.0	2.0 × KGA	2.5 × KGA	3.0 × KGA	4.0 × KGA	

＊1　混和材の最低量は表5.7のセメント中のアルカリレベルにより調整する．

＊2　混和材はコンクリートへ添加しても混合セメントとしてもよい．それぞれが別途対応する規格に適合すること．

＊3　混和材を多量に使用すると，適切に配合設計し，施工・仕上げし，養生しなければ，融氷剤によるスケーリングを受ける可能性がある．

＊4　シリカヒュームの最低量は，セメントからのアルカリ総量KGAに表で示した係数で求める．例：抑制レベルXでアルカリ総量2.73 kg/m^3では，2.5 × 2.73 = 6.8 %．

- アルカリ総量規制の抑制レベルZ，ZZは，混和材組合せとアルカリ総量＋混和材利用の二つの方法（表5.8）

表5.7　セメントのアルカリ量による混和材レベルの補正[5.6]

セメントアルカリ（Na_2O_{eq}）[%]	混和材のレベル
≦ 0.70	表5.6の混和材の最低量を一つ下の抑制レベルまで減らす*
＞ 0.70，≦ 1.00	表5.6の混和材の抑制レベルWを用いる
＞ 1.00，≦ 1.25	表5.6の混和材の最低量を一つ上の抑制レベルまで増やす
＞ 1.25	指針なし

＊置換レベルはセメント中のアルカリ量によらず，抑制レベルWを下回らないこと．

表5.8　抑制レベルZ, ZZの詳細[5.6]

抑制レベル	混和材単独での抑制	コンクリートアルカリ量と混和材の制限	
	最低混和材レベル	最大アルカリ量［kg/m^3］	最低混和材レベル
Z	表5.6のZ	1.8	表5.6のY
ZZ	許容しない	1.8	表5.6のZ

5.3　新しい手法の提案

骨材試験には，それぞれ限界があることは述べてきた．そして，現在最も先進的であるアメリカの手法を5.2.6項で紹介した．この方法論でも，ASR抑制対策は，骨材試験とアルカリ総量（Na_2O_{eq}）制限もしくは混和材使用によっている．しかし，各種の骨材試験にはそれぞれ限界があり，Na_2O_{eq}制限と混和材使用の効果の定量評価はできていない．何よりも，長期にわたって安定性が求められる場合に対し，抑制効果の有効期間が不明である．本節では，これまで見過ごされてきた課題を明らかにし，いくつかの決定的な試験法の欠陥を指摘したうえで新しい手法を提案する．

◇5.3.1　既存の手法の限界

(1) 各種の骨材のアルカリ反応性評価試験の信頼性

各種の骨材のアルカリ反応性評価の方法の一覧と特徴[5.7]を表5.9にまとめる．

最新のASR抑制対策の方法論が北アメリカとRILEMの手法である．これらの先端的規格で，骨材の反応性に関わる最も信頼性が高い判定方法は，**現場実績**である．ただし，これは経験の範囲内での信頼性であり，より長期，異なる

表5.9　骨材のアルカリ反応性評価の方法一覧と特徴　[山田一夫，大迫政浩，小川彰一，佐川康貴，川端雄一郎：アルカリ骨材反応の抑制効果の評価方法と膨張予測の新しい考え方，土木学会年次学術講演会講演概要集，Vol.69, 2014.]

手　法	特　徴
現場実績	長期間の実績主義．最も信頼性が高いが，適用範囲（環境条件）は限られ，信頼できる期間は経験の範囲内．
コンクリート試験	骨材試験とともに配合試験の意味合いをもつ．
大型試験体の暴露	長期間を要する．アルカリ溶脱の影響が少ない．暴露条件が限られる．
コンクリートプリズム試験（38°C : RILEM AAR-3ほか，40°C :JASS 5N T-603）	試験期間0.5～2年．室内試験として高信頼性．AAR-3では水分確保とアルカリ溶脱防止が課題．JASS 5N T-603は試験体の梱包が煩雑で，試験期間とNa_2O_{eq}が課題．混和材の効果の評価が可能．
コンクリートプリズム試験（60°C : RILEM AAR-4）	試験期間20週．AAR-3と同じ問題と利点がある．現実よりも高温で検証必要．アルカリ溶脱の抑制必要．
骨材試験	配合依存性がある現象は検出できず，それぞれ限界がある．
促進モルタルバー（ASTM C 1260）	2週間で結果が得られる．多くの骨材が反応性となる厳しい試験．粒径ペシマムを見落とす．
迅速法（JIS）	オートクレーブを用い，短期間で結果が得られる．反応条件が現実あまりに乖離していて信頼性に疑問が残る．
モルタルバー法（JIS A 1146）	急速膨張性には適するが，ペシマム現象を検出できない．遅延膨張性骨材には適さない．
化学法（JIS A 1145）	急速膨張性骨材に適する．遅延膨張性骨材には不適．

暴露条件，異なる配合での挙動を保障するものではない．同じ材料から同じ構造物を製造して同じ期間だけ使用するなら最も信頼性が高いが，そもそも同じ材料は入手できない．北アメリカの広大な氷河堆積物などのいくつかの例外を除けば，一般に数十年も前と同じ骨材を使用することはできない．

次に信頼性が高いのは，数10 cm角程度以上の大型**コンクリート試験体**の暴露試験である．大型とすることで，アルカリ溶脱の効果を低減しているが，ここに大きな誤解がある．**暴露試験**は，環境が異なると異なる結果を与える．実構造物で過酷なのは継続的水分供給がある条件だが，多くの暴露試験は異なる．あるいは，乾湿があったほうが膨張が大きくなる可能性もある．室内試験と暴露試験の相関性がしばしば議論される[5.6]が，温度と湿分条件が異なるので，整合しないのは当然である．整合性がないとしても，その原因を探る必要がある．溶脱を抑制するならば，その抑制の程度の定量評価は今後の課題である．重要なことは，暴露試験体でASR膨張が起こらない場合も，実構造物でASR劣化が起こらない保証にはならないということである．

暴露試験と対になるのが，**コンクリートプリズム試験**である．コンクリートプリズム試験は骨材試験だけでなく，配合試験や性能試験として行うことも可能である．すなわち，骨材の**粒径ペシマム**現象，骨材組合せによる**配合ペシマム**現象，**混和材**の抑制効果を考慮できる．CSAやRILEMでは，**アルカリ総量**の設定をそれぞれ5.25，5.5 kg/m^{3}としているが，これを促進条件と考えるか，現実であり得る最大値と考えるかという思想的な統一はない．

さらに，促進のための温度上限が議論の対象となる．温度の影響を調べるための対比試験が行われてきた．同一の試験機関の限られた骨材を用いた結果では，良好な直線関係が認められている．しかし，温度を上げることでアルカリ溶脱が促進されるという側面があり，従来の手法による比較は適切ではない．ASRが湿分とアルカリ濃度に敏感な現象であるので，これを制御した方法としてJASS 5N T-603は優れている．ただし，アルカリ総量は使用するセメントに依存し，試験期間が短い．

現在，最も多用されているのが骨材単体の促進モルタルバー法，モルタルバー法や化学法である．これらの方法の限界は，4章でもまとめたとおりである．

(2)　コンクリートプリズム試験による乾燥とアルカリ溶脱

室内試験として最も信頼性が高いのがコンクリートプリズム試験である．図5.2にRILEM AAR-4の試験体寸法と養生条件（7.5×7.5×25 cmを湿布なしで密封した湿空雰囲気に保管）により試験した**急速膨張性**骨材を，ペシマム条件で混合したコンクリートの膨張および質量増加の挙動[5.8]を示す．ただし，Na_2O_{eq}を2.4，3.0，3.6 kg/m^3，養生温度を40，60 ℃とした．

温度が高くNa_2O_{eq}が多いほうが，膨張率は高く**質量増加**は多い．Na_2O_{eq}が2.4 kg/m^{3}では乾燥が起こった．RILEMの湿空雰囲気条件は不完全であり，Na_2O_{eq}が少ない条件では**乾燥**が起こることがある．Na_2O_{eq}が多いと空隙水が高濃度アルカリ溶液となり，平衡相対湿度の低下に伴って吸水性が高まることが影響している可能性がある．

JASS 5N T-603では，湿布でコンクリートプリズムを梱包するため，質量

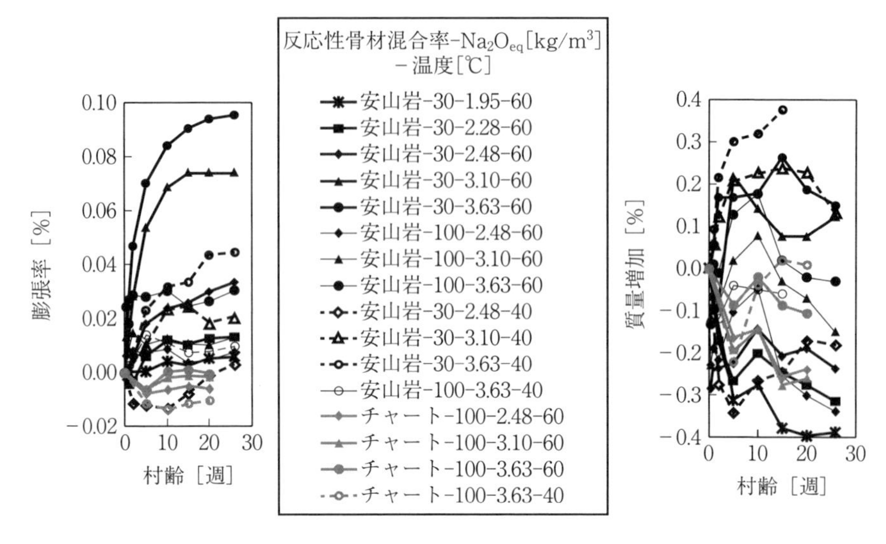

図5.2　RILEM AAR-4のコンクリートプリズム試験による膨張挙動[5.8]

減少は起こらない．現実のASRリスクが高い構造物は，水が連続的に供給されるため，RILEMの方法では不十分である．4章で説明したとおり，JISのモルタルバー法でも同様の問題がある．

図5.3にコンクリートプリズム試験におけるアルカリ溶脱挙動[5.7]を示す．骨材は急速膨張性のA1，A2（同産地で違うロット），遅延膨張性のDとT，試

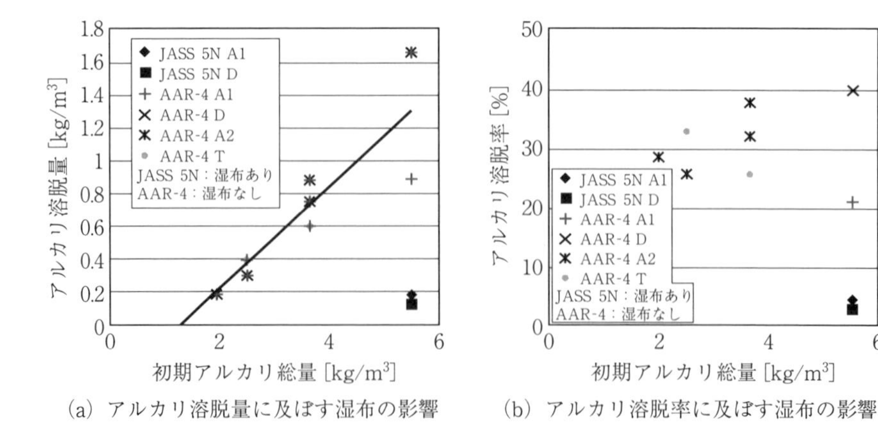

(a) アルカリ溶脱量に及ぼす湿布の影響　　(b) アルカリ溶脱率に及ぼす湿布の影響

図5.3　複数の骨材を用いたコンクリートプリズム試験におけるアルカリ溶脱挙動[5.7]

験温度は60℃，試験体寸法と養生方法はJASS 5N T-603とRILEM AAR-4である．

図5.3(a)に示すように湿布のないAAR-4では，初期Na_2O_{eq}に依存して直線的にアルカリ溶脱量が増加した．Na_2O_{eq}が一定量以下では溶脱が生じないが，未反応セメントなどに含まれる非水溶性アルカリと解釈できる．そこで，図(a)の回帰線のX切片をNa_2O_{eq}から引き，その差からの溶出量をアルカリ溶脱率として，図(b)に再表示する．溶脱率の平均は約30％であるが，試験水準ごとに±10％程度の誤差があった．Na_2O_{eq}が多いとばらつきが大きい．

この結果によると，同一の試験場所で最大1 kg/m^{3}程度のNa_2O_{eq}が異なり，試験の再現性を得にくい．T-603では溶脱は数％と限定的であった．あらかじめ空隙水のアルカリ濃度を予測し[5.9]，同濃度のアルカリ溶液の湿布で梱包（**アルカリラッピング**）して測定ごとに水のみを供給することで，現実に起こる厳しい条件を再現できる[5.10]．環境からアルカリが供給される凍結防止剤は別途考慮する．適切な湿布のアルカリ濃度については，さらなる検討が必要である．試験体からのアルカリの出入りが起こらない条件を試験により求め，標準案を設定する．骨材のASRでもアルカリは消費されるため，湿布のアルカリ濃度は，混和材を含めたセメント水和によりもたらされる初期アルカリ総量に相当するものとし，過剰のアルカリを添加すべきではない．

すでに，コンクリートプリズム試験の適正条件については膨大な検討がRILEMにおいて実施されている[5.11-5.14]．これらの検討では，アルカリ溶液を含んだ湿布の使用は推奨されていない．湿布を巻き立てたのみでは乾燥が進行するので，さらにプラスティックフィルムや袋による梱包で遮水するべきである．湿布巻立てによる養生の意義は，アルカリ溶脱防止だけではない．水分供給条件を現実で起こり得る厳しい側に統一でき，試験の再現性を高める．湿布と防水を組み合わせてはじめて，アルカリ濃度と湿分量に敏感なASR膨張を安定して試験することが可能となる．

◇5.3.2 コンクリートの性能試験としてのコンクリートプリズム試験の設計

5.3.1項の内容を踏まえたうえで，理想的なコンクリートプリズム試験を提案する．骨材単体での評価をASR抑制対策の基礎データとして用いるのはさまざまな限界があるため，この手法は骨材試験というよりも，コンクリートの

表5.10　コンクリートの性能試験としてのコンクリートプリズム試験の手順[5.15]

項　目	内　容
試験体*1	寸法：7.5×7.5×25 cm角柱
配（調）合	混和材を含めた実配合. アルカリ総量：通常5.5 kg/m³ *2．NaOHを練混ぜ水に溶解して調節.
養　生	湿布梱包：所定量のアルカリ溶液*3で濡らした湿布で梱包. 遮水：薄いプラスティックフィルムや袋で遮水（真空パックも有効）. 吸水：測定ごとに純水を一定量まで湿布に追加．湿布は無交換.
湿　布	布：耐アルカリ性と十分な給水能力をもち，1枚で試験体1体を包むことができるもの 給水量：吸水能力に応じて溶液の量を調整（例：45 g） アルカリ濃度：混和材添加の場合を含め，空隙水の組成は，セメントのアルカリ量から文献[5.9]の手法で予測（6章で詳述）.
促進条件	温度：60 ℃もしくは38 ℃ *2 容器：保湿密閉容器．遮水が完全であれば乾燥機も可.
測　定	項目：膨張率と質量変化. 測定間隔：適宜設定（例：急速膨張性骨材では，初期は1，2，3，5週で，以降5週間間隔．遅延膨張性骨材では，5週間間隔）.
判　定	20週膨張率0.04 %以上を有害（暫定）*4

＊1　日本で主流の10×10×40 cm（約9.2 kg）に比べ，約3.2 kgと取扱いが容易.

＊2　アルカリ総量と温度は骨材の反応性によって変えることが望ましい．非常に高い反応性骨材では緩やかに（例：3.0 kg/m³，38 ℃），遅延膨張性骨材では厳しく（例：5.5 kg/m³，60 ℃）する.

＊3　アルカリラッピングでは湿布に含ませるアルカリ溶液の濃度設計が重要である．以下は太平洋コンサルタント 片山哲哉博士からのコメントである.「いわゆるアルカリラッピングのアルカリ溶液の濃度が間隙水よりも高いと，供試体の表層で過度に膨張を生じ，既往のコンクリートプリズム試験（たとえば，RILEM AAR-4）の有害判定基準値を超える事態になる．そのような場合は，コンクリート表面から内部に向かう高濃度のアルカリ浸透による濃度勾配や，表層の骨材の異常膨張の様子がSEM観察や元素マッピングにより確認されている.」

＊4　判定値は現場経験との比較から決めるべきであり，ここでは暫定値である．アルカリラッピングにより十分な水分供給がなされるため，膨張はより大きくなり，従来のコンクリートプリズム試験の判定基準をそのまま用いると過度に厳しい評価となる可能性がある.

ASR制御を目的としたコンクリートの**性能試験**である．手順書[5.15]の概要を表5.10に示す.

この試験に合格するコンクリートを用いれば，通常の条件下では有害なASR膨張は起こらないと考えられる．そして，この試験条件は，試験体を実構造物からのコンクリートコア試料に変えるだけで，実構造物の**残存膨張性**評価のための**促進膨張試験**としても応用できる可能性があり，今後の検討が待たれる．判定基準については，さらなる検討が必要であるが，5.3.3項の方法が有効である．

◇5.3.3　将来予測

コンクリートプリズム試験はコンクリートのASR膨張に関する**性能試験**ではあるが，試験結果の基づいて将来予測ができなければ単なる材料試験でしかなく，設計（新設，維持管理）への活用ができない．現在の骨材試験やコンクリートの膨張性の判定試験も，構造物においてASRが生じないことを保証する期間は明確でない．たとえば，ASR膨張は**温度依存性**があり，地域によってコンクリートの膨張性を判定する値は異なるはずである．したがって，実環境に対する試験法の促進倍率は構造物の置かれる環境条件に依存することとなる．

重要構造物では，長期的にASR膨張が生じないことを確認することが必要であり，そのためには将来的な膨張の有無についてそれぞれの構造物の置かれる環境条件やコンクリートの配合条件をもとに予測し，必要に応じて対策を講じることが望ましい．しかし，現状の技術レベルにおいては，ASR膨張の挙動を精緻に捉えることのできる予測法は確立されていない．

このような背景のなか，近年では実配合コンクリートを用いたコンクリートプリズム試験で得られた膨張挙動を活用し，実環境における膨張挙動を簡易的に予測するという試みがなされている．そこで，コンクリートプリズム試験に基づいた簡易長期予測法[5.16]について紹介する．

(1) ASR膨張の簡易予測

■予測手順　コンクリートプリズム試験の結果を活用し，実環境における実配合コンクリートの膨張挙動を予測するフローを図5.4に示す．

まず，工事に用いられる実配合のコンクリートについて，アルカリ総量を増やし，高温条件でコンクリートプリズム試験を実施し，得られた膨張挙動について，Larive式[5.17]を用いて実験結果にフィッティングすることで，各定数を決定する．

$$\varepsilon_t = \varepsilon_\infty \frac{1 - \exp(-t/\tau_C)}{1 + \exp\{-(t - \tau_L)1/\tau_C\}}$$

ここに，ε_t：時間tにおける膨張率［%］，ε_∞：**終局膨張率**［%］，τ_C，τ_L：時

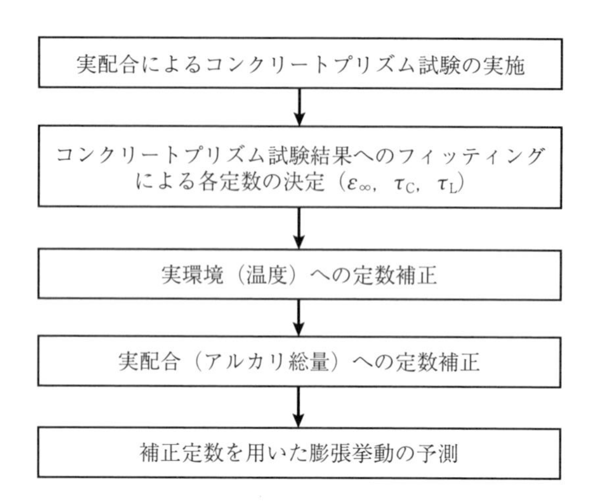

図5.4　コンクリートプリズム試験を活用したASR膨張挙動予測フロー

間を表す定数［年］である．

次に，コンクリートプリズム試験と実環境において結果が異なる主な要因は，環境温度とコンクリートのアルカリ総量である．したがって，上述した三つの定数ε_∞，τ_C，τ_Lについて，**温度依存性**および**アルカリ濃度依存性**を考慮し，定数を補正する．

ASR膨張の温度依存性について，**アレニウス則**に従うとすると，以下の3式を用いることで，コンクリートプリズム試験の養生温度（促進温度）T_2［K］における各定数を実環境温度T_1［K］におけるものに補正することができる．実環境温度は年平均気温もしくは月平均気温を用いる．

$$\frac{\varepsilon_{\infty(T1)}}{\varepsilon_{\infty(T2)}} = \exp\left\{\frac{U_\infty}{R}\left(\frac{1}{T_1} - \frac{1}{T_2}\right)\right\}$$

$$\frac{\tau_{C(T1)}}{\tau_{C(T2)}} = \exp\left\{\frac{U_C}{R}\left(\frac{1}{T_1} - \frac{1}{T_2}\right)\right\}$$

$$\frac{\tau_{L(T1)}}{\tau_{L(T2)}} = \exp\left\{\frac{U_L}{R}\left(\frac{1}{T_1} - \frac{1}{T_2}\right)\right\}$$

ここに，$R = 8.314$[J/(K mol)]，$U_\infty = 15.8$[kJ/mol]，$U_C = 64.6$[kJ/mol]，$U_L = 64.7$［kJ/mol］である．

アルカリ濃度依存性については，二つの方法がある．一つは，異なるアルカリ総量のコンクリートを用いて促進試験を実施し，コンクリートプリズム試験におけるアルカリ総量R_2［kg/m^3］の各定数を実配合におけるアルカリ総量R_1［kg/m^3］の値に補正することである．これはコンクリートのASR膨張のアルカリ濃度依存性を直接評価することができる信頼性の高い方法である．もう一つは，次の3式に示す簡易モデルでアルカリ濃度依存性を求めるものである．

$$\varepsilon_{\infty} = \begin{cases} 0 & (R_1 < R_{\text{lim}}) \\ \varepsilon_{\infty\text{-CPT}} \dfrac{R_1 - R_{\text{lim}}}{R_2 - R_{\text{lim}}} & (R_1 \geqq R_{\text{lim}}) \end{cases}$$

$$\frac{\tau_{\text{C}(R1)}}{\tau_{\text{C}(R2)}} = \exp\{V_{\text{C}}(R_1 - R_2)\}$$

$$\frac{\tau_{\text{L}(R1)}}{\tau_{\text{L}(R2)}} = \exp\{V_{\text{C}}(R_1 - R_2)\}$$

ここに，$\varepsilon_{\infty\text{-CPT}}$：コンクリートプリズム試験で得られた終局膨張率［%］，R_{lim}：限界アルカリ総量［kg/m^3］，$V_{\text{C}} = -0.24$［kg/m^3］，$V_{\text{L}} = -0.25$［kg/m^3］である．これは，工事の制約などによって数種類のコンクリートプリズム試験が実施できない場合に適用する簡易的な手法である．終局膨張率ε_{∞}は骨材の岩石学的特徴によって大きく相違するため，予測の信頼性は前者と比べて劣る．

図5.5に，終局膨張率ε_{∞}のアルカリ濃度依存性のモデル化の流れを示す．この式は，ある限界アルカリ総量まで膨張が生じず，それ以上になると，アルカリ総量に比例して終局膨張率が増加するというモデルである．まず，コンクリートプリズム試験で得られた膨張率（アルカリ総量R_2［kg/m^3］）から，超高反応性，高反応性，反応性の三つに分類し，膨張性を判定する．次に，このコンクリートの膨張性の判定結果に応じて，コンクリートが膨張を開始する限界アルカリ総量R_{lim}を図5.5のように設定する．その後，実配合（アルカリ総量R_2［kg/m^3］）における終局膨張率に変換する．

最終的に，補正された定数を用いてLarive式で計算することで，実環境における実配合コンクリートのASR膨張挙動を予測する．なお，実環境と促進環境では水分の供給環境が明らかに異なるが，実環境における水分供給環境は促進環境と同等と安全側に仮定している．

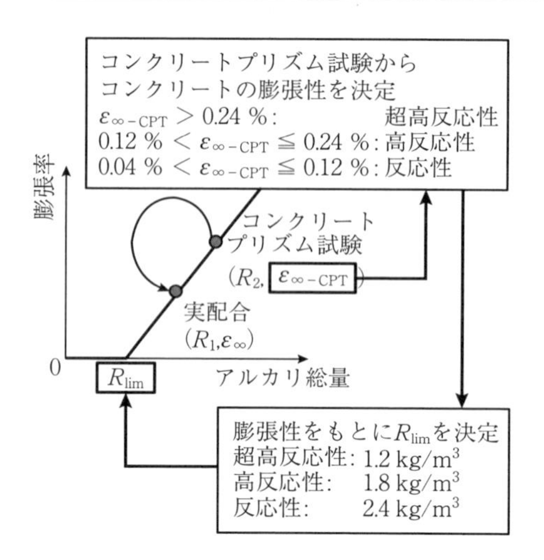

図5.5　ASR膨張のアルカリ濃度依存性のモデル化の流れ

■文献データによる検証　コンクリートプリズム試験を用いた簡易予測について，カナダのCANMETで実施されている暴露実験[5.18]に適用した事例を示す．パラメータ補正には，簡易的に年平均気温は5.98 ℃を用いた．月平均降水量は60 ～ 90 mmであった．

図5.6に，コンクリートプリズム試験におけるコンクリートの加速期間と膨張率の関係を示す．この実験結果について，Larive式を用いて各定数を決定

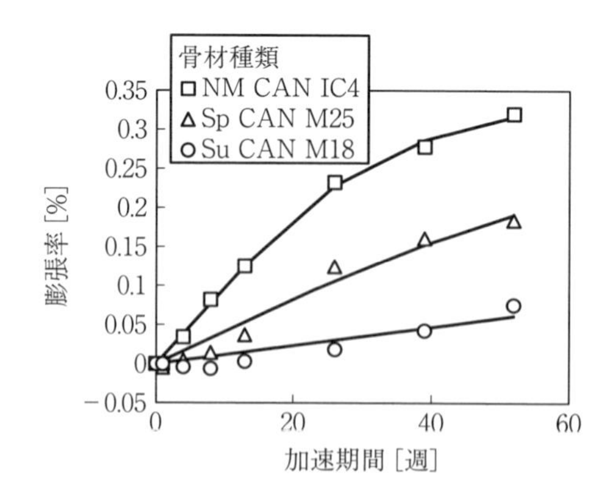

図5.6　コンクリートプリズム試験結果

し，その後，定数の温度補正，アルカリ補正を行った．図5.7に暴露実験における膨張挙動と計算結果を示す．図より，計算結果は実験結果とおおむね近い膨張挙動を示していることがわかる．したがって，提案手法は，簡易的に実環境におけるコンクリートの膨張挙動を再現するという観点で有用である．

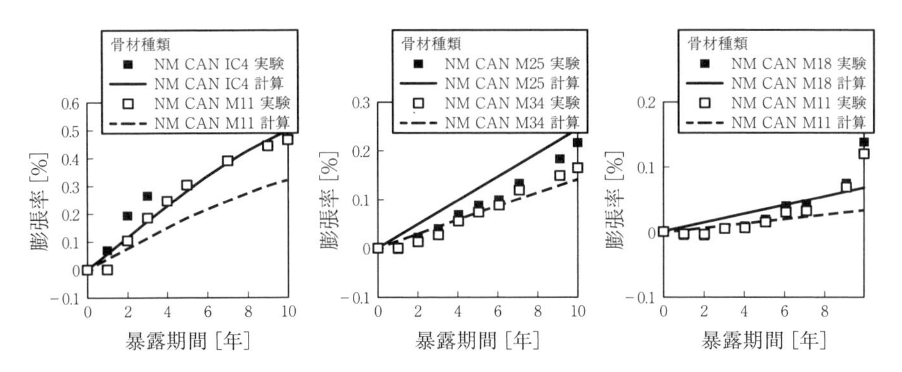

図5.7 膨張挙動と計算結果の比較

■促進倍率の温度・アルカリ量依存性 図5.8にアルカリ総量5.5 kg/m^3，温度60 ℃のコンクリートプリズム試験の促進倍率の温度とアルカリ総量依存性[5.19]を示す．この事例[5.20, 5.21]では，骨材は極めて反応性が高いオパールを含有する安山岩をペシマム混合率で粗骨材として使用したコンクリートである．

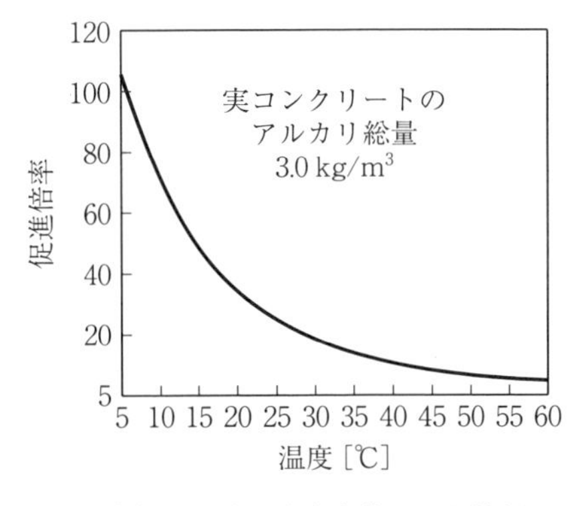

(a) 実環境温度を変化させた結果

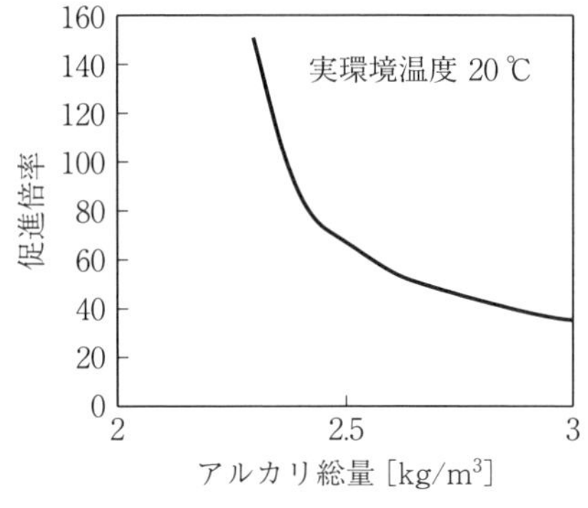

(b) 実コンクリートのアルカリ総量を変化させた結果

図5.8 アルカリ総量5.5 kg/m^3，温度60 ℃のコンクリートプリズム試験の促進倍率の温度とアルカリ総量依存性[5.19]

その他の骨材は非反応性の高純度の石灰石である．

試験はアルカリ総量5.5 kg/m^3，温度60 ℃で実施しているが，実コンクリートのアルカリ総量を3.0 kg/m^{3}とし，実環境温度を適宜変化させた場合の促進倍率が図5.8(a)であり，実環境温度を60 ℃とし，実コンクリートのアルカリ総量を適宜変化させた場合の促進倍率が図(b)である．この図は，膨張率が0.04 %に達するまでの時間が促進条件で何倍になっているかを示している．

たとえば，促進倍率100とは，コンクリートプリズム試験で0.04 %になるのに要する時間が実条件の1/100であることを示す．逆に，コンクリートプリズム試験で1年後に0.04 %になったとすると，実条件では100年間は有害なASR膨張は起こらないことになる．

ただし，実環境と促進環境での条件の差異が，それぞれでの膨張に及ぼす影響の相関は把握する必要がある．

明らかに温度は異なるので，その補正が必要である．さらに，骨材種類ごとの温度依存性はほかの要因（Na_2O_{eq}，湿分）も含めて検証が必要である．Na_2O_{eq}に関する補正は，試験中にアルカリが再現性なく溶脱したのでは予測にならないので，試験方法の改善策（アルカリ溶液で濡らした湿布，これをアルカリラッピングと称する）を示した．実構造物におけるアルカリ溶脱は，無視することで安全側の評価となる．温度との交互作用が予想されるので，その検証は必要である．

図5.8は，検討した骨材にはあてはまるものであるが，ほかの骨材への適用性については未知数であり，今後の検討が必要である．

現状では，湿分補正については適切な方法がない．安全側の方策として，十分に水分供給があり，アルカリ溶脱がない手法で試験をすることで対応している．ただし，現実にはこれは厳しすぎる場合が多くあるため，この水分供給の補正は将来の課題であるが，次に解析の一例を示す．

■暴露試験による膨張挙動の再現　急速膨張性の安山岩により粗骨材の30 mass%を置換したコンクリートのブロック試験体を福岡市で約5年間暴露した膨張挙動を，アルカリラッピングしたコンクリートプリズム試験の結果に基づいて予測した例を示す[5.22, 5.23]．なお，40 ℃コンクリートプリズム試験は300日で0.14 %の膨張率を示したが，アルカリラッピングなしでは膨張は70日以降膨張率0.02 %で収束したことから，長期予測にはアルカリラッピングが必須であることがわかる．コンクリートプリズム試験では，温度を20，40，

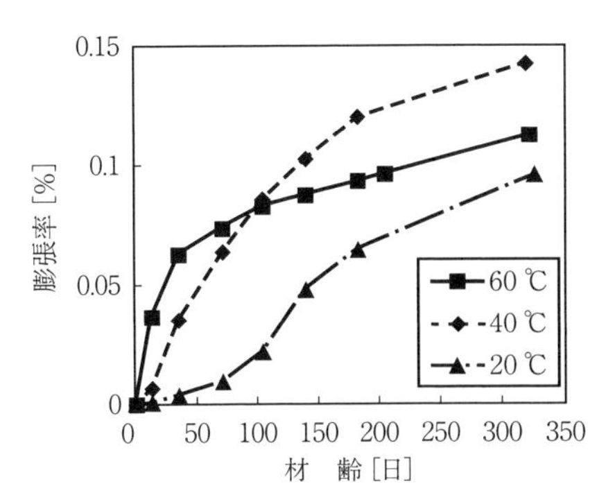

図5.9　急速膨張性の安山岩をペシマム混合率で含むコンクリートプリズム試験結果[5.23]

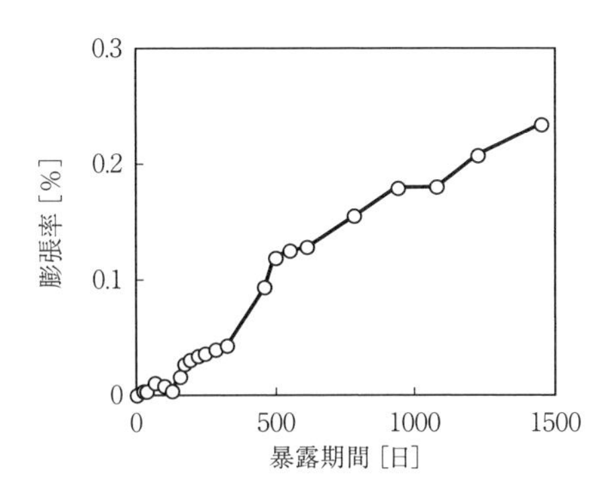

図5.10　福岡市における急速膨張性の安山岩をペシマム混合率で含むコンクリートブロック試験体の暴露試験による膨張挙動

60 ℃に，アルカリ量を3.0 kg/m^{3}とした．その結果を図5.9に示す．また，同じコンクリートにより40 × 40 × 60 cmのブロック試験体を福岡市にて屋外暴露した膨張挙動を図5.10に示す．膨張がみられるのが夏季に相当し，冬季は膨張が停滞している．

先の予測の例ではLarive式に近似したが，コンクリートプリズム試験の長期的試験結果では，膨張は収束せず，長期的に継続した．そこで，この傾向を表現できる次のBrunetaud式を用いる[5.24]．

$$\varepsilon_t = \varepsilon_\infty \frac{1 - \exp(-t/\tau_C)}{1 + \exp\{-(t - \tau_L)/\tau_C\}}\left(1 - \frac{\phi}{t + \delta}\right)$$

ここに，t：時間［日］，ε_t：時間tにおける膨張率［%］，ε_∞：漸近終局膨張率［%］，τ_C：特性時間［日］，τ_L：潜在時間［日］，ϕ，δ：経験定数［日］である．

60 ℃におけるコンクリートプリズム試験結果と回帰式を図5.11に示す．図から，Brunetaud式は実験結果を的確に表現できることがわかる．

図5.9の結果をBrunetaud式に回帰して*，各定数の温度依存性を求め，任意の温度による膨張予測を行う．この手順は図5.4と同じである．温度は福岡市

＊膨張曲線のフィッティングを行う際に最小二乗法が利用されるが，決定すべきパラメータ（未知数）の数に比べて材齢（データ）の数が少ないと収束が不安定となり，終局膨張率が大きく変動することに留意する必要がある．そこで，恣意的な要素を避けるために，反復操作の開始時に膨張曲線のパラメータを固定し，操作の回数を一定にそろえることが一部で行われている（たとえば，文献[5.25]）．なお，Brunetaud式にはLarive式に対する補正項（ϕ, δ）が付いており，付帯条件（$\phi < \delta$）が指定されているが，その物理的意味合いは不明である．

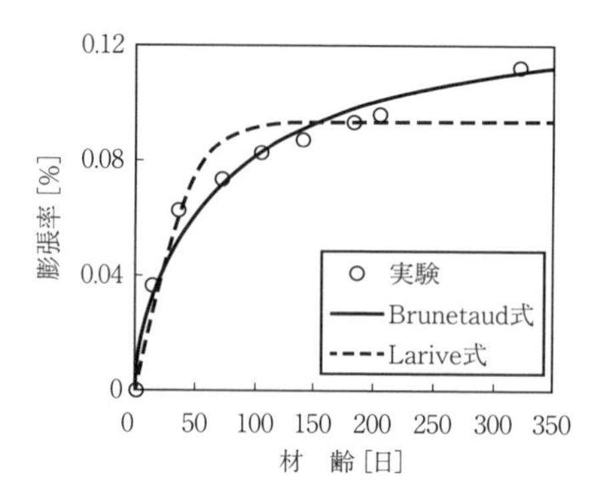

図5.11　60℃におけるコンクリートプリズム試験結果と回帰結果

気象台の日平均気温を用いた．また，ASR膨張は**湿度依存性**が強いため，降雨の影響を以下の異なる仮定で考慮した．

① 降水に関わらず，コンクリートプリズム試験と同条件（相対湿度 ≒ 100 %）で膨張が進行

①′ アルカリラッピングなしのデータに基づく①の条件での計算

② 降水量の日合計が3 mm以上の降水日のみ膨張が進行

③ 降水日のみASRによる膨張が進行

④ 降水日とその翌日にASRによる膨張が進行

暴露試験体の膨張率とともに各仮定に基づく計算結果を図5.12に示す．

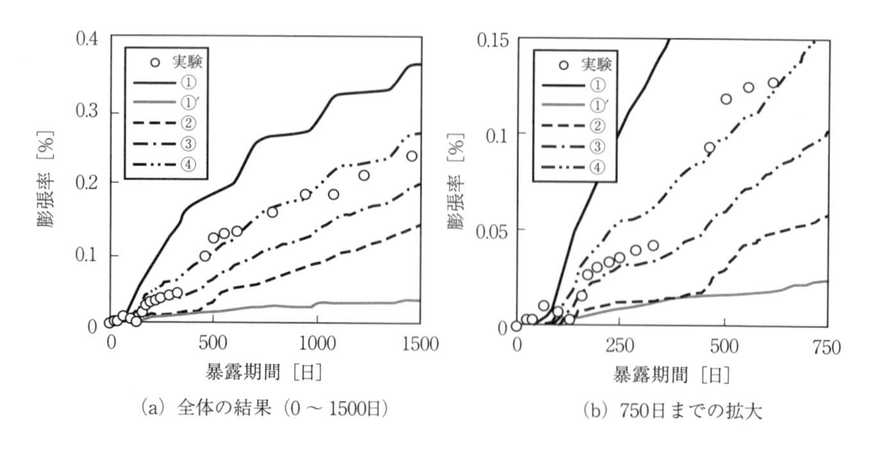

図5.12　膨張の計算結果

①は明らかに過剰な予測であり，乾燥の影響を受けている．③では過小な予測で，降水の影響はその中間にある．350日までは，降水日のみの膨張を仮定すると実験と計算は合致する．それ以降は，降水の影響がより長く続く．350日を過ぎたあたりで，膨張率が0.05 %を超過し，試験体表面にひび割れがみられるようになり，このひび割れが降水の影響をより長く保持した可能性がある．このように，単純にコンクリートプリズム試験の結果を温度換算するだけでは不足で，暴露環境の影響を加味する必要がある．

この手法は，新設だけにあてはまるのではない．既設構造物からのコンクリートコア試料の促進膨張試験を実施すると，アルカリ添加による促進はないが，温度による促進は可能である．促進倍率は低下するが，温度による促進倍率を考慮することで，実構造物で必要な供用期間における膨張挙動を予測できる．

(2) 混和材の効果のアルカリ総量への換算

北アメリカやRILEMの抑制対策では，混和材を用いるが，混和材自体の性能については別途規格で定めている．しかし，たとえばJIS規格を満足するII種の範疇のフライアッシュであってもASR抑制効果という点では相当に性能が異なり，表5.6のように単純化できるものではない．化学組成の影響については多少は考慮しているが，フライアッシュのASR抑制効果の本質は，粒度，ガラスの量，ガラスの組成から決まる反応性であり[5.26]，それらを無視した規格の有効性には限界がある．

この課題は，コンクリートプリズム試験によるコンクリートの性能試験で，実際に使用するフライアッシュの効果を確認することで回避できる．さらに，フライアッシュの詳細なキャラクターを，標準的な分析手法である蛍光X線分析による化学組成とXRD／リートベルト法による相組成，およびレーザ回折・散乱法による粒度分布の分析結果から求め，先進的水和モデルを使用すれば，空隙水のpHを推定できる．混和材の効果は，高炉スラグやフライアッシュなどの違いに関わらず，セメント混和材の水和で生成するC-S-Hの量とCa/Siモル比への影響で説明できる[5.27, 5.28]．

図5.13に，基本特性の測定と，水和モデルを用いて異なる種類と量の混和材を添加した場合の反応性骨材を含んだコンクリートの膨張比とC-S-HのCa/Siモル比の関係[5.27]を示す．両者には直線関係があり，混和材の種類や量によらず，統一的な考え方で，ASR膨張の機構が説明できる．

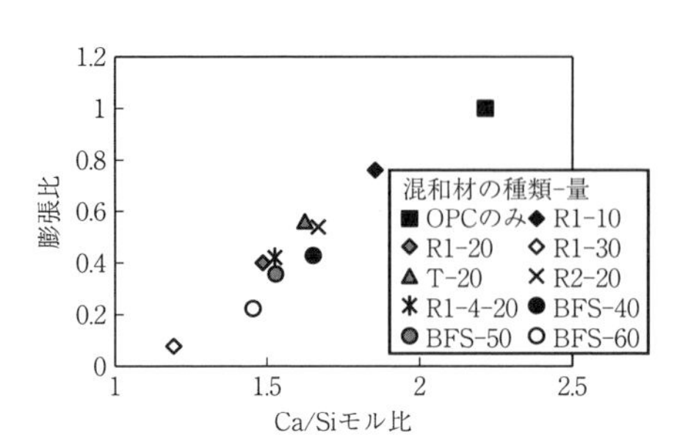

図5.13　C-S-HのCa/Siモル比と膨張比の関係　[川端雄一郎，山田一夫，松下博通：セメント系材料により生成される水和物の相組成とASR膨張抑制効果の関係，土木学会論文集E2（材料・コンクリート構造），Vol.69, No.4, pp.402–420, 2013.]

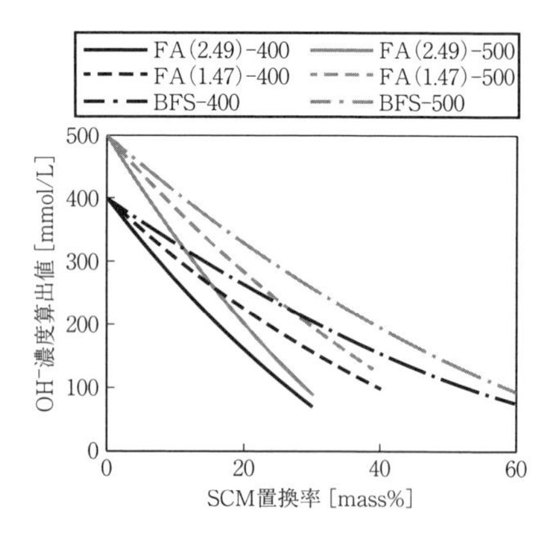

図5.14　SCM置換率とOH⁻濃度算出値の関係　[川端雄一郎，山田一夫：ASR膨張に及ぼす空隙水組成の推定値の修正とその影響に関する再考察，土木学会論文集E2（材料・コンクリート構造），Vol.71, No.3, pp.257–262, 2015.]

C-S-HのCa/Siモル比は，空隙水のCa^{2+}濃度で決まっており，Ca^{2+}濃度は，アルカリ濃度とも強い相関をもつ．セメントと混和材の基本特性を測定し，それぞれの水和率を計算すると，空隙水のOH^-濃度，すなわちpHを推定できる．空隙水のOH^-濃度は，アルカリ濃度により決定されるので，混和材の添加効果をコンクリートのアルカリ量に換算できる．

図5.14に，アルカリ固定能の異なるフライアッシュ2種類と高炉スラグを，異なるアルカリ量をもつセメントに添加した場合の空隙水のOH^-濃度を試算した結果[5.26]を示す．この図から，混和材添加がOH^-濃度をどのくらい低下させるかがわかる．コンクリートプリズム試験により，骨材が反応する最低アルカリ量がわかるので，そのアルカリ量をpHに換算すると，混和材を混合したコンクリートプリズム試験を実施することなく，ある骨材の反応性を抑制するために必要なpHを実現する混和材添加量を決めることができる．具体的な計算方法は，各論文を参照してほしい．

◇5.3.4　健全性評価への拡大

ここで述べたのは構造物の新設，既設を問わず，膨張挙動の予測であり，診断までである．本来は，ASR膨張がコンクリート構造物の機能ごとの性能に及ぼす影響の予測，構造物の**健全性評価**こそが最終目的である．この領域は本書の範囲を超えるが，今まさに国際的にも活動が開始している新領域であり，ASR膨張のモデル化，コンクリートの力学的特性への影響のモデル化，構造体としての影響度についてRILEMの新しい技術委員会[5.29]やJCIの新しい研究委員会[5.30]で検討されている．

図5.15にASR抑制対策の変遷と今後の方向性の概念を示す．まず，短期的展望として，現在の材料規定はASRが抑制できるかできないかという，いわばON/OFF型で画一的なものであるが，ここから，構造物のリスクに応じた材料規定へ移行されることが望まれる．そして，最終的には，構造設計にASR対応を盛り込んだASRの制御設計を実現していくべきである．

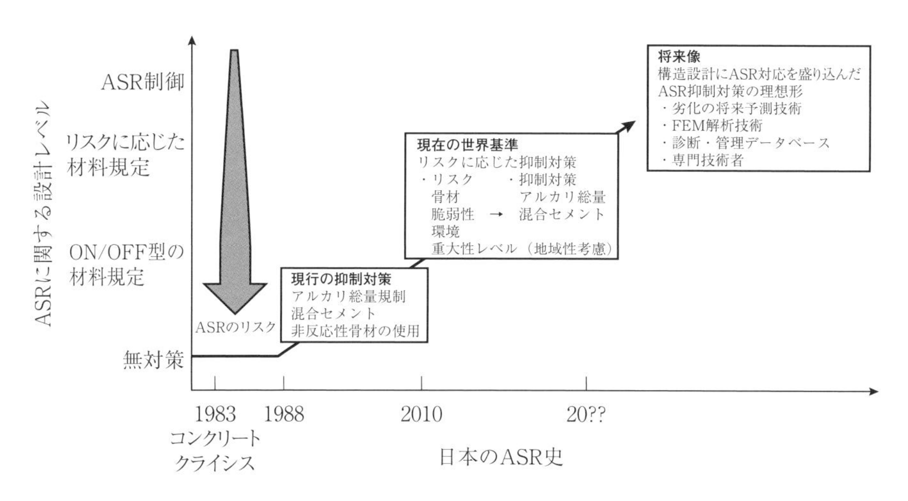

図5.15　日本におけるASR抑制対策の変遷と将来像　［ASR診断の現状とあるべき姿研究委員会：委員会報告書，日本コンクリート工学会，図-6.1.1，2014］

参考文献

［5.1］ P. Rocker, et al.:Linking new Australian alkali silica reactivity tests to world-wide performance data, Sanjayan, J. (editor), Proceedings of Concrete 2015, Melbourne, pp.502–513, 2015.

［5.2］ 建設省総合技術開発プロジェクト：コンクリートの耐久性向上技術の開発概要報告書，1988.

[5.3] K. Yamada, A. Tanaka, S. Oda, Y. Sagawa, S. Ogawa: Exact effect of temperature increase and alkali boosting in concrete prism test with alkali wrapping, 15th International Conference on Alkali Aggregate Reaction, 203, 2016.

[5.4] 中野眞木朗：原子力用コンクリートの反応性骨材の評価方法の提案，原子力安全基盤機構，JNES-RE-2013-2050，2014.2.

[5.5] CSA A23.2-27A: Standard practice to identify degree of alkali-reactivity of aggregates and to identify measures to avoid deleterious expansion in concrete, Canadian Standards Association, A23.2-09 CSA Standard test methods and standard practices for concrete, pp.371-384.

[5.6] M. D. A. Thomas, B. Fournier, K. J. Folliard: Selecting Measures to Prevent Deleterious Alkali-Silica Reaction in Concrete; Rationale for the AASHTO PP65 Prescriptive Approach, FHWA-HIF-13-002, 2012.10.

[5.7] 山田一夫，大迫政浩，小川彰一，佐川康貴，川端雄一郎：アルカリ骨材反応の抑制効果の評価方法と膨張予測の新しい考え方，土木学会年次学術講演会講演概要集，Vol.69，pp.961-962，2014.

[5.8] 山田一夫，川端雄一郎，小川彰一，丸山一平：原子力施設におけるアルカリ骨材反応の一考察，セメント・コンクリート論文集，Vol.68, pp.457-464, 2014.

[5.9] 川端雄一郎，山田一夫，松下博通：セメント系材料により生成される水和物の相組成とASR膨張抑制効果の関係，土木学会論文集E2，Vol.69，No.4，pp.402-420，2013.

[5.10] K. Yamada, Y. Sagawa, T. Nagase, S. Ogawa, Y. Kawabata, A. Tanaka：The importance of alkali-wrapping for CPT：15th International Conference on Alkali Aggregate Reaction, 84, 2016.

[5.11] J. Lindgård, P. J. Nixon, I. Borchers, B. Schouenborg, B. J. Wigum, M. Haugen, U. Akesson: The EU "PARTNER" Project-European standard tests to prevent alkali reactions in aggregates : Final results and recommendations, Cement and Concrete Research, Vol.40, pp.611-635, 2010.

[5.12] J. Lindgård, O. Andic-Cakir, I. Fernandes, T. F. Rønning, M. D. A. Thomas : Alkali-silica reaction (ASR): Literature review on parametes influencing laboratory performance testing, Cement and Concrete Research, Vol.42, pp.223-243, 2012.

[5.13] J. Lindgård, M. D. A Thomas, E. J. Sellevold, B. Pedersen, O. Andic-Cakir, H. Justnes, T. F. Rønning: Alkali-silica reaction (ASR)-performance testing: Influence of specimen pre-treatment, exposure conditions and prism size on alkali leaching and prism expansion, Cement and Concrete Research, Vol.43, pp.68-80, 2013.

[5.14] J. Lindgård, E. J. Sellevold, M. D. A. Thomas, B. Pedersen, H. Justnes, T. F. Rønning, : Alkali–silica reaction (ASR)–Performance testing : Influence of specimen pretreatment, exposure conditions and prism size on concrete porosity, moisture state and transport properties, Cement and Concrete Research, Vol.43, pp.145–167, 2013.

[5.15] ASR診断の現状とあるべき姿研究委員会：委員会報告書，日本コンクリート工学会，2014.7.

[5.16] 川端雄一郎，山田一夫，小川彰一，大迫政浩：促進膨張試験を用いたコンクリートのASR膨張予測に関する試み，コンクリート構造物の補修，補強，アップグレード論文報告集，Vol.13, 2013.

[5.17] C. Larive: Apports Combinés de l' Experimentation et de la Modelisation à la Comprehension de l' Alcali Reaction et de ses Effects Mecaniques, Laboratoire Central des Ponts et Chausses, France, 1998.

[5.18] B. Fournier et al.: Effect of environmental conditions on expansion in concrete due to alkali–silica reaction (ASR), Materials Characterization, Vol.60, pp.669–679, 2009.

[5.19] 川端雄一郎，山田一夫，小川彰一，佐川康貴：加速コンクリートプリズム試験を用いたASR膨張の簡易予測，セメント・コンクリート論文集，Vol.67, pp.449–455，2014.

[5.20] 烏田慎也，M. Isneini，山田一夫，大迫政浩，佐川康貴，濱田秀則，小川彰一：小型コンクリート供試体によるASR膨張挙動の評価，土木学会第68回年次学術講演会公演概要集，pp.1037–1038, 2013.

[5.21] 佐川康貴，山田一夫，烏田慎也，濱田秀則，江里口玲，小川彰一：ペシマム現象を生じる骨材を用いたコンクリートの暴露試験，コンクリート工学論文集，Vol.67, pp.449–455, 2014.

[5.22] 川端雄一郎，山田一夫，小川彰一，佐川康貴：アルカリラッピングしたコンクリートの促進膨張試験に基づく野外暴露コンクリートのASR膨張挙動の予測，セメント・コンクリート論文集，No. 69，pp.496–503，2015.

[5.23] Y. Kawabata, K. Yamada, S. Ogawa, R. P. Martin, Y. Sagawa, J. F. Seignol, F. Toutlemonde:Correlation between laboratory and field expansion of concrete–Prediction based on modified concrete expansion test, 15th International Conference on Alkali Aggregate Reaction, 23, 2016.

[5.24] X. Brunetaud, L. Divet, and D. Damidot:Delayed ettringite formation: Suggestion of a global mechanism in order to link previous hypotheses. In SP–222, V.M. Malhotra (editor), 7th CANMET/ACI International Conference on Recent Advances in Concrete Technology, pp.63–76, 2004.

[5.25] V. Saouma, L. Perotti: Constitutive model for alkali-aggregate reactions. ACI Materials Journal, Vol.103, No.3, pp.194–202, 2006.

[5.26] 高橋春香，山田一夫：ASR 抑制効果に影響を及ぼすフライアッシュキャラクターのSEM-EDS/EBSDによる解析コンクリート工学論文集，Vol.23, No.1, pp.1-8, 2012.
[5.27] 川端雄一郎，山田一夫，松下博通：セメント系材料により生成される水和物の相組成とASR膨張抑制効果の関係，土木学会論文集E2（材料・コンクリート構造），Vol.69, No.4, pp.402-420, 2013.
[5.28] 川端雄一郎，山田一夫：ASR膨張に及ぼす空隙水組成の推定値の修正とその影響に関する再考察，土木学会論文集E2（材料・コンクリート構造），Vol.71, No.3, pp.257-262, 2015.
[5.29] 山田一夫：RILEM TC 219-ACSの活動状況を考慮した今後のASR研究について，コンクリートテクノ，Vol.33, No.6, 2014.
[5.30] http://www.jci-net.or.jp/~tc152a/

第Ⅱ部　ASR診断に必要な基盤技術と専門知識

6章 ASRの作用機構

6.1 ASR膨張機構

◇6.1.1 ASRの基本

ASRは，原則として反応性鉱物，アルカリ，水の三つが存在してはじめて発生する（図6.1）．しかし，コンクリート内部ではこれらの要素が複雑に作用しており，マクロなASR膨張とミクロな現象が統一的に理解されていない部分もある．たとえば，これまでアルカリの供給源として主にセメントが考えられていたが，最近では凍結防止剤や海水からのアルカリ供給，骨材からのアルカリ溶出などが指摘されている．また，ペシマム現象のように，アルカリと反応性鉱物の量比などで膨張が決定する場合もある．ここでは，最新の情報をもとに，現状で理解されているASRの**作用機構**について記述する．

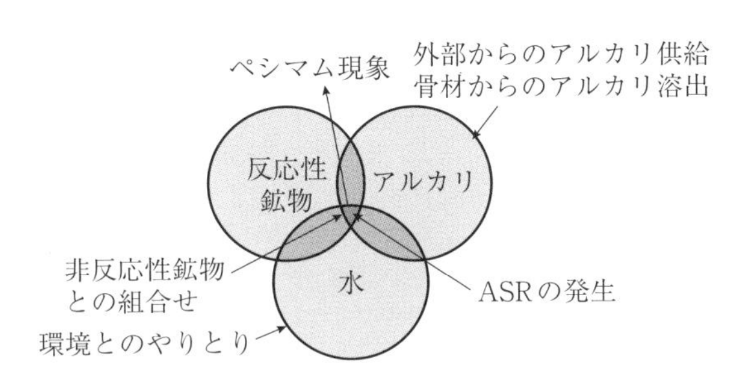

図6.1 ASRの3大主要因

(1) ASRの進行過程

アルカリシリカゲルの**生成過程**について説明する．反応性鉱物にはクリストバライト，トリディマイト，オパール，カルセドニー，隠微晶質石英，ガラスなどが挙げられる．これらの反応性鉱物は，以下のようにOH^-によって**シロキサン結合**が切断される[6.1]．

$$\text{-Si-O-Si-} + Na_{eq}^{+} + OH^{-} \rightarrow \text{-Si-O-}Na_{eq} + \text{H-O-Si-}$$

$$Na_{eq}^{+} + OH^{-} + \text{H-O-Si-} \rightarrow \text{-Si-O-}Na_{eq} + H_2O$$

アルカリシリケートはLiの場合を除いて吸湿性があり，アルカリイオン（Na_{eq}）が水和して膨張する．

$$\text{-Si-O-}Na_{eq} + nH_2O \rightarrow \text{-Si-O-}Na_{eq} \cdot nH_2O$$

ここに，nはシリケートアニオンの水和度である．シリカ表面のシラノール基がアルカリイオンにより中和されても十分なOH^-が液相中に存在すれば，さらに内部の -Si-O-Si- 結合が切断され，シリカの溶解が継続する．アルカリイオンは，骨材が反応して生成したアルカリシリカゲルやセメント水和物であるC-S-Hの遊離したシラノール基（$Si\text{-}O^-$），もしくはOH^-で -Si-O-Si- の結合が**加水分解**されて生成した**シラノール基**との相互作用によって，緩く吸着される*．アルカリシリカゲルは，生成時にはCaを含まないが，アルカリシリカゲルがひび割れを介してセメントペーストに流動するとともに，セメントペーストからCaがアルカリシリカゲルに拡散し[6.2]（図6.2），アルカリシリカゲルはCa濃度に応じて**脱水縮合**する[6.3]．

$$\text{-Si-O-}Na_{eq} \cdot nH_2O + Na_{eq} \cdot nH_2O\text{-O-Si-} + Ca(OH)_2$$

$$\rightarrow \text{-Si-O-Ca-O-Si-} + 2Na_{eq}^{+} + 2OH^{-} + 2nH_2O$$

このCaとアルカリの交換から，アルカリが空隙水に放出されることによってASRが継続的に進行する．ただし，ASR膨張が進み，アルカリシリカゲルが蓄積す

* シラノール基（Si-OH）は，アルカリ性ではHが解離して$Si\text{-}O^-$となる．この解離したシラノール基が負に帯電し，電気二重層を形成する．この負に帯電した電気二重層内に静電気的相互作用により，Na^+，K^+はバルク濃度よりも高濃度で存在する．アルカリシリカゲルとセメント水和物のC-S-Hは連続的に組成が変化する（6.1.3項(1)で詳述）．アルカリシリカゲルのCa/Siモル比とアルカリ吸着能力には逆相関性がある．セメント水和物からの$Ca(OH)_2$供給には限界があるので，反応性シリカ鉱物が十分ある通常の条件では，アルカリシリカゲルのアルカリとCaの交換にも限界がある．

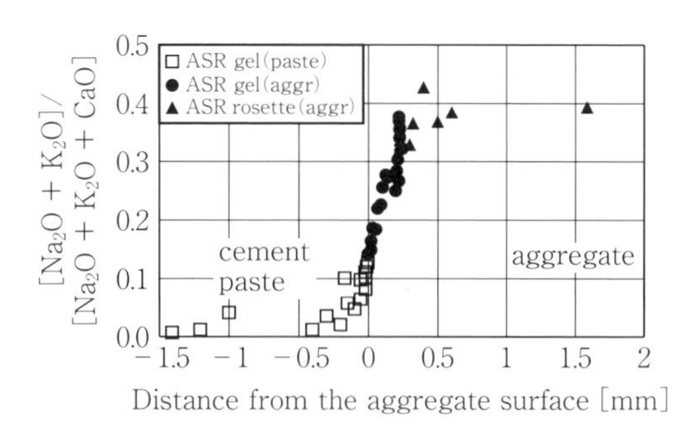

図6.2 骨材表面からの距離と[Na_2O + K_2O]/[Na_2O + K_2O + CaO]の関係 [T. Katayama: ASR gels and their crystalline phases in concrete–Universal products in alkali–silica, alkali–silicate and alkali–carbonate reactions, Proceedings of 14th International Conference on Alkali–Aggregate Reaction in Concrete, 030411-KATA-03, 2012.]

第II部 6 7 8 9 10

るとアルカリはアルカリシリカゲルのなかに蓄えられ，反応性鉱物の反応に寄与しなくなり，ほかからのアルカリの供給がなければASRの進行は収束する．

なお，ASRの生成物は通称としてアルカリシリカゲルと称しているが，実際にはコンクリート中ではゾルとして挙動する．セメントペーストなどへ流出し，流動性を失ったものをアルカリシリカゲルと称するのが正式である．

(2) アルカリシリカゲルの生成と膨張

図6.3は骨材の**反応率**と膨張率の関係[6.4]である．モルタル・コンクリートの膨張が骨材の反応に依存していることが理解できる．ここでは，さまざまな膨

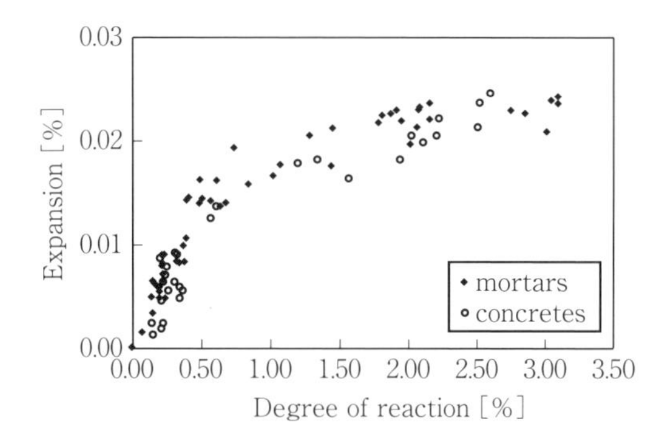

図6.3 骨材の反応率と膨張率の関係 [M. Ben Haha et al.: Relation of expansion due to alkali silica reaction to the degree of reaction measured by SEM image analysis, Cement and Concrete Research, Vol.37, pp.1206–1214, 2007.]

張説[6.5–6.8]のなかで，最新情報に基づき，ASR膨張について説明する．ASRの反応機構は，主にアルカリシリカゲルの生成過程と生成したアルカリシリカゲルの**吸水膨張**過程に大別できる．

まず，アルカリシリカゲルが，**マウンテナイト**（mountainite）組成（$Na_2O \cdot 0.5K_2O \cdot 2CaO \cdot 8SiO_2 \cdot 6.5H_2O$）であるとすると，アルカリシリカゲルの生成過程の化学反応式は以下のように記述できる[6.9]．

$$
\begin{aligned}
&16SiO_2 + 4NaOH + 2KOH + 4Ca(OH)_2 + 12H_2O \\
&\quad \rightarrow 2Na_2O \cdot K_2O \cdot 4CaO \cdot 16SiO_2 \cdot 13H_2O \\
&\quad = 2(Na_2O \cdot 0.5K_2O \cdot 2CaO \cdot 8SiO_2 \cdot 6.5H_2O)
\end{aligned}
$$

この式から計算すると，アルカリシリカゲルの生成によって約100 %の体積膨張が生じる．この式でCaは移動性成分として計算しているが，$Ca(OH)_2$の体積を考慮しても，約30 %の体積膨張を生じることとなる．なお，アルカリシリカゲルがカネマイト（kanemite）組成（$Na_2O \cdot 4SiO_2 \cdot 7H_2O$）で計算した場合には約150 %の体積膨張となるが，これまでのアルカリシリカゲルの組成分析結果ではアルカリシリカゲルは少なからずCaを含んでいるため*，カネマイト組成は現実的でない．

ASRの自由エネルギーと生成物の圧縮率によって**膨張圧**が計算できる[6.1]．化学反応を終了させるための圧力は，反応生成物のギブスの自由エネルギーの圧力依存性の計算で推定できる．圧力Pと標準温度T_0（= 298 K）におけるギブスの自由エネルギーは，モル体積$V(P, T_0)$，標準圧力P_0（= 1.013 × 10^5 Pa）での自由エネルギー$G(P_0, T_0)$で表現できる．

$$
\frac{\partial G(P, T_0)}{\partial P} = V(P, T_0)
$$

圧力は圧縮率κを用いて体積と関係付けられる．

$$
\kappa = -\frac{1}{V(P, T_0)} \frac{\partial V(P, T_0)}{\partial P}
$$

＊ ASRを発生させるコンクリート中の空隙水は，アルカリイオンが溶解した状態で$Ca(OH)_2$の溶解平衡に近いイオン組成となっている．このため，骨材内部に浸透する溶液には，アルカリ濃度に依存して1 mmol/L程度のCaイオンが含まれる．したがって，Caをまったく含まないアルカリシリカゲルの生成はないと考えられる．

積分すると，以下のようになる．

$$V(P, T_0) = V(P_0, T_0)\exp\{-\kappa(P - P_0)\}$$

これらの式を用いて積分すると，次式となる．

$$\int_{P_0}^{P} \frac{\partial G(P, T_0)}{\partial P} dP = G(P, T_0) - G(P_0, T_0)$$
$$= \frac{1}{\kappa} V(P_0, T_0)[1 - \exp\{-\kappa(P - P_0)\}]$$

このように，圧力Pにおけるギブスの自由エネルギーは，標準状態よりも$V(P_0, T_0)[1 - \exp\{-\kappa(P - P_0)\}]$だけ大きくなる．化学反応は，反応の自由エネルギー変化が0となる圧力P_Cで停止する．

$$-\Delta G(P_0, T_0) = \frac{1}{\kappa} V(P_0, T_0)[1 - \exp\{-\kappa(P_C - P_0)\}]$$

したがって，次式が成り立つ．

$$P_C = P_0 - \frac{1}{\kappa}\log\left\{1 + \frac{\kappa\Delta G(P_0, T_0)}{V(P_0, T_0)}\right\}$$

凝集された無機材料のκは$10^{-10} \sim 10^{-11}$ Pa^{-1}程度である．ここで，$\Delta G(P_0, T_0)/V(P_0, T_0) \ll 1/\kappa$とすると，$x$の値が十分に小さいとき$\log(1 + x) \fallingdotseq x$と近似できるので，次式となる．

$$P_C = P_0 - \frac{\Delta G(P_0, T_0)}{V(P_0, T_0)}$$

ここに，$-\Delta G(P_0, T_0)$，$V(P_0, T_0)$はそれぞれ標準圧力P_0と標準温度T_0で解放される自由エネルギーと生成物のモル体積である．反応の前に反応生成物を体積$V_0(T_0)$に圧縮するために必要な圧力P_Fは，次式のとおりである．

$$P_F = P_0 + \frac{1}{\kappa}\log\left\{\frac{V(P_0, T_0)}{V_0(T_0)}\right\}$$

生成物の体積を$V_0(T_0)$に固定すると，P_FがP_Cよりも小さいとき，化学反応は完了し，生成物によってもたらされる膨張圧の最大値はP_Fとなる．一方，

P_FがP_Cよりも大きいとき，反応は完了せず，最大値はP_Cとなる．

ここで，

$$2SiO_2 + 2NaOH + (n - 1)H_2O \rightarrow (Si_2O_5^{2-} \cdot 2Na^+) \cdot nH_2O$$

の化学反応から自由エネルギーを求めると，-87 kJ/molとなる．

$2SiO_2$のモル体積は$4.5 \sim 5.5 \times 10^{-5}$ m^3/molである．また，$Na_2Si_2O_5(H_2O)_{8.4}$の密度から，$V(P_0, T_0)$は2×10^{-4} m^3/molとなり，κは5×10^{-10} Pa^{-1}である．これらから，$P_C \fallingdotseq 4 \times 10^8$ Pa，$P_F = 2.8 \times 10^9$ Paと計算される．したがって，ASRによって発生する膨張圧の最大値は4×10^8 Paであり，これはコンクリートにひび割れを発生させるよりも2桁大きい．これはP（圧力）－T（温度）ダイヤグラムで常温における上式の左辺と右辺の圧力境界を読んでいることにほかならない．

次に，アルカリシリカゲルの吸水膨張過程について，アルカリシリケートゾルの**浸透圧**で説明する．一般に称されるアルカリシリカゲルをより詳しく説明すると，**流動性**の高いアルカリシリケートゾル（$SiO_2/(Na_2O + K_2O) = 3 \sim 4$）と，**粘性**の高いSiの多いアルカリシリカゲル（$SiO_2/(Na_2O + K_2O) < 8$）の2種類がある[6.2]．アルカリシリケートゾルの浸透圧ΔPは，次式で求めることができる．

$$\Delta P = -\frac{RT}{V} \times \log\frac{p_i}{p_0} = \frac{RT}{V} \times \log\frac{1}{RH}$$

ここに，R：ガス定数［J/(mol·K)］，T：温度［K］，V：液体のモル比容積［m^3/mol］，RH：相対湿度［%］である．

図6.4にアルカリシリケートの含水率と密度の関係[6.2]を示す．含水率が増加すると，密度は低下する．アルカリシリカゲルが粘弾性を示すのは，含水率40～65 %であり，そのときの密度は含水率40 %で1.4 g/cm^{3}である．また，アルカリシリカゲルがセメントペーストに流出せず，かつ適した弾性を保持して膨張圧を発揮するためには10^3 Pa·s以上の粘度が必要である[6.10]．図6.5にアルカリシリケートの含水率と粘度の関係を示す．SiO_2/Na_2Oモル比ごとに関係は異なるが，含水率が高くなると低粘度になる．また，アルカリが多いとより低粘度になる．図6.6にアルカリシリケートの含水率と平衡となる**相対湿度**の関係を示す．アルカリシリケートの含水率が高くなるほど平衡相対湿度は

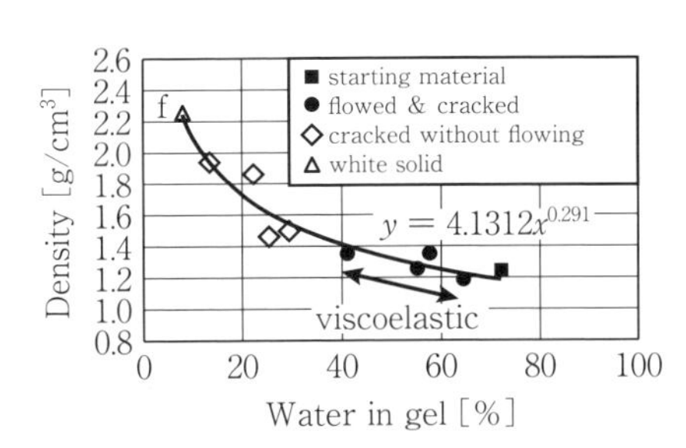

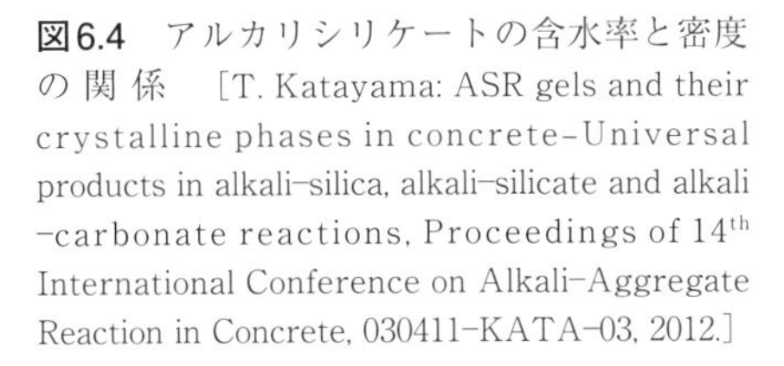
図6.4　アルカリシリケートの含水率と密度の関係　[T. Katayama: ASR gels and their crystalline phases in concrete-Universal products in alkali-silica, alkali-silicate and alkali-carbonate reactions, Proceedings of 14th International Conference on Alkali-Aggregate Reaction in Concrete, 030411-KATA-03, 2012.]

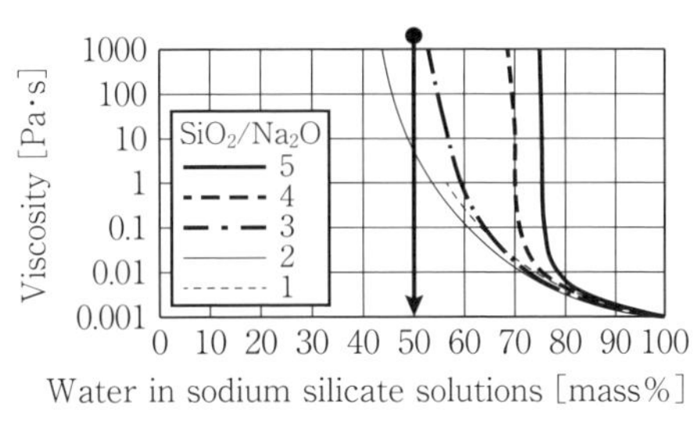

図6.5　アルカリシリケートの含水率と粘度の関係　[T. Katayama: ASR gels and their crystalline phases in concrete-Universal products in alkali-silica, alkali-silicate and alkali-carbonate reactions, Proceedings of 14th International Conference on Alkali-Aggregate Reaction in Concrete, 030411-KATA-03, 2012.]

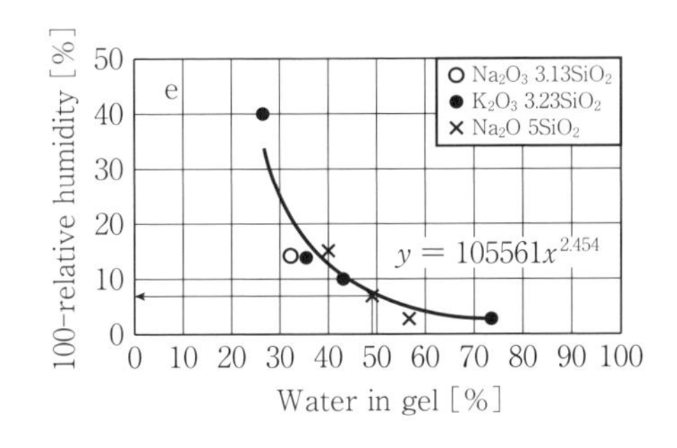

図6.6　アルカリシリケートの含水率と相対湿度の関係　[T. Katayama: ASR gels and their crystalline phases in concrete-Universal products in alkali-silica, alkali-silicate and alkali-carbonate reactions, Proceedings of 14th International Conference on Alkali-Aggregate Reaction in Concrete, 030411-KATA-03, 2012.]

100 %（図6.6の縦軸は100－相対湿度なので0 %）に近づく．具体的に浸透圧を求めてみる．アルカリシリカゲルの組成をSiO_2/Na_2 = 3とすると，図6.5からアルカリシリカゲルの粘度10^4 Pa·sで含水率が50 %となり，図6.6からアルカリシリカゲルの含水率が50 %のときの相対湿度は93 %となる．これを上式に代入すると，作用する浸透圧は約10 MPaとなる．

図6.7は，各反応性鉱物がASRを生じている例[6.11]である．鏡面研磨薄片のSEM観察によると，このような反応場では骨材からセメントペーストに向かって微細なひび割れが発達しており，反応性鉱物の周囲に生成物であるアルカ

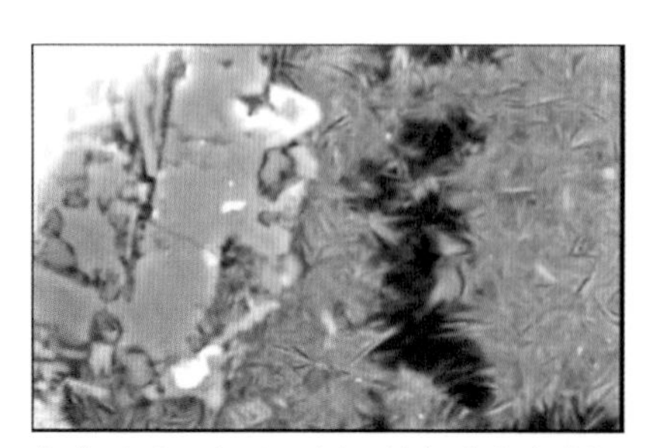

（a）クリストバライト（左）から生成したアルカリシリカゲルが変化したと考えられるロゼット（右）

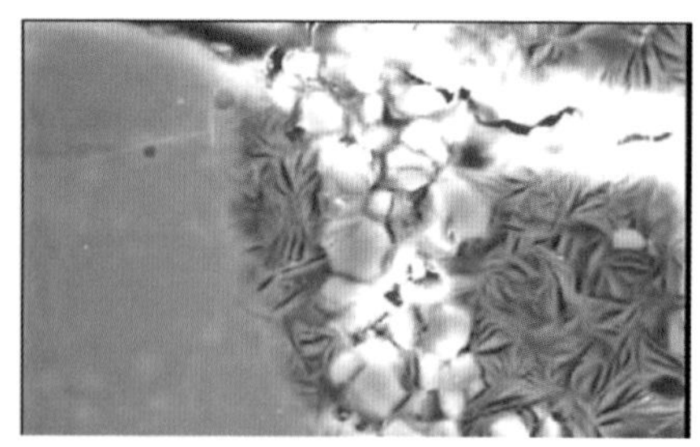

（b）隠微晶質石英（中央の多面体粒子）から生成したアルカリシリカゲル（左）とロゼット（右）

図6.7　反応性鉱物のASRによって生じた生成物　［T. Katayama: Late-expansive ASR in a 30-year old PC structure in Eastern Japan, Proceedings of 14th International Conference on Alkali-Aggregate Reaction in Concrete, 030411-KATA-05, 2012.］

リシリカゲルや**ロゼット**が確認される*1．とくに，ロゼットは**マウンテナイト－シュリコヴァイト**（shlykovite）*2固溶体を形成している鉱物である（6.1.3項(2)で詳述）．しかし，このロゼットの生成は膨張の原因ではなくASRの結果である．その理由は以下のとおりである．

アルカリシリカゲルのロゼット化をマウンテナイト組成で表現すると，次式となる[6.2]．

$$Na_2O \cdot 0.5K_2O \cdot 2CaO \cdot 8SiO_2 \cdot nH_2O$$
アルカリシリカゲル
$$\rightarrow Na_2O \cdot 0.5K_2O \cdot 2CaO \cdot 8SiO_2 \cdot 6.5H_2O + (n - 6.5)H_2O$$
マウンテナイト　　　　　　　　脱水

マウンテナイト組成のアルカリシリカゲルの密度は不明なため，Naシリケートと**カネマイト**組成で計算すると，次式となる．

$$Na_2O \cdot 4SiO_2 \cdot 11H_2O \rightarrow Na_2O \cdot 4SiO_2 \cdot 7H_2O + 4H_2O$$
アルカリシリカゲル（含水率40 %）　　カネマイト　　脱水

＊1　アルカリシリカゲルは，ゲルという名称のとおり非晶質であるが，何らかの原因で結晶化することがあり，これがロゼット状となるので，再結晶化物をロゼットと称する．図6.7(b)では，左のアルカリシリカゲルが連続的にロゼットに変化している様子がわかる．

＊2　マウンテナイト：$KNa_2Ca_2[Si_8O_9(OH)] \cdot 6H_2O$－シュリコヴァイト：$KCaSi_4O_9OH \cdot 3H_2O$

このとき，図6.4を参考に，Naシリケートの含水率および密度を，それぞれ40 %，1.4 g/cm^{3}とすると，カネマイトの密度は1.93 g/cm^{3}なので，−38 %の体積収縮となる．したがって，アルカリシリカゲルのロゼット化は膨張には寄与しない．

ASR膨張の発生源について，いまだに議論がある．これまでの観察結果によれば，アルカリシリカゲルは骨材自身に元来存在する粒界や脈の一部に生成し，周囲の鉱物がアルカリシリケートの拡散を遮蔽することで，骨材内部に膨張圧が蓄積する[6.9, 6.12]．骨材中のアルカリシリカゲルの生成は必ずしも表面で発生するのではなく，骨材中の粒界や微細なひび割れを通じて水溶液が浸入し，かつその場所に反応性鉱物が存在する場合にはじまる．したがって，緻密な骨材の場合は周囲の鉱物で反力を取る[6.9]．SiO_2/Na_2O_{eq}比が高いアルカリシリカゲルは粘性が高く，系外に出ずに骨材内で膨張圧を発生している可能性もある．実際に，遅延膨張性骨材などで反応リムがみられることは少なく，骨材からセメントペーストに向けてひび割れが進展している事例が多い．

一方，人工的に表面に緻密な反応リム（C−S−H）を生成させたガラスをNaOHで反応させたときにガラス粒子に発生するひび割れから，反応リムが膨張圧の蓄積源となるという指摘もある[6.1]．

セメント硬化体は多孔質材料であり，アルカリシリカゲルは一定の粘度をもつ流体である．したがって，アルカリシリカゲルはひび割れや空隙などを介して流動することで，その膨張圧が緩和される．また，アルカリシリカゲルのアルカリはセメントペーストのCaと交換され（図6.2），膨張性を失う．これらの要因によって，骨材の反応率とモルタルもしくはコンクリートの膨張率の関係は非線形となる（図6.3）．また，この関係は骨材種類，配合，環境条件により変化する．

◇6.1.2 ACRおよびASLR

これまで，アルカリ骨材反応には3種類が存在するとされ，**アルカリ炭酸塩反応**（ACR）および**アルカリシリケート反応**（ASLR）はASRとは異なるものとされてきた．しかし，これらは**隠微晶質石英**のASRであることが明らかにされ[6.9, 6.13, 6.14]，すべてASRに帰結することが証明されている．ここでは，その概要について記載する．

(1) ACR

ACRは，カナダのオンタリオ州において異常膨張を生じたコンクリートの調査から，苦灰岩質石灰岩中の苦灰石（ドロマイト）の**脱ドロマイト反応**（dedolomitization）により膨張にいたると信じられていた．しかし，炭酸塩骨材は高い複屈折率をもつ細粒な組織であるため，これまでの岩石学的評価を含む方法論では反応性鉱物の同定に不確実な部分があり，議論の余地が多く残っていた[6.9]．脱ドロマイト反応は次式で表される．

$$CaMg(CO_3)_2 + 2Na_{eq}OH + H_2O \rightarrow Na_{eq2}CO_3 + Mg(OH)_2 + CaCO_3$$
$$Na_{eq2}CO_3 + Ca(OH)_2 \rightarrow 2Na_{eq}OH + CaCO_3$$

苦灰石は，アルカリと反応し，**ブルーサイト**（$Mg(OH)_2$）と方解石（$CaCO_3$）を生成する．NaOH，Na_2CO_3が水溶性であることを考慮すると，上記の反応は体積減少を生じる反応である．また，**カーボネートハロ**やブルーサイトの生成によってひび割れは生じておらず，実際には膨張には寄与していないことがわかる（図6.8(a)）．ただし，脱ドロマイト反応に伴って多孔化した組織により物質移動が容易になる（図(b)）．また，炭酸塩骨材からセメントペーストへ進展するひび割れにはアルカリシリカゲルが充填している（図(c)）．さらに，ASRと脱ドロマイト反応が進行すると，ブルーサイトはアルカリシリカゲルと反応し，非膨張性の**Mgシリケートゲル**を生成する（図(d)）．

また，これまで，ACRは以下の点でASRの特徴と異なるとされ，区別されてきた．

① 反応リムが骨材に認められない．
② 低アルカリ濃度で膨張を生じる．
③ 粗骨材でより大きな膨張を生じる．
④ 抑制剤が機能しない．

しかし，これらはそれぞれ以下の点でASRと共通であるため，ACRの膨張原因はASRと同一である[6.9]．

① 石灰石骨材に含まれる隠微晶質石英および微小質石英は非常に少なく，かつ不均質に存在しているため，明らかな反応リムを形成しない．これは，遅延膨張性骨材にも共通している．このため，遅延膨張性骨材についてもASLRという誤解を生じたことがある（6.1.2項(2)で詳述）．また，ACRを生じたコンクリートプリズムや現場のコンクリートの粗骨材粒子には，

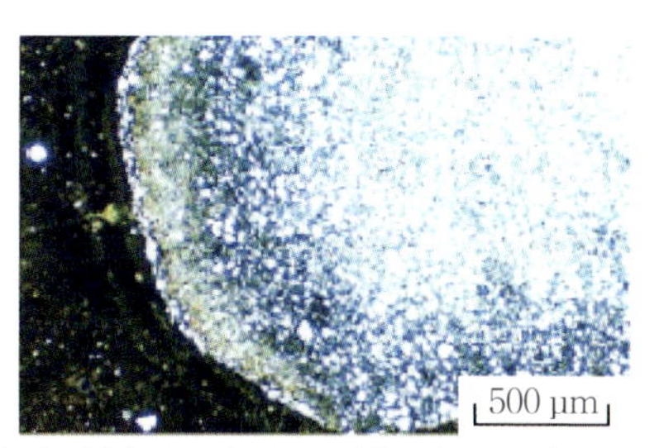

（a）反応リムとカーボネートハロ（セメントペースト部にひび割れなし）

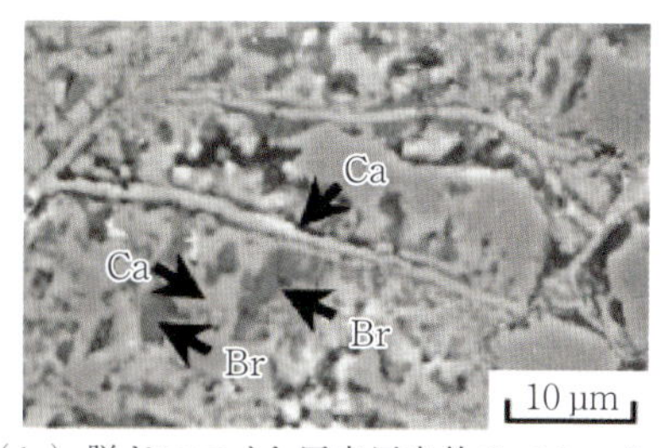

（b）脱ドロマイト反応反応後のブルーサイト（Br）と方解石（Ca）の生成状況

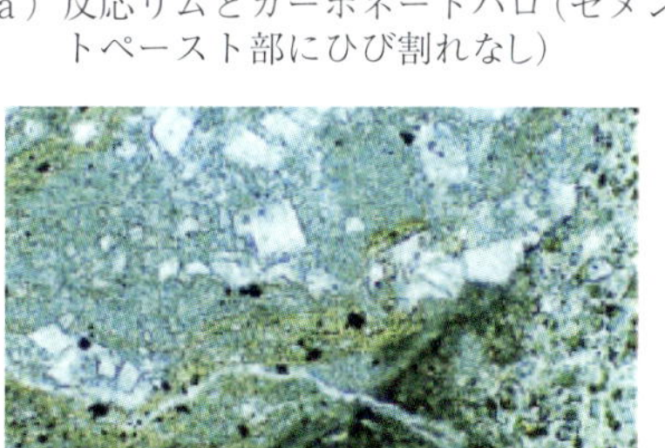

（c）粘土質を含む苦灰岩質石灰岩のひび割れと アルカリシリカゲルの充填

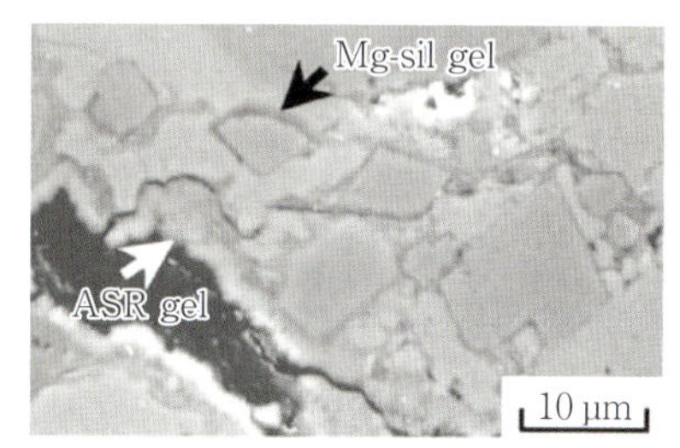

（d）ひび割れを充填する アルカリシリカゲルと Mgシリケートゲルの生成状況

図6.8 ACRを生じたコンクリートの薄片観察およびSEM観察例 ［T. Katayama: How to identify carbonate rock reactions in concrete, Materials Characterization, Vol.53, pp.85–104, 2004.］

反応リムが認められる場合もある．したがって，反応リムが認められないのはACRの特徴ではなく，遅延膨張性骨材のASRの場合にも共通している．

② ACRは，ASRよりも少ないアルカリ総量で膨張すると考えられている場合がある．たとえば，ACRでは，コンクリートプリズム試験にて1.2 kg/m^{3}程度で膨張した事例もある．しかし，最近知られているASRの事例でもこの程度のアルカリ総量で劣化した事例が報告されている．たとえば，実際には配合ペシマムで3.0 kg/m^{3}以下で劣化した事例がある．また，遅延膨張性骨材を使用したコンクリートブロックの長期暴露試験によれば，1.9 kg/m^{3}で膨張した事例もある．これらを考慮すると，ACRがASRよりも少ないアルカリ総量で膨張するという指摘は過去のものであり，近年のASRに関する知見では，ACRもしくはASRが発生するアルカリ総量にはほぼ差がないと考えられる．また，緻密な組織であるチャートやフリントと比較して苦灰岩質石灰岩中の隠微晶質石英の反応速度が早いのは，脱ド

ロマイト反応により組織が多孔化し，アルカリの供給速度が増加するためである．

③ ACRでは，骨材粒子が大きいほど膨張率が大きい．モルタルバーでは膨張率が小さいが，コンクリートでは有害な膨張を示す．一方，ASRについても骨材寸法によるペシマム現象が生じる（**粒径ペシマム**）．これは，不均質組織である骨材の粉砕・分級の際に反応性鉱物が分離されたためである可能性が高い．また，反応性骨材粒子が小さいと，アルカリシリケートが早期にCaとイオン交換したり，空隙水に溶解し，膨張圧を生じることなく逸散する場合もある．粒子が大きいと，骨材内にてアルカリシリケートが保たれた状態となり，長期的に膨張を生じる．これはモルタルバー法では再現できないACRをコンクリートプリズム試験で再現できることと整合している．

④ ACRでは，ASRにおいて有効とされるポゾランやスラグといった**混和材**，また**リチウム塩**の効果が期待できない場合がある．ポゾランやスラグなどの混和材のASR抑制対策機構は主に空隙水のpHの低減である．しかし，ACRでは低アルカリ濃度で膨張を生じるため，隠微晶質石英が反応できるだけのアルカリ濃度が残存すれば，十分に反応は進行する．このため，混和材のASR抑制効果はASRと比較して低下する．ただし，適切な品質および量を混和することで抑制効果がある．リチウム塩はアルカリシリカゲルとLiのイオン交換により結晶性のLiシリケートに改質することで，骨材界面などにアルカリイオンの拡散障壁を生成し，ASR抑制対策に寄与する．しかし，ACRの場合は粗骨材内部にてアルカリシリカゲルが貯留される．このため，拡散が非常に緩慢なLiは骨材内部まで浸透するのに長時間を要し，アルカリシリカゲルの改質および拡散障壁の生成が十分になされず，ASR抑制効果が低下する．

このように，ACR特有とされてきた特徴はASRと共通しているものである．また，偏光顕微鏡では観察できない隠微晶質石英のASR反応によって膨張していることからも，ACRはASRの一種であることがわかる．

これまでにACRの機構やASRとの相違点に関して20以上の説が提唱されており，論争が絶えなかったが，最近，カナダのオンタリオ州の当事者間で意見の一致をみるようになった[6.15, 6.16]．

(2) ASLR

ASLRについては，カナダのノバスコシア州で産出する硬砂岩，粘板岩，千枚岩などが異常膨張現象を生じる現象の発見[6.17–6.21]に端を発する．当時，その劣化機構に関する検討がなされ，劣化を生じた骨材はいずれも反応性鉱物が検出されないこと，反応リムが認められない場合があること，遅延膨張性があって長期的に膨張が進行することという特徴をもち，それまでのASRとは異なるものと考えられていた．これらの骨材をアルカリ溶液中に浸漬すると，層状構造をもつ粘土鉱物の**バーミキュライト**の基底格子面間隔が10 Åから12.6 Åに変化したことがXRD分析により確認され，これが異常膨張の原因であると推測した[6.17–6.20]．この劣化は，上記のような**フィロシリケート***の膨張事例であると信じられたことから，当時はASLRと呼ばれた．しかし，その後，反応の痕跡が認められる粘板岩，シルト岩は隠微晶質石英や微晶質石英を含んでおり，これらにアルカリシリカゲルが生じていることが示された[6.21]．

図6.9に示すASLRが生じたコンクリート中の骨材のSEM観察例では，アルカリシリカゲルと近接する**黒雲母**や**白雲母**，**緑泥石**などのフィロシリケートに反応などの痕跡は認められず，ASLRも**隠微晶質石英**が原因である[6.2]．アメリカやヨーロッパでは，50 mm角のような均一に薄く鏡面研磨するのが難しい大型薄片を偏光顕微鏡観察に用いることが多かったため，とくに微細な結晶組織が重なった状態となり，微細な隠微晶質石英が見落とされてきた可能性がある[6.9]．これらの経緯から，ASLRについても現在ではASRの一種であることがわかっている[6.2, 6.21, 6.22]．

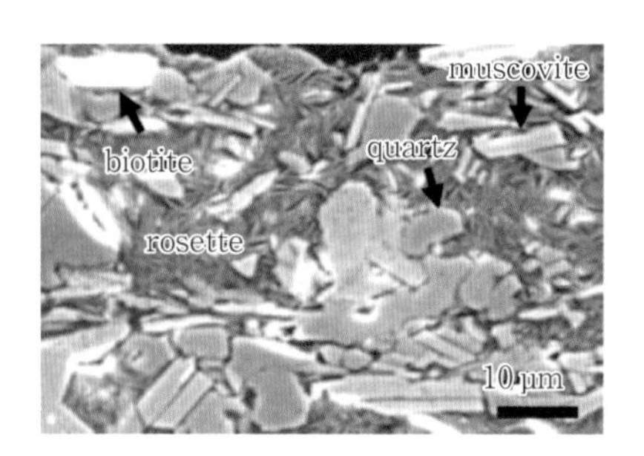

図6.9 ASLRが生じたコンクリート中の骨材のSEM観察例 ［T. Katayama: Late-expansive ASR in a 30-year old PC structure in Eastern Japan, Proceedings of 14th International Conference on Alkali-Aggregate Reaction in Concrete, 030411-KATA-05, 2012.］

＊SiO_2が三つのOを共有して，2次元層状構造をもつ珪酸塩．

第II部 6 7 8 9 10

◇6.1.3　アルカリシリカゲルの組成

アルカリシリカゲルの**組成**については，長年にわたって研究されてきた．XRD分析やSEM観察による結果では，アルカリシリカゲルは規則性の悪い層状構造となっており，**固体NMR**を用いた研究*では，Q^3が支配的な構造をしているとされる[6.23]．アルカリシリカゲルはQ^3を主体とした構造で，水和したNaシリケートの層状構造である**カネマイト**に類似した構造と考えられることが多いが，実際の構造はさらに複雑である[6.24]．セメントペースト近傍や空隙中に存在するアルカリシリカゲルはセメントペースト由来のCaと置換して，C－S－Hゲルに類似した組成を示すが，骨材中のアルカリ量の高いアルカリシリカゲルは，Caでアルカリを置換すれば，従来知られている**オケナイト**（okenite）（$CaSi_2O_52H_2O$）の組成が得られる．このように，アルカリシリカゲルの組成は多様であり，統一的な見解が得られていなかった．

(1)　Ca/Siモル比－Ca/(Na＋K)モル比組成図

近年，精度の高いアルカリシリカゲルの定量分析と総合的な解釈から，アルカリシリカゲルの本質が明らかになってきた[6.2, 6.9, 6.11]．アルカリシリカゲルのCa/Siモル比，Ca/(Na＋K)モル比は反応性骨材内部のひび割れ中が最も低い値であり，セメントペーストに近づくにつれて高くなる[6.25]．これは同時にコンクリート中におけるASRの進展の程度も示している．また，CaOがアルカリシリカゲルのNa_2O，K_2Oを置換するため，コンクリート中のひび割れ発達の状況証拠から考えて，Ca/(Na＋K)モル比の大きいアルカリシリカゲルは非膨張性である．また，アルカリシリカゲルの**組成変化**の過程を示す組成線は大きく三つに分類できることもわかった[6.9, 6.26–6.28]．

表6.1に野外コンクリート中における3種類のアルカリシリカゲルの特徴を示し，以下にそれらの詳細を記載する．アルカリシリカゲルの**Ca/Siモル比－Ca/(Na＋K)モル比組成図**を用いることで，微視的観点からの将来的なASR進行の可能性を評価することができる．

■タイプⅠ　Ca/Siモル比－Ca/(Na＋K)モル比組成図において，タイプⅠ

＊固体核磁気共鳴（nuclear magnetic resonance：NMR）による^{27}Alや^{29}Siの分析が進んでいる．^{29}Si MAS-NMRを用いて化学シフトを測定すると，Siに結合している四つの酸素のうちの架橋酸素の数nをQ^nとして得ることができる．Q^0は単量体，Q^1は鎖端，Q^2は鎖中，Q^3は分岐鎖，Q^4は網目状を示す．一般に，未水和セメントはQ^0，C－S－HはQ^1とQ^2からなり，低Ca/Siモル比のC－S－HほどQ^2/Q^1が大きくなる．^{27}Alについては，Caアルミネート相，C－S－H中のSiとの同形置換の有無やその程度を評価できる．

表6.1 アルカリシリカゲルの特徴と組成変化のASRの状況[6.11, 6.26–6.28]

	特 徴	ASRの状況
タイプ Ⅰ	1本のアルカリシリカゲルの組成線となる．収斂点でC－S－Hと平衡となる．	Caが多いアルカリシリカゲルの場合，ASRが収束傾向にある．
タイプ Ⅱ	2本の平行なアルカリシリカゲルの組成線が検出される．	ひび割れに沿って凍結融解，炭酸化の影響を受けている．
タイプ Ⅲ	Ca/(Na + K) モル比軸に平行になる組成のアルカリシリカゲルが検出される（変曲点の出現）．	C－S－Hの炭酸化，アルカリシリカゲルからのアルカリ溶脱が顕著である．

ではアルカリシリカゲルの組成は1本の線で表される．図6.10(a)の例では，セメント鉱物であるエーライト（Ca/Siモル比 = 3.0），ビーライト（Ca/Siモル比 = 2.0）は水和に伴って**収斂点**（convergent point）となるCa/Siモル比が1.8前後のC－S－Hの組成に近づいていく．アルカリシリカゲルは，骨材内部のひび割れではCa/(Na + K)モル比が非常に小さく，骨材からセメントペーストにつながるひび割れを通じて，セメントペースト方向へCa置換しながら移動する．最終的には，C－S－Hと平衡に達したCa/Siモル比 = 1.8，Ca/(Na + K)モル比 = 100前後の収斂点に収束する．一方，ASRが収束傾向にある場合，アルカリシリカゲルとCaのイオン交換が進行するため，図(b)に示すように，Ca/Siモル比が1.2と小さくなり，またCa/(Na + K)モル比が100～1000と非常に大きな値を示すようになり，アルカリシリカゲルはCaの多い**非膨張性**のアルカリシリカゲルに変化する．通常は収斂点のCa/Siモル比は1.5～1.6である*[6.2, 6.11, 6.26, 6.28]．コンクリートプリズムの試験体では反応が途上のため[6.27]，アルカリシリカゲルの組成線のCaの多い側の終点は収斂点に達せず，遠く隔たっている．

■**タイプⅡ**　Ca/Siモル比－Ca/(Na + K)モル比組成図において，タイプⅡではアルカリシリカゲルの組成は2本の線で表される（図6.10(c)，(d)）．タイプⅡの組成はASRと**凍結融解**，**炭酸化**の影響を強く受けたコンクリートに認められる．2本の線の違いは，凍結融解によりひび割れに沿って風化が進行したものと，ひび割れから離れた風化していない部分で組成が異なることを示す．風化していない部分のCa/(Na + K)モル比が1～100程度であるのに対

*何らかのシリカ源からC－S－Hを合成すると，Ca/Siモル比は1.6までのものしかできないことと符合する点は興味深い．

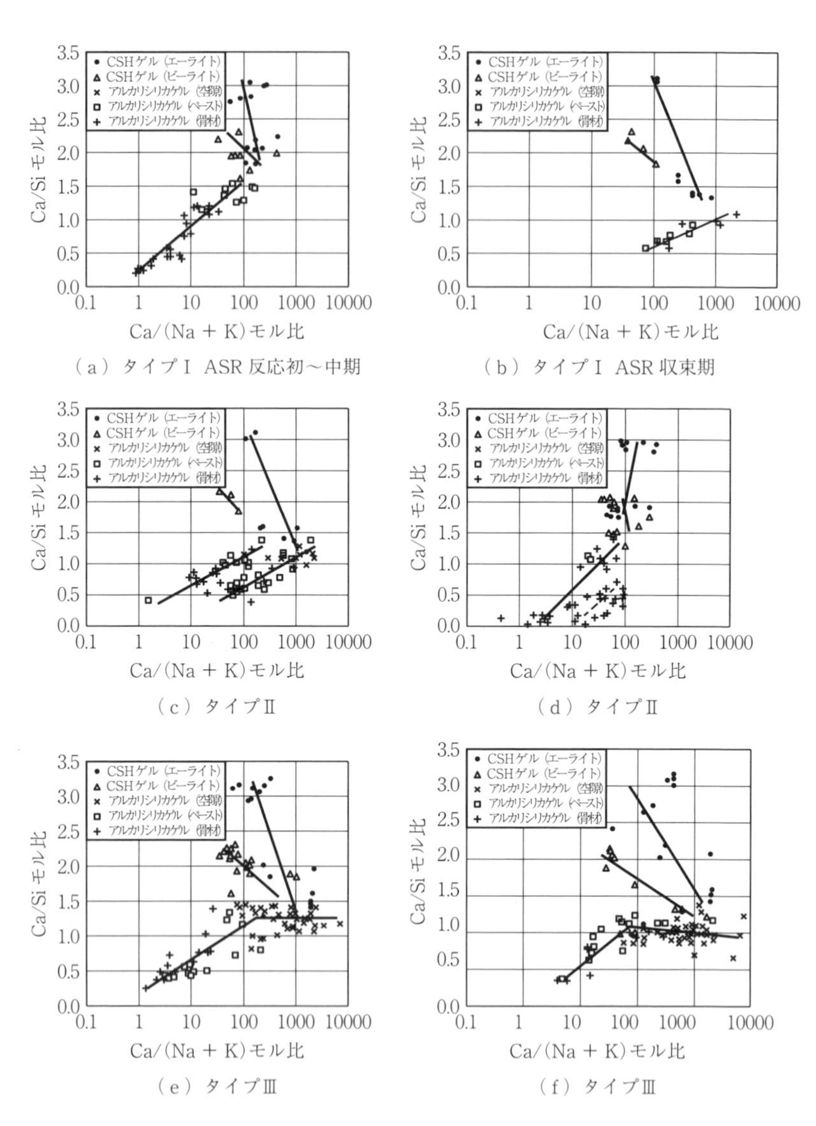

図6.10　野外コンクリート中のアルカリシリカゲルのCa/Siモル比－Ca/(Na + K)モル比の関係［T. Katayama: ASR gel in concrete subject to freeze-thaw cycles-Comparison between laboratory and field concrete from Newfoundland, Canada, Proc. 13th Int. Conf. on Alkali-Aggregate-Reaction in Concrete, Trondheim, Norway, pp.174-183, 2008., T. Katayama: Diagnosis of alkali-aggregate reaction-polarizing microscopy and SEM-EDS analysis, Castro-Borges et al. (eds) Concrete under Severe Conditions, pp.19-34, 2010.］

して，風化が進行した部分のCa/(Na + K)モル比は100 ～ 1000程度となり，Caの多い非膨張性のアルカリシリカゲルとなる．収斂点のCa/Siモル比も1.2 ～ 1.3程度と小さくなる．

■**タイプⅢ**　タイプⅢでは，タイプⅠで表されるアルカリシリカゲルの斜線に加えて，Ca/Siモル比が変化せず，Ca/(Na + K)モル比が100 ～ 10000程度を取る多様な組成を示し，Ca/(Na + K)モル比軸に平行になる線が現れる（図6.10(e)，(f)）．このとき，タイプⅠの収斂点に相当する変曲点（deflection point）はCa/Siモル比が1.0 ～ 1.2を，Ca/(Na + K)モル比が100程度の値を示す．Ca/(Na + K)モル比軸に平行になる線は，C－S－Hの**炭酸化**やアルカリシリカゲルからの**アルカリ溶脱**などによって生じたものである．このような

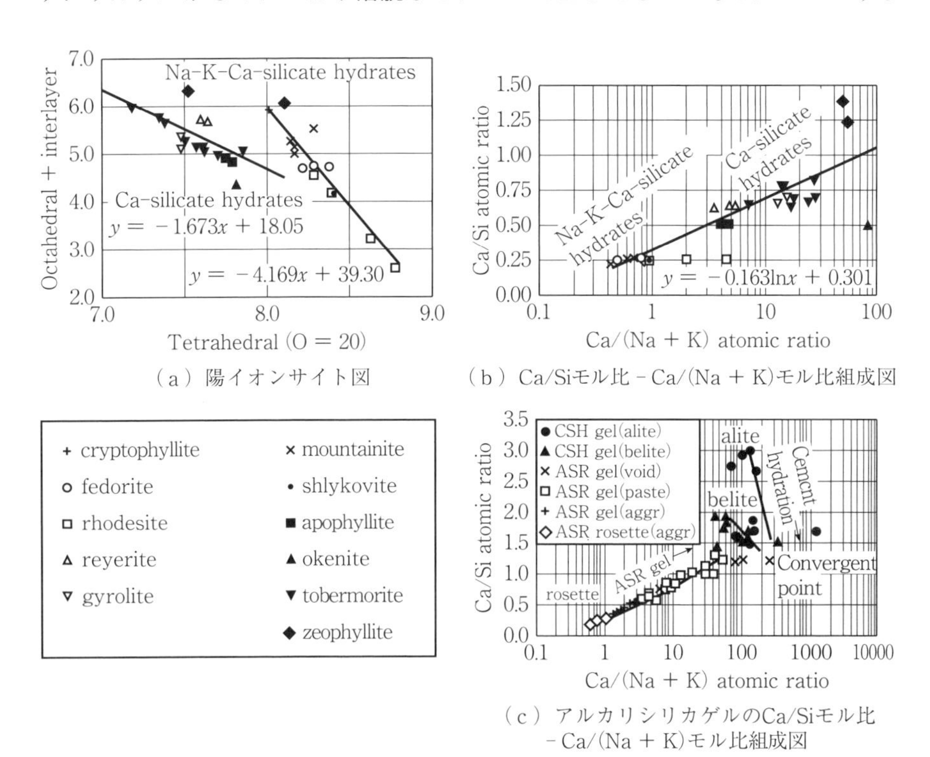

図6.11　鉱物とアルカリシリカゲルの陽イオンサイト図とCa/Siモル比－Ca/(Na + K)モル比組成図　[T. Katayama: ASR gels and their crystalline phases in concrete–Universal products in alkali–silica, alkali–silicate and alkali–carbonate reactions, Proceedings of 14th International Conference on Alkali–Aggregate Reaction in Concrete, 030411–KATA–03, 2012.]

コンクリートは，顕著な風化状態や二次的方解石生成がセメントペーストのひび割れや骨材界面の炭酸化部に認められる状態である．また，セメント鉱物のエーライトとビーライトも水和と炭酸化が進行して，最終的には生成したC-S-HのCa/Siモル比が1.3程度にまで低下する．ACRの場合も同様である．

(2) 陽イオンサイト組成図

従来，アルカリシリカゲルが結晶化している状況がしばしば確認されてきたが，ロゼットと天然鉱物の対応は不明確であった．天然に産出する**Na-K-Caシリケート水和物**や**Caシリケート水和物**について，酸素数を20とし，四面体に入る陽イオン数（Si，Al，S）と八面体と層間に入る陽イオン数（Ca，Mg，Fe，Ti，Mn，Na，K）を整理した結果[6.2]を図6.11(a)に示す．これらの鉱物をCa/Siモル比-Ca/(Na + K)モル比図に表すと（図(b)），典型的なアルカリシリカゲルの組成図（図(c)）と共通する．

図6.12に示すように，ロゼットは，急速膨張性や遅延膨張性，ACRやASLRなどのAARの種類に関係なく，ほとんどがクリプトフィライト（cryptophyllite）-レイエライト（reyerite）-ロデサイト（rhodesite）*三角図のなかのうち，**マウンテナイト-シュリコヴァイト**を結ぶ線上に表される．これらの結果から，ロゼットはマウンテナイト-シュリコヴァイト固溶体であることがわかる．また，風化の影響を受けたコンクリート（図6.13）では，ロゼ

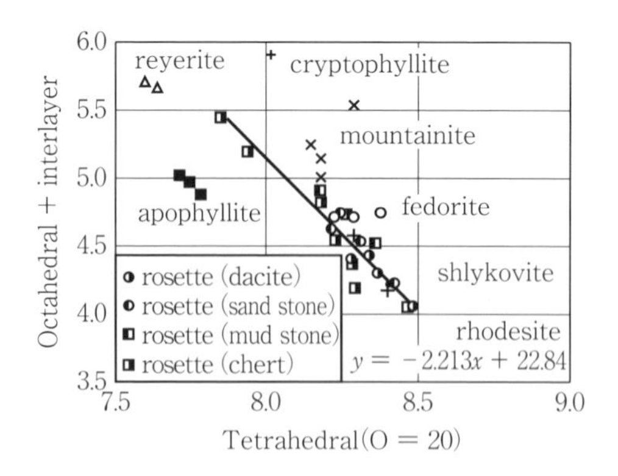

図6.12　ロゼットと天然鉱物の陽イオンサイト図の比較　［T. Katayama: Late-expansive ASR in a 30 year old PC structure in Eastern Japan, Proceedings of 14th International Conference on Alkali-Aggregate Reaction in Concrete, 030411-KATA-05, 2012.］

* クリプトフィライト：$K_2Ca[Si_4O_{10}]\cdot 5H_2O$ - レイエライト：$(Na, K)_2Ca_{14}Al_2Si_{22}(OH)_8\cdot 6H_2O$ - ロデサイト：$KHCa_2Si_8O_{19}\cdot 5H_2O$

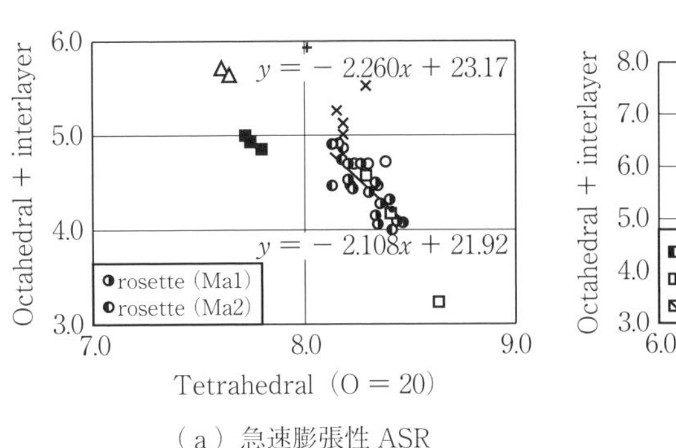

（a）急速膨張性ASR

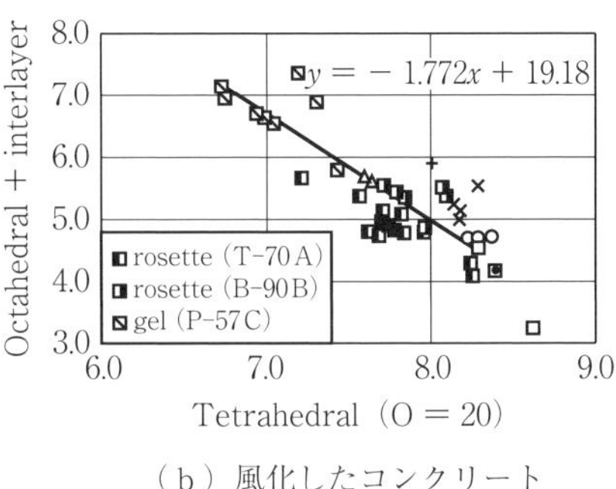

（b）風化したコンクリート

図6.13　ロゼットの陽イオンサイト図　［T. Katayama: ASR gels and their crystalline phases in concrete-Universal products in alkali-silica, alkali-silicate and alkali-carbonate reactions, Proceedings of 14th International Conference on Alkali-Aggregate Reaction in Concrete, 030411-KATA-03, 2012.］

ットからのアルカリ溶脱によって観察結果がNa-K-Caシリケート水和物を表す線上から外れ，**Caシリケート水和物**に向かい，傾きが小さくなる．

6.1.4　環境影響要因

実構造物において，ASR膨張は複雑な挙動を示す．ASR膨張に影響を及ぼす要因のうち，主要なものとして**温度**と**水分**が挙げられる．また，海水や凍結防止剤など，外部からアルカリが供給される環境もASR膨張に影響を及ぼすが，これらは6.2節で記載する．ここでは，ASR膨張に及ぼす温度と水分の影響[6.29-6.31]について記載する．

(1) 温　度

ASR膨張に及ぼす温度の影響について，網羅的な実験的研究の例を示す[6.32]．さまざまなコンクリートを用いて，**膨張挙動**を表現する次式が提案された（図6.14）．

$$\varepsilon_t = \varepsilon_\infty \frac{1 - \exp(-t/\tau_C)}{1 + \exp\{-(t - \tau_L)/\tau_C\}}$$

ここに，ε_t：時間tにおける膨張率［%］，ε_∞：終局膨張率［%］，τ_C，τ_L：時間を表すパラメータ［年］である．また，τ_C，τ_Lについて，次式のように**アレニウス則**をもとに**活性化エネルギー**が算出された．

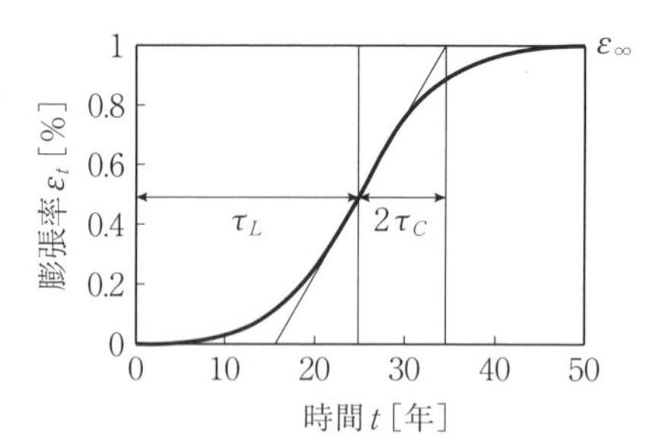

図6.14　ASR膨張モデル

$$\frac{\tau_{L(T1)}}{\tau_{L(T2)}} = \exp\left\{\frac{U_L}{R}\left(\frac{1}{T_1} - \frac{1}{T_2}\right)\right\}$$

$$\frac{\tau_{L(T1)}}{\tau_{L(T2)}} = \exp\left\{\frac{U_L}{R}\left(\frac{1}{T_1} - \frac{1}{T_2}\right)\right\}$$

$$U_C = 5400 \pm 500 \ [\mathrm{K}]$$

$$U_L = 9400 \pm 500 \ [\mathrm{K}]$$

ここに，U：活性化エネルギー［J/mol］，R：ガス定数［J/(mol·K)］，T_1：実環境温度［K］，T_2：試験温度［K］である．

図6.15にASR膨張挙動に及ぼす温度の影響について，前記の活性化エネルギー[6.32]を用いて試算して比較した結果を示す（図(a)）．さらに，反応性が

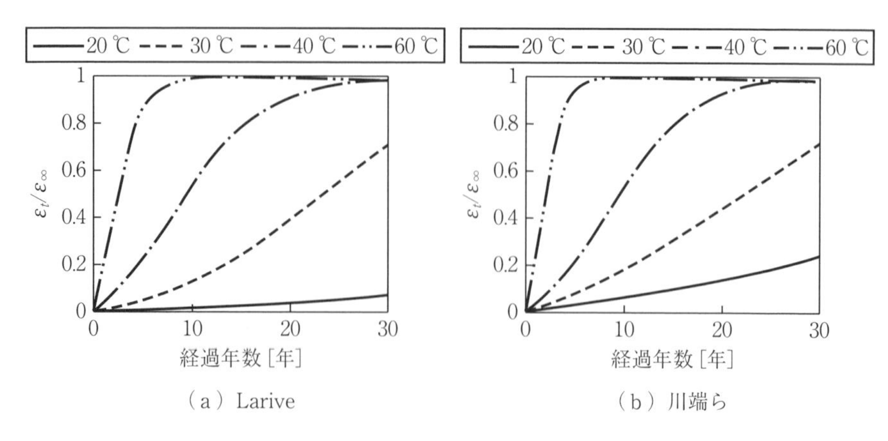

（a）Larive　　（b）川端ら

図6.15　ASR膨張挙動に及ぼす温度の影響

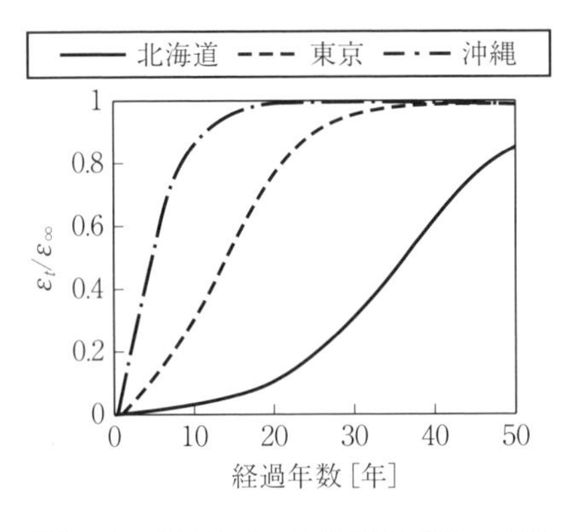

図6.16　各地域でのASR膨張挙動の試算

高い安山岩をペシマム条件で用いた場合についても計算した（図(b)）．後者の活性化エネルギーを用いた場合[6.29, 6.30]，U_Lが前記の活性化エネルギーよりも小さいため，早期に膨張する挙動を示している．日本における年平均気温として，たとえば北海道では9℃，東京で16℃，沖縄で23℃と幅広い．図6.16はそれぞれの地域について，同じコンクリートのASR膨張挙動を試算した結果である．同じコンクリートであっても，地域によって膨張挙動が大きく異なっていることがわかる．この分野の研究は年々進んでいる．図6.14では膨張が収束しているが，現実には膨張が収束してしまう実験上の人為的要因を排除すれば，より長期にわたって膨張は継続する．このため，膨張を記述する式にも変更が必要である．

(2) 水　分

ASRが発生するために，水分の存在は不可欠である．たとえば，相対湿度が80～90％がASR膨張の発生する下限界の**相対湿度**である[6.33]．一方，ある一定の相対湿度を超えると，アルカリシリカゲルは粘性が低下し，ひび割れを発生させずにペーストに逸散する．したがって，ASR膨張に及ぼす相対湿度の影響についても，**ペシマム**値がある．いわば，**相対湿度ペシマム**現象である．

この現象は，6.1.1項と同様の理論[6.2]で説明できる．**アルカリシリカゲル**が発生する**浸透圧**は相対湿度だけでなく，膨張圧を発現するための**粘度**も必要とする．図6.4，6.5に示したように，相対湿度に応じて含水率および粘度が敏感に変化する．相対湿度が高いと，計算上浸透圧が大きくなるものの，一方で粘度が急激に低下し，アルカリシリカゲルがセメントペーストに流出する．また，相対湿度が低いと，アルカリシリカゲルの粘弾性が失われる．これらのバランスによって相対湿度ペシマム現象が発生する．したがって，たとえば水中ではアルカリシリカゲルが溶解することで膨張圧が小さくなる場合がある．

相対湿度ペシマム現象は飽水状態に近くASRが急速に起こる場で認められると考えられるが，一般にはASR膨張は相対湿度が下がると小さくなる．ASR膨張に及ぼす相対湿度の影響のモデルはいくつか提案されている．簡易な例として，相対湿度 = 100 %の膨張率を基準とし，相対湿度に応じて，膨張率を低減する次式がある[6.34]．

$$\varepsilon_h = \varepsilon_{100} \cdot h^m$$

ここに，h：相対湿度，ε_h：相対湿度hにおける膨張率，ε_{100}：相対湿度100 %における膨張率，m：定数である．

また，別の同様の式も提案されており[6.35]，実験結果に合うように，実験定数を求めている．

$$\varepsilon_h = \varepsilon_{100} \cdot ae^{bh}$$
$$a = 0.0002917,\ b = 8.156$$

図6.17に，二つのモデルの試算結果をそれぞれ示す．両者ともに，ASR膨張に及ぼす相対湿度の影響はほぼ同じである．

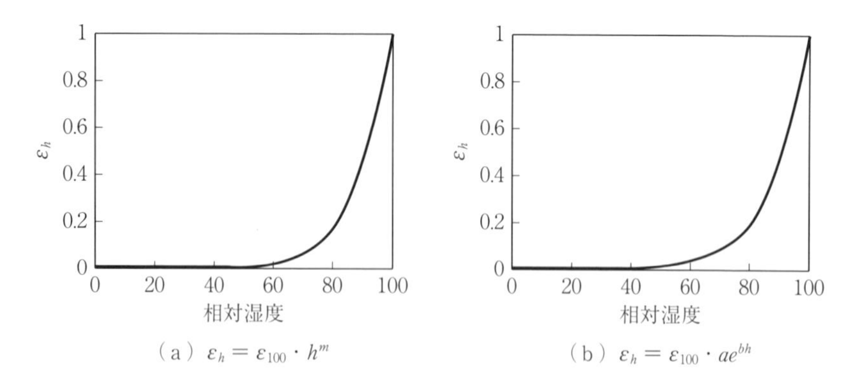

図6.17　ASR膨張挙動に及ぼす相対湿度の影響

6.2 アルカリの起源

◇6.2.1 セメント

空隙水に存在するアルカリが主にセメントに由来する場合，空隙水におけるアルカリ（Na^+，K^+）はOH^-を対イオンとして存在しているため，基本的に（Na^+，K^+）濃度はOH^-濃度と等価と考えてよい．溶解平衡により$Ca(OH)_2$からのOH^-はごく少ない．コンクリート中の空隙水のOH^-濃度，すなわちpHは主に配合時の未水和セメント中のアルカリ含有量と水量によって決定され，アルカリ濃度にほぼ比例して上昇する．未水和セメント中のアルカリは，主に**硫酸アルカリ**からなる**水溶性アルカリ**と，C_3AやC_2Sなどの**クリンカ鉱物**に比較的多く含まれる**固溶アルカリ**からなる．アルカリの種類，水溶性と固溶の比率は原料*とキルンの形式によって変わる．Na/K質量濃度比を比べると，海外より日本のほうが高い．また，絶対量ではK_2Oのほうが多い．水溶性アルカリが半分強であり，ばらつきは20％程度である．水溶性アルカリは水と練り混ぜた直後からほぼ全量が溶解するが，固溶アルカリは含まれる相の水和とともに液相に水溶性アルカリとなって放出される．最終的にはセメントの水和に伴って自由水が減少していくので，空隙水は$pH = 13.5$前後の高いアルカリ性を示すようになる[6.36]．アルカリ量の異なるモルタルから抽出した空隙水の分析結果から，空隙水のOH^-濃度［mol/L］はセメントのアルカリ量から次の実験式により推定できる[6.37]．

$$[OH^-] = 0.699 \times Na_2O_{eq} + 0.017$$

この式は経験式であり，ほかにも任意のW/Cにおける相関式が示されている．実際には，空隙水のOH^-濃度はセメントから生成されるC－S－Hとの相互作用により影響を受ける．C－S－Hは空隙水のアルカリを固定し，低Ca/Siモル比であるほどアルカリを固定する[6.38]．図6.18は，合成C－S－HのCa/Siモル比と吸着割合（**分配比**）R_dの関係である．C－S－Hのアルカリ固定については，シリケートイオンの負電荷を示すサイトが生成する静電場に陽イオンが一定濃度で濃集するというモデルで説明されている．C－S－Hによるアルカリ固定が生じると，対イオンとして存在するOH^-濃度も低下する．

ここで，空隙水のOH^-濃度を算定する計算モデルを紹介する．あるC－S－

＊ 原岩と併用する廃棄物中のアルカリ含有量と使用割合に依存し，時代とともに変わることがある．

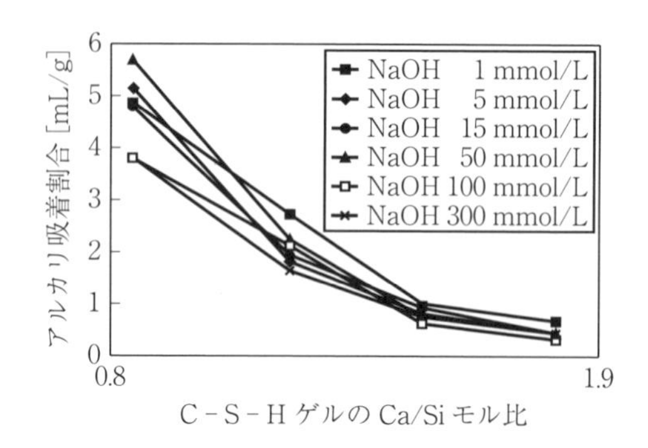

図6.18　C－S－HのCa/Siモル比とアルカリ吸着割合の関係　[S. H. Hong and F. P. Glasser: Alkali binding in cement pastes: Part I. The C-S-H phase, Cement and Concrete Research, Vol.29, pp.1893-1903, 1999.]

H量が与えられたとき，R_{d}はC－S－Hの組成としてCa/Siモル比の関数として次式で記述できる[6.39]．

$$R_{\mathrm{d}} = \alpha \left(\frac{\mathrm{Ca}}{\mathrm{Si}}\right)^{\beta}$$

$$R_{\mathrm{d}} = \frac{R_{\mathrm{s}}}{R_{\mathrm{l}}}$$

ここに，R_{l}：空隙水のアルカリ濃度 [mmol/mL]，R_{s}：C－S－H単位量あたりのアルカリのモル数 [mmol/g] である．

また，セメント硬化体単位容積あたりのアルカリ量C_{alkali} [mmol/m^3] は次式で計算できる．

$$C_{\mathrm{alkali}} = R_{\mathrm{s}} C_{\mathrm{CSH}} + R_{\mathrm{l}} C_{\mathrm{fw}}$$

ここに，C_{CSH}：セメント硬化体単位容積あたりのC－S－H量 [gL/m^3]，C_{fw}：セメント硬化体単位容積あたりの自由水量 [mL/m^3] である．

この式を用いれば，簡易的に空隙水のOH^-濃度を試算することができる[6.39]．図6.19に，アルカリ総量と空隙水のOH^-濃度の理論的な関係を示す．試算は，W/C ＝ 0.50，単位セメント量320 kg/m^{3}とし，セメントが完全水和したときの自由水とC－S－Hのアルカリ固定を考慮して計算した．この計算では，自由水量やC－S－Hによるアルカリ固定量を一定としているので，

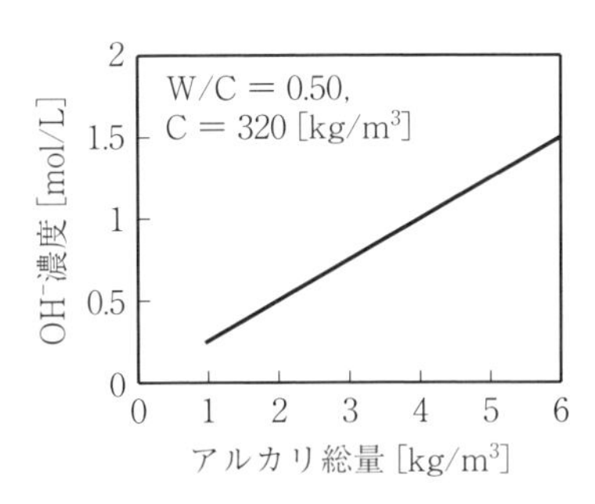

図6.19　アルカリ総量と空隙水の OH^- 濃度（計算値）の関係

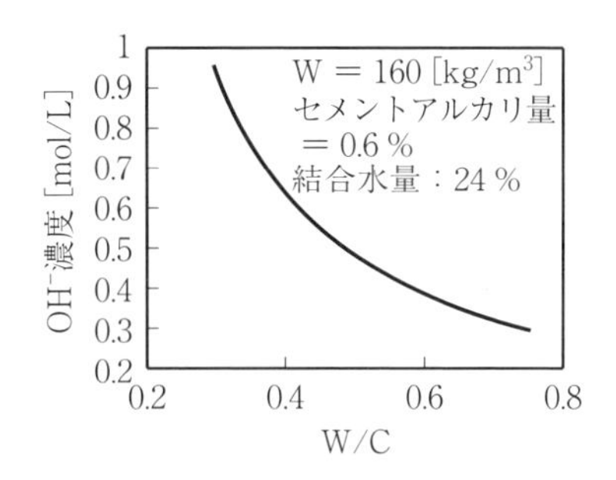

図6.20　W/Cと空隙水の OH^- 濃度（計算値）の関係

OH^- 濃度はアルカリ総量に比例する．一般的なコンクリートのセメント量（300 ～ 400 kg/m^3）とセメントのアルカリ量（0.5 ～ 0.6 %）からアルカリ総量を考えると，1.5 ～ 2.4 kg/m^3 程度であり，OH^- 濃度に換算すると360 ～ 600 mmol/Lに相当する．一般的なモルタル・コンクリートの空隙水の OH^- 濃度がおよそ400 ～ 500 mmol/Lであり[6.36, 6.40]，比較的整合した結果であることがわかる．

図6.20は，W/Cと空隙水の OH^- 濃度の関係である．W/Cが低下すると単位セメント量が増加し，アルカリ総量が増加するとともに，水和に伴って自由水量が減少する．実際のコンクリートでは，外部からの水分の供給などによって空隙内の自由水量が増加し，また低W/Cではセメントの水和が停滞し，水和度は100 %とならない．したがって，計算結果は現実よりも高い OH^- 濃度となることがわかる．ただし，自己乾燥により内部の相対湿度が80 %を下回ると膨張はしにくくなる．

◇6.2.2　その他のアルカリ供給源

6.2.1項で説明したように，空隙水の OH^- 濃度はセメント硬化体中の溶解しているアルカリ量と空隙水の量との比，またセメントの性質（生成するC－S－HのCa/Siモル比と量）で決定される．また，アルカリの量はコンクリート中の骨材量を一定とみなすならばアルカリ総量で決まる．コンクリート中のアルカリは主にセメント由来であるが，副次的に練混ぜ水，骨材，混和剤などに由来するものもある．

しかし，実構造物の分析では配合とセメント中の常識的なアルカリ量を考えると，明らかに過剰な量のアルカリ総量となる場合がある．このことは，アルカリが通常考えられているように主にセメントからもたらされる場合に加えて，ほかの供給源があることを示している．供給源としては，**海水**や**凍結防止剤**のような外部からのアルカリや，骨材からの**アルカリ溶出**などが考えられている．これらは十分に解明されていない点も多々あるが，最新情報も含めて記載する．

(1) 海　水

海水によってASRが促進されることは古くから指摘されているが，そのメカニズムについては十分に解明されていない．外部から海水が供給される場合，空隙水と海水のNa濃度はほぼ同じである．したがって，海水中にコンクリートを浸漬しても，Naの浸透は目立たない．ただし，実構造物の飛沫帯に位置するコンクリートや乾湿繰り返しを行ったコンクリートでは，多くのNaが表面近くに濃集している状況が確認される場合もある．

Na^+がCl^-と同時に浸透する場合には，Cl^-が**AFm**相のOH^-と交換することで，空隙水のOH^-濃度が高まる．ただし，モルタルを海水に浸漬しても急激なOH^-濃度の上昇が生じ，反応性鉱物の溶解に寄与するわけではない[6.36]．これは，Na^+濃度が変化しないためである．

高pH溶液において**NaCl**を添加するとイオン強度が高まり，シリカの溶解速度は大きくなる[6.41]．さらには，アルカリシリカゲルのOH^-と空隙水中のCl^-のイオン交換が生じるという指摘もある[6.42]．これらの複雑な現象により，ASR反応は促進され，長期間にわたって継続する．

一方，上記のようなOH^-濃度上昇によるメカニズムのみでは説明できない点もある．焼成フリントを使用したモルタルを1 mol/LのNaCl溶液中に浸漬すると，0.6 mol/LのNaOH溶液よりも顕著に大きな膨張を生じる（図6.21）．

NaCl溶液中でASR膨張を生じたモルタル・コンクリートにはエトリンガイトが生成している状況が観察されることが多いが，エトリンガイトはひび割れ中で自由成長するため，観察されるエトリンガイトは膨張に寄与していない[6.43, 6.44]．

空隙水中のOH^-濃度が高い条件下であれば，NaCl供給によりASRは促進される[6.45]．また，現実的なOH^-濃度では，初期の水酸化アルカリの濃度でASR膨張は決定されており，NaClの供給によりわずかにOH^-濃度が高くなったとしても，膨張を促進するほどの影響はない[6.46]．一方，温度40 ℃，相対湿度

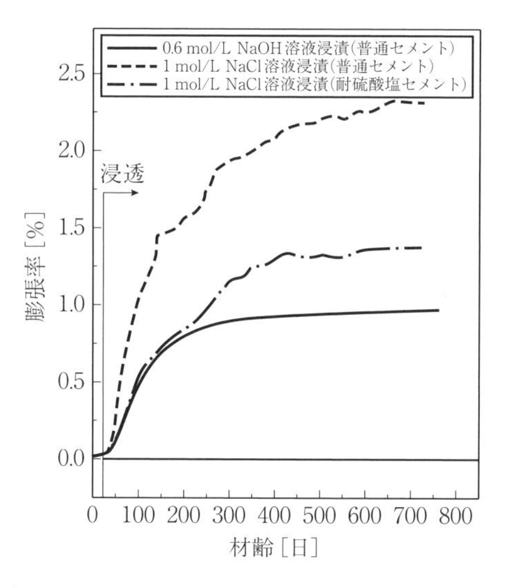

図6.21 NaCl溶液に浸漬したモルタルの膨張挙動[6.43]

95 %以上で膨張を生じる安山岩含有モルタル（反応性鉱物：クリストバライト）を飽和NaCl溶液に浸漬すると，それほど高いOH^-濃度ではなくとも顕著な膨張を示す[6.36]．この原因については十分に明らかにされていないが，その機構については反応性鉱物の特徴によって異なるようであり，未解明な点が多く残されている．ただし，NaCl飽和溶液中に浸漬したコンクリートコア試料には，Cl^-を含むNaに富んだアルカリシリカゲルが生成することから，ASRはNaCl溶液中のNa^+によって促進されることがわかる[6.47]．

(2) 凍結防止剤

日本で使用されている**凍結防止剤**は**NaCl**や**$CaCl_2$**，**酢酸カルシウムマグネシウム塩**（**CMA**）が一般的であるが，カナダ，アメリカの空港のコンクリート舗装では凍結防止効果の大きい**酢酸アルカリ**や**ギ酸アルカリ**が使用されている．近年，これらの凍結防止剤によってASRが促進されることが指摘されている[6.48]．この原因として，酢酸アルカリ，ギ酸アルカリがコンクリート中の$Ca(OH)_2$と反応することで空隙水のpHが急激に上昇することが挙げられる[6.49]．さらに，酢酸カリウムでグレイワッケのASR膨張が促進されることや（図6.22），脱気によりギ酸カリウムおよび酢酸カリウムを浸透させたセメントペーストの空隙水抽出分析から，pHが上昇する傾向かあることもわかった[6.50]

第II部
6
7
8
9
10

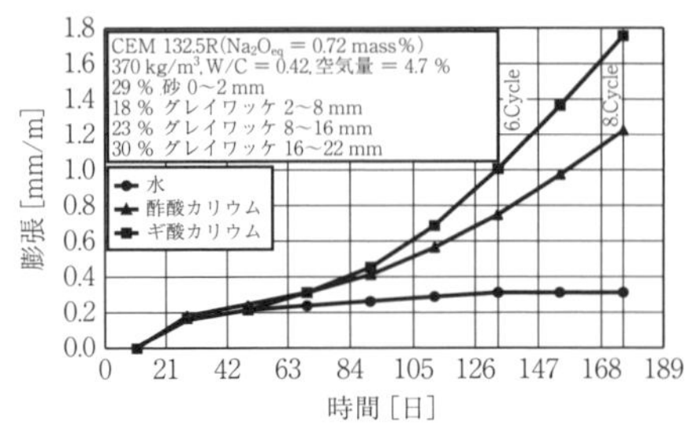

図6.22　ギ酸アルカリおよび酢酸アルカリ溶液中における膨張挙動　[J. Stark and C. Giebson: Influence of acetate and formate based deicers on ASR in airfield concrete pavements, Proceedings of the 13th International Conference on Alkali–Aggregate Reaction in Concrete, Trondheim, Norway, pp.686–695, 2008.]

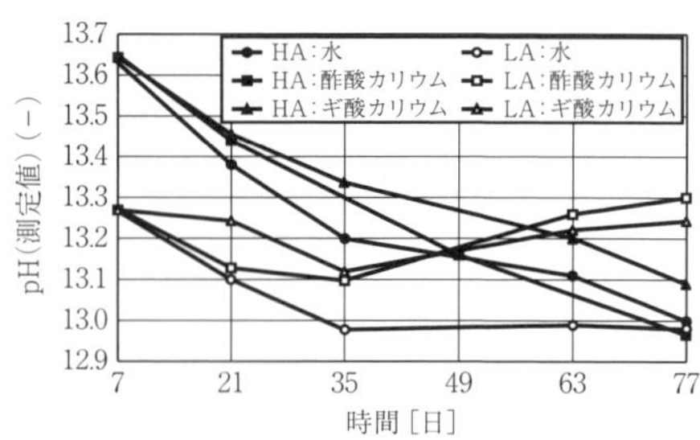

図6.23　セメントペーストのpHの経時変化　[J. Stark and C. Giebson: Influence of acetate and formate based deicers on ASR in airfield concrete pavements, Proceedings of the 13th International Conference on Alkali–Aggregate Reaction in Concrete, Trondheim, Norway, pp.686–695, 2008.]

(図6.23)．また，地球化学コードを用いて空隙水のpHが上昇するメカニズムについて検証を行っている[6.51]．

北陸地方の劣化構造物における凍結防止剤から供給されるアルカリ量について，コンクリートや粗骨材の水溶性アルカリ量分析，未水和セメント粒子のアルカリ量のEDS分析を組み合わせて推定した結果では，水溶性アルカリ量として0.1 ～ 0.9 kg/m^{3}の範囲にあり，供用年度が古いものほど多い傾向を示している[6.47]．また，アルカリシリカゲルに多くのClが含まれていたことから，凍結防止剤がASRを促進したと考えられる[6.47]．

(3) 骨材からのアルカリ溶出

近年，多くの研究で骨材からの**アルカリ溶出**が指摘されている．外部からのアルカリ供給が少ないと思われる長期間供用したダム構造物から採取したコンクリートコア試料のアルカリ総量を測定すると，建設当時のセメントのアルカリ量や単位セメント量を考慮しても，過大な値を示す場合がある．たとえば，カナダのダムの中には，採取したコンクリートコア試料の水溶性アルカリ量を測定すると，測定された水溶性アルカリ量が初期配合から計算されるアルカリ量よりも多いものがある[6.52](図6.24)．

この原因として，骨材からのアルカリ溶出の影響が挙げられる．国際的にも，骨材からのアルカリ溶出を判断するための手法が多く検討されている．しかし，試験法自体が規格化されていないため，各研究者によってアルカリ溶出

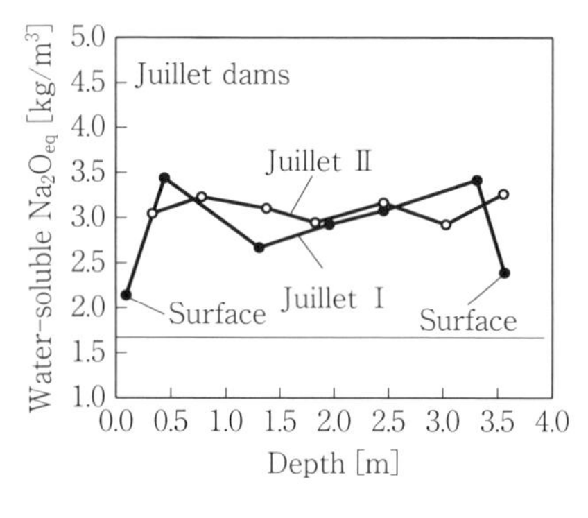

図6.24　コンクリート表面からの深さと水溶性アルカリ量の関係（水溶性アルカリ（1.7 kg/m³が初期値））［M. A. Bérubé et al.: Laboratory assessment of alkali contribution by aggregates to concrete and application to concrete structures affected by alkali–silica reactivity, Cement and Concrete Research, Vol.32, pp.1215–1227, 2002.］

の測定手順が異なっている.

骨材からのアルカリ溶出については，1977年に実験的に示された[6.53]．粉末状にした長石や粘土を温度40 ℃の水酸化カルシウムスラリー中に浸漬したところ，試験サンプルからアルカリが0.01 ～ 2.95 mass%溶出した．この値は，骨材量を1850 kg/m³とした場合，0.2 ～ 40 kg/m³溶出することとなり，あまりにも非現実的に大きい値ではある．アルカリ溶出量が極度に多くなったのは，粒度を粉末状としているためである．その後，多くの研究者によって行われたアルカリ溶出試験の結果の概略としては，温度が高いほど，また固液比が大きいほど，アルカリ溶出量が多くなるというものであった[6.52]．日本で産出された骨材については，26種類の骨材を温度38 ℃の飽和$Ca(OH)_2$溶液に6箇月間浸漬したアルカリ溶出試験の結果が報告されており，最大でNa_2O_{eq} = 0.4 mg/g（コンクリートで0.32 kg/m³に相当）の溶出量を示している[6.54]．また，ASR劣化したコンクリートの分析では，イライトから顕著なアルカリ溶出が確認されているが，白雲母からはアルカリ溶出が認められず，また黒雲母もK，Mg，Feの溶出の可能性が推察されるものの，風化した岩石の組成の範囲であり，また加水黒雲母やバーミキュライトの生成も認められていない[6.2]．

実構造物の調査結果によると，骨材から溶出したアルカリ量として0.3 ～ 0.4 kg/m³[6.47]，0.4 ～ 4.2 kg/m³程度[6.54]の報告例がある．カナダにおけるダム構造物の調査結果においても，1.0 kg/m³以上のアルカリ溶出が生じているものがあった[6.52].

図6.25は水，飽和Ca(OH)$_2$溶液，0.7 mol/Lのアルカリ溶液NaOH（K溶出量評価）およびKOH（Na溶出量評価）の4種類の溶液を用いて試験を行った結果である[6.52]．骨材によってアルカリ溶出挙動が異なるものの，最もpHの高いアルカリ溶液におけるアルカリ溶出量が大きな値を示し，骨材からのアルカリ溶出も高いpH依存性を示している．また，骨材の構成鉱物の種類によってNa溶出およびK溶出の挙動が大きく異なる．

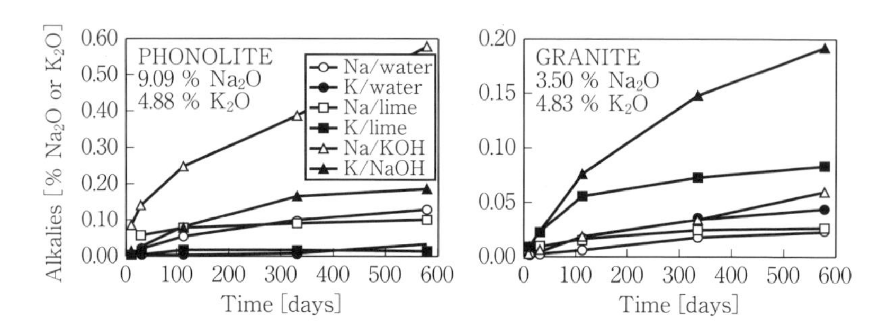

図6.25　各種水溶液中におけるアルカリ溶出挙動　[M. A. Bérubé et al.: Laboratory assessment of alkali contribution by aggregates to concrete and application to concrete structures affected by alkali–silica reactivity, Cement and Concrete Research, Vol.32, pp.1215–1227, 2002]

RILEM AAR–8（暫定版）では，骨材試料をそのまま1.0 mol/LのNaOHおよびKOHにそれぞれ固液比を4.0として浸漬し，60 ℃で保管するという試験を行うこととしている．NaOHではK溶出量，KOHではNa溶出量を測定し，これを足し合わせることでNa_2O_{eq}を計算する．これは，多くの溶出データがアルカリ溶液の濃度に依存しており，Ca(OH)$_2$溶液よりも現実的な評価ができるためである．

アルカリ溶出機構についても，議論の余地が多く残っている．アルカリ溶出機構について論文などで明確には示されていないが，鉱物の非調和溶解によるものと認識されているようである．一方，一部にはセメントのアルカリ量が少ない場合にASR膨張が大きくなることから，アルカリ溶出機構は空隙水のCaとのイオン交換である[6.55]という説もあるが，上述したようにアルカリ溶出のpH依存性を説明できないため，一般的ではない．

アルカリ溶液浸漬によるモデル実験でアルカリ溶出が確認されているが，アルカリ溶出がモルタル・コンクリートの空隙水や膨張挙動に実際にどのような影響を及ぼすのかを検討した事例はほとんどない．石灰石骨材に対して，直接的に3種類の長石（微斜長石，灰曹長石，曹灰長石）で置換し，空隙水抽出によるアルカリ濃度測定を行うことで，空隙水中のアルカリ濃度が高まることがわかる[6.56]（図6.26）．また，長石とアルカリ反応性の焼成フリントを同時に使用すると，空隙水のアルカリ濃度は，長石からの溶出と焼成フリントにより消費の両方の影響を受けることがわかる．一方，アルカリ溶出そのものがASR膨張には寄与しない場合もある[6.57]．これは，溶出したアルカリイオンの対となるアニオンが，必ずしもOH^-ではなくシラノールイオンである場合があるためである．つまり，必ずしもアルカリ溶出がpH上昇を意味するのではない．シラノール基に吸着したアルカリイオンは水で脱離するため，OH^-と対になっているものかどうかは，アルカリイオンに加えて，対となるアニオンの測定も必要である．シラノールのアルカリがCaに置換されるとpHが上昇する可能性があるが，空隙水のpHが最も重要である．このように，溶出するアルカリそのものがASR膨張に影響を及ぼすわけではない．アルカリがどのように溶出するのか，その起源や量などを十分に理解することが不可欠である．

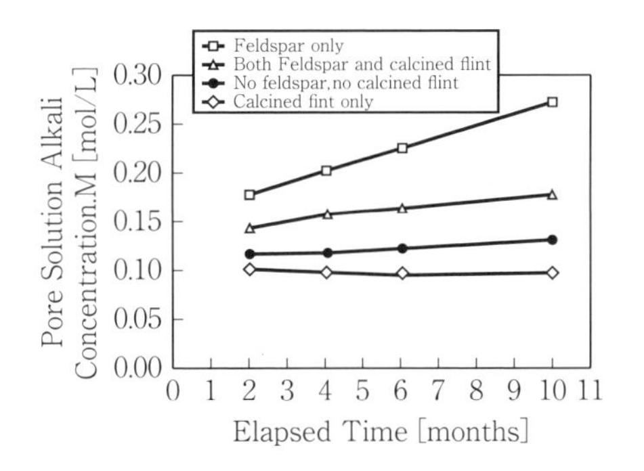

図6.26　長石を混入したモルタルの空隙水のアルカリ濃度の経時変化　[D. Constantiner and S. Diamond: Alkali release from feldspars into pore solution, Cement and Concrete Research, Vol.33, pp.549–554, 2003.]

6.3　骨材のアルカリ反応性の特徴

◇6.3.1　ペシマム現象

ASRの特徴的な現象として，**ペシマム現象**が挙げられる*．ペシマム現象とは，反応性骨材に非反応性骨材を混合していくと，反応性骨材全量の場合よりも膨張率が増加する現象である（**配合ペシマム**）．**ペシマム混合率**は，反応性骨材量と空隙水のアルカリ濃度の相互作用により決定される[6.58]．反応性骨材量が多いと，反応性骨材の単位表面積あたりのアルカリ量が減少するため，ASR膨張に寄与するための量に必要なアルカリが不足し，ASR膨張は抑制される．一方，反応性骨材量を減らした場合，反応性骨材の単位表面積あたりのアルカリ量が増加するため，骨材単体としての反応率が高まる．したがって，ペシマム現象が生じ，膨張率が大きくなる．ここで，反応性骨材もしくはアルカリシリカゲルのアルカリ固定量が多い場合，空隙水のアルカリの多くを固定するため，反応性骨材量が多い場合には膨張率が小さくなる．一方，アルカリ固定量が少ない場合，空隙水のアルカリ濃度は高く保持されたままであるため，反応性骨材量が多いほど膨張率が大きくなる．このように，シリカの溶解のみならず，共生する鉱物やアルカリシリカゲルのアルカリ固定によってもペシマム混合率は変化する．すなわち，ペシマム混合率は骨材の種類やその構成鉱物によって大きく変化する[6.59]（図6.27）．

化学法（ASTM C 289）では，**溶解シリカ量**S_cと**アルカリ濃度減少量**R_cを求め，判定図によって有害，潜在的有害，無害と判定する．アルカリ固定量が大きく，かつ低いアルカリ濃度で十分に反応できる骨材，すなわちS_c，R_cがともに大きな骨材が顕著なペシマム現象を示す．ペシマム混合率はR_cの増加に伴って減少する．

図6.28は，同一採石場から採取した風化度の異なる安山岩骨材の化学法およびモルタルバー法の結果である[6.60]．化学法の結果（図(a)）において，No. 1，No. 3はS_cおよびR_cともに高い値を示し，**潜在的有害**領域に位置している．これらの骨材についてモルタルバー法を行うと（図(b)），膨張を示さず，有害領域または潜在的有害領域のうちR_cが小さい領域に位置する骨材は膨張を示

＊ペシマム現象とは，何らかの要因が特定の値でASR膨張が極大となる現象である．ここでは，反応性骨材と非反応性骨材を混合した場合に，ある割合で膨張が最大となる**配合ペシマム**と呼ばれる現象（一部の文献では組成ペシマムと呼ぶ）について述べる．**ペシマム現象**には，このほかに粒径，養生温度，相対湿度，アルカリ濃度，拘束度に関するものが存在する．

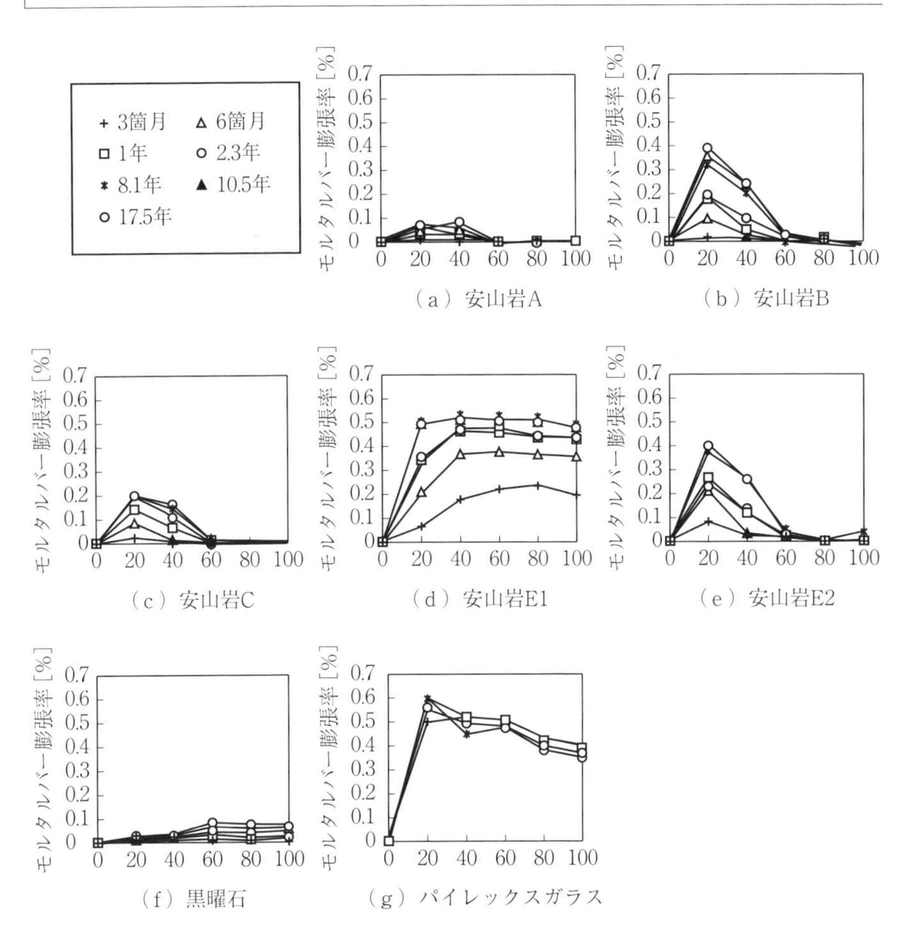

図6.27　各種骨材の混入率と膨張率の関係　［岩月栄治，森野奎二：安山岩骨材のASR膨張と反応性鉱物の関係，セメント技術大会講演要旨，No.59，pp.134-135，2005.］

している．しかし，No. 3について反応性骨材量を変化させてモルタルバー法を行うと（図(c)），全骨材に対する反応性骨材の量が20 mass％程度で最大膨張を示す．モルタルバー法（JIS A 1146）ではセメントのアルカリ量を1.20 ％として骨材のアルカリ反応性を安全側に評価しようとはしているが，骨材全量を使用する試験では無害として判定される可能性もある．なお，ASTM C 1260のような外部からアルカリ供給を行う試験方法では，No. 1，No. 3を全量使用したモルタルであってもASR膨張を示し，ペシマム現象の影響を受けることなくその反応性を検出することができる（図(d)）．

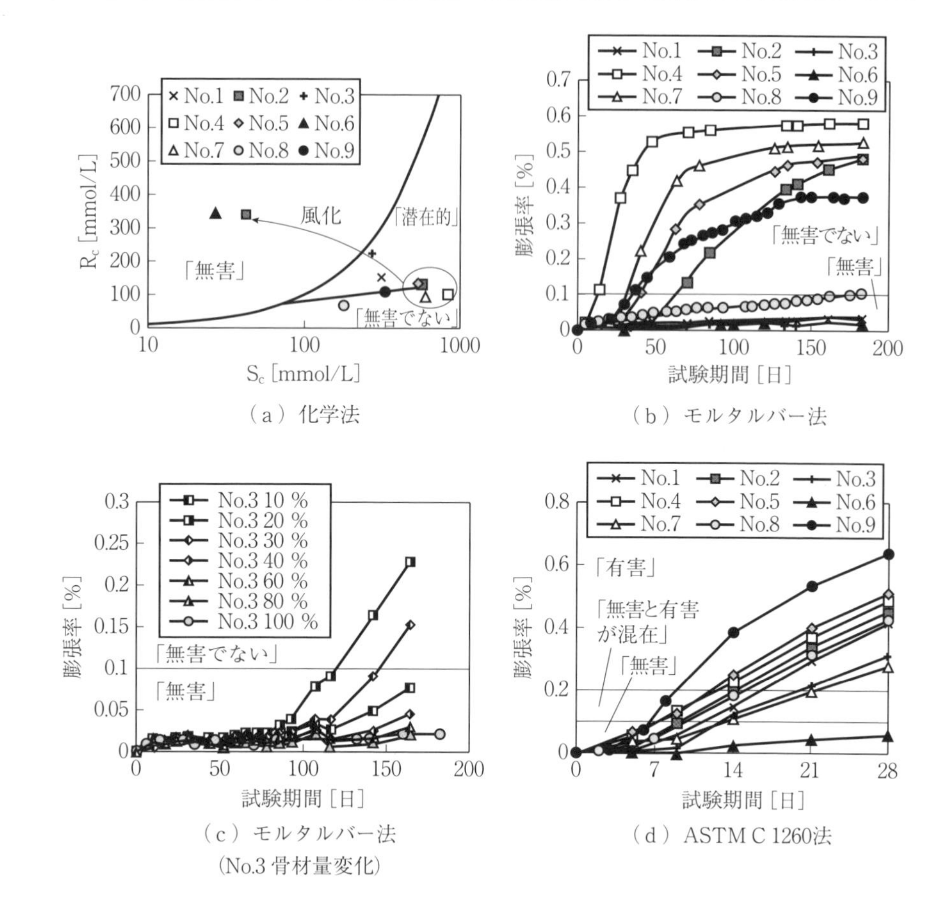

（a）化学法

（b）モルタルバー法

（c）モルタルバー法（No.3 骨材量変化）

（d）ASTM C 1260法

図6.28　各種促進試験による安山岩骨材の試験結果 ［川端雄一郎，松下博通，山田一夫，林建佑：風化度の異なる安山岩骨材のASR膨張挙動の評価，コンクリート工学年次論文集，Vol.30，No.1，pp.993–998，2008.］

ペシマム現象はアルカリ濃度減少が大きな要因となって生じるものであるが，アルカリ供給環境のASTM C 1260においても別の要因によるペシマム現象は生じる．このとき，多くのアルカリシリカゲルが外部溶液中に拡散している状況が認められている．これは，高pHのアルカリ溶液に浸漬することで空隙水のCa濃度が低下し，C－S－Hなどで形成される障壁が十分に形成されなくなることでアルカリシリケートが外部溶液へ拡散してしまうことが要因と考えられている．実際に，試験後の浸漬溶液では浮遊物が確認されることが多い．これも一種の**粒径ペシマム**現象の可能性があり，より大きな径の骨材での検証も必要である．このような場合は，骨材の粒径をより大きくするRILEM AAR-5が適している．

そのほかにも，骨材粒径によってペシマム現象が生じることも知られている．骨材粒径が小さくなることで反応性骨材の単位表面積あたりのアルカリ量は低下することとなり，低反応率で多くのアルカリが固定され，生成したアルカリシリケートは早期にCaとイオン交換し，ASRが収束する．反応性骨材を粉末にすることでASR抑制効果が得られるのは，このためである．逆に，凝集した**シリカフューム**でASRが発生した事例も報告されている[6.61]（図6.29）．

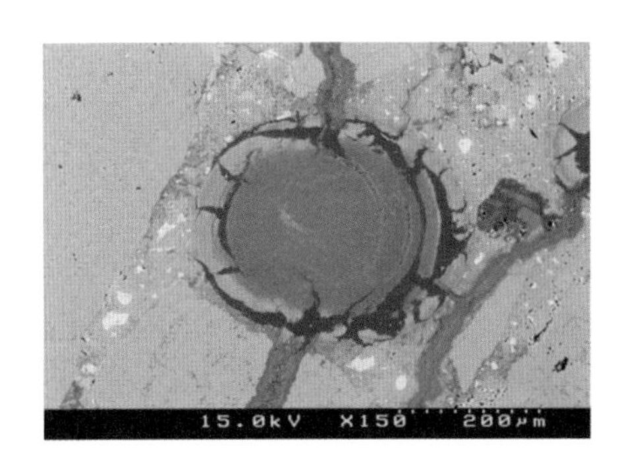

図6.29 凝集したシリカフュームによるASR ［A. J. Maas, J. H. Ideker and M. C. G. Juenger: Alkali silica reactivity of agglomerated silica fume, Cement and Concrete Research, Vol.37, pp.166–174, 2007.］

一方，粒径が大きい場合には，反応速度が遅くなることで膨張率が低下するためにペシマム現象が生じる．粒径の大きな骨材を用いたコンクリートでは，ある一定期間のうちの反応率は小さくなる．また，反応が長期間にわたることとなり，終局膨張率が増加することもある．ある種の遅延膨張性骨材では，粒径が大きいほど大きな膨張を示すこともある．さらに，外部へのアルカリ溶脱や混合した非反応性骨材によるアルカリ固定なども影響する．これらの要因が複雑に作用して，骨材粒径のペシマム現象が生じている．

反応性骨材のペシマム混合率は，非反応性骨材の種類によっても変化する．非反応性骨材の**アルカリ固定量**の変化に伴う空隙水のアルカリ濃度の変化に応じて，ペシマム混合率が変化する．実際のコンクリートでは，粗骨材・細骨材としてすでに混合されていたり，天然の状態ですでに混合されている川砂や川砂利，粒度調整の目的で複数の骨材を混合使用したりする場合もあるため，ペシマム混合率は多岐にわたり，その対策を困難にしている．

モルタルでペシマム配合*を調べても，コンクリートのペシマム配合と整合しない．また，アルカリを添加することでアルカリ総量を増やすと，アルカリと反応性鉱物のバランスが変化するため**ペシマム混合率**が変化する．図6.30にアルカリ総量が変化したときのコンクリートのペシマム混合率の概念を示す．アルカリ総量が多い場合，反応性骨材の割合が高い条件であっても，十分なアルカリが存在するため，明確なペシマム現象を示さない．一方，アルカリ総量を減らすと，ASRに必要なアルカリが不足するため，顕著なペシマム現象を示す．しかし，ペシマム混合率付近では，アルカリ総量を増やした場合でも基本的にASR膨張を生じる．したがって，実配合のコンクリートに対してアルカリ総量を増やしてコンクリートプリズム試験を実施すれば，ペシマム現象を示すコンクリートであってもその膨張性の有無を判断することができる．

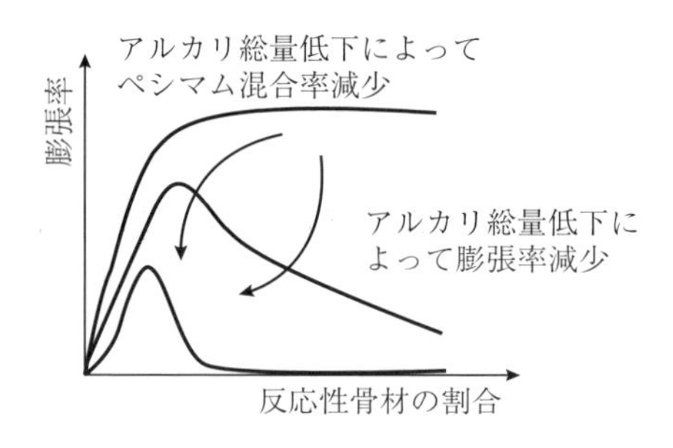

図6.30　アルカリ総量が変化したときのコンクリートのペシマム混合率

ペシマム混合率は反応性骨材に含まれる反応性鉱物の種類と量が影響する．表6.2は，反応性鉱物のペシマム混合率と化学法における結果を整理したものである[6.62]．一般に，少量でペシマム現象を示す反応性骨材は，化学法において潜在的有害を示す．また，ペシマム混合率の低い反応性鉱物は，低濃度のアルカリ溶液であっても膨張する．火山ガラスについてはシリカ量によってその反応性が変化し，玄武岩質（非反応性）＜安山岩質＜デイサイト質＜流紋岩質（ペシマム混合率100 %）＜含水流紋岩質（高反応性）となる．

＊ ペシマム混合率となるコンクリートやモルタルの配合である．

表6.2　反応性鉱物とペシマム混合率の関係　［片山哲哉：土木学会コンクリート標準示方書改定小委員会　材料部会報告書　3骨材の耐久性，pp.3.1–3.55，1993.］

	ペシマム混合率［%］	化学法試験	主に含有される岩石
オパール	5以下	潜在的有害	珪質頁岩，チャート，珪化岩（第三紀以降）
クリストバライト	10	潜在的有害	安山岩，デイサイト，流紋岩（第三紀以降）
トリディマイト	10	潜在的有害	安山岩，デイサイト，流紋岩（第三紀以降）
カルセドニー	20	潜在的有害	チャート，凝灰岩，珪化岩
隠微晶質石英	50以上	有　害	チャート，凝灰岩，珪化岩

◇6.3.2　遅延膨張性骨材

先カンブリア紀もしくは，古生代の堆積岩（グレイワッケ，シルト岩，泥岩，不純物を含む石灰岩），火成岩（失透した流紋岩），変成岩（粘板岩，千枚岩，メタクォーツァイト，ひずんだ片麻岩*，マイロナイト）は，隠微晶質石英や微晶質石英を含んでおり，**遅延膨張性**のASRを生じる[6.63]．これらの骨材は一般的な化学法やモルタルバー法では適切に検出できないことから，南アフリカのNBRI（National Building Research Institute）により新たな促進試験法（NBRI法）が開発された[6.64]．NBRI法は1 mol/L–NaOH浸漬法であり，後のASTM C 1260の原型となった試験方法である．この試験方法は遅延膨張性骨材に対して非常に有効であり，迅速に結果を得られることから，世界的にも広く普及している．ただし，隠微晶質石英や微晶質石英は小粒径のため，各種試験における骨材の粒度調整や分級作業によって失われることもあり，試験結果の解釈を難しいものとしている．

図6.31は，日本において実構造物でASR劣化を生じた遅延膨張性骨材について化学法を行った結果である[6.65]．化学法の結果（図(a)）ではS_c = 34 mmol/L，R_c = 24 mmol/Lとなり，無害でないと判定される．しかし，S_c，R_cともに低い領域であり，ロットのばらつきなどを考慮すると，無害と判

* ひずんだ石英を意味するのではなく，片麻岩がひずむような変成作用により隠微晶質石英が生成する可能性があることを意味する．

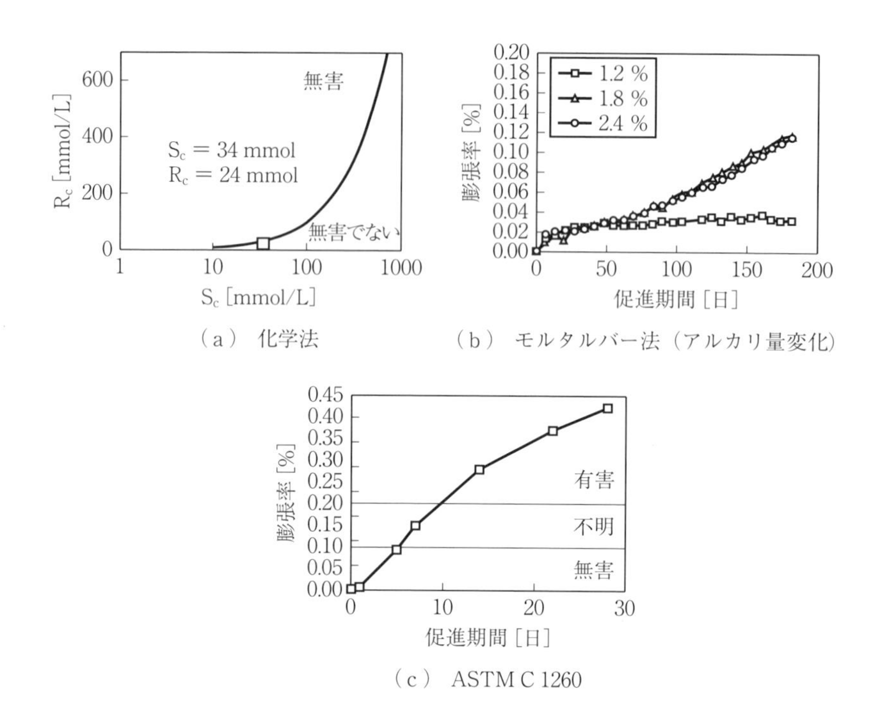

図6.31　遅延膨張性骨材に対する各種試験結果　[西政好，池田隆徳，佐川康貴，林建佑：遅延膨張性骨材によるASR劣化事例および骨材のASR反応性検出法の検証，コンクリート工学年次論文集，Vol.32，No.1，pp.935–940，2010.]

定される場合もある．また，図(b)はセメントのアルカリ量を1.2，1.8，2.4 %として作製したモルタルのモルタルバー法（JIS A 1146）の結果である．セメントのアルカリ量をJIS規格よりも多くした場合には骨材のアルカリ反応性を検出することができるが，セメントのアルカリ量1.2 %では膨張を示していない．しかし，図(c)に示すように，ASTM C 1260で膨張率試験を行うと，顕著な膨張を示す．このように，遅延膨張性骨材のアルカリ反応性を検出するためには，化学法，モルタルバー法は不適でASTM C 1260が有効である．

遅延膨張性骨材では，**配合ペシマム**現象を生じない．石英岩（珪岩，メタクォーツァイト），ひずんだ花崗岩，ひずんだ片麻岩，マイロナイト，カタクレーサイトは，大きな粒径の石英間の隙間に少量の隠微晶質石英や微晶質石英を含んでいることが多い．

遅延膨張性骨材によるASRは，これまでアルカリ量が多いコンクリートでのみ生じるものと考えられてきたが，湿潤環境であれば，セメントの最小アルカリ濃度0.82～0.84 mass％程度で遅延膨張性骨材の黒雲母片岩や片麻岩であっても生じる[6.66]．また，日本の亜熱帯地域では2.5 kg/m^{3}以下のアルカリ総量でASR劣化を生じているものもある[6.26]．カナダで長期的な暴露試験を行っている例では，1.9 kg/m^{3}程度でも膨張したものもある[6.67]．このように，遅延膨張性骨材によるASRは低いアルカリ総量でも生じるという認識が必要である．

なお，このような遅延膨張を生じたコンクリートについて，ひび割れや空隙中にエトリンガイトが生成されている状況が多く見受けられる．このため，コンクリートの遅延膨張挙動についてはASRによるものなのか，エトリンガイト生成による膨張なのか，議論がなされてきた．近年では，エトリンガイト生成はASR膨張が生じた結果，コンクリート中のアルカリ濃度が減少してひび割れに沿って晶出した二次的なものであり，コンクリートの膨張には寄与していないことがわかっている[6.66]．

第Ⅱ部
6
7
8
9
10

◇6.3.3　ガラスの反応性

マグマが冷却により結晶化していく火山岩の生成過程で，液相は組成を変化させながらその量は減少し，最終的には結晶粒間のガラス（**火山ガラス**）として固化する．ガラスは，岩石の中のガラス量の減少に伴ってシリカに富んだ組成となる[6.28]（図6.32）．したがって，冷却速度が緩慢であれば，玄武岩であっ

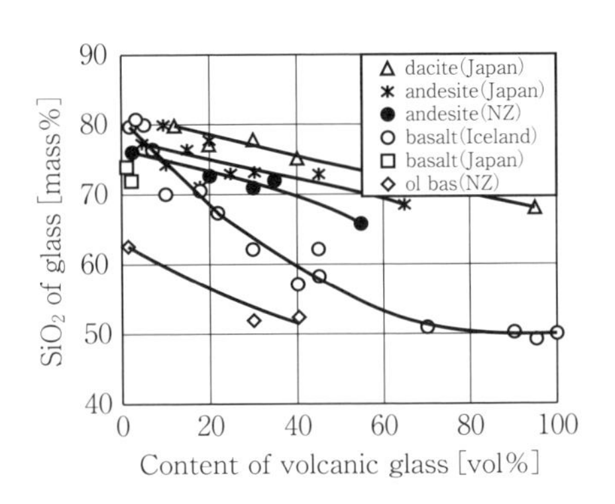

図6.32　ガラス含有量とガラス中のシリカ濃度の関係　[T. Katayama: Diagnosis of alkali-aggregate reaction-polarizing microscopy and SEM-EDS analysis, Castro-Borges et al. (eds) Concrete under Severe Conditions, pp.19–34, 2010.]

てもシリカ飽和した場合には流紋岩質ガラス（> 70 mass% SiO_2）を生成することもある．一方，アルカリかんらん石玄武岩（45 mass% SiO_2）では，シリカ飽和しないので流紋岩質ガラスを生成しない．

火山ガラスのアルカリ反応性について，**シリカ濃度**と化学法で得られる溶解シリカ量の対数には線形関係がある[6.28, 6.68]（図6.33）．化学法の結果と合わせると，SiO_2 = 62 mass%が無害と有害の境界線に対応する．65 mass%以上のシリカ濃度を含む火山ガラスは潜在的有害であり，玄武岩質ガラスは無害である．水和したガラスは新鮮なガラスよりも反応性が高い．なお，化学法の境界線はASTM C 227のモルタルバー法をもとに定められているので，これらの値は過小評価である．実際に人工的に製造したSiO_2 = 61.8 mass%の安山岩質ガラスは高温で膨張を示している．

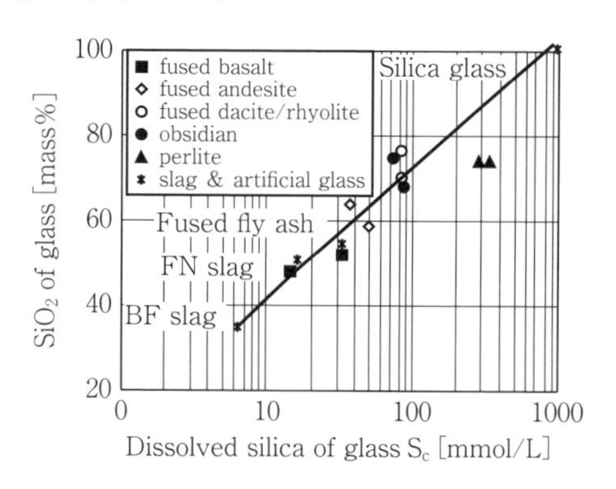

図6.33　ガラス中のシリカ濃度と溶解シリカ量の関係　[T. Katayama: Diagnosis of alkali-aggregate reaction-polarizing microscopy and SEM-EDS analysis, Castro-Borges et al. (eds) Concrete under Severe Conditions, pp.19-34, 2010.]

図6.32について，SiO_2 = 62 mass%を基準として有害と無害の境界となる**ガラス含有量**を算出すると，日本の安山岩では90 vol%未満で，デイサイトおよび流紋岩ではガラスの含有量に関わらず有害となる．アイスランドの玄武岩では35 vol%未満，ニュージーランドの安山岩では70 vol%未満である．アルカリかんらん石玄武岩では，ガラスが1 vol%含まれるのみであっても反応性とならない．

また，人工的に製造されるスラグに含まれるガラスの反応性は，鉱物組成の観点から説明できる[6.68]．たとえば，フェロニッケルスラグの場合，Caの乏しいスラグが急冷されるため，結晶が未発達となってガラスの組成はスラグのバルク組成に等しく，ガラスのシリカ濃度も低い．しかし，亜急冷の状態でメルトよりかんらん石が晶出をはじめると，かんらん石の組成はメルトよりもシリカ濃度に乏しいため，ガラスのシリカ濃度がバルク組成よりも10 ～ 15 mass%増えるようになる．そのうえ，かんらん石の晶出に伴ってスラグ中に形成される微細なデンドライト組織によって結晶間隙のガラスの表面積が増加することもアルカリ反応性に影響している可能性がある．したがって，かんらん石の生成量の増加とともにガラス含有量は減少するが，ガラスのシリカ濃度は増加する．一方，カルシウムが多いスラグでは，かんらん石がすべて晶出したとしても数mass%以内であるため，メルトのシリカ濃度がかんらん石の晶出に伴って増えることはなく，無害となる．

◇6.3.4　日本の骨材の長期的なアルカリ反応性

日本における骨材のアルカリ反応性の判定は，主に化学法およびモルタルバー法で実施されている．長期的なコンクリートの挙動とこれらの試験の対応については，十分に明らかにされていなかった．さまざまな種類の骨材の試験を行うとともに，これらの骨材でアルカリ総量を3.0，5.0 kg/m^{3}としたコンクリートを作製し，その暴露試験を屋外で23年以上行い，骨材試験結果と長期暴露されたコンクリートのひび割れ状況の対応について整理した研究がある[6.69]．

アルカリ総量5.0 kg/m^{3}のコンクリートの試験結果について（図6.34），漸新世よりも新しい火山岩の化学法の試験結果はS_cが大きいものと小さいものに大別できる．S_cが100 mmol/L以上の骨材は火山ガラスやクリストバライト，トリディマイトなどの高反応性鉱物を含んでおり，潜在的有害と判定される骨材が多い．また，S_cが100 mmol/L以上の骨材38試料中23試料でASRによるひび割れ（c2，c3）が確認されている．なお，S_cが100 mmol/L未満の骨材でASRによるひび割れ（c2，c3）が確認されたのは，10試料中2試料である．一方，中新世よりも古い火山岩・火山砕屑岩では，18試料中2試料でのみひび割れが確認されている．一般に，中新世以前の古い火山岩では，続成作用によって火山ガラスやクリストバライト，トリディマイトなどの高反応性鉱物が再結晶化することでS_cが低くなるが[6.70]，このような骨材でもASRによるひび割れが確認されている[6.68]．堆積岩・変成岩について，ASR膨張が確認された骨材は17試料中8試料であるものの，その程度は漸新世よりも新しい火山岩では軽微である．

第Ⅱ部
6
7
8
9
10

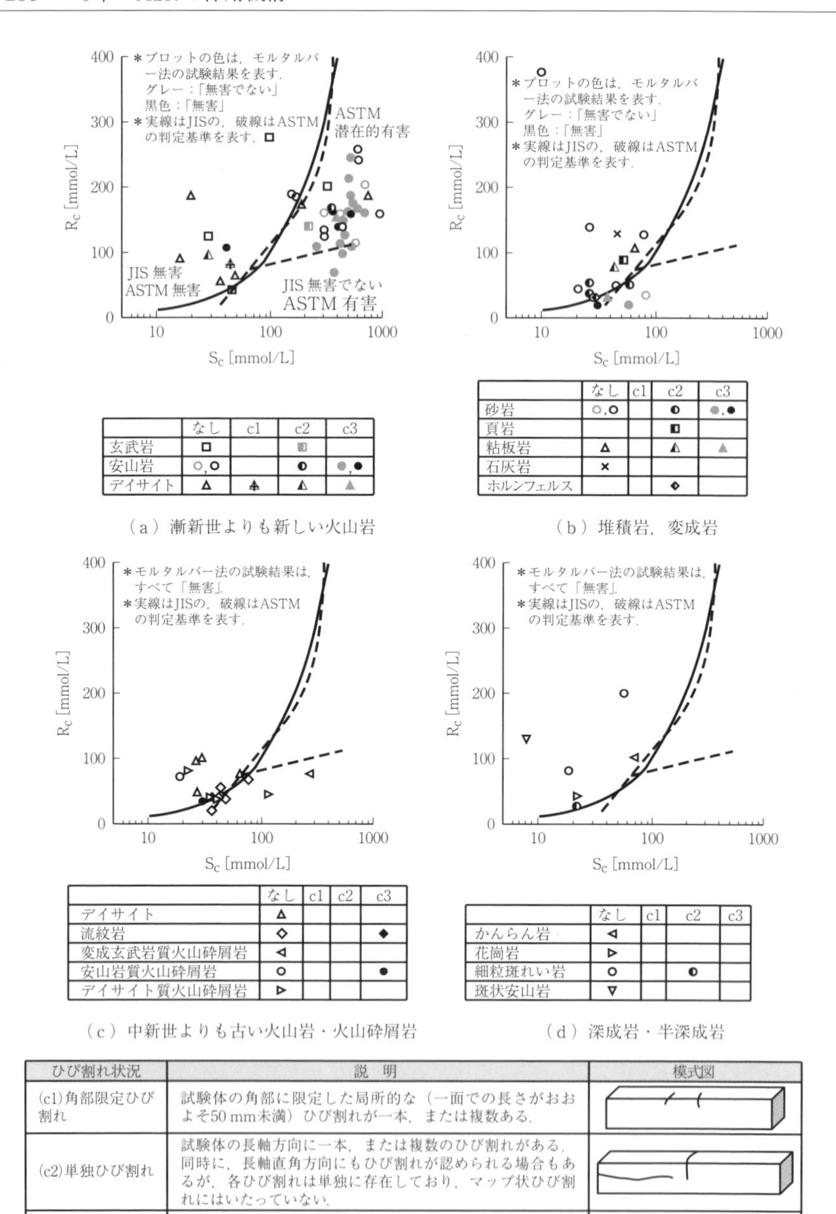

	なし	c1	c2	c3
玄武岩	□		◧	
安山岩	○,○		◐	●,●
デイサイト	△	△	◭	▲

（a）漸新世よりも新しい火山岩

	なし	c1	c2	c3
砂岩	○,○		◐	●,●
頁岩			◧	
粘板岩	△		◭	▲
石灰岩	×			
ホルンフェルス			◇	

（b）堆積岩，変成岩

	なし	c1	c2	c3
デイサイト	△			
流紋岩	◇			◆
変成玄武岩質火山砕屑岩	◁			
安山岩質火山砕屑岩	○			●
デイサイト質火山砕屑岩	▷			

（c）中新世よりも古い火山岩・火山砕屑岩

	なし	c1	c2	c3
かんらん岩	◁			
花崗岩	▷			
細粒斑れい岩	○		◐	
斑状安山岩	▽			

（d）深成岩・半深成岩

ひび割れ状況	説　明	模式図
(c1)角部限定ひび割れ	試験体の角部に限定した局所的な（一面での長さがおおよそ50 mm未満）ひび割れが一本，または複数ある．	
(c2)単独ひび割れ	試験体の長軸方向に一本，または複数のひび割れがある．同時に，長軸直角方向にもひび割れが認められる場合もあるが，各ひび割れは単独に存在しており，マップ状ひび割れにはいたっていない．	
(c3)マップ状ひび割れ	試験体の長軸方向および長軸直角方向の複数のひび割れが交差したマップ状ひび割れとなっている．	

図6.34　骨材試験結果と試験体のひび割れ状況（アルカリ総量5.0 kg/m^3）［古賀裕久ほか：屋外に23年以上暴露したコンクリートの観察結果に基づく骨材のASR反応性の検討，土木学会論文集E2（材料・コンクリート構造），Vol.69，No.4，pp.361–376，図–7，図–9，図–10，2013.］

アルカリ総量5.0 kg/m^{3}では比較的多くの試料でASR膨張が確認されているが，アルカリ総量を3.0 kg/m^{3}とした試験体94種類のうち，ASR膨張が生じていたのは10種類であった（図6.35）．化学法のS_cが100 mmol/L以上の火山岩・火山砕屑岩でASRの発生が顕著に認められる．ただし，コンクリートの断面150 × 150 mm断面であり，長期的なアルカリ溶脱が懸念される．暴露後の水溶性アルカリ量の測定結果によれば，コンクリートのアルカリ総量の平均は1.55 kg/m^3（最大2.33 kg/m^3，最小0.85 kg/m^3）であり，実構造物とは異なる結果となる可能性に注意する必要がある．

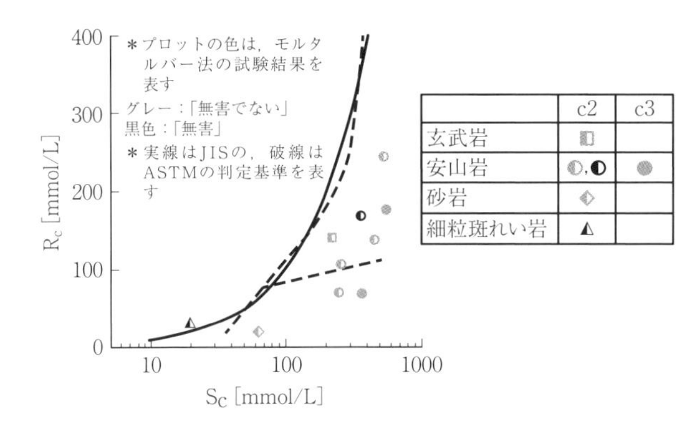

図6.35　ASRによるひび割れが生じた骨材の試験結果（アルカリ総量3 kg/m^3）［古賀裕久ほか：屋外に23年以上暴露したコンクリートの観察結果に基づく骨材のASR反応性の検討，土木学会論文集E2（材料・コンクリート構造），Vol.69，No.4，pp.361–376，2013.］

6.4　ASR抑制対策

◇6.4.1　鉱物質混和材

フライアッシュ，**高炉スラグ微粉末**，**シリカフューム**などの**鉱物質微粉末**(supplementary cementitious materials：**SCM**）を混入したモルタル・コンクリートのASR膨張は抑制される．これは，C－S－Hの組成が低Ca/Siモル比になることに起因する．セメントが水和をすると，C_3S（Ca/Siモル比 = 3.0）やC_2S（Ca/Siモル比 = 2.0）から生成するC－S－HのCa/Siモル比は約1.8前後となり，C－S－H生成以外の余剰なCaは$Ca(OH)_2$となって晶出する．セメントよりもシリカ量が多く，CaO量の少ないSCMを混入すると，SCMはアルカリイオンにより－Si－O－Si－結合が切断され，ガラス相が溶解し，セメント単体の場合に生成するよりもCa/Siモル比の低いC－S－Hを生成する．このような低Ca/Siモル比となったC－S－Hは，空隙水のアルカリを多く固定する[6.39]（図6.18）．C－S－Hによるアルカリ固定が生じると，対イオンとして存在する空隙水のOH⁻濃度も低下する．

SCMのASR抑制効果はSCMの種類や量によって異なる．図6.36にフライアッシュ（排出経路別に，R1，T，R2，R1-4）と高炉スラグ微粉末（BFS）をセメント（OPC）の一部に置換した場合のセメントペーストの相組成[6.39]を示す．SCMの種類および置換率によって相組成が大きく異なる．また，図6.37に示すC－S－HのCa/Siモル比と膨張比（SCM無置換に対する膨張率の比）の関係[6.39]から，C－S－HのCa/Siモル比とASR膨張には強い相関があることがわかる．6.2節で示したように，C－S－Hの組成（Ca/Siモル比）と量をもとに**空隙水のOH⁻濃度**を計算すると，図6.38のような空隙水のOH⁻濃度と膨張比の関係[6.71]が得られる．ASR膨張の抑制効果はSCMの種類や量に関わらず一義的な関係を示し，空隙水のOH⁻濃度に強く依存することがわかる．これらの結果から，SCMのASR抑制対策機構はこの空隙水のOH⁻濃度の低下に

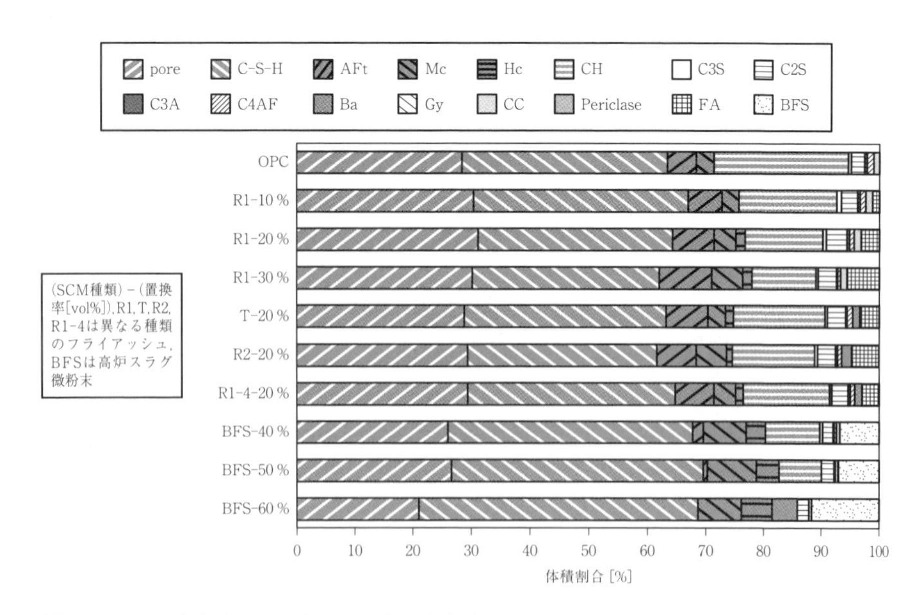

図6.36　SCMを含むセメントペーストの相組成　［川端雄一郎，山田一夫，松下博通：セメント系材料により生成される水和物の相組成とASR膨張抑制効果の関係，土木学会論文集E2，Vol.69，No.4，pp.402-420，2013.］

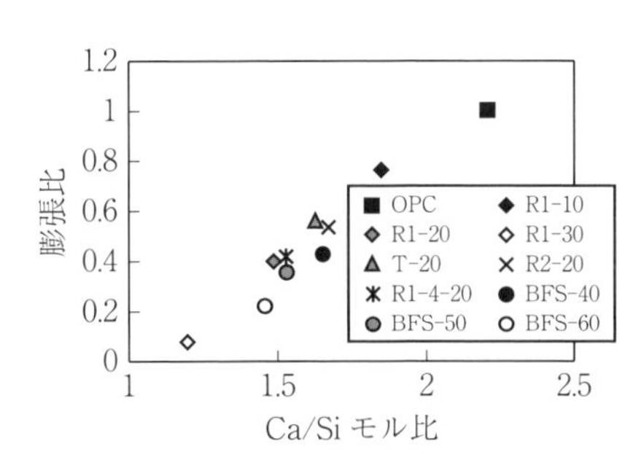

図6.37 C－S－HのCa/Siモル比と膨張比の関係 ［川端雄一郎，山田一夫，松下博通：セメント系材料により生成される水和物の相組成とASR膨張抑制効果の関係，土木学会論文集E2，Vol.69，No.4，pp.402–420，2013.］

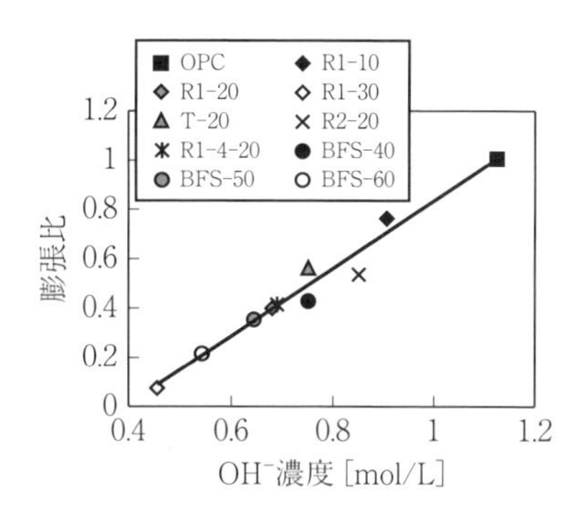

図6.38 空隙水のOH⁻濃度と膨張比の関係 ［川端雄一郎，山田一夫：ASR膨張に及ぼす空隙水組成の推定値の修正とその影響に関する再考察，土木学会論文集E2，Vol.71，No.3，p.259，図-2(2)，2015.］

よるものとわかる．Alが多いSCMをセメントの一部に置換した場合，AlがC－S－H中のSiと置換し，C－A－S－Hが生成する．その際，Alは4配位のSiと置換するため，一価の陽イオンを固定する．C－A－S－Hのアルカリ吸着能は同一Ca/Siモル比のC－S－Hよりも高く，それは低Ca/Siモル比で顕著である[6.72]（図6.39）．ただし，図中のグレーの箇所が現実的なSCM置換で生じるCa/Siモル比と空隙水のOH^-濃度であり，実際のセメント硬化体におけるAlの効果は限定的である．また，Ca/Siモル比ではなくCa/(Si + Al)モル比とすると，Alの効果がないことがわかっている．

別の機構として，理想系の実験では反応性鉱物の表面のSiをAlが架橋することでシリカの溶解を抑制する効果が確認されている[6.73]．ただし，コンクリート中ではSO_4^{2-}などの影響によってAlが骨材表面に供給される量が限定される．現時点では，これらの効果は定量的には示されておらず，研究の余地が残されている．

◇6.4.2 フライアッシュ

フライアッシュのASR抑制効果は，フライアッシュ自身の品質によって大きく異なる．フライアッシュは燃焼炭の種類や粉砕処理および燃焼過程の条件，さらには分級条件によって粉末度やガラス相の割合（ガラス化率）および組成が変化する．日本では低アルカリ，低Ca濃度のフライアッシュが一般的

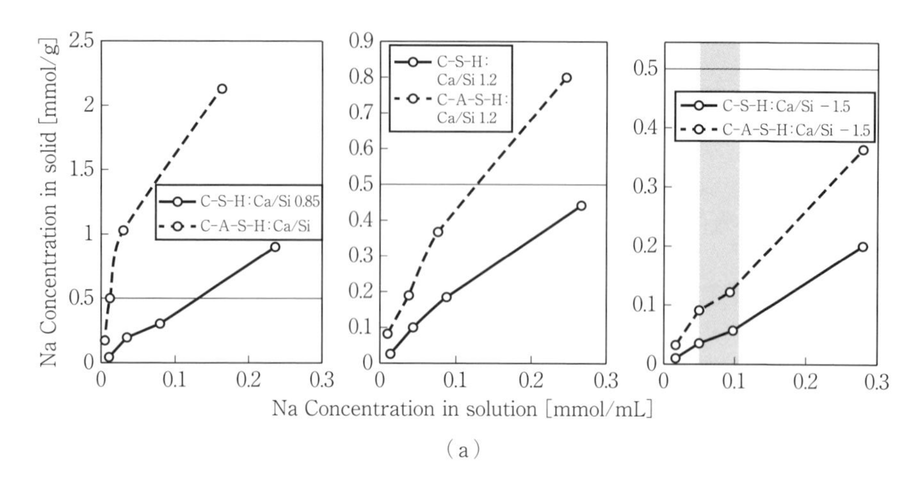

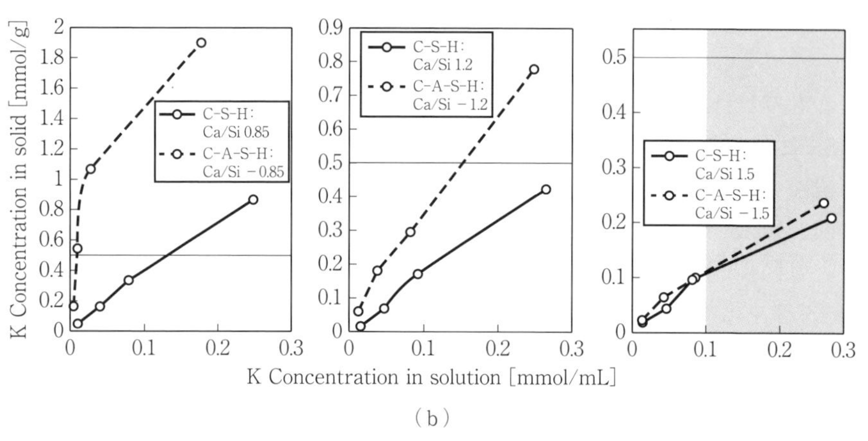

図6.39　C−S−HとC−A−S−Hのアルカリ固定能の比較　[S. H. Hong and F. P. Glasser: Alkali sorption by C−S−H and C−A−S−H gels: Part II. Role of alumina, Cement and Concrete Research, Vol.32, pp.1101-1111, 2002.]

で，ガラス中のシリカ量と粉末度がASR抑制効果に大きく影響している[6.74]．

図6.40にフライアッシュの**ガラス相**のSiO_2−CaO−Al_2O_3組成図[6.28]を示す．フライアッシュ中のガラスの粒子の点分析結果とその平均がプロットされている．EDS分析によると，フライアッシュのガラスのシリカ量はフライアッシュの粒子ごとに大きく異なる（図(b)）．バルク組成と比較して，シリカ分が少なくアルミナが多いガラスは溶融過程が不均質である，すなわち，石英粒子が完全に消費されず，アルミナを含む粘土や長石が低温で溶融したことを意味

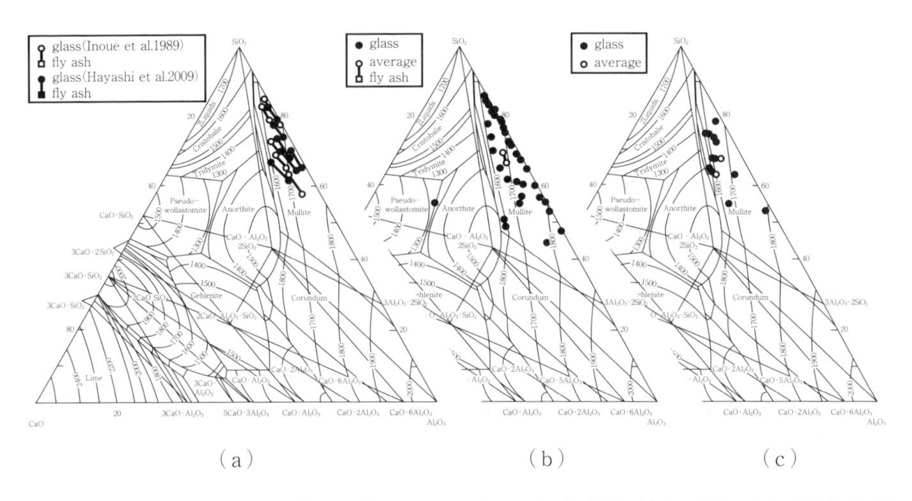

図6.40　フライアッシュのガラス相のSiO_2–CaO–Al_2O_3組成図（(a)，(b)，(c)は異なる産地）［T. Katayama: Diagnosis of alkali–aggregate reaction–polarizing microscopy and SEM–EDS analysis, Castro–Borges et al. (eds) Concrete under Severe Conditions, pp.19–34, 2010.］

する．シリカ分の少ないガラスは長石ガラスを含むため，アルカリ反応性・ポゾラン反応性に乏しい．

また，フライアッシュのASR抑制効果は，フライアッシュの比表面積にも強く依存する．フライアッシュのブレーン値が大きいほどASR抑制効果が高い[6.75]（図6.41）．

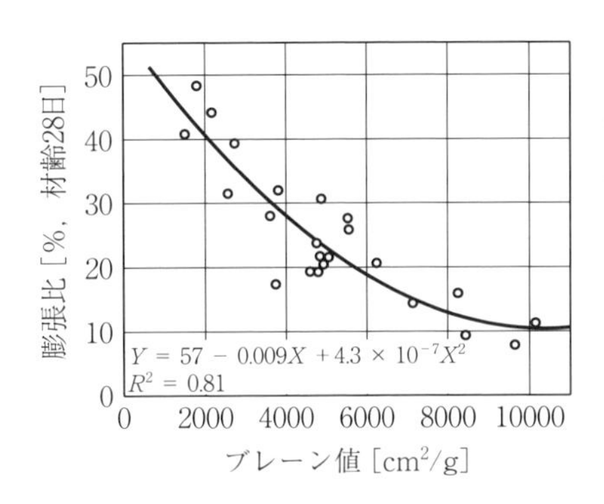

図6.41　フライアッシュのブレーン値と膨張比の関係［山本武志，金津努：フライアッシュのポゾラン反応性とアルカリシリカ反応抑制効果に関する研究，コンクリート工学年次論文集，Vol.22，No.2，pp.61–66，2000.］

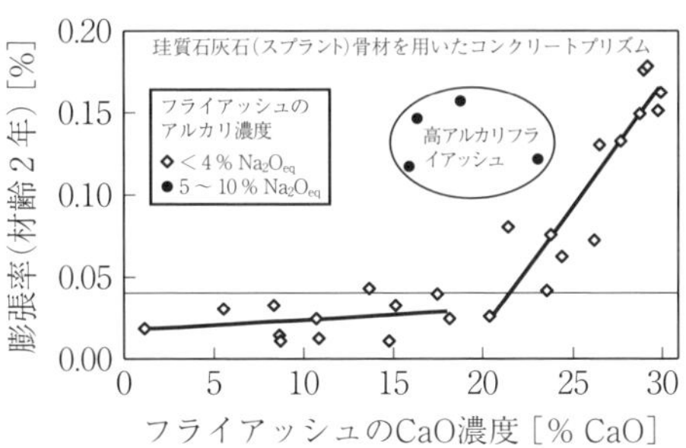

図6.42　フライアッシュのCaO量と膨張率の関係［M. Thomas: The effect of supplementary cementing materials on alkali–silica reaction: A review, Cement and Concrete Research, Vol.41, No.12, pp.1224–1231, 2011.］

海外では，高Ca濃度のフライアッシュが産出される場合もあるが，**高Ca濃度**のフライアッシュはC－S－HのCa/Siモル比が**低Ca濃度**のフライアッシュよりも高くなるため，ASR抑制効果が小さい[6.76]（図6.42）．このため，ASR抑制対策を目的として高アルカリ，高Ca濃度のフライアッシュを用いる場合には，高い混入率にする必要がある．CSA規格およびRILEM規格ではアルカリ量，CaO量のそれぞれに規定値があり，フライアッシュの品質に応じて混和材の混入率を設定することとなっている．

◇6.4.3　高炉スラグ微粉末

高炉スラグ微粉末は，ガラス化率が95 %以上と非常に高い．このガラス相のアルカリ濃度が高いものは，低いものと比較してASR抑制効果が小さい．高炉スラグ微粉末はフライアッシュと比較してシリカ量が少なく，CaO量が多い．このため，C－S－Hが低Ca/Siモル比となるためにはフライアッシュの置換率よりも高くなる．また，高炉スラグ微粉末の比表面積がASR抑制効果に及ぼす影響は，フライアッシュよりも小さい[6.77]．

高炉スラグ微粉末の品質に関する規定について，CSA規格およびRILEM規格では，それぞれ**アルカリ濃度**（Na_2O_{eq}）のみが規定されており，それぞれ1.5 %以下，1.0 %以下となっている．

◇6.4.4　骨材との組合せ

SCMのASR抑制効果は**骨材との組合せ**，すなわち骨材のアルカリ反応性によっても大きく異なる．図6.43にSCM置換率と膨張率の関係[6.76]を示す．図からわかるように，骨材の反応性の違いによって，ASR抑制対策に必要なSCM置換率が異なる．これは，骨材反応性のアルカリ濃度依存性と，SCMの置換に伴う空隙水のOH^-濃度低減効果によってコンクリートの膨張が決定されるためである．

実構造物では，フライアッシュを含むコンクリートでASRの被害が発生した事例がある[6.28]．コンクリート中のフライアッシュのガラスを分析した結果，フライアッシュガラスのシリカ濃度が46～67 mass%，（平均58 mass%）であり（図6.40(c)），反応性鉱物として含まれていた流紋岩質ガラスのシリカ濃度（= 75 mass%）より低かった．また，フライアッシュが約25 vol%（18 mass%）混合されており，一般的なASR抑制対策に必要なFAの混合割合を満た

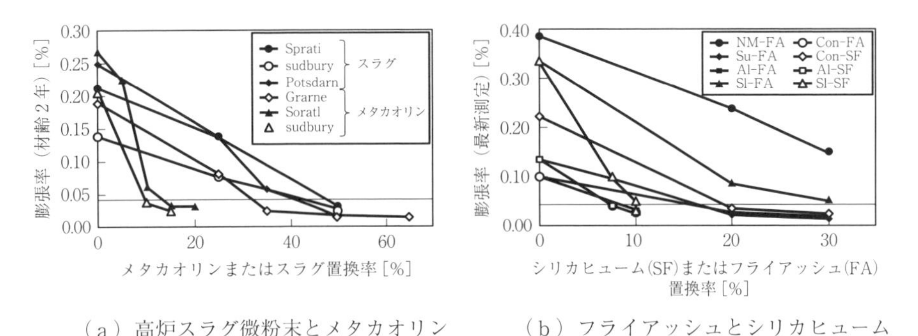

（a）高炉スラグ微粉末とメタカオリン　（b）フライアッシュとシリカヒューム

図6.43　SCM置換率と膨張率の関係（(a)凡例は産地，(b)凡例は産地略号とSCM種数略号）［M. Thomas: The effect of supplementary cementing materials on alkali–silica reaction: A review, Cement and Concrete Research, Vol.41, No.12, pp.1224–1231, 2011.］

第II部 6 7 8 9 10

している．この事例では，**ガラスの反応性**が低いフライアッシュを使用したため，より反応性の高い流紋岩質ガラスのASRを抑制することができなかった．

また，**ペシマム配合**において，SCMのASR抑制効果は小さくなる．SCMを混入したモルタルの膨張率の混和材無混和モルタルの膨張率に対する比率をASR抑制効果とすると，反応性鉱物がより低いOH^-濃度でも溶解するため，反応性骨材が少ないほどASR抑制効果は小さくなる[6.78]（図6.44）．上述したように，SCMをセメントの一部置換することで生成する低Ca/Siモル比のC–S

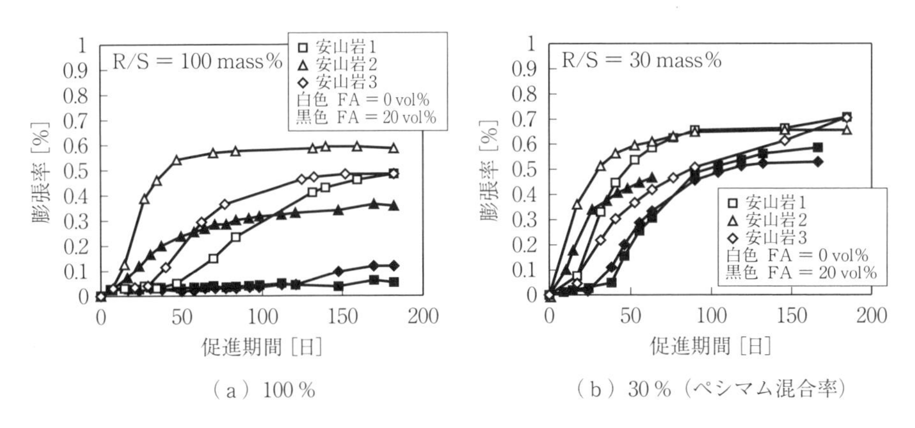

（a）100％　（b）30％（ペシマム混合率）

図6.44　異なる反応性骨材混合量におけるフライアッシュのASR抑制効果［井上祐一郎，濱田秀則，川端雄一郎，山田一夫：ペシマム現象を生じる骨材を用いたモルタルのフライアッシュによるASR抑制効果，コンクリート工学年次論文集，Vol.32，No.1，pp.953–958，2010.］

-Hのアルカリ固定能には限界がある．したがって，反応性骨材量が多い場合，アルカリシリカゲルによるアルカリ固定で長期的にASRは収束に向かうが，反応性骨材量が少ない場合にはアルカリシリカゲルによるアルカリ固定量が少なくなり，空隙水のOH^-濃度が高い状態で保たれる．このため，反応性骨材量が少ないほうがASR抑制効果は小さくなる[6.78]．すなわち，低混入率でペシマム現象を示すような高反応性骨材に対して混和材のASR抑制効果を検討する場合，反応性骨材量を増やして実験を行うことは危険な評価となる．ペシマム配合で高反応性骨材のASRを抑制するためには，一般的な置換率の15％では不十分である[6.79]．また，同一骨材であっても，SCMを混和することでペシマム混合率が小さくなる．これは上述した空隙水のOH^-濃度と反応性鉱物のバランスに起因する[6.58]．したがって，SCMの適正置換率を検討する際には，コンクリートの配合条件やアルカリ添加量などに留意する必要がある．

◇6.4.5　リチウム塩

リチウム塩を添加するとASRが抑制されることが1951年に発見[6.80]されてから，抑制機構に関する検討は多くなされている．ASR抑制効果のある代表的なリチウム塩として水酸化リチウム，炭酸リチウム，硝酸リチウム，亜硝酸リチウムなどがある．アメリカやヨーロッパでは硝酸リチウムによる研究事例が多く，日本では亜硝酸リチウムが使用されている[6.81]．

リチウム塩の添加によるASR抑制対策機構を大別すると，反応性鉱物の化学安定性によるものと，アルカリシリカゲルの組成変化によるものの二つに分けられる．前者は，空隙水のpHの低下やその他の溶液組成の変化，さらにはLiシリケートによる物理的な障壁の生成によって反応性鉱物が化学的に安定的になるものである．後者は，リチウム塩の添加によって，非膨張性の結晶生成物を生成すること，膨張性の小さい（もしくはない）非晶質なアルカリシリカゲルを生成すること，シリカの溶解度が増加して膨張性アルカリシリカゲルとならずにシリケートイオンとして溶液中に残存することなどが考えられている．しかし，骨材の潜在的な反応性の違いに関係なく，その効果は大きく異なるため，統一的な解釈がなされていないのが現状である．

$LiNO_3$添加によるASR抑制対策機構に関する総括的な研究の最新成果[6.82]では，次の実験的事実などから，何らかの要因によって反応性鉱物が安定的になったものと推察している．

① 生成しているアルカリシリカゲルがNa，K，Si，Li（推定）を含むアルカリシリカゲルを生成していること

② 生成したアルカリシリカゲルが典型的なものと類似しており，これらの量がコンクリートの膨張率と何らかの相関があり，$LiNO_3$を添加したコンクリートは反応していない，もしくは痕跡のみがあること

③ （NaOH + $LiNO_3$）水溶液における骨材の溶解量がNaOH水溶液よりも少ないこと

また，Liシリケートの結晶生成物の生成と低CaのLiを含んだアルカリシリカゲルの2種類の反応生成物によってアルカリイオンの拡散障壁を生成し，シリカの溶解を抑える[6.83]（図6.45）．黒曜石界面において緻密なLiシリケート相が生成し，内部の黒曜石は侵食作用を受けていないという研究結果もある[6.82]（図6.46）．

リチウム塩の添加量が少ない場合，とくに炭酸リチウムの場合に溶解したリチウム塩と空隙水のイオン平衡によりOH^-濃度が上昇するために，逆にASRを促進することがある．水酸化リチウムの場合はそれほどOH^-濃度が上昇することはなく，また硝酸リチウムの場合には，空隙水でLi^+の対イオンとしてNO_3^-が残存するため，OH^-濃度は上昇せず，添加量が少ない場合でもASRを促進することはない．

新設時における対策として練混ぜ時にリチウム塩を添加する研究は多くなされているが，既設構造物の補修を対象とした研究事例は少ない．実際の補修の場合，外部から浸透させる方法[6.84]と，コンクリートを削孔し，亜硝酸リチウ

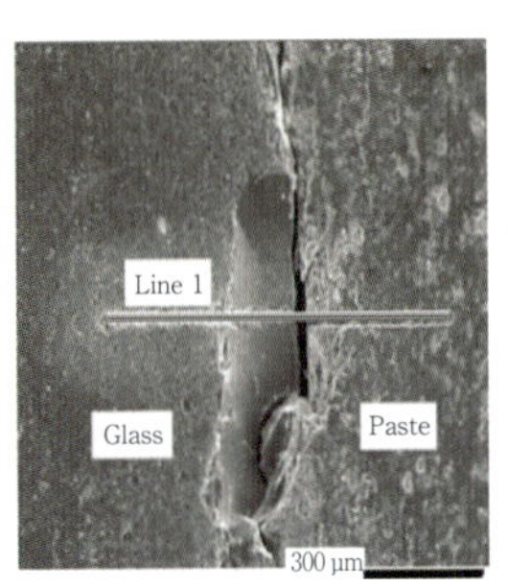

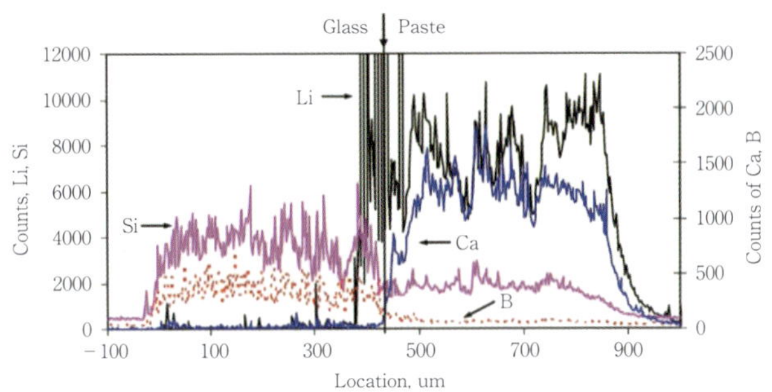

図6.45　ガラス－ペースト界面のLA－ICP－MS　[X. Feng, M. D. A. Thomas, T. W. Bremner, K. J. Folliard and B. Fournier: Summary of research on the effect of $LiNO_3$ on alkali–silica reaction in new concrete, Cement and Concrete Research, Vol.40, pp.636–642, 2010.]

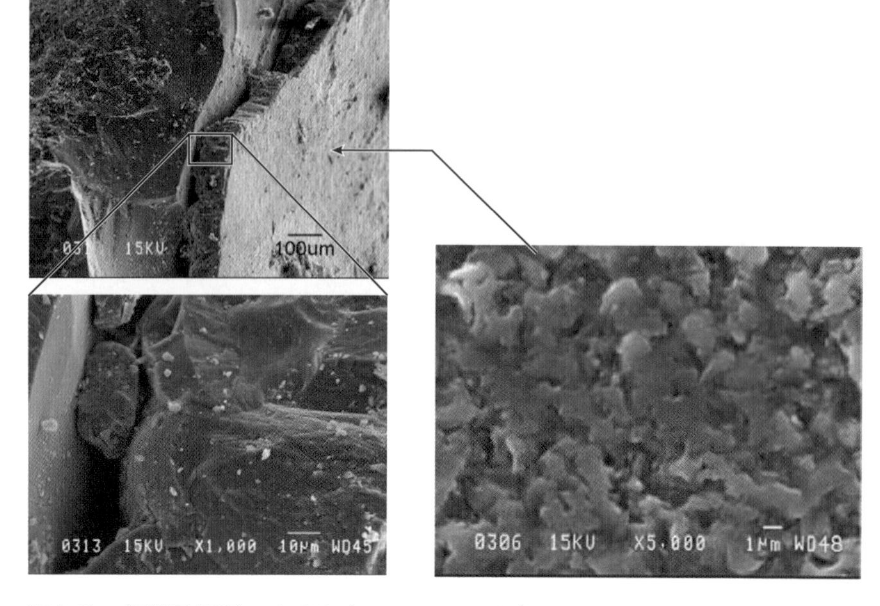

図 6.46　黒曜石界面に生成したLiシリケート相　[C. Tremblay et al.: Experimental investigation of the mechanisms by which $LiNO_3$ is effective against ASR, Cement and Concrete Research, Vol.40, pp.583–597, 2010.]

第II部 ASR診断に必要な基盤技術と専門知識

ムを圧入する方法（内部圧入工法）[6.85]などが考案されている．前者には，表面含浸や電気泳動によるものがある．スプレー散布による表面含浸工法では，抑制が期待できるLi濃度に達するのは表面から4 mm程度であり，ASR抑制効果は期待できない．これに対して，電気泳動による浸透工法は表面含浸工法と比較して大きな浸透深さが得られている．内部圧入工法は近年開発された工法であり．ほかの工法と比較してコンクリート深部まで浸透させることが可能である．0.5 MPaの圧力で1～2箇月間注入することで，浸透距離が300～600 mmの浸透距離を確保することができる．

参考文献

[6.1] T. Ichikawa and M. Miura: Modified model of alkali–silica reaction, Cement and Concrete Research, Vol.37, pp.1291–1297, 2007.

[6.2] T. Katayama: ASR gels and their crystalline phases in concrete–Universal products in alkali–silica, alkali–silicate and alkali–carbonate reactions, Proceedings of 14th International Conference on Alkali–Aggregate Reaction in Concrete, 030411–KATA–03, 2012.

[6.3] F. Gaboriaud, A. Nonat, D. Chaumont, A. Craievich: Aggregation processes and formation of silico–calco–alkaline gels under high ionic strength, Journal of Colloid and Interface Science, Vol.253, pp.140–149, 2002.

[6.4] M. Ben Haha et al.: Relation of expansion due to alkali silica reaction to the degree of reaction measured by SEM image analysis, Cement and Concrete Research, Vol.37, pp.1206–1214, 2007.

[6.5] L. S. Dent Glasser: Osmotic pressure and the swelling of gels, Cement and Concrete Research, Vol.9, pp.515–517, 1979.

[6.6] M. Prezzi, P. J. M. Monteiro and G. Sposito: The alkali–silica reaction, Part1: Use of the double–layer theory to explain the behavior of reaction–product gels, ACI Materials Journal, Vol.94, No.1, pp.10–17, 1997.

[6.7] E. Garcia–Diaz et al.: Mechanism of damage for the alkali–silica reaction, Cement and Concrete Research, Vol.36, pp.395–400, 2006.

[6.8] S. Chatterji: Mechanism of alkali–silica reaction and expansion, Proceeding of the 8th International Conference on Alkali–Aggregate Reaction in Concrete, pp.101–105, 1989.

[6.9] T. Katayama: The so–called alkali–carbonate reaction (ACR) – Its mineralogical and geochemical details, with special reference to ASR, Cement and Concrete Research, Vol.40, pp.643–675, 2010.

[6.10] K. Krogh: Examination of synthetic alkali–silica gels, Symposium on Alkali–Aggregate Reaction Preventive Measures, pp.131–163, 1975.

[6.11] T. Katayama: Late–expansive ASR in a 30–year old PC structure in Eastern Japan, Proceedings of 14th International Conference on Alkali–Aggregate Reaction in Concrete, 030411–KATA–05, 2012.

[6.12] 川端雄一郎，広野真一，岩波光保，加藤絵万：岩石学的観察に基づくASRによる各種反応性骨材の損傷形態と損傷過程の評価，コンクリート工学年次論文集，Vol.33，No.1，pp.1031–1036，2011.

[6.13] T. Katayama: How to identify carbonate rock reactions in concrete, Materials Characterization, Vol.53, pp.85–104, 2004.

[6.14] T. Katayama: So–called alkali–carbonate reaction–Petrographic details of field concretes in Ontario, 13th Euroseminar on microscopy applied to building materials, p.15, 2011.

[6.15] T. Katayama, P.E. Grattan–Bellew: Petrography of the Kingston experimental sidewalk at age 22 years—ASR as the cause of deleteriously expansive, so–called alkali-carbonate reaction. Proc. 14th International

Conference of Alkali–Aggregate Reaction in Concrete, Austin, Texas, USA, 030411–KATA–06, 2012.

[6.16] T. Katayama, V. Jensen & C.A. Rogers: The enigma of the 'so-called' alkali-carbonate reaction. Proceedings of the Institution of Civil Engineers–Construction Materials, Vol.169, pp.223–232. 2016.

[6.17] M. A. G. Duncan et al.: Alkali–aggregate reaction in Nova Scotia I. Summary of a five–year study, Cement and Concrete Research, Vol.3, pp.55–69, 1973.

[6.18] M. A. G. Duncan et al.: Alkali–aggregate reaction in Nova Scotia II. Field and petrographic studies, Cement and Concrete Research, Vol.3, pp.119–128, 1973.

[6.19] M. A. G. Duncan et al.: Alkali–aggregate reaction in Nova Scotia III. Laboratory studies of volume change, Cement and Concrete Research, Vol.3, pp.233–245, 1973.

[6.20] J. E. Gillot et al.: Alkali–aggregate reaction in Nova Scotia IV. Character of the reaction, Cement and Concrete Research, Vol.3, pp.521–535, 1973.

[6.21] T. Katayama and T. Futagawa: Alkali–aggregate reaction in New Brunswick, Eastern Canada–Petrographic diagnosis of the deteriaration, Proceedings of 8th International Conference on Alkali–Aggregate Reaction, pp.531–536, 1989.

[6.22] L. Lewczuk et al.: Identification and characterization of alkali silicate reactive argillites and greywackes in Atlantic Canada, Proceedings of a Workshop on Canadian Developments in Testing Concrete Aggregates for Alkali–Aggregate Reactivity, pp.60–68, 1990.

[6.23] X. D. Cong, R. J. Kirkpatrick and S. Diamond: Silicon–29 MAS NMR spectroscopic investigation of alkali silica reaction product gels, Cement and Concrete Research, Vol.23, pp.811–823, 1993.

[6.24] X. Hou, L. J. Struble and R. J. Kirkpatrick: Formation of ASR gel and the roles of C–S–H and portlandite, Cement and Concrete Research, Vol.34, pp.1683–1696, 2004.

[6.25] T. Katayama: Petrographic diagnosis of alkali–aggregate reaction in concrete based on quantitative EPMA analysis, Proceedings of 4th CANMET/ACI/JCI International Conference, pp.539–560, 1998.

[6.26] T. Katayama, T. Oshiro, Y. Sarai, K. Zaha., and T. Yamato: Late–expansive ASR due to imported sand and local aggregates in Okinawa Island, southwestern Japan, Proceedings of the 13th International Conference on Alkali–Aggregate Reaction in Concrete, Trondheim, Norway, pp.862–873, 2008.

[6.27] T. Katayama: ASR gel in concrete subject to freeze–thaw cycles–

Comparison between laboratory and field concrete from Newfoundland, Canada. Proc. 13th Int. Conf. on Alkali–Aggregate–Reaction in Concrete, Trondheim, Norway, pp.174–183, 2008.

[6.28] T. Katayama: Diagnosis of alkali–aggregate reaction–polarizing microscopy and SEM–EDS analysis, Castro–Borges et al. (eds) Concrete under Severe Conditions, pp.19–34, 2010.

[6.29] 川端雄一郎，山田一夫，小川彰一，大迫政浩：加速コンクリートプリズム試験を用いたコンクリートのASR膨張予測に関する試み，コンクリート構造物の補修，補強，アップグレード論文報告集，Vol.13，pp.453–458，2013.

[6.30] 川端雄一郎，山田一夫，小川彰一，佐川康貴：加速コンクリートプリズム試験を用いたコンクリートのASR膨張の簡易予測，セメント・コンクリート論文集，Vol.67，pp.449–455，2014.

[6.31] Y. Kawabata, K. Yamada, S. Ogawa, R.P. Martin, Y. Sagawa, J.F. Seignol and F. Toutlemonde: Correlation between laboratory expansion and field expansion of concrete: Prediction based on modified concrete expansion test, Proceedings of 15th International Conference on Alkali-Aggregate Reaction in Concrete, 15ICAAR2016_034, 2016.

[6.32] C. Larive: Apports Combinés de l' Experimentation et de la Modelisation à la Comprehension de l' Alcali Reaction et de ses Effects Mecaniques, Laboratoire Central des Ponts et Chausses (LCPC), 1998 (in French).

[6.33] L. O. Nilsson: Moisture effects on the alkali–silica reaction, Proceedings of the 6th International Conference on Alkali Aggregate Reaction in Concrete, pp.201–208, 1983.

[6.34] B. Capra and J. Bournazel: Modeling of induced mechanical effects of alkali–aggregate reactions, Cement and Concrete Research, Vol.28, No.2, pp.251–260, 1998.

[6.35] K. Li, O. Coussy and C. Larive: Modélisation chimico–mécanique du comportement des bétons affectés par la réaction d' alcali–silice. Expertise numérique des ouvrages d' art degrades, Etudes et recherches des LPC, OA43, Laboratoire Central des Ponts et Chaussées, Paris, 2004 (in French).

[6.36] 川端雄一郎，山田一夫，松下博通：岩石学的分析に基づいた安山岩のASR反応性評価および膨張挙動解析，土木学会論文集E，Vol.63，No.4，pp.689–703，2007.

[6.37] S. Diamond: ASR–Another look at mechanism, Proceedings of 8th International Conference on Alkali Aggregate Reaction in Concrete, pp.83–94, 1989.

[6.38] S. H. Hong and F. P. Glasser: Alkali binding in cement pastes: Part I. The C–S–H phase, Cement and Concrete Research, Vol.29, pp.1893–1903, 1999.

[6.39] 川端雄一郎，山田一夫，松下博通：セメント系材料により生成される水和物の相組成とASR膨張抑制効果の関係，土木学会論文集E2，Vol.69，No.4，pp.402–420，2013.

[6.40] 丸屋剛，松岡康訓：液相および固相の分析による結合材の耐久性評価に関する研究，土木学会論文集，No.478/V–21，pp.41–50，1993.

[6.41] J. P. Icenhower, P. M. Dove: The dissolution kinetics of amorphous silica into sodium chloride solutions Effects of temperature and ionic strength, Geochemica et Cosmochimica Acta, Vol.64, No.24, pp.4193–4203, 2000.

[6.42] 川村満紀，一瀬誠，竹本邦夫：塩化物のアルカリ・シリカ膨張におよぼす影響，コンクリート工学年次論文集，Vol.11，No.1，pp.65–70，1989.

[6.43] 川村満紀，竹内勝信，杉山彰徳：外部から供給されるNaClがアルカリシリカ反応によるモルタルの膨張に及ぼす影響のメカニズム，土木学会論文集，No.502/V–25，pp.93–102，1994.

[6.44] 川村満紀，荒野憲之，片蓋憲治：NaCl溶液に浸漬したモルタルにおけるASRゲルの組成および二次的エトリンジャイトの生成と膨張，土木学会論文集，No.641/V–64，pp.179–185，2000.

[6.45] M. Kawamura, K. Tekeuchi and A. Sugiyama: Mechanism of the influence of externally supplied NaCl on the expansion of mortars containing reactive aggregate, Magazine of Concrete Research, Vol.48, pp.237–248, 1996.

[6.46] A. Shayan et al.: Effects of seawater on AAR expansion of concrete, Cement and Concrete Research, Vol.40, pp.563–568, 2010.

[6.47] T. Katayama et al.: Alkali–aggregate reaction under the influence of deicing salts in the Hokuriku district, Japan, Materials Characterization, Vol.53, pp.105–122, 2004.

[6.48] P. R. Rangaraju et al.: Potential for development of alkali–silica reaction (ASR) in the presence of airfield deicing chemicals, Proceedings of the 8th International Conference on Concrete Pavements, pp.1269–1289, 2005.

[6.49] S. Diamond et al.: Chemical aspects of severe ASR induced by potassium acetate airfield pavement de–icer solution, Proceedings of Marc–Andre Bérubé symposium on Alkali–Aggregate Reactivity in Concrete, pp.261–279, 2006.

[6.50] J. Stark and C. Giebson: Influence of acetate and formate based deicers on ASR in airfield concrete pavements, Proceedings of the 13th International Conference on Alkali–Aggregate Reaction in Concrete, Trondheim, Norway, pp.686–695, 2008.

[6.51] C. Giebson, K. Seyfarth and J. Stark: Influence of acetate and formate–based deicers on ASR in airfield concrete pavements, Cement and Concrete Research, Vol.40, pp.537–545, 2010.

[6.52] M. A. Bérubé et al.: Laboratory assessment of alkali contribution by aggregates to concrete and application to concrete structures affected by alkali-silica reactivity, Cement and Concrete Research, Vol.32, pp.1215-1227, 2002.
[6.53] J. H. P. van Aardt and S. Visser: Calcium hydroxide attack on feldspars and clays: Possible relevance to cement-aggregate reactions, Cement and Concrete Research, Vol.7, pp.643-648, 1977.
[6.54] 野村昌弘，渡辺暁央，鳥居和之：砂のアルカリ溶出性状と構造物における骨材からのアルカリ溶出の検証，コンクリート工学年次論文集，Vol.29, pp.153-158，2007.
[6.55] W. Yujiang et al.: Alkali release from aggregate and the effect on AAR expansion, Materials and Structures, Vol.41, pp.159-171, 2008.
[6.56] D. Constantiner and S. Diamond: Alkali release from feldspars into pore solution, Cement and Concrete Research, Vol.33, pp.549-554, 2003.
[6.57] 池田隆徳，川端雄一郎，佐川康貴，濱田秀則：セメントペーストおよびモルタルのアルカリ量推定に関する基礎的研究，土木学会西部支部研究発表会，pp.765-766，2009.
[6.58] Y. Kawabata and K. Yamada: The mechanism of limited inhibition by fly ash on expansion due to alkali-silica reaction at the pessimum proportion, Cement and Concrete Research, Vol.91, pp.1-15, 2017.
[6.59] 岩月栄治，森野奎二：安山岩骨材のASR膨張と反応性鉱物の関係，セメント技術大会講演要旨，No.59，pp.134-135，2005.
[6.60] 川端雄一郎，松下博通，山田一夫，林建佑：風化度の異なる安山岩骨材のASR膨張挙動の評価，コンクリート工学年次論文集，Vol.30，No.1，pp.993-998，2008.
[6.61] A. J. Maas, J. H.Ideker and M. C. G. Juenger: Alkali silica reactivity of agglomerated silica fume, Cement and Concrete Research, Vol.37, pp.166-174, 2007.
[6.62] 片山哲哉：土木学会コンクリート標準示方書改定小委員会　材料部会報告書3骨材の耐久性，pp.3.1-3.55，1993.
[6.63] T. Katayama: Petrography of alkali-aggregate reactions in concrete-reactive minerals and reaction products-, Supplemtary Papers of East Asia Alkali-Aggregate Reaction Seminar, pp.45-59, 1997.
[6.64] R. E. Oberholster and G. Davies: An accelerated method for testing the potential alkali reactivity of siliceous aggregates, Cement and Concrete Research, Vol.16, pp.181-189, 1986.
[6.65] 西政好，池田隆徳，佐川康貴，林建佑：遅延膨張性骨材によるASR劣化事例および骨材のASR反応性検出法の検証，コンクリート工学年次論文集，

Vol.32, No.1, pp.935-940, 2010.
[6.66] T. Katayama et al.: Late-expansive alkali-silica reaction in the Ohnyu and Furikusa headwork structures, Central Japan, Proceeding of the 12th International Conference on Alkali-Aggregate Reaction in Concrete, pp.1086-1094, 2004.
[6.67] D. Hooton et al.: The Kingston outdoor exposure site for ASR-after 14 years What have we learned?, Proceedings of Marc-André Bérube symposium on Alkali-Aggregate Reactivity in Concrete, pp.171-193, 2006.
[6.68] T. Kayatama: Petrographic study on the potential alkali-reactivity of ferro-nickel slags for concrete aggregates, Proc. of 9th Inter. Conf. on Alkali-Aggregate Reaction in Concrete, pp.497-507, 1992.
[6.69] 古賀裕久 ほか：屋外に23年以上暴露したコンクリートの観察結果に基づく骨材のASR反応性の検討，土木学会論文集E2（材料・コンクリート構造），Vol.69, No.4, pp.361-376, 2013.
[6.70] T. Katayama and Y. Kaneshige: Diagenetic changes in potential alkali-aggregate reactivity of volcanic rocks in Japan-a geological interpretation, Concrete Alkali-Aggregate Reactions, Noyes Publications, Park Ridge, pp.489-495, 1987.
[6.71] 川端雄一郎，山田一夫：ASR膨張に及ぼす空隙水組成の推定値の修正とその影響に関する再考察，土木学会論文集E2, Vol.71, No.3, pp.257-262, 2015.
[6.72] S. H. Hong and F. P. Glasser: Alkali sorption by C-S-H and C-A-S-H gels: Part II. Role of alumina, Cement and Concrete Research, Vol.32, pp.1101-1111, 2002.
[6.73] T. Chappex and K. Scrivener: The influence of aluminium on the dissolution of amorphous silica and its relation to alkali silica reaction, Cement and Concrete Research, Vol.42, pp.1645-1649, 2012.
[6.74] Y. Kawabata et al.: Fly ash characterization related to mitigation of expansion due to ASR, 13th International Conference on Alkali-Aggregate Reaction in Concrete, pp.184-191, 2008.
[6.75] 山本武志，金津努：フライアッシュのポゾラン反応性とアルカリシリカ反応抑制効果に関する研究，コンクリート工学年次論文集，Vol.22, No.2, pp.61-66, 2000.
[6.76] M. Thomas: The effect of supplementary cementing materials on alkali-silica reaction: A review, Cement and Concrete Research, Vol.41, No.12, pp.1224-1231, 2011.
[6.77] 蔡云峰，鳥居和之，横山博司，古川柳太郎：促進養生法による高炉スラグ微粉末のASR抑制効果の評価，コンクリート工学年次論文集，Vol.27, No.1, pp.763-768, 2005.

[6.78] 井上祐一郎，濱田秀則，川端雄一郎，山田一夫：ペシマム現象を生じる骨材を用いたモルタルのフライアッシュによるASR抑制効果，コンクリート工学年次論文集，Vol.32，No.1，pp.953-958，2010.

[6.79] Y. Kawabata et al.: Suppression effect of fly ash on ASR expansion of mortar/concrete at the pessimum proportion, Proceedings of 14th International Conference on Alkali-Aggregate Reaction in Concrete, 031711-KAWA-01, 2012.

[6.80] E. J. McCoy and A. G. Caldwell: New approach to inhibiting alkali-aggregate reaction, Journal of the American Concrete Institute, Vol.22, p.693, 1951.

[6.81] ASRリチウム工法協会：アルカリ骨材反応抑制工法　ASRリチウム工法，ASRリチウム工法協会技術基準，2005.

[6.82] C. Tremblay et al.: Experimental investigation of the mechanisms by which $LiNO_3$ is effective against ASR, Cement and Concrete Research, Vol.40, pp.583-597, 2010.

[6.83] X. Feng, M. D. A. Thomas, T. W. Bremner, K. J. Folliard and B. Fournier: Summary of research on the effect of $LiNO_3$ on alkali-silica reaction in new concrete, Cement and Concrete Research, Vol.40, pp.636-642, 2010.

[6.84] A. Santos Silva et al.: Research of the suppression expansion due to ASR; Effect of coatings and lithium nitrate, Proceedings of 11th International Conference on Alkali-Aggregate Reaction in Concrete, pp.1089-1098, 2008.

[6.85] 江良和徳 ほか：亜硝酸リチウム高圧注入によるアルカリ骨材反応抑制工法（リハビリ高圧注入工法）の開発，コンクリート構造物の補修，補強，アップグレードシンポジウム論文集，Vol.4，pp.117-122，2004.

7章 多様化する骨材に起因するさまざまな問題

ASRは骨材に起因する劣化であるため，骨材全般に関する最低限の知識も必要で，ASRとほかの劣化現象を区別するためにもその理解は不可欠である．ここでは，骨材の基本的事項とともに，現代の多様化する骨材の現状についてまとめる．

7.1 骨材に起因するさまざまな問題

◇7.1.1 コンクリートにおける骨材の役割

コンクリートを構成する材料のなかで，骨材は体積の約7割を占め，その原料は天然の岩石（一部は工業製品）である．骨材の性状，品質がコンクリートの諸性状，耐久性に強い影響を及ぼす．

骨材はその粒度構成に応じて，細骨材と粗骨材に区別される．細骨材には，**天然砂**と**砕砂**が主体で，少量の高炉スラグ骨材，フェロニッケルスラグ骨材，電気炉酸化スラグ骨材，再生骨材なども使用される．粗骨材には，**砂利**と**砕石**が主体で，少量の高炉スラグ骨材，電気炉酸化スラグ骨材，再生骨材などが用いられる．

土木学会コンクリート標準示方書[7.1]では，細骨材は，「清浄，堅硬，耐久性をもち化学的あるいは物理的に安定し，有機不純物，塩化物等を有害量含まないものとする．」とし，粗骨材は，「清浄，堅硬，耐久性をもち化学的あるいは物理的に安定し，有機不純物，塩化物等を有害量含まないものとする．特に耐火性を必要とする場合には耐火的な粗骨材とする．」とし，それぞれ品質，粒度の規格が定められている．

コンクリートにおける骨材の役割は，次のようにさまざまである．

① フレッシュコンクリートの性状を制御

- 粒度構成を変えることで，コンクリートのワーカビリティ，ポンパビリ

ティ，単位水量，空気量，ブリーディングなどの最適値を設定可能

② 硬化コンクリートの性能確保

- セメントペーストとの付着により，一体化して骨材のもつ圧縮強度がコンクリートの圧縮強度に寄与
- ダムや舗装コンクリートで物理的なすりへり抵抗性を確保
- 特殊な骨材を使うことで，軽量コンクリート，重量コンクリート，高強度コンクリートなどの特殊な用途にも対応可能

③ 硬化コンクリートの耐久性の確保

- セメントの水和によって生じる熱ひび割れを発熱しない骨材で希釈して緩和
- コンクリートの乾燥収縮ひび割れを低減
- 化学的に安定なものにより，酸などによる腐食に対して抵抗性増加

④ 経済性の確保

- 骨材はコンクリート構成材料のなかで安価，かつコンクリートを使用する現場近傍で入手が可能で，経済的に有利

ただし，用いられる骨材は地域によって限定される場合が多く，その限られた選択肢のなかで与えられたコンクリートのワーカビリティ，強度，耐久性を満足するものでなくてはならない．

◇7.1.2　日本における骨材用岩石の分布

日本の各種岩石について地質図をもとに分布面積を測定すると，**堆積岩**（約58 %）と**火成岩**（約26 %）が大部分を占め，**深成岩**と**変成岩**はわずかな分布となる．

堆積岩のうち，骨材資源となるものは**新第三紀**以前に形成された**砂岩**や**石灰岩**で，その割合は日本全体の12 %である．また，火成岩のうち，骨材の主対象となる**安山岩**と**玄武岩**は全体の16 %である．

このような岩石は，日本の地質構造のなかで偏在し，地域によって大きく異なる分布を示している．たとえば，**中・古生層**が卓越する15都府県（東京，埼玉，岐阜，愛知，大阪，和歌山，高知ほか）では砂岩の採取量が全体の67 %なのに対して安山岩は3 %しかなく，反対に**新生代**の**火山活動**が顕著な14道県（北海道，青森，長野，静岡，石川，香川ほか）では安山岩が65 %を占めて砂岩は7 %にすぎない．

このように，地域に応じて特色をもつ骨材資源であるが，上流の山から侵食・運搬されて堆積した砂利や砂は，採取される場所によって**山砂利**，**陸砂利**，**川砂利**，**山砂**，**川砂**，**海砂**などに分類される．これらの砂利や砂は上流のさまざまな岩石が混合され，円磨されながら堆積しているため，**後背地**の特徴はもつものの，さまざまな岩種構成からなる骨材となる．近年，環境問題，自然保護，防災などのさまざまな問題から，川砂利・川砂・海砂利・海砂の採取は制限され，山から直接採取する砕石・砕砂が多くなってきている．

◇7.1.3　骨材採取の変遷

図7.1に骨材の構成比率の時代変化[7.2]を示す．日本が高度経済成長を迎える前の1955年ごろまでは**川砂利**が骨材の主要供給源であり，コンクリートも現場練りの場所打ちコンクリートが中心であった．東京オリンピックを契機とした高度経済成長期に入ると，コンクリートも生コンクリート工場から出荷するレディーミクストコンクリートが主となり，その出荷量も増えていった．そのため，生コンクリート工場は骨材を入手しやすく都市が発展した沖積平野の河川近くに多くつくられるようになった．その後，骨材需要の増大に反して河川砂利・砂の採取規制がはじまり，当初は川砂利をコンクリート用骨材に，砕石を道路・道床用へと分ける用途規制からはじまったが，しだいにコンクリート骨材への川砂利の供給もできなくなり，砕石が主体となっていった．

河川の上流にダムをつくることで骨材の発生源となる谷の侵食が減るとともに，土砂がダムによってさえぎられ，また河川水量の減少で下流への新たな砂

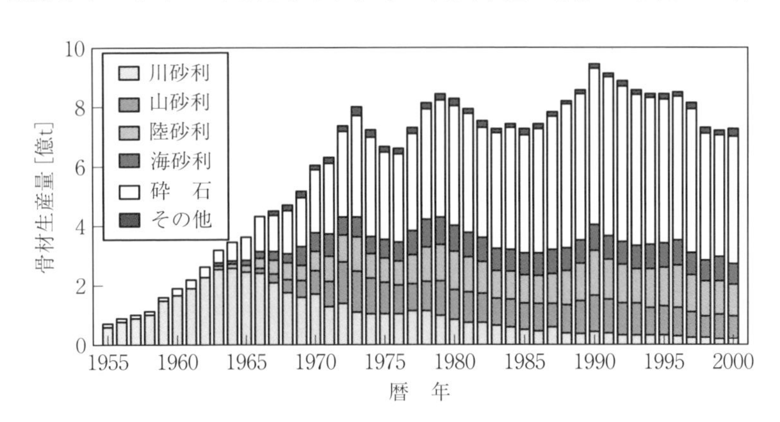

図7.1　骨材の構成比率の時代変化　［須藤定久：日本の砕石資源，日本砕石協会，2001.］

利の供給が減少したため，中下流域での砂利・砂の採掘は次々と禁止されるようになった．

1967年度には，川砂利が全体の44 %，陸砂利などを含めると砂利が全体の68 %を占め，砕石は30 %，スラグ骨材その他が3 %であった．それが2000年には砕石が60 %となり，砂利が38 %，そのうち川砂利はわずか3 %まで激減している．

7.2　骨材に起因するコンクリートの変状

本来，安定した岩石・鉱物からなる骨材であるが，これまで述べたASRのほかにもさまざまな要因でコンクリートの耐久性に影響を及ぼす劣化を生じる場合がある．また，耐久性には影響を及ぼさないまでも，表面の仕上がり，美観，機能に影響を及ぼす劣化を引き起こす要因となる場合もある．

本節では，骨材に起因するASR以外の劣化について代表的なものを挙げる．

7.2.1　ポップアウト

ポップアウト[7.3, 7.4]はコンクリート表面近傍の骨材が膨張することにより，浅い円錐状もしくは表層部分がはく離する現象である．ポップアウトの大きさは，膨張する骨材の膨張圧の強さと拘束するコンクリートの強度，膨張する骨材の深さ，直径，形状によって変わってくるが，数mm～数cmとさまざまである[7.3]．

凍害によるスケーリング，衝撃によるはく離，鉄筋腐食によるかぶりの欠落といったその他の劣化要因による欠損と大きく異なるのは，円錐状にはく離した中央部分には特徴的な**ポップアウト核**と呼ばれるはく離の原因となった骨材の破断面が存在することである．このポップアウト核を分析することで，原因鉱物の同定が可能となる．その一覧を表7.1に示す．

ポップアウトを引き起こす要因としては，次のものが挙げられる．

① ASRによるもの：オパールなどの**高反応性鉱物**を多量に含む骨材が，アルカリ総量が多いなどの著しいASRを引き起こす条件下においてコンクリート表面部分で反応した場合，白色のアルカリシリカゲルを伴ったポップアウトが生じる．オパール質の砂岩，チャート，フリントや安山岩，流紋岩，とくに黒曜石の変質した真珠岩は反応性が高い．このような岩石は

表7.1　ポップアウトの原因物質の一覧（ASR以外）

区　分	鉱物名	反応メカニズム
硫酸塩	石膏，無水石膏，アルナイト（みょうばん石）	セメント中のC_3Aと反応して，エトリンガイトを生成して膨張
硫化物	黄鉄鉱，磁硫鉄鉱，白鉄鉱，黄銅鉱	セメント中のCaと反応して石膏をつくり，C_3Aと反応してエトリンガイトを生成して膨張
沸　石	濁沸石，レオンハルダイト	乾燥を繰り返すことで骨材自身が粉状化
粘土鉱物	モンモリロナイト，サポナイト，イライト，絹雲母，膨潤性緑泥石	乾燥による収縮と湿潤による膨張を繰り返す
酸化物	生石灰，ペリクレス，ウスタイト	水和により膨張．コンクリート打設早期にポップアウト
その他	含鉄ブルーサイト，コーリンガイト	酸化，炭酸化により新鉱物の生成と膨張

古第三紀以前の古い時代のものは風化・変質・変成してその活性を失うものが多いが，新生代以降の新しい時代の岩石には注意が必要である．

② **乾湿繰り返し**によるもの：**濁沸石**は，乾湿繰り返しによって1.5 %程度の体積変化する性質をもっており，このような変化を繰り返すうちに結晶面はしだいに粉状化し，体積変化とともにポップアウトを生じる．コンクリートの表面は降雨，日射の影響で乾湿を繰り返すことから，コンクリートの表面近くに濁沸石を多く含む骨材があった場合，その影響により粉っぽい白色の明瞭なポップアウト核をもつポップアウトが生じる．同様に，スメクタイトも乾湿繰り返しにより大きな体積変化を生じる鉱物である．とくに，水分を含んだ際の膨潤性が高く，乾湿を繰り返すうちに白色粉状化する．一般に，スメクタイトを多量に含む岩石は骨材の安定性試験や洗い試験において排除されるため，多量にコンクリート中に含まれることは少ないが，少量でも混入した場合は注意が必要である．

③ **炭酸化**によるもの：**コーリンガイト**（$Mg_{10}Fe_2CO_3(OH)_{24}\cdot 2H_2O$）は，主に火成岩である**蛇紋岩**に含まれる含鉄ブルーサイト（$(Mg, Fe)(OH)_2$）が風化変質することで生じる層状の含水炭酸塩鉱物である．コーリンガイトを生成した蛇紋岩は褐色に変質する．コンクリートが表面から炭酸化する過程で，蛇紋岩表面の含鉄ブルーサイトが体積膨張を伴ってコーリンガイトとなり，ポップアウトが生じる．この反応はコンクリート打設後，年

月を経て生じるのが特徴である.

④ **酸化，加水分解**によるもの：**硫化鉄鉱**のうち，一部の鉱物にセメント水和物のポルトランダイトと反応するものがある．**黄鉄鉱**を代表とする硫化鉄鉱は火山国日本では一般的な鉱物で，安山岩，流紋岩といった火成岩から嫌気性の環境で堆積した頁岩，チャート，火成岩起源の砂岩などのさまざまな岩石に含まれている．この硫化鉄鉱が大気中の酸素により酸化し，ポルトランダイトと反応して二水石膏（$CaSO_4 \cdot 2H_2O$）を生成する過程で水酸化鉄が錆汁として生じ，石膏がセメントのアルミネート成分と反応して膨張性のエトリンガイトを生成して膨張圧でポップアウトが生じる．この反応には褐色の錆汁を伴うことが特徴的である.

⑤ **水和反応**によるもの：**生石灰**（CaO）を含む骨材が水和反応を起こし，消石灰（ポルトランダイト）になると激しい体積膨張を示す．この作用を応用したのが静的破砕材であり，岩盤やコンクリートも破砕するほどの膨張圧を発生する．自然界では，生石灰が岩石中に含まれることはほとんどない．工業的に生産されたカルシアクリンカやガラス化の不十分なスラグに含まれ，骨材を運搬したトラックがこのような工業製品を運搬した場合，骨材中に混入する危険性がある．耐火物，炉材，肥料に用いる苦灰岩クリンカも生石灰とマグネシア（MgO）からなる焼成物であり，マグネシアも膨張性をもつため，長期にわたって膨張が続く．これらの反応は生石灰の膨張反応が急激に発生するため，コンクリートが若材令のうちにポップアウトとして表面化する.

⑥ **凍結融解**によるもの：骨材の**吸水率**が高い場合，骨材中の水分が凍結融解を繰り返す間に体積変化によりポップアウトが生じる場合がある．コンクリート打設現場の環境に応じてその程度は異なるが，注意が必要である.

これらの反応は，ASRのようにコンクリート内部からの強い膨張圧によるコンクリート破壊ではなく，乾燥や酸素による酸化が介在する反応となるため，コンクリート表面近傍の骨材のみがポップアウトや骨材かぶり部分のスケーリングを生じたり，錆汁や白色滲出物が滲出したりするなどの変状となる．しかし，乾湿繰り返しを伴う反応は，コンクリート打設から時間が経ってからゆっくりと進行するため，コンクリート表面の汚れ，すり減りなどの経年劣化と混同されることが多い.

◇7.2.2　骨材によるコンクリート表面の変色

コンクリート表面の**変色**は，使用材料や配合などのコンクリート本体に起因する原因だけでなく，型枠の材質，はく離剤，締め固め方法，養生条件などのさまざまな要因によって生じる．

骨材に**泥質**部分が多い，もしくは骨材の洗浄が十分でない場合，骨材に付着した微細な泥粒子がブリーディング水とともにコンクリート表面に浮き出てきて，褐色を帯びる場合がある[7.5]．また，砂岩，泥岩の一部に植物起源の有機物を多量に含む亜炭，泥炭が存在する場合や，骨材中に植物片などの有機物が多量に含まれる場合もある．このような植物起源の**有機物**にはアルカリ溶液に容易に溶解するフミン酸，リグニン，タンニン酸系統の化合物が含まれるため，図7.2に示すようにコンクリート表面に褐色のしみとなって浮き出てくることがある．こうした有機酸はセメントの水和を遅延させるため，部分的に硬化不良を引き起こす危険性もある．

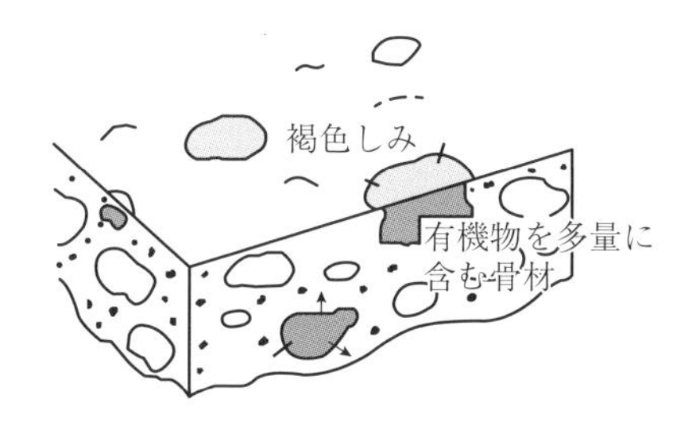

図7.2　粗骨材中の有機物によるしみ断面　[二川敏明：コンクリートの色いろその1，コンクリート四季報，住友セメント，No.16，pp.8–11，1990.]

とくに，打ち放しコンクリートの場合，骨材の色合いがコンクリートの色合いを左右する可能性が高いため，複数の工場からのレディーミクストコンクリートを打設する場合，骨材の産地の違いなどによる色合いの差を考慮しなければならない場合がある．

◇7.2.3　乾燥収縮

コンクリートの収縮によるひび割れの発生は，コンクリートの耐久性や機能性，美観に影響を及ぼすため，なるべく避けるような対策が必要となる．

元来，骨材は収縮しない安定したものといった概念から，コンクリート中の骨材の比率を増やすことも収縮ひび割れを防ぐ対策として考えられていた．しかし，骨材に起因する収縮により新設コンクリート構造物にひび割れとたわみが生じる現象が明らかとなり[7.6]，骨材の影響によるコンクリートの収縮率の差が問題となった．そこで，各種骨材を用いたコンクリートについて，さまざまな試験データが検討されてきている．

図7.3に粗骨材の岩種ごとにコンクリートの乾燥収縮率を測定した一例を示す．一般にいわれているように，**石灰岩**を用いたコンクリートが最も乾燥収縮ひずみが小さい岩種となっているが，そのばらつきの範囲にはほかの岩種より大きな乾燥収縮率を示すものもある[7.7]．そのため，骨材の岩種だけでコンクリートの乾燥収縮の大小は評価できず，相対的に収縮の小さい岩種は存在するが，個々に試験を行うことで確認することが必要である[7.8]．

このように，骨材がコンクリートの収縮に及ぼす影響も考慮しなくてはいけないこと，石灰岩を骨材に使うと全般的に収縮が少ないがすべてがそうでないことなどのさまざまな検討がなされてきている[7.9]．しかし，そのメカニズムに関しては，岩石の組織，密度，構成鉱物（とくに緑泥石などの粘土鉱物[7.10]），

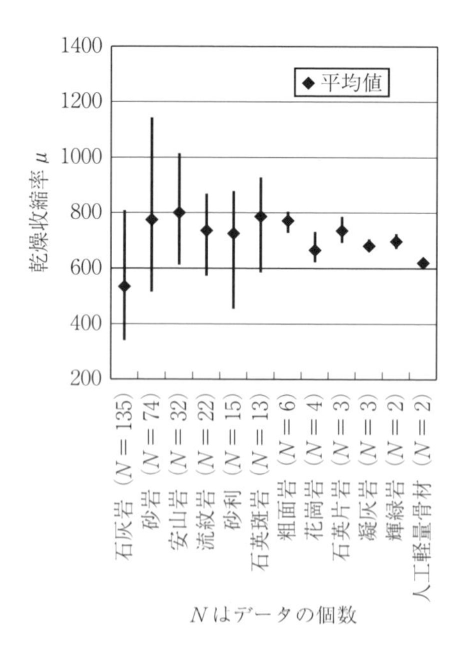

図7.3　粗骨材の岩種が乾燥収縮率に及ぼす影響　［全国生コンクリート工業組合連合会：コンクリートの乾燥収縮に関する調査研究報告書，pp.95–97，2009.］

鉱物脈の入り方，へき開の有無など，岩石学的評価はまだ十分になされておらず，今後の課題である．

7.3　骨材の抱える諸問題

骨材需要に関する問題はコンクリート需要の増減によって左右されるが，長期的にみると枯渇の方向に向かっており，大都市圏に集中する需要に対応した供給源の確保，物流コスト増，骨材の品質低下などのさまざまな問題を抱えている．

関東地方でみてみると，関東平野を取り巻く栃木・群馬・神奈川の採石場から粗骨材が，千葉県から山砂利・山砂が首都圏中心部に向かって供給されているが，関東地方だけでまかなうことはできず，九州・四国・北海道から船によ

図7.4　関東地方における骨材供給　［須藤定久：日本の砕石資源，日本砕石協会，2001.］

って東京湾沿岸に運ばれている[7.2]（図7.4）．このため，地域による骨材の特色が失われ，各工場によって使用骨材が異なるコンクリートが供給されている．

中部・近畿地方においては，平野部を取り巻く近隣産地から骨材が供給されており[7.2]（図7.5），関東地方のような外部からの大量供給はみられない．近畿地方の砂の供給は古くから瀬戸内海の海砂が用いられたが，瀬戸内海の海砂資源枯渇に伴う採取禁止の広がりにより，九州・三重から砂が運搬されるようになった．その後，一時，中国からの輸入砂も大量に入っていたが，中国の骨材輸出禁止によりふたたび国内での調達となっている．しかし，今後の安定供給については問題点も多い[7.2]．

図7.5　近畿地方における骨材供給　［須藤定久：日本の砕石資源，日本砕石協会，2001.］

7.4　特殊骨材のアルカリ反応性

7.4.1　特殊骨材の種類

資源の有効利用・リサイクルが一般化するなかで，建設関連においてもリサイクルに取り組む風潮が定着してきた．コンクリートが建設材料のなかで大部分を占めていることや，良質な天然骨材が枯渇していることから，廃コンクリートを再生利用することは重要である．そのため，骨材の回収技術の研究も盛んに行われ，**再生骨材**に関するJISが2005～2007年にかけて制定されている．しかし，実工事で再生骨材が用いられることはなく，廃コンクリートは再生路盤材として活用されている．東日本大震災において大量のコンクリートガラが発生したが，全量が廃棄されることなく整地や道路整備などの震災復興に再利用された[7.11]．

また，建設関連以外の産業から排出される廃棄物や副産物をコンクリート用骨材として用いることも近年進んでおり，製鉄業では**高炉スラグ骨材**（JIS A 5011-1）や**電気炉酸化スラグ骨材**（JIS A 5011-2），非鉄金属では**銅スラグ骨材**（JIS A 5011-3），**フェロニッケルスラグ骨材**（JIS A 5011-4），ごみ焼却施設から**焼却灰溶融スラグ骨材**（JIS A 5031）が製造され，いずれもJISとして制定されている．さらに，廃棄ガラスを骨材として用いる試みもある[7.12]．

このように，コンクリート骨材に多種の再生資源骨材がJIS化され，使用可能な環境になっている．しかし，新しい材料であるために使用実績が少なく，ASRに関しては未知な点が少なくない．ここでは，これらのASRに対する対応や特性について述べる．

以下は主にJISの規定に沿って述べるが，これらは従来の化学法とモルタルバー法が十分に信頼できるという前提で記述している．5章で説明したように判定の根拠とするこれらの試験法に限界がある以上，再生骨材についての取り扱い基準は，作用機構の観点からは再考する必要がある．工学的に現状技術で使用していくという方針としてはやむをえない面もあるが，既存の方法が正しいと仮定して対処するのではなく，最新情報をもとに科学的に合理性をもった検証が必要である．本節ではあくまでも現在の基準の紹介であり，この方法を推奨するものではない．

再生骨材，スラグ骨材，**人工軽量骨材**などを使用し，ASR抑制対策を行うのであれば，**コンクリートプリズム試験**を行うなど，合理性がある試験でなければ信頼ある結果は得られない．骨材を化学法やモルタルバー法で試験している例もあるが，特定の骨材はこれらの試験をすり抜けることを理解したうえで活用するなり，異なる方法を採るなりする必要がある．

◇7.4.2　コンクリート再生骨材のアルカリ反応性

再生骨材のJISは，**コンクリート用再生骨材**H（JIS A 5021），再生骨材Lを用いたコンクリート（JIS A 5023），再生骨材Mを用いたコンクリート（JIS A 5022）がある[7.13]．また，土木学会は電力施設解体コンクリートを用いた再生骨材コンクリートの設計施工指針（案）（2005年）を発表した[7.14]．

再生骨材は排出先や原骨材の産出先や産地が不明であり，数々のものが混在している場合がほとんどであることから，アルカリ反応性は区分B（無害でない）とし，抑制対策を実施することが基本となっているが，品質グレードによってASRの対応も若干異なっている．

高品質の再生骨材Hは，物理的性質の点では通常の天然骨材と同じであり，限られた範囲での解体コンクリートを原材料にした再生骨材を想定している．ASRに関しては，表7.2のすべての条件が満たされた場合に区分A（無害）として扱うことができる．これには原骨材が特定されていることが必要条件であり，次の方法がある．

① 解体構造物などの工事記録，原コンクリートの配合報告書，原骨材の試験成績書などから原骨材の種類，産地または岩石名を明らかにする方法

② 解体構造物の事前調査において原コンクリートの一部を採取した観察結果

表7.2　再生骨材HがASRで無害となる条件　［野口貴文，小山明夫，鈴木康範：再生骨材および再生骨材コンクリートに関するJIS規格，コンクリート工学，Vol.45，No.7，表-5，2007.］

種　類	条　件
再生粗骨材H	① 原粗骨材のすべてが，特定される． ② 原粗骨材のすべてが，試験成績書など，またはアルカリ反応性試験で無害と判定される． ③ 再生粗骨材Hが，アルカリ反応性試験で無害と判定される*．
再生細骨材H	① 原粗骨材および原細骨材のすべてが，特定される． ② 原粗骨材および原細骨材のすべてが，試験成績書など，またはアルカリ反応性試験で無害と判定される． ③ 再生細骨材Hが，アルカリ反応性試験で無害と判定される*．

* 原骨材のすべてが，アルカリ反応性試験によって無害と判定された場合には，再生骨材Hのアルカリ反応性試験を省略することができる．

から原コンクリートに含まれる原骨材のすべてを産地および岩石名が不明のまま特定する方法

中品質の再生骨材Mの品質基準を表7.3に示す．再生骨材Mは発生原が不特定多数の廃棄コンクリートを原料とし，Hよりも高度な再生処理をしない骨材で，用途は耐久性などの問題の少ない範囲の構造体コンクリートに使用できるものである．ASRに関しては，区分Bで反応抑制対策をとらなければならない．ただし，原骨材を特定できる場合だけ試験を行い，区分Aとすることができる．

表7.3　再生骨材Mの品質基準（JIS A 5022）［野口貴文，小山明夫，鈴木康範：再生骨材および再生骨材コンクリートに関するJIS規格，コンクリート工学，Vol.45，No.7，表-7，2007.］

試験項目	再生粗骨材M	再生細骨材M
絶乾密度［g/cm］	2.3以上	2.2以上
吸水率［%］	5.0以下	7.0以下
微粒分量［%］	1.5以下	7.0以下
アルカリ反応性	区分Bまたは区分A*1	
塩化物量［%］	0.04（0.1）以下*2	

＊1　原骨材を特定できる場合だけ，試験などを行い，区分Aとして扱うことができる．

＊2　購入者の承認を得て，その限度を0.1%以下とすることができる．

反応抑制対策としてはアルカリ総量規制，混合セメントなどの使用があるが，再生骨材Mの対策には図7.6に示すように再生骨材に含まれるアルカリ量からアルカリ総量規制と混合セメントの使用を組み合わせた方法がある．

低品質の再生骨材Lの一般的な用途と品質基準から，用途は裏込めコンクリートなどの耐久性や強度を必要としないコンクリートである．ASRについては区分Bとするが，原骨材を特定できて，試験によって区分Aに判定できる場合だけ区分Aとなる．したがって，多くの場合，混合セメントを用いることになるが，今後，再生骨材Lの普及が進むにつれて，抑制効果，付着セメントペーストの量とアルカリ量の調査などを行っていく必要がある．

これらから，再生骨材H，M，Lは基本的には区分Bであるが，原骨材の特定と試験などによっては区分Aとして扱うことができることもある．しかし，再生骨材をアルカリ反応性試験の化学法やモルタルバー法で試験を行った場合の

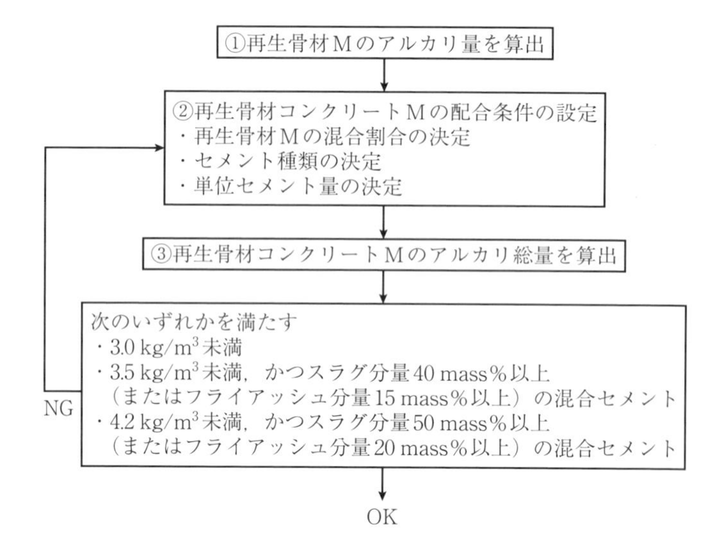

図7.6　再生骨材コンクリートMのASR抑制対策の流れ　［野口貴文，小山明夫，鈴木康範：再生骨材および再生骨材コンクリートに関するJIS規格，コンクリート工学，Vol.45，No.7，図-5，2007.］

問題点もあることを理解して，骨材の区分を判断する必要がある．

7.4.3　スラグ骨材のASR

(1)　JISによるスラグ骨材のASRへの対応

コンクリート用スラグ骨材のJIS A 5011およびJIS A 5031では，高炉スラグ骨材にはASRに関する記載がなく，ASRは生じないと考えられている．フェロニッケルスラグ骨材，銅スラグ骨材，電気炉酸化スラグ骨材，焼却灰溶融スラグ骨材には試験法などが記載されている．このうち，フェロニッケルスラグ骨材はこれまでの研究で高い反応性をもつ骨材となる場合があることがわかっているが，その他の銅スラグ骨材，電気炉酸化スラグ骨材，焼却灰溶融スラグ骨材は反応しにくく，化学法やモルタルバー法においてもアルカリ反応性が認められる例は少ない．しかし，使用実績が乏しい新しい骨材であるため，今後のことも踏まえてJISには試験法が記載されている．

(2)　スラグ骨材のASR試験

フェロニッケルスラグ骨材は，化学法およびモルタルバー法でアルカリ反応性を確認し，無害でないと判定されたものは抑制対策を行う必要がある．対策方法は，低アルカリセメントの使用，高炉水砕スラグ粉末30～40％をセメントに置換，もしくはフライアッシュを10～20％置換することである[7.15, 7.16]．

一部の水砕スラグにシリカの溶出量が多いものがあって化学法が適さないことや，製造ロットが小さいためにモルタルバー法の判定期間6箇月では管理できない場合があるため，焼却灰溶融スラグ骨材の試験方法は，化学法およびモルタルバー法のほかに，JIS A 1804の迅速法も認められている．

(3) スラグ骨材のASRのメカニズム

スラグ骨材は，製造時の急冷により生成される非晶質のガラスが反応に関わり，ガラスの混入量や化学的性質，そのほかにガラス以外の成分が反応の程度に影響を及ぼす．このうち，**フェロニッケルスラグ骨材**では，CaOを15％程度含むスラグは反応しない[7.17]．さらに，アルカリ反応性のスラグを1100℃で再加熱してガラスを結晶化することによって反応しないスラグにすることが可能であることから，結晶の安定性がアルカリ反応性に影響していることがわかる．スラグのメルトの冷却状態によって間隙質ガラスの組成がどのように変化するかについては詳細に検討されており，このガラスの組成と潜在反応性が関連付けられている[7.18]．

(4) フェロニッケルスラグ骨材のASR試験の一例

フェロニッケルスラグ骨材に関する研究は土木学会・建築学会で検討されており，1994年に土木学会からフェロニッケルスラグ細骨材コンクリート施工指針（案）が発行されている[7.15]．施工指針案に掲載されているモルタルバー法の結果（図7.7）では，高炉B種セメントを用いたアルカリ濃度1.2％の試験体であっても膨張しており，天然骨材と較べて非常に反応性が高い．

2008年に生産されている骨材では，モルタルの膨張試験はアルカリ量が1.2％であると膨張するが，0.55％ではほとんど膨張しない．また，抑制においては高炉水砕スラグ粉末をセメント質量の50％置換すれば抑制できる[7.16]．このため，現在でもフェロニッケルスラグの反応性は変わっていない．

◇7.4.4 人工軽量骨材のASR

骨材のアルカリ反応性試験として化学法およびモルタルバー法が規定されているが，両試験法の解説中に人工軽量骨材が適用できないと記述されている．この理由は，骨材のアルカリ反応性試験では骨材は破砕して細骨材の粒度で用いられるが，軽量骨材では，破砕したものと破砕しないものとでは，骨材の物理的・化学的性質が大きく相違するためである[7.19]．図7.8に軽量骨材の化学

解説表　無害でないと判定された細骨材に対する抑制効果の例（セメント種別による材齢と長さ変化率との関係）

実験番号	①	②	③	④	⑤	⑥	⑦	⑧
セメントの種類	NL	FB	BB	NL	NL-1.2	FB-1.2	BB-1.2	NL-1.2
記号	−○−	−□−	−△−	−▽−	−●−	−■−	−▲−	−▼−
R_2O [%]*1	0.54	0.58	0.40	0.50	1.2			
普通砂混入率 [%]*2	40	40	40	60	40	40	40	60

NL：低アルカリセメント，FB：フライアッシュメント B 種，BB：高炉セメント B 種
＊1　R_2O1.2 %はアルカリ調整．
＊2　40 %の実験は海砂，60 %の実験は石灰石砕砂を使用．

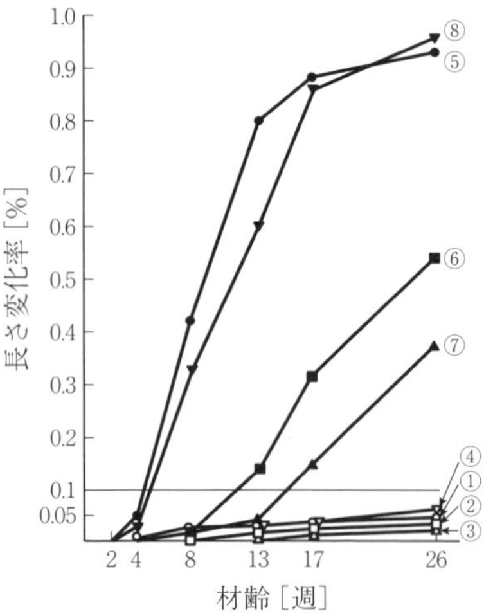

＊フェロニッケルスラグ細骨材は，電炉水砕（化学法：R_c = 70 mmol/L, S_c = 226 mmol/L）を用いた．

図7.7　フェロニッケルスラグ骨材のモルタルバー膨張挙動　［土木学会：フェロニッケルスラグ細骨材コンクリート施工指針（案），コンクリートライブラリー第78号，1994.1.］

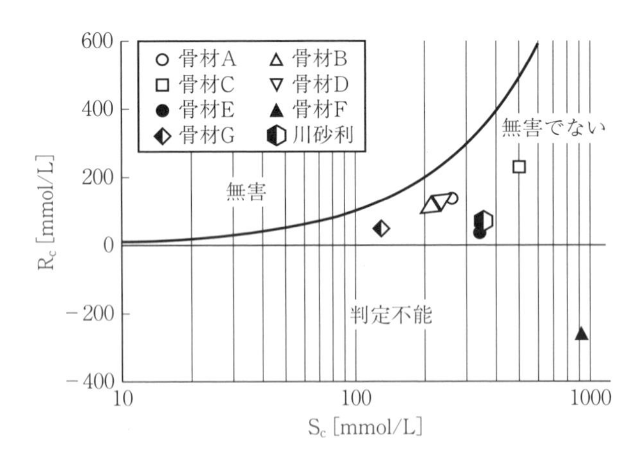

図7.8　人工軽量骨材の化学法による試験結果　［杉山彰徳，鳥居和之，酒井賢太，石川雄康：人工軽量骨材のASR性とASR判定試験法の提案，土木学会論文集E，Vol.63，No.1，pp.79-91，2007.］

法（JIS A 1145）による試験結果を示す．図より化学法の判定結果は軽量骨材の種類により変化するが，いずれの軽量骨材も無害でないと判定された．

人工軽量骨材に化学法を適用する際の問題点として，軽量骨材の気孔中にアルカリ溶液が吸着されるために，分析用の液量が一定にならないことと，吸引ろ過の時間を長くする必要があることが挙げられる．このため，化学法の測定精度自体が低くなることにも注意が必要である．

また，人工軽量骨材中にはアルカリが10 %程度含有されており，図7.8の骨材Fのように骨材からアルカリが溶出する可能性がある．以上のことから，軽量骨材のASR判定に化学法を適用することは妥当でない．

モルタルバー法に関する検討として，3種類の促進膨張試験（JIS A 1146, ASTM C 1260，飽和NaCl浸漬法）を実施した例を図7.9に示す．試験はJIS A 1146に準拠した質量配合（S/C = 2.25）および標準砂と軽量骨材の密度差を考慮した容積配合（S/C = 1.35，W/Cは各規格に準拠）の2条件で行った．その結果，いずれの試験方法においても，すべての軽量骨材は無害と判定された．この理由として，モルタルバー法では生成したアルカリシリカゲルが試験の粒度調整のために破砕した後も軽量骨材に残存する気孔中に貯留されるため，ASR膨張圧が大きく緩和されるものと推測できる．

化学法およびモルタルバー法は人工軽量骨材を破砕する必要があるために，実際に構造物に使用される状態とは異なる性状を示す可能性が高い．そこで，骨材を破砕しない試験方法についても検討が実施されている．人工軽量骨材を破砕しないASR試験方法としては，コンクリートプリズム試験がある．4種類の人工軽量骨材と1種類の天然軽量骨材を用いたコンクリートを作製し，3種類の促進試験方法（CSA法，ASTM法，飽和NaCl浸漬法）を比較した結果，いずれの軽量骨材を用いたコンクリートもほとんど膨張を示さなかった（図7.10）．しかし，一部の人工軽量骨材を用いたコンクリート試験体からは，酢酸ウラニル法による発色からアルカリシリカゲルが確認されている（図7.11）．

コンクリートプリズム試験を用いた人工軽量骨材のASR判定試験法のフローを，図7.12に示す．

① 岩石・鉱物学的検討：軽量骨材の使用実績（実構造物でのASRの発生の有無）を確認するとともに，偏光顕微鏡観察，XRD分析などを実施し，軽量骨材の反応性鉱物の種類とその量を調べる．

② コンクリートプリズム試験：コンクリート試験体をASTM C 1293法に基

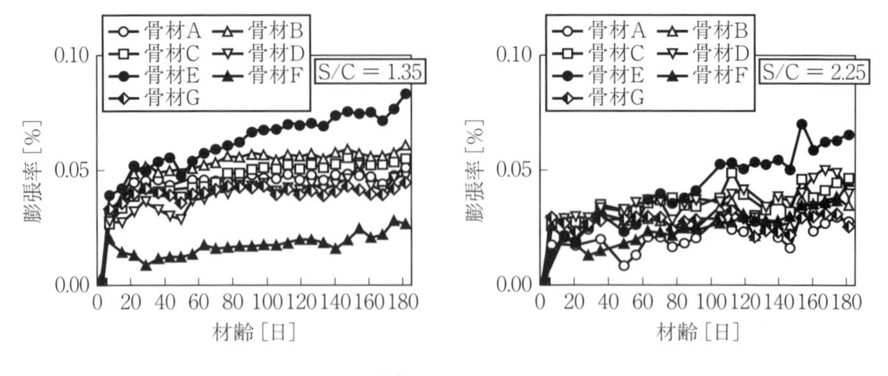

(a) JIS A 1146

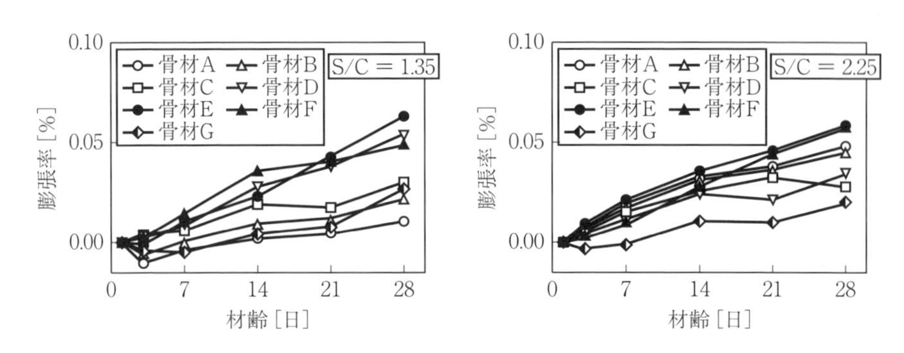

(b) ASTM C 1260

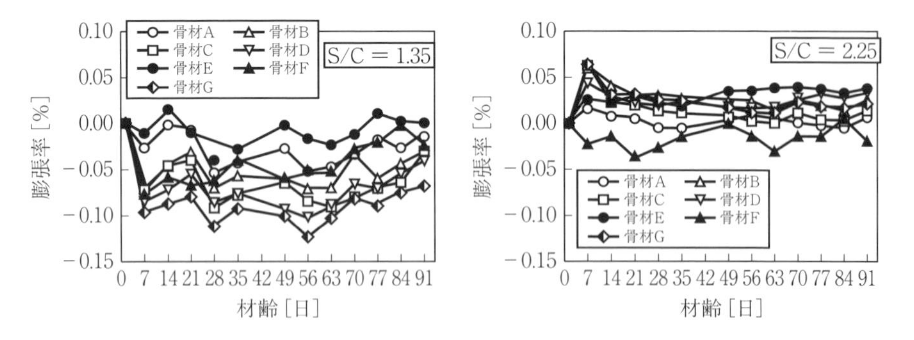

(c) 飽和NaCl浸漬法

図7.9　軽量材骨を使用したモルタルの促進膨張　［杉山彰徳，鳥居和之，酒井賢太，石川雄康：人工軽量骨材のASR性とASR判定試験法の提案，土木学会論文集E，Vol.63，No.1，pp.79–91，2007.］

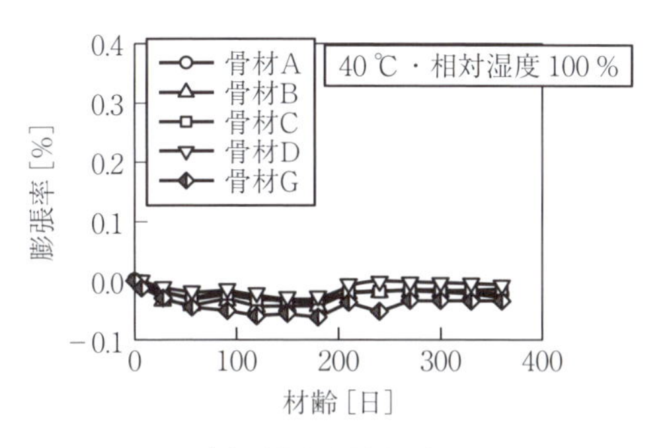

（a）CSA A23.2-14A

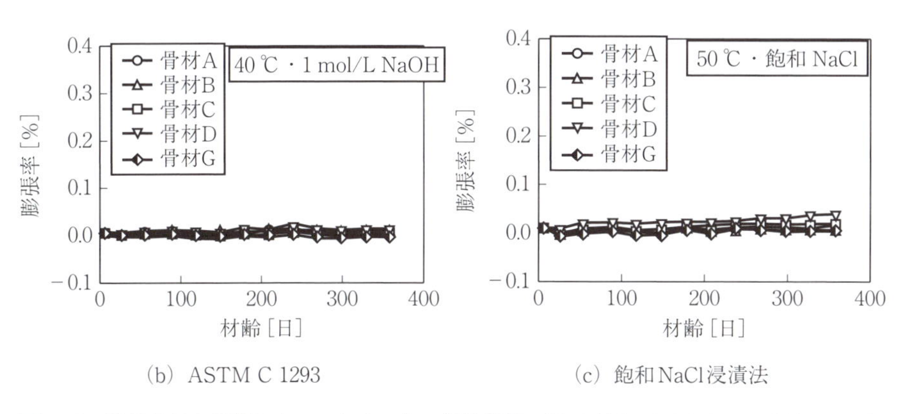

（b）ASTM C 1293　（c）飽和NaCl浸漬法

図7.10　軽量骨材を使用したコンクリートの促進膨張　［杉山彰徳，鳥居和之，酒井賢太，石川雄康：人工軽量骨材のASR性とASR判定試験法の提案，土木学会論文集E，Vol.63，No.1，pp.79–91，2007.］

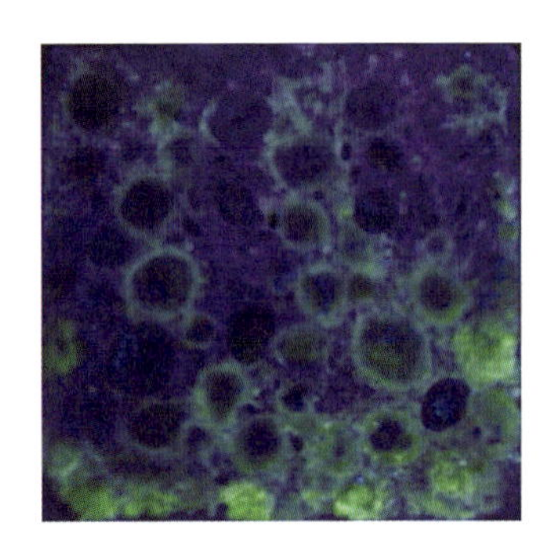

図7.11　アルカリシリカゲルの発色状況（ASTM法，人工軽量骨材C使用）［杉山彰徳，鳥居和之，酒井賢太，石川雄康：人工軽量骨材のASR性とASR判定試験法の提案，土木学会論文集E，Vol.63，No.1，pp.79–91，2007.］

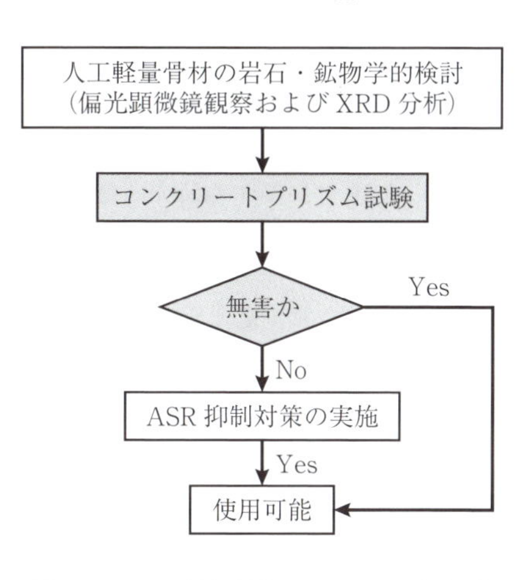

図7.12　人工軽量骨材のASRの評価方法

づいて促進膨張試験を行う．コンクリートの判定基準は，当面，膨張率が0.04 %以上の場合を有害（材齢は無関係）としている．

参考文献

[7.1] 土木学会：コンクリート標準示方書［施工編：施工標準］，pp.45–52，2012.

[7.2] 須藤定久：日本の砕石資源，日本砕石協会，2001.

[7.3] 片山哲哉：コンクリートのポップアウトのはなし，コンクリート四季報，住友セメント，No.6，pp.2–5，1987.

[7.4] T. Katayama and T. Futagawa.: Petrography of pop-out causing minerals and rock aggregates in concrete-Japanese experience, Prod. 6th Building Materials, Reykjavik, Iceland, pp.400–409, 1997.

[7.5] 二川敏明：コンクリートの色いろ　その1，コンクリート四季報，住友セメント，No.16，pp.8–11，1990.

[7.6] 土木学会：垂井高架橋の損傷に関する調査特別委員会最終報告書，2008.

[7.7] 全国生コンクリート工業組合連合会：コンクリートの乾燥収縮に関する調査研究報告書，pp.95–97，2009.

[7.8] コンクリートの収縮問題検討委員会報告書，第6章収縮低減対策とその効果，日本コンクリート工学協会，pp.83–84，2010.

[7.9] 全国生コンクリート工業組合連合会：生コン工場における乾燥収縮対策に関する調査研究報告書，pp.3–13，2011.

[7.10] G. Igarashi, I. Maruyama, Y. Nishioka, H. Yoshida: Influence of mineral composition of siliceous rock on its volume change, Construction and Building Materials, Vol.94, pp.701–709, 2015.

[7.11] 久田真：震災廃棄物のリサイクルに関する現状と課題，日本エネルギー学会誌，Vol.94，No.5，pp.368–380，2015.

[7.12] 鳥居和之，杉山彰徳，山戸博晃，酒井賢太：廃棄ガラス起源リサイクル砂のASR性に関する研究，材料，Vol.55，No.10，pp.905–910，2006.10.

[7.13] 野口貴文，小山明夫，鈴木康範：再生骨材および再生コンクリートに関するJIS規格，コンクリート工学，Vol.45，No.7，2007.7.

[7.14] 土木学会：電力施設解体コンクリートを用いた再生骨材コンクリートの設計施工指針（案），コンクリートライブラリー第120号，2005.6.

[7.15] 土木学会：フェロニッケルスラグ細骨材コンクリート施工指針（案），コンクリートライブラリー第78号，1994.1.

[7.16] 岩月栄治，森野奎二，長瀧重義：フェロニッケルスラグ細骨材のASR抑制に関する研究，コンクリート工学年次論文集，Vol.31，No.1，pp.1321–1326，2009.7.

[7.17] 秋山淳，山本泰彦：フェロニッケルスラグのASR性，土木学会論文集，No.378/V-6，pp.157-163，1987.2.

[7.18] T. Katayama: Petrographic study on the potential alkali-reactivity of ferro-nickel slag for concrete aggregates, 9th International Conference on Alkali-Aggregate Reaction in Concrete (ICAAR), London, UK, pp.497-507, 1992.

[7.19] 杉山彰徳，鳥居和之，酒井賢太，石川雄康：人工軽量骨材のASR性とASR判定試験法の提案，土木学会論文集E，Vol.63，No.1，pp.79-91，2007.

8章 コンクリートと骨材および混和材の詳細分析・評価方法

8.1 反応性骨材の判定方法，岩石と鉱物の定性・定量方法

◇8.1.1 肉眼観察による岩種判定

コンクリートを構成する骨材の岩種を判定する方法の一つとして，**目視**や**ルーペ**，**実体顕微鏡**などによる肉眼観察がある．岩石名を詳細に決定するには，偏光顕微鏡観察により岩石組織，構成鉱物などを正確に確認する必要があるが，肉眼観察による岩種判定は，それに続く分析を行うための前処理，あるいはスクリーニング的な意味が大きい．また，偏光顕微鏡観察に使用する薄片試料の作製位置を選定するためにも，広範囲の肉眼観察を実施する必要がある．

実施内容をより具体的に述べる．コンクリートコア試料の目視・実体顕微鏡観察は，まずコンクリートの変状について行い，コンクリートの変色，ひび割れ幅や密度および反応生成物の存在と性状などを観察する．この際，コアスキャナーを用いた**展開写真**の撮影やひび割れ・骨材の**スケッチ**を行うと，より詳細な情報が得られる．ASRの判定を行ううえで重要となる反応生成物は，しばしばこの段階の観察で認められる．次に，偏光顕微鏡観察を行うための予察としての骨材観察，とくに粗骨材のおおよその同定と，目的に応じて線積分法による構成割合を測定する．また，この観察で最も重要であるのは，偏光顕微鏡観察のための薄片作製部位を決定するという作業である．反応性骨材が細骨材である場合も多いので，詳細な観察が必要である．

目視による岩種判定は，岩石の色調，構成単位（粒子，岩片，鉱物片など）の種類，大きさ，大きさのばらつき，並び方などを，視認可能な範囲で観察し，岩種によっては岩石（鉱物）特有の硬さも参考にして行う．目視やルーペでは不可能な微細性状の観察，とくに細骨材の観察は，実体顕微鏡を用いて行う．実体顕微鏡は，切断面をそのまま，反射光で観察するので，透過光で観察する偏光顕微鏡に用いるような，薄片を作製する必要がない．観察により得られる岩石学的な情報は，偏光顕微鏡と比べれば少ないが，薄片観察に先立つ予備的

観察としては有用である.

岩種を特定後に，必要に応じて種類別におよその含有量を求める場合は，一般に**線積分法**（JCI DD-4「有害鉱物の定量方法（案）」）により行う[8.1]．線積分法では，切断面に一定の間隔で直線を引き，岩種ごとに直線と交わる長さを測定して積算し，積算長さを直線の総延長で割って，当該岩石の含有量を算出する．この方法は，観察面内における岩石の出現頻度を求めるものであり，あくまで一断面での概略値である．なお，粗骨材には，細骨材と粒度が重なる細粒分が必ず含まれ，これと細骨材を判別することは不可能であるので，細骨材と粗骨材をそれぞれ観察する必要のある場合には，5 mm未満の粒子を細骨材として取り扱う．なお，線積分法による分析例は3.2.1項(3)に示した．

◇8.1.2 偏光顕微鏡による構成鉱物の種類や性状の評価

偏光顕微鏡は**鉱物顕微鏡**あるいは**岩石顕微鏡**とも呼ばれ，岩石の構成鉱物の特定や微細組織の評価に欠くことのできないツールである．日本コンクリート工学協会（現 日本コンクリート工学会）から手引が出版された[8.2]が，すでに絶版であるため，使用法や原理について説明する．

対象試料を研磨して，厚さ15～30 μm程度の薄片を成形し（薄片の作製方法は9.2節に示す），**透過光**により観察する．光が鉱物を透過するときの現象には，鉱物の種類を反映するものがある．観察光に**偏光**を用いると，鉱物の種類による明暗や色調変化を観察でき，それらをもとに岩石を構成する鉱物の種類を特定できる．同時に，その存在状態を観察することもできる．鉱物の光学的性質や偏光顕微鏡の原理について，限られた紙面で記すことは困難であるので，詳細は専門書[8.3]に委ねることとし，**偏光**，**単ニコル**（オープンニコル，または下方ポーラーのみともいう），**直交ニコル**（クロスニコル，または直交ポーラーともいう）などの用語について，図8.1に基づいて説明する．

光は波（電磁波）であり，進行方向と垂直に振動しながら進む．通常の光では，振動の向きは，進行方向と直角な面内にランダムに分散している．これらから，一つの方向にのみ振動する光を取り出したものを偏光という．偏光は，透明な方解石などからつくられる**偏光プリズム***や**偏光板**を透過して得られる．

図8.2に示すように，偏光顕微鏡には観察試料（薄片）の上下に二つの偏光

＊発明者にちなんでニコルともいう．

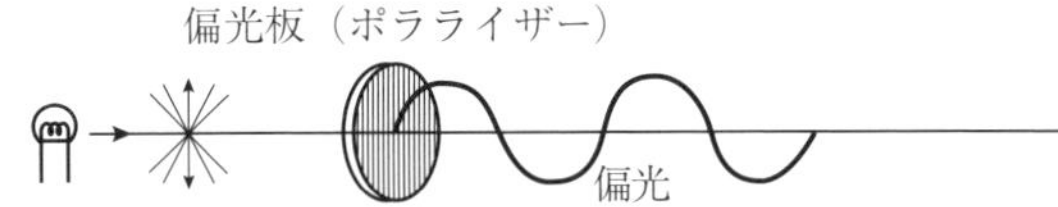

（a）偏光板1枚を使用（単ニコル）

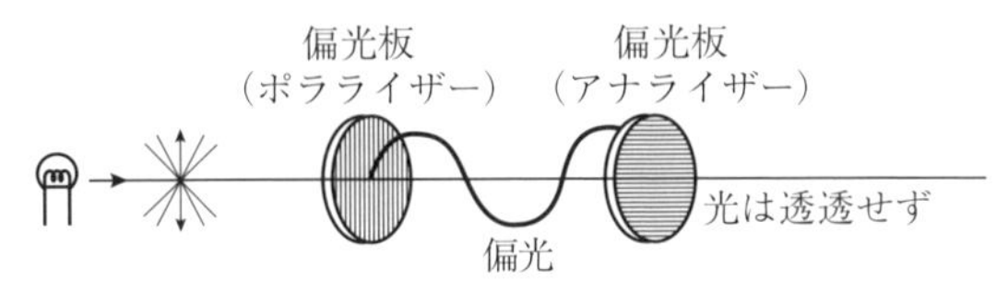

（b）偏光板2枚を使用（直交ニコル）

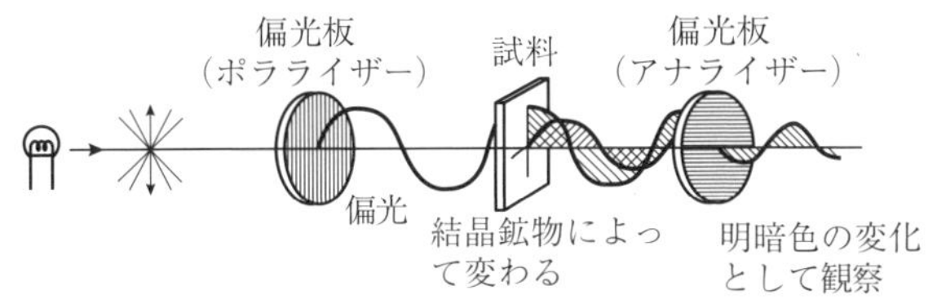

（c）偏光板2枚を使って鉱物を観察（直交ニコル）

図8.1　偏光顕微鏡の原理　[小林一輔，丸章夫，立松英信：アルカリ骨材反応の診断，森北出版，p.85，図6.1，1991.]

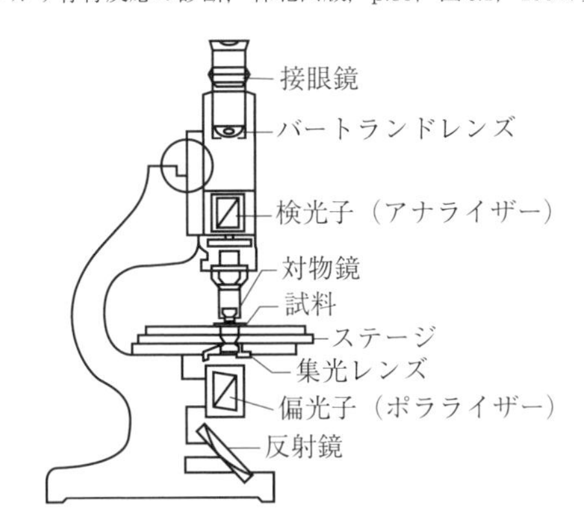

図8.2　偏光顕微鏡の構成　[日本化学会：鉱物と窯業の化学，大日本図書，p.38，第54図，1959.]

板がある[8.4, 8.5]．下側にある**ポラライザー**は観察用の偏光を得るため，上側にある**アナライザー**は薄片を透過した光を再合成するためにある．アナライザーを経た光が接眼鏡を介して観察される．

アナライザーを取り外し，ポラライザーのみで観察する場合を単ニコル（図

8.1(a)), ポラライザーとアナライザーが直角で観察する場合を直交ニコル（図(b)）という．これらは観察の目的に応じて使い分けられる．直交ニコルで，試料をステージに載せずに覗くと，ポラライザーを透過した偏光は，直交するアナライザーをまったく透過できないため，観察視野は真黒である．薄片を介すると，偏光が鉱物を透過する際の光学的作用により，光波はアナライザーを透過し，白色光であれば色調が変化してみえる（図(c)）．これはその鉱物が，光に対して方向性をもっていることによる．ガラスやゲルは，光に対して特定の方向性はなく，直交ニコルで観察すると，無試料のときと同じように真黒に観察される．

単ニコルによる観察項目は，次のとおりである．

① 鉱物の形
② 大きさ
③ ほかの鉱物との関係（組織）
④ 色
⑤ 多色性
⑥ へき開
⑦ 屈折率

⑤**多色性**はステージを回転させた場合に鉱物の色が変化する現象であり，⑦**屈折率**は鉱物の輪郭がはっきりしているかどうかやステージを上下させて輪郭が移動することから見分けることができる．

直交ニコルによる観察項目は，次のとおりである．

① 干渉色，複屈折
② 双晶
③ 累帯構造
④ 消光位
⑤ 伸長の正負

①**干渉色**はステージを回転させた際の鉱物の色の変化であり，**複屈折**が小さければ白 ～ 灰 ～ 黒程度の干渉色しか示さないし，複屈折が大きければ赤や緑や青色などの干渉色を示す．②**双晶**は単ニコルで観察した場合には一つの結晶であったものが，直交ニコルで観察すると干渉色が二つ以上みえることで判断できる．③**累帯構造**とは，単一鉱物のなかで組成が異なることであり，双晶と同じく，直交ニコルで観察した場合に干渉色が異なるいくつかの部分に分かれる

ことである．④**消光位**は，ステージを1回転させるうちに干渉色が真黒になる位置のことである．鉱物の形やへき開と組み合わせてみることで，直消光や斜消光を判断できる．⑤**伸長の正負**は，結晶がある方向に伸長しており，かつその結晶が直消光もしくは小さな消光角を示す場合に判断できる．鉱物のなかを進む二つの光のうち，屈折率の高い光の振動方向が伸長方向と一致，もしくはそれに近ければ伸長が正であるといい，逆の場合を伸長が負であるという．

偏光顕微鏡によるコンクリート薄片の観察は，ある程度の技術と経験を必要とするが，最も多くの情報が得られる．まず，観察が必要なのは微視的なコンクリートの変状であり，反応生成物の有無，微細なひび割れ状況を観察する．反応生成物とひび割れの関係などから，反応性骨材・鉱物の特定を行うことも可能である．また，使用骨材の詳細な観察や，ポイントカウンティングなどによる細骨材の構成割合の測定をする．このほかに，使用セメントの種類や養生の良否などを判断することができる．詳細な観察例は3.2.1項(3)で説明した．

なお，コンクリートは岩石学的に巨視的なレベルでは礫岩に相当するが，コンクリートの薄片を黙って地質学の学生にみせれば，セメント粒子をシルト粒子と見誤り，砂岩というかもしれない．コンクリート中の骨材の診断を行うには，地質学の知識のほかに，セメント化学やコンクリート工学の知識が必要である．

◇8.1.3　粉末X線回折分析

粉末X線回折（XRD）分析は，偏光顕微鏡観察の補助的に使用される．偏光顕微鏡による観察のみでは判断が困難であった反応性鉱物の見落としを防止するためや，ASR以外の劣化原因になり得る粘土鉱物や沸石などの同定が必要な場合にはこの手法を用いる．

XRD装置は，**結晶性**の高い物質の検出と種類の特定を行うことのできる装置である．未知の物質が手に入り，その種類が何であるかを知りたいとき，XRD分析は最も基本的な手段である．XRD分析で得られる回折パターンは結晶物質の指紋ともいえるもので，結晶ごとに異なる**回折パターン**を示す．

図8.3のように，結晶質物質（原子あるいは分子が規則正しく並んだ構造をもつ物質）にX線が入射すると，X線は原子や分子にぶつかって反射（**回折**）する．原子の並ぶ面（**格子面**）Aで回折されたX線（A）と，格子面Bで回折されたX線（B）は，ある条件のとき，位相が同じとなり，強い**回折X線**とな

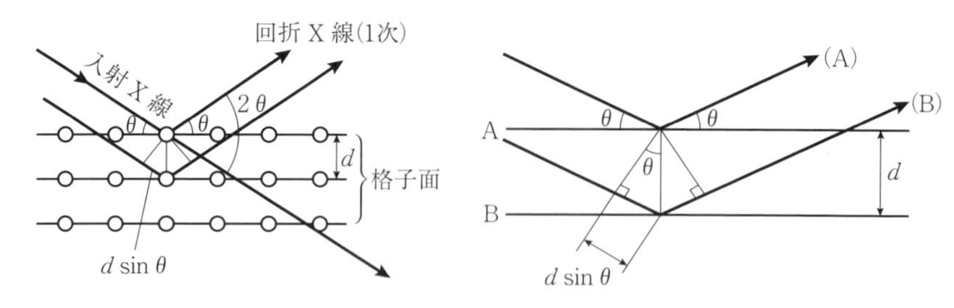

図8.3　結晶の格子面でのX線の反射（回折）

る．図からわかるように，回折線（A）と（B）の行路差$d\sin\theta \times 2$がX線の波長λの整数n倍となるとき，（A）と（B）の位相が一致する．したがって，強い回折X線が得られるのは，次の**Braggの式**が成立する場合である．

$$n\lambda = 2d\sin\theta \tag{3.1}$$

ここに，n：整数，λ：X線の波長，d：結晶の格子面がつくる面間隔，θ：格子面に対する入射X線の入射角度である．

XRD装置は，図8.4に示すように，入射角θを連続的に変化させながら，回折X線の強度を測定するものである．θと回折X線強度の関係をプロットして（実際には入射X線と検出器のなす角度2θを用いる），図8.5のようなX線プロファイルを描く．Braggの式が成立するθにおいて，強い回折X線が観察され，プロファイルにピークとして現れる．Braggの式の左辺のnとλは定数なので，Braggの式の成立下ではθは格子面間隔dと一対一の関係にある．dは物質の種類により特定の値であるので，その値から物質の種類を特定できる．図8.5はKClのXRDプロファイルである．KCl結晶の格子面間隔は0.312，0.221，

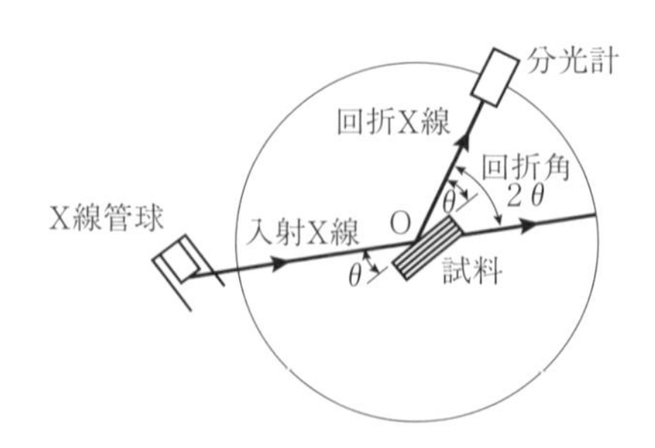

図8.4　測定部の機構　[小林一輔，丸章夫，立松英信：アルカリ骨材反応の診断，森北出版，p.103，図6.4，1991.]

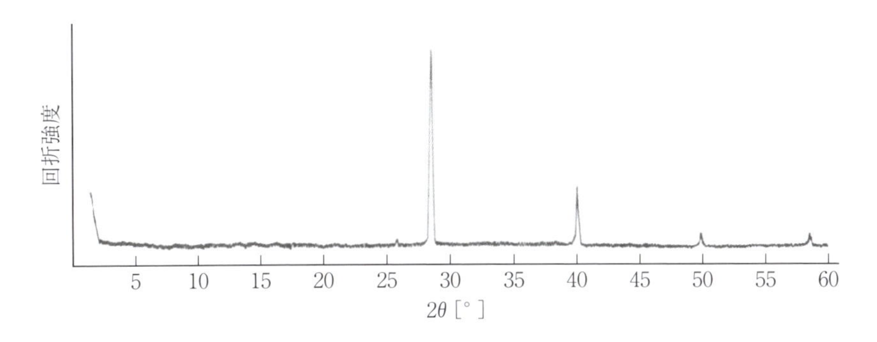

図8.5　KCl結晶のXRDプロファイル

0.157 nmであり，X線としてCuKα線（λ = 1.54 Å）を用いると，これに相当する2θ = 28.6，40.8，58.8°に回折X線のピークが現れる．このように，結晶性物質の特性値である格子面間隔dに対応するピークが現れ，これをもとに物質の種類を特定できる．なお，明確な回折X線ピークが現れるのは，物質が結晶質の場合である．構造が不規則な非結晶質の場合は，ブロードなピークとなることはあるが，明瞭なピークは現れず，物質種の確実な特定は難しい．

図8.6にXRD装置の外観を，図8.7に構成図を示す．試料は，指で粒を感じない程度に細かく粉砕し，アルミニウムまたはガラス製のサンプルホルダーに充填して成型し，測定に用いる．XRD分析の測定には，最小で耳かき1杯程度，望ましくは小さじ1杯程度の試料が必要である．

評価試料が硬化コンクリート中の骨材の場合，そこから骨材を採取する必要がある．粗骨材は比較的容易であるが，細骨材を取り出すには塩酸処理などを施し，さらに岩種ごとに分別するなど，かなりの手間を要する．コンクリート

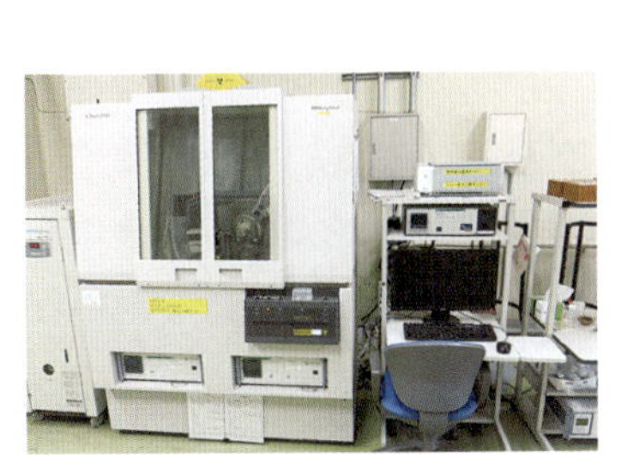

図8.6　XRD装置の外観

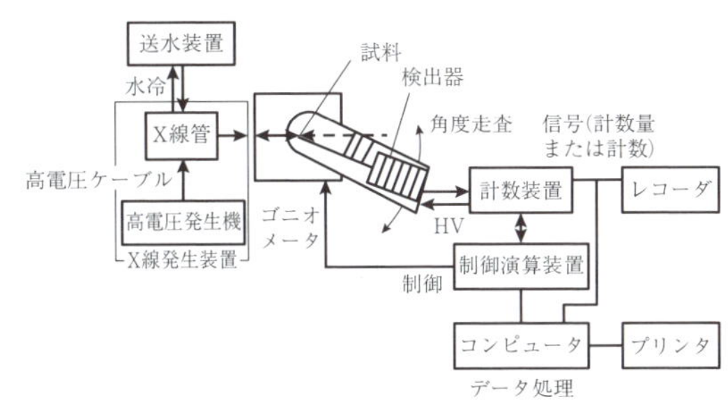

図8.7　XRD装置の構成

用骨材の分析の主体は，偏光顕微鏡分析であり，XRD分析では鉱物組成に関するより少ない情報が得られるのみであることを知っておく必要がある．最近は，半導体直線検出機により，数分で高分解能の分析ができるようになっている．回析パターンのピークフィッティングによる定性分析（複数の構成鉱物種類の同定）もコンピュータの自動検索機能が発達し，解析に役立っている．

8.1.4　化学法

骨材のアルカリ反応性試験方法はJIS A 1145「骨材のアルカリシリカ反応性試験方法（**化学法**）」で規定されており，この規格は，コンクリート用骨材のアルカリ反応性を，化学的な方法によって比較的迅速に判定する試験方法である．ただし，XRD分析と同様に，コンクリートコア試料から骨材のみを取り出すため，ハンマーによる粗粉砕や塩酸処理によるセメントペーストの除去などのかなりの手間を要するうえに，原骨材とは必ずしも同じ挙動を示すとは限らない．

まず，骨材をジョークラッシャーや微粉砕装置を用いて粉砕し，150～300 μmに調製する．この調製試料25 gを反応容器に入れ，次に1 mol/L水酸化ナトリウム溶液を加えて80 ℃に調節した恒温水槽中で24時間反応させる．放冷後に吸引ろ過を行い，ろ液の**アルカリ濃度減少量**（R_c）と**溶解シリカ量**（S_c）を定量し，その結果から判定する．R_cは，希釈塩酸で滴定し，S_cは**重量法分析**，**分光光度計分析**，**原子吸光光度計分析**のいずれかの方法を用いて測定する*．判定は，S_cが10 mmol/L以上，かつR_cが700 mmol/L未満でS_cがR_c以上となる場合を無害でないとし，それ以外を無害と判定する．ただし，この方法でのコンクリートコア試料中の骨材の評価は，すでに一定期間アルカリ環境下におかれた骨材を特定の処理により取得したものであることを念頭に，十分に慎重に結果を解釈しなければならない．

8.1.5　モルタルバー法，コンクリートプリズム試験

骨材のアルカリ反応性試験方法としては，化学法以外に，モルタル試験体を用いる**モルタルバー法**やモルタルバーの**迅速法**，コンクリート試験体を用いる

＊質量分析は，操作に時間を要する．一方，ほかの手法は，各種の妨害元素の影響を受ける可能性があり，慎重な検討が必要である．これは，ほかの湿式分析においても共通で，分析化学の基礎の理解が重要となる．専門家の助言を求めるのがよい．

コンクリートプリズム試験がある．モルタルバー法は，モルタルバーの長さ変化を通常6箇月測定することによって，骨材のアルカリ反応性を判定する試験方法である．迅速法は**オートクレーブ**を用いることによって，約3日間で結果が得られる方法である．また，使用材料や配（調）合条件などの影響を評価する場合には，コンクリート試験体（コンクリートプリズム）を用いた，コンクリートプリズム試験やその迅速法などが用いられる．また，XRD分析や化学法同様に，コンクリートから骨材のみを取り出す必要があるため，かなりの手間を要する．

(1)　モルタルバー法

モルタルバー法は，JIS A 1146「骨材のアルカリシリカ反応性試験方法（モルタルバー法）」に規定されており，試料の採取，試料調整，試験体（モルタルバー）作製，促進養生，膨張率測定，判定という手順で行われる．骨材の試料調整は，粉砕して5 mm以下の所定の粒度に調整する．セメントには，普通ポルトランドセメントを使用し，水酸化ナトリウム水溶液を添加して全アルカリ量を1.2 %に調整する．作製されたモルタルバーを温度40 ℃，湿度95 %以上の密封容器内で養生し，所定の材齢にて図8.8に示すような1/1000 mm**ダイヤルゲージ**を用いて長さ変化を測定する．

図8.8　ダイヤルゲージによる測定

判定は，3本の平均膨張率が，6箇月後に0.100 %未満の場合は無害とし，0.100 %以上の場合は無害でないものとする．なお，3箇月で0.050 %以上の膨張を示した場合はその時点で無害でないとしてもよいが，0.050 %未満のものは6箇月後に判定しなければならない．

(2) モルタルバーの迅速法

モルタルバーの迅速法は，JIS A 1804「コンクリート生産工程管理用試験方法—骨材のアルカリシリカ反応性試験方法（迅速法）」に規定されており，主としてコンクリートの生産工程管理用に適用されるものである．骨材試料は，所定の粒度に粉砕・混合したものと標準砂を1：1の割合で使用する．セメントには，普通ポルトランドセメントを使用し，水酸化ナトリウム水溶液を添加して全アルカリ量を2.50 %に調整する．成型後24時間で脱型し，24時間の水中養生を終了した試験体について，超音波伝播速度，縦振動による一次共鳴振動数および長さのいずれかの測定を行った後，図8.9に示すような反応促進装置（150 kPa，127 ℃を4時間保持）内で反応を促進させ，それらの反応促進前後の変化を測定することによって，骨材のアルカリ反応性を迅速に判定する．

図8.9　反応促進装置の外観

これらの特性の変化を，超音波伝播速度率，相対動弾性係数，長さ変化率として表し，判定は3本の平均値が，超音波伝播速度率の場合95 %以上，相対動弾性係数の場合85 %以上，長さ変化率の場合0.10 %未満で無害とする．

(3) コンクリートプリズム試験*

コンクリートによる試験方法は，使用材料や配（調）合条件などの影響を評価できる利点があり，JCI AAR-3「コンクリートのアルカリシリカ反応性判定

* 日本ではコンクリートバー試験と呼ばれることが多い．英語表記ではASTM C 1260のモルタルの試験体（1×1×11.25インチ）はmortar bar（棒）とはいうが，ASTM C 1293のコンクリートの試験体（75×75×285 mm）はconcrete prism（角柱）と記載される．略称はCPTであるので，コンクリートバーと称するのは不適切である．

試験方法（コンクリート法）」*[8.1]およびJASS 5N T-603「コンクリートの反応性試験方法」[8.6]に試験方法が規定されている．これらの試験方法の主な項目の比較を，表8.1に示す．実際の材料および配（調）合を用いること，密封状態で温度40 ± 2℃の環境で貯蔵することなどの共通点は多いが，アルカリ添加量と判定基準が違う．

表8.1 JCI AAR-3とJASS 5N T-603の比較

項　目	規　準	
	JCI AAR-3	JASS 5N T-603
配（調）合	レディーミクストコンクリートまたは試験対象のコンクリート	目的とするコンクリート
試験体寸法	100 × 100 × 400 mmまたは 75 × 75 × 400 mm	JIS A 1129による 通常100 × 100 × 400 mm
アルカリ添加	水酸化ナトリウムを酸化ナトリウム当量で，2.40 kg/m³になるように添加	水酸化ナトリウムを酸化ナトリウム当量で，1.2，1.8，2.4 kg/m³によるように添加
貯蔵方法	密封状態で，40 ± 2℃の貯蔵容器または恒温室	密封状態で，40 ± 2℃の貯蔵容器または恒温室
測定方法	JIS A 1129「モルタル及びコンクリートの長さ変化測定方法」	JIS A 1129「モルタル及びコンクリートの長さ変化測定方法」
判定	材齢6箇月の膨張率が0.100 %未満の場合は，反応性なし	次の条件が同時に満足される場合反応性なし ① 材齢6箇月における膨張率がいずれのアルカリ添加量においても0.100 %未満 ② 材齢6箇月において，膨張率が0.1 %となるときのアルカリ添加量の推定値が，−1.2 kg/m³以下，または3.0 kg/m³以上

(4) コンクリートプリズムの迅速法

コンクリートを用いた迅速法としては，全国生コンクリート工業組合連合会規格ZKT 206-1997に「コンクリートのアルカリシリカ反応性迅速試験方法」が規定されている．この方法は，試験の対象とするコンクリートからフレッシ

＊「コンクリートのアルカリシリカ反応性試験方法」として，2017年に改訂版が発行される．アルカリ総量が5.5 kg/m³，試験期間が1年となり，判定基準は示されなくなる．

ュコンクリートを採取し，これに水酸化ナトリウムを酸化ナトリウム換算で9 kg/m³となるように後添加し，混合した試料を用いて直径10 cm，長さ20 cmの円柱試験体を作製する．成型後24時間で脱型し，24時間の水中養生を終了した試験体について，高温高圧下（50 kPa，111 ℃を2時間保持）で反応を促進させ，相対動弾性係数を用いて判定を行うもので，コンクリート自体の反応性を3日間で判定することができる．相対動弾性係数が80 %以上の場合，反応性なしと判定される．

迅速法は，モルタルバー，コンクリートプリズムともに，有害判定基準は，化学法・モルタルバー法と整合するようにつくられているため，とくにアルカリ反応性の検出感度が高いわけではない．したがって，遅延膨張性骨材は有害と判定できない．実際，ノルウェーの代表的な遅延膨張性骨材に適用したところ，有害判定とならなかった事例がある．

8.2　セメント硬化体の分析方法

◇8.2.1　水溶性アルカリ量の分析

水溶性アルカリ量やCl^-濃度の分析は，低濃度のアルカリでは反応し得ない岩石が骨材として使用されていたにも関わらずASRが発生した場合に，その発生原因を推定するために用いられる．海砂，海砂利の使用が予測される場合や，構造物が外来アルカリ環境下に位置する場合には，これらの分析が必要である．水溶性アルカリ量の分析と，EPMA分析・SEM-EDS分析による未水和セメントのアルカリ量分析の併用により，セメント以外から供給されるアルカリの推定がある程度可能である．

コンクリートやセメントに含まれるアルカリは水に比較的容易に溶解するため，NaやKの測定に用いられる．この方法は，建設省（現 国土交通省）総合技術開発プロジェクト「コンクリートの耐久性向上技術の開発」報告書の第2編のなかで，「コンクリート中の水溶性アルカリ金属元素の分析方法（案）」[8.7]としてまとめられている．

この分析には，硬化コンクリートを粗骨材ごとジョークラッシャーで3～5 mm程度に粉砕し，さらにステンレス製乳鉢もしくは振動ミルなどで50メッシュ（0.3 mm）程度に微粉砕した試料を用いる．調整試料10 gを40 ℃の蒸留水中で30分間攪拌する．30分後，吸引ろ過を行い，ろ液中のNaならびにKを原子吸光光度計を用いて測定する．注意すべき点は，セメント硬化体中の水溶性アルカリはすべて溶出していると考えられる*1が，粉砕により未水和セメントと骨材からのアルカリ溶出の可能性があることである．

この方法の問題点は，得られた水溶性アルカリの値はすべてセメント由来のものとして，セメント中のNaとKに係数（1/0.6）を掛けて割り戻す*2ことである．骨材の岩種や融雪塩類の拡散状況によっては，セメント由来のアルカリ量（Na_2O_{eq}）が6 kg/m^3（≒ 2.0 %）と，ありえない大きな数値となることがある．したがって，出てきた数値には専門家による十分な吟味が必要である．

◇8.2.2　圧搾抽出による細孔溶液分析

細孔溶液分析を直接行うためには，コンクリートコア試料を圧搾することによる細孔溶液の抽出が必要となる．シリンダーのなかでコンクリート硬化体を高圧力で押しつぶすことにより，微細な空隙（細孔）に存在する空隙水（細孔溶液）を抽出し，抽出液を分析する方法である．なお，この分析方法は，セメントペーストやモルタル試験体の分析用として開発されたものであり，コンクリートからの細孔溶液の抽出は空隙水が少なく，得られる水量が限られていて難しいため，適用事例は少ない．抽出された細孔溶液のイオン濃度を各種機器分析により分析し，コンクリート中の水分の化学組成を知ることが可能である．とくに，OH^-濃度を分析することは，将来的なASR進行の判定の一助となり得る．

さらに，コンクリート中のアルカリ量を測定することによって，ASRの可能性を評価することができる．

細孔溶液抽出装置を図8.10，8.11に示す．試験の概略手順[8.8]としては，次のとおりである．

① 試験体を細孔溶液抽出装置にセットし，一軸圧縮試験機により載荷する．
② 細孔溶液を抽出する．
③ 抽出された細孔溶液から遠心分離，もしくは0.45 μm程度のフィルターにより固相部分を取り除く．

＊1 ロゼット化したアルカリシリカゲル，化学法でR_cとして表現される粘度への吸着分など，アルカリが溶出しにくい相も一部存在する．

＊2 この操作は，未水和セメント中のアルカリ量を考慮するものであるが，セメントの水和率により，変化するものである点に注意を要する．

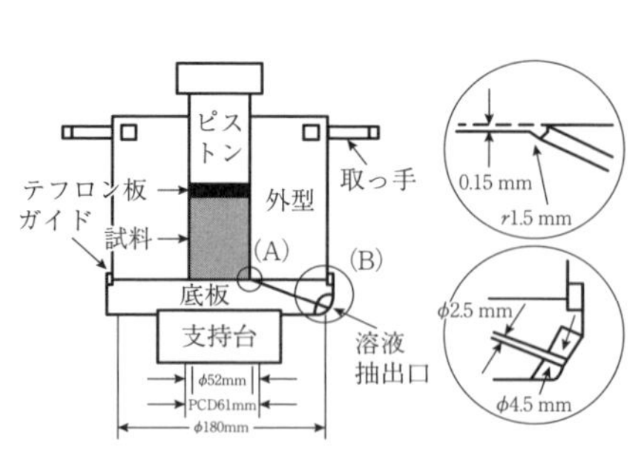

図8.10　細孔溶液抽出装置の構造　［小早川真，小津博，羽原俊祐：硬化フライアッシュセメントモルタルの空隙水中の溶存イオン濃度の経時変化，セメントコンクリート論文集，No.53，p.104，Fig.2，1999.］

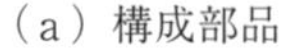

（a）構成部品

（b）抽出時

図8.11　細孔溶液抽出装置の外観　［小早川真，小津博，羽原俊祐：硬化フライアッシュセメントモルタルの空隙水中の溶存イオン濃度の経時変化，セメントコンクリート論文集，No.53，p.104，Fig.1，1999.］

④ 分析用に希釈・調整を行い，成分分析を行う．

分析は，OH^-，Na^+，K^+，Ca^{2+}，SO_4^{2-}などについて行われ，分析方法としては，一般にOH^-は滴定法，Na^+，K^+，Ca^{2+}などは**ICP発光分析**および**原子吸光度法**により，SO_4^{2-}は**イオンクロマトグラフ法**で定量される．従来，あまり

表8.2　細孔溶液のOH^-濃度と残存膨張率によるASR進行判定例　［鍵本広之，佐藤道生，川村満紀：アルカリシリカ反応により劣化した構造物の劣化度評価と細孔溶液分析による劣化進行の予測，土木学会論文集，No.641/V-46，p.250，表-9，2000.］

		細孔溶液分析によるOH^-濃度［mmol/L］	
		250以上	250未満
コンクリートコア試料の残存膨張率（1 mol/L-NaOH浸漬法，材齢14日）	0.1％以上	判定A	判定B
	0.1％未満	判定C	判定D

判定A：骨材中の残留反応性成分，細孔溶液中の水酸化アルカリともに多く，将来のASR進行の可能性が高い．
判定B：骨材中の残留反応性成分は多いが，水酸化アルカリ濃度は低いため将来のASR進行の可能性は低い．
判定C：水酸化アルカリの濃度は高いが，骨材中の残留反応性成分は少ないため，将来のASR進行の可能性は低い．
判定D：骨材中の残留反応性成分は少なく，水酸化アルカリ濃度も低いので，将来のASR進行はほとんどない．

注目されていないが，ASRを起こした場合，アルカリシリカゲルが生成し，圧搾抽出により空隙水とともに抽出されるため，水溶性シリカの分析も役立つことがある．

ASRが生じるかどうかは，コンクリート硬化体の細孔溶液中に溶解するシリカの量に依存するが，一般にpHが上昇して10を超えると，シリカの溶解度は急激に増加するので，反応性骨材を含有するコンクリート中の細孔溶液の組成においても，ASRを開始させるために必要な最小限度のOH^-濃度が存在する．そこで，表8.2のように，細孔溶液分析によるOH^-濃度とコンクリートコア試料の残存膨張率からASRの進行を判定する方法が提案されている[8.9]．

◇8.2.3　Cl^-測定

コンクリートのCl^-の分析は，日本コンクリート工学協会「コンクリート構造物の腐食・防食に関する試験方法ならびに基準（案）」の硬化コンクリート中に含まれる塩分の分析方法[8.1]，またはJIS A 1154「硬化コンクリート中に含まれる塩化物イオンの試験方法」で行うのが一般的である．このCl^-の分析には，全Cl^-と水溶性Cl^-の分析があり，また分析手法にはCl^-選択電極を用いた**電位差滴定法**，クロム酸銀**吸光光度法**やクロム酸カリウムを指示薬に用いた硝酸銀滴定法，そのほかにチオシアン酸水銀（Ⅱ）吸光光度，イオンクロマトグラフ法などがある．ここでは，クロム酸銀やチオシアン酸水銀（Ⅱ）などの有害な薬品を使用しない方法として，日本コンクリート工学会法やJISに取り入れられているCl^-電極を用いた電位差滴定法について説明する．

全Cl^-の分析には，硬化コンクリートをジョークラッシャーで3～5 mmに粉砕し，振動ミルもしくはステンレス製乳鉢で0.15 mm以下に微粉砕した試料を用いる．調整試料40 gに硝酸（1 + 6）を加えてpHを3以下にし，30分攪拌する．フライアッシュやスラグの影響がある場合は，過酸化水素水を1 mL加えて5分間煮沸する．冷却後，吸引ろ過を行い，ろ液を電位差滴定装置を用いて硝酸銀溶液で滴定する．

水溶性Cl^-の分析には，全Cl^-分析と同様の調整試料を用いる．調整試料40 gに蒸留水200 mLを加え，50 ℃で30分間攪拌する．吸引ろ過を行い，ろ液を電位差滴定装置を用いて硝酸銀溶液で滴定する．注意すべきことはCl^-はフリーデル氏塩として固定化されており，上記の方法は全Cl^-にしても水溶性Cl^-にしても，現実の空隙水に存在しているCl^-濃度を過大に評価している点である．海砂によるCl^-混入の評価としては全Cl^-の評価が妥当である．

◇8.2.4　SEM-EDSおよびEPMAによる観察と分析

SEM-EDS分析やEPMA分析は，偏光顕微鏡観察の補助として使用される．偏光顕微鏡では判断しづらい反応性鉱物，とくに隠微晶質石英の同定を行う際には効果的な手法である．さらに，外来アルカリ環境下などにおけるCl^-とアルカリの浸透度や骨材からのアルカリ溶出などセメントペースト硬化体における元素分布を把握することができる．また，アルカリシリカゲルの組成を分析することで将来的な劣化継続の有無を判断するための一助となり得る．このほかにも，未水和のセメント粒子中のアルカリ量を測定することにより，対象となるコンクリートに使用されたセメントの総アルカリ量を推定することが可能である．詳細な分析例は3.2節で説明した．

真空中で金属製フィラメントに電流を流して加熱し，熱電子を発生させ，これに数千 ～ 数十万ボルトの高電圧を印加すると，熱電子は高速に加速されて飛行する．このようにして，**電子線**をつくることができる．この電子線を収束して試料に照射すると，電子線との相互作用により，試料の微小領域（数nm ～ μm）からさまざまな信号が発せられる．図8.12に示すように，信号には，**二次電子**，**反射電子**，**オージェ電子**，**カソード・ルミネッセンス**，**特性X線**（**蛍光X線**）などがあり，それぞれ，試料表面近傍に関する情報を与えてくれる．たとえば，二次電子は試料表面の形状に，特性X線は試料を構成する原子の種類に関する情報をもつ．電磁場制御により電子線の直径は数nm程度以下に収束できるので，得られる情報は微小な領域に関するものであるが，電子線を試

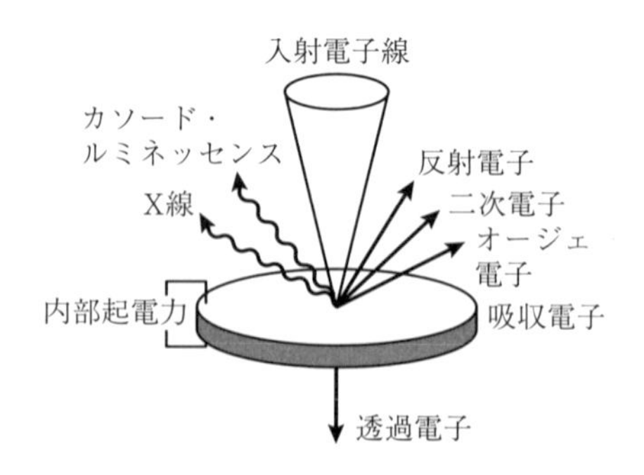

図8.12　電子線照射時の発生信号　［泉美治，小川雅彌，加藤俊二，塩川二朗，芝哲夫：第2版　機器分析のてびき3，化学同人，p.113，図8-8，1996.］

料表面上で二次元方向に走査しながら（電子線で試料表面をなぞりながら），個々の微小領域ごとに情報を拾い集め，それらを集積すれば，観察視野内全領域の面的情報を得ることができる．これを画像化すれば，試料表面の形状や元素の分布状態などを表す観察像を得ることができる．このように，電子線をプローブ（probe，探針）として試料の表面を走査し，表面近傍の形態や組成などの情報を得ることから，これらの手法は**走査電子顕微鏡**（scanning electron microscope：SEM）と呼ばれる．通常，観察に用いることが多いのは，二次電子，反射電子，特性X線である．

二次電子は，入射電子が衝突することによりエネルギーを与えられた原子が，新たに放出する電子である．二次電子はエネルギーが低いため，試料内部で発生した二次電子の多くは試料外に出ることができない．したがって，二次電子の情報は，試料表面から数nm程度の深さに関するものであり，ほぼ表面部の情報として捉えてよい．上述のように，二次電子は試料表面の形状に関する情報をもち，その**走査像**（**二次電子像**，secondary electron image：**SEI**）は表面形態の観察に有効である．

反射電子は，入射電子が試料内の原子による弾性散乱により，入射方向とは逆方向の後方に飛び出したものである．反射電子はエネルギーが比較的高く，深さ数10～100 nm程度の領域からも発生する．試料の背面（後方）に散乱するので，背面反射電子とも呼ばれ，その走査像は**背面反射電子像**（backscattered electron image：**BEI**）という．反射電子の発生量は，試料表面の凹凸と，試料を構成する原子の平均原子番号に依存する．平均原子番号の情報から，試料表面の組成を把握することができるので，BEIは観察視野内の組成分布を表す像であり，**組成像**（**comp像**）とも呼ばれる．

従来は，画素数の制約から一定倍率での撮影範囲は限られていたが，コンピュータの発達により，自動的に複数視野を連続撮影して高分解能で広範囲の画像を取得できるようになっており，ASRによるひび割れの進展を観察，表示することが容易になってきた．

特性X線は，入射電子のエネルギーにより励起された原子が発するものである．その発生領域は深さ数μmに及び，二次電子や反射電子よりも深い．原子の種類ごとの電子軌道エネルギーを反映した特性X線を発生するので，試料を構成する元素の種類やその濃度を評価するうえで有用である．特性X線を検出し，その波長またはエネルギーから元素の種類を，その強度から元素の量を知ることができる．波長から元素分析を行う方法を**波長分散型分光**（wave length dispersive spectroscopy：WDS），エネルギーから元素分析を行う方法を**エネルギー分散型分光**（energy dispersive spectroscopy：EDS）と呼ぶ．WDSは波長分解能（元素判別能力）と感度が高いが，一つの検出器で一元素しか分析できない．逆に，EDSはエネルギー分解能と感度は低いが，全元素同時分析が可能である．近年，EDSの性能は大幅に向上して分析速度が格段に高まり，多くのデータ処理機能が充実してきている．元素分析機能のついた電子顕微鏡を分析電子顕微鏡，あるいは**電子線マイクロアナライザー**（electron probe X−ray micro analyzer：EPMA）という．観察視野内で電子プローブを走査し，個々の分析領域（以下ピクセルと称する）ごとに元素の定性，定量分析を行い，その結果を集積して画像化すれば，観察視野内の二次元状の元素分布を得ることができる．これを**面分析**あるいは**マッピング分析**という．

マッピング分析の対象領域は，ピクセルの個数と大きさにより，一定の範囲内で任意に定めることができる．たとえば，ピクセルの個数を縦横400個とし，一辺の大きさを1 μmとすれば400 × 400 μmの領域の分析が，一辺の大きさを100 μmとすれば40 × 40 mmの領域の分析が可能である．この際，ビーム径を1 μmとするか100 μmとするかで異なる情報（局所か平均か）となる．この際，倍率に応じて，スキャンをビーム偏向もしくは試料ステージ移動で行う．移動と信号取得を連続的に行う場合と離散的に行う場合があり，それによって異なる情報を得ることになるので注意を要する．ピクセルサイズは，評価対象物の大きさを考慮して決める．セメントの粒子や水和物の大きさはμmのオーダーであるので，ピクセルサイズも同程度に設定する．一方，肉眼で視認できるようなモルタル，コンクリートの変質（中性化，外来成分との作用など）を評価するには，ピクセルサイズは100 μm程度とすることが多い．評価対象の大きさに比べてピクセルサイズが小さすぎると，分析に長い時間が必要で効率が悪く，逆に大きすぎると対象物の特徴を正しく評価できない．

EPMA装置は，走査電子顕微鏡の機能を併せもち，マッピング分析のみならず，SEIやBEIの観察が可能である．BEIは選択した視野をディスプレイ上ですぐに観察できるが，マッピング分析は測定値を演算処理により画像化した後でないと，結果をみることができない．したがって，通常はBEIによる予備観察で分析したい領域を選択し，その後にマッピング分析を行う．

コンクリートの材料分析の一環として実施されるEPMAによる元素のマッ

ピング分析（面分析）は，検出感度を上げてデータ収集の時間を短縮しようとするあまり，設定される照射電流量を大きくしすぎると，試料に与えるダメージが大きくなる．このことに触れた論文は少ないが[8.10]，過大な照射電流を用いると，分析の終了後は試料中の水和物やゲルからの脱水が目立つほか，カーボンのコーティング被膜や表面の樹脂が焼けてしまい，樹脂に平行な溝が切り込まれる．このため，測定条件に注意しなければ，厳密な意味で非破壊分析とはいい難い．このような測定条件では，マッピングで最初に特異な箇所を検出し，後から高倍率でスポット分析による組成の定量を試みようとしても，とくに電子線により揮発しやすい元素は正確な分析ができなくなる．化合物の種類，元素の存在状態にもよるが，揮散しやすい元素には，一般にNa，K，Cl，Sなどがある．そこで，EPMAを用いる際に，水和物やゲルを含んだ試料のダメージを最小限にするには，電子線損傷の影響が少ない電流量を選択して分析するか，より照射電流量の少ないEDSによるマッピングのほうが適している．

二次電子像による表面形状の観察では，試料はそのままの形状で測定に用いられる．一方，反射電子像や蛍光X線像で組成や元素分布を観察するには，試料の表面を平滑にする必要があり，研磨剤で研磨して平滑面とする．

いずれの場合も，照射された電子が試料表面に留まらず，速やかに流れることが必要であり，そのためには試料表面に導電性を与える必要がある．入射電子が試料表面に滞り，表面が負に帯電すると，**チャージアップ**と呼ばれる現象が発生し，電子ビームが静電力で目的の場所に照射できなくなるため，正確な像観察や分析を行うことができない．セメントなどの導電性の低い試料の観察には，**導電性物質**を**コーティング**し，入射電子をアースさせて試料の帯電を防ぐ．これを蒸着と呼ぶ．蒸着に用いられる材料として，白金－パラジウム合金やカーボンなどが用いられる．図8.13にEPMAの外観を示す．また，実際の分析例は，3.2節を参照してほしい．最近は，電子線の加速電圧を下げることで，蒸着なしで像観察が可能となった装置もあるが，元素分析には制約が生じる．

◇8.2.5　硬化コンクリートの配合推定

施工年代の古いコンクリートだけでなく，新しいコンクリート構造物においても施工当事の配合データの入手が困難である場合や，設計と現実の配合の差の確認が必要な場合も多い．したがって，ASRが発生したコンクリートがどのような配合であったかを知るためには，**配合推定**を行うことが必要である．

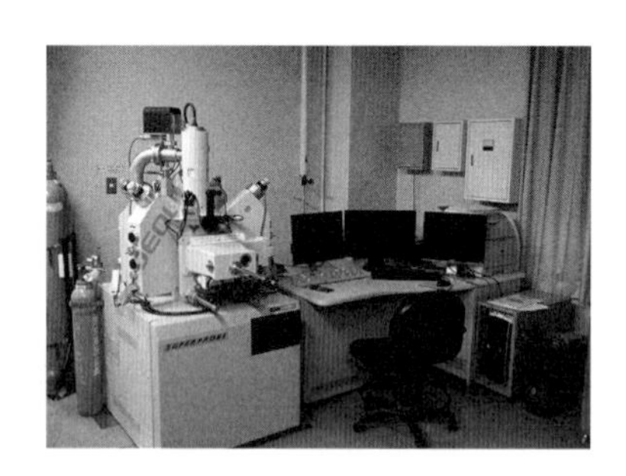

図8.13　EPMAの外観

配合推定は，施行時に作製された試験体や構造物から抜き取ったコンクリートコア試料をもとに，その配合を推定する方法である．構造物からのコア採取方法は，JCI DD-1「コンクリート構造物からのコア試料の採取方法（案）」に規定されている．JCI DD-1はコンクリートの耐久性調査を目的とした方法となっており，試験の目的に合わせたコンクリートコア試料の直径や長さに関する留意事項などが示されている．

コンクリートの構成材料であるセメント，水，骨材の量を，化学分析によりそれぞれ求める．結果は，各材料のmass%で，さらにはコンクリートの配合表示に通常用いられる単位質量［kg/m^3］で表される．骨材量は細骨材と粗骨材の合計値として求められ，両者を分別することはできない．現在，実用的に行われている配合推定の方法には，セメント協会法[8.11]，グルコン酸ナトリウム法[8.12]，ギ酸法などがある．また，近年は観察倍率を適宜変更した画像解析による方法もある[8.13]．

(1) セメント協会法

セメント協会法の原理を図8.14に示す．粉末状に粉砕したコンクリートを分析し，水，セメント，骨材の量を求める．それぞれの詳細を以下に記す．

■水量の推定　水の量Z［%］は，粉末試料を600℃で1時間強熱し，その前後の重量差として求められる（このように，強熱により失われる減量値をig.loss（ignition lossの略）という）．練混ぜに用いられた水は，セメントの水硬性成分と反応して水和物（カルシウムシリケート水和物，水酸化カルシウムなど）を生成し，その構造の一部として取り込まれて存在する．反応に加わっていない水は，コンクリート中で，微細な空隙を満たす形で存在する．前者を結合水，後者を自由水という．自由水は通常の水なので，加熱すると100℃以

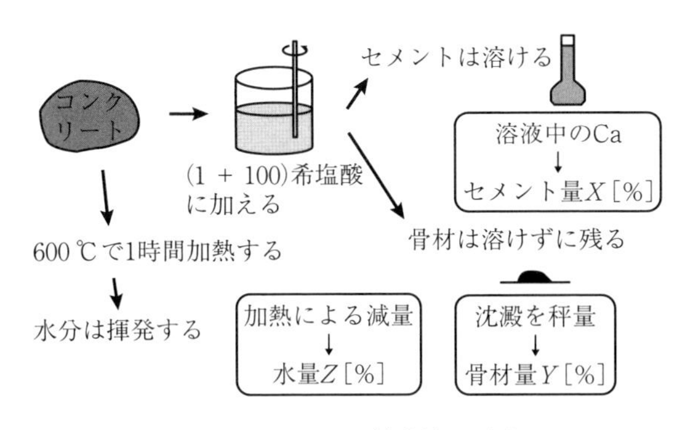

図8.14　セメント協会法の原理

下で揮発する*．結合水は，自由水よりは揮発しにくく，揮発温度はC－S－H水和物は50～200℃程度，水酸化カルシウムは400～550℃程度である．このように，コンクリート中の水分をすべて揮発させるには，少なくとも500℃以上で加熱することが必要である．一方，600℃を越える温度では，コンクリート中に含まれる炭酸カルシウムからの炭酸ガスの脱離が進行し，その減量分がig.lossに含まれてしまう．したがって，水量推定のためのig.lossは，水分を揮発させるのに十分な温度である600℃で測定される．

■セメント量と骨材量の推定　粉末状にしたコンクリートを（1 + 100）希塩酸に加えてかき混ぜると，セメント分はほとんど溶解し，骨材はほとんど溶解せずに残る．（1 + 100）とは，濃塩酸の原液を100倍量の水で薄めたことを表す．溶解完了後，ろ過して液と沈殿を分離する．液にはセメント分が溶け出しており，ろ過分離された沈殿はほぼ骨材である．セメントにおいて最も多量を占める元素はカルシウムなので，ろ液中のカルシウム量を分析により求め，セメント量X［%］を推定する．沈殿はろ紙にて回収し，強熱して水分やろ紙を完全に飛ばした後，重量を求める．その値が骨材量Y［%］である．ただし，その主成分である炭酸カルシウムも酸に溶解するため，石灰石骨材には適用できない．また，近年のセメントには5％未満の少量成分として石灰石微粉末が添加されている場合が多いので，誤差が生じることがある．

■単位容積重量への換算　以上のように，セメント量X，骨材量Y，水量Z

＊ 自由水の量はコンクリート試料の乾燥・湿潤状態に依存するので，配合時の水量推定の不確定要素となる．

を，それぞれ独立の方法で求める．分析操作が適切ならば，X，Y，Zの合計は，おおむね97 ～ 103 mass％程度の値となる．通常，コンクリートの配合は単位容積質量［kg/m^3］で表されるので，mass％表示値を換算する．その計算には，試料（あるいは抜き取りコンクリートコア試料）自体の単位容積重量およびその吸水率が必要である．これらは，試料を粉砕する前に測定する．

■結果の一例　配合推定結果の一例を，表8.3に示す．

表8.3　配合推定例

	水［kg/m^3］	セメント［kg/m^3］	細骨材［kg/m^3］	粗骨材［kg/m^3］	W/C［%］
示方配合	160	475	680	1020	33.7
推定結果	173	415	1698		41.7

(2) セメント協会法を適用できないコンクリート

セメント協会法は，フライアッシュや石灰石骨材を使用したコンクリートには適用できない．フライアッシュは，（1＋100）塩酸には数～十数％程度しか溶けない．したがって，上記の操作では，フライアッシュの大部分は不溶沈殿に含まれてしまう．フライアッシュが混和材であるなら，セメントの一部と考えるべきであるが，不溶沈殿すなわち骨材に含まれてしまう．一方，石灰石は（1＋100）希塩酸にほとんど溶けてしまうので，骨材に含まれない．しかも，石灰石の主要元素はセメントと同様にカルシウムであるので，溶解カルシウムの定量結果から推定されるセメント量にも影響する．

その影響を排除するために考案されたのが，グルコン酸ナトリウム法とギ酸法である．石灰石骨材コンクリートでも配合推定を可能とするためには，次の二つの方策が考えられる．

① 石灰石を溶かさずに，セメントのみを溶かす溶解方法とする．

② カルシウム以外の成分をもとにセメント量を推定する．

グルコン酸ナトリウム法は①に，ギ酸法は②に基づいた方法である．

(3) グルコン酸ナトリウム法

15％グルコン酸ナトリウム溶液には，セメントおよびその水和物はほとんど溶解するが，表8.4に例示するように，石灰石はほとんど溶解しないが，(1)のセメント協会法で示した1％塩酸にはほとんど溶解する．そこで，粉砕したコンクリート試料を，濃度15％のグルコン酸ナトリウム溶液に溶解し，溶解分の量からセメント量を，不溶解分の量から骨材量を推定する．水量の推定は，セメント協会法と同様にig.lossによる．ただし，石灰石の脱炭酸の影響をより厳密に回避するため，強熱温度は500 ℃と，セメント協会法より低く設定する．グルコン酸ナトリウム溶液は粘性が高く，ろ過操作に長い時間を要することが多い．

表8.4　石灰石の溶解量の例

溶　液	溶解量［%］
15 %グルコン酸ナトリウム溶液	1.4
1 %塩酸溶液	98.8

(4) ギ酸法

粉砕したコンクリート試料を，濃度0.5 %のギ酸に溶解する．0.5 %ギ酸には，セメントも石灰石もともに溶解する．ギ酸法ではセメント量を，カルシウムに次いで含有量の多いシリカをもとに推定する．石灰石に含まれるシリカはごく微量であるので，セメント量推定に影響しない．水量はグルコン酸ナトリウム法と同様に，500 ℃のig.lossから推定する．石灰石骨材は，ギ酸には溶けてしまい，不溶残分として求めることはできないので，その量は次式のように，セメントと水の残余として推定する．

$$骨材量\ Y\ [\%] = 100 - (水量\ Z + セメント量\ X)$$

ギ酸法では，真空脱気を取り入れることにより，単位容積質量と吸水率を測定する工程を迅速化している．

(5) 配合推定実施上のポイント

一般に，試料には直径10 cm，長さ20 cm程度の試験体か抜き取りコンクリートコア試料が用いられる．実際の分析操作に必要な試料量はもっと少なく，数g程度で十分であるが，試料の均一性を確保するには，直径10 cm，長さ20 cm程度の量が望ましい．また，セメントペーストと細骨材，粗骨材の比率は，コンクリートの内部で必ずしも均一ではなく，偏りがあるため，試料に代表性をもたせるという意味でも，直径10 cm，長さ20 cm程度はあったほうがよい．

分析値から推定計算を行ううえで必要な情報は，できる限り入手したい．たとえば，コンクリートの示方配合や，実際に用いられたセメントや骨材の化学組成である．セメントや骨材は，実際に用いたものを試料と一緒に入手できれば，分析して組成を求めることができるので，より正確な推定が可能となる．

石灰石骨材を用いたコンクリートの場合，セメント協会法は適用できないので，石灰石骨材使用の有無は，必要な情報である．もし，石灰石骨材使用の有無が不明な場合は，熱分析や骨材の観察などにより，石灰石骨材使用の有無を確認することが可能である．

◇8.2.6　アルカリシリカゲルの判定方法

アルカリシリカゲルの判定方法*の一つに，建設省総合技術開発プロジェクト「コンクリートの耐久性向上技術の開発」報告書の第2編にコンクリートコア試料の化学的試験方法（案）として，いわゆるアルカリシリカゲルの成分の分析方法（案）がある[8.7]．本分析方法（案）は，コンクリート構造物の表面および骨材表面に生成したゲル状物質が珪酸ゲルであるかどうかを判定するときに適用する．

目視・実体顕微鏡観察で認められた白色のゲル状物質を採取し，その化学成分を分析することにより，対象とするゲル状物質がアルカリシリカゲルであるかどうかを判断する．ASRを生じてもアルカリシリカゲルの組成は生成位置により異なるため，この試験結果がどれほどの意味があるのかは不明である．一般に，アルカリシリカゲルの組成は生成場所によって変化するが，気泡内やひび割れに沈殿した採取しやすいアルカリシリカゲルは骨材中のひび割れを満たすアルカリシリカゲルよりもCa/Siモル比が高い．SEM-EDS分析であれば，アルカリシリカゲルの組成変化を場所ごとに把握できるが，この方法ではそれができず，何の分析を行ったのか，意味を問われる．

ゲル状物質が珪酸ゲルであるかどうかは，目的により下記項目より選択する．

① 含水比
② 炭酸
③ 二酸化珪素（SiO_2）と不溶残分
④ 酸化ナトリウム（Na_2O）
⑤ 酸化カリウム（K_2O）
⑥ 酸化カルシウム（CaO）
⑦ 酸化マグネシウム（MgO）

＊3.2.1項(1)参照.

⑧ 酸化アルミニウム（Al_2O_3）
⑨ 酸化第二鉄（Fe_2O_3）

コンクリートの表面のゲル状物質を採取するとき，モルタル分をかきとらないように注意する．

また，反応生成物が珪酸ゲルであるかどうかの判定は，表8.5によって主にサンプル量とシリカ濃度を基準にして行う．

表8.5　アルカリシリカゲルの判定表　［建設省総合技術開発プロジェクト：コンクリートの耐久性向上技術の開発報告書〈第二編〉，建設省，p.135，判定表，1988.］

判定基準＼試料量	50 mg以上	10 ～ 50 mg	10 mg未満	数mg
SiO_2　30 %以上	アルカリシリカゲルである			判定不可
SiO_2　10 ～ 30 %	アルカリシリカゲルの可能性が大きい		判定不可	判定不可
SiO_2　10 %未満	アルカリシリカゲルの可能性がある	判定不可	判定不可	判定不可
珪酸イオンの定性	判定不可	判定不可	判定不可	青色判定
判定精度	高い	やや低い	参考値	参考

◇8.2.7　酢酸ウラニル蛍光法

アルカリシリカゲルを簡単に識別する方法として，酢酸ウラニル蛍光法*1がある．反応生成物の分布や密度が容易に確認できる．目視・実体顕微鏡観察の補助として使用する．コンクリートの破断面に酢酸ウラニル溶液を塗布し，暗室でUVライト（波長254 nm，可視光域をフィルターでカット）を照射すると，酢酸ウラニル溶液で処理されたアルカリシリカゲルは黄緑色の蛍光色を発するので，その存在を確認することができる[8.14]．

ただし，酢酸ウラニルの取扱い*2および廃棄の問題があるので，現実的な試

＊1　3.2.1項(1)参照．

＊2　酢酸ウラニル（$UO_2(C_2H_3O_2)_2 \cdot 2H_2O$）は，有毒性放射性の物質で，冷水に可溶で，熱水で分解性質をもち，古くから電子顕微鏡の試料の染色に使用されてきた．現在は，「ウラン，トリウム及びこれらの化合物を取り締まる核原料物質，核燃料物質及び原子炉の規制に関する法律」に基づいて，試薬として取り扱う場合も，使用の許可を必要としない数量以下を扱うほかは，文部科学大臣の使用許可を取得する必要がある．また，300 g以下のウランのように，政令で定められた「使用の許可を要しない核燃料物質の種類及び数量」であっても，その使用者は必ず国際規制物資の使用許可を取得しておかなければならない．

験方法ではない．日本の法律では廃液は譲渡も不可で永久保管することになっているが，コンクリートに用いる場合は廃液や溶液に汚染されたコンクリート廃棄物が多量に発生することから，私企業では容器に溜まった廃液の取扱いが大きな問題である．

従来の観察方法[8.15]では，十分な蛍光強度を得るために必要な酢酸ウラニルの濃度では放射性物質としての取扱いに課題があった．しかし，デジタルカメラ技術の進歩により，容易に高感度で高解像度の画像が取得できるようになったため，放射性物質としての規制対象外のXSTC-331（誘導結合プラズマ発光分析（ICP）の標準溶液，U濃度は10 ppm）*を加工した酢酸ウラニル用いても十分な観察ができる[8.16]．ASRの同定が，専門家でなくとも，簡易的にではあっても簡単かつ視覚的に行うことができる．

蛍光を発するには酢酸イオンとウラニルイオンが同時に必要であり，ウラニルイオンが狭義のアルカリシリカゲルのアルカリイオンと置換して固定化されることで蛍光を発する．したがって，炭酸化した面やCa置換が相当程度進んでいるライムアルカリシリカゲルでは蛍光は弱くなるか（ライムアルカリシリカゲルではアルカリの含有量にかなりの幅がある），発しない．一方で，アルカリシリカゲルが存在しない場合も，ウラニルを吸着する物質（たとえば，低C/SのC-S-H，エトリンガイト，オパールなど）があると弱い蛍光を発し，また蛍光下で独特の発色が岩種ごとにみられる場合もあるので，アルカリシリカゲルと間違える可能性はある．簡単であるために誤った判断も下しやすいので，正確な診断には専門家の関与が必要である．

XSTC-331は硝酸塩であり，酸性溶液である．酢酸ウラニル蛍光法で用いるには，中和と酢酸イオンの導入が必要があり，すでに調整済みの市販品を用いるのが便利である．ただし，測定には一定のノウハウがある．破断面もしくは切断面に，酢酸ウラニル溶液を塗布し，5分程度ウラニルイオンを吸着させたのち，過剰な酢酸ウラニル溶液を洗浄，除去し，あるいは乾燥させて観察に使用する．ウラニルはアルカリシリカゲルに固定化されるため，塗布面はあらかじめ湿潤状態にしておくのがよい．ウラニルイオンの吸着時間も目安であり，

* XSTC-331は22種類の元素を含有する．Tlなどの有害元素も含有するため，劇物として取扱いの注意が必要である．購入時に化管法SDS（安全データシート）を参照する必要がある．また，廃棄に関しても，一般不燃物としては廃棄できないので，関連自治体の法令を順守して廃棄する必要がある．なお，ウラニルによる放射線の被ばくは無視できる．

アルカリシリカゲルの定量が行えるまでには，技術は熟成していない．

破断面を観察する際は，肉眼観察や8.2.6項の判定方法でも白色のライムアルカリシリカゲルが中心となるが，酢酸ウラニルは必ずしもこの白色のライムアルカリシリカゲルから蛍光を発生させるわけではなく，むしろCa置換が進んでおらず，肉眼では比較的認識しにくいアルカリシリカゲルからの蛍光が現れる可能性がある．

切断／研磨面を観察すると，切断／研磨後，時間の経過とともに図3.24に示したような透明な狭義のアルカリシリカゲルが切断面の骨材から滲出し，周囲のセメントペースト部分に広がる場合もある．また，アルカリシリカゲルがセメントペースト中にすでに存在している場合もある．したがって，切断／研磨後の時間経過とともに，ゲルの発色はより顕著になるが，もともとコンクリート中で存在していたアルカリシリカゲルの場所を同定する際には，必要以上に時間が経過するとアルカリシリカゲルが原位置から広がるために判断を誤る可能性が生じる[8.17]．

酢酸ウラニル蛍光法は，簡便で，岩石学的知識がなくとも明瞭にアルカリシリカゲルを認識できる手法である．しかし，簡易法であるために本書が目指す岩石学的評価に基づくASRの適確な診断，すなわち骨材からセメントペーストへ伸びるひび割れの存在とアルカリシリカゲルの存在状態に関する情報を与えるものではなく，間違った診断を下す可能性がある．本来のASR診断には近道はなく，研磨薄片の偏光顕微鏡観察をしなければならない．岩石学的知識に乏しく，偏光顕微鏡観察，ほかの岩石学的評価の技能を有さない評価者の診断は必ずしも信頼できるものではない．

8.3 コンクリートコア試料の試験方法

◇8.3.1 潜在反応性評価

ASR劣化進行の評価を行うため，実構造物から採取したコンクリートコア試料の促進膨張試験を行い，コンクリート中の骨材の**潜在反応性**を評価する方法が行われている．残存膨張性と表現されることも多いが，実構造物が反応する残りの能力を測定するのではなく，何らかの促進条件で，骨材の潜在的な反応性を評価する．促進膨張試験としては，表8.6に示すように，JCI DD-2法，1 mol/L-NaOH浸漬法，飽和NaCl浸漬法などが用いられている．

表8.6　促進膨張試験の概要と判定基準

試験名称	コンクリートコア試料寸法	促進養生の条件	判定基準
JCI DD-2法	原則として，直径100 mm，長さ約250 mm	温度40 ± 2℃，相対湿度95 %以上	JCI DD-2法には判定基準は示されていない．建設省総合技術開発プロジェクト「コンクリートの耐久性向上技術の開発」では，13週間の膨張率が0.05 %以上で有害または潜在的有害と判定する．
1 mol/L-NaOH浸漬法（カナダ法）	原則として，直径50 mm，長さ約130 mm	温度80℃の1 mol/LのNaOH溶液中に浸漬	試験開始後21日間の膨張率で以下のように判断する． 0.1 %以下：無害 0.10 %以上：潜在反応性あり
飽和NaCl浸漬法（デンマーク法）	原則として，直径100 mm，長さ約250 mm	温度50℃の飽和NaCl溶液中に浸漬	試験材齢3箇月の膨張率で以下のように判定する． 0.4 %以上：膨張性あり 0.1 ～ 0.4 %：不明 0.1 %未満：膨張性なし

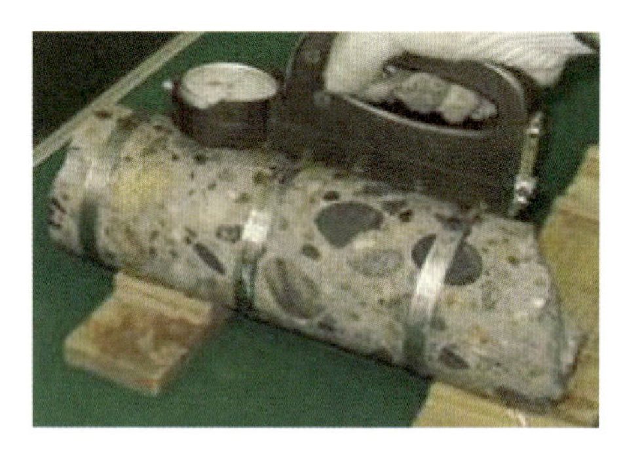

図8.15　促進膨張試験体の様子

図8.15に促進膨張試験体と測定の様子を示す．ただし，これらの潜在反応性評価は，あくまで促進試験であり，実構造物の膨張挙動との対応は必ずしも明確でなく，結果については将来の膨張率についての目安と捉えるべきである．

(1) JCI DD-2法

JCI DD-2法は，国内では広く用いられており，温度40℃，湿度95 %以上の促進条件下で長さ変化を測定し，判定基準としては13週間の膨張率が0.05 %以上で有害（または潜在的有害）が一般的である．これは主に安山岩のような急速膨張性骨材を対象に設定されたものであり，遅延膨張性骨材による反応は正しく有害と判定されない．一般に，コンクリートコア試料の直径は100 mmとするが，構造物によっては75 mm以下を採用せざるをえない場合もある．JCI DD-2法では，試験中にコンクリートコア試料からアルカリ分が溶出し，コンクリートコア試料のアルカリ濃度が低下することによってASRの反応が停滞・停止することがあり，コンクリートコア試料の寸法が小さいほどこの影響が大きくなるので注意が必要である．さらに，湿度95 %以上という湿潤条件はASRを促進するには不十分で，試験中にコンクリートコア試料が乾燥する可能性もある．また，JCI DD-2法では環境から供給されるアルカリの影響が評価できない問題点もある．これらの解決策として，アルカリ溶液を含ませた保水素材で被覆する方法が考えられるが，その効果は研究途上である．

(2)　海外の促進条件をもとにした方法

海外の促進膨張試験として，**1 mol/L-NaOH浸漬法**，および**飽和NaCl浸漬法**がある．これらはモルタルバーを用いた試験方法である．わが国ではこれらの促進養生条件がコンクリートコア試料の促進膨張試験に応用されているが，モルタルバーと野外で長期間を経たコンクリートではアルカリ溶液の浸透性が異なるので，モルタル試料の膨張判定基準を用いてはならない．1 mol/L-NaOH浸漬法は，トルコの道路構造物で最初に用いた方法[8.18]である．温度80 ℃の1 mol/LのNaOH溶液中にコンクリートコア試料を浸漬し，3週間の膨張率が0.10 %以上の場合，潜在的に有害と判定する．これは北陸地方の火山岩を含むコンクリート構造物の野外における劣化状況と対比させて設定した基準値であり[8.19]，遅延膨張性の沖縄の構造物でも整合した[8.20]．コンクリートコア試料の寸法は直径5 × 長さ13 cmであり，直径10 cmのコンクリートコア試料は，膨張が小さくなるため適当ではない．飽和NaCl浸漬法は，温度50 ℃の飽和NaCl溶液にコンクリートコア試料を浸漬する促進膨張試験で，3箇月間の膨張率が0.4 %以上で膨張性ありと判定される．ただし，これらの試験法は試験体寸法が小さいので，配合ペシマム条件のコンクリートなど，コンクリートコア試料ごとにばらつきが数倍にもなる可能性がある．

◇8.3.2　圧縮強度と弾性係数

(1)　試験方法

コンクリートコア試料による強度試験は，構造体コンクリートの強度を推定する方法のなかでは最も信頼性の高い方法であるが，コンクリートコア試料の強度はその採取方法，寸法，養生方法などの影響を受けるため，これらの点に注意し，試験を行う必要がある．

コア採取においては，部材，部位，打込み時期，拘束条件などを考慮して，採取場所や採取の方向について選定し，採取位置では鉄筋探査計などを用いて，鉄筋を損傷することがないように鉄筋や配管の位置や間隔，かぶり厚さなどを事前に把握する必要がある．一般に，コンクリートコア試料の直径は粗骨材最大寸法の3倍以上とし，コンクリートコア試料の長さは原則として直径の2倍とする．なお，近年，既存構造物から直径20 mm程度（25 mmが一般的）の小径コンクリートコア試料を用いて圧縮強度試験を行い，その試験結果をもとに，あらかじめ定められた実験式を用いて補正することにより，構造体強度を推定する方法が開発・実用化されている[8.21]．この方法は，設計資料などにより推定される圧縮強度が60 N/mm^{2}以下，粗骨材の最大寸法25 mm以下の普通コンクリートについて適用されている．

圧縮強度試験は，JIS A 1107「コンクリートからのコア採取方法及び圧縮強度試験方法」に準拠して行うが，試験体の直径dと高さhの比が，1.90より小さい場合は，試験で得られた圧縮強度に補正係数を乗じて直径の2倍の高さをもつ試験体の強度に換算する．

コンクリートコア試料の**静弾性係数**を測定する場合は，JIS A 1149「コンクリートの静弾性係数試験方法」に準拠する．また，動弾性係数を測定する場合には，JIS A 1127「共鳴振動によるコンクリートの動弾性係数，動せん断弾性係数及び動ポアソン比試験方法」に準拠する．

(2)　結果の解釈

コンクリートコア試料の圧縮強度の評価方法として，表8.7のような基準が参考となる[8.22]．一般に，コンクリートの配合設計においては，設計強度に割増係数を掛けた配合強度を設定しているため，採取したコンクリートコア試料の圧縮強度試験を行うと，設計基準強度よりも3割程度以上高い強度が得られる場合が多い．一方で，コンクリート構造物からコア採取して試験を行った場合には，標準養生試験体の80 %程度の強度しか得られないこともある．したがって，コンクリートコア試料の圧縮強度が設計基準強度を下回っていても，設計基準強度が80 %以内であれば，設計で想定したコンクリートの品質と実構造物のコンクリートの品質がほぼ近いと判断してよい．なお，コンクリート

表8.7 コンクリートコア試料の圧縮強度の評価 ［土木研究所，日本構造物診断技術協会：非破壊試験を用いたコンクリート構造物の健全度診断マニュアル，技報堂出版，表-4.5，2003.］

圧縮強度	評価
すべての試験体の圧縮強度が，設計基準強度以上である場合．	健全である．
圧縮強度が設計基準強度を下回っている試験体があり，すべての試験体の圧縮強度が，設計基準強度の80 %以上である場合．	構造物に問題はないと判断してよい．
圧縮強度が設計基準強度の80 %を下回っている試験体がある場合．	構造的な検討も必要である．

コア試料の圧縮強度が設計基準強度を大きく下回っている場合には，部材の耐荷性能などについて構造的な検討を行うことも必要である．

また，コンクリートコア試料の静弾性係数試験結果は，表8.8の静弾性係数試験結果の評価例および表8.9の静弾性係数の標準値により判定する[8.22]．ASR劣化した構造物より採取したコンクリートコア試料の場合，静弾性係数は健全なコンクリート構造物より採取した同一圧縮強度を有するコンクリートコア試料の値に比べて著しく低い．場合によっては，1/5 ～ 1/3程度にまで低下していることがある．したがって，このように極端に小さな静弾性係数が得られた場合は，ASRが生じている可能性が高い．

表8.8 静弾性係数試験結果の評価 ［土木研究所，日本構造物診断技術協会：非破壊試験を用いたコンクリート構造物の健全度診断マニュアル，技報堂出版，表-4.6，2003.］

静弾性係数	評価
評価すべての試験体の静弾性係数が，表8.9で示される標準値より大きい場合．	健全である．
すべての試験体の静弾性係数が，表8.9で示される標準値の範囲に含まれる場合．	健全である．
静弾性係数が表8.9で示される標準値より小さい試験体がある場合．	ASRあるいは凍害が生じている可能性も考えられ，場合によっては構造物な検討も必要である．

表8.9　静弾性係数の標準値　［土木研究所，日本構造物診断技術協会：非破壊試験を用いたコンクリート構造物の健全度診断マニュアル，技報堂出版，表-4.7，2003.］

コンクリートコア試料の圧縮強度［N/mm^2］	コンクリートコア試料の静弾性係数の標準値［kN/mm^2］
15以上21未満	8.4 ～ 17.8
21以上27未満	13.1 ～ 21.3
27以上35未満	16.2 ～ 25.8
35以上45未満	19.7 ～ 29.8
45以上55未満	19.1 ～ 34.2

◇8.3.3　弾性波伝播速度計測

コンクリートを伝播する弾性波には，縦波（P波），横波（S波），表面波（R波）などがあるが，コンクリート構造物の現場で計測される弾性波速度は一般に最も伝播速度が速い縦波の弾性波速度である．コンクリート構造物の弾性波伝播速度は，超音波法と衝撃弾性波法によって測定することができる．

弾性波伝播速度の変化は，コンクリートの弾性係数の変化と関連があり，ASRにより劣化したコンクリートは弾性係数の低下が顕著になるため，弾性波の伝播速度の変化を測定することは有効である．

一方，弾性波伝播速度とコンクリートの圧縮強度の関係は，使用する材料や測定環境の影響を受けるため，定量的に評価することは難しい．そのため，現場では，あらかじめ測定対象のコンクリートの圧縮強度と弾性波伝播速度の関係を把握したうえで，弾性波伝播速度によるコンクリートの圧縮強度の推定が行われている[8.23]．測定方法には，表面法，透過法，反射法がある．

8.4　混和材の抑制効果を評価する方法

フライアッシュが18％混入されていても鉄筋破断が起こった事例が報告され[8.24]，配合ペシマム条件ではポゾランのASR抑制効果が低下することがわかった．したがって，混和材によるASR抑制効果を何らかの方法で検証する必要がある．このために，ASTM C 1567-08，CSA A32.2-14A，A23.2-28Aなどのいくつかの規準が制定されている．また，5章で述べた新しいコンクリートプリズム試験も有効である．

ASTM C 1567は，ASTM C 1260と同様の条件で骨材を粒度調整して，混和材を添加したセメントを用いて膨張率を測定する．したがって，粒度調整時に高反応性鉱物が細粒側に移動して除去される粒径ペシマム現象や，反応性鉱物が特定の割合で膨張が最大となる配合ペシマム現象は評価できない．やはり，コンクリートプリズム試験が望ましい．温度とアルカリ量での促進試験となるが，現実の時間スケールとの関連付けが課題となる．

参考文献

[8.1] 日本コンクリート工学協会：JCI規準集，2004.

[8.2] 日本コンクリート工学協会：偏光顕微鏡による骨材の品質判定の手引，1987.

[8.3] 坪井誠太郎：偏光顕微鏡，岩波書店，1966.

[8.4] 小林一輔，丸章夫，立松英信：アルカリ骨材反応の診断，森北出版，1991.

[8.5] 日本化学会：鉱物と窯業の化学，大日本図書，1959.

[8.6] 日本建築学会：JASS 5N　原子力発電所施設における鉄筋コンクリート工事，2001.

[8.7] 建設省総合技術開発プロジェクト「コンクリートの耐久性向上技術の開発」報告書，1988.

[8.8] 小早川真，小津博，羽原俊祐：硬化フライアッシュセメントモルタルの空隙水中の溶存イオン濃度の経時変化，セメントコンクリート論文集，No.53，pp.102–109，1999.

[8.9] 鍵本広之，佐藤道生，川村満紀：アルカリシリカ反応により劣化した構造物の劣化度評価と細孔溶液分析による劣化進行の予測，土木学会論文集，No.641/V–46，pp.241–251，2000.

[8.10] コンクリート委員会規準関連小委員会：硬化コンクリートのミクロの世界を拓く新しい土木学会規準の制定—EPMA法による面分析方法と微量成分溶出試験方法について—，コンクリート技術シリーズ，Vol.69，2006.

[8.11] セメント協会・コンクリート専門委員会：硬化コンクリートの配合推定に関する共同試験報告，1967.9.

[8.12] 笠井芳夫，松井勇，中田喜久，笠井順一：グルコン酸ナトリウム溶液による硬化コンクリート中のセメント量判定試験方法の提案，第44回セメント技術大会講演集，pp.328–333，1990.

[8.13] 高橋晴香，鵜澤正美，山田一夫：画像解析を用いたコンクリートの配合推定に関する検討，セメント技術大会講演要旨，No.64, pp.234–235, 2010.

[8.14] 日本コンクリート工学協会：コンクリート診断技術 '11，p.177，2011.
[8.15] K. Natesajyer, K. C. Hover: Insitu Identification of ASR Products in Concrete, Cement and Concrete Research, Vol.18, No.3, pp.455–463, 1988.
[8.16] 参納千夏男，丸山達也，山戸博晃，鳥居和之：ゲルフルオレッセンス法によるASR簡易診断手法の開発，コンクリート工学年次論文集，Vol.35，No.1，pp.973–978，2013.
[8.17] 五十嵐豪，山田一夫，小川彰一：ゲルフルオレッセンス法によるASRゲルの観察条件に関する一考察，コンクリート工学年次論文集，Vol.28，pp.1047–1052，2016.
[8.18] T. Katayama: Alkali–aggregate reaction in the vicinity of Izmir, Western Turkey, 11th International Conference on Alkali–Aggregate Reaction, Quebec, pp.365–374, 2000.
[8.19] T. Katayama, M. Tagami, Y. Sarai, S. Izumi, T. Hira: Alkali–aggregate reaction under the influence of deicing salts in the Hokuriku district, Japan, Materials Characterization, Vol.53, pp.105–122, 2004.
[8.20] T. Katayama, T. Oshiro, Y. Sarai, K. Zaha, T. Yamato: Late–expansive ASR due to imported sand and local aggregates in Okinawa Islands, Southwestern Japan, 13th International Conference on Alkali–Aggregate Reaction in Concrete（ICAAR）, Trondheim, Norway, pp.862–873, 2008.
[8.21] 既存構造物のコンクリート強度調査方法「ソフトコアリング」，建設技術審査証明報告書（BCJ—審査証明—73），日本建築センター，2005.4.
[8.22] 土木研究所，日本構造物診断技術協会：非破壊試験を用いたコンクリート構造物の健全度診断マニュアル，技報堂出版，2003.
[8.23] 岩野聡史，森濱和正，極壇邦夫，境友昭：弾性波速度の測定によるコンクリートの圧縮強度の推定，コンクリート工学年次論文報告集，Vol.25，No.1，pp.1637–1642，2003.7.
[8.24] T. Katayama: Diagnosis of alkali–aggregate reaction-polarizing microscopy and SEM–EDS analysis, Castro–Borges et al.（eds）Concrete under Severe Conditions, pp.19–34, 2010.

9章 骨材の岩石学的評価

9.1 岩石学的評価の概要

◇9.1.1 岩石学的評価の意義

コンクリートはセメントと骨材からなり，自然環境におかれ，内部の鉄筋や外部の拘束条件を受けながら存在しているため，ASR診断には，セメント化学，骨材評価に関する岩石学，コンクリート工学の総合的知識が必要となる．なかでも，骨材を岩石学的に評価することは，日本においても世界においてもコンクリートの関連業界で活躍する地質関係者が少ないため，容易ではない．コンクリート工学の立場からは，誰でも簡単に再現性よく骨材のアルカリ反応性が評価できる方法が望ましい．しかし，残念ながらそのような方法はなく，単純化しすぎた評価方法を使用しているために完全にはASRを抑制できていないのが現在の姿である．

化学法とモルタルバー法による骨材のアルカリ反応性評価，コンクリート中のアルカリ総量規制，抑制効果のある混和材量の使用というASR抑制対策のどこに不都合があるのかを知るには，骨材を岩石学的に正確に評価する以外に道はない．さらに，ASR劣化の予測を行うにも，骨材を知らずに実験条件からの予測だけでは必ず例外が生じる．現実を正しく理解した後の単純化ならばリスクを制御できるが，使うことを先に考え，同時に行うべき地道な研究を置き去りにしてはいけない．

岩石学的評価は膨大な知識の習得と経験・訓練の積重ねのうえにはじめて可能である．ACRを中心に扱っている研究[9.1]にその例をみることができる．この研究では，いかに岩石学的知識を有機的に組み合わせ，ACRがASRに帰結できるのかを雄弁に語っており，ASR診断の一つの理想形が示してある．たとえば，各種の反応性鉱物はどのような地質条件で生成し，地質年代を経て変化していくのか，検討の対象地域はどのような地質環境にあるのか，あらゆる地質学的知識を組み合わせ，問題となったコンクリート構造物の詳細分析結果と合わせて結論を導き出している．この論文の議論の章から，ASR診断に必要とされる一般的な知識を抜き出すと，次のようになる[9.1]．

① ASRの一般的例外（以下の場合にもASRが起こった事例がある）
- 明らかな**反応リム**の欠如
- **低アルカリ濃度**での膨張
- **粗骨材**でのより大きな膨張
- **抑制材**が機能しない場合

② 同一場所での骨材の**不均一性**

③ 反応性鉱物の**地質学的背景**
- オパールの**続成作用**による変化
- 続成作用による**自生鉱物**の組合せ

①は6章で説明したので，本章ではASRを考える際に骨材を**岩石学**的にどのように評価しなければならないのかという観点から，②，③の基本となる手法と知識をまとめる．本章がすべてではないが，本章の内容を理解することで，**地質学**的背景がある技術者はポイントを抑えてASR診断ができ，今後，経験をつむ段階の技術者には一定のガイドとなるはずである．なお，地質学上の専門知識は地質学の教科書を参照してほしい．

地質学が関わる現象は，知識が重要である．演繹的に考察することも非常に重要な点ではあるが，知らなければ重大な過失に繋がることもある[9.2]．したがって，各地域ごとに合理的な抑制対策を設定するには，岩石学的評価を積み重ね，その結果をもとに劣化の原因推定を行い，ASR診断結果を発表していくことが必要である．

岩石学的評価で陥りやすい盲点がある．岩石学を専門とする地質関係の学識経験者は，岩石の成因探索を主眼としており，コンクリート工学におけるASRのリスク評価を考慮していない．したがって，検出する岩石の特徴がまったく異なることがある．たとえば，安山岩にガラス相がどれほど存在し，その化学組成のうち，シリカ濃度はどの程度か，すべての試料にクリストバライトやオパールなどの反応性鉱物が存在するかどうかなどは眼中にない場合も多い．逆に，ASR劣化した構造物の火山岩質骨材を含む試料についてASR診断を目的に調べるならば，**反応性鉱物**と**ガラス相**が最大の関心事である．一口に岩石学的評価といっても，目的が違えばみるべきポイントはまったく異なる．必要とされる知識と経験の背景は類似であってもその応用先が異なるので，本章で述べる内容はコンクリート工学に地質学を応用するうえで極めて重要である．

◇9.1.2 本章の構成

ASR診断にはコンクリート薄片が必要である．まず，その作製方法を説明し，代表的造岩鉱物を示す．次に，ASR抑制対策を前提とした骨材の岩石学的分類と評価方法についてまとめる．第Ⅱ部の特徴的な内容である．最後に，数多くの骨材の薄片写真と記載例を掲載する．写真や多くの図表の電子データを付録としてCDに収録したので，参考にしてほしい．

9.2 偏光顕微鏡観察

本節では，**岩石学的評価**のなかで最も重要な手法である，**偏光顕微鏡**観察の方法について述べる．ASR劣化の疑われるコンクリートの薄片観察方法は，3.2節に実例を用いて解説したとおりである．ここでは，**薄片の作製方法**と**鉱物の観察方法**について解説する．ただし，実際の観察に際しては，対象とする鉱物が岩石中ではどのように産出するのかを考慮する必要がある．ここで述べるのは，あくまで偏光顕微鏡下における各鉱物の性質をまとめたものであり，詳細な産状は9.3節を，実際の岩石の観察例は9.3節および付録CDを参照してほしい．ASRに注目した岩石の観察方法は，既設コンクリート中の骨材でも新設構造物向けの骨材でも同様である．

◇9.2.1 薄片試料の作製方法

偏光顕微鏡観察を実施するためには，薄片試料を作製しなければならない．対象とする岩石もしくはコンクリートを**スライドガラス**に貼り付けた後，15～30 μm程度*まで**研磨**しなければならない．指先の細かな感覚に頼るところもあるので，経験をつむことが必要となる．とくに，隠微晶質石英などの極微

---

* **岩石薄片**の一般的な厚さである．しかし，コンクリートや火山岩，チャートなどの観察が目的の場合，薄片厚さが30 μmもあると，微細な組織が重なってしまい，満足な観察ができない．厚さは15 μm程度で鏡面研磨仕上げが詳細観察に適することが多い．通常の岩石薄片と同じ感覚で仕上げの粗い厚い薄片をつくらないことが重要である．ただし，アルカリシリカゲルは薄片作製時に脱落しやすいので，意図して，20～25 μmに仕上げるなど，目的に応じて適宜調整する必要がある．

小の鉱物を偏光顕微鏡下で観察するためには，薄片の厚みによる鉱物の重なりをできる限り排除することが必要であり，さらに薄い薄片作製が要求される．ここでは，薄片試料を作製する位置，薄片の種類および薄片の作製工程について解説する．

(1) 薄片作製箇所の選定

コンクリート，岩石に関わらず，薄片を作製する際には作製箇所の選定が非常に重要になる．作製箇所が不適当であった場合，重要な情報を見逃すおそれがある．ASR診断で重要な情報を逃さないためには，コンクリートコア試料を受けとるだけでなく，一次スクリーニングとしての目視・実体顕微鏡観察において，可能であれば劣化現場の調査からはじめ，コンクリートコア試料の観察，コンクリートコア試料から薄片作製のために切り出した平板の観察など，できる限り詳細な観察が必要となる．骨材の検討であれば，地質調査からはじめるのがよい．たとえば，ASR劣化を生じたコンクリートにおいては不適当な箇所から薄片を作製した場合，反応生成物は確認されるが反応性骨材が特定できない可能性もある．これは，岩石や骨材の場合にも当てはまる．たとえば，同じ安山岩の溶岩流であっても急冷された周縁部と内部では火山ガラスと反応性鉱物の量比に大きな差異がある．このようなことを考慮しないでコンクリートコア試料や岩石をサンプリングし，薄片を作製すると，岩石中に含まれる反応性鉱物について正確な評価はできない．したがって，適切な薄片作製箇所の選定と，目視で認められたばらつきの程度に応じて1, 2枚から数十枚の作製枚数を決定しなければならない．その際に，コンクリートであれば3章に示したポイントに着目し，岩石であれば露頭やボーリングなどの地質調査の結果から判断する．

(2) 薄片の種類

薄片試料の大きさや厚さなどは各機関で多少異なるが，大まかには以下に示す3タイプが一般的である*1．図9.1にそれぞれの外観を，図9.2に簡単な構造を示す．観察・分析の目的に応じて，作製する薄片タイプの選択をするとよい*2．

*1　ここで示すタイプはあくまで本書におけるタイプ分けであり，一般的な名称ではない．

*2　偏光顕微鏡観察の技能修得には時間を要する．外注によりタイプ2の薄片を作製し，偏光顕微鏡の鑑定に自信がない場合，SEM-EDS分析に頼ることもあるが，SEM-EDS分析は万能ではなく，基礎知識と基本技能の修得が重要である．わかりやすい報告書としては，EPMAの面分析や酢酸ウラニル蛍光法は有効だが，頼りすぎると根本的な誤りをおかす．

図9.1 薄片の種類（左からタイプ1，2，3）

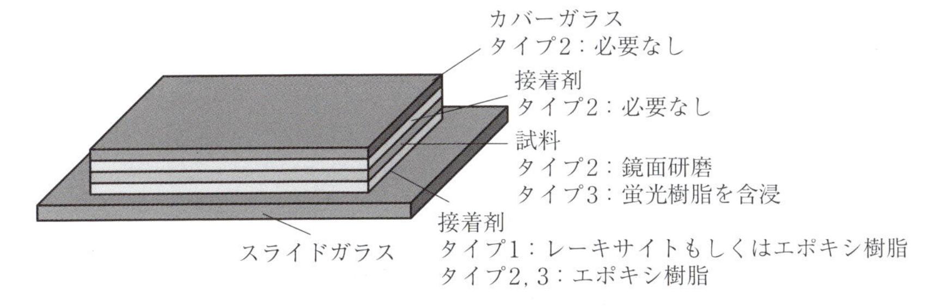

図9.2 薄片の構造

① タイプ1：最も一般的な薄片試料であり，古くから岩石・鉱物を観察する際に用いられている．岩石の専門書などに書かれている鉱物の屈折率などは，ここで用いている**レーキサイト・バルサム**の値との比較で説明されている場合もあり，岩石・鉱物を観察する際に最も適した薄片である．また，**カバーガラス**をバルサムで接着しているため，タイプ2，3の薄片と比較すると微細組織の詳細な観察に適している．一方，レーキサイトが電子線に弱く，またカバーガラスをかけているため，EPMA分析やSEM-EDS分析などの表面分析に使用できない欠点がある．

② タイプ2：偏光顕微鏡観察後にEPMA分析やSEM-EDS分析の実施を視野に入れた薄片試料である．岩石片もしくはコンクリート片などの試料をスライドガラスへ接着する際に，熱に強い**エポキシ樹脂**を用いる．ただし，エポキシ樹脂のなかには硬化に伴う収縮が大きいものや結晶化するものもあるため，選択には十分注意する必要がある．また，表面を**鏡面研磨**する

必要があることから，一般には**鏡面研磨薄片**といわれ，タイプ1の薄片と区別されている．可能な限り薄く研磨し，仕上げの鏡面研磨を丁寧に行うことで，微細組織の観察をすることも可能である．偏光顕微鏡観察だけでなく，EPMA・SEM-EDS分析が必要な場合には，タイプ2の薄片を用いる．

③ タイプ3：コンクリート専用の薄片試料であり，北ヨーロッパを中心に用いられている．特徴としては，試料の範囲が広いことと，**蛍光塗料**を混ぜたエポキシ樹脂をひび割れや空隙に含浸させてあるということである．試料範囲が広いため，ASRだけでなく，炭酸化やブリージングなどのその他のコンクリートの変状を1枚の薄片で判断することができるという利点がある．また，蛍光塗料がASR生成物やひび割れ，空隙に着色するため，偏光顕微鏡観察と蛍光顕微鏡下での観察を併用することで，ひび割れや空隙などの欠陥の観察が容易である．ただし，蛍光塗料がひび割れ全部を充填しない場合や，図9.3のようにオパールなどの対象外を染色してしまうこと，また，広範囲な試料全体を均一に薄く研磨することが非常に困難であり，微細組織の観察には向かないなどの欠点もある．

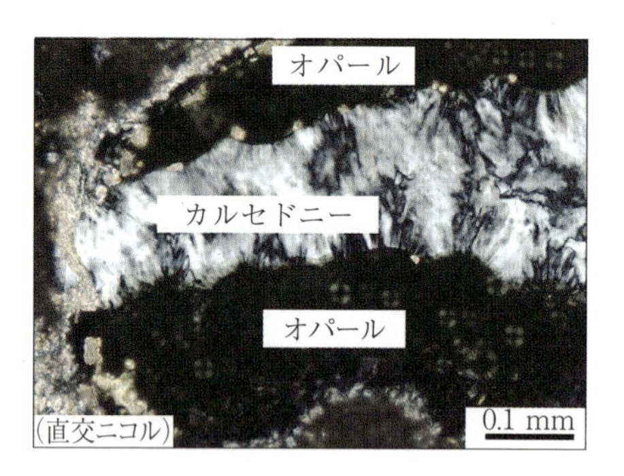

図9.3　オパールの染色

(3) 薄片作製の工程

薄片作製の工程を以下に示す（以下の数値などはあくまで一例である）．コンクリート・モルタルでは，水ではなく**鉱物油**による**研磨**が必要である．また，加熱をしてはならない．これはスメクタイトなどの粘土鉱物を含有する脆弱な岩石においても同様である．

① 薄片作製箇所の決定

- タイプ1，2では20 × 25 mm程度の範囲

- タイプ3*[1]では45 × 60 mm程度の範囲．コンクリートコア試料の表面から深さ方向

② ダイヤモンドカッターによる切り出し
- 試料が脆弱であれば樹脂含浸を行う
- 細骨材の場合は粒子間を樹脂で固める
- タイプ3では蛍光樹脂を含浸

③ 接着面の研磨*[2]
- 回転研磨台による粗研磨（♯150，400，800）とガラス板上での細研磨（♯1000，3000，6000）

④ スライドガラスへの接着
- タイプ1ではレーキサイトもしくはエポキシ樹脂
- タイプ2，3ではエポキシ樹脂
- コンクリートの薄片では熱で溶かす接着剤の使用を極力避けること

⑤ 観察面の研磨
- 薄片作製装置による削込み（厚さ30 ～ 50 μm程度まで可能）
- 回転研磨台よる粗研磨（♯150，400，800）とガラス板上での細研磨（♯1000，3000，6000）
- 目的の薄さになるまで研磨

⑥ 仕上げ工程
- タイプ1，3ではバルサムを塗ってカバーガラスの取り付け
- カバーガラス接着時に過度に熱してはならない（セメントペーストに脱水ひび割れを生じ，ASRによるひび割れと区別がつかなくなる）
- タイプ2では回転研磨台による鏡面研磨（ダイヤモンドペースト3，1 μm）
- 研磨剤の洗浄

＊1　ニュージーランドやカナダなどでは，ASRを生じた野外コンクリートから薄片作製装置を用いて，はがき大の2倍程度の大きさまでのカバーガラス付き薄片や鏡面研磨薄片（厚さ30 μm）が作られていたことがあり，以前は学会などでこれらをOHP投影機に直接載せて発表することも行われていた．これは大きな骨材を用いるダムのコンクリートを観察するにはよいが，やや厚目のため，必ずしも詳細観察には向いていない．

＊2　研磨はすべての粒度の研磨材を使わなければならないわけではない．より粗い研磨材でできた傷をより細かい研磨材で消すのに必要なだけ研磨していき，最終的な表面粗さに仕上げる．反射光，もしくは反射電子像により，仕上げの良し悪しはよくわかる．おおよその厚さは粗研磨の段階で決定する．♯150などは，研磨剤の粗さを示す番号である．

◇9.2.2 反応性鉱物の観察方法

反応性鉱物としては，火山ガラス，クリストバライト，トリディマイト，オパール，カルセドニー，微晶質・隠微晶質石英が挙げられる．ここでは，これらの鉱物の偏光顕微鏡下における観察方法について述べる．それぞれの鉱物が産出する岩石については9.3節を参照してほしい．

(1) 火山ガラス

単ニコルによる観察では，一定の物理的性状をもたず，直交ニコルによる観察では真黒である．図9.4は，安山岩石基中の火山ガラスの例である．斜長石や斜方輝石の粒間を充填している単ニコルで淡褐色，直交ニコルで真黒の物質が火山ガラスである．一般に，アルカリ反応性を示すシリカに富んだ火山ガラスは，淡褐色～無色で屈折率は低い．熟練者は用いないが，慣れない人が火山ガラスを見分けるには，検板を用いた観察が便利かもしれない．

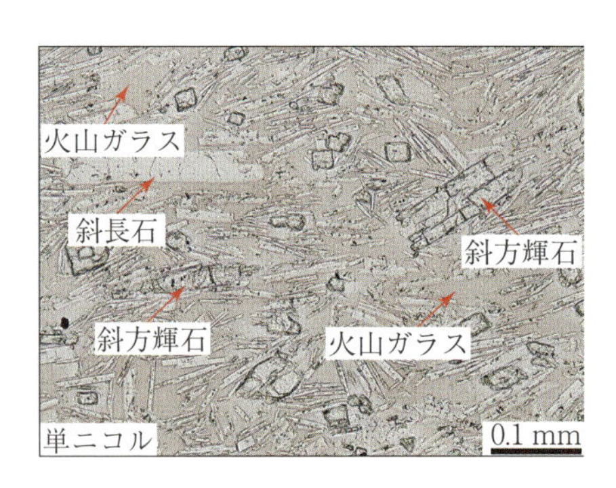

図9.4　火山ガラス（単ニコル）【写真6】*

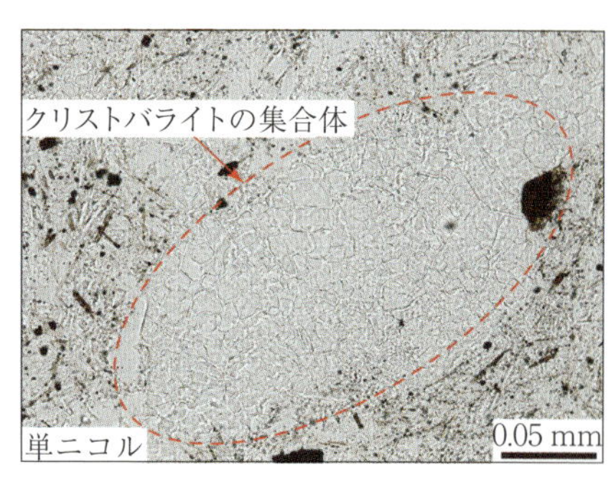

図9.5　クリストバライト（単ニコル）【写真4】

(2) クリストバライト

単ニコルによる観察では無色である．屈折率は1.484～1.487と低く，へき開はない．直交ニコルによる観察では，複屈折が非常に小さいため，干渉色は黒色～暗灰色を示す．図9.5は，安山岩の空隙を埋めるように産出したクリストバライトの単ニコルの観察結果で，無色透明な**屋根瓦状**を示している．

(3) トリディマイト

単ニコルによる観察では無色で，屈折率は1.471～1.483と低い．直交ニコル下では，**くさび形**の双晶が認められることが多い．複屈折が非常に小さいた

＊ 付録としてCDに収録した写真の番号である．本文とともに参照してほしい．

め，干渉色は黒色 ～ 暗灰色を示す．火山岩の石基中に存在するものやガラスの失透作用によって生じた微細結晶は，その光学的性状を確かめることは難しい場合もある．図9.6は安山岩石基中に認められるトリディマイトの直交ニコルの観察結果で，くさび形の双晶を示している．

図9.6　トリディマイト(直交ニコル)【写真5】

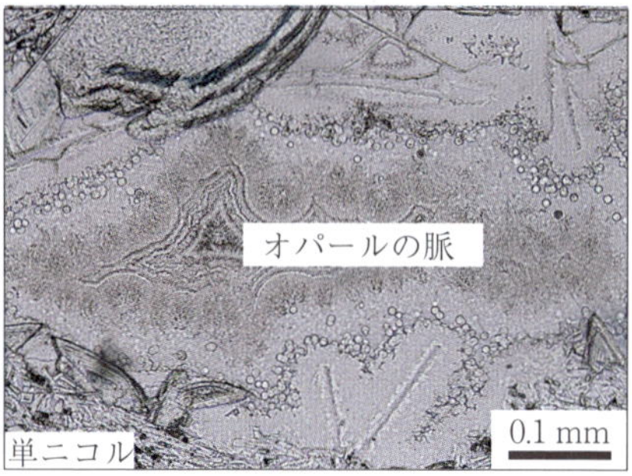

図9.7　オパール（単ニコル）

(4)　オパール

単ニコルによる観察で典型的な形態は無色透明で塊状・球状・葡萄状・豆状を示す．屈折率は1.44 ～ 1.50である．一般に，直交ニコルでは真黒であるが，隠微晶質石英に変化している場合は複屈折を示すこともある（オパール‐CTなど）．図9.7は安山岩中に熱水脈として産出したオパールの単ニコルの観察結果で，葡萄状を示している．

(5)　カルセドニー

単ニコルによる観察では，無色ないし淡褐色で網目状・繊維状の形状を示す．屈折率は1.53 ～ 1.55である．直交ニコルでは特徴的な波動状の消光を示す．図9.8は流紋岩中に認められたカルセドニーの集合体の直交ニコルによる観察結果である．

(6)　微晶質・隠微晶質石英

微小な石英であり，**微晶質石英**は4 ～ 62 μmの石英，**隠微晶質石英**は4 μm以下の石英のことである．石英は，単ニコルによる観察では，無色透明で，屈折率は1.54 ～ 1.55である．図9.9は珪質粘板岩の直交ニコルの観察結果で，上部は再結晶した粗粒な石英で，下部は微晶質・隠微晶質石英の集合体である．

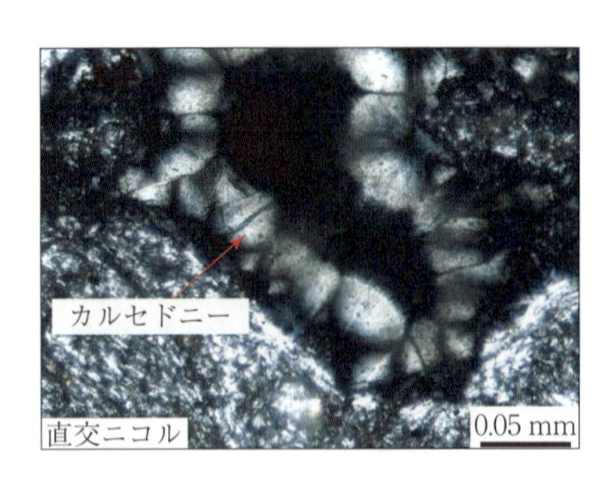

図9.8　カルセドニー（直交ニコル）【写真25】

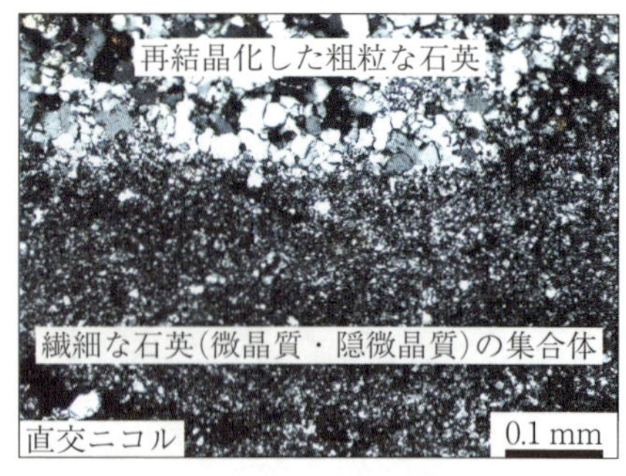

図9.9　微晶質・隠微晶質石英（直交ニコル）【写真65】

◇9.2.3　その他の造岩鉱物の観察方法

反応性鉱物を見分けるためには，その他の造岩鉱物の偏光顕微鏡下における特徴を把握しておく必要があるので，岩石中に普通にみられる造岩鉱物の特徴を示す．

(1)　石　英

単ニコルによる観察では，無色透明で普通は他形粒状で現れるが，稀に自形を示す．屈折率は1.54 ～ 1.55と低く，へき開はない．直交ニコルによる観察では，複屈折が小さいため灰白色 ～ 白色の干渉色を示す．波動消光を示すことがある．図9.10はマイロナイト中にみられる石英の直交ニコルの観察結果で，図の中央部に認められる微細結晶の集合体中に存在する灰 ～ 灰白色の比較的大きめの結晶が石英である．

(2)　アルカリ長石

単ニコルによる観察では，無色であるが石英と比べると曇ってみえ，普通他形粒状で現れる．屈折率は1.519 ～ 1.533で石英よりも低く，へき開がある．直交ニコルによる観察では，双晶が認められることが多く，複屈折が小さいため，干渉色は灰色 ～ 白色を示す．図9.11は砂岩中にみられるアルカリ長石の直交ニコルの観察結果で，図の右半分を覆う大きな結晶が正長石である．

(3)　斜長石

単ニコルによる観察では，無色であるが変質を受け，汚れてみえることが多い．火山岩ならびに半深成岩では自形や半自形で現れ，深成岩では半自形あるいは粒状，堆積岩では粒状である．屈折率は1.530（曹長石）～ 1.585（灰長石）

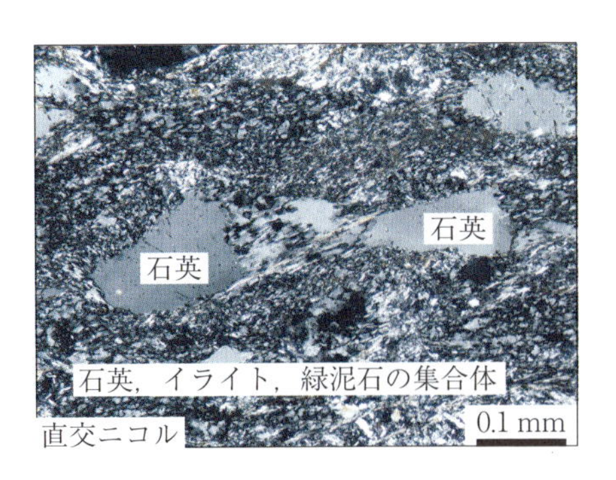

図9.10　石英（直交ニコル）【写真84】

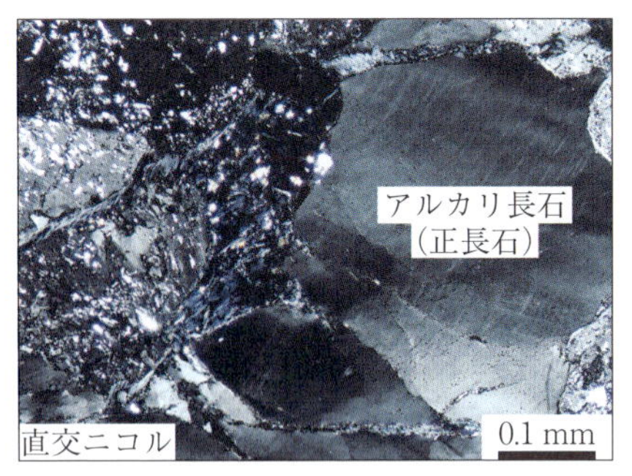

図9.11　アルカリ長石（正長石，直交ニコル）【写真46】

と成分によって変わり，へき開がある．直交ニコルによる観察では，双晶や累帯構造が認められることが多い．複屈折が小さめであるため，干渉色は灰色～白色である．図9.12は新鮮な安山岩の直交ニコルの観察結果で，この中の集斑状組織の鉱物はすべて斜長石である．

斜長石は変質して曹長石に変わることがある．鉱物名の英語と同じで混合されるが，変質した曹長石を一般にアルバイトと呼ぶ．アルバイトはもやもやした微細な結晶の集合体からなる．

(4) 斜方輝石

単ニコルによる観察では，無色あるいは緑色～帯赤色の多色性を示す．断面は輝石特有の輪郭をなし，柱状などで現れることが多い．屈折率は1.651～1.731と高く，へき開がある．複屈折は小さめで淡黄色を示す．直消光する．図9.13は安山岩の単ニコルの観察結果で，中央の長方形の結晶が斜方輝石であ

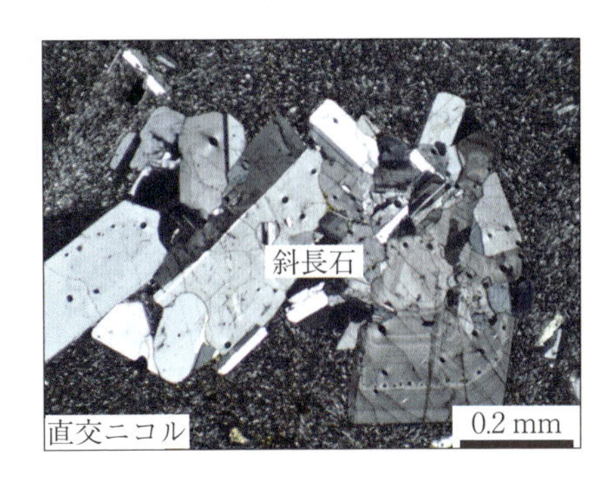

図9.12　斜長石（直交ニコル）

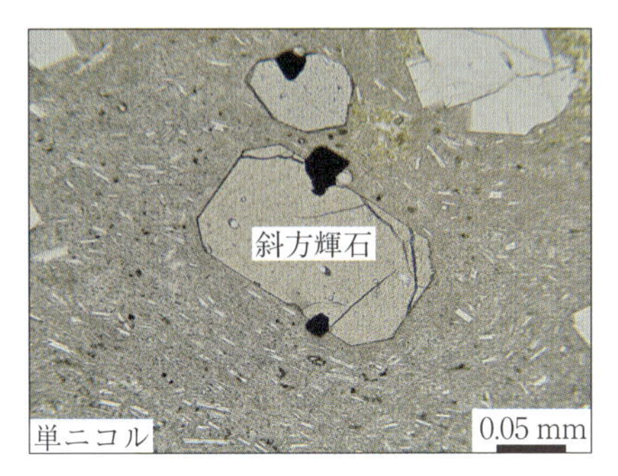

図9.13　斜方輝石（単ニコル）

る．火山岩中の斜方輝石のうち，一般に含まれるのは紫蘇輝石である．なお，わが国で1980年代に関西地区で広範囲にASRを引き起こした骨材は古銅輝石安山岩の砕石で，含まれている輝石は通常の紫蘇輝石よりも鉄の固溶量の少ない古銅輝石であった．

(5) 単斜輝石

一般に，単ニコルによる観察では無色・淡緑色・淡褐色を示し，柱状などで現れる．屈折率は1.664～1.742と高く，へき開がある．直交ニコルによる観察では，双晶が認められることが多い．複屈折が大きいため，干渉色は黄・赤・青などを示し，斜消光する．図9.14は安山岩の直交ニコルの観察例である．中央の集斑状組織のなかの黄褐色の長い平板状の結晶が単斜輝石である．火山岩中の単斜輝石のうち，一般に含まれるのは普通輝石である．

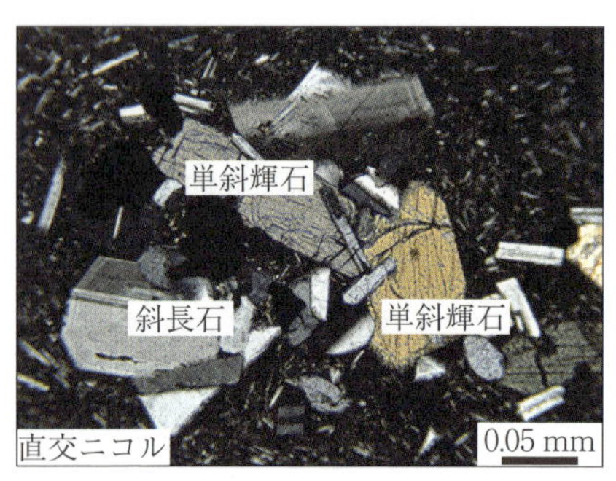

図9.14　単斜輝石（直交ニコル）

図9.15　かんらん石（直交ニコル）

(6) かんらん石

一般に，単ニコルによる観察では無色で，台形が積み重なった形や六角形を示すこともある．屈折率は1.653～1.718と大きく，へき開は不完全である．直交ニコルによる観察では，複屈折が大きいため，干渉色は赤・青・紫を示し，直消光する．図9.15は玄武岩の直交ニコルの観察結果で，中央のオレンジ色や紫色の干渉色を示す結晶がかんらん石である．

(7) 角閃石

一般に，単ニコルによる観察では緑色，褐色，青緑色，無色など，種類によって異なり，多色性がある．柱状，針状，繊維状などを示す．屈折率は1.612～1.670であり，へき開が発達している．一般に，斜消光する．図9.16は角閃岩の単ニコルの観察結果で，左上から右下にかけて斜めにのびる片理に沿って認められる薄緑色の細長い結晶が角閃石である．角閃石の特徴は，へき開角の大きさである．輝石もへき開が発達しているが，輝石のへき開角は90°に近くへき開線が直角（田の字型）にみえるのに対し，角閃石はへき開角が124°(56°)ほどあるのでへき開線が菱形にみえるのが特徴である．

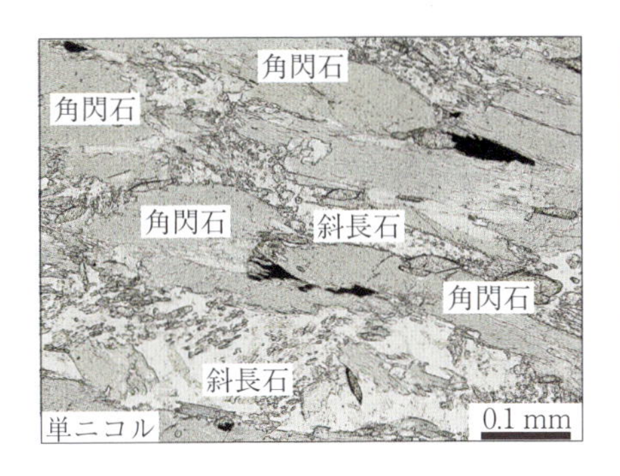

図9.16　角閃石（単ニコル）【写真76】

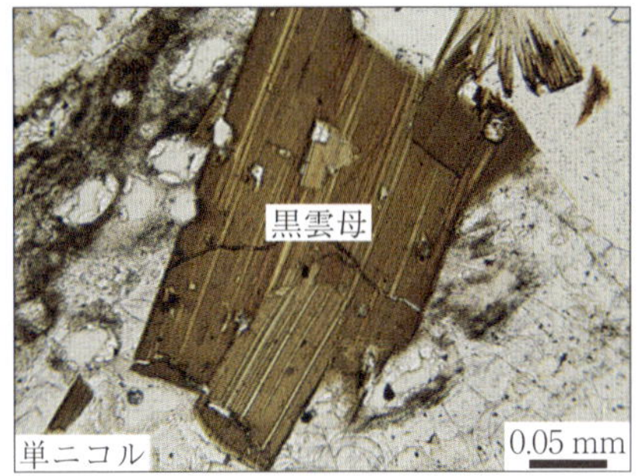

図9.17　黒雲母（単ニコル）

(8)　黒雲母

一般に，単ニコルによる観察では褐色・黄褐色・赤褐色・黄緑色・緑色などで多色性を示し，板状や葉片状を示す．屈折率は1.54 ～ 1.66であり，顕著なへき開がある．直交ニコルによる観察では直消光する．図9.17は流紋岩の単ニコルの観察結果で，褐色の板状の結晶が黒雲母である*.

(9)　白雲母

一般に，単ニコルによる観察では無色で板状・葉状で現れる．屈折率は1.552 ～ 1.615であり，へき開がある．直交ニコルによる観察では，複屈折が大きいため，干渉色は藍・赤などであり，直消光する．図9.18はホルンフェルスの単ニコルの観察結果で，黄褐色の結晶が黒雲母，長柱状の無色の結晶が白雲母である．

(10)　方解石

一般に，単ニコルによる観察では無色であり，他形粒状である．屈折率は

＊ わが国で1970年代以降に販売されている偏光顕微鏡は，従来の岩石学者が使用していた偏光顕微鏡とは異なり，別分野の顕微鏡と汎用化されたものであるため，偏光板の振動方向が90° 異なっている．そのため，国内外の既往の岩石学・鉱物学の教科書にある光学データを参照する際には，多色性の強い吸収を示す方向が90° ずれていることに注意しなければならず，とくに黒雲母の鑑定時には戸惑うことがある．

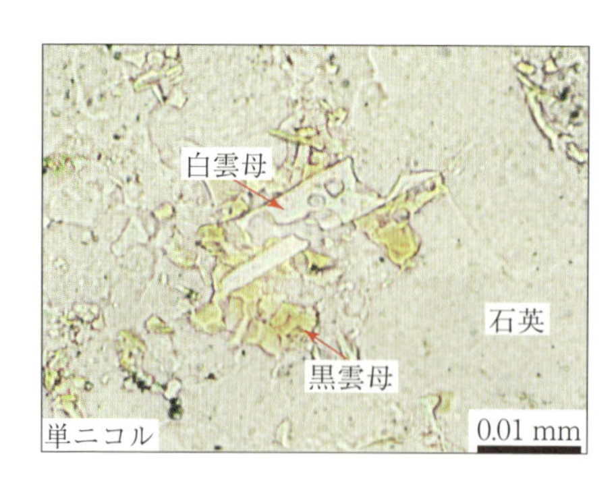

図9.18　白雲母（単ニコル）

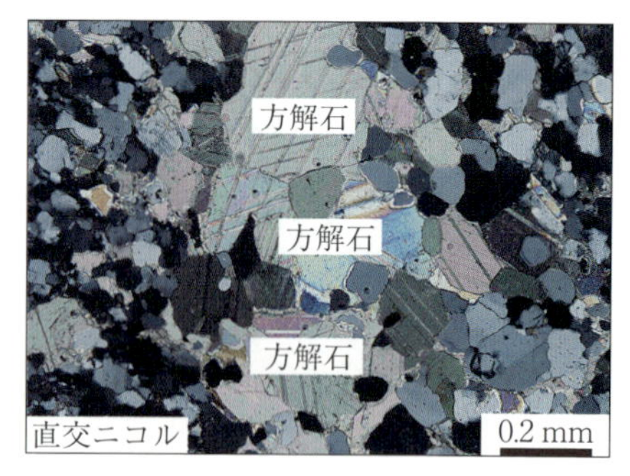

図9.19　方解石（直交ニコル）

1.486 ～ 1.658であり，へき開がある．直交ニコルによる観察では，双晶が認められる．複屈折が大きいため，干渉色はきれいな赤・青・緑色である．図9.19は珪岩中に認められた方解石の直交ニコルの観察結果で，中央の薄いピンクや薄い青色の大きな結晶が方解石である．

（11）苦灰石*

単ニコルによる観察では無色であり，自形性が強く，四角あるいは菱形を示すことがある．屈折率は1.500 ～ 1.679である．直交ニコルによる観察では，複屈折が大きいため，干渉色はきれいな赤・青・緑色である．ただし，方解石との区別は非常に難しい．図9.20は苦灰岩質石灰岩の観察結果で，ほとんどの結晶が大小に関わらず，苦灰石である．

（12）緑泥石

単ニコルによる観察では，無色 ～ 淡緑色であり，板状・鱗片状・繊維状結晶の集合体などで現れる．屈折率は1.57 ～ 1.67であり，へき開が明瞭な場合もある．多色性を示すものもある．一般に，直交ニコルによる観察では，複屈折は非常に小さいため干渉色は暗灰色を示すが，異常干渉色を示し，鉄分に富むものは複屈折が大きいことがある．図9.21は変質した花崗斑岩の単ニコルによる観察結果で，緑色の結晶が輝石を交代した緑泥石である．

（13）緑れん石

単ニコルによる観察では，黄緑色・黄色・灰色などであり，弱い多色性があ

---

* $MgCa(CO_3)_2$の化学組織をもつ鉱物である苦灰石と，主に苦灰石からなる苦灰岩は，英語ではともにドロマイト（dolomite）と呼ばれるため，注意を要する．

図9.20 苦灰石（直交ニコル）【写真62】

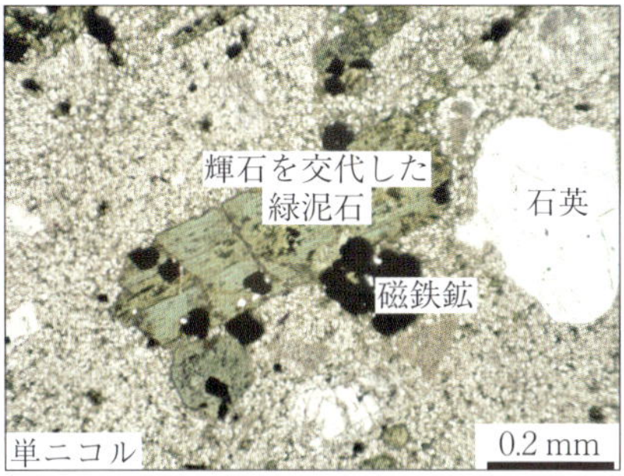

図9.21 緑泥石（単ニコル）

る．普通粒状や柱状結晶として現れる．屈折率は1.716 ～ 1.780と高い．直交ニコルでは，複屈折が大きいため，赤・青・緑などの干渉色を示す．図9.22は変質した安山岩の直交ニコルの観察結果で，中央部に認められるカラフルな色の結晶の集合体が緑れん石である．

図9.22 緑れん石（直交ニコル）

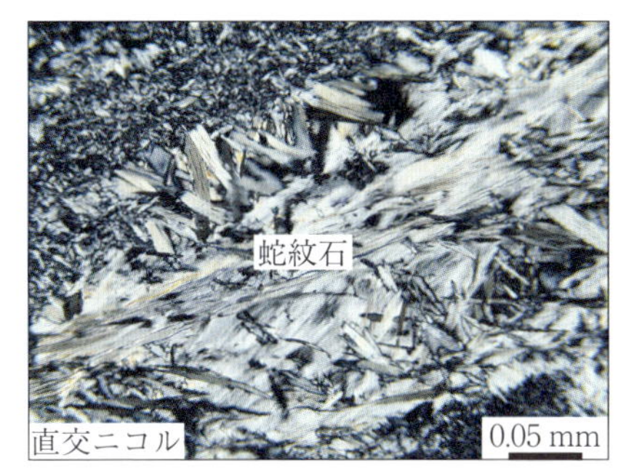

図9.23 蛇紋石（直交ニコル）

(14) 蛇紋石

単ニコルによる観察では，無色 ～ 淡緑色であり，微細な葉片集合体として現れる．屈折率は1.56 ～ 1.57であり，へき開が明瞭な場合もある．直交ニコルによる観察では，複屈折が小さいため，干渉色は暗灰色を示す．図9.23は蛇紋岩の直交ニコルの観察結果で，白 ～ 灰色板状や針状の結晶の集合体が蛇紋石である．

(15) 不透明鉱物

単ニコルによる観察で，黒色を示す鉱物は不透明鉱物に分類される．これには，鉄鉱物やチタン鉱物などが含まれる．一般に，偏光顕微鏡における観察のみでは，不透明鉱物の種類を分類することは困難であり，反射顕微鏡などを併用し，鉱物種の特定をする．図9.21において黒色を示している鉱物が，不透明鉱物の一つである磁鉄鉱（反射顕微鏡で確認できる）である．

9.3　ASR抑制対策を前提とした骨材の岩石学的分類と評価方法

岩石は結晶からなる鉱物や非晶質物質および空隙の集合体であって，その成因によって**火成岩**，**堆積岩**，**変成岩**に大きく分類される．さらに，化学組成，鉱物組合せ，組織により岩石名が命名される．ASRを発生させる鉱物はこれらのいろいろな種類の岩石に含まれている．むしろ，ほぼすべての種類の岩石にASRの可能性があるともいえる．ここでは，各種岩石のアルカリ反応性や，どのような岩石にASRの原因物質である**シリカ鉱物**や**火山ガラス**などの反応性鉱物が含まれているのか，それらを含む岩石の観察方法や留意点について解説する（図9.24）．

まず，ASRを引き起こす原因となる物質とその成因について解説し，それらを含む国内の各種岩石のアルカリ反応性を説明する．次に，これらの岩石を骨材のASRの観点から評価するための分類について解説する．さらに，現実の岩石の品質のばらつきを考慮した**岩石の記載方法**について提案し，最後に記載例を紹介する．本節の記載は，日本国内で産出する岩石を前提とした説明である．しかし，国内では産出することがないか稀であるが，海外では重要なアルカリ反応性を示す岩石も存在するため，海外の文献を理解したり，海外での工事に携わることを想定したりして，適宜，説明を加えた．

◇9.3.1　ASRの原因物質とその成因

ASRの原因物質として，シリカ鉱物と火山ガラス*が挙げられる[9.3]．シリカ鉱物のうち，一般に骨材中に含まれる鉱物は**石英**，**クリストバライト**，**トリディマイト**であり，ほかに**オパール–CT**がある．また，**非晶質シリカ**としては**オパール**，あるいは**オパール–A**がある（表9.1）．なお，岩石中のシリカは，マグマに由来するマグマ起源とプランクトンに由来する生物起源とがある．

＊ 岩石名・鉱物名については9.3.3項で詳述する．

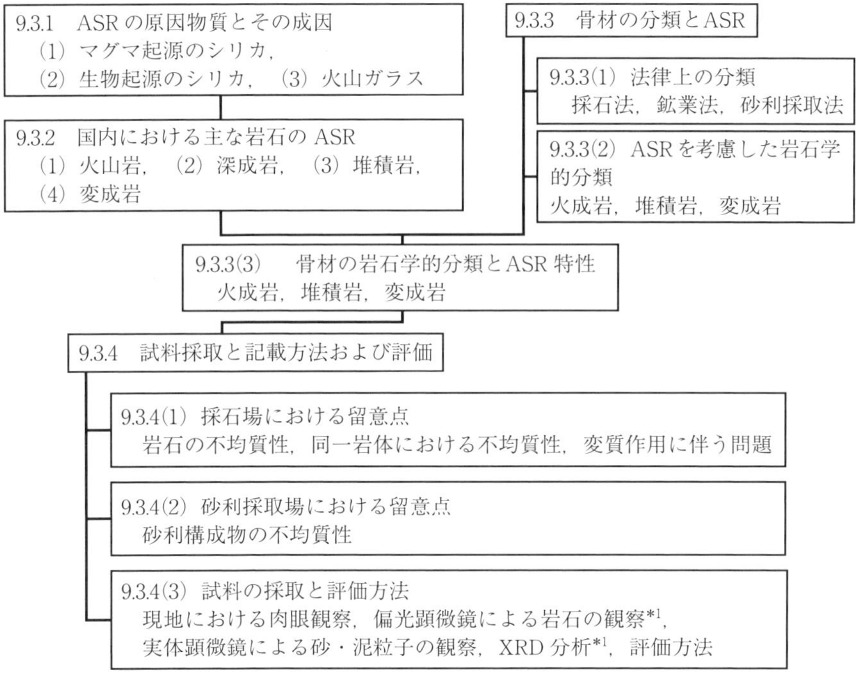

9.3.1　ASRの原因物質とその成因
（1）マグマ起源のシリカ，
（2）生物起源のシリカ，（3）火山ガラス

9.3.2　国内における主な岩石のASR
（1）火山岩，（2）深成岩，（3）堆積岩，
（4）変成岩

9.3.3　骨材の分類とASR

9.3.3(1)　法律上の分類
採石法，鉱業法，砂利採取法

9.3.3(2)　ASRを考慮した岩石学的分類
火成岩，堆積岩，変成岩

9.3.3(3)　骨材の岩石学的分類とASR特性
火成岩，堆積岩，変成岩

9.3.4　試料採取と記載方法および評価

9.3.4(1)　採石場における留意点
岩石の不均質性，同一岩体における不均質性，変質作用に伴う問題

9.3.4(2)　砂利採取場における留意点
砂利構成物の不均質性

9.3.4(3)　試料の採取と評価方法
現地における肉眼観察，偏光顕微鏡による岩石の観察*1，
実体顕微鏡による砂・泥粒子の観察，XRD分析*1，評価方法

＊1　偏光顕微鏡による岩石の観察と粉末XRD分析については，8.1.2項，8.1.3項，9.2節も参照

＊2　観察，記載時に参考となる資料
付図D.1 ～ D.4　岩石種ごとの観察と記載のポイント，岩石のASR分析結果
付表D.1 ～ D.9　記載カード例，岩石記載のポイント，偏光顕微鏡観察における鉱物の特徴
付表E.1　岩石，地質用語，鉱物の用語集

図9.24　アルカリ反応性の岩石の岩石学的評価フロー

(1) マグマ起源のシリカ

石英の多くはマグマから晶出し，火成岩の主要な構成鉱物の一つである．火成岩が削剥されることによって**変質作用**を受けにくい石英をはじめとした構成鉱物は河川や海底に堆積し，堆積岩の構成鉱物となる．また，その後の**変成作用**によって変成岩の構成鉱物となる．

ASRの原因物質として微小な石英があり[9.4, 9.5]，この微小な石英*には隠微晶質（4 μm以下）と**カルセドニー**（4 μm以上のこともある）が含められてい

＊ 微小な石英という用語は，岩石学にはなく，日本のコンクリート工学での造語である．

表9.1　シリカ鉱物

(a) 種　類

反応性鉱物	化学組成	特　徴
石英	SiO_2	各種条件で生成する
クリストバライト	SiO_2	
トリディマイト	SiO_2	
オパール	$SiO_2 \cdot nH_2O$	非晶質：熱水や地下水から沈殿
オパール-A	$SiO_2 \cdot nH_2O$	非晶質：堆積岩中 (熱水などから沈殿するオパールと区別して呼称されることが多い)
オパール-CT	SiO_2	秩序性の少ないクリストバライト構造とトリディマイト構造をもち，低結晶度：堆積岩の続成作用による

(b) 成　因

成　因	反応性鉱物	結晶粒径	含まれる岩石
マグマからの晶出	石英	細粒 ～ 粗粒	火成岩（斑晶鉱物）
マグマの残液からの晶出	クリストバライト トリディマイト	微細	火山岩（石基や空隙）
熱水や地下水からの沈殿	石英 クリストバライト オパール	微細	各種岩石,主に堆積岩や火山岩 （岩石中の孔隙やひび割れ）
熱水作用により火山ガラスを交代	石英 クリストバライト	微細	凝灰岩や火山岩など
続成作用により火山ガラスを交代	石英 クリストバライト	微細	凝灰岩や火山岩など
シリカ殻をもつプランクトン遺骸に由来	オパール-A	微細	泥岩，とくに珪藻質泥岩
オパール-Aの続成作用	オパール-CT	微細	頁岩（珪質頁岩）やチャート
オパール-CTの続成作用	石英	微細	頁岩（珪質頁岩）やチャート
続成作用によるシリカの濃集	石英 オパール-CT	微細	泥岩や頁岩のなかのシリカノジュール
花崗岩などの高温岩体による周辺岩石の接触変成作用	石英	微細 ～ 粗粒	ホルンフェルス（原岩は多様）
広域的な変成作用	石英	微細 ～ 粗粒	片岩・片麻岩（原岩は多様）
堆積作用（砕屑粒子として）	石英	微細	各種堆積岩（石灰岩も含む）

(c) 微小な石英の集合体の例

集合体	特　徴
カルセドニー	石英からなる微細な結晶の網目状集合体．均質な構造からなり，チャートの主要構成鉱物．ほかに火山岩中の空隙や石基中に産する．
めのう	カルセドニーの一種であるが，縞状（同心円状や帯状）の色模様が特徴．火山岩などの岩石中の空隙に産する．

る【写真25, 26, 28, 54, 55, 56, 57, 58, 94, 95】. すなわち, すべての石英が原因物質となるわけではなく, 微小な石英が問題である.

隠微晶質（cryptocrystalline）【写真49, 56, 57, 58, 66, 69, 70, 73, 75, 81, 83, 84, 85, 91, 92, 93】は, 光学顕微鏡下で個々の鉱物が識別できないほど細粒[9.6]であることを指し, 数μm以下の鉱物粒子が集合した状態をいう. カルセドニー（chalcedony）とは石英の微小結晶が繊維状に生成・集合した, 超顕微鏡的小孔をもつ緻密集合体[9.6]のことをいう. カルセドニーはチャート【写真54 ~ 58】や**フリント**の構成鉱物でもある.

また, RILEM AAR-1では, 4 μm以下を隠微晶質, 4 ~ 62 μmを微晶質（microcrystalline）と表現し, 62 μm以下の微細なシリカ鉱物が原因物質であると扱っている[9.7]. 本章で扱う微小な石英（またはシリカ鉱物）とは, 上記のRILEM AAR-1で示された粒径範囲に準拠する. さらに, 変成作用の過程で変形した石英は**ひずみのある石英**とされ, その多くは微細である. とくに, 脆性破壊や延性変形などの変成作用では結晶粒子内の破断・すべり・転移クリープ, あるいは圧力溶解が進行するとされ[9.8], RILEM AAR-1にも取り上げられている. 細粒であることは反応性を高めるが, ひずみの存在自体が石英のアルカリ反応性にどれほど関与するのかという点では疑問視する意見もある.

石英はマグマ起源だけでなく, 岩石のひび割れや孔隙に熱水から沈殿して形成されることもあり, その代表例が石英脈【写真54, 57, 58, 67】やめのう（カルセドニーの一種）である. また, 次に述べる堆積物中には非晶質シリカ起源の石英もある. すなわち, 岩種に関係なく, すべての岩石中に石英が生成し得ることに注意が必要である.

クリストバライト【写真1, 2, 3, 4, 7, 8, 10, 12, 13, 24】やトリディマイト【写真5, 10, 11】は, 石英とともにSiO_4四面体がつながった3次元フレームからなるが, 三者はそのつながり方の違いによって鉱物名が異なる[9.9]. マグマから晶出するクリストバライトやトリディマイトはマグマが最後に急速に冷却する過程で晶出するため, 火山岩の**石基**に生成する. また, 火山岩のなかでもシリカ含有量の多い**流紋岩**【写真23 ~ 28】, **デイサイト**【写真22】, **安山岩**【写真1 ~ 16】に多く含まれ, **玄武岩**【写真17 ~ 20】では稀である. このことが, 安山岩の骨材がASRの原因となる理由である. なお, 流紋岩やデイサイトがASRとして表面化しにくい原因は, これらの岩石は比重が小さく骨材に用いられることが少ないことにある. ただし, これらの岩石が砂利中に含まれる場合はASRが発生するリスクは大きい．一方，クリストバライトは高温のマグマから直接生成するだけでなく，低温環境でも生成される．たとえば，岩石が**温泉作用**のような**熱水（変質）作用**，あるいは**続成（変質）作用**を受けると**粘土鉱物**の生成とともにクリストバライトが生成することがある．また，岩石中の孔隙やひび割れに熱水や地下水から沈殿したクリストバライト【写真13，24】が認められることも多く，骨材評価を難しくしている（9.3.4項で詳述）．

(2) 生物起源のシリカ

火成岩や変質した岩石中のシリカ源はマグマ・熱水・地下水，あるいは火山岩中の鉱物や火山ガラスであるが，一方で**生物起源のシリカ**もある．最も一般的な例は，海水や淡水中のシリカ殻をもつプランクトン（たとえば珪藻など）【写真53】の遺骸が多量に堆積して**珪質泥岩**や**珪藻土**【写真53】が形成されたものである．この段階では非晶質シリカであり，熱水や地下水から沈殿したオパールとは区別してオパール–Aと呼ばれる．

この堆積物の上には次々と堆積物が積み重なっていくため，次第に温度・圧力が上昇する（続成作用）．その過程でオパール–Aがオパール–CTへと変化し，さらには石英へと変化する[9.10, 9.11]．オパール–CT【写真52】とは結晶内部に秩序性の低いクリストバライト構造とトリディマイト構造をもつ低結晶度のシリカ鉱物であり，オパール–CTから変化する石英にはカルセドニーも含まれる[9.10]．イギリスをはじめ，ドイツ北部からデンマークなどのヨーロッパで有名なアルカリ反応性が極めて高い第三紀のフリントは珪質な海生生物の遺骸が溶けたものからできた岩石である[9.12]．フリントは地域によって構成鉱物が異なり，隠微晶質石英を主とするもの，オパール–CTやオパール–Aを主とするものなど，多様である[9.3]．なお，続成作用で生成された石英は，その後の再結晶化によって粗粒化し，アルカリ反応性は減少する[9.13]．ただし，地温勾配などによりその程度は地域ごとにまったく異なる．

(3) 火山ガラス

ASR原因物質にはシリカ鉱物のほかに，火山ガラス【写真2，3，4，6，7，10，11，12，13，27，28】がある．火山ガラスはマグマが急速に冷却したことにより生成する．その代表的な岩石は**黒曜石**【写真27】・**真珠岩**【写真28】・**松脂岩**で，いずれもシリカに富み，化学組成上は流紋岩に属する．また，デイサイトや安山岩も火山ガラスを多く含む．さらに，マグマが爆発的に噴火して堆積した火山灰（固結すると凝灰岩と呼ぶ）は多量の火山ガラスから構成される．火山ガラスはSiとOが連結した構造を基本とし[9.14]，この構造中にAl，Na，Ca，Kなどの元素が加わる．なお，シリカに富む火山ガラスほどアルカリ（とくにNaやK）を多く含み，反応しやすい[9.15]．

図9.25に，シリカ鉱物を主とする岩石のXRD分析結果を示す．この図のなかで，石英からなる熱水性**珪化岩**【写真94，95】とは，もともとは砂岩であるが，約150～200℃の熱水の浸入によって砂岩を構成する鉱物中の元素が溶脱され，代わりにシリカの沈殿により石英が生成し，さらに粒子間空隙にも石英が晶出したために岩石中のほとんどを石英が占めることとなった岩石である．また，クリストバライトからなる熱水性珪化岩は，火山の火口付近の硫酸酸性条件下で安山岩中の元素のほとんどが溶脱し，代わりにシリカがクリストバライトとして沈殿した例である．さらに，頁岩と珪藻土はいずれも海底で堆積した泥質堆積物で，生物起源のシリカに富み，前者はオパール–CTから，後者はオパール–Aからなる．両者にはもともと堆積粒子としての石英や長石が含まれるが，いずれも微細かつ少量である．

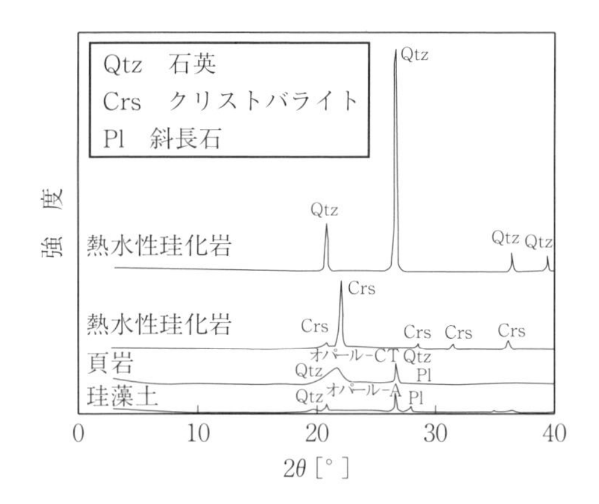

図9.25　シリカ鉱物を主とする岩石のXRD分析結果

◇9.3.2　国内における主な岩石のASR

本項では，国内における主要な岩石のアルカリ反応性について説明する．国外では地域ごとに産出する岩種と地質年代が異なるため，国内の説明がすべて適用できるわけではない．ASRを前提とした岩石の分類については，9.3.3項で説明する．化学法とモルタルバー法（JIS A 5308）による試験データは，北海道を除く地域については文献[9.16]，北海道産の岩石については文献[9.17–9.20］に総括的に取りまとめられている（付図D.4）．4.2節で述べたように，化学法とモルタルバー法により骨材のアルカリ反応性を検出するには限界があるが，これまでのデータ蓄積が多く，多種の岩石の特徴を理解するには有益であるので，反応性鉱物を説明するための参考情報として説明に加える．

(1) 火山岩

火山岩については**安山岩**【写真1 ～ 16】・**デイサイト**【写真22】・**玄武岩**【写真17 ～ 20】・**ドレライト**【写真21】・**輝緑岩**【写真29 ～ 31】について述べる．なお，輝緑岩はドレライトを含めて扱うことが多いが，国内では中生代 ～ 古生代の緑色化した玄武岩やドレライトを区別して輝緑岩として扱うことが多いため，本書では区別した．

■**安山岩**　一般に，S_cが高く（高S_c），その多くは6箇月膨張率が0.1 %を超える．また，化学法で無害と判定された試料でも6箇月膨張率が0.1 %を超えることがある（付図D.4(a)）．高S_cとなる試料はクリストバライト，トリディマイト，火山ガラスを多く含む．これに対し，変質作用によって粘土鉱物の**スメクタイト**【写真11，12，13，16】を多く含む場合は低S_c高R_cとなる傾向にあるが，初生的クリストバライトや二次的に生成したクリストバライトが含まれる場合は膨張することが多い．さらに，変質作用の進行によって緑泥石を多く含むようになった安山岩の場合は化学法，モルタルバー法の両者において無害となることが多い．また，無害でない領域でもR_cが高い場合において膨張率が0.05 %未満になることがある．これらの機構については，9.3.3項で触れる．

■**デイサイト**　安山岩と同様に高S_cの傾向にあり，そのほとんどは6箇月膨張率が0.1 %を超える（付図D.4(b)）．高S_cとなる試料はクリストバライト，トリディマイト，火山ガラスを多く含む場合が多く，一部に膨張速度が遅い場合もみられる．また，安山岩の場合と同様に，化学法の無害でない領域でもR_cが高い場合において6箇月膨張率が0.05 %未満になることがある．

■**玄武岩・ドレライト**　化学法で無害と判定されることが多い．この場合，クリストバライトを含まず，かつ新鮮な試料では低S_c低R_cで，膨張率も小さい．また，スメクタイトなどの粘土鉱物が生成した試料は高R_c，あるいは低S_cの場合が多いが，二次的に生成したクリストバライトを含む場合は膨張することが多い．一方，高S_cを示す試料もいくつか認められ，その場合は6箇月膨張率が0.1 %を超えることが多く，いずれもクリストバライトを含む試料である（付図D.4(c)）．玄武岩はシリカ鉱物が少ないために，一般にアルカリ反応性は低いと思われがちであるが，必ずしもそうではない．

■輝緑岩　すべての試料で化学法の無害の領域にプロットされ，かつ6箇月膨張率は0.05 %以下である（付図D.4(d)）．

(2) 深成岩

深成岩のうち，**花崗岩**【写真34，35】・**花崗閃緑岩**【写真36】・**閃緑岩**【写真37，38】・**斑れい岩**【写真40 ～ 43】・**かんらん岩**【写真44，45】についてはいずれも低S_c低R_cで，化学法の無害領域にプロットされ，6箇月膨張率もすべて0.05 %以下である（付図D.4(e)，(f)）．

(3) 堆積岩

堆積岩については，**砂岩**【写真46 ～ 51】，**頁岩**【写真52】・**粘板岩**【写真65，66】，**チャート**【写真54 ～ 58】，**石灰岩**【写真59 ～ 62】について述べる．

■砂　岩　S_cがやや高い試料からやや低い試料まであり，R_cは一部で高い値が得られているが，多くは低R_cである．S_cがやや高い試料で6箇月膨張率が0.1 %を超える場合があり，また化学法で無害領域の試料でも6箇月膨張率が0.1 %を超えることがある（付図D.4(g)）．高R_cを示す試料は変質鉱物として沸石，スメクタイト，カオリンを含む場合である．なお，砂岩については，含まれるシリカ鉱物の種類と鉱物粒径などの情報が少ないために，十分な研究がなされていない．

■頁岩・粘板岩　砂岩と同様の領域にプロットされるが，R_cが低い場合，化学法の無害でない領域にプロットされ，6箇月膨張率が0.1 %を超えることが多い（付図D.4(h)）．

■チャート　すべての試料が高S_c低R_cの領域にプロットされ，1試料を除いてすべて6箇月膨張率が0.1 %を超えている（付図D.4(i)）．なお，膨張率が0.05 %以下（0.046 %）の試料はS_cが92 mmol/Lで，やや結晶化の進んだ赤色チャートである．

■石灰岩　純度の比較的高い石灰岩はS_c，R_cともに低い値で，化学法の無害領域にプロットされ，6箇月膨張率もすべて0.05 %以下である（付図D.4(j)）．

(4) 変成岩

変成岩については，**千枚岩・ホルンフェルス**【写真81，82】と**片岩**【写真67 ～ 75】・**片麻岩**【写真77 ～ 79】に分けて述べる．

■千枚岩・ホルンフェルス　いずれも低R_cで，化学法の無害でない領域と無害の領域の境界線付近にプロットされる．S_cが高い場合で6箇月膨張率が0.05 %を超えている（付図D.4(k)）．

■片岩・片麻岩　R_cはいずれも低いが，S_cはやや高い領域から低い領域まであり，高S_cの試料は6箇月膨張率が0.1 %を超えている（付図D.4(l)）．膨張率の大きい試料は一部の石英片岩である．

◇9.3.3　骨材の分類とASR

コンクリート用の骨材は粗骨材と細骨材に区分され，それぞれの品質に関する基準がある．しかし，天然の岩石を供給する側では，骨材の採取に関し，国内では三つの法律（表9.2）によって規定されている[9.21]．ここでは，法律上の岩石名や岩種による適用法律の違い，および岩石学的な分類について述べる．さらに，ASR抑制対策を前提に岩石の特徴とそれぞれのアルカリ反応性に関する留意事項について述べる．

(1)　法律上の分類

岩石採取で最も基本となるのは，**採石法**である．採石法では火成岩は**深成岩・半深成岩・火山岩**に三つに分類され，さらに具体的な認可岩石名が提示されている．同様に，**変成岩・堆積岩・非金属鉱物**について，それぞれに細分化されて定義されている．これらのうち，非金属鉱物はコンクリート用には使用しない岩石（鉱物）である．火成岩・変成岩・堆積岩は蛇紋岩などの一部を除いてはコンクリート用に使用される．

しかし，これらの岩石名には古い命名法によるものが残っているため，現状には合致していない部分もある．たとえば，**粗面岩**はかつての**石英粗面岩**を指し，現在の流紋岩（一部デイサイト）に相当する．比重の小さい流紋岩をコンクリート用に使用することは少ないが，流紋岩質岩石である黒曜石や真珠岩を工業用原料として採掘する場合は粗面岩として認可申請する．ちなみに，現在粗面岩というと岩石学的にはアルカリの多い特殊な安山岩を指す．また，輝緑岩は玄武岩質岩石で，国によっても使用法がやや異なり，玄武岩からドレライトまである．もともと，輝緑岩は古い時代（中生代や古生代）の緑色変質した玄武岩やドレライトについて地質時代も含めた用語として呼称することが慣例であったため，現在も一部の地質研究者間で使用されているが，化学組成と組織に基づく名称である玄武岩やドレライトを使用する研究者が多い．なお，輝

表9.2 岩石の分類と採石法・砂利採取法・鉱業法の対象岩種の比較[9.21]

(a) 採石法*

岩石名			関連説明
火成岩	深成岩	花崗岩	関連岩石名として，花崗閃緑岩・石英閃緑岩・アダメロ岩・閃長岩など．
		閃緑岩	
		斑れい岩	
		かんらん岩	
	半深成岩	斑岩	関連岩石名として，花崗斑岩・石英斑岩・花崗ひん岩・石英ひん岩・半花崗岩・花崗閃緑斑岩など．
		ひん岩	
		輝緑岩	中生代 ～ 古生代の緑色に変質したドレライトや玄武岩を指すことが多い．
	火山岩	粗面岩	採石法における粗面岩は，岩石学の流紋岩やデイサイトを指す．また，流紋岩質やデイサイト質の火山砕屑岩を含める場合がある． なお，岩石学では粗面岩はアルカリの多い安山岩をいう．
		安山岩	採石法上はデイサイトを含める．
		玄武岩	ドレライトを含む．
変成岩	蛇紋岩		蛇灰岩を含む．
	結晶片岩		関連岩石名として，石英片岩・緑色片岩・泥質片岩など． シリカ量が多い場合は鉱業法の珪石．
	片麻岩		
堆積岩	礫岩		礫間の細粒部分が固結したもの．固結していない場合は，砂礫（または礫層）とし，砂利採取法に該当．
	砂岩		中生代 ～ 古生代の硬い砂岩を硬砂岩と呼ぶこともある．ただし，硬砂岩はグレーワッケともいう．
	頁岩		泥岩を含む．
	粘板岩		頁岩がさらに変成した岩石．
	凝灰岩		火山砕屑岩（凝灰角礫岩など）．火砕岩を含む．固結度が低い場合は，火山灰と呼び，採石法に該当しない．
非金属鉱物	ベントナイト		これらはコンクリート用骨材には使用できない．
	酸性白土		
	珪藻土		
	陶石		
	ひる石		
	雲母		鉱物である雲母を主に含む岩石を雲母と呼称する．コンクリート用骨材には使用できない．

(b) 鉱業法

岩石名	関連説明
石灰石	石灰岩のこと．
苦灰石	鉱物である苦灰石を主に含む岩石を苦灰石と呼称する．地質学では苦灰岩という．
珪石	熱水性珪石，ペグマタイトやチャートの一部（ただし，赤色チャートは鉱業法に含まれない），また石英片岩や千枚岩の一部を含む場合あり（シリカ含有量による）．

(c) 砂利採取法

岩石名	関連説明
砂利	礫・砂などからなる地層で軟質なもの．
礫岩	礫・砂などからなる地層で硬くなったもの．

* 粒径が30 cmを超えると採石法の対象となる．大きな礫は砕石と同様に破砕して製品化する．

緑岩【写真29～31】として採掘している岩石中には輝緑凝灰岩が含まれる場合がある．その他の岩石名は代表的な岩石区分であって，実際の鑑定結果がそれらの中間的な岩石名であったとしても，採石法上の岩石名に置き換えられて認可される．最も問題なのは，採石認可において岩石名が正しいかどうかを判定されないことが多いことで，実際の岩石名と認可岩石名がまったく異なることもしばしばある．

鉱業法で規定された**鉱物**＊1のなかで骨材として利用されるのは，**石灰石**＊2（石灰岩）【写真59～62】と珪石である．石灰岩と同じ**炭酸塩岩**である**苦灰岩**も，鉱業法の適用鉱物である．**珪石はチャート**【写真54～58】・**ペグマタイト**（花崗岩類の仲間）・**熱水性珪石**（熱水性珪化岩）【写真94，95】・**石英片岩**【写真74，75】などを含み，シリカ含有量を基準（ただし，成因と合わせた認定基準）に鉱業法の適用か，採石法の適用かの判断が行われる．

砂利採取法は採石法にも鉱業法にも適用しない砂利を対象とするが，固結した砂岩や礫岩（採石法），固結していない砂，砂利，礫の判断が分かれる場合がある．なお，砂利採取法では直径30 cmを超える礫（石）は採石法の対象としている．なお，砂利には多種類の岩石からなる礫や砂粒子が含まれていることがASRの評価を一層難しくしている（9.3.4項(2)で詳述）．

以上の法律上の取扱いについては，文献[9.21]に詳しい．

(2)　ASRを考慮した岩石学的分類

岩石学の分野は年々進歩し，それに応じて岩石の分類方法や命名方法も変更され，あるいは細分化されている．近年の新しい岩石学の専門書では，岩石の成因論を念頭においているため，非常に多くの細分化された岩石名が用いられている．しかし，骨材の記載・分類には，シリカ鉱物などの含有状況を推定しやすい岩石名，また採掘認可申請時に最も適切な命名が可能な岩石名を使用することが必要である．たとえば，高校の教科書に使用されているような簡潔な分類法に準拠することが望ましい．以下に，コンクリート工学の立場から妥当と考えられる火成岩・堆積岩・変成岩の分類について述べる．ASRは特定の反応性鉱物によって引き起こされるため，その特定の反応性鉱物を含む岩種はわかっている．したがって，ASRを考慮した岩石学的分類を行った．

＊1　実際は鉱物の集合体である岩石でも，鉱業法では適用鉱物または法定鉱物と呼ぶ．

＊2　石灰石という用語は石灰岩をセメント原料などの資源として扱う場合の呼称である．たとえば，鉱業法では石灰石，鉱床学では石灰石鉱床という．

なお，JIS A 0204「地質図—記号，色，用語及び凡例表示」では，2008年の改正版から半深成岩などの従来から使用されている一部の用語が取り扱われないことになった．しかし，多くの地質図で図示されたり，採石法で使用されたりしている用語については，本書では従来どおり使用している．

■**火成岩**　火成岩はマグマが固結して形成される．岩石名の分類は，化学組成，鉱物組合せ，岩石の組織に基づく．化学組成はマグマが固結したときの組成を示し，鉱物の種類ごとに異なる．鉱物の種類と量が肉眼あるいは顕微鏡観察で定性的にわかって岩石の化学組成が推定できれば，必ずしも化学組成の分析を必要としない．岩石の組織の判定は，大きな結晶（**斑晶**）だけから構成される深成岩なのか，大きな結晶とやや小さい結晶から構成される半深成岩【写真32，33】なのか，大きな結晶（斑晶）と小さな結晶や火山ガラスを伴う火山岩なのかの判定を行う最も基本的な事項である．結晶の大きさや組織はマグマの固結した場所（深さ）や冷却速度に起因する．これらの判定によって，図9.26の分類が行われる[9.22, 9.23]．なお，図中で（　）で示した岩石名のように，地質・岩石学の分類では岩石のアルカリ量によって異なった名称を用いることがあるが，これらについても一般的な岩石分類のなかで近似の名称を用いたほうが理解しやすい．図(b)には，火山岩中の火山ガラス，クリストバライト，トリディマイトの含有量の傾向について示した．一般に，火山岩ではシリカ含有量が多い流紋岩やデイサイトがクリストバライトやトリディマイトを多く含み，火山ガラスの量も多い．火成岩の分類として，アルカリ岩と非アルカリ岩に分類する方法もある．アルカリ岩とは，Na，Kというアルカリ金属を多く含む火成岩である．両者の違いはマグマの発生機構の違いによる．日本にアルカリ岩は少なく，図9.26は非アルカリ岩に関するものである．大陸にはアルカリ岩が多量に産する地域もある．アルカリ岩は火山岩と深成岩の両方となる．

■**堆積岩**　堆積岩は，**砂質堆積物**が固結した岩石，**泥質堆積物**が固結した岩石，**礫質堆積物**が固結した岩石，および**炭酸塩岩**や**火山砕屑岩**に分類される[9.10, 9.22–9.24]（図9.27）．

泥質堆積物が固結した岩石は，主要構成粒子の粒径が0.062 mm以下の泥粒子の集合からなる岩石（泥質岩ともいう）で，硬さや割れ方などから泥岩・頁岩と呼ばれ，また泥質岩が変成作用を受けて形成される**粘板岩**【写真65，66】や**千枚岩**も泥質岩に含めて呼称する場合がある．また，泥質岩中でシリカ鉱物をとくに多く含む場合は，**珪質泥岩**，**珪質頁岩**【写真52】，チャート【写

SiO2 [mass%]　63 / 52 / 45

酸　性 (珪長質)		中　性 (中間質)	塩基性 (苦鉄質)	超塩基性 (超苦鉄質)		鉱物粒子の大きさ	マグマの固結深度
流紋岩	デイサイト	安山岩	玄武岩 輝緑岩		火山岩	細粒 (石基を含む)	地表〜浅い
石英斑岩 花崗斑岩	花崗閃緑斑岩	ひん岩 (石英閃緑ひん岩)	ドレライト		半深成岩	↕	↕
花崗岩	花崗閃緑岩 (石英モンゾニ岩) (閃長岩)	閃緑岩 (石英閃緑岩) (モンゾニ岩)	斑れい岩 (石英斑れい岩)	かんらん岩	深成岩	粗粒	深い

＊(　)内にはアルカリ量によって異なる名称(岩石名)が用いらている代表的な例を示す.

（a）火成岩の区分

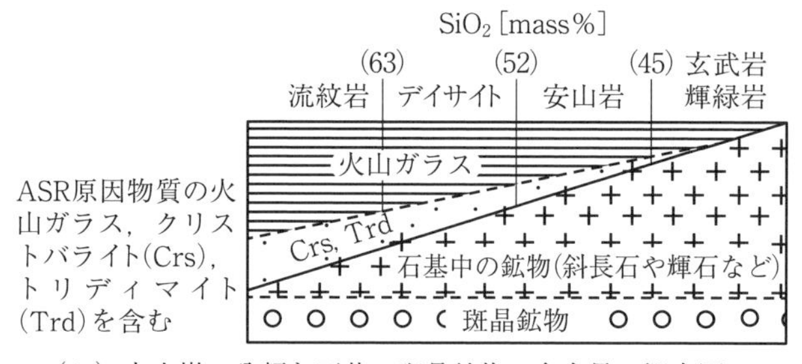

（b）火山岩の分類と石基・斑晶鉱物の含有量の概念図

図9.26　火成岩の岩石学的分類[9.22, 9.23]

真54〜58】と呼ばれる．また，生物起源のシリカを含む泥質堆積物では，続成作用によって，シリカはオパール–Aからオパール–CT，さらには石英へと変化し，さらに変成作用によって結晶粒径の大きい石英へと変化する．

砂質堆積物が固結した岩石である砂岩は，主要構成粒子の粒径が2 mm以下，0.062 mm以上の砂粒子の集合からなる岩石（砂質岩ともいう）で，堆積した環境によって砂粒子の大きさ，砂粒子間を埋める基質の量比，砂粒子の円磨度，砂粒子の種類が異なる．また，砂粒子を構成する岩石粒子と長石粒子の量比，砂粒子と基質（泥質基質）の量比によって，**長石質ワッケ**【写真48】・**石質ワッケ**・**長石質アレナイト**【写真46，47】・**石質アレナイト**【写真49，51】に細分化される．とくに石英粒子が多い場合は，石英質ワッケ【写真50】，石英質アレナイトと呼ばれる．

また，国内で使用されることは少ないが，海外では**グレイワッケ**や**アルコース質砂岩**と表示されている砂岩があり，前者は泥質基質を多く含む砂岩，後者

<table>
<tr><td>粒径区分</td><td colspan="5"></td></tr>
<tr><td rowspan="2">泥質堆積物</td><td colspan="2">珪質堆積物
チャート
珪質頁岩</td><td colspan="3" rowspan="2">シリカ殻を有するフランクトン起源のシリカ鉱物を多く含む．続成作用によって，オパール-A→オパール-CT→石英へと変化する．泥岩・頁岩には砕屑粒子としての石英・長石・粘土鉱物のほか,黄鉄鉱なども含まれ，その量比は地域によってさまざま．</td></tr>
<tr><td colspan="2">頁岩
泥岩</td></tr>
<tr><td colspan="6">0.062 mm</td></tr>
<tr><td rowspan="5">砂質堆積物</td><td rowspan="5">砂岩</td><td>長石質ワッケ</td><td>岩片＜長石</td><td rowspan="2">泥質基質
（15 %以上）</td><td rowspan="5">・砂粒子の量とそれらを充填する泥質基質の量比，および長石と岩片との量比で細分化される．
・石英粒子が多い場合については，石英質ワッケ，石英質アレナイトと呼ぶ．
・海外ではこのほかに石英や長石が卓越する砂岩をアルコース砂岩と，泥質基質を多く含む砂岩をグレイワッケと呼ぶことがある．</td></tr>
<tr><td>石質ワッケ</td><td>岩片＞長石</td></tr>
<tr><td>長石質アレナイト</td><td>岩片＜長石</td><td rowspan="3">泥質基質
（15 %以下）</td></tr>
<tr><td>石質アレナイト</td><td>岩片＞長石</td></tr>
<tr><td>オルソクォーツァイト
（またはチャート）</td><td></td></tr>
<tr><td colspan="6">2 mm</td></tr>
<tr><td>礫質堆積物</td><td colspan="2">礫岩</td><td colspan="3">礫の大きさ，礫の種類，
礫と基質の量比はさまざま</td></tr>
</table>

＊1　珪質堆積物と泥質堆積物にはオパール-A，オパール-CT，石英などの微細なシリカ鉱物が多く含まれ，アルカリ反応性が認められることが多い．

＊2　砂岩を構成する砂粒子や砂粒子の粒間に微細なシリカ鉱物が含まれることが多く，アルカリ反応性が認められることが多い．

＊3　礫岩は含まれる礫の種類によってさまざまであるほか，礫間の砂粒子にアルカリ反応性が認められることがある．

炭酸塩岩	石灰岩・苦灰岩・泥灰岩などからなる．砂岩・泥岩・チャート・火山噴出物を伴うことがある．

方解石の体積［%］

100–95	95–50	50–5	5–0
石灰岩	砂質石灰岩	石灰質砂岩	砂岩
石灰岩	泥質石灰岩 / 泥灰岩（マール）	泥灰岩（マール） / 石灰質泥岩	泥岩

苦灰岩の体積［%］

0–5	5–10	10–50	50–90	90–100
石灰岩	マグネシア石灰岩	苦灰岩質石灰岩	石灰質苦灰岩	苦灰岩

炭酸塩岩は，微量に含まれる微細なシリカ鉱物によって稀に反応する．

火山砕屑岩	火山噴火によってもたらされた噴出物や，それらが再び水によって流されて堆積したものをいう． 例：凝灰岩(火山灰の固結したもの)，軽石凝灰岩，火山角礫岩，凝灰角礫岩，火山礫凝灰岩，砂質凝灰岩，火山円礫岩など これらの区分は岩片の粒径や岩片と基質の量比などによって決められるが，ここでは省略する．

火山砕屑岩は，含まれる岩片と基質の火山灰の性質によって反応性が変化し，火山岩の岩石学的評価が必要である．

図9.27　堆積岩の岩石学的分類[9.10, 9.22–9.24]

は砂粒子が花崗岩類に由来する石英やアルカリ長石が卓越する砂岩のことをいう．さらに，砂岩の分類では主に石英からなる砂岩を**オルソクォーツァイト**と呼称する．

礫質堆積物が固結した岩石である礫岩は，主要構成粒子の粒径が2 mm以上の礫の集合からなる岩石（礫質岩ともいう）で，堆積した環境によって礫の大きさ，礫と礫間を埋める基質の量比，礫の円磨度は異なり，また礫の種類も異なる．

炭酸塩岩は石灰質な岩石のことで，**石灰岩**（石灰石ともいう）【写真59～62】・**苦灰岩**・**泥灰岩**（泥質粒子を多く含む岩石）などに分類される．石灰岩は主に方解石（$CaCO_3$）からなる岩石で，石灰質な殻をもつ海成動物や**石灰藻**などが堆積してできた岩石である．しかし，堆積後に再結晶化が進行して組織が変化するため，石灰岩の分類はやや複雑である．分類は，**方解石**と**陸源砕屑物**（泥や砂などの粒子）の含有量によって石灰岩，**砂質石灰岩**，**泥質石灰岩**，**泥灰岩**（マール），**石灰質砂岩**，**石灰質泥岩**，および砂岩・泥岩に区分される[9.24]（図9.27）．苦灰岩は苦灰石という鉱物（$CaMg(CO_3)_2$）を主とする岩石で，その多くは石灰岩が続成作用などによってMgに富む炭酸塩岩に変化したものである．石灰岩と苦灰岩の間は方解石の含有量によって細分化され，方解石量が100～95 %（vol%，CaO = 56.0～54.8 mass%）を石灰岩，95～90 %（CaO = 54.8～53.62 mass%）をマグネシア石灰岩，90～50 %（CaO = 53.62～43.72 mass%）を苦灰岩質石灰岩，50～10 %（CaO = 43.72～33.14 mass%）を石灰質苦灰岩，10～0 %（CaO = 33.14～30.39 mass%）を苦灰岩と呼ぶ[9.24]．

火山砕屑岩は，噴火に伴う火砕流や降下火砕堆積物の種類によってさまざまな分類があるが，一般には粒径と含まれる岩石（岩片）の種類や量比によって細分化される．その例が**凝灰岩**・**軽石凝灰岩**・**火山角礫岩**・**凝灰角礫岩**・**火山礫凝灰岩**・**砂質凝灰岩**・**火山円礫岩**などである．なお，これらの一部は火山岩類としても扱われることがある．また，凝灰岩の一種の**溶結凝灰岩**【写真63，64】は，海外では**イグニンブライト**（ignimbrite）と呼ばれることが多い．

■変成岩　変成岩は，加わった温度・圧力の程度と変成作用を受ける前の原岩の岩種によって区分される（表9.3）．花崗岩などの深成岩の高い温度によって熱せられた場合を**ホルンフェルス**【写真81，82】といい，それ以外を広域変成岩と呼ぶ．また，断層運動などの変形運動を主とした場合には**マイロナイ**

表9.3　変成岩の岩石学的分類[9.22, 9.23]

（a）広域変成岩の分類

<table>
<tr><td>原岩</td><td>泥質岩</td><td>砂質岩
流紋岩質凝灰岩</td><td>火山岩
（とくに塩基性岩）</td><td>チャート</td><td>石灰岩</td><td>温度圧力</td></tr>
<tr><td rowspan="4">変成岩の名称</td><td>粘板岩</td><td rowspan="2">低度変成作用を受けた砂岩や凝灰岩*</td><td rowspan="2">低度変成作用を受けた火山岩
（緑色岩など）</td><td rowspan="3">珪岩
（珪石）
石英片岩</td><td rowspan="3">結晶質
石灰岩</td><td rowspan="4">低い
↕
高い</td></tr>
<tr><td>千枚岩</td></tr>
<tr><td>泥質片岩</td><td>砂質片岩
石英片岩</td><td>緑色片岩
（緑色結晶片岩）
角閃石片岩
角閃岩</td></tr>
<tr><td colspan="5">片麻岩・グラニュライトなど</td></tr>
</table>

アルカリ反応性をもつ微小な石英を含むことが多い．また，これらの変成岩がさらに圧砕を受け，マイロナイトやカタクレーサイトとなると微小な石英が多く生成する．

＊沸石相または葡萄石－パンペリー石相の砂岩または火山砕屑岩と記載されている場合は，「低度変成作用を受けた岩石」にあたる．

（b）接触変成岩の分類

<table>
<tr><td>原岩</td><td>泥質岩
砂質岩</td><td>火山岩
（とくに塩基性岩）</td><td>石灰岩</td><td>チャート</td></tr>
<tr><td rowspan="2">変成岩の名称</td><td>黒雲母
ホルンフェルス</td><td>角閃石
ホルンフェルス
（角閃岩）</td><td rowspan="2">結晶質石灰岩</td><td rowspan="2">珪岩
（珪石）</td></tr>
<tr><td>黒雲母菫青石
ホルンフェルス</td><td>透輝石角閃石
ホルンフェルス</td></tr>
</table>

結晶質石灰岩の多くを除いて，アルカリ反応性をもつ微小な石英を含むことが多い．

ト【写真83，84】・**カタクレーサイト**【写真85 ～ 93】と呼ぶ．

広域変成岩は，原岩が泥質岩の場合は粘板岩【写真65，66】・千枚岩・泥質片岩，砂質岩の場合は**低度変成作用**を受けた砂岩や凝灰岩・砂質片岩・石英片岩【写真74，75】などと，また火山岩の場合は低度変成作用を受けた火山岩（緑色岩など）・緑色片岩【写真67 ～ 72】・角閃石片岩【写真67，68】・角閃岩【写真76】などと呼称され，さらに**高温・高圧**条件の場合，片麻岩【写真77 ～ 79】・グラニュライトなどと呼ばれる．また，原岩がチャートの場合は珪岩や石英片岩と，石灰岩の場合は結晶質石灰岩と呼ばれる．

接触変成岩は，たとえば変成作用を受けて生成した鉱物により，原岩が泥質岩・砂質岩の場合は黒雲母ホルンフェルス【写真81】・黒雲母菫青石ホルンフェルスなど，火山岩の場合は角閃石ホルンフェルス・透輝石角閃石ホルンフェルスなど，石灰岩の場合は結晶質石灰岩【写真80】，チャートの場合は珪岩と呼称される．

(3) 骨材の岩石学的分類とASR特性

ASRを考慮して分類した各岩種について，含まれる反応性鉱物と変質作用による影響などについての説明を，表9.4～9.6に示す．この表中のアルカリ反応性に関する記述は，筆者らのこれまでの観察に加え，RILEM AAR 1で示された分類[9.7]や文献[9.3, 9.7, 9.17–9.20, 9.25, 9.26]および以下の本文中の文献による．ただし，これらの記述は岩体が均質であることを条件としており，実際の岩体は**不均質**であることが多いことを念頭におく必要がある（9.3.4項で詳述）．

■火成岩　火成岩のなかで火山岩はとくにASRの例が多い．火山岩のうち，シリカ含有量の多い流紋岩・デイサイト・安山岩はとくにアルカリ反応性が顕著で，その原因は石基中のクリストバライト・トリディマイト・火山ガラスである．

新しい時代に形成された流紋岩は比重が小さいため，骨材として利用されることは少ないが*，砂利のなかの礫や砂に含まれていることがたびたびあるので，要注意である．デイサイトは流紋岩に近い特徴をもつものと，安山岩に近い特徴をもつものがある．比重が安山岩に近い場合では骨材として利用されることがあり，アルカリ反応性評価には注意を要する．安山岩は比重などの要件を満たすこと，かつ国内では非常に多く分布することから骨材として利用されることが多い．

表9.4では，安山岩を**斑晶**の量と**石基**の量および石基中の**ガラス**の量をもとに四つに区分した．一般に，石基の量が多い場合，クリストバライト・トリディマイト・火山ガラスの含有量も多くなる傾向にあり，とくに安山岩のなかでもシリカ含有量が多い場合に顕著である．ただし，変質作用によって粘土鉱物（スメクタイト【写真11, 12, 13, 16, 18, 19, 21, 22】や緑泥石【写真14, 15, 20, 31, 43, 67, 68, 69, 71, 75, 84, 88, 89, 90, 91】）が生成し，か

---

* 兵庫県の赤穂市や相生市近辺には，後期白亜紀の古いデイサイト・流紋岩が，砕石として生産されている．

表9.4　火成岩の岩石学的分類とアルカリ反応性[9.3, 9.7, 9.15–9.18, 9.25–9.29]

岩石名			岩石の特徴と反応性鉱物	ASR特性と変質作用を受けた場合の影響など	関連する岩石名	留意事項	
火山岩	流紋岩～デイサイト		ガラス質で，Crs/Trd含有．斑晶鉱物は石英・斜長石・アルカリ長石で，ほかに輝石・角閃石・黒雲母など．	・Crs，Trd，火山ガラスを多く含み，S_cが大きく，反応しやすい． ・スメクタイトなどの粘土鉱物が生成した場合は，R_cが大きくなる．Crs/Trd消失の場合あり． ・さらに変質が進行した場合は，Crsが生成する場合があり，要注意． ・シリカ鉱物が細脈や空隙に生成する場合があり，要注意．	黒曜石 真珠岩	・安山岩とデイサイトはシリカ含有量によって区分されるが，現場では曖昧に扱われていることが多い．	採石場では，溶岩や貫入岩に伴う火山砕屑岩を含んでいることがある．
			石基が再結晶化（微小な石英など）した場合，Crs/Trdは含有されないことが多い．				
	安山岩	タイプ①	初生的に結晶質で，斑晶鉱物（斜長石・輝石・角閃石など）と石基鉱物（斜長石・磁鉄鉱など）が多い．ガラスが少ない．Crs/Trdを含む．	・Crs，Trd，火山ガラスを多く含み，S_cが大きく，反応しやすい． ・スメクタイトなどの粘土鉱物が生成した場合は，R_cが大きくなる．同時にCrsが生成する場合がある．とくに，初生のCrsと二次のCrsが共存する場合は，要注意． ・シリカ鉱物が細脈や空隙に生成する場合があり，要注意．	粗面岩		
		タイプ②	斑晶鉱物と石基鉱物が含まれ，ガラスが多い．Crs/Trdを含むことがある．				
		タイプ③	斑晶鉱物と石基鉱物が含まれ，ガラスが少ない．Crs/Trdを含むことがある．				
		タイプ④	斑晶が少なく，ガラスが多い．Crs/Trdを含むことがある．		サヌカイト		
	玄武岩・ドレライト	タイプ①	結晶質な場合，斑晶鉱物（斜長石・輝石など）と石基鉱物（斜長石・輝石・磁鉄鉱など）からなり，ほとんどガラスやCrs/Trdを含まない．	・一般に反応性の低い岩石であるが，一部にCrs，Trdを含む場合，反応する． ・また，火山ガラスを多く含む場合，反応することがある． ・スメクタイトなどの粘土鉱物が生成した場合は，R_cが大きくなる．同時にCrsが生成する場合がある．とくに，初生のCrsと二次のCrsが共存する場合は，要注意． ・緑泥石などの粘土鉱物が生成した場合は，一般にR_cは小さいが，新たに微小な石英が生成されることがある． ・シリカ鉱物が細脈や空隙に生成する場合があり，要注意．		・貫入岩として周囲の岩石（砂岩や泥岩など）に熱変成を与える場合がある（ホルンフェルスの生成）．この場合，採掘岩石中にホルンフェルスや周囲の岩石が混入し，ASRを生じることがあるので，要注意． ・また，貫入岩体中には地下で取り込んだ岩石（捕獲岩）が採掘岩石中に混入することがあるので，要注意．	
		タイプ②	斑晶鉱物と石基鉱物からなり，石基中にガラスが少量含まれる．Crs/Trdは稀に含まれる．				
		タイプ③	斑晶鉱物と石基鉱物からなり，石基中にガラスが多く含まれる．Crs/Trdは稀に含まれる．				
半深成岩	輝緑岩		石基ガラスの少ない玄武岩やドレライトを指すが，国内では中生代以前の変質した玄武岩質な溶岩や貫入岩を呼ぶことが多く，緑泥石が生成している．	・通常，反応性はない． ・変成作用を受けて変輝緑岩と呼称される場合は，緑泥石のほか，アクチノ閃石などが生成し，シリカ鉱物を伴うことがあるので，要検討．	ドレライト		同質の火山砕屑岩（輝緑凝灰岩）を含んでいることがある．
	斑岩・ひん岩		斑点状の大きい鉱物とこれらの粒間を埋める小さい鉱物（石英・斜長石・アルカリ長石・角閃石・黒雲母など）からなり，通常Crs/Trdを含まない．	・変質によりシリカ鉱物が細脈や空隙に生成する場合があり，要注意	花崗斑岩，石英斑岩，花崗ひん岩，石英ひん岩，半花崗岩・花崗閃緑斑岩		同一岩体中に深成岩～半深成岩が不規則に混在している場合がある．とくに，国内の「新第三紀花崗岩」と呼ばれる岩体は火山岩を含んでいる場合が多い．
深成岩	花崗岩・閃緑岩		斑点状の大きい鉱物（石英・斜長石・アルカリ長石・角閃石・黒雲母など）を主とし，これらの粒間を埋める小さい鉱物が少量含まれる．Crs/Trdを含まない．	・通常，反応性はない． ・変質作用や変成作用によってシリカ鉱物が細脈や空隙に生成する場合があり，要注意． ・変成作用や断層運動によって石英が細片化している場合は要注意．	石英閃緑岩，アダメロ岩，閃長岩，チャルノカイト		
	斑れい岩		斑点状の大きい鉱物（斜長石・輝石・磁鉄鉱など）を主とし，これらの粒間を埋める小さい鉱物が少量含まれる．Crs/Trdを含まない．	・通常，反応性はない．ただし，変質作用や変成作用によってシリカ鉱物が生成した場合は要検討．			
	かんらん岩		斑点状の大きい鉱物（かんらん石や輝石など）を主とし，これらの粒間を埋める小さい鉱物が少量含まれることがある．Crs/Trdを含まない．	・通常，反応性はない．			

Crs：クリストバライト，Trd：トリディマイト

表9.5　堆積岩の岩石学的分類とアルカリ反応性[9.3, 9.7, 9.13, 9.15–9.18, 9.25, 9.26, 9.30–9.37]

<table>
<tr><th colspan="2">岩石名</th><th colspan="2">岩石の特徴と反応性鉱物</th><th>ASR特性と変質作用を受けた場合の影響など</th><th>関連する岩石名</th><th>留意事項</th></tr>
<tr><td>珪質堆積物</td><td>チャート</td><td colspan="2">・主に微細なシリカ鉱物から構成される．
・反応性骨材として代表的なフリントは石英を主とするもの，Crs，Trd，オパール–A，オパール–CTを主とするものがある．</td><td rowspan="2">・微小な石英，Crs, Trd, オパール–A，オパール–CTを主とし，S_cが大きく，反応しやすい．
・微細な粒子からなるチャートや頁岩は，堆積粒子としての石英のほか，生物（シリカ殻をもつプランクトン）起源のシリカに由来するシリカ鉱物を含む．
・シリカ鉱物は温度圧力のわずかな上昇によって，オパール–A→オパール–CT→石英へと変化するため，見かけ上，類似の岩石でもシリカ鉱物の種類が異なることが多く，要注意．
・また，粒子間に地下水や熱水から沈殿したシリカ鉱物を多く含む場合もあり，要注意．</td><td rowspan="2">フリント
陶器岩</td><td rowspan="2">チャートは珪石（鉱業法）に該当する場合あり．</td></tr>
<tr><td>泥質堆積物</td><td>頁岩
（主に62μm以下の粒子からなる）</td><td colspan="2">・泥岩が固結し，ページ状に割れる岩石で，微細なシリカ鉱物が多いという特徴がある．
・シリカ鉱物は石英，オパール–A，オパール–CTからなる．
・オパール–Aを主とする場合，珪藻土あるいは珪藻質泥岩と呼ばれる．</td></tr>
<tr><td rowspan="2">砂質堆積物</td><td rowspan="2">砂岩
（主に62μm～2 mmの粒子からなる）</td><td colspan="2">・砂粒子とそれらを埋める基質（泥質）からなる．
・砂粒子は岩石の破片（岩片）や石英・長石などの鉱物粒子から構成され，それらの量比は地域によって異なる．
・基質は粘土鉱物・石英・長石・岩片などの微細な粒子からなる．
・続成作用によって粒子間は，より緻密になり，また二次鉱物（変質鉱物）によって充填される．</td><td>・砂粒子中に反応性の岩片を含むことがあり，要注意．
・基質にオパール–A，オパール–CTや微小な石英を含み，反応性が大きい場合が多く，要注意．
・変質作用によってシリカ鉱物が細脈や空隙に生成する場合があり，要注意．</td><td>長石質ワッケ
石質ワッケ
長石質アレナイト
石質アレナイト

グレイワッケ
アルコース質砂岩</td><td>砂岩，頁岩，チャートなどが互層となって分布することが多く，砂岩を採掘中に頁岩やチャートが混じることがある．</td></tr>
<tr><td>クォーツァイト（またはオルソクォーツァイト）</td><td>石英の含有量が95％を超える砂岩をいう．</td><td>・一般に微小な石英を含有し，反応性が大きい．
・変成した場合は，メタクォーツァイトと呼ぶ．</td><td></td><td>クォーツァイトは珪石（鉱業法）に該当する場合あり．</td></tr>
<tr><td>礫岩</td><td>礫岩
（主に2 mm以上の粒子からなる）</td><td colspan="3">・礫の種類によってASR特性が異なるため，個々の礫の岩石学的評価が必要．
・変質作用によって礫間の基質中にシリカ鉱物が生成している場合は，とくに要注意．</td><td></td><td></td></tr>
<tr><td>石灰岩</td><td>石灰岩
（炭酸塩岩）</td><td colspan="2">方解石などの炭酸塩鉱物からなる岩石．
苦灰岩を含む．
微小な石英（あるいはオパール–A，オパール–CT）が含まれる場合がある．</td><td>微小な石英（あるいはオパール–A，オパール–CT）が含まれる場合は，要注意．とくに，泥質・粘土質物質を含む場合，要注意．</td><td></td><td>チャートやフリントを伴うことがあるので要注意．鉱業法の石灰石．</td></tr>
<tr><td>火山砕屑岩</td><td>凝灰岩
凝灰角礫岩
火山角礫岩
火砕岩
火山円礫岩
軽石凝灰岩</td><td colspan="2">火山灰（火山ガラス）と火山岩片およびその他の岩石（異質岩片）からなるため，火山岩の種類ごとに検討が必要．</td><td>・変質作用によっても火山岩と同様の検討が必要．
・なお，岩片の間を埋める火山灰（火山ガラス）は多孔質で反応しやすい．
・火山ガラスを交代した微小な石英が生成している場合は，とくに要注意．</td><td></td><td>安山岩や玄武岩として採掘されている場合もある．</td></tr>
</table>

Crs：クリストバライト，Trd：トリディマイト

表9.6　変成岩の岩石学的分類とアルカリ反応性[9.3, 9.7, 9.15–9.18, 9.25, 9.26, 9.37]

岩石名	岩石の特徴と反応性鉱物	ASR特性と変質作用を受けた場合の影響など	関連する岩石名	留意事項
粘板岩	泥岩が変形作用によってはく離性を示す岩石．微小な石英を多く含む．	・微小な石英を多く含み，S_cが大きく，反応しやすい．	粘土質岩	
千枚岩	粘板岩がさらに変成し，緑泥石や白雲母が多く生成した岩石．粘板岩と同様に微小な石英を多く含む．			
片岩	変成作用によって片理が発達した岩石．微小な石英を多く含む（とくに石英片岩）． もともとの岩種によって片岩の名前が異なる． ・泥岩を原岩とする場合→泥質片岩，黒色片岩，雲母片岩 ・石英や長石を多く含む岩石を原岩とする場合→砂質片岩，石英片岩（または珪質片岩） ・石灰岩を原岩とする場合→石灰質片岩 ・塩基性火山噴出物を原岩とする場合→緑色片岩，らん閃石片岩	・微小な石英が局在する場合もある．	構成鉱物がおもに角閃石と斜長石からなり，片理が少ない場合は角閃岩と呼ばれることがある．	石英片岩は珪石（鉱業法）に該当する場合あり．
片麻岩	粗粒縞状の変成岩で，角閃石片麻岩，黒雲母片麻岩，透輝石片麻岩など．一般に石英を多く含む．	・オパールや石英が細脈や大きい空隙に生成する場合は，とくに要注意．		高変成度のグラニュライトについても要注意．
マイロナイト	既存の変成岩が，極度の変形運動で圧砕された岩石． 圧砕によって石英が細片化する．	・細片化した石英を多く含み，S_cが大きく，反応しやすい．	カタクレーサイト	変成岩中に局所的に，一定の幅と方向性をもって発達することもあり，要注意．
ホルンフェルス	花崗岩などが高温の状態で貫入することにより，貫入された岩石が熱変成作用を受けた岩石．熱変成によって石英の再結晶化が進み，微小な石英が多くなることが多い． 原岩の種類によって名称が異なる． ・泥岩を原岩とする場合→黒雲母ホルンフェルスなど ・火山噴出物を原岩とする場合→角閃石ホルンフェルスなど ・石灰岩を原岩とする場合→結晶質石灰岩	・微小な石英を多く含み，S_cが大きく，反応しやすい．		熱源の火成岩岩体の近くでは，半花崗岩やペグマタイト，あるいは石英脈を伴うことがある．

変成岩の一種の蛇紋岩は，その膨張メカニズムが，ASRとは異なるため，ここでは省略した．

つシリカ鉱物の量が減少した場合などでは，アルカリ反応性が低減する[9.27]．これは**陽イオン交換能**をもつ粘土鉱物がモルタル中のアルカリを吸着（イオン交換）することにより，シリカ鉱物との反応が抑制されるためである．粘土鉱物の存在は骨材の吸水率を高める．

また，クリストバライト・トリディマイト・火山ガラスを含んでいてもモルターバー膨張率が基準値以下であったり，遅延性であったりする場合もあり，これらの多くは，S_c，R_cともに高く，粘土鉱物を伴う．すなわち，粘土鉱物の陽イオン交換能に起因する．一つの岩体中で反応性に違いがある場合の多くは，シリカ鉱物や火山ガラスの含有量だけでなく，粘土鉱物の含有状況，シリカ鉱物の結晶粒径，アルカリ溶液の浸透性を左右する岩石中の細孔の大きさやその連続性などの諸要因が複合している．

一方で，**スメクタイト**が生成し，高R_c領域にプロットとされるものでも，二次的に生成された**クリストバライト**を含む場合はモルタルバー法での膨張率が大きくなり，また緑泥石が多く生成している場合はシリカ鉱物がクリストバライトから石英に変化していることもあり，化学法，モルタルバー法ともに無害と判定されることが多い[9.29]．このように，安山岩はアルカリ反応性に関して多様な特徴を示すことから，これらを骨材として多く使用する国内では，判定段階でとくに留意すべき岩石である．

玄武岩やドレライトはシリカに乏しい岩石であることから，一般に反応性の低い岩石であると認識されているが，一部にクリストバライト・トリディマイトを含む場合や，火山ガラスを多く含む場合があり，また変質作用によるシリカ鉱物が生成した場合などは反応性を示すことがある．また，玄武岩中ではこれらのシリカ鉱物は岩石中に局所的に産することも多く，判定をより困難にしている．そのため，単一の試料の評価では不十分で，採石場（鉱山）全体を理解したうえに骨材製造を行うことが必要である．なお，変質作用による粘土鉱物の生成に伴う吸水率の増加などの変化は安山岩の場合と同様である．

深成岩や半深成岩はアルカリ反応性が認められることは少ないが，変質作用などによって微細なシリカ鉱物が生成すると反応する場合がある．ただし，これらの岩石の一部に変成作用を受けた花崗岩類と記述されている場合，カタクレーサイト（表9.6）のように花崗岩が原岩の変成岩（この場合，記載者によっては花崗岩質カタクレーサイトとする場合もある）であることに留意すべきである．

アルカリ岩についても，ここまで述べてきた日本で主要な非アルカリ岩と同じく，シリカ含有量と組織の大きさによってアルカリ反応性は変化する．ASR の観点からさらに重要な点は，アルカリ岩はコンクリート中で長い間にアルカリを放出し，アルカリ総量を増加させる効果をもつことがある点である．

■堆積岩　**泥質岩**は，主に 62 μm 以下の粒子からなる岩石である．泥質岩を構成する堆積粒子は，石英を主とする場合，長石を主とする場合，粘土鉱物を主とする場合，プランクトン遺骸を主とする場合などさまざまで，その変化は地域ごと，あるいは一つの地域でも堆積環境によって大きく異なる．堆積粒子，とくにシリカ鉱物は一般に石英であるが，これは石英が安定な鉱物で，かつ比較的硬い鉱物であるため，数 μm ～ 20 μm 程度の粒径でも残りやすいことによる．一方，プランクトン遺骸【写真53】に由来する**生物起源のシリカ**は**オパール–A**，**オパール–CT**，微小な**石英**（カルセドニーの場合もある）へと変化し，各鉱物相の存在がアルカリ反応性を高めている．泥質岩の中でも，オパール–CT や微小な石英を多く含む珪質堆積物である**チャート**はとくにアルカリ反応性が著しいこともある[9.30]．ただし，チャートが変成作用によって石英粒径が大きくなり，あるいは結晶度（9.3.4 項で詳述）が高くなった場合，アルカリ反応性は減少する[9.13, 9.31, 9.32]．泥質岩のうち，軟質な泥岩や頁岩を骨材に使用する例はないが，砂利の中にこれらの粒子が含まれることは多い．以上のように，泥質岩は含まれるシリカ鉱物の特徴から，アルカリ反応性の高い岩石であり，その判定には留意すべき点が多い．

砂岩を構成する主な粒子は 62 μm ～ 2 mm（砂サイズ）であるが，実際は 62 μm 以下（泥サイズ）の粒子も多く含まれる．砂サイズの粒子は，石英や長石などのほかに岩石の破片（岩片）からなる．粒子は砂粒子を供給する山地の地質によって大きく変化し，またその地域の地質学的履歴によっても異なる．たとえば，花崗岩が分布する山地から供給された場合，花崗岩が砕けた状態，すなわち石英・長石・黒雲母などの粒子が多く含まれる．また，安山岩が分布する地域では，安山岩岩片や長石・輝石・磁鉄鉱などの粒子が多く含まれる．後者の場合，クリストバライトなどの反応性鉱物が含まれることがある．これらの堆積粒子に含まれるシリカ鉱物は，火成岩起源の石英や堆積岩起源の石英，またクリストバライトから変化した石英など，多様で，とくに岩片中にもともと含まれる微小な石英はアルカリ反応性という点で留意すべきである．

一方，砂サイズの粒子の間を埋める泥粒子は，泥質堆積物と同様に微細な各種鉱物粒子から構成される．とくに重要な点は，水流によって運搬される過程で石英は風化や変質作用に対する抵抗性が強く，破断あるいは円磨されても微細粒子として残り，砂岩の基質を構成することである．これに加えて，基質中に含まれる生物起源のシリカ鉱物に変質作用が加わると，シリカ鉱物はクリストバライトから石英へと変化する．また，基質中の孔隙中に微細なシリカ鉱物（クリストバライトや微小な石英）が熱水（あるいは地下水）から沈殿することもある．温泉湧出地では温泉水から沈澱したシリカがオパールを生成し，砂粒子を覆うことがある．このオパールが砂利に混入した例もある【写真96】．

このように，砂岩では砂粒子と基質を埋める泥粒子，それらが孔隙に沈殿したシリカ鉱物の有無やそれらの種類がアルカリ反応性の判定を難しくしている．すなわち，砂岩のアルカリ反応性は，砂粒子と基質粒子中に微細なシリカ鉱物がどの程度含まれるかに左右される．また，変質作用によって生成する微細なシリカ鉱物によってもアルカリ反応性が高まる．これらは全岩のXRD分析では評価することができないことも多いため，偏光顕微鏡観察による観察が必要である．

礫岩も砂岩の場合と同様で，礫と基質を構成する粒子の種類によってASRの評価が異なる．礫の種類は砂岩の場合と同様に，供給山地の特徴によって多様であり，また現在の砂利採取場で認められるように多様な種類からなる礫はそれぞれにアルカリ反応性が異なることが多い[9.16]．さらに，礫の間を埋める基質は砂サイズから泥サイズまで幅広く，かつその粒子の岩種および鉱物種も多様である．

このように，礫岩と砂岩は大きい粒子と小さい粒子から構成される岩石であること，そしてそれぞれに粒子の種類が異なることから，アルカリ反応性の判定が困難である．

礫岩や砂岩の**固結**は圧密に加え，**シリカの溶解・再晶出**などによるため，もとの粒子にアルカリ反応性がないとしても，粒子間に新たに生成したシリカにはアルカリ反応性があり得る．

炭酸塩岩は，方解石や苦灰石の含有量によって石灰岩，苦灰岩，泥質石灰岩などに分類される．一方，炭酸塩岩には，炭酸カルシウムの起源となる生物遺骸の粒子，その破砕物を含む砕屑粒子，堆積後に粒子のまわりに成長する炭酸カルシウムなどが含まれ，粒子構成や組織に基づく分類はほかの堆積岩に比べてやや難しい．なお，6章で説明したように，かつてACRによるとされていたコンクリートの膨張は，すべて炭酸塩岩中に含まれる微小な石英を原因とするASRによるものである[9.33–9.35]．炭酸塩岩中の微細なシリカ鉱物は，石灰岩の一種の**ミクライト**【写真61】や石灰泥基質をもつ炭酸塩岩，およびシリカノジュールを含む場合や，石灰岩中に砂岩や泥岩の薄い層を挟む場合に含まれることが多い．

火山砕屑岩のアルカリ反応性は火山岩と同様に含まれる岩種によって異なり，クリストバライトやトリディマイト，火山ガラス，微小な石英を含むことからアルカリ反応性は顕著である．とくに，流紋岩質凝灰岩や流紋岩質溶結凝灰岩などはアルカリ反応性が顕著である[9.36]．火山砕屑岩を骨材に使用することは少ないが，砂利に礫や砂粒子として含まれることがあるため，要注意である．

なお，上記の堆積岩のなかには遅延膨張性の反応を示す場合もあり，国内のコンクリート構造物では砂利骨材中の砂岩，泥岩，チャートがASR劣化の原因であると特定された例もある[9.37]．

■変成岩　**変成岩**のうち，粘板岩や千枚岩は微小な石英を多く含むことから，アルカリ反応性は顕著である．

片岩のうち，石英片岩は化学法，モルタルバー法で反応が確認されている．また，コンクリート内の片岩や片麻岩骨材のASRが確認された例もある[9.37]．ホルンフェルスも再結晶化した微小な石英を多く含む場合，アルカリ反応性がある．ただし，上記の再結晶石英の粒径が大きく，かつ結晶度（9.3.4項で詳述）が高くなると，アルカリ反応性が減少する[9.13]．また，変成作用による石英粒子内のひずみが原因とする研究[9.7]もあるが，真偽には疑問を示す研究者もいる．さらに，上記のうち，ホルンフェルス・片岩・片麻岩の一部については，遅延性の反応を示す場合もあり，国内のコンクリート構造物で確認された[9.37]．これらの変成岩は，しばしば隠微晶質石英を伴う．このように，ASRの原因は隠微晶石英である可能性があるが，多くの研究ではその存在の確認を行うことなく別の原因を論じている．

◇9.3.4 岩石試料採取と記載方法および評価

骨材のアルカリ反応性評価を行うための**岩石試料採取**は，無作為に崖から基準の量だけ採取すればよいというものではない．天然の岩石は常に不均質であるという認識を前提に観察を行う必要がある．つまり，平均的な岩石を採取するのではなく，不均質がわかるように岩石を複数採取するのがよい．ここでは，岩石試料採取にあたっての採石場および砂利採取場における留意点について述べ，併せて岩石試料採取の方法，記載の方法および評価の方法について述べる．

(1) 採石場における留意点

■岩石の不均質性　同種の岩石からなる一つの岩体は，規模の大小はあるものの，その分布は有限であり，どこかで別の地質・岩石と接している．また，岩体は形成過程や形成後の地質学的時間を経て，その内部にいろいろな現象が生じた結果，岩体には不均質性が生じている．

図9.28に比較的よく観察される六つの例を示す．なお，図には簡略化するため，やや模式的に表現した．図(a)は，安山岩岩体の例である．**柱状節理**の発達した安山岩で，骨材としてよく利用されるものである．しかし，岩体の上部(**切羽**上部）に角礫からなる部分がある．地質学上は安山岩質自破砕状溶岩や火山角礫岩と呼ばれ，採掘対象とならないことが多い．また，溶岩本体との境界はわかりにくい．しかし，原石を採掘するためには，上部の角礫部を切り落とす必要があり，採掘中の溶岩原石に混入する可能性がある．

図9.28(b)は，図(a)と同様の安山岩溶岩であるが，岩体右側に**熱水作用**による**粘土化帯**が形成され，あるいは岩石中に石英**脈**，方解石脈，沸石脈（濁沸石を含む）が認められる．これらの鉱物が認められる部分は採掘対象とはできない．しかし，細脈は幅数mm程度（あるいは1 mm以下のこともある）であるものの，採掘対象の安山岩中まで延長していることがあり，また粘土鉱物を含む部分では変質作用によるクリストバライトを含むことがあることから，採掘される骨材に混入される．

図9.28(c)は，玄武岩**貫入岩**（ドレライトの場合もある）で，柱状節理が発達した良質の岩石である．しかし，岩体上部には頁岩や泥岩からなる塊が認められる．この岩体はこの地域に広く分布する頁岩や泥岩中に貫入したもので，貫入時に周囲の頁岩や泥岩を塊として取り込んだものである．頁岩や泥岩は微細なシリカ鉱物を多く含み，とくにオパール-CTまたは微小な石英を多く含有する．この切羽においても，上部の頁岩や泥岩が採掘中に原石に混在する可能性がある．

図9.28(d)は，玄武岩貫入岩体の縁辺部の状態を示している．ここでは花崗閃緑岩に玄武岩が貫入しており，両者の接触部付近は広い幅で粘土化している．

安山岩溶岩中には採掘対象とする柱状節理の発達した部分と，採掘対象にならない（歩留まりの低い）角礫状の部分もある．

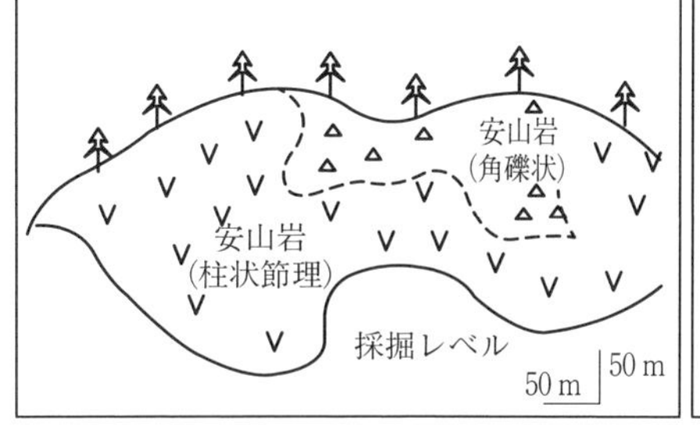

(a) 安山岩溶岩と角礫状部

安山岩溶岩中には採掘対象とする柱状節理の発達した部分と，採掘対象にならない変質した部分もある．

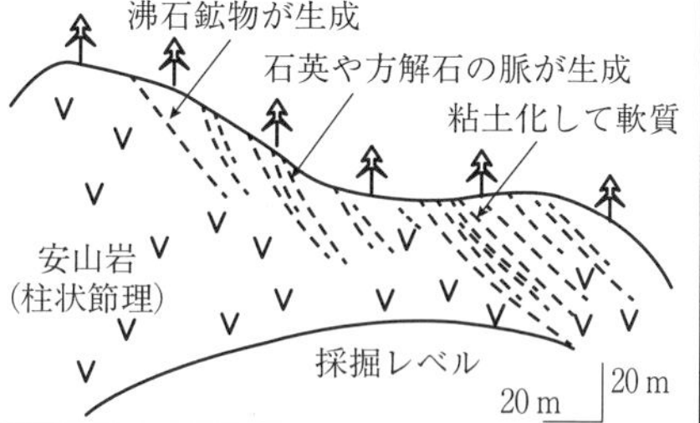

(b) 安山岩と変質部

玄武岩貫入岩中には採掘対象とする柱状節理の発達した部分に，周囲に分布する岩石（ここでは頁岩）が大きな塊として取り込まれている場合がある．

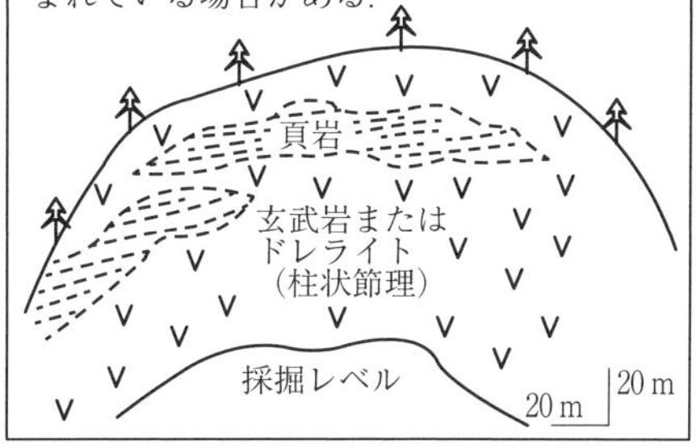

(c) 玄武岩と頁岩の塊

採掘対象とする柱状節理の発達した玄武岩貫入岩は岩体周縁部でほかの岩石（ここでは花崗閃緑岩）と接し，接触部付近は粘土化し，軟質になっていることが多い．

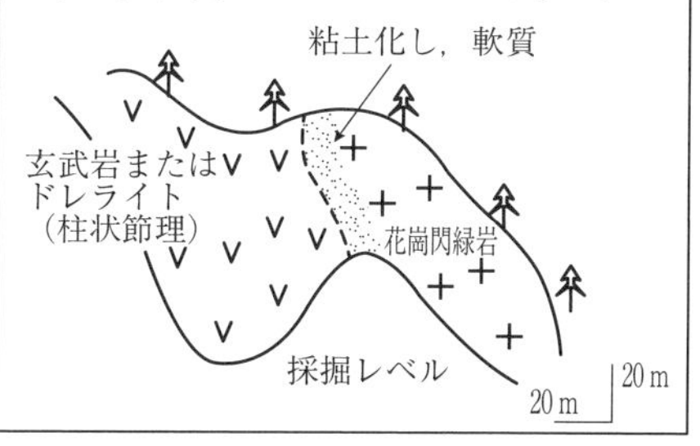

(d) 花崗閃緑岩と接触する玄武岩

採掘対象とする玄武岩（溶岩または貫入岩）は岩体周縁部でほかの岩石（ここでは頁岩，石灰岩，玄武岩質火山砕屑岩）と接している．なお，この採石場では玄武岩を輝緑岩，玄武岩質火山砕屑岩を輝緑凝灰岩と呼んでいる．

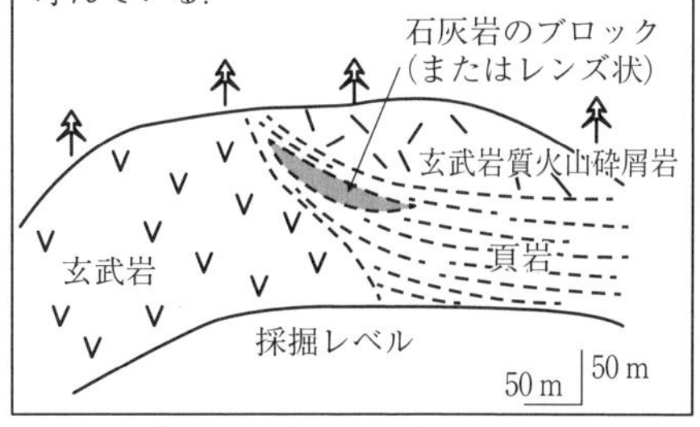

(e) 玄武岩と堆積岩の接触部

ホルンフェルスは花崗岩などの深成岩と接触している部分でみられる．接触部から離れるにつれ，接触変成で形成された黒雲母は減る．ホルンフェルスには石英が多く生成している．また，花崗閃緑岩に近接した部分では半深成岩（ここでは半花崗岩）の細脈がみられる．ここではホルンフェルスの原岩は頁岩と砂岩であるが，硬いので粘板岩と扱われていることもある．

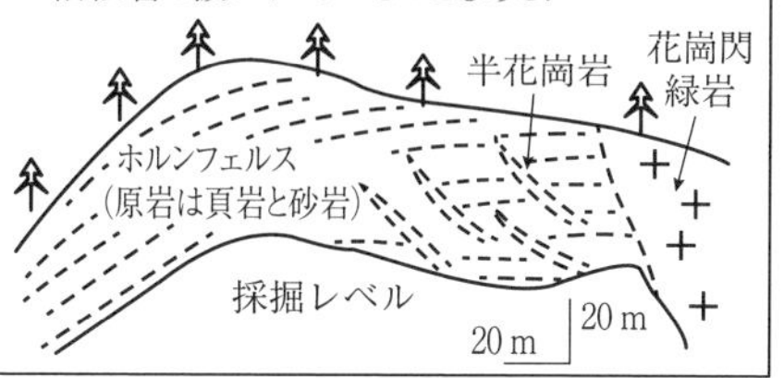

(f) ホルンフェルスと花崗閃緑岩の接触部

図9.28 採石場で観察される多種類の岩石の接触関係と岩石内の不均質性

図9.28(e)は，玄武岩が周囲の岩石に貫入している関係を示している．周囲の岩石は，玄武岩質火山砕屑岩や頁岩からなり，一部レンズ状の形態の石灰岩も含まれる．この切羽では色調が類似しており，岩体との境界はわかりづらい．また，玄武岩岩体の縁辺部も一部粘土化している場合もある．また，上記のようなレンズ状の形態を示す石灰岩を含む乱れた地層は，日本列島のような大陸縁辺地域にはよくみられる．

図9.28(f)は，**ホルンフェルス**の例である．切羽右側に花崗閃緑岩岩体があり，高温岩体貫入時の**接触変成作用**によってホルンフェルスが形成された．ホルンフェルスは花崗閃緑岩岩体に近い部分と遠い部分で，黒雲母の量や石英の粒径が異なる．また，花崗閃緑岩岩体に近い部分では**半花崗岩**と呼ばれる岩脈（幅数10 cm）が頻繁に認められる．

以上のように，地質は常に不均質であることを前提に，野外での観察を行ったうえで岩石試料採取地点を選定すべきである．

■同一岩体における不均質性*　　岩石のアルカリ反応性に限ってみると，同一岩体中で肉眼的にも顕微鏡的にもほとんど同一の岩石と判断される場合でも，化学法，モルタルバー法の判定結果が異なることがある．図9.29に安山岩岩体の場合を，図9.30にデイサイト岩体の例を示した[9.20]．

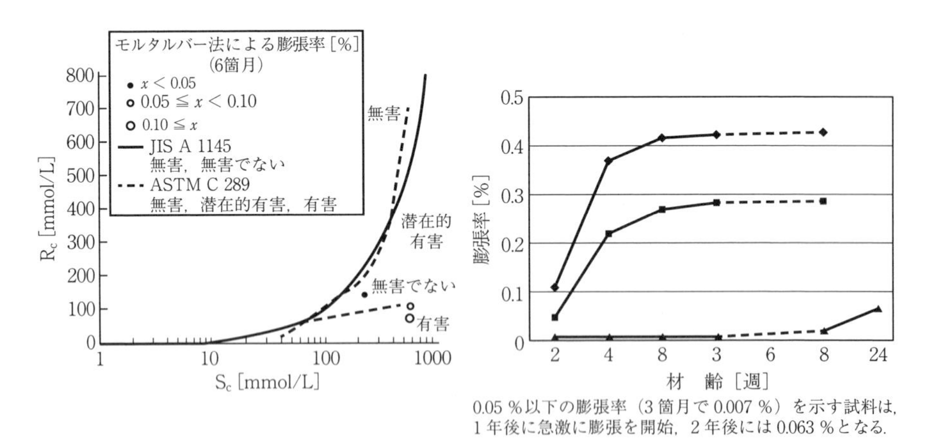

図9.29　一つの岩体中の安山岩のアルカリ反応性の判定結果[9.20]

＊　ここでは，ペシマム現象を考慮していない点に注意してほしい．

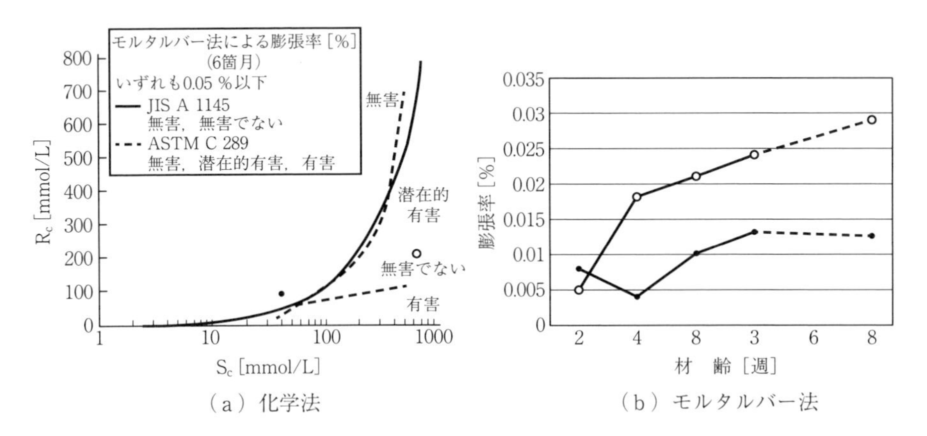

図9.30　一つの岩体中のデイサイトのアルカリ反応性の判定結果[9.20]

図9.29に示した安山岩岩体の場合，3試料とも未変質の安山岩で，化学法ではすべて無害でない領域にプロットされ，1試料はほかの2試料に比べてS_cがやや低く，R_cがやや高い．モルタルバーのデータは，S_cが高い2試料については膨張率に違いはあるものの，2週目以降に急速な膨張率を示している．これに対し，R_cがやや高かった試料は，2年目以降に次第に膨張率が増している．このうち，膨張率が最も大きい試料にはトリディマイトが多く含まれ，クリストバライトは少ない．次に膨張率が大きい試料と2年目以降に膨張率が増す試料には，クリストバライトが多く含まれ，トリディマイトは少ない．火山ガラスはいずれの試料にも多く含まれる．このように，同一の岩体で，シリカ鉱物の種類や含有量に違いが認められ，膨張率に顕著な差が生じている場合もある．シリカ鉱物が多いにも関わらず膨張率に大きな差が生じる要因は明らかになっていないが，いずれも採掘対象となっていた切羽である．

図9.30に示したデイサイト岩体の場合，化学法，モルタルバー法ともに顕著な違いが認められる．S_cの低い試料のモルタルバー膨張率は3週目以降も増加しないが，S_cの高い試料は，基準値以内ながらも，4週目以降にゆっくりとした膨張が進行している．前者は変質がやや進み，シリカ鉱物として微小な石英が生成し，後者は変質の程度がやや小さく，トリディマイトと火山ガラスを多く含む．すなわち，同一岩体内に変質の程度に若干の差があり，化学法とモルタルバー法の結果に違いが生じている．なお，この岩体はデイサイトではあるが，採石法上の安山岩として採掘されている．現実の岩石の岩石学的評価によ

る分類と，法律上記載されている分類が異なることは少なくない．

■変質作用に伴う問題　岩石は，形成された直後の状態を維持したまま，現在にいたっている例はほとんどない．風化作用をはじめ，各種の**変質作用**あるいは断層運動など，いろいろな履歴を経ている．そのなかで，とくに重要なのは変質作用である．日本のような新しい時代（数千万年以降）の**地温勾配**の急な火山列島では，とくに留意すべき問題である[9.28]．

まず，最初に変質作用が岩石のアルカリ反応性にどの程度の影響を与えているのかについて述べる．

図9.31に，安山岩についてほとんど変質していない場合，変質作用によってスメクタイトが生成している場合，緑泥石が生成している場合を示した．安山岩は未変質の場合，化学法ではすべて無害でない領域にプロットされ，若干の例外を除いてそのほとんどが6箇月モルタルバー膨張率は0.05％を超えている．これに対し，スメクタイトを含む安山岩は2試料を除いて無害でない領域にプロットされ，そのうち半数以上が0.05％以上の膨張率を示す．なお，R_cが500 mmol/Lを超える試料は沸石を含む試料である．緑泥石を含む安山岩は，化学法で無害領域にプロットされ，膨張率は0.05％以下である．

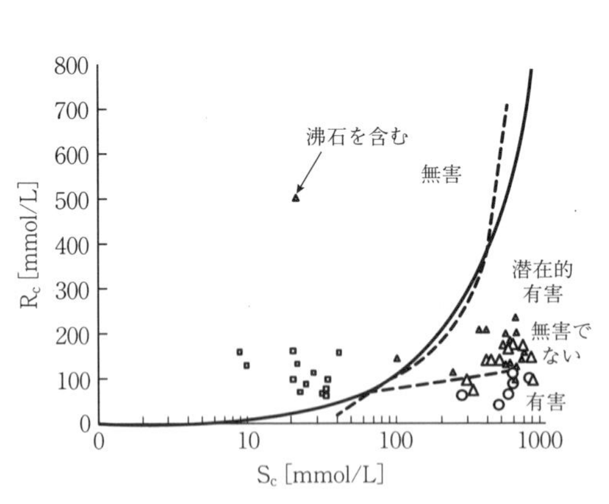

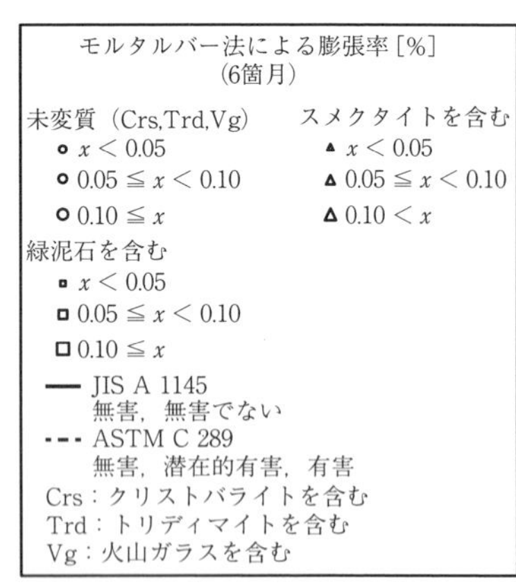

図9.31　未変質および変質した安山岩のアルカリ反応性の判定結果（化学法）[9.20]

上記の粘土鉱物の生成は**熱水作用**，**続成作用**，**風化変質作用**など，さまざまであるが，粘土鉱物の生成に伴って初生的なクリストバライトやトリディマイトが減少（または消失），あるいは石英に変化している．とくに，緑泥石が生成する過程で，クリストバライトはすべて石英に変化する．また，スメクタイトは陽イオン交換能をもつため，R_cが大きくなった[9.20, 9.27]．

図9.32に玄武岩の場合について示した．玄武岩では未変質の3試料はいずれも化学法の無害でない領域にプロットされる．これらはすべてクリストバライトと火山ガラスを含む．このうち，1試料の6箇月モルタルバー膨張率は0.1 %を超えている．スメクタイトを含有する試料のほとんどは無害領域にプロットされるが，2試料のみ無害でない領域にプロットされ，その膨張率は0.1 %を超える．この2試料には，変質鉱物として生成したクリストバライトが含まれる．緑泥石を含む試料はすべて無害領域にプロットされ，膨張率も0.05 %以下である．スメクタイトなどの粘土鉱物を含む場合，安山岩の場合と同様に陽イオン交換能によってR_cがやや大きくなる．

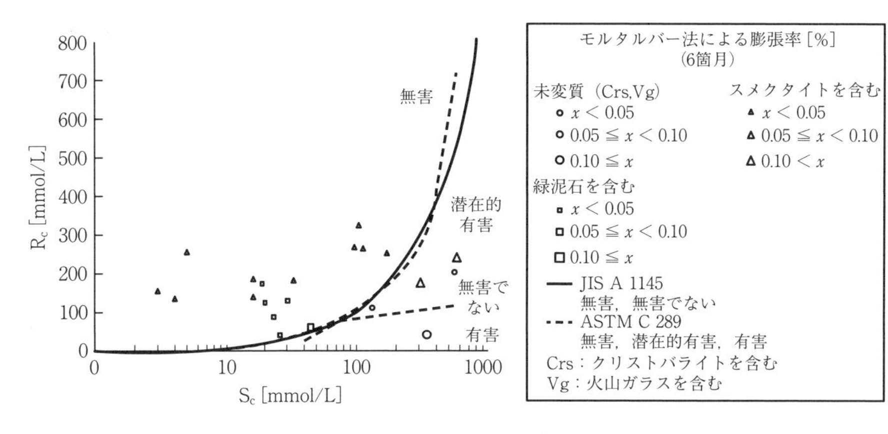

図9.32 未変質および変質した玄武岩のアルカリ反応性の判定結果（化学法）[9.20]

図9.33に安山岩中に変質鉱物として生成したクリストバライトを含む試料の例を示した．この試料は化学法の無害でない領域にプロットされ，かつ6箇月モルタルバー膨張率は0.67 %と著しく大きく，変質作用により生成したクリストバライトのASRの影響の大きさを示している．

変質作用によってアルカリ反応性が変化する例は多く，たとえばクリストバライトを含むガラス質安山岩，スメクタイトとクリストバライトを含む変質した安山岩を比較すると，化学法（JIS A 1145），モルタルバー法（JIS A 1146），ASTM C 1260，飽和NaCl浸漬法の結果に違いが生じる[9.38, 9.39]．前者の場合は飽和NaCl浸漬法でのみ不明確の判定であるのに対し，後者の場合は飽和NaCl

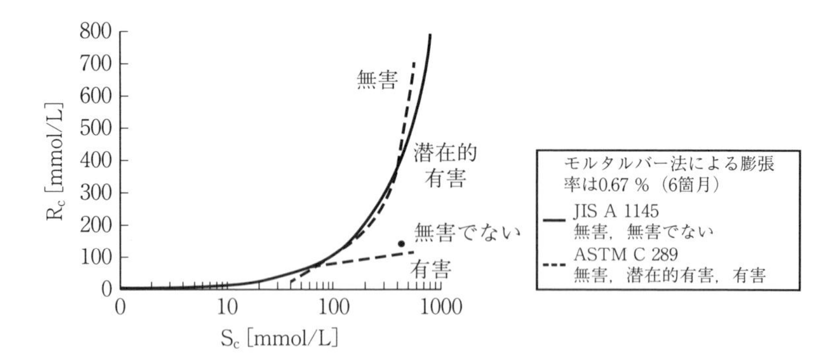

図9.33　変質作用によってクリストバライトが生成した安山岩のアルカリ反応性の判定結果（化学法）[9.20]

浸漬法で有害であるもののモルタルバー法で無害である．実構造物では後者の骨材を使用したほうがひび割れなどの劣化が顕著であり，ASRとスメクタイトがもつ膨潤性の影響が複合した．

ところで，クリストバライトやトリディマイトは顕著なペシマム配合を示すことが知られている（6.3節参照）．モルタルバー法は骨材100 %配合試験をするため，この現象を見逃す．実構造物でクリストバライトやトリディマイトを含む骨材が劣化を生じやすいのは，複数の砂と砕石が混合使用され，ペシマム現象を生じやすいためである．

このように，変質作用に伴う鉱物組成の変化のうち，粘土鉱物の生成はR_cの増大となって現れる．化学法の無害でない領域で，ASTMの区分に従えば，有害の領域から**潜在的有害**の領域へと移動することになる．潜在的有害領域にある骨材はペシマム現象を引き起こす可能性がある．変質作用の重要性は，ペシマム現象の要因となる可能性があることである．粘土鉱物の陽イオン交換能によってR_cが大きくなることでS_cが見かけ上小さくなる可能性もあり，この場合はペシマム現象を考慮した促進膨張試験が必要である．

また，上記の変質作用によるアルカリ反応性の変化は，岩石試料採取時に岩体ごと，あるいは岩体内部における変質作用の程度や広がりについて検討する必要があることを示している．あわせて，変質作用は，比重の低下や吸水率の増加などをもたらしたり，コンクリートに有害な鉱物[9.26]である硫化鉱物や濁沸石などを生成することもあり，変質した岩石については骨材としての総合的な評価が重要である．

(2) 砂利採取場における留意点

砂利採取場では，かつて河川や海底などに堆積した砂利層，砂層，礫層などの粗粒堆積物の断面をみることができる．これらの堆積物の粒径が大きいものは，流速の速い環境で堆積し，その堆積速度（時間あたりの堆積物の量，厚さ）も泥岩などの細粒堆積物に比べて速かったためである．このことは，短期間のうちに，たとえば洪水のような水流が一時的に速まるときに山地から大量の土砂（礫，砂，泥などからなる）が水によって運搬され，この現象の繰り返しによって上記の粗粒堆積物が堆積したことを示している．また，水系の上流域に分布する多種の岩石が削剥されて流下するために，上記の堆積物にはいろいろな岩種の礫や砂粒子が含まれる．さらに，土砂のもととなる山が崩れる場もその時々によって変化するため，一つの砂利採取場でも崖の上部と下部では礫の種類が異なることもある．また，海底で堆積した砂利層（固結して礫岩層になっていることが多い）は，海流（とくに沿岸流）によって，より広い地域から礫や砂が供給されて形成された堆積物であるため，一層不均質になる場合が多い．現在の丘陵や山地に分布する陸砂利や山砂利と呼称される砂利中の岩種の多様性は，よく認められる．このように，砂利採取場は採石場以上に不均質であることを留意する必要がある．

以下に，砂利採取場における反応性鉱物の例と礫種の変化について述べる．

図9.34に国内の異なった3地域の砂利採取場から採取された礫について，礫種ごとの化学法の判定結果[9.16]を示した．いずれも礫の種類が多様で，礫ごとに異なったS_cとR_c値を示しており，無害でない領域と無害領域，およびそれらの境界領域にプロットされるものなど，さまざまである．このことは，砂利採取場のASR評価をどのように行うか，判断が難しいことを示している．

表9.7に，異なる2箇所の砂利採取場における礫種構成の重量比[9.16]を示す．表から，A採取場とB採取場では礫種構成がまったく異なっており，かつ1種類の礫が50 %を超えないことがわかる．ただし，一つの砂利採取場で1種類の礫が50 %を超える場合もある．

以上の点は，陸砂利や山砂利だけでなく，現河川における川砂利についても同様である．

(3) 試料の採取と評価方法

国内では骨材のアルカリ反応性の評価は，野外で採取された代表的な試料について化学法とモルタルバー法のみを行うことが多く，岩石学的評価や岩石薄

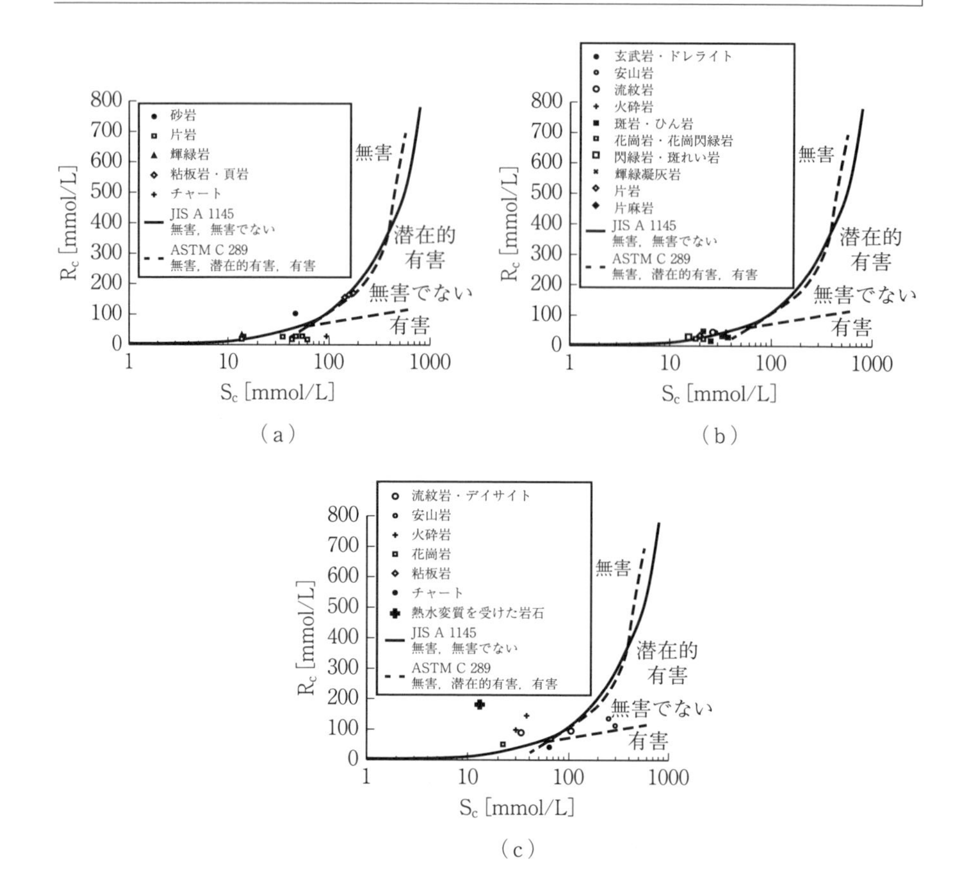

図9.34　3地域の砂利採取場から採取された礫のアルカリ反応性の判定結果（化学法）[9.16]

片の観察やXRD分析はほとんど用いられていない．

一方で，骨材はコンクリートをつくる際の材料であり，材料は常に一定の基準内の品質で供給されることを前提としている．しかし，野外における岩石や砂利は不均質性を伴うことから，アルカリ反応性の評価という立場では試験用試料としてその岩体のなかから代表的な試料を選定することと同時に，骨材の性状変化の範囲を把握しておくことが重要である．このことは，骨材においても工業用の鉱物原料評価に準じる方法で対処すべきであることを示している．

ここでは，まず試料を採取するにあたって野外でどのような調査が必要であるか，かつ最初の段階での岩石試料採取をどのように行うのか，またその結果を得て化学法やモルタルバー法用の試料をどのように選定すべきかについて述

表9.7　砂利採取場における礫種構成の例[9.16]

(a) A砂利採取場

礫の種類	礫種ごとの重量[%]
流紋岩・デイサイト	35.3
安山岩	25.2
安山岩質火砕岩	11.6
花崗岩	6.5
熱水変質を受けた岩石	3.9
珪長質火砕岩	1.4
粘板岩	1.2
チャート	0.9
その他	14.0

(b) B砂利採取場

礫の種類	礫種ごとの重量[%]
砂岩	41.3
緑色片岩	18.3
砂質片岩・石英片岩	17.4
石英	4.8
粘板岩	4.2
頁岩	2.8
チャート	2.7
泥質片岩	2.7
輝緑岩・斑れい岩	1.9
紅れん石片岩	1.3
その他	2.6

べる．さらに，室内での観察や分析方法の留意点について述べ，化学法やモルタルバー法に移る前の段階での評価について解説する．

以上のことは地質学，とくに岩石学分野の専門家が野外および室内での調査・鑑定を行うべき作業であり，ここでは一定の結論を出すことの重要性を指摘する．

なお，新規の採石場を開設するにあたっての調査方法については，文献[9.40]に詳しく解説されている．

■現地における肉眼観察　アルカリ反応性評価用の岩石試料や砂利試料を採取するにあたって，どの地点の，どの部分を採掘対象とするかを判断することが重要である．すでに述べたように，岩石は**野外**において常に不均質性を伴うことが多く，その不均質性の程度は肉眼観察で多くを把握することができる．砂利においても多様な礫種，粒径および細粒部基質からなり，不均質性の程度の把握は現地で可能である．これらの不均質性を無視して試験を行っても，対象岩体の評価にはならない．

さらに，現場調査から室内実験までを通して得られるデータを取りまとめるための記載カードの例について，2種類の砕石原石，砕石製品，砂利原石の例を，それぞれ付表D.2～D.5に示す．

◆**現地の状況把握**　野外においては，対象地区が採石場なのか，まだ山を切り開いていない状態なのかによって異なるが，基本は岩石がどのような分布をしているかを把握することが重要である．得られたデータは地形図上に記載し，可能であれば**地質図**を作成し，また部分的でも**スケッチ**をし，図面上に岩石の特徴を記載する．このことは砂利層の場合も同様である．また，観察および試料採取の年月日を記載する．

図9.35，9.36に，それぞれ岩石と砂利についての現地における調査フローを示す．現地の状況把握，露出岩石・砂利の観察，試料採取の順に進める．なお，岩種ごとの観察と記載のポイントについては，付図D.1～D.3に示す．

◆**露出岩石・砂利の観察**　岩石・砂利の分布を把握する作業は，同時に岩石・砂利が一種類（単一岩体）かどうかを判定する．均質な最小の単一岩体を認定したら，岩石の場合は，それぞれについて岩石名，その特徴を図9.35，付図D.1～D.3に示す項目と照らし合わせて観察し，記載していく．複数の岩体の複合であれば，それぞれの関係や規模，特徴を記載し，そのなかで骨材としての対象岩石がどれなのかを確定する．

砂利層は，多くの場合，複数の層の重なりからなることから，各層に下から番号をつけて，層ごとに観察し，図9.36に示す項目と照らし合わせて観察し，記載する．各層の関係については，垂直方向の変化，水平方向の変化を観察し，骨材としての対象層をどの層まで含めるのかを検討し，確定する．

これらの観察において，トレンチ調査やボーリング調査を行ったのかどうかについても記載する．

◆**試料採取**　図9.35，9.36に示すように，**試料採取**は可能であれば一次調査と二次調査の2回に分けて行いたい．ただし，採石場や砂利採取場では一次調査と二次調査の間に期間が空きすぎると，その間に行われた採掘によって岩石・砂利の露出状況が変化していることが多いため，この点に留意して行うことが求められる．

上記の現地観察で均質の単一の岩体と認定した場合，肉眼観察で岩体内が均質かどうかわからない場合でも複数の試料を採取し，いったん，室内での分析（薄片観察とXRD分析）を行ったうえで，岩体の代表的な部分であると認定できる地点を絞り込み，化学法とモルタルバー法用の試料を採取する．この場合，一次調査時の試料量は1試料あたり数100gで，二次調査時の化学法とモルタルバー法用の試料はJISやRILEMの基準をもとにする（表9.8）．ただし，

1. 現地の状況把握

- 岩石の露出の状況とその規模(切羽がある場合はその大きさとベンチの配置状況)
- 岩石の露出状況を示すルートマップとスケッチ記載
- 地形図への記入や地質図の作成
- ボーリングデータがある場合は，その地点を記載し，柱状図を添付
- 表土あるいは風化土層の厚さと分布の把握

2. 露出岩石の観察

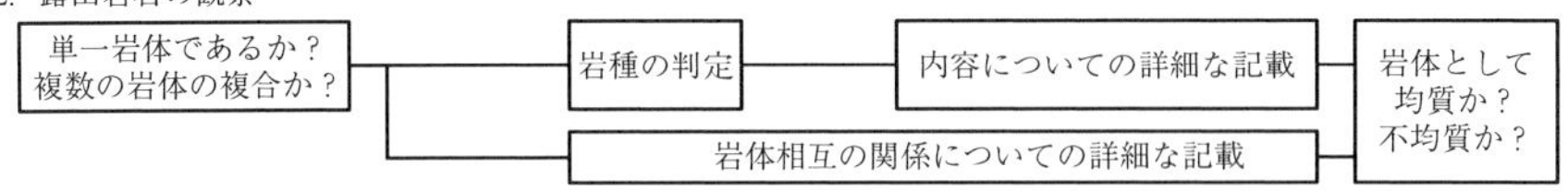

詳細は，各岩種ごとに行う(付表 D.2 ～ D.5 を参照).

3. 試料採取

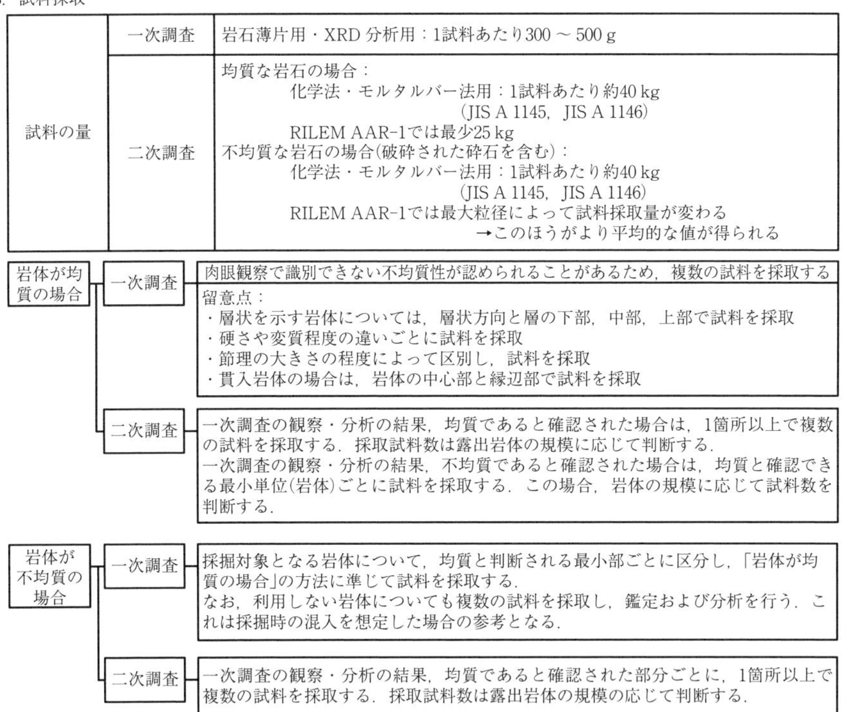

図9.35 現場調査フロー（岩石の場合）

不均質な岩石や砂利（細骨材としての砂も含む）の場合，RILEM AAR 1に示されているように最大粒径ごとの最少採取試料量を参考に行うことが望ましい．これは粗骨材などの製品化された試料についても同様である（付表D.4を参照)．なお，化学法とモルタルバー法用の試料についても薄片観察とXRD分

1. 現地の状況把握

- 砂利層の露出の状況とその規模(切羽がある場合はその大きさとベンチの配置状況)
- 砂利層の露出状況を示すルートマップとスケッチ
- 地形図への記入や地質図の作成
- ボーリングデータがある場合は，その地点を記述し，柱状図を添付
- 表土あるいは風化土層の厚さと分布を把握
- 堆積環境は河川か？　海岸付近か？　海底か？

2. 露出する砂利層の観察

- 砂利層が何層から構成されるか？　また，各層の層厚と横方向(地層の延長方向)の変化
- 層毎に下のほうから番号をつけて，各層ごとに観察
- 砂利層と砂利層の間に泥質層や砂質層が挟まれているか？

各層の観察

礫の分布
- 層内で礫が多いところと少ないところの変化について
- 礫層のなかにレンズ状，または薄い泥～砂層が認められるか？
- 層厚の変化は？

礫について
- 礫の種類と礫種ごとの礫の大きさ
- 礫の粒度は？　最大粒径は？　粒径範囲は？

基質について
- 礫と礫の間を埋める粒子の種類と大きさ（細礫，砂，泥など：肉眼での判断）
- 基質粒子の量比（肉眼での判断）

その他
- 貝化石は？　植物化石は？
- 炭層は？
- 堆積環境は河川か？　海岸付近か？　海底か？
  → 現在または過去の河川で堆積した砂利（砂）か，過去の海岸線付近または海底で堆積した砂利（砂）かについて，化石などをもとに判断する．あるいは文献をもとに判断する．

3. 試料採取

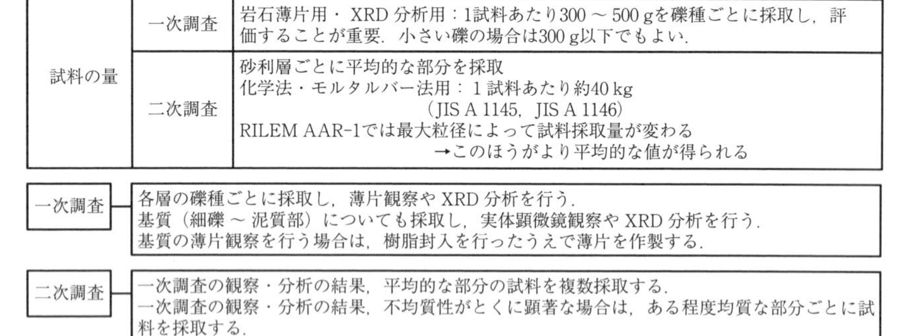

試料の量	一次調査	岩石薄片用・XRD分析用：1試料あたり300～500 gを礫種ごとに採取し，評価することが重要．小さい礫の場合は300 g以下でもよい．
	二次調査	砂利層ごとに平均的な部分を採取 化学法・モルタルバー法用：1試料あたり約40 kg（JIS A 1145，JIS A 1146） RILEM AAR-1では最大粒径によって試料採取量が変わる →このほうがより平均的な値が得られる

一次調査

各層の礫種ごとに採取し，薄片観察やXRD分析を行う．
基質（細礫～泥質部）についても採取し，実体顕微鏡観察やXRD分析を行う．
基質の薄片観察を行う場合は，樹脂封入を行ったうえで薄片を作製する．

二次調査

一次調査の観察・分析の結果，平均的な部分の試料を複数採取する．
一次調査の観察・分析の結果，不均質性がとくに顕著な場合は，ある程度均質な部分ごとに試料を採取する．

図9.36　現場調査フロー（砂利の場合）

析による分析を行う．

複数の岩体の複合からなる場合や砂利層では，それぞれの単一岩体や単一の地層について上記の方法で試料採取を行う．なお，地質学における堆積物の粒度試験に必要な試験質量を文献[9.41]に基づいて表9.8(c)に示した．

上記の調査はASR評価のみならず，その地域の岩石（砂利）の資源評価（資

表9.8 試料採取量JIS A 1145，JIS A 1146，RILEM AAR-1*の比較[9.7]

(a) 均質な岩石の場合

JIS	必要量	RILEM	必要量
JIS A 1145 JIS A 1146	約40 kg	RILEM AAR-1	25 kg（最少量）

(b) 砂利・火砕岩・砂岩・礫岩などの粒子種類が不均質な場合および破砕された製品（砕石・粗骨材）

JIS	必要量	RILEM AAR-1	
		試料中の最大粒径 [mm]	試料採取質量 [kg]（最少量）
JIS A 1145 JIS A 1146	約40 kg	4	1
		10	5
		20	15
		40	100
		50	200

(c) 堆積物の粒度試験に必要な試料質量（乾燥質量）（参考：地質学）

試料中の最大粒径 [mm]	必要最少質量 [kg]	試料質量 [kg]（左の数値の約5倍）
2	0.115	0.6
4.8	0.25	1.25
9.6	0.5	2.5
19.1	1	5
25.4	2	10
38.1	3	15
50.8	4	20
76.2	6	30
101.6	8	40

* 各規準の数値は執筆時点のものである．規準の改訂により数値が変わることがあるので，最新の規準を確認してほしい．

源量の予測，採掘方針，採掘の進行に伴う岩石（砂利）の性状の変化予測など）にもなる．

■偏光顕微鏡による岩石の観察　岩体から採取された岩石や砂利層から採取された礫あるいは細骨材としての砂について，岩石名の決定，構成鉱物の種類の判定などを行うために，岩石薄片を作製し，偏光顕微鏡で観察する．岩石薄片の作製方法や偏光顕微鏡による観察方法（9.2.1，9.2.2項を参照）については，多数の著書（たとえば，文献[9.4，9.42]など）があるので，ここでは省略し，観察の意味や留意点について述べる．

ASRを対象とした岩石の観察のポイントは，次のとおりである．

① 岩石名*
② シリカ鉱物の種類，産状および量比
③ 火山ガラスの量比
④ 粘土鉱物の産状と量比
⑤ 孔隙や微細なひび割れの有無とその状態
⑥ その他の有害鉱物の種類，産状および量比

以下，①～⑥について解説する．岩石記載のポイントについては，付表D.1に示す．また，簡潔な記載例を付表D.2～D.5に示す．

主な鉱物の特徴について，付表D.6～D.9に示す．

なお，偏光顕微鏡観察による鉱物の含有量の決定は難しいため，通常は見た目からおおよその含有量あるいは多いのか少ないのかなどの記述を行う．より定量的に行う場合は，ポイントカウンターによる測定法（ポイントカウンティング）がある[9.43]．**ポイントカウンティング**は薄片を等間隔にずらしながら，十字線の真下の鉱物を数えることによって，鉱物種ごとの比率を算出するものである．カウント数は，一般的な岩石学の記載では500～1000点であるが，ASR判定を対象とした場合はRILEM AAR-1では，最低でも1000点以上を要求しており[9.7]，この数値は対象鉱物の粒度によっても異なり，適切と思われるカウント数を独自に定める必要がある．現在改定中のRILEM AAR-1ではこの点が考慮されている．なお，砂利中に含まれる数%の反応性鉱物を含む岩石粒子が問題となることもある[9.44]ことから，細骨材における砂粒子の判定も

＊ 岩石名を決めるには，構成鉱物の同定が必要である．主要な造岩鉱物の特徴を付表D.6～D.9に示す．

ポイントカウンティングで行うことが望まれる．また，カウント数が多くなると，1試料の薄片は数枚に及ぶため，かなりの鑑定能力と時間が要求される．

なお，砕砂を細骨材に使用する場合も，天然の砂と同様に鑑定する必要がある．

◆岩石名　岩石名はASRの可能性を判断するうえで重要である．岩石名がわかれば，反応性鉱物含有の可能性やどのような点に留意して観察すべきか判断できる．たとえば，砂岩なのか，安山岩なのか，砂岩を原岩としたホルンフェルスなのかで，岩石中のどの種のシリカ鉱物を検討すべきかが，違ってくる．採掘の認可を受けるにあたって，採石法上の岩石名のどれかに当てはめればよいというものではなく，岩石の性質を正確に反映した岩石名であることが必要である．そのために，「新鮮な安山岩」，「変質した玄武岩」，「泥質基質を多く含む砂岩」，「砂岩を原岩としたホルンフェルス」，「スメクタイトを多く含む安山岩」，「珪化した砂岩」，「シリカ鉱物の細脈を多く含む片麻岩」などのように，形容詞をつけた岩石名で表すことも重要である．

◆シリカ鉱物の種類，産状および量比　シリカ鉱物の種類については9.3.1項で記述したが，観察上，重要な点は，その種類，産状（どのように認められるか），大まかな量比である．

石英は，安山岩などの斑晶鉱物や花崗岩などの初生的な大きい結晶なのか，変質した岩石中に含まれるような二次的に生成した微細な結晶やカルセドニーなのか，あるいは脈状に産するのかを，判断する必要がある．一般に，初生的な大きな結晶や変成作用で生成した大きい結晶の石英は反応性に乏しいが，二次的に生成した微小な石英やカルセドニーは反応性に富んでいる．そこで，顕微鏡観察で認められた石英の特徴や量比を記載することも重要である．

安山岩などの石基に含まれるクリストバライトやトリディマイトは，通常，不慣れな技術者が見つけ出すことは稀で，多くの場合，微細すぎて倍率200～400倍でも認定が困難なことが多い．したがって，クリストバライトやトリディマイトの可能性のある結晶が少量でも認められるどうかを記載しておき，XRD分析結果と組み合わせて判断することが重要である．

クリストバライトは，上記のような初生的な結晶だけでなく二次的に生成する場合もある．これは**α-クリストバライト**といわれる．これは変質作用によって火山ガラスなどが変質する過程で，粘土鉱物などが生成する際に化学組成的に過剰なシリカから生成したり，あるいは熱水から直接生成したりするものである．通常，火山岩や砂岩などが変質する初期の段階（たとえば，スメクタイトが生成される環境）で晶出する．α–クリストバライトは岩石中の小さな空隙を充填し，あるいは細脈として産することから，偏光顕微鏡での観察で認定されることはよくある．

オパール，オパール–A，オパール–CTは偏光顕微鏡での鑑定は難しいこともある．ただし，熱水から岩石の隙間に沈殿したオパールについては推定ではあるが，可能性を記載することができる．オパール–Aは泥岩などの堆積岩中に珪藻などの化石が認められた場合，含まれる可能性が指摘できる．オパール–CTについては，頁岩などの堆積岩中に含まれる．偏光顕微鏡では認定は困難だが，珪藻質泥岩に近接した場所から採取された試料の場合，オパール–CTが含まれる可能性が高い．なお，オパール–CTはさらに続成作用が進むと，微小な石英に変化し，その途中の段階の試料には両者が共存する．また，オパール–Aやオパール–CTはXRD分析で容易に判定できる．

◆火山ガラスの量比　火山ガラスは偏光顕微鏡での鑑定が最も正確であり，また岩石中のどこにどのように分布するのか認定できる．ただし，一部の沸石鉱物のように複屈折が小さく，屈折率が低い鉱物や，微細なクリストバライトと重なってみられる場合など，判定に迷うことがある．含有量については，顕微鏡の視野のなかでガラスが占める面積から定性的な記載をする．火山ガラスの存在と含有状況は，鏡面研磨薄片を用いて反射光下で確認して定量する．

◆粘土鉱物の産状と量比　岩石中に粘土鉱物が認められるのは，変質作用，あるいは低度変成作用を受けた岩石である．たとえば，変質した火山岩，凝灰岩，砂岩など，あるいは緑色片岩や輝緑岩などである．これらの岩石を観察する場合，もとの岩石中のどの鉱物を交代しているのか，あるいは脈状なのか，見た目での定性的な含有量を記載することが望ましい．

粘土鉱物は骨材の吸水率を大きくするほか，スメクタイトなどの一部の粘土鉱物は化学法でR_c値を高くする効果がある．また，イライトなどの粘土鉱物は長石とともにKなどのアルカリの供給源となることもある．

◆孔隙や微細なひび割れの有無とその状態　岩石中にはもともと微細な初生孔隙が存在することも多く，あるいは長い地質時代を経たなかで，形成された二次孔隙や微細なひび割れが認められることも多い．このうち，初生空隙の多くは火山岩中のもので，マグマが固結するときの脱ガス過程で気孔と呼ばれる空隙（径0.1～数mm，またはそれ以上）が形成される．また，二次孔隙は熱水作用などで鉱物が溶解したことによるもの，あるいは応力によって局部的なひび割れの形成とひび割れに沿って形成された孔隙である．ASRとして重要なのは，これらの孔隙中に後から充填した鉱物である．多くの場合でオパールや各種のシリカ鉱物が生成している．そのほかに，粘土鉱物，沸石鉱物，炭酸塩鉱物などが生成していることもあるので，これらの状況と定性的な含有量について記載する．

◆その他の有害鉱物の種類，産状および量比　ASRには直接関与しないが，**濁沸石**，**硫化鉱物**などのコンクリートに有害な鉱物の存在や含有量について，見た目での定性的な記載する，詳細はたとえば文献[9.26]などを参考にしてほしい．

■実体顕微鏡による砂・泥粒子の観察　砂利採取場では，粒度分けによって粗骨材と細骨材が生産されている．このうち，粗骨材の観察や分析は岩石の観察・分析方法に準じるが，細骨材については粒子が小さいため，観察や分析をどのようにすべきか判断しづらい．また，粗骨材では問題ないと判定されても，細骨材で問題がある場合もある．

そこで，砂・泥粒子の観察について，以下のような方法を紹介する．細骨材には細礫・砂・泥などの粒子が含まれ，その粒径は数mm以下であることから，肉眼観察も難しい．このような場合，数倍程度の倍率をもつ双眼実体顕微鏡での観察が有効である．岩石の観察が可能な人であれば，判断がより正確に行える．なお，それでも判定が難しい場合は，砂粒子を樹脂に封入した後，岩石薄片を作製し，偏光顕微鏡で次のものを観察することによって，より正確に鑑定できる．

① 各粒子の岩種，あるいは鉱物種（たとえば，石英の粒）
② 貝化石や有孔虫などの化石やその破片の有無
③ 植物化石の有無
④ その他の有害鉱物（とくに硫化鉱物）

シリカ鉱物を多く含む岩石は非常に硬いので，微細な粒子としても多く含まれる．とくに，カルセドニーからなるめのうは砂粒子として含まれることも多い．また，化石の一部には，地層に埋没中にシリカの沈殿が進行し，内部をシリカ鉱物が充填している場合もある．

■XRD分析

XRD分析によって求められるのは，次のとおりである．

① シリカ鉱物の種類と量比
② 火山ガラスを多く含むか
③ 粘土鉱物の種類と量比
④ その他の有害鉱物の有無

なお，XRD分析による鉱物の同定法については8.1.3項で紹介しているので，ここでは省略する．

主な岩石のXRD分析の結果を図9.37に示す．

◆シリカ鉱物の種類と量比　シリカ鉱物については，石英，クリストバライト，トリディマイト，さらにはオパール，オパール–A，オパール–CTの判定を行う．しかし，クリストバライト，トリディマイト，オパール–CTのピーク（$2\theta = 22.00°$（CuKα線，8.1.3項を参照））は斜長石のピークと重なる．そのため**リン酸処理**によって斜長石を溶解することによって斜長石のピークを除去すると判別できる（図9.38）．リン酸処理法や，クリストバライト・トリディマイトの含有量を正確に求める方法は，文献[9.44，9.45]によって紹介されている．なお，クリストバライトやトリディマイトの含有量とアルカリ反応性の間には相関が認められない場合もあるので，リン酸処理を行わずにクリストバライトやトリディマイトのピークが明瞭な場合を多，リン酸処理によって明瞭なピークが現れる場合を中，リン酸処理によってわずかにピークが認められる場合を少，リン酸処理によってまったくピークが認められない場合を無と記載して含有量を表す方法も有用である．

石英の含有量を測定する方法は，標準物質を添加した検量線*1を作成し，試料に同じ標準物質を添加して精度よく測定したピークの面積強度*2を比較することによって得られる[9.47]．

また，石英の**結晶度**と化学法のS_cの間には負の相関がある[9.13]．石英の結晶度の測定方法は，文献[9.48]による．この方法は，XRD分析（CuKα線）により$2\theta = 67 \sim 68°$の石英のピークの高さから結晶度（C.I.）を求める方法である．結晶作用（あるいは再結晶作用）の進行に伴ってシリカ鉱物の結晶粒径が大きくなると石英の結晶度は大きくなり（図9.39），同時にS_c値が小さくな

*1　検量線とは，対象鉱物を一定量ずつ添加した標準試料のXRD分析から得られたX線強度と含有量との関係を示した図である．
*2　面積強度とは，XRD分析で得られた一つのピークについて，ピーク頂部とその両側のすそ野部分を合わせた面積である．

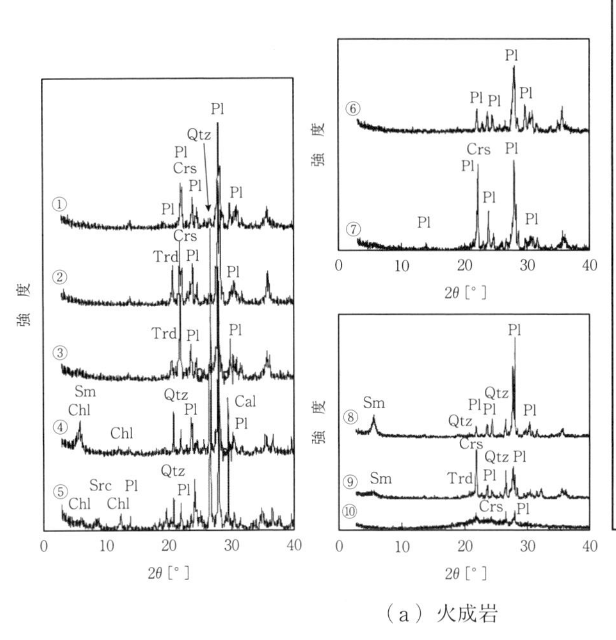

Qtz：石英　Pl：斜長石
Crs：クリストバライト
Trd：トリディマイト
Sm：スメクタイト
Src：絹雲母
Chl：緑泥石
Cal：方解石

①新鮮な安山岩（初生のクリストバライトを多く含む）
②新鮮な安山岩（初生のクリストバライト・トリディマイトを多く含む）
③新鮮な安山岩（初生のクリストバライト・トリディマイトを多く含む）
④少し変質した安山岩（スメクタイト・緑泥石を含む）
⑤著しく変質した安山岩（絹雲母・緑泥石を含む．二次石英も多く含む）
⑥新鮮な玄武岩（クリストバライトを含まない）
⑦新鮮な玄武岩（クリストバライトを多く含む）
⑧変質した玄武岩（スメクタイトを含む）
⑨少し変質したデイサイト（スメクタイト，初生のクリストバライトとトリディマイトを含む）
⑩新鮮な黒曜石（クリストバライトを含む）

（a）火成岩

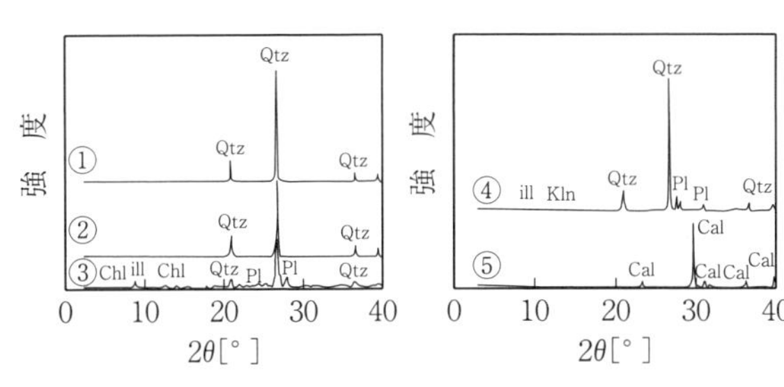

Qtz：石英　Pl：斜長石
Cal：方解石　Chl：緑泥石
ill：イライト　Kln：カオリン
①チャート　②石英片岩
③千枚岩　④砂岩　⑤石灰岩

（b）堆積岩と変成岩

図9.37　主な岩石のXRD分析の例

る[9.13]．ただし，この方法は，珪質堆積岩中に生成するシリカ鉱物が続成作用や変成作用を通じて結晶度や粒径がほぼ均質に一定方向に変化していることを前提としている．したがって，砂岩や花崗岩のように成因の異なるさまざまな石英が共存する岩石中にあっては，いろいろな結晶度の石英が含まれている可能性があるため，この方法を用いることは妥当ではない．なお，国内ではオパ

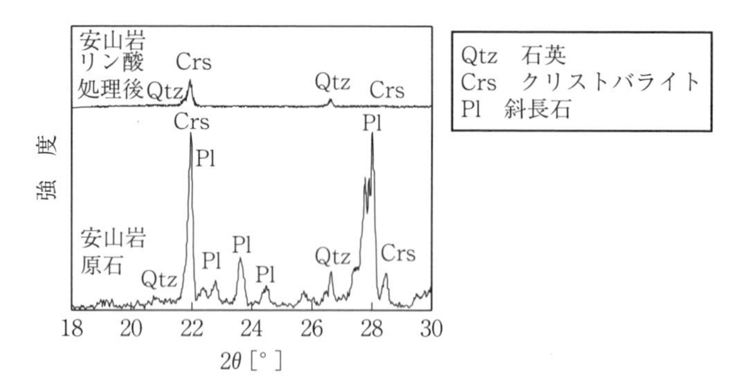

図9.38　クリストバライトを含む安山岩と
それをリン酸処理した試料のX線回析図

地質時代 ＼ 分帯	新生代 中新世	新生代 中新世以前	中生代 白亜紀	中生代 ジュラ紀	中生代 三畳紀	古生代 ペルム紀	古生代 石炭紀	古生代 デボン紀	古生代 シルル紀	石英の特徴 結晶度 C.I.	石英の特徴 粒径 [μm]
オパール－A*1											
オパール－CT*1											
カルセドニー*2										1～2	＜2～5
カルセドニー～隠微晶質石英帯*3										3～5	＜2～5
微晶質石英帯*4										6～8	＜10 20～40
粒状石英帯*5										9～10	＞20～50

＊1　生物源シリカからなる泥質岩
＊2　グリーンタフ地域における熱水性のカルセドニーからなる珪化岩
＊3　若い時代のチャート
＊4　古い時代のチャート
＊5　再結晶石英を多く含む変成岩

（a）珪質堆積物の石英帯と時代，結晶度，粒径との関係

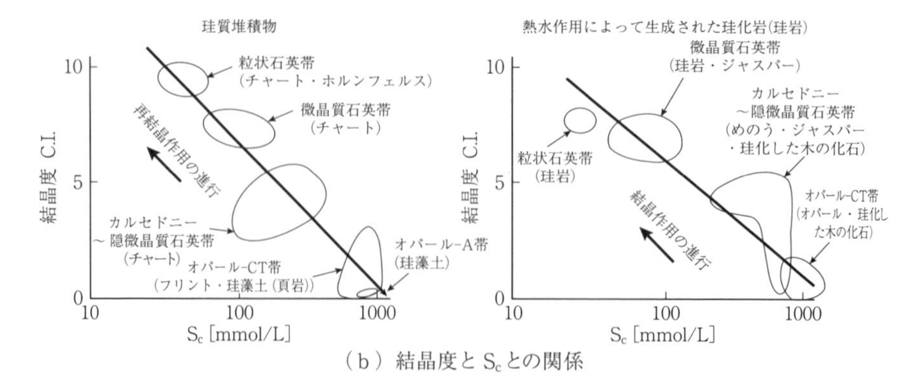

（b）結晶度と S_c との関係

図9.39　シリカ鉱物帯と石英の結晶度，粒径および S_c との関係[9.13]

ール–Aやオパール–CTの泥岩や頁岩は，主に日本海側の山陰地方，北陸地方，東北地方，北海道に広く分布する新第三紀の地層中に多く存在する．また，国内の中生代や古生代のチャートや泥質岩にはカルセドニーや隠微晶質石英が多く含まれているが，これらは北海道・東北地方の太平洋岸，関東地方，近畿地方，四国地方などに広く分布する．同時に，このことは，これらの分布域の砂利には上記の反応性鉱物を含む礫や砂が含まれていることを意味する．

◆火山ガラス　火山ガラスは偏光顕微鏡で観察するほうが，岩石中のどこに，どの程度含有するか，判定しやすいし，また少量の火山ガラスも判定しやすいが，多量に含まれている場合はXRD分析では$2\theta = 20 \sim 25°$（CuKα線）に幅広いピークの存在によって確認できる．ただし，含有量の測定は困難である．

◆粘土鉱物の種類と量比　粘土鉱物をXRD分析によって同定する手法についても多くの著書がある（たとえば，文献[9.49]）．粘土鉱物についてXRD分析を用いて同定する場合は，全岩試料（岩石をそのまま微粉砕した試料）と2 μm以下の粒子をスライドガラスに塗布した**定方位試料**を作製して行う．全岩試料では粘土鉱物以外の鉱物（シリカ鉱物，長石，雲母鉱物，沸石鉱物，硫化鉱物，硫酸塩鉱物など）も同時に同定する．通常，$2\theta = 3 \sim 65°$（CuKα線）を走査するが，主要な鉱物は$2\theta = 3 \sim 40°$の走査で明らかになる．しかし，全岩試料では粘土鉱物などの微細で結晶度の低い鉱物のピークが不明瞭であることが多いため，判定を正確に行うことができない．そこで，試料を微粉砕（通常は0.25 mm以下）し，水中に分散させ，ストークス式を用いて，2 μm以下の粒子を捕集する．この粘土粒子を含む懸濁物から遠心分離器などを使用して粘土粒子を濃集させ，スライドガラス上に塗布する．この試料をXRD分析することにより，明瞭なピークが得られる．図9.40に主な粘土鉱物と粘土鉱物を多く含む岩石のXRD分析の結果を，図9.41に粘土鉱物のピーク位置と各種処理後のピークの変化について示す．最近，XRD装置は回折角が5°以下の測定ができない設定になっていることも多いが，低角位置にピークが現れる長周期反射をもつ規則型混合層鉱物を除いて鉱物の同定上支障はない．

一方，粘土鉱物の含有量を測定する方法は，粘土鉱物の種類ごとの検量線を作成して行う．たとえば，ある種の純粋な粘土鉱物試料に標準物質を添加し，試料にも同じ標準試料を添加して精度よく測定したピークの面積強度を比較することによって得られる．ただし，一つの試料中に含まれる粘土鉱物の種類が

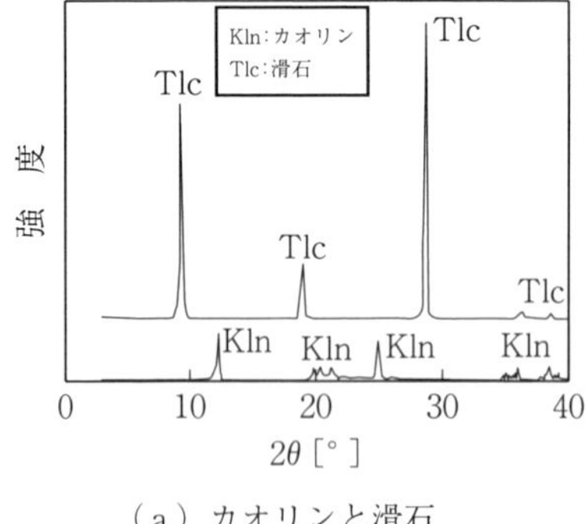

（a）カオリンと滑石

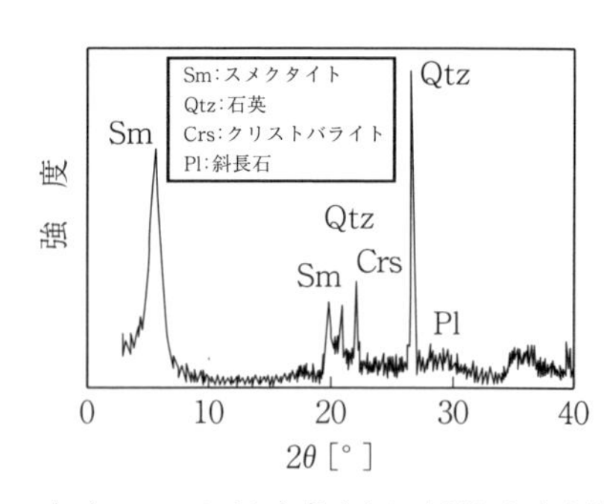

（b）スメクタイトを多く含む変質した安山岩

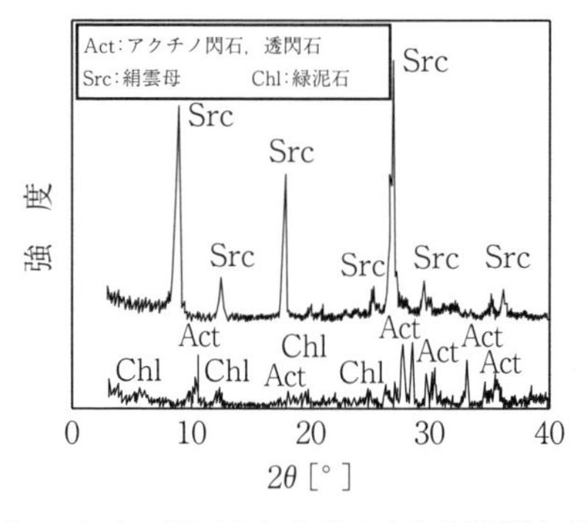

（c）アクチノ閃石などを多く含む輝緑岩と絹雲母

図9.40　主な粘土鉱物と粘土鉱物を多く含む岩石のXRD分析の結果

少ないほうが望ましい.

◆その他の有害鉱物　濁沸石，硫化鉱物などのコンクリートに有害な鉱物については，通常，$2\theta = 3 \sim 65°$（CuKα線）の走査によって，それぞれの鉱物の特徴的なピークから判定する[9.43].

■評価方法　骨材のアルカリ反応性の評価は化学法，モルタルバー法による判定は重要であるが，これらの試験を行う前にアルカリ反応性の可能性について評価し，コメントをつけることが望ましい．すなわち，アルカリ反応性に関する評価は，対象岩石（砂利）は現地でどの程度の不均質性があり，反応性鉱物がどのように分布し，どのくらいの含有量があるのかなどの情報と，化学法，モルタルバー法の結果と併せて総合的に解釈することが重要であり，このことが骨材の品質の長期安定性を確保するうえで重要となる.

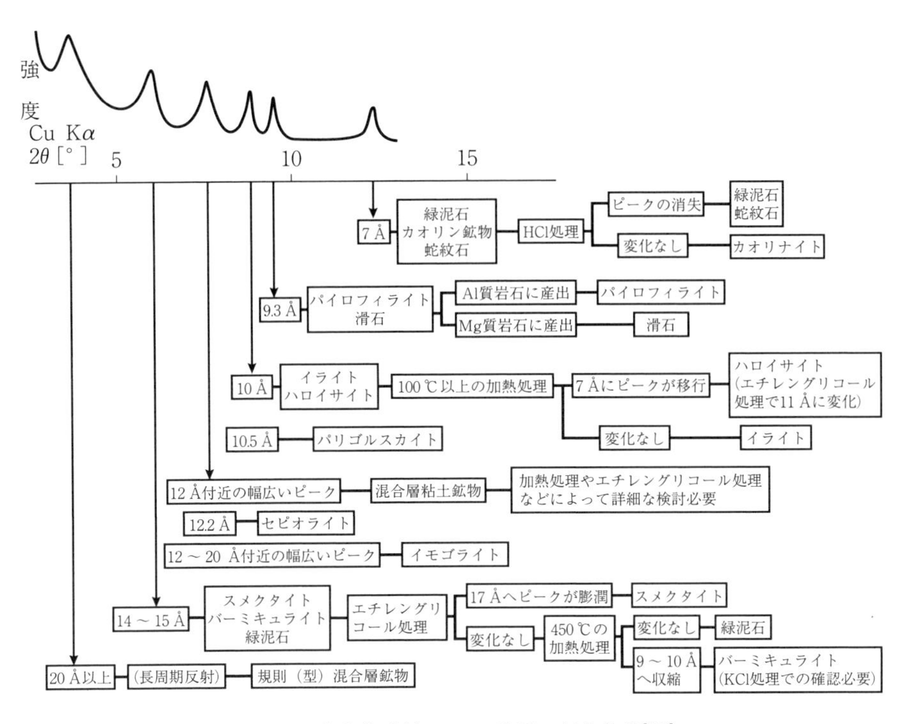

図9.41 定方位試料のXRD分析の判定基準[9.49]

表9.9に岩石と砂利に対する評価方法についての留意点を示す.

岩石の場合は，**均質**な岩体と複数の岩体が**複合**している場合に分けて考える．均質な岩体では，表9.9(a)のように，岩石名，反応性鉱物とその含有量および粒径，岩体内の不均質性，化学法の予測，モルタルバー法の予測，遅延性の可能性についてまとめる．複数の岩体が複合している場合は，それぞれの岩体について上記の判定を行い，あわせて対象外岩石の混入の可能性について，表(c)のように評価する．これらの検討を行ったうえで，リスクのレベルと採掘を続けた場合の岩質の変化に関する予測を行い，総合評価とする．

砂利の場合は，岩石の場合と同様に，単一の層と複数の層に分けて考えるが，とくに留意すべき点は多種類の礫を含み，礫それぞれにアルカリ反応性が異なることにある．さらに，細粒粒子の混入や対象外の層からの混入の影響も検討しておく必要がある．単一の層の場合は表9.9(b)のように評価し，複数の層の場合は表(b)のように評価したうえで表(c)のように評価する．そのうえ

表9.9　評価方法

(a) 均質な岩体の評価

<table>
<tr><th colspan="2">岩石名と反応性鉱物およびその含有量</th><th colspan="2">岩体内の不均質性の可能性（肉眼観察で判別できない内容）</th><th>化学法の予測</th><th>モルタルバー法の予測</th></tr>
<tr><td colspan="2">岩石名
多 ～ 中 ～ 少
特徴（石英の粒径など）</td><td colspan="2">具体的に記述</td><td>S_c，R_cが高いか，低いか？粘土鉱物の影響は？</td><td>膨張すると予測されるか？遅延性の可能性は？</td></tr>
<tr><td rowspan="3">総合評価：(1)</td><td rowspan="3">リスク</td><td>大</td><td colspan="3">確実に反応すると予想される</td></tr>
<tr><td>中</td><td colspan="3">反応する可能性がある</td></tr>
<tr><td>小</td><td colspan="3">反応する可能性が少ない（またはほとんどない）</td></tr>
<tr><td colspan="2" rowspan="2">総合評価：(2)</td><td colspan="4">岩体の採掘を続けた場合の岩質の変化に関する予測</td></tr>
<tr><td colspan="4">具体的に記述</td></tr>
</table>

(b) 単一の砂利層の評価

礫種構成	各礫ごとの反応性鉱物と含有量	細粒粒子（基質）の種類と含有量	化学法の予測	モルタルバー法の予測
具体的に記述	具体的に記述	具体的に記述	S_c，R_cが高いか，低いか？粘土鉱物の影響は？	膨張すると予測されるか？遅延性の可能性は？

(c) 複数の岩体や層についての全般的な評価

<table>
<tr><td rowspan="3">総合評価：(1)</td><td rowspan="3">リスク</td><td>大</td><td>確実に反応すると予想される</td></tr>
<tr><td>中</td><td>反応する可能性がある</td></tr>
<tr><td>小</td><td>反応する可能性が少ない（またはほとんどない）</td></tr>
<tr><td colspan="2" rowspan="2">総合評価：(2)</td><td colspan="2">対象層の採掘を続けた場合，砂利の質の変化に関する予測</td></tr>
<tr><td colspan="2">具体的に記述</td></tr>
</table>

で，岩石の場合と同様のリスク評価を行い，総合評価とする．また，細骨材は粒度調整を行う必要から複数の山地の砂を混合することがあるため，砂の評価には粒径ごとの粒子の種類を把握しておく必要がある．

以上のように，岩石鉱物学的な検討について現場調査を含めて行うことにより，同程度の品質（とくにASRに関し）の骨材を安定的に供給することが可能となる．これらの作業の重要な結果が，コンクリートの材料である骨材への信頼性を高める．

参考文献

[9.1] T. Katayama: The so-called alkali-carbonate reaction (ACR)-Its mineralogical and geochemical details, with special reference to ASR, Cem. Concr. Res., Vol.40, pp.643-675, 2010.

[9.2] 片山哲哉：既往の調査事例に見られる不適切な診断法，作用機構を考慮したアルカリ骨材反応の抑制対策と診断研究員会報告書，同委員会，日本コンクリート工学協会，pp.215-218，2008.

[9.3] 岸谷孝一，西澤紀昭：コンクリート構造物の耐久性シリーズ—アルカリ骨材反応—，技報堂出版，p.183，1987.1.

[9.4] 丸章夫：偏光顕微鏡による岩石・鉱物の判定方法—有害鉱物を含む岩石の観察—，コンクリート技術者のための偏光顕微鏡による骨材の品質判定の手引き，日本コンクリート工学協会，pp.53-98，1987.2.

[9.5] JCI基準小委員会：JCI DD-3：骨材に含まれる有害鉱物の判別（同定）方法（案），耐久性診断研究委員会報告書，JCI基準集（1977 ~ 2002年度），日本コンクリート工学協会，pp.157-179，2004.4.

[9.6] 地学団体研究会 編：新版地学事典，平凡社，1996.10.

[9.7] I. Sims and P. Nixon: RILEM recommended test method AAR-1: detection of potential alkali-reactivity of aggregates-petrographic method, Material and Structures, Vol.36, pp.480-496, Aug/Sept. 2003.

[9.8] C. パスキエ，R. トゥロウ 著，鳥海光弘，金川久一 訳：マイクロテクトニクス—微細構造地質学—，シュプリンガー・フェアラーク東京，p.277，1999.7.

[9.9] 森本信男，砂川一郎，都城秋穂：鉱物学，岩波書店，p.640，1975.5.

[9.10] 水谷伸治郎：ケイ酸鉱物とケイ質堆積物，科学，岩波書店，Vol.46，No.7，pp.420-428，1976.7.

[9.11] 飯島東：概説：珪質堆積物，月刊地球，海洋出版，Vol.4，No.8，pp.478-484，1982.8.

[9.12] 地学団体研究会 編：地学事典，平凡社，1973.11.

[9.13] T. Katayama and T. Futagawa: Diagenetic changes in potential alkali-aggregate reactivity of siliceous sedimentary rocks in Japan-a geological interpretation, Proceedings of the 8th International Conference on Alkali-Aggregate Reaction, pp.525-530, 1989.7.

[9.14] 火山珪酸塩工業研究会 編：新時代を築く火山噴出物—その性状と利用の手引き—，リアライズ社，1995.10.

[9.15] T. Katayama, D. A. St. John and T. Futagawa: The petrographic comparison of some volcanic rocks from Japan and New Zealand-potential reactivity related to interstitial glass and silica minerals, Proceedings of the 8th International Conference on Alkaki-Aggregate Reaction, pp.537-542, 1989.7.

[9.16] 市川慧，平野勇，脇坂安彦，守屋進，小林茂敏，河野広隆，森濱和正，森田良美：日本産岩石のアルカリシリカ反応性，土木研究所資料，No.2840，p.261，1990.1.

[9.17] 長野伸泰，高橋徹，干場敬史，阿部芳彦，八幡正弘：北海道産砕石のアルカリシリカ反応性と岩石・鉱物学的特徴，北海道立工業試験場報告，No. 290，pp.7–17，1991.3.

[9.18] 長野伸泰，高橋徹，勝世敬一，岡孝雄，八幡正弘：平成2年度共同研究報告書—コンクリート構造物におけるアルカリ骨材反応抑制技術—，北海道立工業試験場・北海道立地下資源調査所，p.62，1991.3.

[9.19] 長野伸泰，高橋徹，勝世敬一，八幡正弘，岡孝雄：平成3年度共同研究報告書—コンクリート構造物におけるアルカリ骨材反応抑制技術—，北海道立工業試験場・北海道立地下資源調査所，p.52，1992.3.

[9.20] 長野伸泰，高橋徹，内田典昭，勝世敬一，八幡正弘：平成4年度共同研究報告書—コンクリート構造物におけるアルカリ骨材反応抑制技術—，北海道立工業試験場・北海道立地下資源調査所，p.49，1993.3.

[9.21] 資源エネルギー庁長官官房鉱業課 編：採石法逐条解説，ぎょうせい，p.490，1991.4.

[9.22] 地学団体研究会 編：新版地学教育講座4，岩石と地下資源，東海大学出版会，p.201，1995.3

[9.23] 大塚韶三，青木寿史，荻島智子：新ひとりで学べる地学I，清水書院，p.271，2008.1.

[9.24] 水谷伸治郎，斉藤靖二，勘米良亀齢：日本の堆積岩，岩波書店，p.226，1987.7.

[9.25] 脇坂安彦，守屋進：鉱物学的にみた岩石のアルカリ反応性，セメント・コンクリート，No.499，pp.9–17，1988.9.

[9.26] 脇坂安彦，阿南修司：いわゆる有害鉱物によるコンクリートの品質低下現象とその機構，セメント系材料・骨材研究委員会講習会資料集，pp.1–29，日本コンクリート工学協会，2005.9.

[9.27] 森野奎二，柴田国久，岩月英治：スメクタイトを含む安山岩のアルカリ骨材反応性，粘土科学，Vol.27，No.3，pp.170–179，1987.9.

[9.28] T. Katayama and Y. Kaneshige: Diagenetic changes in potential alkali-aggregate reactivity of volcanic rocks in Japan–a geological interpretation, Proceedings of the 7th International Conference on Concrete Alkali-Aggregate Reactions, pp.489–493, 1986.

[9.29] T. Katayama, T. S. Helgason and H. Olafsson: Petrography and alkali-reactivity of some volcanic aggregates from Iceland, Proceedings of the 10th International Conference on Alkali-Aggregate Reaction in Concrete, pp.377–384, 1996.7.

[9.30] 森野奎二：わが国のチャート質骨材のアルカリ骨材反応例，骨材資源，No.70，pp.63–73，1986.9.

[9.31] 日下部吉彦，西山孝，木村訓，楠田啓，福田浩則，後藤理文：アルカリ骨材反応におけるシリカ鉱物—とくにトリディマイト，クリストバライト，潜晶質石英—の潜在反応性について，水曜会誌，京都大学水曜会，Vol.20，No.7，pp.429–434，1986.12.

[9.32] 佐々木孝彦，立松英信，岩崎孝：骨材のアルカリ反応特性—とくに石英質について—，骨材資源，No.76，pp.184–190，1988.3.

[9.33] T. Katayama: A critical review of carbonate rock reactions-is their reactivity useful or harmful?, Proceedings of the 9th International Conference on Alkali-Aggregate Reaction in concrete, pp.508–518, 1992.7.

[9.34] T. Katayama: How to identify carbonate rock reactions in concrete, Materials Characterization, No.53, pp.85–104, Elsevier, 2004.7.

[9.35] T. Katayama: Modern petrography of Carbonate aggregates in concrete-diagnosis of so-called alkali-carbonate reaction and alkali-silica reaction, Proceedings of the 8th CANMET/ACI International Conference on Recent Advances in Concrete Technology, Montreal, pp.423–444, 2006.5, 6.

[9.36] T. Katayama, M. Tagami, Y. Sarai, S. Izumi, and T. Hira: Alkali-aggregate reaction under the influence of deicing salts in the Hokuriku district, Japan, Materials Chracterization, No.53, pp.105–122, Elsevier, 2004.7.

[9.37] T. Katayama, Y. Sarai, Y. Higashi and A. Honma: Late-expansive alkali-silica reaction in the Ohnyu and Furikusa headwork structures, central Japan, Proceedings of the 12th International Conference on Alkali-Aggregate Reaction in Concrete, pp.1086–1094, 2004.10.

[9.38] 鳥居和之，樽井敏三，大代武志，平野貴宣：能登半島のASR劣化構造物に関する一考察，コンクリート工学年次論文集，Vol.28，No.1，pp.779–784，2006.7.

[9.39] 山戸博晃，南善導，大代武志，鳥居和之：石川県産骨材のアルカリシリカ反応性の評価に関する研究，コンクリート工学年次論文集，Vol.29，No.1，pp.1257–1262，2007.7.

[9.40] 中井裕：新版砕石，技術書院，p.311，1980.7.

[9.41] 公文富士夫，立石雅昭 編：地学双書29「新版砕屑物の研究法」，地学団体研究会，p.399，1998.9.

[9.42] 黒田吉益，諏訪兼位：偏光顕微鏡と岩石鉱物（第2版），共立出版，p.343，1983.5.

[9.43] JCI基準小委員会：JCI DD-4：有害鉱物の定量方法（案），耐久性診断研究委員会報告書，JCI基準集（1977～2002年度），日本コンクリート工学協会，pp.180–185，2004.4.

[9.44] T. Katayama: Alkali-aggregate reaction in the vicinity of Izmir, western Turkey, Proceedings of the 11th International Conference on Alkali-Aggregate Reaction, pp.365-374, 2000.6.
[9.45] 安伸二，丸嶋紀夫：りん酸法を応用したアルカリ骨材反応に関する2，3の検討，セメント技術年報，第39号，pp.316-319，1985.
[9.46] 名古屋俊士：りん酸処理による骨材中のクリストバライトのX線回折法，骨材資源，第66号，pp.90-96，1985.9
[9.47] 森野奎二：骨材に含まれる反応性鉱物の定量，骨材資源，No.78，pp.70-84，1988.9.
[9.48] K. J. Murata and M. B. Norman: An index of crystallinity for quartz, American Journal of Science, Vol.276, pp.1120-1130, 1976.12.
[9.49] 吉村尚久 編著：地学双書32「粘土鉱物と変質作用」，地学団体研究会，p.293，2004.4.

10章
骨材の地質学的産状とASRの可能性

10.1 日本の概要

本節では，日本全体の**地質図**を用い，日本の**地質学的形成過程**にも触れながら，**地質構造**を考慮したASRのリスクを地区ごとに説明する．図10.1にASRの観点から編さんした地質図を，図10.2に**地質区分**を示す*.

◇ 10.1.1 反応性鉱物の種類とその含有岩体

まず，本節を理解するための最低限の岩石学的情報について，詳細は9章で述べたので，ここでは要点のみを示す．一般に，反応性鉱物であるさまざまなシリカ鉱物，またはシリカに富んだ非晶質が，アルカリ溶液に溶解してASRの原因となる．シリカ鉱物のうち，石英は常温常圧で安定であり，高アルカリ環境下でも溶解速度は小さく，実用的に反応性鉱物とみなされないが，微晶質・隠微晶質のように微細結晶からなり大きな表面積をもつ場合は，アルカリ反応性を示すようになる．

したがって，骨材として利用される岩石中に普通に含まれているものとしては，次のものがある．

① シリカ鉱物の高温変態として高温のマグマから晶出した**クリストバライト**と**トリディマイト**
② シリカに富んだ**火山ガラス**
③ 水を含んだ**非晶質シリカ**から主に構成される**オパール**
④ **カルセドニー**
⑤ **隠微晶質石英・微晶質石英**

なお，オパールなどの非晶質シリカは，安定な石英へと変化していく過程において，低温で生成したクリストバライトやトリディマイトを含む場合がある

＊ 紙面の都合で掲載が難しい地名入りの地質図は付録CDに収録している．

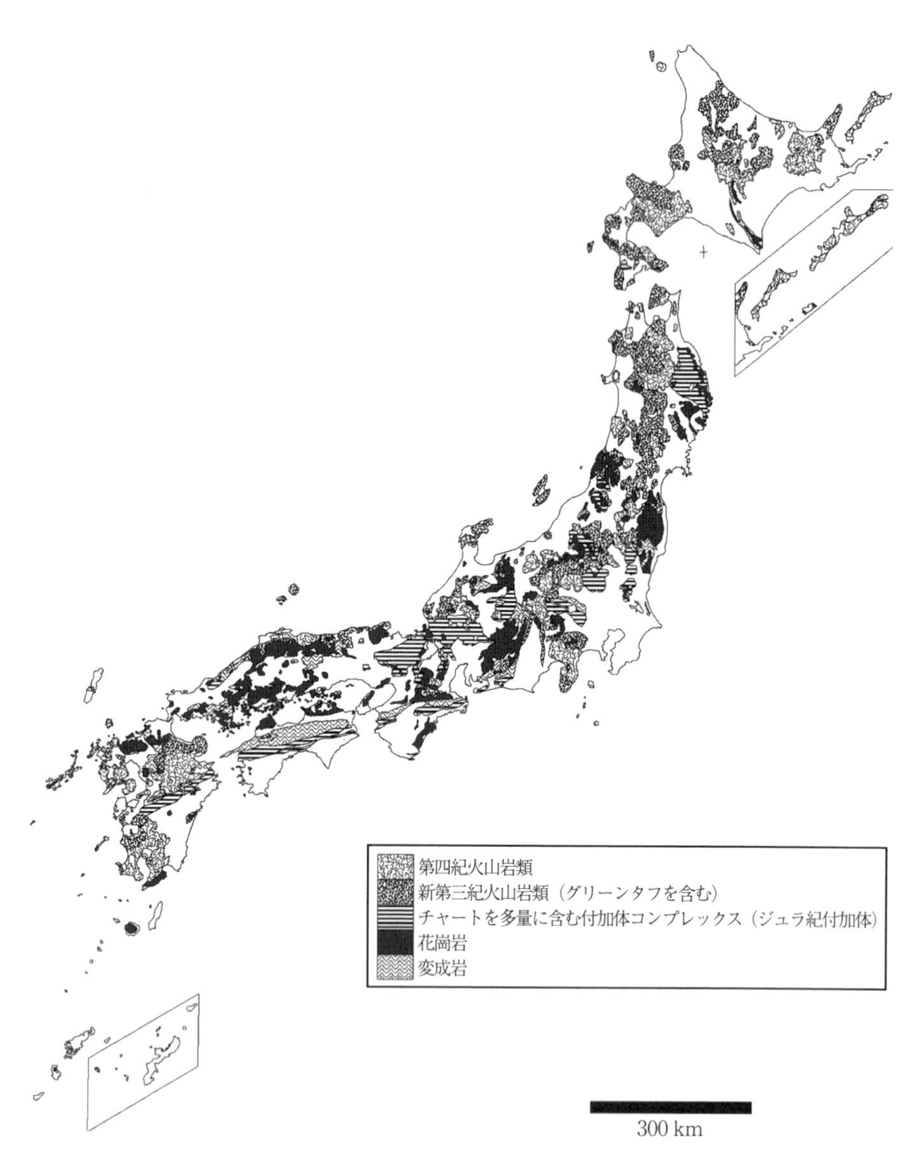

図10.1　ASRの観点からの日本の地質図

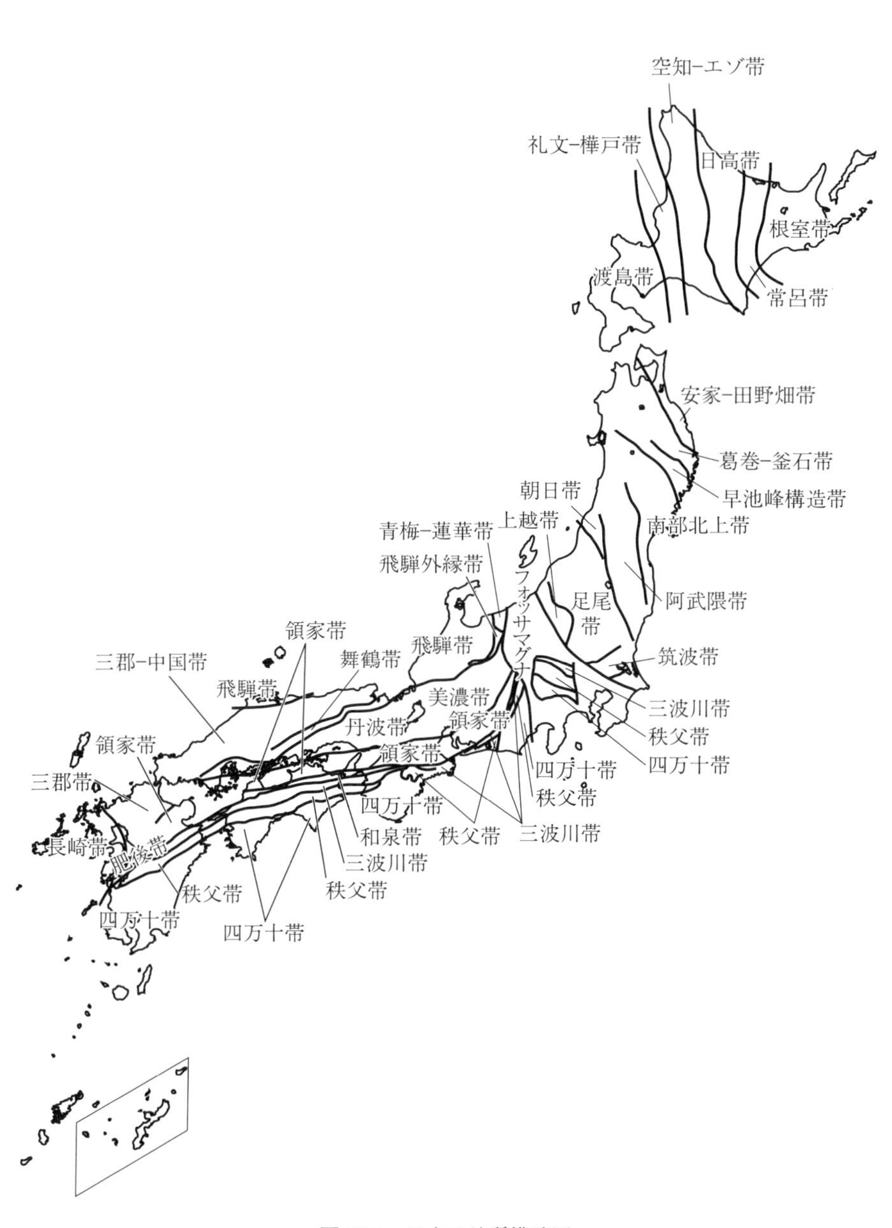

図10.2　日本の地質構造図

が，これはオパール–CTなどとも呼ばれるため，以下ではオパールとして扱う．

①のクリストバライトとトリディマイト，②の火山ガラスはいずれも不安定な物質であり，その産状は新第三紀以降の比較的新鮮な安山岩やデイサイト，流紋岩などの火山岩類中に限られる．

③のオパールも不安定な物質であるが，**生物起源**あるいは**続成作用**の過程で自生または火山ガラスなどを交代し，あるいは**熱水作用**などにより生成するのが代表的な産状である．したがって，比較的新しいか，やや変質を受けた地層や岩体，とくに堅硬であることが前提の骨材では火山岩類に伴われることが多く，その反応性は著しい．**グリーンタフ**と呼ばれる火山岩類を主とする新第三紀の地層中などに多い．

④のカルセドニーの主な産状は，**チャート**に伴われるものである．しかし，大陸の古い変成岩類にも地表水からの沈殿などで生成している場合がある．

⑤の隠微晶質石英や微晶質石英は，さまざまな地質時代の地層や岩体に含まれる．隠微晶質石英や微晶質石英を多量に含む岩石の代表的なものにチャートや珪質粘板岩があるが，そのほかにも砂質・泥質岩起源の変成岩（とくにホルンフェルスや変成温度の比較的低い広域変成岩），カタクレーサイトやマイロナイトのような断層岩類など，さまざまな岩石に含まれる場合がある．堆積岩の粒子を結合させているシリカもある．

◇10.1.2　日本での反応性鉱物を含む地層や岩体の成因

日本列島は**環太平洋火山帯**に位置し，火山帯の配列は太平洋の沖合いに存在する海溝とほぼ平行で，一定の距離をもって分布している．**古第三紀**以前は日本は大陸の一部であったが，**新第三紀中新世**以降，徐々に日本海が開いていった．同時にグリーンタフ変動と呼ばれる火山活動が活発化したが，この頃以降の新しい火山岩類にはマグマより直接に生成したクリストバライト，トリディマイト，火山ガラスのほか，火山ガラスなどの変質により生成したオパール（二次的なクリストバライト）を含む場合があり，その反応性は顕著である．

チャートは海洋プレートの沈み込みに伴って日本列島に付加された遠洋の珪質堆積物と考えられており，古生代 ～ 新生代の地層中に含まれるが，本書では，チャートをとくに多く含み，リスクが高いものとして**ジュラ紀**の**付加体**を取りあげる．これは主に頁岩や砂岩のジュラ紀までの地層中にチャートや石灰岩，緑色岩などのより古い異地性の岩塊を含んでいる．

砂質・泥質岩起源の**ホルンフェルス**は，砂岩や泥岩などが花崗岩などの深成岩を形成したマグマと接触したことにより生成した岩石であるので，ホルンフェルスは深成岩に伴われることが多い．そこで，図10.1の深成岩類（花崗岩など）の周辺にホルンフェルスが分布することが多い．本書では深成岩類の分布を示している．**深成岩**類の周囲には隠微晶質・微晶質石英を多量に含むホルンフェルスが分布する可能性があるが，深成岩類そのものの多くは非反応性である．

広域変成岩では，とくに泥質・砂質岩およびチャート起源で変成度が比較的低く，再結晶作用が不十分なものに，隠微晶質・微晶質石英を多く含む傾向が強い．

カタクレーサイトや**マイロナイト**などの断層岩類は**中央構造線**の断層運動に伴ったものが有名であるが，その他の断層に伴うもののほか，地質図に表現されない，または未知の小規模な断層破砕帯やせん断帯が随所に存在し，破砕により生じた隠微晶質・微晶質石英が問題となる場合がある．

本節で述べる日本の各地域の地質の記述や図10.2などについては，文献[10.1]を大いに参考とした．また，図10.1の地層や岩体の分布と地質時代の区分は，文献[10.2]に基づいて示した．この地質図は地質構造の大まかなの区分を小さな縮尺で示したものであり，地域ごとにどのような岩石が頻繁に現れているかを読み取るべきである．たとえば，ある地点が図上で新第三紀火山岩類となっていれば，新第三紀の火山岩類を主とする地層や岩体のグループの分布域であることを意味するが，そこに露出しているのは堆積岩である砂岩かもしれない．一方，山砂利・川砂利あるいは山砂・陸砂などは第四紀または第三紀の堆積岩に分類され，反応性の高い岩石とは認識されないが，砂利や砂の一粒一粒の岩種は，それを供給した後背地（上流側の出所）の地質を反映しているため，これらの堆積物のアルカリ反応性も後背地の地層や岩体の特性を反映する．この事情は，河川によるものだけではなく，海や陸上の堆積物についても同様である．

これらの堆積物起源の骨材に関して，注意すべき点が二つある．

一つは，川砂・川砂利のようなかつての良質な骨材の枯渇によりASRが増えたとする考えである．丸い形状で流動性の観点からコンクリートに適するという意味で良質な骨材であっても，アルカリ反応性が低い保障はまったくないので，川砂・川砂利の枯渇とASRの増加には関係はない．

もう一つは，これらの天然の骨材の岩種組成は採取場所により変化するので，配合ペシマム現象が生じて，局所的に反応性が高まる可能性があるということである．

10.2　ASRの観点からみた日本各地の地質

日本の地質を，コンクリート工事や構造物の管理を行う際の八つの区分に分けて説明する．一方で，地質学的区分は必ずしもこの区分とは対応しない面がある．たとえば，中部地方はフォッサマグナの東西で地質構造が異なることから，文献[10.1]も参考に二つに分けて説明した．三重県（近畿地方）は，中部地方2に含めた．琉球列島は九州とは別に説明した．なお，地質学用語は入門書あるいは地学事典を参照してほしい．

◇10.2.1　北海道

北海道は**東北日本弧**と**千島弧**の会合部にあたり，その中軸部は北にサハリンへと連なる．北海道の先第三系基盤地質帯はほぼ南北に配列し，これらを第三紀・第四紀の堆積物・火山噴出物が広く覆っている．砕石あるいは砂利資源として利用される岩石はこれらの地質の分布を反映している．道南では，先第三系の分布より新第三系・第四系の火山噴出物の分布が卓越することから，安山岩などの火山岩類を対象とした砕石の利用が多い[10.3–10.6]．道北・道東では，先第三系の分布が卓越することから，新生代の火山岩類と同程度に先第三系の砂岩・輝緑岩などの利用も目立つ[10.3–10.6]．道央の日高山脈・夕張山地地域は変成岩・深成岩と堆積岩からなり，とくに堆積岩の分布が優勢な地域である．石狩低地帯や十勝平野などの軟質または未固結により砕石対象とはならない第三紀以降の堆積岩類や堆積物などが広く分布する地域では，これらを起源とする砂利資源（川砂利・陸砂利・山砂利）が主に活用されている[10.3–10.6]．

北海道には40あまりの第四紀火山・火山群があり，うち11火山は過去350年間に噴火した．第四紀の火山噴出物は，玄武岩・安山岩・デイサイト・流紋岩からなるが，とくに安山岩 ～ 流紋岩が多い．北海道の西部の火山は主に安山岩 ～ デイサイトからなる．北海道の中央部には大雪山 ～ 十勝岳などの多数の火山が集合し，広範囲に溶岩・火砕流堆積物が分布する．その岩質は安山岩を主とし，玄武岩，デイサイトなどを伴う．北海道の東部の雌阿寒岳から知床半島には，主に安山岩・デイサイト・玄武岩からなる多くの火山があり，この火山列は東方の国後島・択捉島などの火山列とともに火山帯を構成する．一方，グリーンタフと呼ばれる新第三紀の火山岩類は，北海道の西部に広く分布するほか，知床半島や北海道の中央部の北 ～ 北東部などにみられる．

このように，北海道では顕著なアルカリ反応性を示す可能性のある新第三紀以降の安山岩を主とする火山岩類が広く分布している．砕石場の7割程度がこれらの安山岩を採取していることからも，安山岩砕石などの急速膨張性反応性骨材が広く使用されていることがわかる．しかし，北海道では，ASRの事例報告は少なく，凍害として扱われることが多い．

そのほかに，遅延膨張性骨材を生み出す地質帯として，渡島半島と道東の中・古生界（渡島帯と常呂帯仁頃層群）は非変成の堆積岩類を主とする後期三畳紀 ～ 前期白亜紀初頭の付加体を含み，チャートを比較的多く伴う．また，一部で花崗岩類に貫かれ，接触部にはホルンフェルス化した砂質・泥質岩が存在する．また，北海道の中軸部には変成岩類（神居古潭帯と日高変成帯）が南北方向に分布する．

◇10.2.2　東北地方

東北地方ではほぼ南北方向に地形が配列し，太平洋側の北上山地・阿武隈山地の高地帯と，その西側の北上川・阿武隈川流域の低地帯，さらに西側の奥羽脊梁山地から出羽丘陵までの高地帯において南北の配列が最も明瞭である．東北地方は，このような現在の南北方向の大地形とは斜交して白亜紀までに形成された北北西－南南東方向に配列した地質区（中・古生界）と，それ以降に形成された火山岩類を含む地層などから構成される．東北地方の中・古生界は，太平洋側の北上・阿武隈・八溝山地，日本海側の白神・太平・朝日・飯豊・帝釈山地に広く分布する．北上山地北部の葛巻－釜石帯と安家－田野畑帯にはチャートを頻繁に挟む地層が分布し，遅延膨張性ASRのリスクがある．これに対し，南部北上帯には頁岩や砂岩，石灰岩を主とする主に浅海成の堆積岩類とその基盤をなす変成岩類，花崗岩類が広く分布する．また，北上山地・阿武隈山地・朝日山地・会津地方などには白亜紀の花崗岩類が分布し，その周囲には隠微晶質・微晶質石英を含むホルンフェルスが分布する場合がある．そのほかに，阿武隈山地南部には変成岩類（御斎所・竹貫変成岩類）が広く分布する．

茨城県水戸市付近から猪苗代湖東方を経て朝日山地東方へと続く断層破砕帯

は，日本列島の地質区を西南日本と東北日本に分ける大断層でもあり，棚倉構造線と呼ばれる．このような断層付近には，カタクレーサイトやマイロナイトなどの断層岩類が分布する．

棚倉構造線の西側の朝日山地西南部・飯豊山地・帝釈山地・足尾山地・会津盆地周辺・八溝山地などに分布する足尾帯は，近畿地方や中部地方に分布する丹波帯や美濃帯の東方延長で多量のチャートを含む地層であり，遅延膨張性ASRのリスクがある．また，これを起源とする古第三紀の礫層が，堅硬な古期の岩石や火山岩類の分布しない福島県いわき市付近などの近隣の地域で，物理的性質において良質な山砂利資源として利用されている例もある．

一方，東北地方には50近い火山があり，その約80 %は奥羽脊梁山地とその周縁部，残りの大部分は出羽丘陵にある．このように現在の火山群の分布は南北方向の大地形と調和的で奥羽脊梁山地と出羽丘陵に集中している．東北地方で顕在化しているASRは，これらの火山岩類を起源にもつ急速膨張性骨材によるものが多い．そして，東北地方の特徴として，新第三系・第四系の分布域が先第三系に対して広いことが挙げられる．奥羽脊梁山地から日本海側の地域にかけて広く分布する**グリーンタフ**を含む新第三紀以降の火山岩類が太平洋側でも仙台市・名取市付近をかすめる．これらの火山岩類は主に安山岩からなり，東北地方では急速膨張性ASRのリスクと事例が多い．

東北地方で砕石として使用されている岩石は，上述の地質状況を反映し，奥羽脊梁山地－日本海側沿岸地域における安山岩・玄武岩・流紋岩などの火山岩類と，北上・阿武隈山地における砂岩・頁岩・ホルンフェルス・輝緑岩などが主である．生産量では安山岩が50 %を占め，次に砂岩・玄武岩・頁岩・輝緑岩・デイサイトの順となっている．県別にみても，岩手県でホルンフェルスを含んだ砂岩が数%の差で第1位であるのを除き，各県とも第1位は安山岩である．細骨材は川砂や陸砂・山砂などが主であるが，これも周囲の地質を反映したものとなる．したがって，東北地方においても，安山岩を主とする火山岩類によるASRが多い．とくに，グリーンタフが広く分布することから，やや変質し，オパールの生じた安山岩などによる顕著な反応も懸念される．

◇10.2.3　関東地方

関東地方は本州弧の中央部にあって，西南日本弧と東北日本弧の会合部にあたる．西部の関東山地は西南日本の外帯の延長，北部の三国山脈や足尾－八溝山地は地形的には東北日本の奥山地羽脊梁山地へつながる山地であり，これらの山地に抱かれて，その南東側に関東平野が広がっている．

関東平野内に認められる丘陵や台地は，主に第三系と第四系の半 〜 未固結な地層で構成されている．一方，関東平野を取り巻く関東山地・足尾山地・帝釈山地・三国山地・八溝山地と日立地域には，堆積岩を主とする中・古生代の堅硬な地層とその変成相および各種の火成岩類が分布する．これらの中・古生界の配列は，棚倉構造線より西側では西南日本弧のものと共通する．

関東山地は西南日本で中央構造線より南に分布する外帯と同様に，北から三波川帯・秩父帯・四万十帯で構成される．三波川帯は秩父帯の岩石を原岩とする変成岩から主に構成され，秩父帯は丹波－美濃－足尾帯と同様に多量のチャートや珪質粘板岩を含む地層であり，四万十帯は砂岩や頁岩から主に構成される地層からなる．北関東の栃木県・群馬県・福島県に位置する足尾山地から帝釈山地には，丹波帯や美濃帯の東方延長で多量のチャートを含む地層からなる足尾帯が分布する．関東平野北東部に南北に連なる八溝山地にも足尾帯が分布するが，南端の筑波山塊は深成岩と変成岩からなり，西南日本の領家帯の延長とみられている．棚倉構造線で八溝山地と隔てられた東の地域は東北日本弧の阿武隈山地の南端で，阿武隈山地の変成岩との関係も議論される日立変成岩と深成岩が分布する．

以上の中・古生代の堅硬な地層とその変成相などとは無関係に，足尾山地と三国山地の周辺には那須火山帯に属する諸火山，関東山地の南－西部には富士火山帯に属する火山群，さらに関東地方の北西隅は上記二つの火山帯と鳥海火山帯が会合する地域にあたり，浅間火山と草津白根火山がある．とくに，栃木県・群馬県・福島県に位置する足尾山地から帝釈山地には，北東－南西方向に那須岳・高原山・男体山・皇海山・赤城山などの約20の火山が並ぶ．

富士火山帯の火山は玄武岩・安山岩・流紋岩など，那須火山帯の火山は安山岩・デイサイトからなる．新第三紀の火山岩類を含むグリーンタフも同様に丹沢山地をはじめ，北関東の群馬県や栃木県などに分布して関東平野を取り巻く．とくに，丹沢山地のグリーンタフは厚く堆積し，深成岩や変成岩を伴う．このように，関東地方は北と西を第四紀火山とグリーンタフに囲まれてクリストバライト・トリディマイト，火山ガラス，オパールを多量に含んだ高反応性の安山岩などが砕石として利用されていたり，河川砂利に含まれていたりする事例も多い．なお，グリーンタフには，ASRのほかに濁沸石による被害事例もある.

砕石として利用されているのは，主に関東地方の周縁部に分布する新第三紀〜第四紀の安山岩を主とする火山岩類，ならびに中・古生代の堅硬な堆積岩とその変成相およびこれらに伴う各種の火成岩類である．関東地方でASR発生の事例やリスクが多いのは，第一には新第三紀〜第四紀の安山岩を主とする急速膨張性の火山岩類であり，次に中・古生代のチャートや一部の変成岩などの隠微晶質・微晶質石英を含んで遅延膨張性を示すものである．砂利資源では，関東山地は荒川・多摩川・千曲川（信濃川）などの源流地，北関東地方の足尾山地・帝釈山地・三国山地は利根川・那珂川などの源流地，また富士火山と丹沢山地は相模川と酒匂川の源流地であり，これらの山地に起源をもつ砂礫（川砂利）が反応性の高い岩種も含めて下流へ供給されている．川砂利でASRのリスクの高い水系は安山岩などの火山岩類を含む利根川・那珂川・相模川・酒匂川などであるが，荒川にもチャートや反応性をもった変成岩類が，多摩川にもチャートが含まれている[10.7, 10.8]．なお，利根川の現在の流路は徳川幕府により人工的に改変されたものであり，江戸時代以前は東京湾に流入していた．関東平野に厚く堆積する未固結な海成堆積物のうち，とくに房総半島の丘陵や台地では主に第四紀の浅海成の砂礫層が山砂資源として多量に採取されている．これは関東平野の周囲の山地に分布する，中・古生界のほか，グリーンタフや第四紀の火山岩類などを起源とする多種の岩石片や結晶片が集積したものであり，また平野の西方や北方の火山群からの降下火砕物を挟む．

なお，東京湾岸には関東地方以外の各地の骨材が海上輸送され，これによるASRも顕在化している[10.9]．

◇10.2.4　中部地方1（山梨県・長野県・新潟県・静岡県）

中部地方はフォッサマグナの東西で地質構造が異なるため，ここではフォッサマグナとその東側を含む山梨県・長野県・新潟県・静岡県について説明する．フォッサマグナの西側の中部地方については10.2.5項で説明する．

本州弧の中央部に位置し，本州弧と伊豆－マリアナ弧が会合する部分でもある．高峻な山岳地帯と，その間を刻む長大な河谷からなる．この地域の多くは山地であり，主な平坦地は内陸の山間盆地と新潟・静岡地域の海岸平野である．たとえば，この地域の西部には北北東－南南西方向にのびる飛騨山脈・木曽山脈・赤石山脈などの海抜3000 m前後の山脈が連なり，東部には海抜1000

～2000 m級の越後山地・三国山地・関東山地がある．これらの山地の間を流れる大きな河川は，上流では狭い河谷の急流となって山地を侵食し，発生した砂礫により中流では内陸盆地をつくり，下流では海岸平野を形づくる．日本海にそそぐ日本最長の信濃川や太平洋にそそぐ天竜川などが，その代表である．

このような地質や地形を反映し，砕石だけでなく，河川と周囲の平野や盆地，丘陵などに砂利資源が豊富なのがこの地方の特徴である．砂利資源を構成する礫層の礫種，すなわち礫を構成する岩石も，後背地となる周囲や上流の地質を反映したものとなる．

また，この地域には富士山・浅間山をはじめ，多くの火山がある．また，糸魚川－静岡構造線・三面－棚倉構造線・柏崎－銚子構造線・新発田－小出構造線・中央構造線・赤石構造線・御荷鉾構造線・仏像構造線などの大きな断層破砕帯がある．

糸魚川－静岡構造線の西側は中・古生界の堆積岩・花崗岩類・変成岩類などの古い岩石が整然と帯状に配列し，さらに日本海側ではこれらに載る新期の火山岩類を伴う．一方で，東側はフォッサマグナにほぼ相当し，グリーンタフ地域でもあり，新しい地層や火山岩類が主に分布する．

中・古生界と古第三系の古い岩石が，フォッサマグナの東西両側の山地とフォッサマグナのなかの関東山地を構成する．フォッサマグナの西側ならびに関東山地で，これらは全体として，北から飛騨帯・飛騨外縁帯・美濃帯・領家帯・三波川帯・御荷鉾帯・秩父帯・四万十帯の順に配列する．一方，フォッサマグナの東側には西から上越帯・足尾帯・朝日帯があり，それぞれ飛騨外縁帯・美濃帯・領家帯の東方延長とする考えもある．美濃帯・足尾帯と秩父帯は砂岩・泥岩（頁岩）・チャートなどの厚い地層からなり，遅延膨張性のチャートや珪質頁岩を多量に含む．領家帯は美濃帯が変成作用を受けた岩石からなり，花崗岩類を伴う．関東山地北縁から筑波山地の南部，さらに北方の朝日山地周辺にも類似の岩石が分布し，領家帯の東方延長という考えもある．また，三波川帯は秩父帯の変成相である．領家帯・三波川帯ともにチャートなどに由来，または変成作用により生じた多量の隠微晶質・微晶質石英を伴う岩石を含む．花崗岩類の貫入も多く，周囲のホルンフェルスには接触変成作用により生じた隠微晶質・微晶質石英が多量に含まれる場合がある．さらに，領家帯と三波川帯を境する中央構造線は西南日本の内帯と外帯の境界をなして，長野県の赤石山脈北西側から紀伊半島・四国を経て九州にいたる大断層であり，隠微晶質・微晶質石英を含んだマイロナイトを伴う．四万十帯は主に砂岩と泥岩（頁岩）からなり，反応性は一般に高くないが，一部に新第三系までの若い地層が分布し，反応性の高い岩石を含む可能性もある．

フォッサマグナと日本海側の飛騨山脈は火山活動が活発な地域でもあり，主に安山岩質のマグマ活動で形成された多くの火山やグリーンタフがある．

砕石としての利用は安山岩や砂岩が多く，安山岩によるASRが多い．砂利も上記の地質の分布を反映し，安山岩などの火山岩類やチャートをはじめ，反応性鉱物を含む場合があり，ASRが多発している地域がある．

◇10.2.5　中部地方2（富山県・石川県・福井県・岐阜県・愛知県・三重県）

ここでは，中部地方のうち，フォッサマグナの西側の富山県・石川県・福井県・岐阜県・愛知県について述べる．また，三重県もここに含む．

この地方の地形は，大きくみると中央部の中部山岳地帯と日本海・太平洋側の平野部に分けられる．中部山岳地帯は，この地域の東縁に沿って標高3000 m級の飛騨山脈・木曽山脈がほぼ南北方向にのび，その西側に飛騨高原・美濃高原が，さらにその西側には両白山地がある．木曽山脈の南方には三河高原が広がり，両白山地の南方には養老山地・鈴鹿山脈・布引山地がほぼ南北に連なる．飛騨山脈には立山・乗鞍岳・御嶽火山などが，両白山地には白山火山などが存在する．

これらの山岳地帯から流れ出す主な河川は，下流域で大きな海岸平野を形成する．海岸平野は日本海側で東から富山平野・砺波平野・金沢平野・福井平野が海岸に沿って並び，富山平野には黒部川・常願寺川・神通川などが，砺波平野には庄川などが，金沢平野には手取川などが，福井平野には九頭竜川などが中部山岳地帯から流れこみ，それぞれに砂利資源を豊富に供給している．とくに，常願寺川は日本でも有数の荒れ川であり，砂利資源となる砕屑物の搬出量も非常に多い．太平洋側では東から豊橋平野・岡崎平野・濃尾平野・伊勢平野が並ぶ．豊橋平野・岡崎平野には三河高原から豊川・矢作川などが，濃尾平野には中部山岳地帯から木曽川・長良川・揖斐川などが，伊勢平野には鈴鹿山脈・布引山地から鈴鹿川・雲出川などが流れこむ．

日本列島の骨格を形成する古第三紀以前の地質構造は，この地方では日本海側から太平洋側へ，飛騨帯・（宇奈月帯）・飛騨外縁帯・美濃帯・領家帯・三波川帯・秩父累帯・四万十累帯に分けられる．飛騨帯は主に片麻岩類・花崗岩類からなる変成岩の分布地域であり，日本列島で最も古い年代の岩石が含まれる．飛騨帯の東・南縁には飛騨帯の変成岩類とは異なる結晶片岩が点在し，宇奈月帯を構成する．美濃帯は近畿地方の丹波帯の東方延長でもあり，主に三畳紀 ～ ジュラ紀の砂岩・泥岩・チャートなどからなり，遅延膨張性を示すチャートや珪質頁岩を多量に含む．一方，一般に飛騨外縁帯の砕屑岩類は，美濃帯と比べると陸地に近い浅海成の堆積物・火山性物質が多く，チャートが少ない．領家帯は美濃帯が変成作用を受けたもので，多量の花崗岩類を伴う．チャートなどから引き継がれた，あるいは変成作用により生じた多量の隠微晶質・微晶質石英を伴う岩石を含む．飛騨帯から領家帯にいたる地域の構成岩類は濃飛流紋岩類と呼ばれる流紋岩 ～ デイサイト質の溶結凝灰岩などの火成岩類に広く覆われたり，貫かれたりしている．濃飛流紋岩類は白亜紀 ～ 古第三紀の古い時代に生成したものであり，火山岩類に含まれていた火山ガラスやクリストバライトは現在では遅延膨張性の隠微晶質石英・微晶質石英に置き換わっている．中央構造線と呼ばれる大断層を挟み，南側に三波川帯の変成岩類が分布し，中央構造線に沿った地域では花崗岩類が圧砕されたマイロナイトやカタクレーサイトが分布する．三波川帯もおおむね美濃帯同様の岩石の変成岩からなり，チャート由来あるいは変成作用で生じた隠微晶質・微晶質石英を多く含む岩石もみられる．秩父累帯は美濃帯同様の地層から構成され，チャートや珪質頁岩を多く含む．一方，主に砂岩や泥岩からなる四万十累帯の分布は，この地方では紀伊半島に限られる．

新第三紀以降の地質構造区分は，日本海側の北陸区，太平洋側で内陸側の瀬戸内区，太平洋側で海側の南海区に三分され，このうち北陸区がグリーンタフ地域であり，火山岩類を多く含む．主に安山岩質マグマの活動で形成された第四紀の火山も，日本海側の飛騨山脈とその南部地域，ならびに両白山地とその南部地域に分布しているため，これらの砂利や砂が常願寺川をはじめ，日本海側の河川には混入する場合があり，急速膨張性を示す[10.10]．

名古屋市東部丘陵地域では，美濃帯のチャート・砂岩および濃飛流紋岩・ホルンフェルスなどからなる新第三紀の砂礫層が山砂利資源として採取され，コンクリート用骨材として周辺地域で利用されている[10.11–10.13]．

砕石としては，福井県・岐阜県・愛知県・三重県では砂岩・流紋岩・チャート・かんらん岩・領家帯の変成岩類などが利用されている．一方，富山県・石川県では安山岩を主とする火山岩類の利用が多い[10.10, 10.14]．ASRは主に，グリーンタフを含む新第三紀以降の火山岩類が広く分布する北陸地方では安山岩，東海地方ではチャートや珪質粘板岩により発生している[10.10–10.14]．

北陸地方・東海地方はそれぞれにASRがよく研究され，その原因や被害の実態が広く知られている数少ない地域である．

◇10.2.6　近畿地方

近畿地方は本州弧の中央部を占め，北部は日本海に面するとともにリアス式海岸の若狭湾が湾入，南部では紀伊半島が太平洋に張り出している．

近畿地方の地質構造区分は，骨組みとなる古第三紀までの古い構造が東西方向にのびた帯状区域に分布し，北から丹後－但馬帯（三郡－中国帯）・舞鶴帯・丹波帯・領家帯・和泉帯・中央構造線・三波川帯・秩父累帯・四万十累帯に区分され，北から南に向かって新しい時代のものになる．また，中央構造線以北の構造体は，広く花崗岩をはじめとする白亜紀 ～ 古第三紀の火成岩類に覆われたり，貫かれたりしている．これらのうち，丹波帯は中部地方の美濃帯に連続し，これを含めて美濃－丹波帯とも呼ばれ，近畿地方北部の広い地域に分布する．秩父累帯とともに，遅延膨張性のチャートや珪質頁岩を多量に含む．領家帯と三波川帯は，このような岩石が変成作用を受けたもので，また領家帯は多くの花崗岩類を伴う．領家帯・三波川帯ともにチャートなどに由来，または変成作用により生じた隠微晶質・微晶質石英を多量に伴う岩石を含む．さらに，領家帯や主に砂岩・泥岩・礫岩からなる和泉帯，三波川帯の岩石には中央構造線とそれに伴う断層群の近くでマイロナイト化作用や破砕を受けているものがあり，破砕により生成した隠微晶質・微晶質石英も問題となる．砂岩と頁岩の互層を主とする四万十累帯のなかにも多くの断層が存在し，破砕を強く受けている部分があるほか，潮岬や熊野地域などには花崗岩類が貫入して遅延膨張性のホルンフェルスが生成しているところもある．

新第三紀以降の地帯区分は日本海側の山陰北陸区・太平洋側の南海区・中間の瀬戸内区に三分される．山陰北陸区は日本海縁辺のグリーンタフ地域であり，瀬戸内区にもサヌカイトなどの安山岩 ～ 流紋岩質の火山岩類が比較的多く伴われる．第四紀の火山岩類は山陰北陸区にのみ，玄武岩や安山岩が活動している．

ASRの主なリスクは，山陰北陸区・瀬戸内区の安山岩などの火山岩類と丹波帯・秩父累帯のチャートや珪質頁岩などであるが，現在までに顕在化しているものは瀬戸内区の火山岩類によるものが多い．骨材には丹波帯などの砂岩や緑色岩，白亜紀 〜 古第三紀の流紋岩類などが砕石として利用されている．また，京都府南部などの丘陵には新第三紀 〜 第四紀の未固結な砂礫層が分布し，山砂利資源として活用されている．この砂礫層は主に丹波帯起源の堅硬なチャートや領家帯の花崗岩類からなる．したがって，隠微晶質・微晶質石英を含む遅延膨張性骨材にも注意が必要である．

また，より近距離の場合が多いが，東京同様に他地域からの運送も盛んである．阪神高速道路などでは瀬戸内海を渡ったサヌカイトなどの安山岩が反応を引き起こした．

◇10.2.7　中国地方

本州弧の西端部に位置し，日本海上の隠岐諸島や瀬戸内海の島々を含む．中国山地中央部には1000 mを超える山々が脊梁山地を形成し，その南側には津山盆地・東城盆地・三次盆地などを隔てて吉備高原・周防高原があり，北側には石見高原がある．

骨組みをなす先白亜系の古い構造については，北から南へ，飛騨帯・中国帯・舞鶴帯・領家帯に区分されるが，中国地方ではこれらが白亜紀 〜 古第三紀の花崗岩類や火砕岩類に大規模に貫入されたり，覆われたりしているため，その分布は断片的で複雑である．飛騨帯は中部地方からの延長と考えられ，隠岐島後に飛騨変成岩類と似た変成岩が分布する．中国帯の一部には三郡変成岩と呼ばれる結晶片岩類が分布する．広く分布する地域は，山口県中－東部，岡山県，島根県西部と，鳥取県東部である．舞鶴帯は主に粘板岩・頁岩などの泥質岩からなる．美濃－丹波帯に相当し，チャートを多く含む地層は領家帯の北縁部や中国帯のなかに小規模に分布する．主な分布地域は山口県東部・島根県南西部のほか，広島県西部・瀬戸内海北縁部・岡山県津山市北部・鳥取県若桜用瀬智頭などである（図10.1に表現されない規模のものも多い）．また，このような岩石が変成作用を受けた領家帯は，岩国市の南や瀬戸内の島々に広く分布する．

新第三紀の火山岩類の多くは，山陰北陸区の隠岐諸島や日本海沿岸域から一部は中国山地へ向けて湾入して分布するグリーンタフなどである．また，瀬戸内海沿岸域や瀬戸内海の島々を含む瀬戸内区にもサヌカイトなどの安山岩質の火山岩類がある．山陰地方では第四紀の火山列はほぼグリーンタフの領域に重なり，大山や三瓶山で代表される大山火山帯を形成し，山陰海岸に沿うものである．したがって，安山岩などの火山岩類によるASRのリスクは，隠岐諸島も含む山陰海岸沿いから中国山地へ続く地域と瀬戸内区のサヌカイトなどの安山岩砕石による．

中国地方全体では白亜紀 ～ 古第三紀の花崗岩類や火砕岩類の分布が広大であるが，流紋岩質溶結凝灰岩などの火砕岩類に含まれていた急速膨張性の火山ガラスやクリストバライトは，現在では隠微晶質・微晶質石英に置き換わり，遅延膨張性となっている．また，これらの周囲に分布する泥質岩・砂質岩起源のホルンフェルスには，接触変成作用により生成した隠微晶質・微晶質石英を多量に含むものが多い．

以上のとおり，各地にさまざまなリスクがあるが，山陰地方では安山岩などの火山岩類，山陽地方では泥質岩・砂質岩起源のホルンフェルスや古期の流紋岩質溶結凝灰岩によるASRがとくに目立つ．

◇10.2.8　四国地方

四国地方は，東西性の帯状構造をなして分布する主に中・古生代の古くて堅硬な岩石からなる地層群と，それらの帯状構造に参加せず，それらを覆うなどして分布する新生代の岩石や地層に大別される．四国地方は前者の分布が広いのが特徴であり，それは北から領家帯・和泉帯・三波川帯・秩父累帯・四万十帯に分けられる．領家帯は主に花崗岩類からなり，変成岩類は少ないが，変成岩類の原岩は砂岩・頁岩・チャートなどであり，それらに由来，または変成作用により生じた多量の隠微晶質・微晶質石英を伴う岩石を含む．和泉帯は領家帯の南端部を覆い，近畿地方から連続する和泉層群の分布地帯であり，主に砂岩・泥岩からなる．和泉層群の南側には中央構造線を構成する断層や破砕帯を挟み，三波川帯が分布する．三波川帯は変成岩の分布域で，泥質片岩・砂質片岩・塩基性片岩・珪質片岩などの結晶片岩類から主に構成される．秩父累帯は砂岩・粘板岩・チャート・緑色岩などから構成されるジュラ紀の付加体であり，遅延膨張性の岩石としてチャートや珪質頁岩を多く含む．四万十帯の大部分は砂岩・泥岩からなり，主に白亜紀 ～ 古第三紀の地層である．

一方，新生代の岩石・地層群の分布は散在的となる．新しい時代の堆積岩類の固結度は低いため，骨材資源となり得る硬質な岩石としては安山岩などの火成岩類の比率が増すこととなる．現在，四国地方に火山は存在しないが，新第三紀には石鎚山－松山を中心とした地域および讃岐平野・備讃瀬戸の島々の広い範囲に安山岩質の火山活動が存在した．とくに，後者は安山岩の一種であるサヌカイトを伴う瀬戸内火山岩類で知られ，これが四国地方だけでなく瀬戸内海を渡った骨材製品の流通により近畿地方などのASRにも関与した．逆に，四国の伊方原子力発電所は山口県からの安山岩で，著しいASRを起こした．

このほかに，ASRに関しては，秩父累帯に多く含まれるチャートや珪質頁岩が隠微晶質・微晶質石英を多量に含み，また三波川帯の泥質片岩や砂質片岩，珪質片岩などの変成岩も隠微晶質・微晶質石英を含み，遅延膨張性を示すことが多い．

川砂利などの砂利資源は，流域に分布する上記の地層や岩体の特徴を反映したものとなり，アルカリ反応性を有する場合がある．砕石資源としては，和泉帯・四万十帯・秩父累帯の砂岩が最も多く利用されている．本節では，砂岩をASRのリスクの高い岩石として扱っていないが，砕屑粒子（砂粒）の構成岩片の種類や基質の量比のほか，低度の変成作用や破砕などの変形作用を受けた履歴などにより，アルカリ反応性は異なる．実際に，四国地方でのASRも瀬戸内地域での安山岩によるものが主であるが，そのほかに砂岩・広域変成岩類・ホルンフェルス・流紋岩でも確認されている[10.15]．

◇10.2.9 九州地方

西南日本弧と琉球弧の会合部にあたり，ユーラシア大陸とも接近している．

骨格となる古生代～古第三紀の地質区はおおむね北側から，三郡帯・肥後帯・領家帯・三波川帯・長崎帯・秩父累帯・四万十累帯に区分される．これらは基本的には東側の近畿・中国・四国地方からの延長であるが，連続性や配列が大きく乱れ，また新第三紀以降の火山岩類などに広く覆われて不明な点も多い．三郡帯・肥後帯・領家帯・三波川帯・長崎帯は主に変成岩からなる．三郡帯は近畿・中国地方の三郡－中国帯の西方延長で主に三郡変成岩が分布し，砂岩・頁岩・石灰岩などを伴う．これらには白亜紀の花崗岩類が貫入し，九州北部を中心に広く分布する．肥後帯は領家帯の西方延長という考えもある．肥後変成岩などの変成岩類が主に分布し，頁岩・砂岩などもある．また，新第三紀以降の火山岩類に覆われ，花崗岩類の貫入もある．領家帯は主に変成岩類と花崗岩類からなり，礫岩・砂岩・頁岩なども分布するが，これらは新第三紀以降の火山岩類に広く覆われて分布は小規模であるため，図10.1ではほとんど表現されない．三波川帯は佐賀関半島にあたり，主に三波川結晶片岩からなる．長崎帯は北西部の長崎県・熊本県にまたがる地域で，西彼杵半島・長崎半島・天草下島などに長崎変成岩の結晶片岩類・変斑れい岩・花崗岩類などが分布するが，東側は広く新第三紀以降の火山岩類が覆っている．秩父累帯は関東山地から西南日本を延々と縦断し，九州では大分県臼杵南部から熊本県南部の球磨川流域にいたる北東－南西方向の帯状地域に分布する．頁岩や砂岩のなかにチャート・緑色岩・石灰岩などを含むジュラ紀の付加体であり，チャートや珪質頁岩を多量に含む．秩父累帯以南の九州南部には四万十累帯が分布する．四万十累帯は主に砂岩や頁岩からなるが，一部に花崗岩類の貫入がありホルンフェルスを生じているほか，南西部は新第三紀以降の火山岩類に広く覆われている．

九州地方はグリーンタフを含む，新第三紀以降の安山岩を主とする火山岩類に広く覆われている．現在も火山活動は非常に活発で，姫島・由布岳・九重山・雲仙岳・多良岳・金峰山・阿蘇山・霧島山・姶良カルデラ・桜島・阿多カルデラ・開聞岳・硫黄島（鬼界カルデラ）などの多数の火山が分布する．それらの分布は九州中部の大分県から福岡県境と熊本県・佐賀県・長崎県にまたがる地域，熊本県南部から鹿児島県にかけての地域，九州北部の玄界灘沿岸から壱岐島・平戸島・五島列島などを含む地域であり，それぞれ中国地方の大山から東西方向に連なる大山火山帯，阿蘇山から琉球列島へ続く霧島火山帯，そして最も北側で前二者とは成因も異なる西南日本日本海側の環日本海新生代アルカリ岩石区に大別される．

九州地方を大雑把にみると，安山岩をはじめとする火山岩類に広く覆われ，これを除くと九州北部では変成岩類と花崗岩類，九州南部では砂岩や頁岩が多く，中間の秩父累帯分布域では多量のチャートを伴う．したがって，九州地方でもASRは安山岩などの火山岩類によるものが多発しているが，加えて九州北部で隠微晶質・微晶質石英を含む泥質片岩・砂質片岩・珪質片岩などの変成岩によるもの，秩父累帯分布域ではチャートや珪質頁岩によるものも目立つ．

そのほかに，花崗岩類の周囲の砂質・泥質ホルンフェルスには隠微晶質・微晶質石英を多量に含むものがある．花崗岩類は九州北部・中部に大規模に分布しているほか，五島列島・甑島・大崩山・市房山・紫尾山・尾鈴山・高隈山・大隅半島・屋久島にもあり，また対馬・天草・薩摩半島などにも図10.1に表現されない比較的小規模な分布がある．

ところで，三郡変成岩の分布する九州北部では，蛇紋岩を伴って分布する塩基性片岩が砕石として利用されている．この塩基性片岩は粗粒な点紋片岩で，通常は非反応性である．しかし，採石場内に小さな断層が存在し，その部分に軽微なカタクレーサイト化により生じた隠微晶質・微晶質石英が含まれていたため，ASRが生じた珍しい事例もある[10.16]．

◇10.2.10 琉球列島

南北約1000 km以上にわたって弧状に点在する100個以上の島々からなる．島々の基盤を構成する古第三紀以前の古い地質は北 ～ 中琉球と南琉球に分けられる．北 ～ 中琉球は四万十累帯の南西方延長とされるが，秩父累帯との境界である仏像構造線が琉球列島に沿って走り，その位置の見解は人により異なる．主に頁岩・粘板岩・千枚岩などの泥質岩や砂岩からなるが，厚い石灰岩やチャートの岩体も含む．地表でのこれらの岩体の分布は鹿児島県の奄美大島 ～ 沖縄島の北半部にみられる．南琉球は八重山変成岩と呼ばれ，西南日本の三郡変成岩や長崎変成岩の一部と同年代を示す低温高圧型の古い変成岩類のほか，チャート・砂岩・石灰岩・緑色岩などが分布し，周辺海域も含めて西南日本内帯の南方延長である．八重山変成岩は，石垣島・西表島とこれらに挟まれた嘉弥真島・小浜島・竹富島で観察できる．新第三紀以降の地層は，砂岩・泥岩・石灰質砂岩・礫岩・石灰岩などが琉球列島全般に分布するが，固結度が低く，砕石には適さない．また，海岸や海岸沿いの沖積平野を形成する未固結の堆積物には，九州以北と異なり，現世サンゴ礁堆積物がある．これを使用した細骨材はサンゴ礁を形成する生物群の石灰質遺骸・破片（珪藻とは異なり，シリカを含まない）からなり，ASRを発生した事例は知られていない．

花崗岩類の貫入は屋久島・大島・加計呂麻島・請島・徳之島・沖永良部島・渡名喜島・沖縄島・石垣島にあり，周囲には隠微晶質・微晶質石英を多量に含むホルンフェルスが生成している可能性がある．

グリーンタフを含む反応性の高い火山岩類は，霧島火山帯の火山列として琉球列島の西側に沿ってトカラ列島の島々や硫黄鳥島に主に分布し，西表島北方には海底火山もある．

沖縄県では石灰岩の砕石（石灰石）が多く使用されているが，石灰岩中に分布していた安山岩岩脈が石灰石骨材に混入したため，顕著なASRが発生した沖縄の事例がある[10.17]．沖縄の海砂に含まれる変成岩やチャートのほか，台湾の花蓮（Hualian）から輸入されたクォーツァイトを含有する骨材の遅延膨張性ASRの関与も確認されている[10.17]．変成岩類からなる砂利によるASRもある．本州からもち込まれたプレキャストコンクリート（PCa）で，安山岩を含む砂などによる被害事例もある[10.18]．琉球列島でも鉄筋破断を含む著しいASRの事例があるが，このように骨材の国外も含めた海上輸送やPCaによるもち込みも多く，その発生原因は複雑である．

10.3　東・東南アジアのASR

◇10.3.1　地質学的視点による日本から，東・東南アジアへの拡大

東アジアおよび東南アジアのASR劣化事例の報告は限られているが，この地域と周辺の多くの国々でもASRはある[10.19]．日本でもいくつかの例外[10.20–10.22]を除けばほとんどが安山岩とチャートの事例であり，広域変成岩と接触変成岩に伴って広く分布していると予想される遅延膨張性骨材のASRはほとんど報告されていない．

ASRは，骨材の岩石・鉱物学的特徴に依存し，世界共通である．そのため，ある国でのASRを議論するときは，劣化事例がなくとも地質構造を理解することでリスクを推定できる．

ここで重要なのは，地質学的研究とASR研究では必要とされる事項が異なるということである．ASRでは反応性鉱物や火山ガラスの存在が重要であるが，地質学的にそれらは造岩鉱物の一種に過ぎず，特別な意味はもたないことが多い．

現在では，反応性鉱物は明らかになっており，それらが含有される岩種，その岩種と反応生成物の生成過程もわかっている．岩石の記載方法も，ASTM C 294，C 295やRILEM AAR-1にまとめられている．そして，これらの岩石がどこに分布するかも，地域ごとの地質に詳しい技術者には予測できる．地質学的岩石区分の観点から，典型的岩種と反応性鉱物を表10.1にまとめる．

本書では日本のASR劣化が詳細に解析された結果をまとめて，骨材のアルカリ反応性を説明しているのではなく，少数の事例をもとに，ASRを生じた骨材の特性を整理し，日本の地質構造と比較することで，日本におけるASRリスクの分布を予測した．同じ手法，すなわち地質学的視点を用いることで，ASRリスクを日本から，東・東南アジアへ拡大して予測することが可能であ

表10.1 典型的岩種と反応性鉱物

岩 種	反応性鉱物	アルカリ反応性と特徴
新第三紀と第四紀の安山岩やデイサイトなどの酸性～中性火山岩およびある種の塩基性火山岩	クリストバライト，トリディマイト	配合ペシマム現象を示す典型的な急速膨張性
チャート，フリント，珪質頁岩や片岩，珪化岩	オパール，カルセドニー，隠微晶質／微晶質石英	鉱物種類と結晶寸法に依存して急速膨張性から遅延膨張性までの広い反応性
変質火成岩，熱水活動の影響を受けた岩石，高温多雨の気候で部分的に風化した岩石	二次生成したオパール，クリストバライト，カルセドニー	配合ペシマム現象を示す急速膨張性，火成岩だけではなく種々の変質岩にも可能性あり
砂岩，泥岩，グレイワッケ，クォーツァイト	隠微晶質／微晶質石英	一般に遅延膨張性
泥質苦灰岩，苦灰岩，石灰岩	隠微晶質／微晶質石英	急速膨張性，遅延膨張性，非反応性まで広い反応性
先カンブリア紀などの変形した岩石，変成岩，カタクレーサイト，マイロナイト，ホルンフェルス	隠微晶質／微晶質石英	一般に遅延膨張性
天然砂利，天然砂（河川，陸，海，氷河堆積物）	すべての混合の可能性	構成鉱物と組成により広い反応性をもち，たとえば，急速膨張性岩石が遅延膨張性岩石にペシマム混合率で含まれると急速膨張性

る．本節では，数例の劣化事例を参考としながら，地域の地質構造を概説し，ASRリスクを説明する．同様の考察は全世界に対しても可能であり，地質学的特徴からASRリスクをある程度推定することが可能である．

◇10.3.2 ASRの観点からの地質

(1) 全体的配置

アジアはユーラシア大陸の東に位置し，海洋プレートの大陸プレート下部への沈み込み帯と大陸プレートどうしの衝突帯に特徴付けられる．沈み込み帯は，環太平洋火山帯の北西部に位置し，千島列島，日本，フィリピン，パプアニューギニア東部，スマトラ島，ジャワ島，そして東へ連なる島々からなる．この地域には，比較的新しい安山岩による急速膨張性骨材のリスクがある．

西部は，古い造山運動による非常に古い地層が特徴で，さまざまな変成岩からなる先カンブリア紀から古生代の大陸プレートからなる．南西部は，インドネシアからアルプスに連なり，タイ西部，ミャンマー東部，アルナチャル・プラデシュ（Arunachal Pradesh），ブータン，ネパール，インド北部を通るアルプス・ヒマラヤ造山運動に関連する．これらの地域は，多様な変成岩やマイロナイトやカタクレーサイトなどの変形を受けた岩石による遅延膨張性骨材のリスクがある．古い地層であっても，遅延膨張性ばかりではなく，カルセドニーが存在する場合も少なくなく，急速膨張性骨材が皆無というわけではない．偏光顕微鏡観察の際も，カルセドニーが存在する可能性を心に留めて行わないと見落とす可能性が高まる．

東・東南アジア全体の主要国の地質概要は，石灰石工業協会が石灰石資源の観点でまとめた資料が参考になる[10.23, 10.24]．

(2) 地理的要因と地質年代の影響

地質・岩石学的条件(9.3節)と地理的(7.1節)条件を考慮したASRリスクを表10.2に示す．これは日本のASRの実例に基づいて得られた知見であるが，ほかの国にも当てはまる．

地質構造ではなく，地理的条件から，骨材が輸送されることがASRリスクに影響している場合がある．海に面した大都市圏は骨材の供給の観点から，海上輸送による場合が多い．沖縄などの琉球列島でも，地理的近さから，台湾や中国からの輸入が有利である．10.2.10項で説明したように，沖縄では花蓮からの輸入骨材により深刻な鉄筋破断を含むASRが発生した．そのほか，瀬戸内地方は内海輸送が発達しており，本州と四国地方，および瀬戸内の島々はほかの地域からの骨材が使用される場合も多い．海外では，香港やシンガポールが海上輸送された骨材を多く使用している．

これらの骨材の移動は，骨材の混合に繋がり，骨材の産出地では問題がなかったが，混合することでASRリスクが高まるペシマム現象を引き起こす可能性がある．

地質年代が反応性鉱物の結晶系の形態に影響する[10.26]（図9.39(a)参照）．多くの珪質岩は珪藻や放散虫などの生物起源である．これらが海底に堆積し，結晶系がオパール–Aから，地質年代が進むに従い，オパール–CT，カルセドニー，隠微晶質石英，微晶質石英，粒状石英へと変化する．同様に，火山岩でも，新第三紀と古第三紀以前ではアルカリ反応性が異なる[10.30]．新第三紀以降では

表10.2 日本の地質・岩石学的条件と地理的条件を考慮したASRリスク[10.25–10.29]

反応性の岩種	特徴
火山岩	主体は安山岩で流紋岩も多い．新第三紀以降の火山活動により，クリストバライト，トリディマイト，火山ガラスを含む．
中新世のグリーンタフ変動により生成した岩石	火山ガラスの変質により生成したオパールとクリストバライト／トリディマイトを含むものがある．変質作用により多くの種類の岩石がアルカリ反応性に変わり得る．
反応性チャート	主にジュラ紀付加体に付随し，隠微晶質／微晶質石英とときにカルセドニーを含む．
隠微晶質石英含有岩石	接触変成作用を受けた堆積岩から生成したホルンフェルス，泥質／珪質片岩，断層などの破砕作用を受けた種々の岩石（カタクレーサイト，マイロナイト）．
川砂・川砂利，海砂・海砂利	北陸地方は典型で，後背地に反応性岩石がある場合．同じ地域でも河川水系によりアルカリ反応性は異なる．同一河川においても，場所によっては，急速反応性骨材がペシマム条件で含有され，アルカリ反応性が極めて高い可能性もある．
種々の陸上堆積物	古い河川，海，氷河などで形成されたが，堆積物の供給源の特定は容易ではない．したがって，アルカリ反応性の岩種が含まれる可能性は常にある．
石灰岩	日本で骨材として使用されるものは方解石含有率が比較的高い高純度なものであり，隠微晶質石英をあまり含まない．いわゆるACRを起こす泥質苦灰岩は認められない．乾燥収縮が小さいこと，大規模鉱山から海上輸送が可能であることから大都市圏では粗骨材として用いられる場合が多いが，石灰石と組み合わせて用いられるほかの岩種の細骨材によるペシマム現象を引き起こす可能性がある．世界的には，純度の低い場合が多く，アルカリ反応性の可能性が常にある．
輸送された骨材と混合	産出地の地質条件を考慮してARSリスクを判断する必要がある．
凍結防止剤と海塩の影響	凍結防止剤や海塩（除塩されない海砂を含む）の影響を受けると，同じ骨材が用いられてもASRリスクは高まる．

急速反応性のオパール，クリストバライト，トリディマイトが存在するが，古第三紀以前ではこれらの鉱物は遅延膨張性の隠微晶質石英へと変化する．ただし，これは日本の場合であり，地質的条件，とくに地温勾配が異なる場合は変化の速度は変わり得る．

(3) 中　国

中国は大変広く，一部の高反応性の火山岩も含めて，多様な地質が存在する

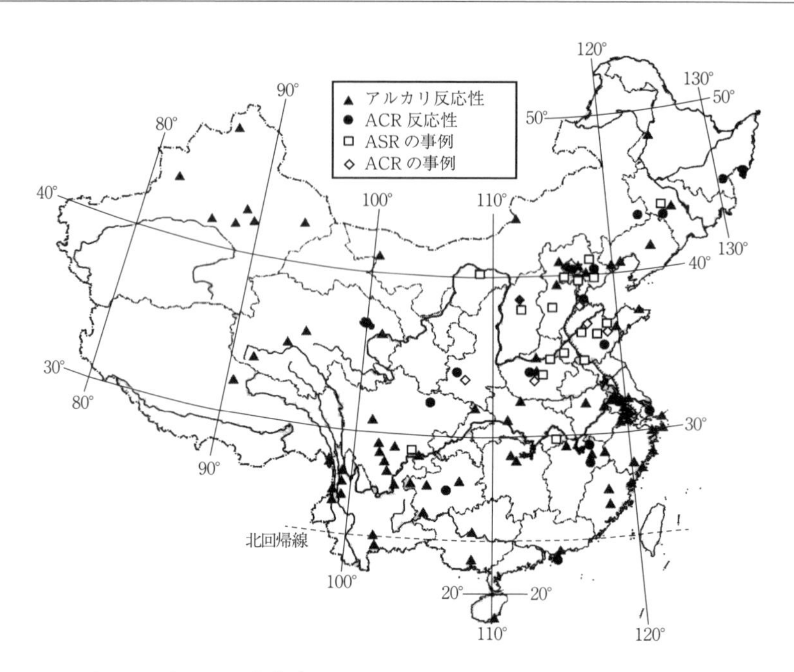

図10.3　中国での劣化事例　［中国 南京工業大学，Deng Min教授提供］

ため，種々の岩種によるASRの報告がある．最新の中国での劣化事例を図10.3に示す．

中国でも，さまざまな場所からのさまざまな反応性鉱物の報告がある[10.31]．凝灰岩，流紋岩，斑岩，玄武岩などの火山岩，チャート，砂岩，クォーツァイト，カタクレーサイト，川砂などの堆積岩，珪質苦灰岩と石灰岩，苦灰質石灰岩，石灰質苦灰岩，泥質苦灰岩などの炭酸塩岩を対象に調査し，反応性鉱物として，隠微晶質／微晶質石英とカルセドニーがあることが報告されているが，地質学的産状については記載されていない．

続く報告[10.32]では，中国南部からのより詳細な記載がある．中国南部の四川（Shichuan）省，雲南（Yunnan）省，江西（Jiangxi）省からの隠微晶質／微晶質石英を含む砂岩と粘板岩であることが報告されている．重慶（Chongqing）市，浙江（Zhejiang）省の凝灰岩には隠微晶質／微晶質石英とカルセドニーが見つかっている．地質年代が古く，もとの凝灰岩中のガラス層は石英とカルセドニーに変化したものと考えられる．雲南省蘭坪（Lanping）の片麻岩には隠微晶質／微晶質石英が含まれていた．

汜濫域が中国の19 %を占める最長河川の揚子江（Yangtze river）の宜昌（Yichang）水路区間では川砂の場所によって次のような差がある[10.33].

① 皖国（Wan country）以前の上流：玄武岩，花崗岩，流紋岩，凝灰岩破砕物，安山岩，斑岩，閃緑岩，粗面岩，クォーツァイト，片麻岩
② 皖国から重慶市奉節（Fengjie）県：ジュラ紀砂岩（gritstone），シルト岩，頁岩，三畳紀石灰岩，泥灰岩（marlite）
③ 奉節県から湘西（Xiangxi）州：ジュラ紀石灰岩，三畳紀砂岩（gritstone），頁岩，石灰岩
④ 湘西州から宜昌市：陝西（Shaanxi）省延安（Yanan）市黄陵（Huangling）県の背斜複合岩，化合岩，石英ドレライト，震旦紀（先カンブリア紀の最後の時代）以降の石灰岩

アルカリ反応性の岩種としては，カルセドニーと隠微晶質石英を含むフリントと隠微晶質石英を含む流紋岩が挙げられている．ただし，この結果は化学法とモルタルバー法で調べたものなので，隠微晶質石英は見逃されているおそれがある．

アルカリ反応性の玄武岩の例もある[10.34]．二畳紀峨眉山（Emeishan）群（中国でのある地質年代の呼び方）の四川省，貴州（Guizhou）省，雲南省に産する玄武岩類は厚さ3000 mで広さ260 km^2を占める．デカン（Deccan）高原の玄武岩もこれに匹敵する．この玄武岩はカルセドニーと隠微晶質石英を反応性鉱物として含む．これらの鉱物は火山活動に続いた熱水活動により生成したものと推定される．初生のクリストバライトが含有されていたかもしれないが，地質年代の経過で隠微晶質石英に変化した．

中国北部では，永定（Yongding）河の砂利に含まれる珪質石灰岩，珪質苦灰岩，変質玄武岩と安山岩に含まれるカルセドニーと隠微晶質石英によるコンクリート橋のASRが報告された[10.35–10.38]．被害は，北京（Beijing）市，河北（Hebei）省，山東（Shangdong）省，陝西省，江西省に広がる．

また，次のダムでも劣化が生じた[10.39]．

- 湖南（Hunan）省安化（Anhua）県の揚子江中流の柘渓（Tuoxi）ダム（流紋岩，安山岩，凝灰岩）
- 中国北東の吉林（Jilin）省の第二松花江（Songhuajiang）の豊満（Fengman）水力発電所
- 河北省遷安（Qian'an）市ラン河（Luanhe）の大黒汀（Daheiting）ダム

（フリント，凝灰岩，流紋岩）

青海チベット（Qinghai–Tibet）鉄道沿線では，ほとんどの骨材に微晶質石英とカルセドニーが含まれている[10.40]．チベット高原は中国の1/4を占めるが，インドプレートとユーラシアプレートが衝突し，インドプレートが下にもぐりこんで形成されている．このため，さまざまな変形した変成岩が産する．黒雲母安山岩，黒雲母石英片岩，流動構造の凝灰岩，溶結凝灰岩，変成シルト岩，輝緑岩，流紋岩，黒雲母石英閃緑岩が，粗骨材に含まれる．細骨材には，真珠岩，片麻岩，珪岩，砂岩，凝灰岩，流紋岩，千枚岩，泥岩，輝岩，花崗岩，クォーツァイト，カーボナタイトなど，実に多様な岩種が含まれる．ASRの観点では，これらの岩種すべてに隠微晶質石英とカルセドニーの存在が疑われる．

中国では，いわゆるACRも重要である．その実態は，詳細なSEM–EDS分析が行われていないことから確実なことはいえないが，ASR膨張に脱ドロマイト反応が複合している可能性もある[10.35–10.38, 10.41, 10.42]．

香港では，輸入花崗岩が主体のASRが報告されている[10.43]．また，ほかにも脱ハリ化流紋岩による下水タンクの損傷もある[10.44]．

(4) 韓　国

韓国の西海岸（Seohae）高速道路舗装でASRが発生したという報告もある[10.45]．詳細岩種は記載されていないが，この地域は先カンブリア紀といくつかの古生代から中生代の地層に貫入岩を伴っているため，遅延膨張性骨材が産する可能性がある．しかし，比較的早い時期に膨張が認められたという記載があるため，カルセドニーの影響が考えられる．済州（Cheju）島と北朝鮮北東部には，新第三紀と第四紀の火山活動があり，急速膨張性の骨材が存在し得る．済州島では，ソレアイト質玄武岩中のクリストバライトによるASR劣化が報告された[10.46]．

(5) 台　湾

日本でもクォーツァイト，粘板岩，変成チャートなどの台湾の花蓮から海上輸送された反応性骨材は有名である[10.17]．台湾はフィリピン海プレートとユーラシアプレートの間の衝突型造山帯にある．台湾の地質構造は北北東から南南西に配向しており，多くは古生代以降の堆積岩である．中央山地の東部は変成岩からなり，西部は褶曲して固結した岩体からなる．東部末端と西部の低地は比較的新しい新第三紀以降の岩体からなる．したがって，台湾の反応性岩石は，チャートを含む変成岩や変形した岩石であり，隠微晶質石英とカルセドニーからなる．

花蓮港と基隆（Keelung）港でも，ASR劣化が報告されている[10.47]．花蓮のある台湾東部の骨材の一種は砂岩であり，化学法でS_cが1204と1489となり，モルタルバー法では数10日で膨張した．ほかの4箇所の骨材種類は，砂岩，クォーツァイト，変質砂岩，粘板岩，石英脈，珪質砂岩，石英頁岩，結晶質石灰岩，片岩，蛇紋岩，安山岩，石灰岩で，組合せは場所ごとに違う[10.48]．

(6) タ　イ

タイはアルプス・ヒマラヤ造山帯に位置し，西のシャンタイ（Shan Thai）準卓状地，東のコラート・コントム（Khorat Kontum）卓状地，中央の雲南－マレー（Malay）変動帯からなる．重要なのは，中古生代のさまざまな造山運動により変形した岩石であり，隠微晶質石英が含有されている可能性がある．つまり，遅延膨張性の骨材が懸念される．

最近，バンコク（Bangkok）で著しいASR劣化が高速道路橋脚に見つかった[10.49]．岩石学的評価によると，花崗岩マイロナイト中の隠微晶質石英が主な反応性鉱物であったが，石灰岩，泥質ホルンフェルス，チャートなどにも反応生成物が認められた[10.50]．

(7) 東南アジア一帯

東南アジアは高温多雨であり，岩石が**風化・変質**しやすい環境である．さまざまな造岩鉱物が**ラテライト風化**や**続成作用**を受け，粘土鉱物へ変化する際にシリカ分が溶出する．図10.4に年間降雨量と粘土鉱物の組成変化の関係[10.51]を示す．**降雨量**が増えるにつれ，粘土鉱物のシリカが溶脱し，アルミナが残る．

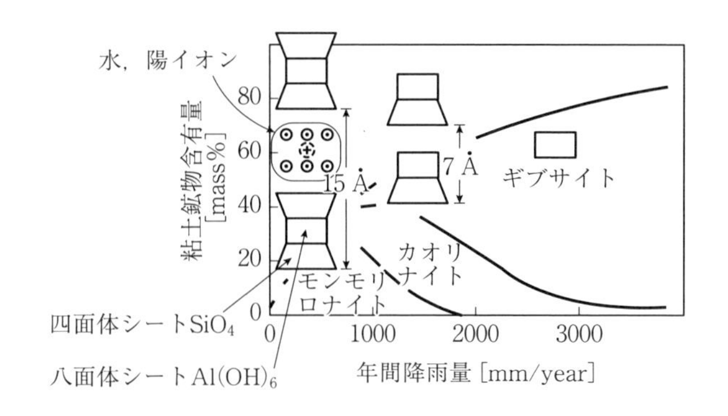

図10.4　年間降雨量と粘土鉱物の組成変化の関係[10.51]

溶解したシリカは別の場所で沈殿し，オパールを形成する可能性があり，この副生オパールによるASRが懸念される．東南アジア全体では常にこのリスクに注意が必要である．通常は無害と予想される骨材でも，急速に著しい劣化が起こり得る．

(8) その他の国々との共通点

インド，パキスタン，イラク，イラン，トルコ，イスラエル，バーレーン，サウジアラビア，イエメンなどの東・東南アジア以西の国々でもASRが認められた[10.19]．地質学的構造の観点から，ASRの可能性について一般的推定を説明する．

■新第三紀以降の火山活動　北部から南部まで，アリューシャン（Aleutian）列島などの極東ロシア，北朝鮮北東部，中国北東部の一部，済州島，日本，フィリピン，スマトラ（Sumatra）島からジャワ（Java）島および東ティモールとパプアニューギニア東端へ繋がるインドネシア南部の島々が沈み込み帯に位置し，活火山がある．もちろん，これらの国々の全体が火山ではなく，より詳細な地質情報が必要である．しかし，安山岩や流紋岩あるいはチャートなどの急速膨張性骨材に対する注意が必要である．高反応性のクリストバライトやトリディマイト，オパールは地質年代の経過とともに隠微晶質石英へと変化し，反応性が低下していく．

■大陸高原と造山帯　大陸地殻を形成する安定な地質と，今では安定な古い造山帯がある．モンゴル，中国東部，朝鮮半島の主体，ベトナム，ラオス，カンボジア，タイ東部，インド，スリランカなどがこれに該当する．これらの国々では，さまざまな変成岩，堆積岩，火成岩が存在する．すべての岩種は，遅延膨張性の隠微晶質石英の存在と，急速膨張性のカルセドニーの観点から調べる必要がある．泥質苦灰岩では，急速膨張の可能性もある．

■造山帯　東・東南アジアには多くのプレート，北アメリカプレート，太平洋プレート，ユーラシアプレート，フィリピン海プレート，オーストラリアプレート，インドプレートが集まる．プレートの衝突により強いせん断力が作用する．この地域には，台湾，四川省やチベットなどの中国西部，ボルネオ（Borneo）島，南部諸島を除くインドネシア，東端を除くパプアニューギニア，タイ西部，ミャンマー，バングラデシュ，アルナチャルプラデシュ，ブータン，ネパール，インド北端，パキスタンが属する．強い変形作用は，変成岩と変形作用を受けたマイロナイトやカタクレーサイトを生成し，遅延膨張性の隠微晶質石英が反応性骨材となる．ここでも，カルセドニーの存在の可能性は無視できない．

■無害骨材　不純物のない石灰岩，隠微晶質石英を含まない苦灰岩，斑れい岩などの変質を受けていない塩基性の深成岩，花崗岩などの変質と変形作用を受けていない酸性の深成岩のように，岩石学的に考えて無害とみなせる岩種もある．ただし，カルセドニーの副生については注意が必要である．

参考文献

[10.1] 地学団体研究会『日本の地質』刊行委員会：日本の地質　全9巻／別巻，共立出版．

[10.2] 小笠原正継，須藤定久：地質標本館グラフィックスシリーズ8日本の鉱物資源，産業技術総合研究所，2003．

[10.3] 長野伸泰，高橋徹，千場敬史，阿部芳彦，八幡正弘：北海道産砕石のアルカリシリカ反応性と岩石・鉱物学的特徴，北海道立工業試験場報告，No.290，pp.7-17，1991．

[10.4] 長野伸泰，高橋徹，勝世敬一，岡孝雄，八幡正弘：コンクリート構造物におけるアルカリ骨材反応抑制技術，平成2年度共同研究報告書，北海道立工業試験場・北海道立地下資源調査所，1991．

[10.5] 長野伸泰，高橋徹，勝世敬一, 八幡正弘，岡孝雄：コンクリート構造物におけるアルカリ骨材反応抑制技術，平成3年度共同研究報告書，北海道立工業試験場・北海道立地下資源調査所，1992．

[10.6] 長野伸泰，高橋徹，内田典昭，勝世敬一, 八幡正弘：コンクリート構造物におけるアルカリ骨材反応抑制技術，平成4年度共同研究報告書，北海道立工業試験場・北海道立地下資源調査所，1993．

[10.7] 千葉とき子，斎藤靖二：かわらの小石の図鑑—日本列島の生い立ちを考える，東海大学出版会，1996．

[10.8] 渡辺一夫：川原の石ころ図鑑，ポプラ社，2002．

[10.9] 尾花祥隆，鳥居和之：プレストレストコンクリート・プレキャストコンクリート部材におけるASR劣化の事例検証，コンクリート工学年次論文集，Vol.30，No.1，pp.1065-1070，2008．

[10.10] 大代武志，平野貴宣，鳥居和之：富山県の反応性骨材とASR劣化構造物の特徴，コンクリート工学年次論文集，Vol.29，No.1，pp.1251-1256，2007．

[10.11] K. Morino: Alkali aggregate reactivity of cherty rock, Proceedings of the 8th International Conference on Alkali-Aggregate Reaction in Concrete, pp.501-506, 1989.

[10.12] 森野奎二，岩月栄治，後藤鉱蔵：チャート質骨材の微細構造とモルタルバ

ー膨張挙動，コンクリート工学年次論文報告集，10-2，pp.717-722，1988.

[10.13] 岩月栄治，森野奎二：愛知県のASR劣化構造物と反応性骨材に関する研究，コンクリート工学年次論文集，Vol.30，No.1，pp.999-1004，2008.

[10.14] 鳥居和之，大代武志，山戸博晃，平野貴宣：石川県の反応性骨材とASR劣化構造物のデータベース化，コンクリート工学年次論文集，Vol.30，No.1，pp.1017-1022，2008.

[10.15] 三浦正純，田村栄治：中国四国地方の応用地質学，応用地質学会中国四国支部編，pp.74-76，2010.10.

[10.16] 山田一夫，川端雄一郎，河野克哉，林建佑，広野真一：岩石学的考察を含んだASR診断の現実と重要性，コンクリート構造物の補修，補強，アップグレード論文報告集，第7巻，pp.21-28，2007.

[10.17] T. Katayama, T. Oshiro, Y. Sarai, K. Zaha, and T. Yamato: Late-Expansive ASR due to Imported Sand and Local Aggregates in Okinawa Island, Southwestern Japan, Proceedings, 13th International Conference on Alkali-Aggregate Reaction in Concrete (ICAAR), Trondheim, Norway, pp.862-873, 2008.6.

[10.18] 富山潤，金田一男，山田一夫，伊良波繁雄，大城武：ASR劣化したプレテンションPC桁の岩石学的評価に基づくASR診断および耐荷性能の評価，土木学会論文集，Vol.67, No.4, pp.578-595, 2011.

[10.19] T. Katayama: A review of alkali-aggregate reactions in Asia-Recent topics and future research, East Asia Alkali-Aggregate Reaction seminar, Supplementary papers, A33-43, 1997.

[10.20] T. Katayama, Y. Sarai, Y. Higashi, A. Honma: Late-expansive alkali-silica reaction in the Ohnyu and Furikusa headwor structures, central Japan, Proc. of the 12th International Conference on Alkali-Aggregate Reaction in Concrete, pp.1086-1094, 2004.

[10.21] 濱田秀則，佐川康貴，井上祐一郎，林建佑：堆積岩を粗骨材として用いたコンクリート構造物のASRによる劣化事例，コンクリート工学年次論文集，Vol.33, No.1, pp.1073-1078, 2011.

[10.22] T. Katayama: Late-expansive ASR in a 30-year old PC structure in eastern Japan, Proc. of 14th Inter. Conf. on Alkali-aggregate Reaction in Concrete, No.030411-KATA-05, 2012.

[10.23] 石灰石鉱業協会：世界の石灰石資源（東アジア編），1996.

[10.24] 石灰石鉱業協会：世界の石灰石資源（アジア・オセアニア編），2000.

[10.25] T. Daidai, O. Andrade, K. Torii: The maintenance and rehabilitation techniques for ASR affected bridge piers with fracture of steel bars, T, Proc. of 14th Inter. Conf. on Alkali-aggregate Reaction in Concrete, No.021411-DAID, 2012.

[10.26] T. Katayama, T. Futagawa: Diagenetic changes in potential alkali-aggregate reactivity of siliceous sedimentary rocks in Japan-A geological interpretation, Proc. of the 8th International Conference on Alkali-Aggregate Reaction in Concrete, pp.525-530, 1989.

[10.27] K. Yamada, Y. Kawabata, K. Kawano, K. Hayashi, S. Hirono: Actual ASR diagnosis including petrologic considerations and its importance, Proceedings of the Concrete Structure Scenarios, JSMS, Vol.7, pp.21-28, 2007.

[10.28] T. Katayama, M. Tagami, Y. Sarai, S. Izumi, T. Hira: Alkali-aggreate reaction under the influence of deicing salts in the Hokuriku district, Japan, Material Cheracterization, Vol.53, pp.105-122, 2004.

[10.29] T. Habuchi, K. Torii: Corrosion characteristics of reinforcement in concrete structures subject to ASR and seawater attack marine environment, Proc. of 14th Inter. Conf. on Alkali-aggregate Reaction in Concrete, No.021411-HABU, 2012.

[10.30] T. Katayama, Y. Kaneshige: Diagenetic changes in potential alkali-aggregate reactivity of volcanic rocks in Japan-A geological interpretation, Proc. of the 7th International Conference on Alkali-Aggregate Reaction in Concrete, pp.489-495, 1986.

[10.31] M. Deng, X. Lan, Z. Xu, M. Tang: Petrographic characteristics and distributions of reactive aggregates in China, Proc. of 12th Inter. Conf. on Alkali-aggregate Reaction in Concrete, pp.87-98, 2004.

[10.32] M. Deng, Z. Xu, M. Tang: Suitability of test methods for alkali-silica reactivity of aggregates to Chinese aggregates, Proc. of 13th Inter. Conf. on Alkali-aggregate Reaction in Concrete, No.032, 2008.

[10.33] H. Q. Yang, P. X. Li, Y. Dong: Research on the alkali-activity of the natural aggregates from Yichang channel segment of Yangtze river, Proc. of 12th Inter. Conf. on Alkali-aggregate Reaction in Concrete, pp.466-472, 2004.

[10.34] M. Deng, L. Xu, X. Lan, M. Tang: Microstructures and alkali-reactivity of Permian Emeishan group basaltic rocks, Proc. of 13th Inter. Conf. on Alkali -aggregate Reaction in Concrete, No.030, 2008.

[10.35] M. Tang, Z. Xu, M. Deng, Y. Lu, S. Han, X. Lan: Alkali-aggregate reaction in China, East Asia Alkali-Aggregate Reaction Seminar, Tottori University, Japan, pp.1-12, 1997.

[10.36] M. Tang, M. Deng, Z. Xu, X. Lan, S. Han: Alkali-aggregate reaction in China, Proc. of 10th Inter. Conf. on Alkali-aggregate Reaction in Concrete, pp.195-201, 1996.

[10.37] P. Fu: Alkali-aggregate reaction in concrete in Beijing and Tianjing areas,

East Asia Alkali–Aggregate Reaction Seminar, Tottori University, Japan, pp.73–80, 1997.

[10.38] P. X. Fu, Y. Liu, J. M. Wang: Alkali reactivity of aggregate and AAR–affected concrete structures in Beijin, Proc. of 12th Inter. Conf. on Alkali–aggregate Reaction in Concrete, pp.1055–1061, 2004.

[10.39] J. Li: Problems on alkali–aggregate reactions of dam concrete in China, Proc. of 12th Inter. Conf. on Alkali–aggregate Reaction in Concrete, pp.1078–1085, 2004.

[10.40] Y. J. Xie, Y. D. Jia, F. M. Yang, X. H. Zhong, Y. Zhang, C. H. Zhu: Alkali–aggregate reaction in the concrete of Qinghai–Tibet railway, Proc. of 12th Inter. Conf. on Alkali–aggregate Reaction in Concrete, pp.458–465, 2004.

[10.41] M. Tang, M. Deng, Z. Xu: Comparison between alkali–silica reaction and alkali–carbonate reaction, Proc. of 11th Inter. Conf. on Alkali–aggregate Reaction in Concrete, pp.109–118, 2000.

[10.42] M. Deng, X. Song, X. Lan, X. Huang, M. Tang: Expandability of alkali–dolomite reaction in dolomitic limestone, Proc. of 14th Inter. Conf. on Alkali–aggregate Reaction in Concrete, 031212–MIN, 2012.

[10.43] W. C. Leung, J. M. Shen, W. C. Lau, C. Y. Chan: Testing aggregates for alkali aggregate reactions in Hong Kong, Proc. of 11th Inter. Conf. on Alkali–aggregate Reaction in Concrete, pp.395–404, 2000.

[10.44] W. L. Tse, S. T. Gilbert: A case study of the investigation of AAR in Hong Kong, Proc. of 10th Inter. Conf. on Alkali–aggregate Reaction in Concrete, pp.158–165, 1996.

[10.45] K. K. Yun, S. H. Hong, S. H. Han: Expansion behaviour of aggregate of Korea due to alkali–silica reaction by ASTM C 1260 method, J. Korea Concrete Institute, Vol.20, No.4, pp.431–437, 2008 (in Korean).

[10.46] J. H. Joon: Study of alkali–aggregate reaction in Korea, East Asia Alkali–Aggregate Reaction seminar, Supplementary papers, A61–72, 1997.

[10.47] C. Lee, W. K. Shien, I. J. Lou: Evaluation of the effectiveness of slag and fly ash in preventing expansion due to AAR in Taiwan, Proc. of 11th Inter. Conf. on Alkali–aggregate Reaction in Concrete, pp.703–712, 2000.

[10.48] C. Lee, S. W. Sheu, K. C. Chen, J. L. Ko, C. C. Rau: Field AAR inspection for the four harbors in Taiwan, Proc. of 11th Inter. Conf. on Alkali–aggregate Reaction in Concrete, pp.869–878, 2000.

[10.49] L. Baingam, W. Waengsoy, P. Choktaweekarn, S. Tangtermsirikul: Diagnosis of a Combined Alkali Silica Reaction and Delayed Ettringite Formation, Thammasat Int. J of Sci. and Tech., Vol.17, No.4, pp.22–35, 2012.

[10.50] K. Yamada, S. Hirono, Y. Ando: ASR problems in Japan and a message for

ASR problems in Thailand, Journal of Thailand Concrete Association, Vol.1, No.2, pp.1–18, 2013.

[10.51] I. Barshad: The effect of variation in precipitation on the nature of clay mineral formation in soils from acid and basic igneous rocks, Proc. International Clay Conf., pp.167–173, 1966.

付　録

— A —
既存の試験方法一覧

コンクリートに使用される骨材のアルカリ反応性を判定する試験方法は世界各国で提案されている．付表A.1，A.2にアルカリ反応性評価に関する代表的な試験方法を示す．

付表A.1　アルカリ反応性評価に関する代表的な試験方法

分　類	試　料	日　本	アメリカ	RILEM	その他
岩石学的評価	骨材	JCI DD-3 JCI DD-4	ASTM C 295	AAR-1	DIN 4226
化学的評価	骨材	JIS A 1145 JCI AAR-1 JSCE C511	ASTM C 289		
物理的評価	モルタル	JIS A 1146 JCI AAR-2 JIS A 1804	ASTM C 227 ASTM C 1260	AAR-2 AAR-5	CSA A23.2-25A DD249 飽和NaCl浸漬法
	コンクリート	JCI AAR-3 JASS 5N T-603	ASTM C 1293	AAR-3 AAR-4	CSA A23.2-14A BS 812 Part123

A.1　日本の試験方法

◇A.1.1　岩石学的評価

(1) JCI DD-3「骨材に含まれる有害鉱物の判別（同定）方法（案）」

JCI DD-3は，骨材中の有害鉱物を偏光顕微鏡観察やXRD分析により判別（同定）する方法である．主として，偏光顕微鏡により同定される有害な鉱物には，火山ガラス，隠微晶質石英・カルセドニーなどの微小な石英，結晶格子のゆがんだ石英，オパール，絹雲母，微細な黒雲母などがある．XRD分析により同定される有害な鉱物には，クリストバライト，トリディマイト，濁沸

付表A.2　アルカリ反応性評価に関する代表的な試験方法の概要

分類	規格名称	試験方法	判定方法	備考
岩石学的評価	JCI DD-3（日本）	骨材中の有害鉱物を偏光顕微鏡観察やXRDにより判別（同定）	対象骨材により測定方法が異なる	
	JCI DD-4（日本）	JCI DD-3試験により判別（同定）された骨材中の有害鉱物を定量する方法	偏光顕微鏡：線積分法，ポイントカウンティング法 XRD：回折強度から鉱物量を定量	
	ASTM C 295（アメリカ）	骨材に含まれる反応性鉱物の有無を偏光顕微鏡観察，XRD，示差熱分析ならびに赤外線分析などにより判別（同定）する方法	骨材に含まれる反応性鉱物の有無を偏光顕微鏡観察，XRD，示差熱分析，赤外線分析などにより判別（同定）	
	RILEM AAR-1	アルカリ反応性を示す可能性がある構成相を同定し，必要があれば定量して骨材を分類	クラスⅠとⅢに分類できるのは，実績に基づく場合のみであり，未知の骨材はオパールを含む場合以外はすべてクラスⅡに分類	クラスⅠ：ほとんど非反応性とみなせる クラスⅡ：潜在的反応もしくは反応性の可能性 クラスⅢ：非常に反応性の可能性が高い
	DIN 4226（ドイツ）	岩石学的評価と化学的評価を組み合わせた方法	細，粗骨材4 mm以下を4 % NaOHで溶解，質量減，4 mm以上は岩石学的評価で区分．オパール砂：10 % NaOHで溶解し，質量減測定	ドイツの一部地域に産出されるフリント，オパール質砂岩，オパール質岩石からなる骨材に適用するために策定
化学的評価	JIS A 1145（日本）	150～300 μmに粉砕した試料を80 ± 1 ℃，1 NのNaOH溶液中で24 h ± 15分反応させ，溶解シリカ量S_cとアルカリ濃度減少量R_cを測定 R_c：50 mmol/LのHClで滴定 S_c：重量法，原子吸光光度法，吸光光度法で測定	$S_c \geqq 10$ mmol/Lで$R_c <$ 700 mmol/Lおよび$S_c \geqq R_c$となる場合：無害でない それ以外の場合を無害	人工軽量骨材には適用しない 硬化コンクリートから取り出した骨材には判定を適用しない ASR以外の反応を示す可能性のある骨材は岩石学的評価が必要
	JCI AAR-1（日本）	JIS A 1145と同様	ASTM C 289の判定図	
	JSCE C511（日本）	JIS A 1145における経時変化を導入，アルカリ反応性指数（ARI）よりコンクリートとして有害な膨張を生じない限界アルカリ量を推定	40 ℃におけるS_cとR_cの経時変化をグラフ化し，直線回帰によりR_c^0とS_c^{24}算出 ARI = $(R_c^0 - 30)/S_c^{24}$，ARI，S_c^{24}に対応した限界アルカリ量の表	
	ASTM C 289（アメリカ）	JIS A 1145制定のもとになった試験方法	アメリカにおける検討実績より無害，有害，潜在的有害の三つに区分	判定1週間以内 膨張との関係はモルタルバー法で検討して境界を決定
	JIS A 1146（日本）	試験体寸法：40 × 40 × 160 mm，W/C：0.50，S/C：2.25，セメントの等価アルカリ量をNaOH溶液の添加により1.2 ± 0.05 %に調整 温度40 ± 2 ℃，相対湿度95 %以上の条件下で長さ変化を26週計測	材齢13週：0.050 %以上　無害でない 　　　　　0.050 %未満　試験継続 材齢26週：0.100 %未満　無害 　　　　　0.100 %以上　無害でない	人工軽量骨材には適用しない 硬化コンクリートから取り出した骨材には判定を適用しない
	JCI AAR-2（日本）	JIS A 1146と同様	材齢3箇月：0.05 %以上　有害 材齢6箇月：0.10 %以上　有害	JCI AAR-1の結果無害と判定されたものについては実施しなくてもよい
	JIS A 1804（日本）	セメントの等価アルカリ量をNaOH溶液の添加により2.5 %に調整 試験体寸法：40 × 40 × 160 mm 高温・高圧で促進養生し，3日間で判定	・超音波伝播速度率95 %以上 ・相対動弾性係数85 %以上 ・長さ変化率0.10 %未満 いずれかを満たせば無害	試料骨材と標準砂を等量混合して使用

物理的評価（モルタル）	ASTM C 227（アメリカ）	JIS A 1146制定のもとになった試験方法	材齢3箇月：0.05 %以上　有害 材齢6箇月：0.10 %以上　有害	試験体寸法，養生温度，湿度，単位水量，セメントのアルカリ量がJIS A 1146と異なる
	ASTM C 1260（アメリカ）	試験体寸法：1 × 1 × 11.25インチ，W/C：0.47，S/C：2.25，80 ℃の1 mol/LのNaOH水溶液中に浸漬し，反応性を16日間で評価	0.10 %未満　無害 0.10 ～ 0.20 %　追調査 0.20 %を超える　潜在的有害	フロー一定の場合よりも水量固定のほうが膨張率の変動が小さい．セメントのアルカリ含有量が膨張率に及ぼす影響は小さい
	RILEM AAR-2	ASTM C 1260と同一（試験体寸法は40 × 40 × 160 mm）	0.10 %未満　非反応性 0.10 ～ 0.20 %　潜在的反応性 0.20 %を超える　膨張性	2 %以上のポーラスチャートを含む場合には適用できない
	CSA A23.2-25A（カナダ）	ASTM C 1260と同一	材齢に関係なく膨張率が0.03 %以上有害	W/C：0.44（天然）または0.50（破砕）S/C：2.25
	DD249（イギリス）	ASTM C 1260と同一	0.1 %以下　反応性なし 0.1 ～ 0.2 %　ほかの方法で検証 0.2 %以上　膨張性あり	試験体寸法：25 × 25 × 250 mm
	飽和NaCl浸漬法（デンマーク）	試験体寸法：40 × 40 × 160 mm，W/C：0.50，S/C：3.0，28日間20 ℃水中養生後，50 ℃の飽和NaCl溶液中に浸漬し，反応性を評価	材齢91日膨張率 0.1 %未満　無害 0.1 ～ 0.4 %　不明 0.4 %以上　有害	判定の時期および基準値に関する規定はないが，左記の判定が多い
物理的評価（コンクリート）	JCI AAR-3（日本）	NaOHを添加し，Na_2O_{eq}で2.4 kg/m^{3}に調整．試験体寸法：100 × 100 × 400または75 × 75 × 400 mm 試験体は吸水紙で覆い，40 ± 2 ℃で養生	材齢6箇月後膨張率 0.100 %未満　反応性なし 0.100 %以上　反応性あり	コンクリートの使用材料および配合は目的とするコンクリートと同一
	JASS 5N T-603（日本）	Na_2O_{eq}で1.2，1.8，2.4 kg/m^{3}添加．試験体は吸水紙で覆い，40 ± 2 ℃で養生	二つの条件を同時に満足：反応性なし，そうでない場合：反応性あり ・6箇月膨張率：いずれのアルカリ添加量においても0.1 %未満 ・6箇月膨張率：0.1 %となるときのアルカリ添加量を推定	JCI AAR-3と同様に，コンクリートの使用材料および配合は目的とするコンクリートと同一
	ASTM C 1293（アメリカ）	非反応性の細骨材使用．W/C：0.42 ～ 0.45，単位セメント量：420 ± 10 kg/m^3．NaOHを添加し，Na_2O_{eq} = 1.25 %に調整．試験体寸法：75 × 75 × 285 mm．試験体は密封容器などで高湿度を保ち，38 ± 2 ℃で養生	材齢1年後膨張率 0.04 %以上　潜在的に反応性あり	ASTMの試験方法中のASRの判定方法として最も信頼できる（ASTM C33）
	RILEM AAR-3	NaOHによりアルカリ量を5.5 kg/m^{3}に制御したセメント使用．試験体寸法：75 × 75 × 250 mm．配合はC：14 vol%，W：20 vol%，S：20 vol%，G：46 vol%．38 ± 2 ℃で養生	材齢1年後膨張率 0.05 %未満　非反応性 0.05 ～ 0.10 %　とくに地域的実績がなければ潜在的膨張性 0.10 %を超える　膨張性	使用骨材は，細・粗骨材ともに試験用骨材，細骨材もしくは粗骨材の試験用骨材と非反応性骨材の組合せの三通り
	RILEM AAR-4	①RILEM AAR-3の超加速版（60 ± 2 ℃で養生），②特定の骨材を組み合わせることによるアルカリ限界，③特定のコンクリート配合の性能検査	3箇月膨張率 0.02 %未満を非膨張性とする例あり	
	CSA A23.2-14A（カナダ）	ASTM C 1293と同様	材齢1年後膨張率 0.04 %以下　反応性なし 0.04 ～ 1.2 %　緩やかな反応性あり 1.2 %以上　非常に反応性あり	ASR・ACRを生じるおそれのある粗骨材評価に適する
	BS 812 Part 123（イギリス）	K_2SO_4を添加し，Na_2O_{eq} = 1.0 ± 0.05 %．試験体寸法：75 × 75 × 250 mm．38 ± 2 ℃，相対湿度96 %以上の条件で養生	材齢52週膨張率 0.1 %以上　反応性あり	コンクリート配合は工事配合もしくはC：22.2 vol%，W：22.8 vol%，S：16.5 vol%，G：16.5 vol%（> 10 mm）+ 22.0 vol%（< 10 mm）

石，スメクタイト，石膏，硫化鉱，苦灰岩，MgOなどがある．

ただし，この内容は必ずしも妥当ではないので，9.3節ほかを参照し，正しい適用が必要である．

(2) JCI DD-4「有害鉱物の定量方法（案）」

JCI DD-4は，(1)で説明したJCI DD-3試験により判別（同定）された骨材中の有害鉱物を定量する方法である．偏光顕微鏡を用いた定量方法は，線積分法とポイントカウンティングの2種類がある．

A.1.2　化学的評価

(1) JIS A 1145「骨材のアルカリシリカ反応性試験方法（化学法）」

JIS A 1145は，骨材をアルカリ溶液中で反応させ，骨材から溶出したシリカ量と反応に消費されたアルカリ量の関係からアルカリ反応性を判定する方法である．粒径0.15 ～ 0.3 mmに調整した骨材試料25 gと1 mol/LのNaOH溶液25 mLを80 ℃の温度条件で24時間保持したときに得られるアルカリ濃度減少量R_c［mmol/L］と溶解シリカ量S_c［mmol/L］をもとに判定を行う．反応性の評価には，S_cが10 mmol/L以上でR_cが700 mmol/L未満のとき，およびS_cがR_c以上となる場合，この骨材を無害でないと判定し，それ以外の場合を無害と判定している．一般に，S_cが大きく，R_cが大きいものほどアルカリ反応性が高く，ペシマムが顕著である．しかし，実際にはR_cが小さくてもS_cが大きい場合にはペシマム現象が生じることはある．

(2) JCI AAR-1「骨材の潜在反応性試験方法（化学法）（案）」

JCI AAR-1は，(1)で説明したJIS A 1145と同様である．

(3) JSCE C511「コンクリート用骨材のアルカリシリカ反応性評価試験方法（改良化学法）（案）」

JSCE C511は，(1)で説明したJIS A 1145で得られたR_cとS_cの経時変化を求め，これから得られる反応性鉱物の溶解などの骨材の反応以外に消費されるアルカリ量R_c^0と，温度40 ℃で24時間反応させたときの溶解シリカ量S_c^{24}を用いて，コンクリートとして有害な膨張を生じない限界のアルカリ量を化学的に推定する試験方法である．

付録

◇A.1.3　物理的評価

(1) JIS A 1146「骨材のアルカリシリカ反応性試験方法（モルタルバー法）」

JIS A 1146は，モルタルバーの長さ変化を測定することにより，骨材のアルカリ反応性を判定する試験方法である．モルタルバーは，40 × 40 × 160 mmの角柱試験体で，配合は水セメント比：0.50，砂セメント比：2.25であり，セメントの等価アルカリ量をNaOH溶液の添加により1.2 ± 0.05 %に調整する．セメントの等価アルカリ量を1.2 %に調整するのは，わが国で使用されてきたセメントの等価アルカリ量の最大値が約1.2 %であったこと，規定される以前に実施されたモルタルの試験から，この程度の等価アルカリ量が骨材の反応性を評価判定するのに適当であると判断されたためである．打設後24時間の脱型時の長さを基長とし，温度40 ± 2 ℃，相対湿度95 %以上の条件下で長さ変化を26週計測する*．JIS A 1146では，材齢13週で0.05 %以上，または材齢26週で0.1 %以上の膨張率を無害でないと判定する．

骨材を100 %配合で試験するため，配合ペシマム現象を生じる骨材は，誤って無害と判定される事例がある．

(2) JCI AAR-2「骨材の潜在反応性試験方法（モルタルバー法）（案）」

JCI AAR-2は，(1) で説明したJIS A 1146と同様である．

(3) JIS A 1804「コンクリート生産工程管理用試験方法―骨材のアルカリシリカ反応性試験方法（迅速法）」

JIS A 1804は，モルタル中のNa_2O_{eg}の全アルカリ量がセメント質量に対して2.5 %となるようにNaOH水溶液を混入して調整し，作製した40 × 40 × 160 mmのモルタルバーを，ゲージ圧150 kPa，温度127 ℃の高温・高圧で促進養生して，促進養生前後の特性の変化を測定し，骨材のアルカリ反応性を3日間で判定する方法である．アルカリ反応性の判定は，超音波伝播速度率，相対動弾性係数，長さ変化率のうちいずれか一つによって行い，次の条件を満足する場合には無害と判定し，満足しない場合には無害でないと判定する．

① 超音波伝播速度率：95 %以上
② 相対動弾性係数　：85 %以上
③ 長さ変化率　　　：0.10 %未満

遅延膨張性骨材の場合，三つの判定結果が矛盾することがある．

付録
A
B
C
D
E

* 実験再現性を高めるには，保水する素材（吸水紙など）で試験体を被覆するのがよい．

(4) JCI AAR-3「コンクリートのアルカリシリカ反応性判定試験方法（案）」

JCI AAR-3は，コンクリートバーの長さ変化を測定することにより，コンクリートのアルカリ反応性を判定する試験方法である．コンクリートの使用材料および配合は，目的とするコンクリートと同一のものを用いる．コンクリートに添加するアルカリは水酸化ナトリウムとし，Na_2O_{eg}で2.4 kg/m^{3}とする．コンクリートバーの寸法は，100 × 100 × 400 mmまたは75 × 75 × 400 mmを標準とする．コンクリートバーは吸水紙で覆い，40 ± 2 ℃で養生する．長さ変化は材齢6箇月まで1箇月ごとに測定する．アルカリ反応性の判定は，材齢6箇月後の膨張率が0.100 %未満の場合は，対象としたコンクリートは**反応性なし**と判定し，0.100 %以上の場合は反応性ありと判定する*[1]．

現在の市販セメントはアルカリ含有量が少ないため，上述のアルカリ添加量ではASRを十分促進しているかどうか，不明である．

(5) JASS 5N T-603「コンクリートの反応性試験方法」

JASS 5N T-603は，JASS 5N「原子力発電所施設における鉄筋コンクリート工事」に規定された試験であり，コンクリートバー*[2]の長さ変化を測定することにより，コンクリートのアルカリ反応性を判定する試験方法である．原子力発電所施設は一般の建築物と比較して，極めて高い安全性と信頼性が要求される．また，大断面部材で乾燥しづらく，場所によってはモルタルバー法で規定されている40 ℃を超える温度または放射線に常時曝されるなど，ASRが起こりやすい条件下にある．このことを考慮して定められた．コンクリートの使用材料および配合は，(4)で説明したJCI AAR-3と同様に，目的とするコンクリートと同一のものを用いる．練り上がったコンクリートには純度98 %以上の粒状水酸化ナトリウムを，Na_2O_{eg}で1.2，1.8，2.4 kg/m^{3}添加する．コンクリートバーは吸水紙で覆い，40 ± 2 ℃で養生する．長さ変化は材齢6箇月まで1箇月ごとに測定する．アルカリ反応性の判定は，次の二つの条件が同時に満たされる場合に，反応性なしと判定し，そうでない場合は反応性ありと判定する．

① 材齢6箇月の膨張率：いずれのアルカリ添加量においても0.1 %未満

② 材齢6箇月において膨張率が0.1 %となるときのアルカリ添加量を推定

　→ 推定値が －1.2 kg/m^{3}以下，または ＋3.0 kg/m^{3}以上であること

*1 2017年に改訂される見込みである．

*2 10 × 10 × 40 mmの角柱であるので，本来プリズムと称されるべきである．

付録

この方法は，骨材のアルカリ濃度に関するペシマム現象をみており，骨材配合によるペシマム現象をみているわけではないことに注意が必要である．

A.2　海外の試験方法

◇A.2.1　岩石学的評価

(1) ASTM C 295「Standard Guide for Petrographic Examination of Aggregate for Concrete」

ASTM C 295は，骨材に含まれる反応性鉱物の有無を偏光顕微鏡観察，XRD分析，示差熱分析，赤外線分析などにより判別（同定）する方法である．付表A.3に，アルカリ反応性成分とアルカリ炭酸塩反応成分を示す．

付表A.3　ASTM C 295に示された反応性鉱物

種　類	反応性鉱物
アルカリシリカ反応（ASR）	オパール，カルセドニー，クリストバライト，トリディマイト，大きくひずんだ石英，微晶質石英，火山ガラス，合成石英質ガラス，ガラス質 ～ 隠微晶質の中性 ～ 酸性火山岩，ある種の粘土質岩，千枚岩，硬質砂岩，片麻岩，片岩，片麻岩質花崗岩，石英脈，珪岩，砂岩，チャート
アルカリ炭酸塩反応（ACR）	酸不溶性粘土質を含む石灰質苦灰岩または苦灰岩質石灰岩，粘土を含まないある種の苦灰岩，石英などの少量の酸不溶分を含む極めて微粒の石灰岩

(2) RILEM AAR-1「Detection of alkali-reactivity of aggregate-Petrographic method」

RILEM AAR-1では，岩石学的評価によりアルカリ反応性を示す可能性がある構成相を同定し，必要があれば定量して骨材を次に示す3クラスに分類する．

- クラスⅠ：ほとんど非反応性とみなせる
- クラスⅡ：潜在的反応もしくは反応性の可能性あり
- クラスⅢ：非常に反応性の可能性が高い

肉眼観察，偏光顕微鏡，XRDのような岩石学的評価だけではなく，地域ごとの実構造物の実績を考慮することが重要である．クラスⅠ，Ⅲに分類できるのは，実績に基づく場合のみであり，未知の骨材はオパールを含む場合以外はすべてクラスⅡに分類される．

A.2.2　化学的評価

(1) ASTM C 289「Standard Test Method for Potential Alkali-Silica Reactivity of Aggregates (Chemical Method)」

ASTM C 289は，北アメリカの現実の劣化事例と試験結果が整合しないことが最新の研究で判明したため2016年に廃止されたが，JIS A 1145制定のもとになった試験方法である．JISとASTMでは判定区分が異なっており，JISでは判定区分を無害，無害でないの二つに区分しているが，ASTMではアメリカにおける検討実績より，無害（innocuous），有害（deleterious），潜在的有害（potentially deleterious）の三つに区分している．この区分はMielenzらの研究結果などをもとに策定されたもので，ASTM C 227のモルタルバー法により骨材の試験を行った際に，材齢1年時点の膨張率が0.1 %より小さいものを無害，0.1 %よりも大きいものを有害または潜在的有害と評価する．また，炭酸カルシウム，マグネシウムまたは第一鉄を含む骨材，たとえば方解石，苦灰岩，マグネサイト，または菱鉄鉱あるいは蛇紋岩のようなマグネシウムの珪酸塩を含む骨材に適用することはできない．潜在的有害域は，配合ペシマムの混合率50 %以下の骨材に相当する領域である．

(2) DIN 4226「Aggregate for Concrete and Mortar」

DIN 4226は，ドイツの一部地域に産出されるフリント，オパール砂岩，オパール質岩石からなる骨材に適用するために策定された岩石学的評価と化学的評価を組み合わせた試験方法である．骨材試料は粒径別に分けられ，1 mm以下のものは除外される．1～4 mmのものは4 %のNaOH溶液中に90 ℃，60分間浸漬して質量の減少量を測定し，反応性フリントも含めたオパール砂岩ならびにオパール質岩石の占める割合を求める．4 mm以上のものは岩石学的評価でフリントとそれ以外に区分し，フリントは密度を測定して反応性フリント量を算出する．それ以外の岩石に分類されたものは10 %のNaOH溶液で上記同様に溶解し，オパール砂岩ならびにオパール質岩石の占める割合を算出する．

A.2.3　物理的評価

(1) ASTM C 227「Standard Test Method for Potential Alkali Reactivity of Cement-Aggregate Combinations (Mortar-Bar Method)」

ASTM C 227は，JIS A 1146制定のもとになった試験方法であるが，付表A.4に違いを示す．

付表A.4　ASTMとJISのモルタルバー法の違い

	ASTM C 227	JIS A 1146
試験体寸法	1 × 1 × 11.25インチ	40 × 40 × 160 mm
養生温度	37.8 ± 1.7℃	40 ± 2℃
養生湿度	100 %	95 %以上
単位水量	フローにより決定	W/C：50 %固定
セメントのアルカリ量	工事に使用するセメント 市販セメントのNa_2O_{eq}が最も高いもの	Na_2O_{eq} = 0.65 ± 0.05 %のセメント Na_2O_{eq} = 1.2 %となるようにNaOHを練混ぜ水に添加し，調整

(2) ASTM C 1260「Standard Test Method for Potential Alkali Reactivity of Aggregates (Mortar-Bar Method)」

ASTM C 1260は，1 × 1 × 11.25インチのモルタルバー（W/C：0.47，S/C：2.25）を80℃，1 mol/LのNaOH水溶液中に浸漬し，14日間促進養生した後の膨張率を測定し，骨材のアルカリ反応性を16日間（成型→脱型：1日，80℃水中：1日，80℃ NaOH：14日）で評価する方法である．判定は，16日後の膨張率が0.10 %未満の場合は無害，0.10 ～ 0.20 %の場合は岩石学的評価による反応性鉱物，試験体の反応生成物の確認をし，または28日までの試験延長などの追調査を行って0.20 %を超える場合は潜在的有害とする．

(3) RILEM AAR-2「Detection of potential alkali-reactivity of aggregates-The ultra-accelerated mortar-bar test」

RILEM AAR-2は，(2)で説明したASTM C 1260と同一の方法であるが，40 × 40 × 160 mmの試験体も使用できる．2 %以上のポーラスなチャートを含む場合には適用できない．判定は，16日後の膨張率が0.10 %未満の場合は非反応性，0.20 %を超える場合は膨張性，0.10 ～ 0.20 %の場合は潜在的反応性とする．

(4) CSA A23.2-25A「Test Method for Detection of Alkali-Silica Reactive aggregate by Accelerated Expansion of Mortar Bars」

カナダで制定されたCSA A23.2-25Aは，(2)で説明したASTM C 1260と同一の方法である．しかし，モルタル配合がW/C：0.44（天然細骨材）または0.50（破砕した骨材），S/C：2.25であり，ASTMと若干異なっている．15日で0.15 %以上の場合は，有害とする．

CSA A23.2-25Aがもとになり，アメリカでASTM C 1260が，ヨーロッパでRILEM AAR-2が制定された．このため，日本では通称カナダ法とも呼ばれる．

(5) DD249「Testing aggregates-Method for the assessment of alkali-silica reactivity-Potential accelerated mortar-bar method」

DD249も，(2)で説明したASTM C 1260と同一の方法である．ただし，モルタルバーの寸法は25 × 25 × 250 mmである．判定は，膨張率が0.1 %以下の場合は反応性なし，0.2 %以上の場合は膨張性あり，0.1 ～ 0.2 %の場合はほかの方法で検証となっている．

(6) 飽和NaCl浸漬法「An Accelerated Method for the Detection of Alkali-Aggregate Reactivities of Aggregates」

飽和NaCl浸漬法は，デンマークで提案された方法であり，40 × 40 × 160 mmのモルタルバー（W/C：0.50，S/C：3.0）を28日間20 ℃水中養生後，50 ℃の飽和NaCl溶液中に浸漬し，骨材のアルカリ反応性を評価する方法である．判定の時期および基準値に関する規定はないが，日本では野外から採取されたコンクリートコア試料につき，材齢91日における膨張率が0.1 %未満の場合は無害，0.1 ～ 0.4 %の場合は不明，0.4 %以上の場合は有害と判定している場合が多い．日本では通称デンマーク法とも呼ばれる．

(7) ASTM C 1293「Standard Test Method for Determination of Length Change of Concrete Due to Alkali-Silica Reaction」

ASTM C 1293は，コンクリートプリズムの長さ変化を測定することにより，コンクリートのアルカリ反応性を判定する試験方法である．コンクリートには非反応性の細骨材を用い，配合はW/C：0.42 ～ 0.45，単位セメント量：420 ± 10 kg/m^{3}とする．コンクリートに添加するアルカリはセメント中のアルカリNa_2O_{eq} = 0.9 ± 0.1 %に，NaOH試薬を練混ぜ水に加えてNa_2O_{eq} = 1.25 %とする*．コンクリートプリズムの寸法は75 × 75 × 285 mmとする．コンクリートプリズムは密封容器などで高湿度を保ち，38 ± 2 ℃で養生する．判定は，材齢1年後の膨張率が0.04 %以上の場合は潜在的に反応性ありとする．

付録

* セメント由来のアルカリと，試験のために添加するNaOHは，ASRの促進効果が異なる可能性が指摘されている．

(8) RILEM AAR-3「Detection of potential alkali-reactivity of aggregates-Method for aggregate combination using concrete prisms」

RILEM AAR-3*1は，細骨材および粗骨材の組合せによるコンクリートのアルカリ反応性を判定する方法である．使用骨材は，細・粗骨材ともに試験用骨材，細骨材もしくは粗骨材の試験用骨材と非反応性骨材の組合わせの三通りがある．NaOHによりアルカリ量を5.5 kg/m^{3}に制御したセメントを使用し，75 × 75 × 250 mmの角柱試験体を作製する．コンクリート配合は，セメント：14 vol%，水20 vol%，細骨材20 vol%，粗骨材46 vol%である．20 ℃で成形後，24時間後に脱型し，綿布で包んでポリ袋に入れて保管する．脱型後24時間の長さを基長とし，7日後に再測定し，その後38 ± 2 ℃に1年間保持し，さまざまな非反応性骨材比率によりペシマム現象を検出する．判定は最終合意にいたってはいないが，材齢1年後の膨張率が0.05 %未満の場合は非反応性，0.10 %を超える場合は膨張性，0.05 ～ 0.10 %の場合はとくに地域的実績がなければ潜在的膨張性とする．

(9) RILEM AAR-4「Detection of potential alkali-reactivity in aggregates-Accelerated (60 ℃) concrete prisms test」

RILEM AAR-4*2は，加速コンクリートプリズム試験と呼ばれる開発中の方法である．RILEM AAR-4には，次の三通りの利用法がある．

① AAR-3の超加速版

② 特定の骨材を組み合わせることによるアルカリ限界（膨張を引き起こす最小アルカリ量）

③ 特定のコンクリート配合の性能検査

この方法による膨張率の指標を示すにはデータが不足しているが，3箇月で0.02 %未満を非膨張性とする例もある．

(10) CSA A23.2-14A「Potential Expansivity of Aggregates (Procedure for Length Change Due to Alkali-Aggregate Reaction in Concrete Prisms)」

カナダで開発されたCSA A23.2-14Aは，(7)で説明したASTM C 1293と同様の方法であり，ASR，ACRを生じるおそれのある粗骨材の評価に適してい

*1 最新版が2016年に発行された[付A.1]．

*2 最新版が2016年に発行された[付A.1]．

る．使用骨材の組合せには，試験用細骨材と無害の粗骨材，無害の細骨材と試験用粗骨材の二通りがある．コンクリート配合はW/C：0.42～0.45，単位セメント量：420 ± 10 kg/m^{3}とする．コンクリートに添加するアルカリはセメント中のアルカリNa_2O_{eq} = 0.9 ± 0.1 %に，NaOH試薬を練混ぜ水に加えてNa_2O_{eq} = 1.25 %とする．コンクリート試験体の寸法は75 × 75 × 275（405）mmとする．コンクリート試験体は密封容器などで高湿度を保ち，38 ± 2 ℃で養生する．判定は，材齢1年後の膨張率が0.04 %以下の場合は反応性なし，0.04～1.2 %の場合は緩やかな反応性あり，1.2 %以上の場合は非常に反応性ありとする．

この試験がもとになり，ASTM C 1293，RILEM AAR-3が制定された．

（11）BS 812 Part123「Testing Aggregates-Method for Determination of alkali-silica reactivity-Concrete Prism method」

BS 812 Part123は，コンクリートプリズムの長さ変化を測定することにより，コンクリートのアルカリ反応性を判定する試験方法である．コンクリート配合は工事配合もしくはC：22.2 vol%，W：22.8 vol%，S：16.5 vol%，G：16.5 vol%（10 mm以上）+ 22.0 vol%（10 mm以下）を基本とする．コンクリートに添加するアルカリはNa_2O_{eq} = 0.8～1.0 %のセメントに，K_2SO_4を練混ぜ水に加えてNa_2O_{eq} = 1.0 ± 0.05 %とする．コンクリート試験体の寸法は75 × 75 × 250 mmとする．20 ℃で成形後，24時間後に脱型し，脱イオン水を含ませた綿布で包んでポリ袋に入れて保管する．7日まで20 ℃，相対湿度96 %以上に保ち，その後38 ± 2 ℃，相対湿度96 %以上の条件で養生を行う．判定は，材齢52週の膨張率が0.1 %以上の場合は反応性ありとする．

付
録

参考文献

［付A.1］P. J. Nixon, I. Sims（eds）: RILEM Recommendations for the Prevention of Damage by Alkali-Aggregate Reactions in New Concrete Structures, Springer, 2016.

— B —

ASR劣化事例集

付図 B.1　ダ　ム

付図 B.2　水　門

付図 B.3　消波ブロック

付図 B.4　ドルフィン，護岸ブロック

付図 B.5　パラペット

付図 B.6　パラペット（補修後の再劣化）

付図 B.7　PC桁（軸方向ひび割れ）

付図 B.8　PC桁（軸方向ひび割れ）

付図 B.9　PC桁（PC鋼材に沿ったひび割れ，中国）

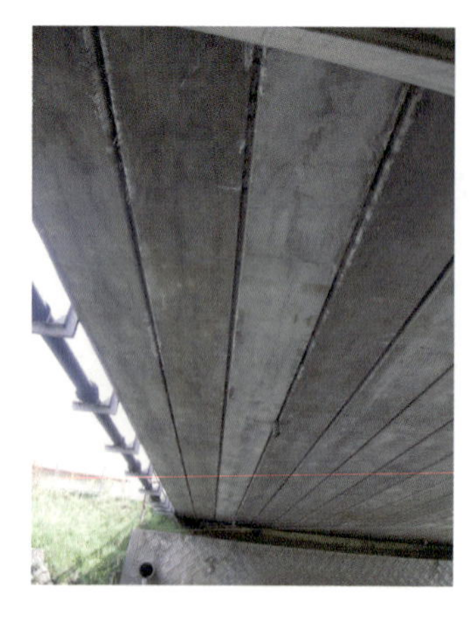

付図 B.10　PC箱桁（軸方向ひび割れ）

付図 B.11　PC 箱桁側面

付図 B.12　PC 箱桁側面定着端部

付図 B.13　PC 配水池タンク

付図 B.14　PC 舗装

付図 B.15　RC ロックシェッド（その1）

付図 B.16　RC ロックシェッド（その2）

付図B.17　橋　脚

付図B.18　橋脚張出し部

付図B.19　橋脚（補修後の再劣化）

付図B.20　桟橋梁部

付図B.21　橋　台

付図B.22　橋台張出し部

付図 B.23　橋脚フーチング

付図 B.24　橋脚フーチング偶角部の鉄筋破断

付図 B.25　橋梁床版裏側

付図 B.26　橋軸方向のコンクリート舗装面のひび割れ

付図 B.27　ボックスカルバート

付図 B.28　擁　壁

付録
A
B
C
D
E

付図B.29　トンネル坑口

付図B.30　トンネル坑口（補修後の再劣化）

— C —

ASR診断事例集

C.1　遅延膨張性骨材による擁壁のASR劣化

付図C.1に劣化した構造物の外観を示す．この構造物は，全体に亀甲状のひび割れが発生しており，ひび割れ最大幅は10 mm以上であった．また，付図C.2にコンクリート構造物から採取したコンクリートコア試料の切断面を示す．コンクリートコア試料の肉眼観察を行ったところ，粗骨材の周辺にアルカリシリカゲルと思われる白色の滲出物が観察された．また，貝殻が認められたことから，細骨材は海砂あるいは海底に堆積した陸源砕屑物を起源とする山砂などから生産されたものであることがわかる．なお，コンクリートコア試料を粉砕し，Cl^-をJIS A 1154により測定したところ，およそ0.6 kg/m^{3}であった．

付図C.1　ASR劣化した構造物のひび割れ状況［西政好，池田隆徳，佐川康貴，林建佑：遅延膨張性骨材によるASR劣化事例および骨材のASR反応性検出法の検証，コンクリート工学年次論文集，Vol.32，No.1，pp.935–940，2010.］

付図C.2　コンクリートコア試料の切断面［西政好，池田隆徳，佐川康貴，林建佑：遅延膨張性骨材によるASR劣化事例および骨材のASR反応性検出法の検証，コンクリート工学年次論文集，Vol.32，No.1，pp.935–940，2010.］

対象構造物より採取したコンクリートコア試料より鏡面研磨薄片を作製し，偏光顕微鏡を用いて，反応性骨材および反応性鉱物の同定を行った．付図C.3に偏光顕微鏡下における粗骨材－セメントペースト界面の写真を示す．粗骨材

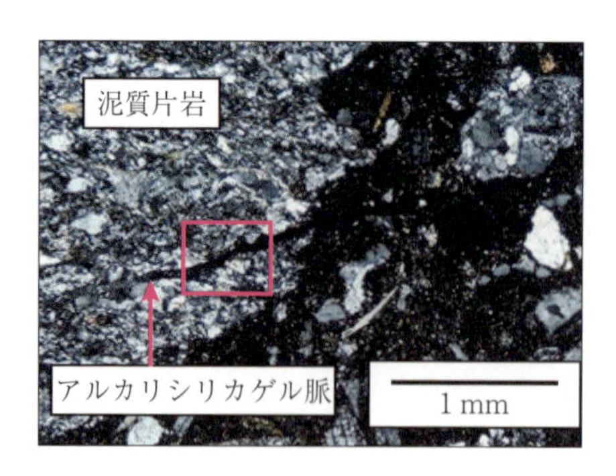

付図C.3　粗骨材－セメントスペースの界面［西政好，池田隆徳，佐川康貴，林建佑：遅延膨張性骨材によるASR劣化事例および骨材のASR反応性検出法の検証，コンクリート工学年次論文集，Vol.32，No.1，pp.935–940，2010.］

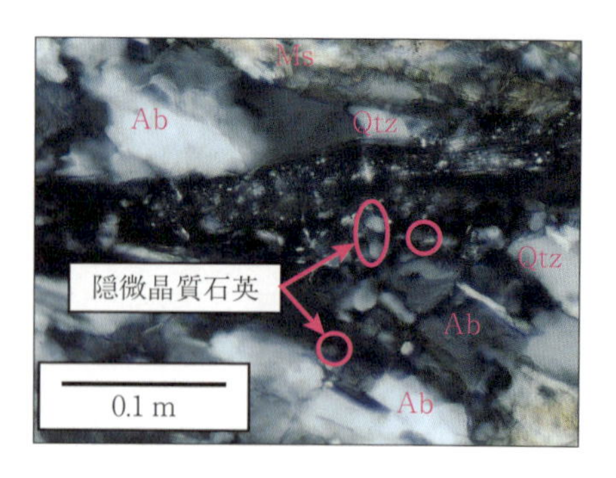

付図C.4　粗骨材－セメントスペースの界面の拡大図［西政好，池田隆徳，佐川康貴，林建佑：遅延膨張性骨材によるASR劣化事例および骨材のASR反応性検出法の検証，コンクリート工学年次論文集，Vol.32，No.1，pp.935–940，2010.］

である泥質片岩内部からモルタル部へとひび割れが発生しており，ひび割れがアルカリシリカゲルにより充填されている．なお，細骨材の反応の形跡は確認できなかった．また，図中の四角で示す部分を拡大した写真を付図C.4に示す．アルカリシリカゲル脈の周辺には，隠微晶質石英が石英，曹長石，白雲母などの粒間を埋めるように存在している．以上の観察結果から，コンクリートに使用された泥質片岩中の隠微晶質石英がASRの原因であることがわかる．

構造物より採取したコンクリートコア試料の表層からの距離が150 mmの部位を粉砕し，総プロ法を参考にアルカリ総量を測定した．ここで，40 ℃で総プロ法を行った抽出溶媒との比較として，抽出溶媒を40 ℃，1 mol/LのHNO_3とした場合のアルカリ量についても測定した．なお，試験値は2試料の平均値である．

付図C.5にアルカリ総量推定値の結果を示す．総プロ法によって抽出できたアルカリ量はおよそ1.5 kg/m^{3}であった．ここで，総プロ法におけるナトリウムの回収率は60 %，カリウムの回収率は80 %であるから，得られたアルカリ量を補正すると，およそ2.2 kg/m^{3}となる．また，HNO_3により抽出したアルカリ量は総プロ法よりも相当に多い3.0 kg/m^{3}程度であった．

以上より，本事例は，アルカリ総量3.0 kg/m^{3}以下において，泥質片岩に含有された隠微晶質石英によるASR劣化事例であると診断された．なお，その後の検討から，この泥質片岩はJIS A 1145，JIS A 1146では検出が不可能であ

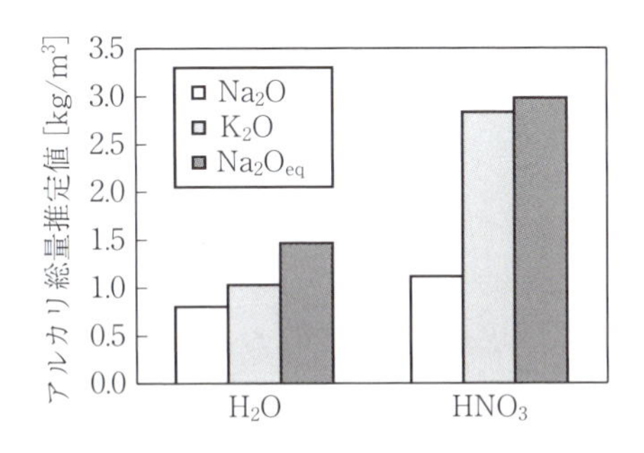

付図C.5　アルカリ総量推定値　［西政好，池田隆徳，佐川康貴，林建佑：遅延膨張性骨材によるASR劣化事例および骨材のASR反応性検出法の検証，コンクリート工学年次論文集，Vol.32，No.1，pp.935–940，2010.］

り，無害な骨材として流通していたと推定される．

C.2　変質安山岩によるPC構造物のASR劣化

付図C.6に劣化した構造物の外観を示す．この構造物は，建設して2年後にASRによる顕著な橋軸方向のひび割れが認められ，亜硝酸リチウム注入および弾性樹脂塗膜による防水工が施工されたものの再劣化を生じた建設省（現国土交通省）の抑制対策以後の劣化事例である．

当時の配合報告書によると，コンクリートのアルカリ総量は2.6 kg/m^{3}程度で，また細骨材，粗骨材ともにJIS A 1146において無害と判定されたものが使

付図C.6　劣化構造物のひび割れ状況　［山田一夫：止まらないアルカリ骨材反応　何が足りないのか？［前編］，セメント・コンクリート，No.785，pp.40–49，2012.］

付図C.7　コンクリートの切断面　［山田一夫：止まらないアルカリ骨材反応　何が足りないのか？［前編］，セメント・コンクリート，No.785，pp.40–49，2012.］

用されている．また，採取したコンクリートの水溶性アルカリ量は2.1 kg/m^{3}であった．

付図C.7にコンクリートの切断面を示す．粗骨材には安山岩（A）およびドレライト（D）の二種類の砕石が認められ，A：D = 7：3の割合となっていた．このうち，安山岩において反応リムやひび割れが認められたが，ドレライトについては反応などの痕跡は認められなかった．

対象構造物より採取したコンクリートから鏡面研磨薄片を作製し，偏光顕微鏡を用いて，反応性骨材および反応性鉱物の同定を行った．付図C.8に偏光顕微鏡観察像を示す．安山岩粒子内部からモルタル部までひび割れが進展し，またそのひび割れをアルカリシリカゲルが充填している．この安山岩は，熱水作用により生成したオパール，クリストバライト，カルセドニーを含有していた．とくに，オパールおよびカルセドニー（主体はオパール）は岩石中に脈状に分布しており，アルカリシリカゲル脈と連結していた．一方，細骨材は少量の貝殻片を伴う陸砂であり，有害な反応は確認されなかった．

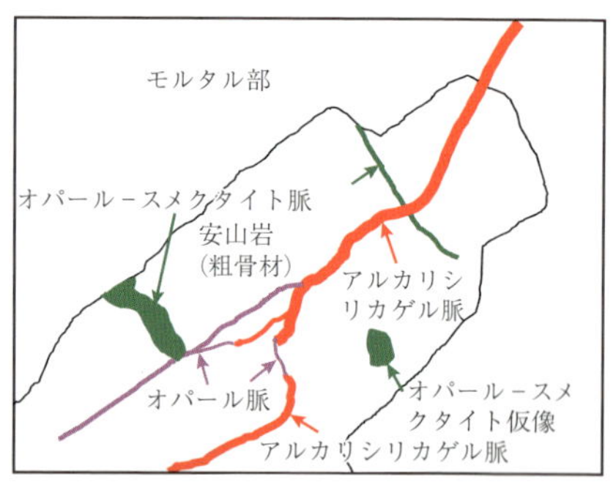

付図C.8　安山岩粗骨材の反応状況　［山田一夫：止まらないアルカリ骨材反応　何が足りないのか？［前編］，セメント・コンクリート，No.785，pp.40–49，2012.］

以上より，本事例は抑制対策以後にアルカリ総量3.0 kg/m^{3}以下において，変質した安山岩に含まれるオパールおよびカルセドニーが反応し，ASRにいたった事例である．

— C.3　カタクレーサイト化した緑色片岩による護岸のASR劣化 —

付図C.9に劣化した構造物の外観を示す．この構造物は，河川の護岸である．

護岸を数百mにわたって観察したところ，そのうちの10mほどのみに局所的に亀甲状もしくは拘束方向に平行なひび割れが観察された．ただし，ASR劣化としては軽微である．コンクリートには，その地域で一般的な緑色片岩が使用されている．通常，この緑色片岩について化学法を行った場合，S_c = 10 mmol/Lと非常に小さな値を示す．また，このコンクリートの水溶性アルカリ量は1.6 ~ 3.2 kg/m^{3}であり，とくに高い値ではなかった．

付図C.9　劣化構造物のひび割れ状況［山田一夫，川端雄一郎，河野克哉，林建佑，広野真一：岩石学的考察を含んだASR診断の現実と重要性，コンクリート構造物の補修，補強，アップグレード論文報告集，Vol.7，pp.21–28，2007.］

付図C.10　骨材界面のアルカリシリカゲル［山田一夫，川端雄一郎，河野克哉，林建佑，広野真一：岩石学的考察を含んだASR診断の現実と重要性，コンクリート構造物の補修，補強，アップグレード論文報告集，Vol.7，pp.21–28，2007.］

対象とした劣化部位より採取したコンクリートを実体顕微鏡で観察したところ，付図C.10のように緑色片岩骨材の界面に光沢のあるアルカリシリカゲルが確認できた．また，細骨材には川砂が使用されていた．これらは花崗岩起源のものであり，非反応性と推定された．アルカリシリカゲルが認められた部分の緑色片岩の薄片を作製し，偏光顕微鏡により観察した結果を付図C.11に示す．偏光顕微鏡写真の下半分は通常の緑色片岩であるが，上半分は破砕作用を受けて微細組織になっており，この部分に隠微晶質石英が存在している．

以上より，本事例は破砕作用を受け，微細組織となった箇所に含まれた隠微晶質石英がASRを生じた事例である．堆積岩や変成岩などが変形作用を受けてカタクレーサイト化したものや，花崗岩がマイロナイト化したものは，通常は非反応性である石英が隠微晶質化して反応性を示す場合がある．この破砕帯をもつ骨材はコンクリート試料中においても局所的にしか存在せず，反応性の

（a）単ニコル

（b）直交ニコル

付図C.11　カタクレーサイト化した緑色片岩　［山田一夫，川端雄一郎，河野克哉，林建佑，広野真一：岩石学的考察を含んだASR診断の現実と重要性，コンクリート構造物の補修，補強，アップグレード論文報告集，Vol.7，pp.21–28，2007.］

検出が難しい．

C.4　ひび割れの発生とひび割れパターン観察とその定量方法

◇C.4.1　コンクリートプリズム

ASRにより骨材からアルカリシリカゲルが生成してコンクリートの膨張を引き起こすが，この過程には複数の因子が影響する．促進膨張試験などの高温環境やアルカリ量が多い場合では，アルカリシリカゲルは低粘性であり，生成速度が速いため，急速膨張性の骨材であっても骨材に顕著な反応リムや骨材からセメントペーストに伸びるひび割れを生成することなく，セメントペーストに浸潤し，セメントペーストを膨潤させる可能性がある．これらの現象を，コンクリートプリズム試験後のコンクリートプリズムを用いた解析事例により示す．

クリストバライトを反応性鉱物として含有する安山岩を粗骨材の30 %に用い，残りの骨材を非反応性の石灰石，セメントを普通ポルトランドセメントとして10 × 10 × 40 cmのコンクリートプリズム試験を実施した結果を付図C.12～14に示す．付図C.12のアルカリ総量5.50 kg/m^3，60 ℃，26週の条件では，

付録

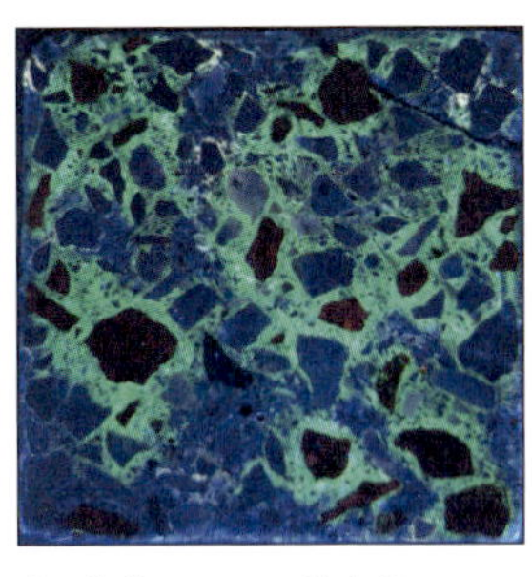

（a）酢酸ウラニル蛍光法 10 cm 角　　（b）透過光 2 × 3 cm

付図C.12 コンクリートプリズム試験後のひび割れ状況（アルカリ総量5.50 kg/m^3, 60 ℃, 26週, 膨張率0.30 %）［提供：東北大学助教 五十嵐豪］

（a）切断面　　（b）切断面拡大

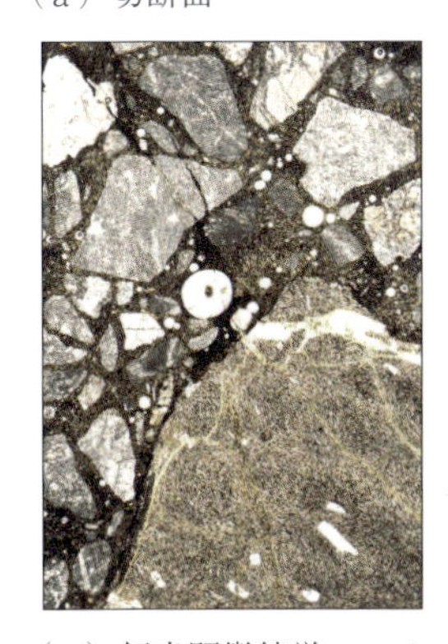

（c）偏光顕微鏡単ニコル

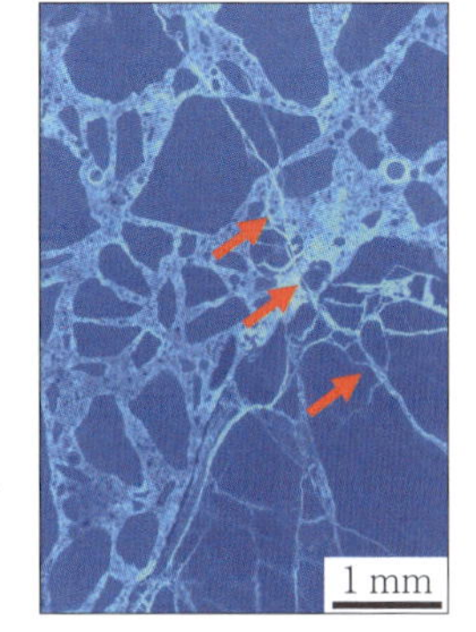

（d）蛍光塗料含浸，（赤矢印：骨材からセメントペーストに伸びるひび割れ）

付図C.13 コンクリートプリズム試験後のひび割れ状況（アルカリ総量3.00 kg/m^3, 60 ℃, 46週, 膨張率0.114 %）［提供：東北大学助教 五十嵐豪］

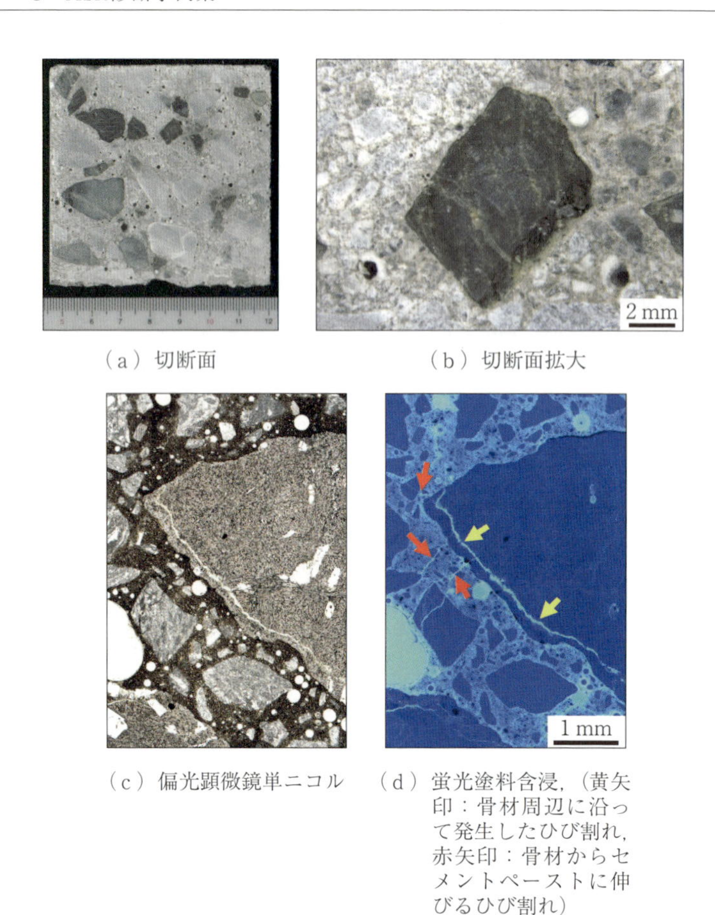

（a）切断面

（b）切断面拡大

（c）偏光顕微鏡単ニコル

（d）蛍光塗料含浸，（黄矢印：骨材周辺に沿って発生したひび割れ，赤矢印：骨材からセメントペーストに伸びるひび割れ）

付図C.14　コンクリートプリズム試験後のひび割れ状況（アルカリ総量3.00 kg/m^3，20℃，46週，膨張率0.96 %）［提供：東北大学助教 五十嵐豪］

アルカリシリカゲルの広範囲な浸透は認められるが（図(a)），顕著なひび割れはごく限られていた（図(b)，3.2.1項(1)参照）．

アルカリ量が3.00 kg/m^{3}と，より少なくなった状況を付図C.13に示す．アルカリシリカゲルの生成範囲は狭まる（図(a)）が，反応リムは明瞭で広くなり（図(b)），ひび割れが認められるようになる（図(c)，(d)）．さらに，温度を20℃とした場合を付図C.14に示す．反応リムは狭いが明瞭である（図(a)，(b)）．さらに，セメントペーストに浸透したアルカリシリカゲルは少なくなるが，骨材からセメントペーストに伸びるひび割れは多くなる（図(c)，(d)）．

なお，蛍光樹脂はひび割れに含浸するので，アルカリシリカゲルそのものをみているわけではない．

より低温でアルカリ量が多いと，アルカリシリカゲルは高粘性になって生成速度も低下する．この場合は，骨材周辺に反応リムを形成し，ゆっくりと生成したアルカリシリカゲルがセメントペースト中のCaとアルカリのイオン交換により，骨材に殻が形成する．さらに，アルカリシリカゲルが生成して骨材内部に膨張圧が蓄積し，ある時点で骨材から周辺にひび割れが進展し，そのひび割れはアルカリシリカゲルが充填する．ひび割れが発生した骨材からひび割れがセメントペーストに進展し，さらに別の非反応性骨材にまで届くような組織が観察される場合がある．この場合，形状としては一つの連続したひび割れであっても，反応性骨材と非反応性骨材では類似のアルカリに富み，Caに乏しい．一方で，セメントペースト中ではCaに富む．これはひび割れとそれに伴うアルカリシリカゲルの進展が比較的短時間に生じ，その後，より長い時間をかけてもとのアルカリシリカゲル中のアルカリがセメントペースト中のCaと置換したことを示唆している．これが劣化構造物で観察される一つの典型例である．

このような微視的ひび割れによりコンクリートは膨張するが，コンクリート表面にひび割れが発生するにはいくつかの条件が必要である．コンクリートが等方的に膨張したのでは，表面に巨視的なひび割れは発生しない．外部の膨張と比べて内部の膨張が大きいと，表面にひび割れが発生する．アルカリ溶液で濡らした湿布で梱包（アルカリラッピング）したコンクリートプリズム試験では，試験体全体の湿分が均一で膨張も表層の一部を除いて均一なので，試験体表面にひび割れは認められない．しかし，アルカリラッピングしない場合には，表面部分のアルカリが溶脱したり乾燥したりするために，試験体内部と外部で膨張率が異なり，ひび割れが認められるようになる．一般に，膨張率0.04%程度でコンクリートプリズム表面にひび割れが認められるが，これはアルカリラッピングがない場合である．

◇C.4.2　コンクリートコア試料

付図C.15には，実構造物からのコンクリートコア試料の偏光顕微鏡観察例を示す．図(a)はデイサイトにみられた例で，明瞭な反応リムを示すが，アルカリシリカゲルは骨材中にとどまり，まだセメントペーストに進展するひび割れにはなっていない．

付図C.15(b)～(d)は安山岩の例である．図(b)は高倍率の像で，安山岩粒子からセメントペーストに連続してひび割れが発生しアルカリシリカゲルに充填されている状況である．図(c)では，骨材から生じて単ニコルで透明にみえているアルカリシリカゲルが，セメントペースト部分で周辺部分から縞模様のちりめん状になっており，アルカリがCaとイオン交換することで収縮して生成した組織である．図(d)では，ASRによるひび割れが気泡に達し，気泡がアルカリシリカゲルに充填された状況である．

これらの安山岩の事例では骨材の組織とは独立に，骨材からセメントペーストにひび割れが伸びている．付図C.15(e)に石英片岩の例を示す．アルカリシリカゲルは石英粒子の粒界を押し広げるように生成しており，石英粒子を結合

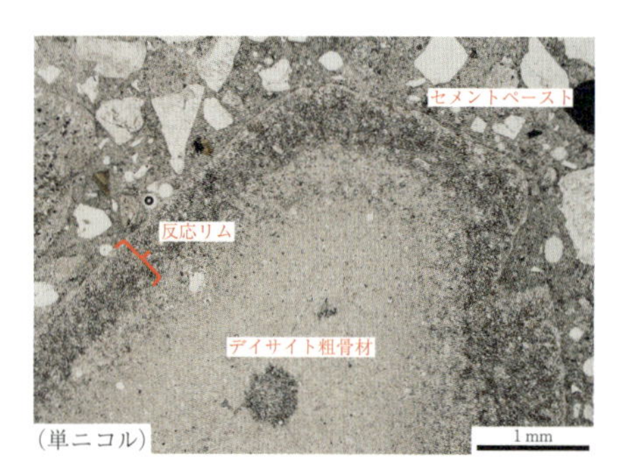

(a) デイサイトにみられる反応リム

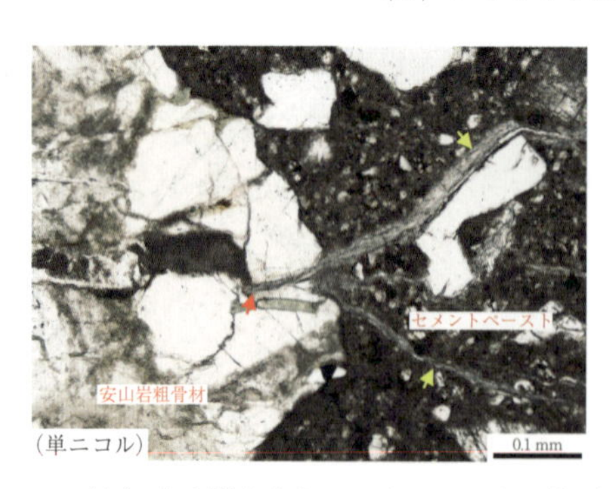

(b) 安山岩からセメントペーストに伸びるひび割れを充填するアルカリシリカゲル
(矢印：アルカリシリカゲル)

付図C.15　コンクリートの鏡面研磨薄片の観察例

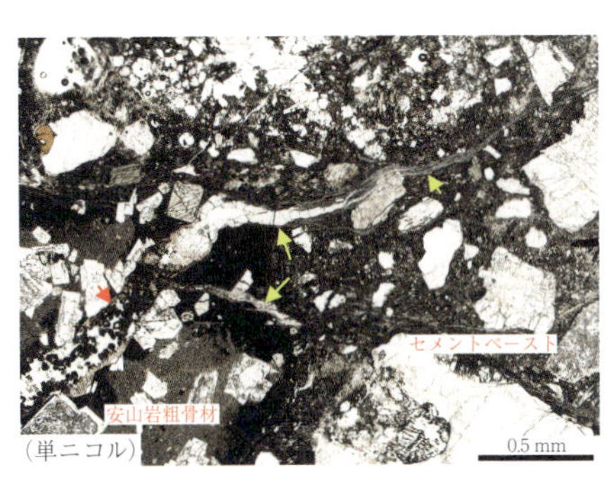

（c）安山岩からセメントペーストに伸びるひび割れを充填してセメントペーストでちりめん状になるアルカリシリカゲル（矢印：アルカリシリカゲル）

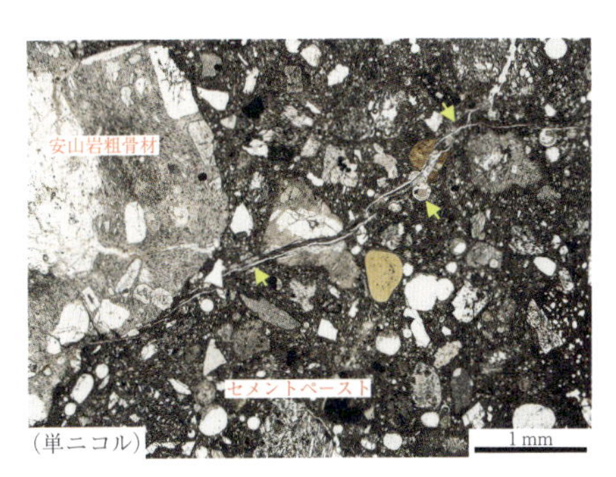

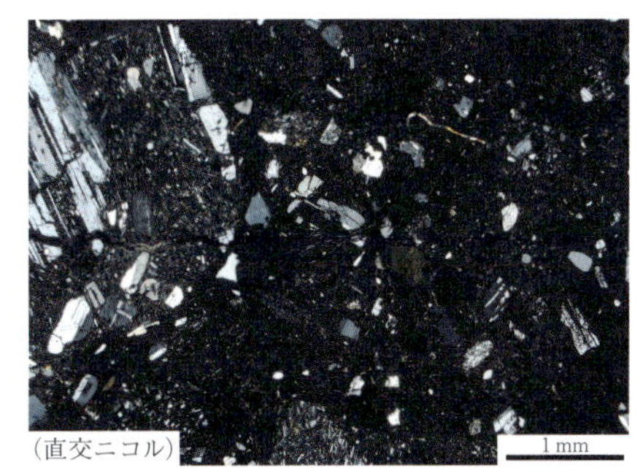

（d）安山岩からセメントペーストに伸びひび割れと空隙を充填するアルカリシリカゲル（矢印：アルカリシリカゲル）

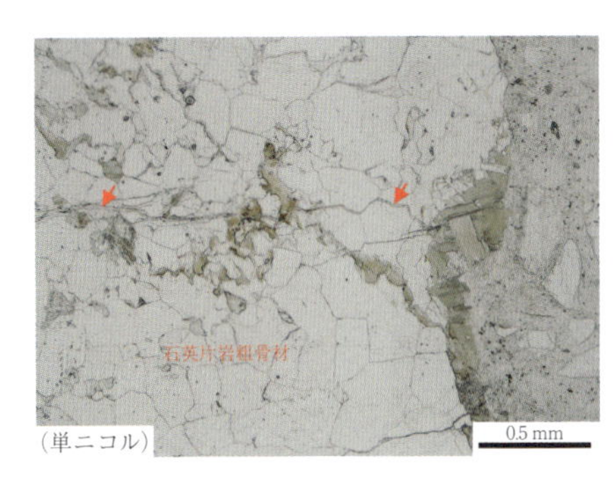

（e）石英の粒界を進展するアルカリシリカゲル

付図C.15　コンクリートの鏡面研磨薄片の観察例（続き）

させているシリカが高いアルカリ反応性を示し，骨材にひび割れを生じさせた．このような場合には反応リムは生成しない．

実構造物でも同様の現象は起こるが，さらに乾湿繰り返しにより，一定深さにおいてアルカリが濃縮する可能性もあり，また鉄筋拘束の影響を受ける．ASR膨張は拘束下ではクリープにより小さくなる可能性がある．これらの効果により，ASRによるひび割れは一定深さにおいて，表面から垂直なひび割れが水平なひび割れに偏向する場合がある．この事例として，付図C.16に，ひび割れの偏向が認められるコンクリートコア試料の展開写真に示す．26 cm程度までは深さ方向のひび割れとなっているが，26 cmにおいてひび割れは表面に平行な方向となり，それより深い位置では大きなひび割れはみられない．

ASR劣化した構造物のコンクリートをはつり除去した場合，鉄筋位置より深部では乾燥が進まない，および鉄筋により拘束されているため，ひび割れが止まっていることも多い．ただし，この場合でも，より深部で膨張が進んでいないとは限らず，マクロなひび割れは認められなくてもコア採取をして測定すると弾性率が極端に低下しているなど，劣化は進行していることもある．鉄筋内部のコンクリートの膨張により鉄筋には引張応力が付加されることになる．このとき，鉄筋の拘束に異方性があると，拘束度がより高い主筋の配筋方向に

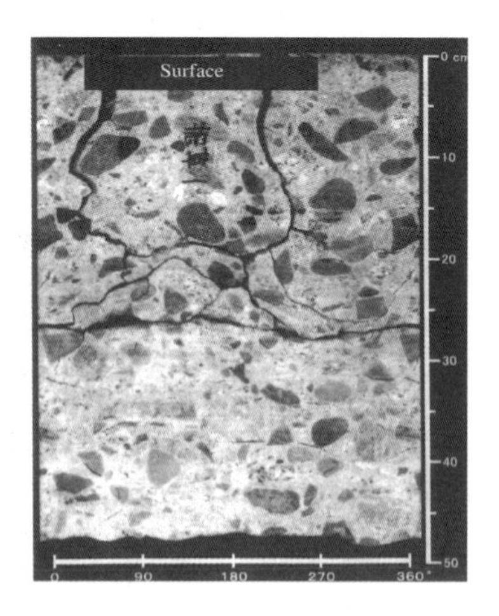

付図C.16　コンクリートコア試料の展開写真　[T. Katayama, Y. Sarai, Y. Higashi, A. Honma: Late-expansive alkali-silica reaction in the Ohnyu and Furikusa headwork structures Central Japan, Proceedings of the 12th International Conference on Alkali-Aggregate Reaction in Concrete, Vol.2, p.1087, Fig.1, 2004.]

付録

ひび割れが卓越する．PC部材では，PC鋼材に加えてプレストレスによる圧縮応力が導入されているため，この鋼材方向に卓越したひび割れが発生しやすい．ただし，PC部材であっても定着部は軸方向に限らない複雑な応力状態になっているため，方向性のないひび割れが発生することもある．

このようなASRによるひび割れは，部材の変位・変形やコンクリートの力学特性の評価に対する最も簡便な指標となる．このため，ASR劣化した構造物では，一般に，コンクリート表面のひび割れに着目した点検が行われる．ひび割れの発生状況を数値的に表すための指標として，特定の幅以上のひび割れに着目したひび割れ密度（ひび割れ延長距離/調査表面積）[m/m^2] が用いられることが多い．しかし，PC部材では，ひび割れ本数の増加はある時点で緩やかになり，以降はプレストレスの影響で，ひび割れ幅のみが増大する傾向にある．したがって，ひび割れ密度では，時間の経過とともに一定値に収束し，ひび割れ幅の増大を伴った劣化の進行が表現できないこともある．これに対し，ひび割れを表す指標として，ひび割れ延長距離だけでなく，ひび割れ延長距離 [m] にひび割れ幅 [mm] を乗じたひび割れ面積を調査表面積で除した新しいひび割れ密度（ひび割れ延長距離×ひび割れ幅/調査表面積）[m·mm/m^2] を利用する方法が提案されている．ひび割れ面積を用いた新しいひび割れ密度と材齢（ASR膨張の進行）の関係の一例を付図C.17に示す．時間の経過に伴って増大するひび割れ幅の影響を反映して，ひび割れ密度が増加している．

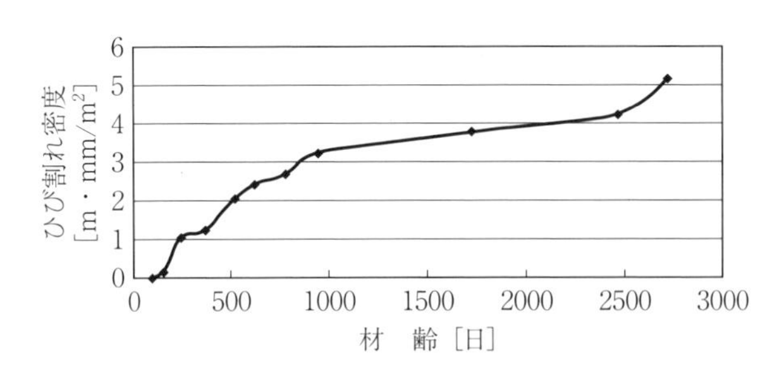

付図C.17　ASR膨張に伴うひび割れ密度と材齢の関係
[ASR診断の現状とあるべき姿研究委員会：委員会報告書，日本コンクリート工学会，図—4.3.1，2014.]

C.5　構造性能の評価

ASR劣化した構造物の構造性能に関する研究はわが国で数多くの実験がなされ，ASR劣化と部材の性能に関する知見は多く蓄積されてきた．最近では，ASR劣化したコンクリートの材料特性，鉄筋との付着特性を適切にモデル化したうえで，ASR膨張によって生じた構造物内部のひずみもしくは応力を，初期ひずみ・初期応力問題として取り扱うことで，ASR劣化した構造物の性能評価を数値解析的に実施した事例もある[付C.1]．ただし，現実にはASR劣化によって生じたコンクリートの力学特性，構造物内部の応力・ひずみ状態を精緻に把握することは困難であり，解析結果の信頼性については十分に議論する必要がある[付C.2]（付図C.18）．一方，海外では将来的な構造物の性能を把握するという観点から，性能予測に関する数値解析の研究が1990年代後半から盛

入力
材料の力学特性
（圧縮強度，弾性係数など）
作用
（荷重，地震動など）

出力
応答
（変位，応力，ひずみなど）
構造性能
（曲げ剛性，耐荷力，じん性など）

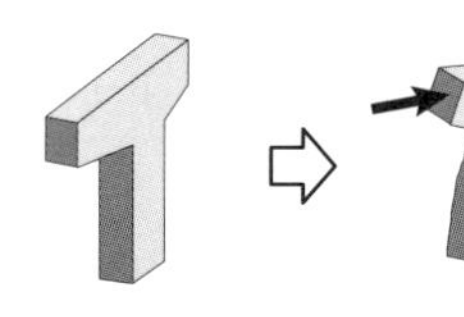

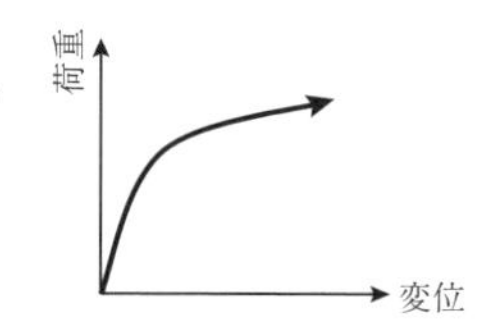

（a）健全な構造物

入力
材料の力学特性？
初期応力？ 初期ひずみ？

出力
応答の信頼性？
構造性能の信頼性？

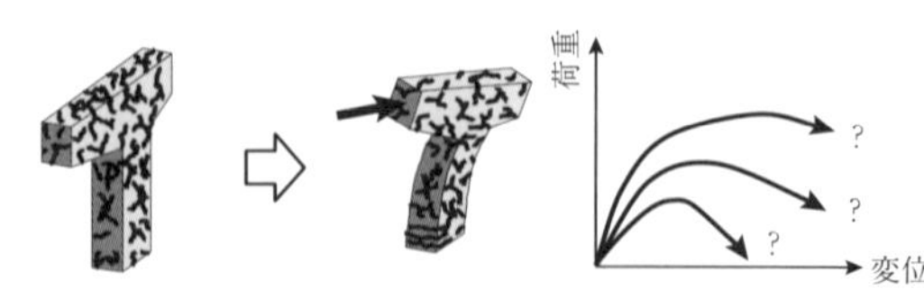

（b）ASR劣化した構造物

付図C.18　数値解析によるコンクリート構造物の力学挙動評価の概要
［ASR診断の現状とあるべき姿研究委員会：委員会報告書，日本コンクリート工学会，図-5.1.1，2014.］

んに実施されるようになってきた[付C.3].

ASR劣化した構造物の数値解析においては，ケミカルプレストレスや応力下での膨張異方性，クリープなどに配慮する必要がある[付C.4]．拘束下におけるコンクリートのASR膨張には現在も国際的な議論があり，たとえば拘束下にあってもASR膨張は液圧であるため体積ひずみはほぼ一定であるという主張[付C.5]や，膨張によって生じる損傷の影響で異方性が発現されるといった主張[付C.6]などがある．これらのモデル化は構造物の性能評価において重要な位置付けとなっている．また，一般にASR膨張によって無拘束のコンクリートの静弾性係数は顕著に低下することが知られており，圧縮強度および引張強度も膨張率の増加に伴って低下する[付C.4]．しかし，構造物もしくは部材内では拘束の影響によってケミカルプレストレスが導入されており，部材内のコンクリートでASRの影響をどのように考慮するのかという点で議論が必要である．とくに，強い拘束下では膨張の異方性が認められ，ひび割れも拘束の強い方向に沿って発生する．したがって，損傷の異方性[付C.7]も発生することとなる．

ASR膨張が発生した場合，構造物の表面にひび割れが発生する．したがって，ひび割れをもとに劣化度を評価する方法もあり[付C.8]，それに応じて損傷度を推定することもできる．また，均質化法を用いてひび割れ密度から材料特性を推定した方法もある[付C.9]．近年では，XFEMを用いて物性の低下までシミュレーションした事例もある[付C.10].

応力を受けたコンクリートのマクロな異方性モデルは種々提案されている．たとえば，偏差応力の関数として体積ひずみを分配するモデル[付C.4]や，損傷理論に基づいたモデル[付C.11]，実験結果に基づいて重み付けしたモデル[付C.12]などがある．ただし，ここで注意すべき点は，ASR膨張とクリープを明確に分離できない点である．たとえば，ASR膨張が進行するとコンクリートは損傷するため，クリープ特性も変化する．近年では，損傷モデルによってクリープ特性の変化を表現した解析事例も見受けられる[付C.4]（付図C.19)．また，一軸拘束下の試験体の膨張挙動に対して，力のつり合いと変形の適合条件を満足するように，コンクリートの見かけの剛性を低下させるモデルも提案されている[付C.11]（付図C.20).

このモデルを用いてPC橋脚を対象とした解析を実施し，解析結果とひび割れ性状を比較すると，かなり近い結果が得られた[付C.1]（付図C.21)．このように，ASR劣化は構造物の配筋条件などの力学的要因の影響を強く受ける．ま

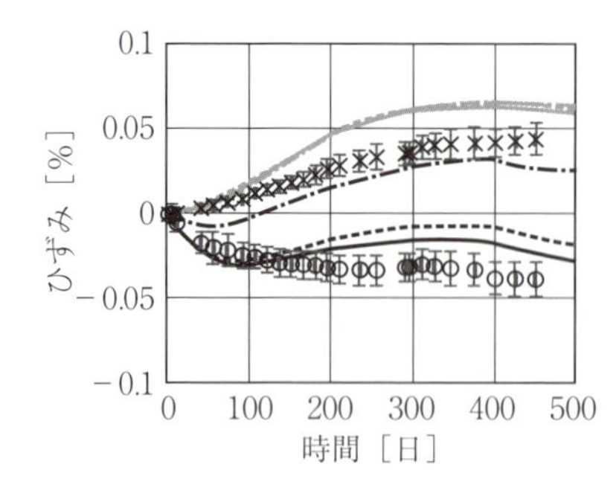

		軸方向	径方向
実験結果		○	×
解析	クリープ損傷を考慮	―――	―――
	クリープのみを考慮	-------	-------
	損傷のみを考慮	-・-・-	-・-・-

付図C.19　三軸拘束されたコンクリートの膨張挙動　［Y. Kawabata, J.-F. Seignol, R.-P. Martin and F. Toutlemonde: Influence of creep and stress states on alkali-silica reaction induced-expansion of concrete under restraint, Proceedings of 15th International Conference on Alkali-Aggregate Reaction in Concrete, 15ICAAR2016_032, 2016.］

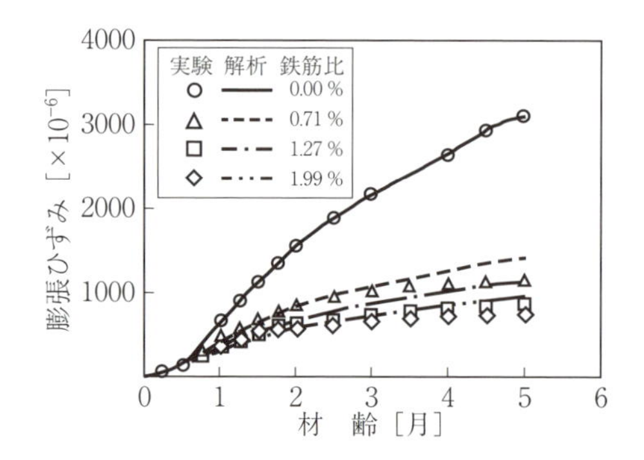

付図C.20　ASR膨張予測モデルを用いた一軸拘束試験体の膨張挙動の評価　［上田尚史，澤部純浩，中村光，国枝稔：アルカリ骨材反応によるRC部材の膨張予測解析，土木学会論文集E，Vol.63，No.4，pp.532-548，2007.］

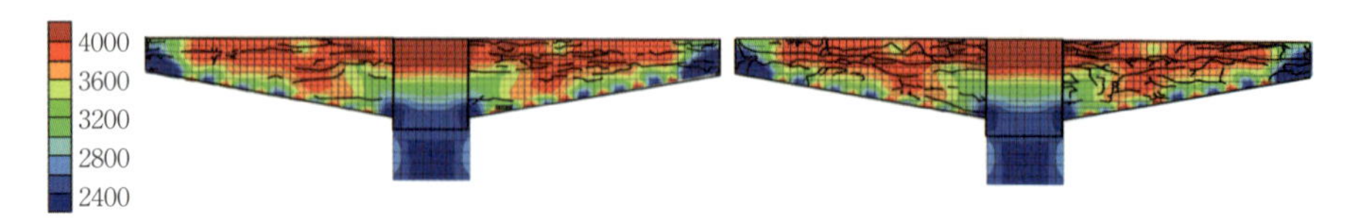

付図C.21　ASR膨張解析結果と実構造物のひび割れ状況の比較（幅0.5 mm以上のひび割れを描画．左右は構造物の表裏）［上田尚史，中村光，国枝稔，前野裕文，森下宣明，浅井洋：コンクリート構造物におけるASR損傷と損傷後の構造性能の評価，土木学会論文集E2（材料・コンクリート構造），Vol.67，No.1，pp.28-47，2011.］

た，ASRは水分条件に強く影響されるので，これらの連成解析が不可欠である．

発電所などでは，施設内にさまざまな機械設備があり，ASR膨張による施設の変形はこれらの機械設備にも影響する．そこで，2段階の数値解析によって機械設備への影響について検討する方法がある[付C.13]．まず，ASR劣化した施設について，将来的なコンクリートの変形挙動について，温度・水分を考慮して数値解析で予測する（付図C.22）．その結果を機械設備の入力値として用いて，別途機械設備のみで数値解析を実施する（付図C.23）．

現在，ASR劣化した構造物の構造性能の研究が急速に進んでいる[付C.14-付C.18]．その研究は，RILEM TC 259-ISR*1とOECD/NEA/CSNIによるASCET*2という二つの活動に代表される．解析は多くの研究者が行っているが，ASRの特性から考えて実構造物の変形解析，評価，対策とその効果の確認が重要で，この観点からはフランスのIFSTTAR*3とカナダのHydroQuebecがとくに進んでいる．数値シミュレーションにより変形予測を行っており，どの部位に着

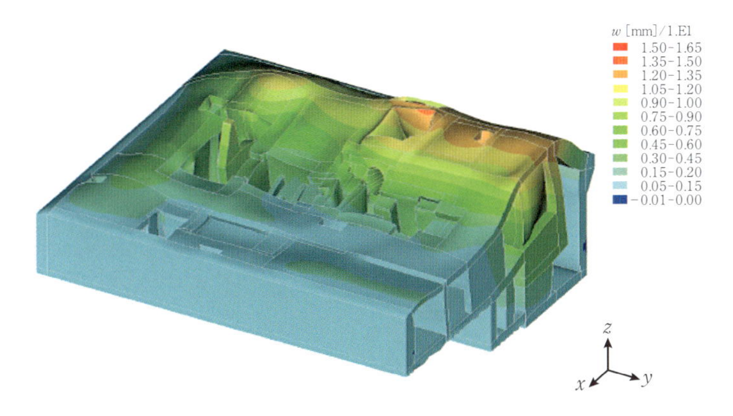

付図C.22　数値解析で予測した建設から100年後の施設の変形状態　[J.-F. Seignol, L. Boldea, R. Leroy and B. Godart: Numerical model applied to the reassessment of the serviceability and safety of AAR-affected power-plant, Proceedings of 15th International Conference on Alkali-Aggregate Reaction in Concrete, 15th ICAAR2016_099, 2016.]

---

*1 internal swelling reaction（内部膨張反応）の略である．ASRとDEFを考慮し，材料側面よりは，既存構造物の何らかの評価を通し，構造性能のモデル計算を行い，ASR劣化した原子力発電所やダムへ構造性能の将来予測を行う．

*2 経済協力機構原子力局原子力施設安全員会が行っているassessment of nuclear structures subject to concrete pathologies（コンクリートの変状に直面した原子力構造物の評価）である．

*3 institut français des sciences et technologies des transports, de l'aménagement et des réseaux（交通・空間計画・開発・ネットワーク科学技術研究所）が行っている．

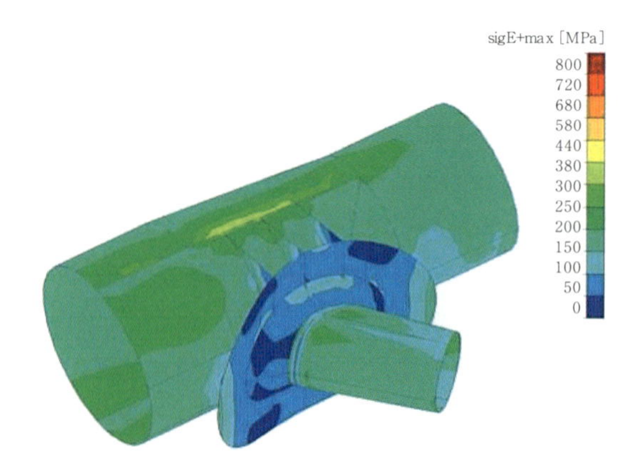

付図C.23　施設の変形による機械設備の応力状態の評価　[J.-F. Seignol, L. Boldea, R. Leroy and B. Godart: Numerical model applied to the reassessment of the serviceability and safety of AAR-affected power-plant, Proceedings of 15th International Conference on Alkali-Aggregate Reaction in Concrete, 15th ICAAR2016_099, 2016.]

目すべきかを理解したうえで変形モニタリングなどを行っている．

これらの活動の材料面での特徴は，ASRに加えてDEFも考慮していることである．少なくとも実験室では，DEFが発生するとASRよりも格段に大きな膨張となる．また，拘束化におけるクリープ変形もまったく異なる可能性がある．両者を複合させて検討した実験はまだ少ないが，今後，検討が進むものと期待できる．

付録

参考文献

[付C.1] 上田尚史，中村光，国枝稔，前野裕文，森下宣明，浅井洋：コンクリート構造物におけるASR損傷と損傷後の構造性能の評価，土木学会論文集E2（材料・コンクリート構造），Vol.67，No.1，pp.28-47，2011.

[付C.2] ASR診断の現状とあるべき姿研究委員会：委員会報告書，コンクリート工学会，2014.

[付C.3] F. -J. Ulm, O. Coussy, L. Kefei, C. Larive: Thermo-chemo-mechanics of ASR expansion in concrete structures, J. Eng. Mech. No.126 (2000) pp.233-242. doi:10.1061/(ASCE)0733-9399(2000)126:3(233).

[付C.4] Y. Kawabata, J.-F. Seignol, R.-P. Martin and F. Toutlemonde: Influence of creep and stress states on alkali-silica reaction induced-expansion of concrete under restraint, Proceedings of 15th International Conference on Alkali–Aggregate Reaction in Concrete, 15th ICAAR2016_032, 2016.

[付C.5] S. Multon, F. Toutlemonde: Effect of applied stresses on alkali–silica reaction–induced expansions, Cem. Concr. Res. Vol.36 (2006), pp.912–920. doi:10.1016/j.cemconres.2005.11.012.

[付C.6] C. F. Dunant, K. Scrivener: Effects of uniaxial stress on alkali–silica reaction induced expansion of concrete, Cem. Concr. Res, Vol.42 (2012), pp.567–576. Doi:10.1016/j/cemconres.2011.12.004

[付C.7] C. Comi, U. Perego: Anisotropic damage model for concrete affected by alkali–aggregate reaction, Int. J. Damage Mech., Vol.20 (2011), pp.598–617. doi:10.1177/1056789510386857

[付C.8] Laboratoire Central des Ponts et Chaussées: Détermination de l'indice de fissuration d'un parement de béton, Méthode d'essai N° 47, 1997.

[付C.9] 金城和久，富山潤，金田一男，車谷麻緒：ASR劣化したプレテンションPC桁の耐荷性能評価に関する数値解析的検討，コンクリート工学年次論文集，Vol.34，No.1，pp.970–975，2012.

[付C.10] C. Dunant: Experimental and Modelling study of the alkali–silica–reaction in concrete, Ph. D thesis, École Polytechnique Fédérale de Lausanne, 2009.

[付C.11] 上田尚史，澤部純浩，中村光，国枝稔：アルカリ骨材反応によるRC部材の膨張予測解析，土木学会論文集E，Vol.63，No.4，pp.532–548，2007.

[付C.12] V. Saouma, L. Perotti: Constitutive model for alkali–aggregate reactions, ACI Materials Journal, Vol.103, No.3, pp. 194–202, 2006.

[付C.13] J.–F. Seignol, L. Boldea, R. Leroy and B. Godart: Numerical model applied to the reassessment of the serviceability and safety of AAR–affected power–plant, Proceedings of 15th International Conference on Alkali–Aggregate Reaction in Concrete, 15th ICAAR2016,_099, 2016.

[付C.14] C. F. Dunant, E. C. Bentz: Algorithmically imposed thermodynamic compliance for material models in mechanical simulations using the AIM method, International Journal for Numerical Methods in Engineering, 2015.

[付C.15] S. Multon: Evaluation Expérimentale et Théorique des Effets Mécaniques de l'Alcaliréaction Sur des Structures Modèles, Ph. D. thesis Ecole Nationale des Ponts et Chausses, 2003.

[付C.16] E. Grimal, A. Sellier, S. Multon, Y. Le Pape, E. Bourdarot: Concrete modelling for expertise of structures affected by alkali aggregate reaction, Cement and Concrete Research, vol.40, No.4, pp.502–507, 2010.

[付C.17] V. E. Saouma, R. A. Martin, M. A. Hariri–Ardebili, T. Katayama: A

mathematical model for the kinetics of the alkali–silica chemical reaction, Cement and Concrete Research, 2015.
［付C.18］ 山田一夫：最近のASR研究の進展—いま研究者が何を考え，どのような方向に進むのか，セメント・コンクリート，No.837，pp.6–14，2016.

D ASR評価のための岩石の観察と記載

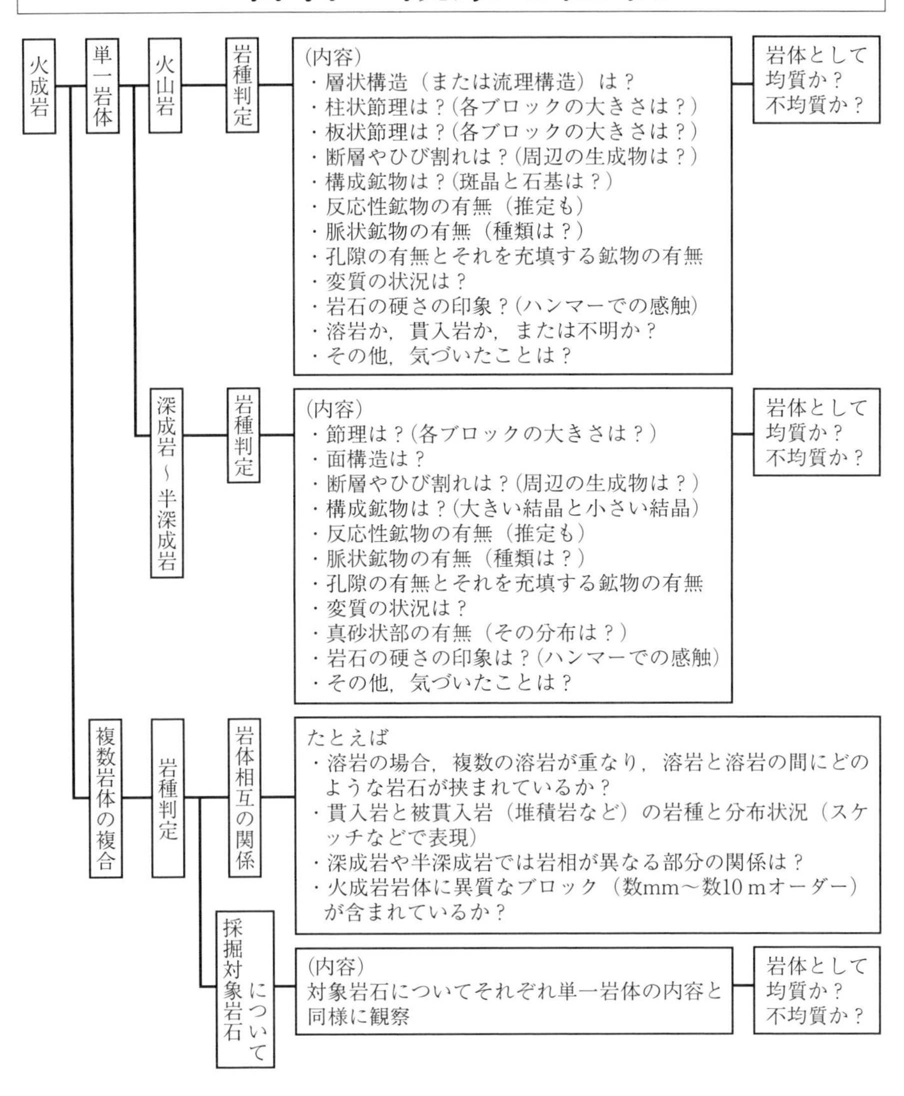

付図D.1　火成岩の観察と記載のポイント

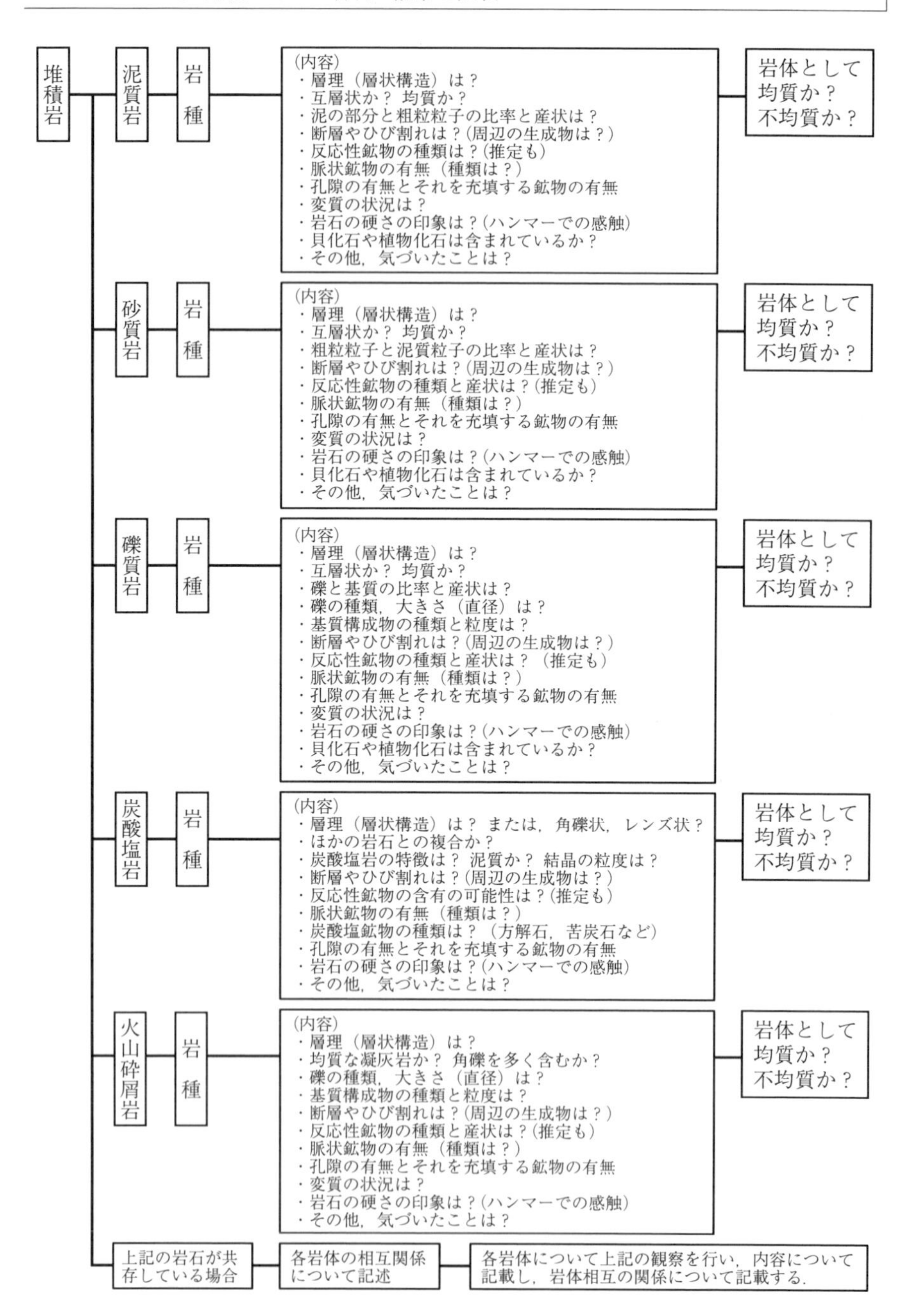

付図 D.2　堆積岩の観察と記載のポイント

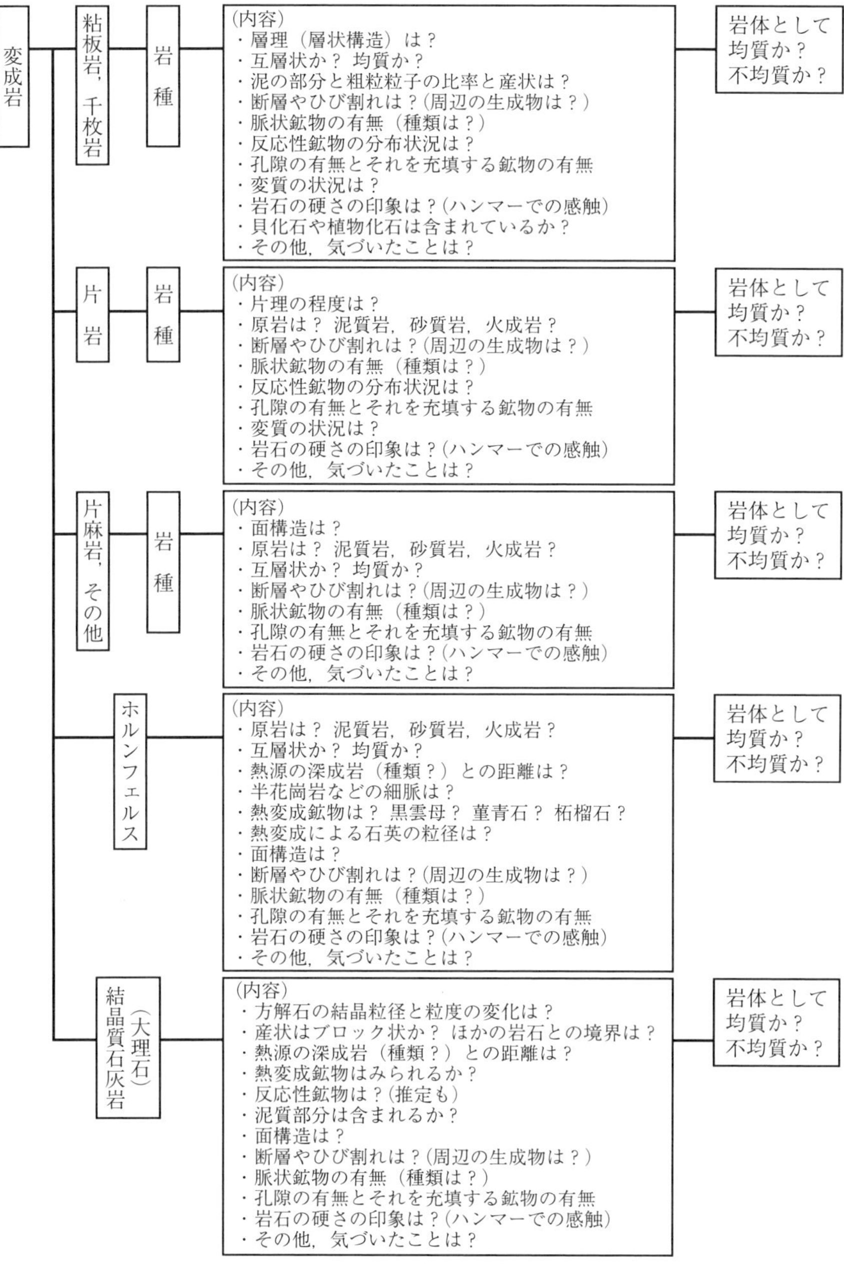

付図 D.3 変成岩の観察と記載のポイント

付表D.1　岩石記載のポイント

野外（採石場，砂利採取場，鉱山など）で採取された岩石1試料について，下記のポイントにそって記載を行う．

<table>
<tr><td rowspan="2">試料採取状況</td><td colspan="2">試料採取地点（簡単に記述し，別図に記載）：</td></tr>
<tr><td>試料採取年月日：</td><td rowspan="2">同一地区から採取した試料数と試料番号：</td></tr>
<tr><td colspan="2">試料採取者氏名と所属：</td></tr>
<tr><td>岩石名</td><td></td><td colspan="2">肉眼観察（割れやすいまたは塊状などの岩石の状態，斑晶鉱物が目立つまたは少ない，反応性鉱物は？　脈状鉱物は？　色は？）：</td></tr>
<tr><td rowspan="2" colspan="2">薄片観察のポイント</td><td rowspan="2">ポイントカウンティングを行った場合</td><td>薄片の大きさと枚数</td></tr>
<tr><td>カウント数とモード組成［%］</td></tr>
<tr><td colspan="2">火成岩の場合</td><td colspan="2">・岩石名
・斑晶鉱物の種類，石基の特徴（鉱物種と火山ガラス），組織，これらの量比
・反応性鉱物の種類と産状および量比
・変質の程度と鉱物種，産状
・脈状鉱物の種類</td></tr>
<tr><td colspan="2">堆積岩の場合</td><td colspan="2">・岩石名
・大きい鉱物の種類，小さい鉱物の種類，岩片の種類，組織，これらの量比
・反応性鉱物の種類と産状および量比
・変質の程度と鉱物種，産状
・脈状鉱物の種類</td></tr>
<tr><td colspan="2">変成岩の場合</td><td colspan="2">・岩石名
・変形の程度
・大きい鉱物の種類，小さい鉱物の種類，組織，これらの量比
・反応性鉱物の種類と産状および量比
・変質～変成の程度と鉱物種，産状
・脈状鉱物の種類</td></tr>
</table>

<table>
<tr><td rowspan="3">反応性鉱物の決定方法</td><td>偏光顕微鏡による観察</td></tr>
<tr><td>XRDによる決定（リン酸処理を行ったか？）</td></tr>
<tr><td>石英の結晶度の測定</td></tr>
<tr><td>XRD分析の実施</td><td>全岩試料，水ひ試料，エチレングリコール処理，塩酸処理</td></tr>
</table>

<table>
<tr><td colspan="2">ASR可能性の判定</td></tr>
<tr><td>判定者の氏名と所属</td><td></td></tr>
<tr><td>判定年月日</td><td></td></tr>
<tr><td colspan="2">（根拠）
・反応性鉱物の有無　→　ありの場合，種類，産状と相対的量比
・火山ガラスの有無　→　ありの場合，産状と量比
・微小な石英の有無　→　ありの場合，粒径，産状と量比
・総合的な判定（意見）
・採掘にあたっての留意事項</td></tr>
<tr><td colspan="2">（参考）既存の化学法，モルタルバー法のデータ：</td></tr>
</table>

付表 D.2　記載カード

試料採取の状況		試料採取位置	別図（地質図およびルートマップ）参照
			試料採取年月日：平成19年12月10日～平成19年12月26日
		採取試料の産出状況	現在の採掘区域（花崗閃緑岩を採掘）に隣接する沢沿いの露頭より採取
			上記の詳細：露頭（3箇所）より採取．1は現在の採掘対象と同等と考えられる花崗閃緑岩，2は1の岩体内で3（泥岩）との断層境界より約10mの地点で採取されたカタクレーサイトで，1の花崗閃緑岩が断層運動によって破砕された岩石，3は1の岩体に断層を境して接する泥岩で細粒砂岩をわずかに挟む（試料は泥岩の部分）．試料は地表の地質調査に伴い，各岩相より代表的かつ風化変質の影響の少ない新鮮な部分を採取した．なお，カタクレーサイトは部分的に角礫岩状で脈が発達した岩相として肉眼でも識別され，断層に沿って幅15m程度に分布する．採掘計画範囲内での延長は50m程度である．
試料の詳細		試料名など	砕石原石
		試料の状態	岩石手標本（拳大の岩塊）
岩種；鑑定個数		1. 花崗閃緑岩　2. カタクレーサイト　3. 泥岩；各岩種につき3個	
1. 花崗閃緑岩		肉眼観察による岩石の特徴	色調；優白質　組織；ほぼ等粒状，中粒　岩石の状態；堅硬，塊状
	薄片観察（薄片 18×18mm 3枚使用）	構成鉱物（量比：概測・ポイントカウント）	斜長石（+++），石英（++），アルカリ長石（+），黒雲母（+），普通角閃石（+），緑泥石（+），絹雲母（+），鉄チタン鉱物（tr），褐れん石（tr），チタン石（tr），燐灰石（tr）
		ポイントカウント実施時のカウント数：　点	
		岩石記載	有色鉱物として黒雲母および普通角閃石を含み，中粒でほぼ等粒状の組織を示す．主成分鉱物は斜長石（長径0.2～5mm程度），石英（粒径0.1～3mm程度），アルカリ長石（粒径0.2～2mm程度），黒雲母（長径0.2～3mm程度），普通角閃石（長径0.2～4mm程度）で，副成分鉱物として鉄チタン鉱物，褐れん石，チタン石，燐灰石を少量伴う．二次鉱物として黒雲母を部分的に置換した緑泥石および斜長石の核部に生成した絹雲母が少量認められる程度で，顕著な変質や変形組織は認められない．反応性鉱物は含まない．
	粉末X線回折	XRDの手法	全岩・水ひ・リン酸処理・その他（　　　）
		検出された鉱物	石英，斜長石，アルカリ長石，黒雲母・絹雲母，普通角閃石，緑泥石
		コメント	反応性鉱物およびほかの有害鉱物は検出されない．
	判定：	反応性鉱物は含まれない．初生的なクリストバライトやトリディマイト，隠微晶質石英などの反応性鉱物を含む岩種ではない．また，顕著な変質や変形を受けた形跡は認められず，反応性鉱物の二次的な生成もない．	
2. カタクレーサイト		肉眼観察による岩石の特徴	色調；優白質　組織；ほぼ等粒状，部分的に角礫岩状で脈が発達　岩石の状態：堅硬，塊状
	薄片観察（薄片 18×18mm 3枚使用）	構成鉱物（量比：概測・ポイントカウント）	斜長石（++），石英（++），隠微晶質石英（+），アルカリ長石（+），黒雲母（+），普通角閃石（+），緑泥石（+），絹雲母（+），雲母粘土鉱物（+），方解石（+），鉄チタン鉱物（tr），褐れん石（tr），チタン石（tr），燐灰石（tr）
		ポイントカウント実施時のカウント数：　点	
		岩石記載	「1. 花崗閃緑岩」の連続する岩体の一部分であり，同様の岩石からなるが，断層運動によるカタクラスティック（脆性的）な変形の影響を受けている．岩石には角礫岩化，および細粒粉砕基質あるいは細粒粉砕脈の発達が認められ，細粒粉砕部には反応性鉱物である隠微晶質石英が含まれる．
	粉末X線回折	XRDの手法	全岩・水ひ・リン酸処理・その他（　　　）
		検出された鉱物	石英，斜長石，アルカリ長石，緑泥石，黒雲母・絹雲母・雲母粘土鉱物，方解石，普通角閃石
		コメント	クリストバライト，トリディマイトおよびほかの有害鉱物は検出されないが，検出された石英には反応性鉱物である隠微晶質石英も含まれている．
	判定：	「1. 花崗閃緑岩」の連続する岩体の一部分であるが，カタクレーサイト化により生成した隠微晶質石英を含み，アルカリ反応性を示す可能性がある．	
3. 泥岩		肉眼観察による岩石の特徴	色調；暗灰色　組織；堆積構造（葉理など）　岩石の状態；脆弱
	薄片観察（薄片 18×18mm 3枚使用）	構成鉱物（量比：概測・ポイントカウント）	石英（+++），斜長石（++），白雲母（++），スメクタイト（++），雲母粘土鉱物（+），緑泥石（+），アルカリ長石（+），隠微晶質石英（+），不透明鉱物（+），ジルコン（tr），燐灰石（tr）
		ポイントカウント実施時のカウント数：　点	
		岩石記載	スメクタイト，雲母粘土鉱物，緑泥石および隠微晶質石英などからなる基質中に石英，斜長石，白雲母，緑泥石などからなるシルトサイズの砕屑粒子を含む．
	粉末X線回折	XRDの手法	全岩・水ひ・リン酸処理・その他（　　　）
		検出された鉱物	石英，斜長石，白雲母・雲母粘土鉱物，緑泥石，スメクタイト
		コメント	検出された石英には反応性鉱物である隠微晶質石英も含まれている．また，スメクタイトは吸水膨張性を有する有害鉱物である．
	判定：	脆弱な泥岩でコンクリート用骨材として使用できるものではない．さらに，反応性鉱物である隠微晶質石英および吸水膨張性の有害鉱物であるスメクタイトを含む．	
総合評価		「1. 花崗閃緑岩」は現在採掘している岩石と同質のもので，反応性鉱物およびほかの有害鉱物を含むこともなくコンクリート用骨材として適している．ただし，「3. 泥岩」との境界近傍では断層運動による破砕により生じた隠微晶質石英が含まれるカタクレーサイトであるため，これが製品に占める割合が多くなるとアルカリ反応性を示す可能性があることに留意すべきである．この岩体に断層を境して接する「3. 泥岩」はコンクリート用骨材に適したものでなく，混入を避ける必要がある．	

（記載者）　氏名：　　　所属：　　　記載年月日：

付表D.3　記載カード例（砕石原石：2）

試料採取の状況	試料採取位置		別図参照
			試料採取年月日：平成19年12月26日
	採取試料の産出状況		平成19年12月26日現在の採石場切羽
			上記の詳細：当該採石場付近には玄武岩が分布し，これより砕石および砕砂を生産している．この玄武岩は周辺に分布する泥岩優勢の砂岩泥岩互層に貫入した岩床として産し，採取計画範囲内でほぼ均質と考えられてきた．砕石および砕砂は従来より化学法で「無害」の判定であったが，今回の試験結果で「無害でない」と判定された．調査は，この原因究明を目的として実施されたものである．採石場内で地質調査を行った結果，玄武岩の貫入岩体内に周囲の地層から取り込まれた泥岩を主とした砂岩を伴うブロックが確認され，これが調査日現在の切羽に大きく分布していることが判明した．このブロックは切羽に露出している部分としては幅25 m延長45 m程度であるが，その全貌は今回の調査のみでは明らかでない．試料として3種の原石をそれぞれ3箇所から採取した．いずれも現在の切羽より代表的な部分として採取したもので，1は玄武岩，2および3はブロックとして取り込まれた頁岩部分および砂岩部分で，貫入した玄武岩による熱変成作用を受けた結果として生成した泥質岩ホルンフェルスおよび砂質岩ホルンフェルスである．
試料の詳細	試料名など		砕石原石
	試料の状態		岩石手標本（拳大の岩塊）
岩種：鑑定個数	1．玄武岩　2．泥質岩ホルンフェルス　3．砂質岩ホルンフェルス：各岩種につき3個		
1．玄武岩		肉眼観察による岩石の特徴	色調：黒色～暗灰色　　組織：斑状組織　　岩石の状態：堅硬，塊状
	薄片観察（薄片　18 × 18 mm　3枚使用）	構成鉱物（量比：(概測)・ポイントカウント） ポイントカウント実施時のカウント数：　点	斜長石（+++），単斜輝石（++），かんらん石（+），鉄チタン鉱物（+），斜方輝石（+），スメクタイト（tr）
		岩石記載	斑状組織を示す．斑晶の容量比は5～10％程度で，かんらん石（長径0.1～1.5 mm程度），斜長石（長径0.1～1 mm程度），単斜輝石（長径0.1～1.5 mm程度），斜方輝石（長径0.2～0.5 mm程度）からなる．石基はインターグラニュラー組織を示し，斜長石（長径0.05～0.1 mm程度），単斜輝石（長径0.02～0.1 mm程度），鉄チタン鉱物（粒径0.02～0.05 mm程度）から構成される．かんらん石斑晶が部分的に粘土鉱物（おそらくスメクタイト）に変質しているほかは，顕著な変質は認められない．反応性鉱物は含まない．
	粉末X線回折	XRDの手法	(全岩)・水ひ・リン酸処理・その他（　　　　）
		検出された鉱物	斜長石，単斜輝石，かんらん石
		コメント	反応性鉱物およびほかの有害鉱物は検出されない．
	判定：	反応性鉱物は含まれない．吸水膨張性の有害鉱物とされるスメクタイトを含む可能性があるが，含有量および産状から，影響は小さいと考えられる．	
2．泥質岩ホルンフェルス		肉眼観察による岩石の特徴	色調：紫黒色　　組織：塊状で部分的に葉理構造が認められる．　岩石の状態：堅硬，塊状
	薄片観察（薄片　18 × 18 mm　3枚使用）	構成鉱物（量比：(概測)・ポイントカウント） ポイントカウント実施時のカウント数：　点	石英（+++），斜長石（++），隠微晶質石英（++），黒雲母（++），白雲母（++），不透明鉱物（+），ジルコン（tr），燐灰石（tr）
		岩石記載	石英，斜長石，黒雲母，白雲母を主体とする微晶質や，隠微晶質の基質中に，シルトサイズの砕屑粒子を起源とする石英，白雲母，斜長石，不透明鉱物などの結晶片がまばらに含まれる．泥質岩起源の黒雲母ホルンフェルスである．基質中に反応性鉱物である隠微晶質石英が多量に含まれている．
	粉末X線回折	XRDの手法	(全岩)・水ひ・リン酸処理・その他（　　　　）
		検出された鉱物	石英，黒雲母・白雲母，斜長石
		コメント	検出された石英には反応性鉱物である隠微晶質石英も含まれている．
	判定：	反応性鉱物である隠微晶質石英を多量に含む．アルカリ反応性を示すものと考えられる．	
3．砂質岩ホルンフェルス		肉眼観察による岩石の特徴	色調：紫黒色～紫灰色　　組織：塊状　　岩石の状態：堅硬，塊状
	薄片観察（薄片　18 × 18 mm　3枚使用）	構成鉱物（量比：(概測)・ポイントカウント） ポイントカウント実施時のカウント数：　点	石英（+++），斜長石（++），白雲母（+），隠微晶質石英（+），黒雲母（+），不透明鉱物（tr），ジルコン（tr），燐灰石（tr）
		岩石記載	粒径0.2 mm程度以下の砕屑粒子主体の細粒砂岩を原岩とする黒雲母ホルンフェルスである．砕屑粒子起源の石英・斜長石・白雲母などの結晶片，チャートなどの岩片および，その粒間の微晶質や，隠微晶質の石英，黒雲母，白雲母を主とする基質から構成される．基質およびチャート岩片中に反応性鉱物である隠微晶質石英が相当量に含まれている．
	粉末X線回折	XRDの手法	(全岩)・水ひ・リン酸処理・その他（　　　　）
		検出された鉱物	石英，斜長石，黒雲母・白雲母
		コメント	検出された石英には反応性鉱物である隠微晶質石英も含まれている．
	判定：	反応性鉱物である隠微晶質石英を相当量に含む．アルカリ反応性を示す可能性がある．	
総合評価	玄武岩に反応性鉱物は認められなかった．これに対し，この玄武岩中に取り込まれたブロックとして，調査日現在の切羽に広く分布する泥質岩ホルンフェルスおよび砂質岩ホルンフェルスは反応性鉱物である隠微晶質石英を含む．とくに，このブロックの主な岩相である泥質岩ホルンフェルスは隠微晶質石英を多量に含むものであることから，これらの影響により調査日現在の骨材製品はアルカリ反応性を示すものになっていたものと考えられる．このブロックは，色調などの見かけ上では本来の採掘対象である玄武岩と似ていたため，採掘現場では気付かれることもなく製品に混入していたものである．		

（記載者）　氏名：　　　　　所属：　　　　　記載年月日：

付表D.4　記載カード例（砕石製品）

試料採取の状況		試料採取位置	砕石製品（採掘の位置は別図に記載）
			試料採取年月日：平成19年12月26日
		採取試料の産出状況	平成19年12月26日現在の採石場切羽（標高85 m付近）より得られた砕石製品
			上記の詳細：採石場全体としては片理をもった緑色の岩石からなりほぼ均質であるが，詳細に観察すると緑～濃緑色を示す部分（緑色片岩を主とする層）中に灰緑～灰色を示す部分（緑泥石白雲母石英片岩を主とする層）が挟在する．
試料の詳細		試料名など	緑色片岩（公称）
		試料の状態	砕石製品
岩種構成［%］：鑑定個数	1．緑色片岩（96）　2．緑泥石白雲母石英片岩（4）；150個		
1．緑色片岩		肉眼観察による岩石の特徴	色調：緑色～濃緑色　　組織：片状組織　　岩石の状態：堅硬，一部は片状に割れやすい
	薄片観察（薄片　18 × 18 mm　5枚使用）	構成鉱物（量比：概測・ポイントカウント）	緑れん石（++），アクチノ閃石（++），曹長石（++），緑泥石（+），石英（+），方解石（+），白雲母（+），チタン石（tr），不透明鉱物（tr），燐灰石（tr）
		ポイントカウント実施時のカウント数：点	
		岩石記載	緑れん石（長径0.02～0.2 mm程度），アクチノ閃石（長径0.02～0.05 mm程度），緑泥石（長径0.02～0.1 mm程度），白雲母（長径0.02～0.05 mm程度）は定向配列し，岩石に片理を形成する．曹長石および石英は粒径0.05～0.5 mm程度で，岩石全体に分散するものと，これらに著しく富み，グラノブラスティック組織（モザイク状の組織）を示す薄層あるいはレンズ状部として分布するものがある．
	粉末X線回折	XRDの手法	全岩・水ひ・リン酸処理・その他（　　　　　）
		検出された鉱物	アクチノ閃石，緑れん石，曹長石，石英，緑泥石，方解石，白雲母
		コメント	反応性鉱物，および有害鉱物は検出されない．
	判定：	反応性鉱物は含まれない．鉱物粒子が比較的粗粒に成長した結晶片岩である．石英は粒径0.05～0.5 mm程度に発達しアルカリ反応性を示さないと考えられる．	
2．緑泥石白雲母石英片岩		肉眼観察による岩石の特徴	色調：灰緑色～灰色　　組織：片状組織　　岩石の状態：堅硬
	薄片観察（薄片　18 × 18 mm　5枚使用）	構成鉱物（量比：概測・ポイントカウント）	石英（+++），白雲母（++），緑泥石（++），隠微晶質石英（++），曹長石（+），緑れん石（tr），アクチノ閃石（tr），方解石（tr），不透明鉱物（tr），チタン石（tr），燐灰石（tr）
		ポイントカウント実施時のカウント数：点	
		岩石記載	白雲母（長径0.01～0.05 mm程度）および緑泥石（長径0.01～0.05 mm程度）は定向配列し，岩石に片理を形成する．石英・曹長石に著しく富んだ薄層と白雲母・緑泥石に富んだ薄層が1 mm前後の間隔で互層する．石英および曹長石は前者の薄層部分では粒径0.02～0.1 mm程度と粗粒でグラノブラスティック組織を示すが，後者の薄層部分では結晶の発達が不十分で隠微晶質石英を多く含んでいる．
	粉末X線回折	XRDの手法	全岩・水ひ・リン酸処理・その他（　　　　　）
		検出された鉱物	石英，白雲母，緑泥石，曹長石
		コメント	クリストバライト，トリディマイトおよびほかの有害鉱物は検出されないが，検出された石英には反応性鉱物である隠微晶質石英も含まれている．
	判定：	反応性鉱物の隠微晶質石英を相当量に含む．アルカリ反応性を示すものと考えられる．	
総合評価	採石場に分布する岩石は主に苦鉄質な岩石が変成作用を受けて生成した変成岩からなるもので，おおむね緑色片岩といえるものである．この緑色片岩は反応性鉱物をほとんど含まない．ただし，採石場を詳細に観察すると泥質や珪質な岩石を起源とする変成岩が挟まれていることが，色調などにより肉眼でも識別できる．これは緑泥石白雲母石英片岩と記載した部分で，石英に富み，アルカリ反応性の隠微晶質石英も相当量に含んでいる．通常，この採石場より得られる骨材製品はほとんどが緑色片岩からなるものであり，化学法によっても「無害」の判定を得ているが，緑泥石白雲母石英片岩が，製品に占める割合が多くなるとアルカリ反応性を示す可能性がある．		

（記載者）　　氏名：　　　　所属：　　　　記載年月日：

付表D.5　記載カード例（砂利原石）

試料採取の状況		試料採取位置	○○川右岸（別図に記載）
			試料採取年月日：平成19年12月26日
		採取試料の産出状況	○○川沖積層（陸砂利：耕作地下）
			上記の詳細：トレンチによる試掘調査に伴って採取，呼び寸法25 mmふるいに留まった礫を試料とする．
試料の詳細		試料名など	原石中の粗骨材
		試料の状態	粗骨材原石（砂利）
岩種構成［%］：鑑定個数		1．砂岩（64）　2．チャート（15）　3．頁岩（8）　4．安山岩（8）　5．花崗岩（3）　6．ドレライト（1）　7．流紋岩質溶結凝灰岩（1）：300個	
1．砂岩		肉眼観察による岩石の特徴	色調：灰色，灰緑色，暗灰色　　組織：中粒 ～ 細粒　　岩石の状態：堅硬，塊状
	薄片観察（薄片　18 × 18 mm　5枚使用）	構成鉱物（量比：概測・ポイントカウント） ポイントカウント実施時のカウント数：　点	石英（+++），斜長石（++），アルカリ長石（++），隠微晶質石英（+），白雲母（+），緑泥石（+），雲母粘土鉱物（+），不透明鉱物（tr），ジルコン（tr），燐灰石（tr）
		岩石記載	砕屑粒子は石英・長石結晶片を主体とし，チャートや頁岩などの岩片を少量含む．粒径はおおむね0.5 mm程度以下で骨材粒子ごとに変化に富む．基質は少ない．中粒 ～ 細粒のアルコース質砂岩あるいは長石質アレナイト．砕屑粒子および基質は主に緑泥石や雲母粘土鉱物によりセメントされる．顕著な変質は認められない．
	粉末X線回折	XRDの手法	全岩・水ひ・リン酸処理・その他（　　　　　）
		検出された鉱物	石英，斜長石，アルカリ長石，白雲母・雲母粘土鉱物，緑泥石
		コメント	クリストバライト，トリディマイト，およびほかの有害鉱物は検出されない．
	判定：	反応性鉱物として隠微晶質石英を主にチャート岩片からなる砕屑粒子中に含むが，少量であり影響は少ないものと判断．	
2．チャート		肉眼観察による岩石の特徴	色調：灰色，褐色，黄灰色　　組織：微粒　　岩石の状態：堅硬緻密，塊状
	薄片観察（薄片　18 × 18 mm　5枚使用）	構成鉱物（量比：概測・ポイントカウント） ポイントカウント実施時のカウント数：　点	隠微晶質石英（+++），石英（+），カルセドニー（tr），緑泥石（tr），雲母粘土鉱物（tr），不透明鉱物（tr）
		岩石記載	主にアルカリ反応性の隠微晶質石英からなる基質中に，石英あるいはカルセドニーからなる脈をまばらに含む．放散虫殻を置換したカルセドニーの球状集合体が散在する場合もある．
	粉末X線回折	XRDの手法	全岩・水ひ・リン酸処理・その他（　　　　　）
		検出された鉱物	石英，雲母粘土鉱物
		コメント	クリストバライト，トリディマイト，およびほかの有害鉱物は検出されないが，検出された石英の大部分は反応性鉱物である隠微晶質石英である．
	判定：	主に反応性鉱物の隠微晶質石英からなる．アルカリ反応性は大きい．	
3．頁岩		肉眼観察による岩石の特徴	色調：暗灰色　　組織：堆積構造（葉理など）　　岩石の状態：扁平な礫が多い．やや脆弱
	薄片観察（薄片　18 × 18 mm　5枚使用）	構成鉱物（量比：概測・ポイントカウント） ポイントカウント実施時のカウント数：　点	石英（+++），緑泥石（++），雲母粘土鉱物（++），隠微晶質石英（++），不透明鉱物（+），白雲母（+），斜長石（+），ジルコン（tr），燐灰石（tr），電気石（tr）
		岩石記載	ほぼ定向配列した雲母粘土鉱物・緑泥石および隠微晶質石英を主とする基質中に石英，斜長石などからなるシルトサイズの砕屑粒子を含む．
	粉末X線回折	XRDの手法	全岩・水ひ・リン酸処理・その他（　　　　　）
		検出された鉱物	石英，雲母粘土鉱物・白雲母，緑泥石，斜長石
		コメント	クリストバライト，トリディマイトおよびほかの有害鉱物は検出されないが，検出された石英には反応性鉱物である隠微晶質石英も含まれている．
	判定：	反応性鉱物として隠微晶質石英をやや多く含む．アルカリ反応性を示す可能性がある．	
4．安山岩		肉眼観察による岩石の特徴	色調：灰色，暗灰色，桃灰色　　組織：斑状組織　　岩石の状態：塊状
	薄片観察（薄片　18 × 18 mm　5枚使用）	構成鉱物（量比：概測・ポイントカウント） ポイントカウント実施時のカウント数：　点	斜長石（+++），斜方輝石（++），クリストバライト（++），石英（+），単斜輝石（+），鉄チタン鉱物（+），ガラス（+），普通角閃石（tr），スメクタイト（tr）
		岩石記載	斑状組織を示し，斑晶には斜長石，斜方輝石，単斜輝石，鉄チタン鉱物が認められる．稀に普通角閃石斑晶をもつものもある．斑晶量は20 %前後．一般に石基はインターサータル組織を示し，斜長石，斜方輝石，単斜輝石，クリストバライト，石英，鉄チタン鉱物，ガラスからなる．石英はパッチ状で石基に散在（隠微晶質ではない），またクリストバライトは気孔中にも晶出している．全般に新鮮な粒子が多く，変質鉱物は微量である．
	粉末X線回折	XRDの手法	全岩・水ひ・リン酸処理・その他（　　　　　）
		検出された鉱物	斜長石，斜方輝石，クリストバライト，石英
		コメント	反応性鉱物としてクリストバライトを検出．
	判定：	クリストバライトおよびガラスを相当量含む．アルカリ反応性は大きい．	
総合評価		チャートおよび安山岩の含有量は無視できるものではなく，アルカリ反応性を示す可能性が大きい．河川下流域の沖積層で，採取箇所のわずかな違いにより岩種構成が大きく異なることは少ないと考えられるが，採取区域の拡大や移動がある場合はその都度試掘を行うのが望ましい．なお，花崗岩，ドレライトおよび流紋岩質溶結凝灰岩については記載を省略したが，流紋岩質溶結凝灰岩は隠微晶質石英を含み，アルカリ反応性が大きいものと考えられる．花崗岩およびドレライトについては反応性鉱物，その他の有害鉱物は認められない．	

（記載者）　　氏名：　　　　　　所属：　　　　　　記載年月日：

付表D.6 偏光顕微鏡観察における主要造岩鉱物の特徴 ［吉村尚久 編著：地学双書32「粘土鉱物と変質作用」，地学団体研究会，p.293，2004.4.を簡略化および加筆］

鉱物名 化学組成	多色性 単ニコルでの色	直交ニコル での色	消 光	鉱物の形態と産状	鑑定上の注意
石英 SiO_2	無色	灰色	直消光	自形は六角柱状・不定形 酸性火成岩・変成岩・堆積岩	屈折率がバルサムよりやや高い．変成岩中ではしばしば波動消光を示す． へき開，双晶はない．微細結晶の鑑定は難しい．
斜長石 $NaAlSi_3O_8 \sim CaAl_2Si_2O_8$	無色	灰～ 淡黄色	斜消光	柱状・板状・短冊状 ほとんどの火成岩・変成岩・堆積岩	しばしば双晶を示す．累帯構造を示すことがある．変質して絹雲母化，アルバイト化する．
アルカリ長石 $KAlSi_3O_8 \sim NaAlSi_3O_8$	無色 一般に曇ってみえる	灰～ 明灰色	斜消光	一般に不規則な形 酸性火成岩・高温の変成岩・深成岩・アルカリ火成岩	（正長石）しばしばパーサイト構造を示す． （サニディン）澄んでみえる． （微斜長石）しばしば格子状微斜長石構造を示す． （アノーソクレース）バルサムよりも屈折率が低い．
白雲母 $K_2(Al,\ Fe^{3+},\ Fe^{2+}Mg)_4$ $(Si,\ Al)_8O_{20}(OH,\ F)_4$	無色 Feを含むと淡茶緑色で多色性あり	白っぽい青 ～赤	ほぼ 直消光	柱状または板状・葉片状 泥質岩起源の変成岩・ペグマタイト・酸性火成岩・長石や紅柱石などからの二次的鉱物	へき開線がみえると屈折率が低い割に干渉色が高い． へき開線に対して直消光． へき開面に平行に近いと干渉色が低い．
黒雲母 $K_2(Mg,\ Fe^{2+},\ Al)_{6\sim5}$ $(Si,\ Al)_8O_{20}(OH)_4$	X：淡黄～褐色 Y ≒ Z：褐色～赤褐～濃褐色	青～緑	ほぼ 直消光	柱状または板状 酸性火成岩・アルカリ火成岩・多くの広域または接触変成岩	Feが多いと緑色にみえる．非常に強い多色性．細かくシャープなへき開．
普通角閃石 $(Na,\ K)_aCa_2(Mg,\ Fe,$ $Mn)_b(Al,\ Fe^{3+},\ Ti_c)_d$ $(Si_{8-t},\ Al_t)_8O_{22}(OH,\ F,$ $Cl)$*	X：淡青緑，淡緑，淡褐色 Y：緑色，褐色 Z：緑色，赤褐色	淡黄～紫	斜消光	柱状・六角状 火成岩・超塩基性岩・変成岩	多色性が強い．六角柱状を示すことが多い．変質してオパサイト化（微粒の磁鉄鉱やチタン鉄鉱と輝石の集合体）する．酸化角閃石（Fe^{3+}が多くOHが少ない）は黄～暗赤褐色の多色性を示し，消光角が小さい． 約56°で交わる2方向のへき開が特徴．
斜方輝石 $MgSiO_3 \sim FeSiO_3$	無色～ 淡青色・淡赤色	灰～黄	ほぼ 直消光	柱状が多い 比較的塩基性の火成岩・高温の変成岩・超塩基性岩・隕石	ほとんど直消光する．淡緑色～淡赤色の多色性がある．屈折率が高い割に干渉色が低い． 約88°で交わる2方向のへき開が特徴．
普通輝石 $Ca_{1-p}(Mg,\ Fe^{2+})_pSiO_3$	無色・淡緑色・淡褐色	赤～青	斜消光	短柱状・四角形・八角形 火成岩・超塩基性岩・変成岩	多色性はない，もしくは非常に弱い．約87°で交わる2方向のへき開が特徴．(100)面を双晶面とする単純双晶が多い．
かんらん石 $MgSiO_4 \sim FeSiO_4$	無色 Feに富むものは淡黄色で多色性がある	白っぽい青 ～赤	直消光	不規則なコロコロした形 超塩基性岩・塩基性火成岩 酸性火山岩中の場合はFeかんらん石	屈折率，干渉色ともに低い．緑泥石，蛇紋石に変質しやすい．割れ目に沿って酸化し，赤褐色のイディングス石になる．不規則な割れ目が多い．表面がザラザラしている感じにみえる．輝石の反応縁をもつことがある．

*ただし，$0 \leqq a < 1,\ 3 < b < 5,\ 0 < d < 2,\ 0 < t < 2,\ b + d = 5,\ t = d + a + c$

付表 D.7　偏光顕微鏡観察における主な粘土鉱物と特徴　[吉村尚久 編著：地学双書32「粘土鉱物と変質作用」，地学団体研究会，p.293，2004.4. を簡略化および加筆]

鉱物名 化学組成	多色性 単ニコルでの色	直交ニコルでの色	消　光	鉱物の形態と産状	鑑定上の注意
カオリナイト $Al_4Si_4O_{10}(OH)_8$	無色	灰 ～ 黄	直消光	長石を交代．細かい短冊状の結晶が縦横に組み合ったようにみえる． 酸性熱水環境で形成された変質岩や泥質堆積岩中に産することが多い． また，風化作用によっても形成される．	もやもやした消光をする．干渉色が低い． 輪郭が弱い．
滑石 $Mg_6Si_8O_{20}(OH)_4$	無色	白っぽい赤色	直消光	微細な葉片状結晶の集合体として産する． 熱水変質を受けた蛇紋岩中や，苦灰岩が接触変成を受けた場合に産する．Mgに富む岩石に多い．	白雲母やパイロフィライトによく似ている． 薄片下での区別は困難．含まれている岩石をみて決めることが多い．
イライト $KAl_4(Si,\ Al)_8O_{20}(OH)_4$	無色	青 ～ 黄	直消光	微細な結晶の集合体として産する． 長石を交代することが多い． 中性熱水環境で形成された変質岩中に産することが多いほか，続成変質岩や泥質堆積岩中に産する．	干渉色の高い繊維状集合として産する． モンモリロナイトより屈折率が高く，カオリナイトより複屈折が大きい．
絹雲母 $KAl_2(Al,\ Si)_3O_{10}(OH)_2$	無色	黄 ～ 黄橙	直消光	微細な集合状．長石を交代することが多い．緑泥石，炭酸塩鉱物と共生する． 中性熱水環境で形成された変質岩中に産することが多い．	粘土鉱物のなかでは屈折率が高い．
緑泥石 $(Mg,\ Fe,\ Al)_6(Al,\ Si)_4O_{10}(OH)_8$	X：黄 ～ 黄緑 Y・Z：緑	暗灰色	直消光	微細な集合状．Fe，Mgに富む有色鉱物を交代することが多い． 中性熱水環境で形成された変質岩中に産することが多い． 続成変質岩や堆積岩中にも産する．	単ニコルで淡緑，直交ニコルでインクブルーの異常干渉色を示すことがある．
スメクタイト（モンモリロナイト） $Na_{0.3}Al_2(Si,\ Al)_4O_{10}(OH)_2 \cdot nH_2O$	X：淡黄 ～ 無色 Z：黄緑	暗黄緑色 ～ 赤 ～ 青	直消光	不定形，まだら状，破片状であることが多い．火山ガラス，長石を交代することが多い． 珪長質火山噴出物中の変質鉱物として産することが多い． 弱酸性 ～ 弱アルカリ性熱水環境で形成された変質岩や続成変質岩にも含まれる．	干渉色は黄色と緑色がザラザラと混じっている． サポナイト，イライトに比べて干渉色低く，多色性も弱い．
スメクタイト（サポナイト） $(Mg,\ Ca)_{0.16}(Mg,\ Fe)_3(Si,\ Al)_4O_{10}(OH)_2$	X：無 ～ 緑黄色 Z・Y：黄緑 ～ 緑褐色	黄金色	直消光	一次鉱物の形のままや不定形． Fe，Mgを含む有色鉱物を交代することが多い． 塩基性 ～ 中性の火山噴出物中の変質鉱物として産することが多い．	多色性は明瞭． 干渉色は濃い黄金色で汚い感じがする． 明瞭な繊維状結晶．

付表 D.8　偏光顕微鏡観察における主な沸石類の特徴　[吉村尚久 編著：地学双書32「粘土鉱物と変質作用」，地学団体研究会，p.293，2004.4. を簡略化および加筆]

鉱物名 化学組成	多色性 単ニコルでの色	直交ニコルでの色	消　光	鉱物の形態と産状	鑑定上の注意
方沸石 $Na(Al,\ Si_2,\ O_6) \cdot H_2O$	無色	真黒 （暗灰）	なし	多角形，多くの場合他形 アルカリ火成岩，低度変成岩，火山岩中の二次鉱物として，孔隙・割れ目に生じる．長石を交代する．	屈折率がバルサムよりはるかに低い． 光学異常を示すことがある．
輝沸石 $(Ca_{0.5},\ Na,\ K)_9(Al_9Si_{27}O_{72}) \cdot 24H_2O$	無色	暗灰	直消光に近い	板状 火山岩・火砕岩の火山ガラスや長石を交代することが多い．	束沸石に似るが，干渉色が低いこと，伸長性負で区別できる．
斜プチロル沸石 $(Na,\ K,\ Ca_{0.5})_6(Al_6Si_{30}O_{72}) \cdot 20H_2O$	無色	暗灰	直消光	板状・柱状 酸性凝灰岩の火山ガラスを交代したり，ガラス片の間に産する．微細結晶である．	輝沸石と比べて干渉色が低く，光学性は正である．
濁沸石 $Ca(Al_2Si_4O_{12}) \cdot 4H_2O$	無色	灰	直消光に近い	柱状　針状集合c軸伸長 火山岩の孔隙・割れ目（脈状）を充填，長石を交代して産する．	へき開に大きく斜消光する． アルバイトに似るが屈折率が低いこと，もやもやした消光をすることで区別できる．
モルデン沸石 $(Na_2,\ K_2,\ Ca)(Al_2Si_{10}O_{24}) \cdot 7H_2O$	無色	暗灰	直消光	針状・繊維状 酸性凝灰岩の火山ガラスの二次鉱物として産する．	細かい針状・繊維状で屈折率・複屈折率が極めて低いこと，伸長性負であることで区別できる．

付表 D.9 偏光顕微鏡観察におけるその他の鉱物の特徴 ［吉村尚久 編著：地学双書32「粘土鉱物と変質作用」，地学団体研究会，p.293，2004.4. を簡略化および加筆］

鉱物名 化学組成	多色性 単ニコルでの色	直交ニコル での色	消光	鉱物の形態と産状	鑑定上の注意
葡萄石 $Ca_2(Al, Fe)_2Si_3O_{10}(OH)_2$	無色	白 ～ 灰 ～ 青灰	直消光	柱状・板状 低度変成作用を受けた火山岩と堆積岩に産する．斜長石，輝石を交代する．	扇状の集合体のことが多く，蝶ネクタイ状の構造を示す．柱状結晶の集合体としても産する．干渉色の変化が著しく，異常干渉色も示す．
パンペリー石 $Ca_2(Mg, Fe^{2+})Al_2Si_3O_{11}(OH)_2 \cdot H_2O$	X：無色 ～ 淡黄 Y：青緑 ～ 淡緑 Z：淡褐	灰 ～ 暗灰 ～ 暗青	直消光に近い	繊維状・柱状 低温の塩基性変成岩や塩基性火山岩の孔隙を充填，脈状になる．有色鉱物や斜長石の変質物として生じることもある．	透き通った青緑色の特徴的な多色性．消光位分散が強く，Y軸で青緑色の吸収を示す．インクブルーの異常干渉色を示す．色の薄いものは緑れん石に似るが，屈折率，干渉色が緑れん石よりも低いことで区別．
緑れん石 $Ca_2(Al, Fe^{3+})_3Si_3O_{12}(OH)$	X：無色 Y：黄 Z：淡黄	黄 ～ 緑 ～ 赤など，濃い色	一般には斜消光	柱状 熱水変質を受けた岩石で散在的あるいは脈として産する．変質の少ない岩石でも，有色鉱物や斜長石の分解物として産する．塩基性岩中の中 ～ 低温の変成岩，火成岩の後期晶出物．	屈折率が高い．
透閃石 $Ca_2(Mg, Fe^{2+})_5Si_8O_{22}(OH)_2$, $Fe/(Mg+Fe^{2+}) = 0 \sim 0.2$	無色	黄 ～ 緑 ～ 橙	直消光に近い	長柱状・繊維状 石灰質岩石の接触または，広域変成岩に産する．	一般に小さな針状結晶の集合体．
アクチノ閃石 $Ca_2(Mg, Fe^{2+})_5Si_8O_{22}(OH)_2$, $Fe/(Mg+Fe^{2+}) = 0.2 \sim 0.8$	X：無 ～ 淡黄 Y：淡黄 ～ 淡緑 Z：淡緑 ～ 緑	黄 ～ 緑 ～ 橙	直消光に近い	長柱状・繊維状 低温の広域変成岩中に産する．	アクチノ閃石の色の濃いものは，普通角閃石に似るが，結晶の形と屈折率がやや低いことで区別できる．消光角が小さい．
方解石 $CaCO_3$	無色	黄 ～ 緑 ～ 赤など，虹色のよう		不定形 石灰岩，結晶質石灰岩の主要構成鉱物，火山岩の孔隙中の二次鉱物，変質鉱物として産する．	屈折率が方向により著しく異なり，単ニコルでステージを回すと浮き沈みする．干渉色が非常に高く4次の黄 ～ 青にみえる．消光がはっきりしない．菱形のへき開が顕著．
苦灰石 $Ca(Mg, Fe, Mn)(CO_3)_2$ Fe<Mgのとき：苦灰岩 Fe>Mgのとき ：アンケライト	無色	黄 ～ 緑 ～ 赤など，虹色のよう		菱面体柱状・板状 石灰岩の堆積中や続成作用時に，Mgを含む海水や地下水，熱水と反応して生じる．	方解石よりやや屈折率が高く，自形結晶を生じる傾向がある．累帯構造を示すことがある．
オパール–CT SiO_2	無色	暗灰	直消光	針状 針状結晶の放射状集合の小球として産する．火山岩，火山砕屑岩，珪質岩に産する．	干渉色が低い．一般に針状結晶は屈折率がバルサムより低い．
オパール–A $SiO_2 \cdot nH_2O$	無色 淡褐色 ～ 淡灰色	一般になし		不定形 火山岩の孔隙または割れ目に，また長石を交代して二次的に生じる．堆積岩のセメントとしても産する．珪藻などの珪質遺骸を構成．	低い干渉色を示すことがある．一般には，直交ニコルで真黒である．かなり屈折率が低く沈み込んでみえる．
クリストバライト SiO_2	無色	薄い灰 ～ 暗灰		長柱状・立方体 珪長質 ～ 中性火山岩の石基（空隙） 火口付近で形成された珪化岩や低温環境で形成された粘土化岩中に産する．	直交ニコルで，鱗状–屋根瓦状模様を示す． 屈折率が低い．
トリディマイト SiO_2	無色	薄い灰 ～ 暗灰		六角板状 珪長質 ～ 中性火山岩の石基の空隙に産する．	くさび状の双晶．沸石に似て，屈折率が低い．

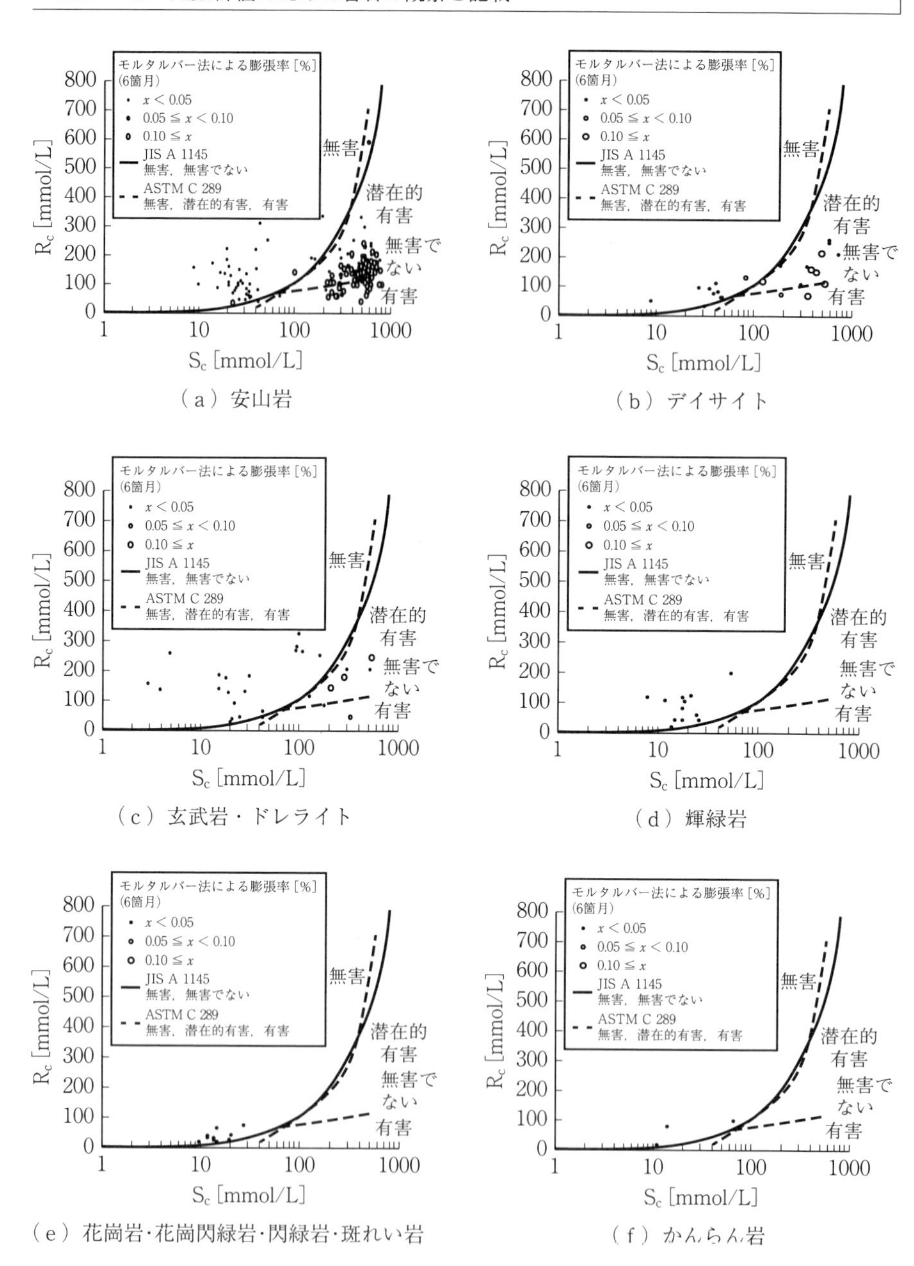

（a）安山岩　（b）デイサイト

（c）玄武岩・ドレライト　（d）輝緑岩

（e）花崗岩･花崗閃緑岩･閃緑岩･斑れい岩　（f）かんらん岩

付図D.4　国内の岩石の化学法によるアルカリ反応性の分析結果

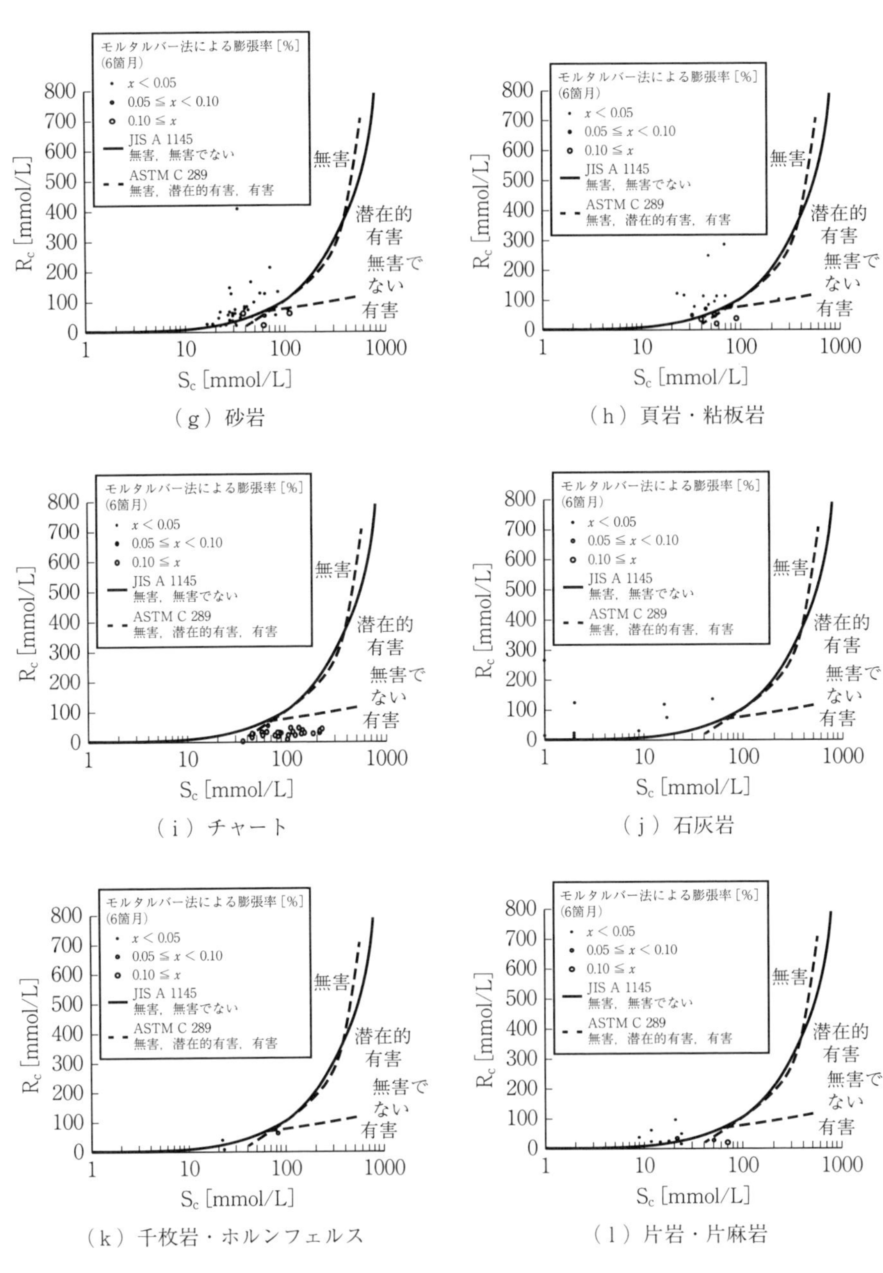

付図 D.4 国内の岩石の化学法によるアルカリ反応性の分析結果（続き）

— E —

用語集

付表E.1　主な岩石名，鉱物名，地質用語[付E.1, 付E.2]

日本語表記	英語表記	略　記	種　類	解　説
アクチノ閃石	actinolite	Act	鉱物名	角閃石（Amp）の一種.
アノーソクレース	anorthoclase	Anc	鉱物名	アルカリ長石の一種.
あられ石（アラゴナイト）	aragonite	Arg	鉱物名	炭酸塩鉱物の一種.
アルカリ長石	alkali feldspar	Afs	鉱物名	カリ長石と曹長石の連続固溶体.
安山岩	andesite		岩石名	
イディングス石	iddingsite		地質用語	かんらん石の分解物（珪酸塩鉱物や鉄鉱物などの集合体）の総称．鉱物名ではない.
イライト	illite	Ill	鉱物名	粘土鉱物の一種.
隠微晶質（潜晶質）	cryptocrystalline		地質用語	一般に，4 μm 以下の微小な石英の集合状態を示す.
隠微晶質石英	cryptocrystalline quarz	Cry-Qtz	鉱物名	微小な石英の集合体.
ウーライト	oolite		岩石名	球状粒でできた石灰質岩石.
黄鉄鉱	pyrite	Py	鉱物名	硫化鉱物の一種.
オパール	opal		鉱物名	非晶質シリカ.
オパール-A	opal-A		鉱物名	非晶質シリカ．シリカ鉱物の一種として扱われることが多い.
オパール-CT	opal-CT		鉱物名	反応性鉱物の一種.
オルソクォーツァイト	orthoquartzite		岩石名	
カオリナイト	kaolinite	Kln	鉱物名	粘土鉱物の一種.

付表E.1　主な岩石名，鉱物名，地質用語[付E.1, 付E.2]（続き）

日本語表記	英語表記	略　記	種　類	解　説
角閃岩	amphibolite		岩石名	
角閃石	amphibole	Amp	鉱物名	
花崗岩	granite		岩石名	
花崗閃緑岩	granodiorite		岩石名	類似の岩石として，石英モンゾニ岩，閃長岩がある．
花崗閃緑斑岩	granodioritic porphyry		岩石名	
花崗閃緑ひん岩	granodioritic porphyrite		岩石名	
花崗斑岩	granitic porphyry		岩石名	
火砕岩	pyroclastic rock		岩石名	
火山円礫岩	volcanic conglomerate		岩石名	
火山角礫岩	volcanic breccia		岩石名	
火山ガラス	volcanic glass	Vg	鉱物名	
火山岩	volcanic rock		岩石名	
火山礫凝灰岩	lapilli tuff		岩石名	
火成岩	igneous rock		岩石名	
カタクレーサイト	cataclasite		岩石名	
滑石（タルク）	talc	Tlc	鉱物名	粘土鉱物の一種．
カリ長石	K−feldspar	Kfs	鉱物名	アルカリ長石の一種．
軽石凝灰岩	pumice tuff		岩石名	
カルセドニー（玉髄，カルセドニー質石英，カルセドニー質シリカ）	chalcedony (chalcedonic quartz, chalcedonic silica)	Chal−Qtz	鉱物名	石英の微結晶の網目状集合体．めのう（agate）はカルセドニーの一種．
カルセドニー質	chalcedonic		地質用語	石英からなる微結晶の網目状集合状態を示す．
岩床	sheet		地質用語	地層の構造にほぼ平行に貫入した層状の火成岩．
貫入岩	intrusive rock		岩石名	
岩脈	dike（dyke）		地質用語	地層の構造に斜交して貫入した火成岩．

付録

付表E.1　主な岩石名，鉱物名，地質用語[付E.1, 付E.2]（続き）

日本語表記	英語表記	略　記	種　類	解　説
かんらん岩	peridotite		岩石名	鉱物組合せにより，ダナイト，ウェーライト，ハルツバージャイト，レールゾライトに区分される．
かんらん石	olivine	Ol	鉱物名	
気孔	vesicle		地質用語	火山岩中にみられる火山ガスが逃げた後に残った空隙．
輝石	pyroxene	Px	鉱物名	
絹雲母（セリサイト）	sericite	Src	鉱物名	粘土鉱物の一種．イライトに含まれることが一般的．
凝灰角礫岩	tuff breccia		岩石名	
凝灰岩	tuff		岩石名	
輝緑岩	diabase		岩石名	
輝緑凝灰岩	schalstein		岩石名	学術的には現在はほとんど使用されないが，骨材記載で使用されることがある．
菫青石	cordierite	Crd	鉱物名	
苦灰岩（ドロマイト）	dolomite		岩石名	主に苦灰石からなる．
苦灰石（ドロマイト）	dolomite	Dol	鉱物名	炭酸塩鉱物の一種．
グラニュライト	granulite		岩石名	
クリストバライト	cristobalite	Crs	鉱物名	反応性鉱物の一種．
クリノゾイサイト	clinozoisite	Czo	鉱物名	緑れん石の一種．
黒雲母	biotite	Bt	鉱物名	
クロム鉄鉱	chromite	Chr	鉱物名	不透明鉱物の一種．
珪化岩	silicifide rock		岩石名	熱水作用などによって変化したシリカに富んだ岩石．
珪岩	quartzite		岩石名	堆積岩や火成岩が変成作用などによって変化したシリカに富んだ岩石．
珪質泥岩	siliceous mudstone		岩石名	
珪藻土	diatomaceous earth (diatomite)		岩石名	
頁岩	shale		岩石名	

付表E.1　主な岩石名，鉱物名，地質用語[付E.1, 付E.2]（続き）

日本語表記	英語表記	略　記	種　類	解　説
結晶質石灰岩（大理石）	marble		岩石名	
結晶度	crystallinity		地質用語	
結晶片岩	crystalline schist		岩石名	
玄武岩	basalt		岩石名	
紅柱石	andalusite	And	鉱物名	
紅れん石	piedmontite	Pie	鉱物名	
黒曜石	obsidian		岩石名	流紋岩の一種で，ガラス質．水分量は1 mass%以下．
砂岩	sandstone		岩石名	
柘榴石（ガーネット）	garnet	Grt	鉱物名	
砂質片岩	psammitic schist		岩石名	
自形	euhedral		地質用語	鉱物の結晶面が明瞭に現れている結晶．
紫蘇輝石	hypersthene	Hyp	鉱物名	斜方輝石の一種．
磁鉄鉱（マグネタイト）	magnetite	Mag	鉱物名	不透明鉱物の一種．
斜長石	plagioclase	Pl	鉱物名	曹長石と灰長石の連続固溶体．
斜方輝石	orthopyroxene	Opx	鉱物名	
蛇紋岩	serpentinite		岩石名	
蛇紋石	serpentine	Srp	鉱物名	
松脂岩	pitchstone		岩石名	流紋岩の一種で，ガラス質．水分量は1 ～ 10 mass%．
ジルコン	zircon	Zrn	鉱物名	
白雲母	muscovite	Ms	鉱物名	
真珠岩	perlite		岩石名	流紋岩の一種で，ガラス質．水分量は1 ～ 4 mass%．
深成岩	plutonic rock		岩石名	
スピネル	spinel	Spl	鉱物名	不透明鉱物の一種．
スメクタイト	smectite	Sm	鉱物名	粘土鉱物の一種．

付表E.1 主な岩石名，鉱物名，地質用語[付E.1, 付E.2]（続き）

日本語表記	英語表記	略 記	種 類	解 説
正長石（オルソクレース）	orthoclase	Or	鉱物名	アルカリ長石の一種.
石英	quartz	Qtz	鉱物名	反応性鉱物の一種.
石英閃緑岩	quartz diorite		岩石名	
石英閃緑ひん岩	quartz dioritic porphyrite		岩石名	
石英斑岩	quartz porphyry		岩石名	
石英斑れい岩	quartz gabbro		岩石名	
石英片岩	quartz schist		岩石名	
石英モンゾニ岩	quartz monzonite		岩石名	
石質アレナイト	lithic arenite		岩石名	
石質ワッケ	lithic wacke		岩石名	
赤鉄鉱（ヘマタイト）	hematite	Hem	鉱物名	不透明鉱物の一種.
石灰岩	limestone		岩石名	石灰石からなる岩石.
閃長岩	syenite		岩石名	
千枚岩	phyllite		岩石名	
閃緑岩	diorite		岩石名	類似の岩石として，石英閃緑岩，モンゾニ岩がある.
ゾイサイト	zoisite	Zo	鉱物名	緑れん石の一種.
双晶	twin		地質用語	結晶面や結晶軸で，対称に結晶が接している関係.
曹長石（アルバイト）	albite	Ab	鉱物名	斜長石のうち，Naに富むもの．変質鉱物としても生成し，とくにこの場合は曹長石ではなくアルバイトと呼ばれることがある.
続成作用（続成変質作用）	diagenesis (diagenic alteration)		地質用語	

付表E.1 主な岩石名，鉱物名，地質用語[付E.1, 付E.2]（続き）

日本語表記	英語表記	略 記	種 類	解 説
粗面岩	trachyte		岩石名	採石法上は流紋岩などのシリカに富んだ火山岩（かつて使用された石英粗面岩（liparite）を意味する）に適用するが，学術的にはアルカリに富んだ安山岩をいう．
堆積岩	sedimentary rock		岩石名	
濁沸石（ローモンタイト）	laumontite	Lmt	鉱物名	沸石の一種.
他形	anhedral		地質用語	鉱物の結晶面が明瞭に現れていない結晶.
束沸石	stilbite	Stb	鉱物名	沸石の一種.
炭酸塩鉱物	carbonate minerals	Cbn	鉱物名	石灰石，苦灰石，菱鉄鉱（$FeCO_3$），マグネサイト（$MgCO_3$），マンガノサイト（$MnCO_3$）などがある．
単斜輝石	clinopyroxene	Cpx	鉱物名	
チタン石（スフェーン）	titanite（sphene）	Ttn	鉱物名	
チタン鉄鉱（イルメナイト）	ilmenite	Ilm	鉱物名	不透明鉱物の一種.
チャート	chert		岩石名	
柱状節理	columnar joint		地質用語	
長石	feldspar	Fld	鉱物名	
長石質アレナイト	felspathic arenite		岩石名	
長石質ワッケ	felspathic wacke		岩石名	
泥灰岩	marl		岩石名	
泥岩	mudstone		岩石名	
デイサイト	dacite		岩石名	
透閃石（トレモライト）	tremolite	Tr	鉱物名	角閃石の一種.
トーナル岩	tonalite		岩石名	

付表E.1　主な岩石名，鉱物名，地質用語[付E.1, 付E.2]（続き）

日本語表記	英語表記	略　記	種　類	解　説
トリディマイト	tridymite	Trd	鉱物名	反応性鉱物の一種.
ドレライト（粗粒玄武岩）	dolerite		岩石名	
熱水作用（熱水変質作用）	hydrothermal alteration		地質用語	
粘板岩	slate		岩石名	
パイロフィライト	pyrophllite	Prl	鉱物名	粘土鉱物の一種.
半花崗岩（アプライト）	aplite		岩石名	
斑岩	porphyry		岩石名	
板状節理	platy joint		地質用語	
半深成岩	hypabyssal rock		岩石名	
パンペリー石	pumpellyite	Pmp	鉱物名	
斑れい岩	gabbro		岩石名	類似の岩石として石英斑れい岩がある.
微斜長石（マイクロクリン）	microcline	Mc	鉱物名	アルカリ長石の一種.
微晶質	microcrystalline		地質用語	一般に4～62 μmの微小な石英の集合状態を示す.
ひん岩	porphyrite		岩石名	
風化作用（風化変質作用）	weathering		地質用語	
普通角閃石（ホルンブレンド）	hornblende	Hbl	鉱物名	角閃石の一種.
普通輝石	augite	Aug	鉱物名	単斜輝石の一種.
沸石（ゼオライト）	zeolite	Zeo	鉱物名	または沸石類，沸石鉱物とも呼ばれる.
葡萄石（プレーナイト）	prehnite	Prh	鉱物名	
不透明鉱物	opaque mineral	Opq	鉱物名	主に磁鉄鉱，チタン鉄鉱，クロム鉄鉱，赤鉄鉱など.
フリント	flint		岩石名	
ブルーサイト	brucite	Brc	鉱物名	

付表E.1 主な岩石名，鉱物名，地質用語[付E.1, 付E.2]（続き）

日本語表記	英語表記	略記	種類	解説
へき開	cleavage		地質用語	結晶中の割れ目をいい，鉱物の種類によって異なる.
ペグマタイト	pegmatite		岩石名	
片岩	schist		岩石名	
変成岩	metamorphic rock		岩石名	
変成作用	metamorphism		地質用語	
片麻岩	gneiss		岩石名	
方解石（カルサイト）	calcite	Cal	鉱物名	炭酸塩鉱物の一種.
ホルンフェルス	hornfels		岩石名	
マイロナイト	mylonite		岩石名	
真砂			岩石名	花崗岩などの石英や長石に富む岩石が風化し，砂状になったもの.
ミクライト	micrite		岩石名	
モンゾニ岩	monzonite		岩石名	
モンモリロナイト	montmorillonite	Mnt	鉱物名	スメクタイトの一種.
溶岩	lava		岩石名	
硫化鉱物	sulfide minerals	Sul	鉱物名	
硫酸塩鉱物	sulfate minerals	Suf	鉱物名	
流紋岩	rhyolite		岩石名	
菱鉄鉱	siderite	Sd	鉱物名	炭酸塩鉱物の一種.
緑色片岩	greenschist		岩石名	
緑泥石	chlorite	Chl	鉱物名	粘土鉱物の一種.
緑れん石	epidote	Ep	鉱物名	
燐灰石	apatite	Ap	鉱物名	
礫岩	conglomerate		岩石名	

参考文献

[付E.1] 日本地質学会：日本地質学会News，第4巻1号，2001.
[付E.2] 新版地学事典編集委員会 編：新版 地学事典，平凡社，1996.

—索 引—

□か　行

□さ　行

□た 行

□な　行

□は　行

□ま　行

□や　行

□ら　行

監修者略歴

鳥居　和之（とりい・かずゆき）
1978年　金沢大学大学院修士（土木工学）
1978年　金沢大学工学部助手
1986年　工学博士（化学的土質安定処理，京都大学）
1996年　金沢大学理工研究域教授（ASR，フライアッシュの有効利用）
　　　　現在に至る

編集者略歴

山田　一夫（やまだ・かずお）
1988年　東京大学大学院修士（地質学）
1988年　小野田セメント中央研究所（現 太平洋セメント）入社
2000年　博士（工学）（セメント分散剤の作用機構，東京工業大学）
2012年　国立環境研究所資源循環・廃棄物研究センター主任研究員（除染，減容化，処分）
2016年　国立環境研究所福島支部主任研究員（除染，減容化，処分）
　　　　現在に至る

編集担当　二宮　惇（森北出版）
編集責任　石田昇司（森北出版）
組　　版　美研プリンティング
印　　刷　同
製　　本　同

コンクリート診断
ASRの的確な診断／抑制対策／岩石学的評価

2017年4月11日　第1版第1刷発行

監修者　鳥居和之
編集者　山田一夫
発行者　森北博巳
発行所　**森北出版株式会社**
東京都千代田区富士見1-4-11（〒102-0071）
電話 03-3265-8341／FAX 03-3264-8709
http://www.morikita.co.jp/
日本書籍出版協会・自然科学書協会　会員
JCOPY　<（社）出版者著作権管理機構 委託出版物>

落丁・乱丁本はお取替えいたします.

Printed in Japan／ISBN978-4-627-45281-7